线性代数及应用学习指导

主　编　朱祥和
副主编　龙　松　叶牡才

华中科技大学出版社
中国·武汉

内容简介

本书是与朱祥和主编的《线性代数及应用》教材相配套的学习辅导书籍，主要面向使用该教材的教师和学生，同时也可供报考硕士研究生的学生复习使用.

本书的内容按章编写，每章包括七个部分，分别是教学基本要求、内容提要、疑难解析、典型例题、课后习题解析、考研真题解析、自测题. 课后习题解析基本与教材同步. 疑难解析与典型例题是本书的重点所在，它是学生自学的极好的材料. 通过对内容和方法进行总结归纳，把基本理论、基本方法、解题技巧、疑难解析、数学应用等多方面的教学要求融于典型方法与例题中，并注重对教材的内容作适当的扩展和延伸，注意数学与应用的有机结合. 考研真题解析部分选自历年的研究生入学考试的典型题目，并给出了相应的参考答案. 每章最后有自测题供学生自测和复习之用.

本书内容丰富，思路清晰，例题典型，注重分析解题思路，揭示解题规律，引导读者思考问题，对培养和提高学生的学习兴趣以及分析问题和解决问题的能力能起到较大的作用.

图书在版编目(CIP)数据

线性代数及应用学习指导/朱祥和主编. —武汉：华中科技大学出版社，2016.8（2021.8 重印）
ISBN 978-7-5680-1983-5

Ⅰ.①线… Ⅱ.①朱… Ⅲ.①线性代数-高等学校-习题集 Ⅳ.①O151.2-44

中国版本图书馆 CIP 数据核字(2016)第 144884 号

线性代数及应用学习指导
Xianxing Daishu ji Yingyong Xuexi Zhidao

朱祥和 主编

策划编辑：谢燕群
责任编辑：余 涛
封面设计：原色设计
责任校对：何 欢
责任监印：周治超
出版发行：华中科技大学出版社(中国·武汉) 电话：(027)81321913
武汉市东湖新技术开发区华工科技园 邮编：430223
录 排：武汉市洪山区佳年华文印部
印 刷：武汉科源印刷设计有限公司
开 本：710mm×1000mm 1/16
印 张：19
字 数：392 千字
版 次：2021 年 8 月第 1 版第 5 次印刷
定 价：39.80 元

前　言

本书是与《线性代数及应用》相配套的学习辅导书，按《线性代数及应用》的章节顺序逐章编写，每章包括以下几个部分内容：

一、教学基本要求：主要根据教育部高教司颁发的《工科类本科数学基础课程教学基本要求》确定，同时也根据当前的教学实际作了少许修改并细化.

二、内容提要：归纳本章的主要知识点.

三、疑难解析：针对本章的重点内容和较难理解的内容，以及学生在学习本章时常常问及的一些共性问题，编选出若干个问题并予以分析、解答，以帮助读者进行疑难解析并加深理解.

四、典型例题：对教材中的例题进行适当补充，分析其解题思路、所用的原理和方法，说明该例的意义或引申到一般化的结论.

五、课后习题解析：对教材中大部分习题作出解答.

六、考研真题解析：针对考研学生，列出相应章节的考研真题，有针对性地分析重难点.

七、自测题：每章给出自测题，满足读者练习的需要.

本书由朱祥和任主编，龙松、叶牡才任副主编，参与编写的还有徐彬、张丹丹、沈小芳、张文钢、张秋颖、李春桃等，在此，对他们的工作表示感谢！

在教材的编写过程中，多次与华中科技大学齐欢教授、中国地质大学谢兴武教授、第二炮兵指挥学院阎国辉副教授进行了讨论，他们提出了许多宝贵的意见，对本书的编写与出版产生了十分积极的影响，在此表示由衷的感谢！

在教材的编写中参考的相关书籍均列于书后的参考文献中，在此也向有关作者表示感谢！

最后，再次向所有支持和帮助过本书编写和出版的单位和个人表示衷心的感谢.

由于作者水平的限制，书中的错误和缺点在所难免，欢迎广大读者批评与指教.

编　者

2016.4

目　　录

第一章　行列式 …………………………………………………… (1)
　一、教学基本要求 ………………………………………………… (1)
　二、内容提要 ……………………………………………………… (1)
　三、疑难解析 ……………………………………………………… (4)
　四、典型例题 ……………………………………………………… (5)
　五、课后习题解析 ………………………………………………… (25)
　六、考研真题解析 ………………………………………………… (32)
　七、自测题 ………………………………………………………… (38)
　参考答案及提示 …………………………………………………… (42)
第二章　矩阵 ……………………………………………………… (44)
　一、教学基本要求 ………………………………………………… (44)
　二、内容提要 ……………………………………………………… (44)
　三、疑难解析 ……………………………………………………… (52)
　四、典型例题 ……………………………………………………… (55)
　五、课后习题解析 ………………………………………………… (73)
　六、考研真题解析 ………………………………………………… (91)
　七、自测题 ………………………………………………………… (99)
　参考答案及提示 …………………………………………………… (104)
第三章　矩阵的初等变换与线性方程组 ………………………… (109)
　一、教学基本要求 ………………………………………………… (109)
　二、内容提要 ……………………………………………………… (109)
　三、疑难解析 ……………………………………………………… (114)
　四、典型例题 ……………………………………………………… (116)
　五、课后习题解析 ………………………………………………… (127)
　六、考研真题解析 ………………………………………………… (138)
　七、自测题 ………………………………………………………… (149)
　参考答案及提示 …………………………………………………… (151)

第四章 向量组的线性相关性…………………………………………………………… (153)
一、教学基本要求 ……………………………………………………………… (153)
二、内容提要 …………………………………………………………………… (153)
三、疑难解析 …………………………………………………………………… (160)
四、典型例题 …………………………………………………………………… (163)
五、课后习题解析 ……………………………………………………………… (177)
六、考研真题解析 ……………………………………………………………… (194)
七、自测题 ……………………………………………………………………… (209)
参考答案及提示………………………………………………………………… (214)
第五章 特征值和特征向量 矩阵对角化 ………………………………………… (217)
一、教学基本要求 ……………………………………………………………… (217)
二、内容提要 …………………………………………………………………… (217)
三、疑难解析 …………………………………………………………………… (220)
四、典型例题 …………………………………………………………………… (221)
五、课后习题解析 ……………………………………………………………… (229)
六、考研真题解析 ……………………………………………………………… (245)
七、自测题 ……………………………………………………………………… (256)
参考答案及提示………………………………………………………………… (260)
第六章 二次型……………………………………………………………………… (264)
一、教学基本要求 ……………………………………………………………… (264)
二、内容提要 …………………………………………………………………… (264)
三、疑难解析 …………………………………………………………………… (266)
四、典型例题 …………………………………………………………………… (267)
五、课后习题解析 ……………………………………………………………… (271)
六、考研真题解析 ……………………………………………………………… (283)
七、自测题 ……………………………………………………………………… (289)
参考答案及提示………………………………………………………………… (293)
参考文献…………………………………………………………………………… (297)

第一章　行　列　式

一、教学基本要求

(1) 会用对角线法则计算二阶和三阶行列式.

(2) 了解 n 阶行列式的定义、代数余子式的定义,会运用 n 阶行列式的性质和代数余子式的性质,会运用按行(列)展开计算简单的 n 阶行列式.

(3) 了解克拉默法则.

二、内容提要

1. 排列

(1) 由数字 $1,2,3,\cdots,n$ 组成的有序数组 $i_1i_2i_3\cdots i_n$ 称为一个 n 元排列,简称为排列.特别地,n 元排列 $123\cdots n$ 称为 n 元自然排列或标准排列.

(2) 在一个 n 元排列 $i_1i_2i_3\cdots i_s\cdots i_t\cdots i_n$ 中($s<t$)的两个数字 i_s,i_t,如果 $i_s>i_t$,则称它们构成一个逆序.排列 $i_1i_2i_3\cdots i_n$ 中全部逆序的总个数称为排列的逆序数,记作 $\tau[i_1i_2i_3\cdots i_n]$.

(3) 求排列的逆序数的方法.

对排列 $i_1i_2i_3\cdots i_n$,从右至左先计算排在最后一位数字 i_n 的逆序数,等于排在 i_n 前面且比 i_n 大的数字的个数,再计算 $i_{n-1}\cdots i_2$ 的逆序数,然后把所有数字的逆序数加起来,就是该排列的逆序数.

(4) 逆序数为偶数的排列称为偶排列,逆序数为奇数的排列称为奇排列.

2. 行列式定义

由 n^2 个数 $a_{ij}(i=1,2,\cdots,n;j=1,2,\cdots,n)$ 排成的 n 行 n 列

$$\begin{vmatrix} a_{11} & a_{12} & \cdots & a_{1n} \\ a_{21} & a_{22} & \cdots & a_{2n} \\ \vdots & \vdots & & \vdots \\ a_{n1} & a_{n2} & \cdots & a_{nn} \end{vmatrix}$$

称为 n 阶行列式(其中 a_{ij} 表示第 i 行第 j 列位置的数,称为第 i 行第 j 列元素),它表示所有取值不同行、不同列的 n 个数的乘积并按照如下方法带上正号或负号的代数和:每项乘积中的 n 个数按行号排成标准排列时,其列号排列的奇偶性决定该项的符号,列下标为奇排列时取负号,偶排列时取正号,即

$$\begin{vmatrix} a_{11} & a_{12} & \cdots & a_{1n} \\ a_{21} & a_{22} & \cdots & a_{2n} \\ \vdots & \vdots & & \vdots \\ a_{n1} & a_{n2} & \cdots & a_{nn} \end{vmatrix} = \sum (-1)^{\tau(p_1 p_2 \cdots p_n)} a_{1p_1} a_{2p_2} \cdots a_{np_n}$$

其中,求和 $\sum$ 取遍所有 n 元排列 $p_1 p_2 \cdots p_n$. 特别地,当 $n=1$ 时,规定一阶行列式 $|a_{11}|=a_{11}$.

行列式有时也简记作 $|a_{ij}|$ 或 $\det(\boldsymbol{A})$,其值是一个数.

行列式的等价定义 n 阶行列式 $|a_{ij}|$ 可定义为

$$\sum (-1)^{\tau} a_{q_1 1} a_{q_2 2} \cdots a_{q_n n}$$

这是一个将各项乘积中的 n 个数按列号排成标准排列,其行号排列的奇偶性确定该项的符号的定义.

3. 行列式的基本性质

(1) 将行列式转置,行列式的值不变.

转置变形:把行列式的行与列互换,即把原来在第 i 行第 j 列位置的元素换到第 j 行第 i 列上去,所得到的行列式称为原来行列式的转置行列式,记 D 的转置行列式为 D^{T} 或 D'.

(2) 行列式的初等变换及其性质.

① 换行:第 i 行与第 j 行交换,记作 $r_i \leftrightarrow r_j$.

换列:第 i 列与第 j 列交换,记作 $c_i \leftrightarrow c_j$.

② 倍行:第 i 行 k 倍,记作 kr_i.

倍列:第 i 列 k 倍,记作 kc_i.

③ 倍行加:第 j 行 l 倍加到第 i 行上去,记作 $r_i + lr_j$.

倍列加:第 j 列 l 倍加到第 i 列上去,记作 $c_i + lc_j$.

注意:a. 第三种初等变换的记号按规定不能写成 $lr_j + r_i$,$lc_j + c_i$;

b. k,l 为 -1 时,可以直接写成 $-r_i$,$-c_i$,$r_i - r_j$,$c_i - c_j$;

c. $l<0$,$l=-l_1$ 时,$r_i - l_1 r_j$ 可看成第 i 行减去第 j 行的 l_1 倍,$c_j - l_1 c_i$ 可看成第 j 列减去第 i 列的 l_1 倍;

d. $l=1$ 时,$r_i + r_j \neq r_j + r_i$,$c_j + c_i \neq c_i + c_j$.

规定:a. 每次变形对每个元素至多只能改变一次;

b. 每次变形所做的多个初等变换按从上往下的次序.

行列式的初等变换性质:

① 换行,值反号;

② 倍行,倍值;

③ 倍行加,值不变.

（3）提取一行公因子，即可以把行列式中某一行所有元素的公因子提取出来放到行列式外面作为因子.

（4）具有如下特征之一的行列式，其值为 0.

① 有一行元素全为 0；

② 有两行元素对应相等；

③ 有两行元素对应成比例.

（5）拆行拆值，即把一个行列式的某一行拆开成两行所得到的两个行列式的值之和就等于原行列式的值.

（6）展开性质.

① 在 n 阶行列式 $|a_{ij}|$ 中，划去元素 a_{ij} 所在的第 i 行和第 j 列后，余下的元素按原来的相对位置排成的 $n-1$ 阶行列式称为 a_{ij} 的余子式，记作 M_{ij}，则 $A_{ij}=(-1)^{i+j}M_{ij}$，称 A_{ij} 为 a_{ij} 的代数余子式.

② n 阶行列式 $D=|a_{ij}|$ 等于任一行（列）的元素与其对应的代数余子式乘积之和，即

$$D=a_{i1}A_{i1}+a_{i2}A_{i2}+\cdots+a_{in}A_{in},\quad i=1,2,\cdots,n$$

③ n 阶行列式 $D=|a_{ij}|$ 中，任一行（列）的元素与另一行（列）中对应元素代数余子式的乘积之和等于 0，即 $a_{i1}A_{j1}+a_{i2}A_{j2}+\cdots+a_{in}A_{jn}=0, i\neq j$.

4. 克拉默法则

（1）如果 n 元 n 个方程的线性方程

$$\begin{cases}a_{11}x_1+a_{12}x_2+\cdots+a_{1n}x_n=b_1\\a_{21}x_1+a_{22}x_2+\cdots+a_{2n}x_n=b_2\\\qquad\qquad\vdots\\a_{n1}x_1+a_{n2}x_2+\cdots+a_{nn}x_n=b_n\end{cases}$$

的系数行列式

$$D=\begin{vmatrix}a_{11}&a_{12}&\cdots&a_{1n}\\a_{21}&a_{22}&\cdots&a_{2n}\\\vdots&\vdots&&\vdots\\a_{n1}&a_{n2}&\cdots&a_{nn}\end{vmatrix}$$

满足条件 $D\neq0$，则其有且仅有一组解，并且这组解满足公式 $x_j=\dfrac{D_j}{D}, j=1,2,\cdots,n.$

其中，$D_j=\begin{vmatrix}a_{11}&\cdots&a_{1,j-1}&b_1&a_{1,j+1}&\cdots&a_{1n}\\a_{21}&\cdots&a_{2,j-1}&b_2&a_{2,j+1}&\cdots&a_{2n}\\\vdots&&\vdots&\vdots&\vdots&&\vdots\\a_{n1}&\cdots&a_{n,j-1}&b_n&a_{n,j+1}&\cdots&a_{nn}\end{vmatrix}$，即是以常数项取代 D 中 x_j 的系

数得到的，称为分子行列式.

(2) 如果 n 元 n 个方程的齐次线性方程组

$$\begin{cases} a_{11}x_1+a_{12}x_2+\cdots+a_{1n}x_n=0 \\ a_{21}x_1+a_{22}x_2+\cdots+a_{2n}x_n=0 \\ \qquad\qquad\vdots \\ a_{n1}x_1+a_{n2}x_2+\cdots+a_{nn}x_n=0 \end{cases}$$

的系数行列式 $D=|a_{ij}|\neq0$，则其只有零解. 反过来说，如果上述齐次线性方程组有非零解，则其系数行列式 $D=|a_{ij}|=0$.

三、疑难解析

1. 计算 n 元排列的逆序数通常有哪些方法？

答 常用下面两种方法.

法一：分别算出排在 $1,2,\cdots,n$ 前面比它大的数的个数之和，即逐一算出 $1,2,\cdots,n$ 这 n 个元素的逆序数，这 n 个元素的逆序数之总和即为所求 n 元排列的逆序数.

法二：从右边起，分别算出排列中每个元素前面比它大的数的个数之和，即算出排列中每个元素的逆序数，这每个元素的逆序数之总和即为所求逆序数.

2. 为什么 $n(n\geqslant4)$ 阶行列式不能按对角线法则展开？

答 二阶、三阶行列式可以按对角线展开，而四阶及四阶以上的行列式不能按对角线展开，因为它不符合 $n(n\geqslant4)$ 阶行列式的定义. 例如，对于四阶行列式，如果按对角线法则，则只能写出 8 项，这显然是错误的，按照行列式的定义，四阶行列式一共有 $4!$ 项；另外，按对角线作出的项的符号也不一定正确.

3. 计算行列式的常用方法有哪些？

答 计算行列式的方法通常可以归纳如下.

法一：用对角线法则计算行列式，但仅适用于计算二阶、三阶行列式.

法二：用 n 阶行列式的定义计算行列式.

法三：利用行列式的性质计算行列式.

法四：利用行列式按某一行（列）展开定理计算 n 阶行列式（降阶法）.

法五：利用数学归纳法计算行列式.

法六：利用递推公式计算行列式.

法七：利用范德蒙行列式的结论计算特殊的行列式.

法八：利用加边法计算行列式（升阶法）.

法九：化三角形法计算 n 阶行列式.

法十：综合运用上述各法来计算行列式.

四、典型例题

例 1　行列式

$$D_1=\begin{vmatrix}1&3&1\\2&2&3\\3&1&5\end{vmatrix},\quad D_2=\begin{vmatrix}\lambda&0&1\\0&\lambda-1&0\\1&0&\lambda\end{vmatrix}.$$

若 $D_1=D_2$，则 λ 的取值为(　　).

A. 0,1　　B. 0,2　　C. 1,−1　　D. 2,−1

解　按三阶行列式的对角线法则，有

$$D_1=10+2+27-6-30-3=0,\quad D_2=\lambda^2(\lambda-1)-(\lambda-1)=(\lambda+1)(\lambda-1)^2.$$

若 $D_1=D_2$，则 $(\lambda+1)(\lambda-1)^2=0$，解得 $\lambda_1=-1$ 或 $\lambda_2=1$. 选 C.

例 2　排列 134782695 的逆序数是(　　).

A. 9　　B. 10　　C. 11　　D. 12

解　$\tau(134782695)=4+0+2+4+0+0+0+0+0+0=10$. 选 B.

例 3　下列排列中(　　)是偶排列.

A. 4312　　B. 51432　　C. 45312　　D. 654321

解　$\tau(4312)=5$，$\tau(51432)=7$，$\tau(45312)=8$，$\tau(654321)=15$. 选 C.

例 4　在六阶行列式中，对应项

$$a_{23}a_{31}a_{42}a_{56}a_{14}a_{65},\quad a_{32}a_{43}a_{14}a_{51}a_{66}a_{25}$$

各应带什么符号？

解一　对换项中的元素，使每项所对应的行标为标准次序，即把所给的两项调成

$$a_{14}a_{23}a_{31}a_{42}a_{56}a_{65}\text{ 及 }a_{14}a_{25}a_{32}a_{43}a_{51}a_{66}$$

这两项列标所组成的排列分别为

$$431265\text{ 及 }452316$$

它们的逆序数分别为 6 与 8，均为偶排列，故所给的两项在六阶行列式中均应带正号.

解二　分别算出两项行标及列标排列的逆序数，即算出排列

$$234516,312645 \qquad ①$$

$$341562,234165 \qquad ②$$

的逆序数.

由于①中两个排列的逆序数都是 4，且这两个排列的逆序数之和为偶数，故所给的前一项应带正号.

由于②中两个排列的逆序数依次为 6,4，且这两个排列的逆序数之和为偶数，故所给的后一项也应带正号.

解二是将所给项的行标和列标按已给的排列，求其行标排列与列标排列的逆序

数之和.此和为奇数则该项带负号,此和为偶数则该项带正号.

例 5 写出五阶行列式 $D_5=|a_{ij}|$ 中包含 a_{13},a_{25},并带正号的项.

解 D_5 中包含 a_{13} 及 a_{25} 的所有项数为五元排列 $35j_3j_4j_5$ 的个数,因 j_3,j_4,j_5 所取的排列是 1,2,4 这三个数码所取的 6 个全排列,因而 $35j_3j_4j_5$ 能组成的五元排列共有 6 个,即

$$35124;35142;35214;35241;35412;35421$$

相应的项分别为

$$(-1)^{\tau(35124)}a_{13}a_{25}a_{31}a_{42}a_{54}=-a_{13}a_{25}a_{31}a_{42}a_{54}$$
$$(-1)^{\tau(35142)}a_{13}a_{25}a_{31}a_{44}a_{52}=a_{13}a_{25}a_{31}a_{44}a_{52}$$
$$(-1)^{\tau(35214)}a_{13}a_{25}a_{32}a_{41}a_{54}=a_{13}a_{25}a_{32}a_{41}a_{54}$$
$$(-1)^{\tau(35241)}a_{13}a_{25}a_{32}a_{44}a_{51}=-a_{13}a_{25}a_{32}a_{44}a_{51}$$
$$(-1)^{\tau(35412)}a_{13}a_{25}a_{34}a_{41}a_{52}=-a_{13}a_{25}a_{34}a_{41}a_{52}$$
$$(-1)^{\tau(35421)}a_{13}a_{25}a_{34}a_{42}a_{51}=a_{13}a_{25}a_{34}a_{42}a_{51}$$

故包含 a_{13},a_{25},并带正号的所有项为

$$a_{13}a_{25}a_{31}a_{44}a_{52},\quad a_{13}a_{25}a_{32}a_{41}a_{54},\quad a_{13}a_{25}a_{34}a_{42}a_{51}$$

例 6 计算下列排列的逆序数,并讨论奇偶性.

(1) $n(n-1)\cdots21$;　　(2) $135\cdots(2n-1)2n(2n-2)\cdots42$.

解 (1) $\tau(n(n-1)\cdots21)=(n-1)+(n-2)+\cdots+2+1+0=\dfrac{n(n-1)}{2}$,该排列当 $n=4k,n=4k+1$ 时为偶排列,当 $n=4k+2,n=4k+3$ 时为奇排列.

(2) 对于排列 $135\cdots(2n-1)2n(2n-2)\cdots42$ 中,前面 n 个数字 $13\cdots(2n-1)$ 为顺序排法,只考虑后 n 个偶数的逆序数就行了,故 $\tau(13\cdots(2n-1)2n(2n-2)\cdots42)=0+2+4+\cdots+(2n-2)=2(1+2+\cdots+n-1)=n(n-1)$,无论 n 为奇数或偶数,$n(n-1)$为偶数,故该排列为偶排列.

例 7 用定义计算五阶行列式:

$$D_5=\begin{vmatrix} 0 & a_{12} & a_{13} & 0 & 0 \\ a_{21} & a_{22} & a_{23} & a_{24} & a_{25} \\ a_{31} & a_{32} & a_{33} & a_{34} & a_{35} \\ 0 & a_{42} & a_{43} & 0 & 0 \\ 0 & a_{52} & a_{53} & 0 & 0 \end{vmatrix}$$

其中,第 2,3 行及第 2,3 列上的元素都不等于零.

解 D_5 中各行非零元素的列标分别可取以下各值:

$$p_1=2,3;\quad p_2=1,2,3,4,5;\quad p_3=1,2,3,4,5;\quad p_4=2,3;\quad p_5=2,3$$

在上述可能取的数值中,不能组成任何一个五元排列 $p_1p_2p_3p_4p_5$,即 D_5 的每项 5 个元素中,必至少含有一个零元素,由行列式的定义可知,$D_5=0$.

例 8 计算 n 阶行列式：

$$D_n=\begin{vmatrix} 0 & 0 & \cdots & 0 & a_1 & 0 \\ 0 & 0 & \cdots & a_2 & 0 & 0 \\ \vdots & \vdots & & \vdots & \vdots & \vdots \\ 0 & a_{n-2} & \cdots & 0 & 0 & 0 \\ a_{n-1} & 0 & \cdots & 0 & 0 & 0 \\ 0 & 0 & \cdots & 0 & 0 & a_n \end{vmatrix}$$

其中，$a_i\neq 0(i=1,2,\cdots,n)$.

解 因为该行列式中每一行及每一列只有一个非零元素，由 n 阶行列式定义知，D_n 只含一项 $a_1a_2\cdots a_{n-2}a_{n-1}a_n$，其中元素的下标正好是它们所在行的下标，已是一个标准排列. 而它们所在列的下标构成的排列为 $(n-1)(n-2)\cdots 2\cdot 1\cdot n$，这个排列的逆序数

$$\tau[(n-1)(n-2)\cdots 2\cdot 1\cdot n]=\frac{(n-1)(n-2)}{2}$$

故

$$D_n=(-1)^{\frac{(n-1)(n-2)}{2}}a_1a_2\cdots a_{n-2}\cdot a_{n-1}\cdot a_n$$

例 9 试求 $f(x)$ 中 x^4 的系数，已知

$$f(x)=\begin{vmatrix} -x & 3 & 1 & 3 & 0 \\ x & 3 & 2x & 11 & 4 \\ -1 & x & 0 & 4 & 3x \\ 2 & 21 & 4 & x & 5 \\ 1 & -7x & 3 & -1 & 2 \end{vmatrix}$$

解一 $f(x)$ 中含 x 为因子的元素有

$$a_{11}=-x,\quad a_{21}=x,\quad a_{23}=2x,\quad a_{32}=x,\quad a_{35}=3x,\quad a_{44}=x,\quad a_{52}=-7x$$

因而，含有 x 为因子的元素 a_{ij_i} 的列下标取

$$j_1=1;j_2=1,3;j_3=2,5;j_4=4;j_5=2$$

于是，含 x^4 的项中元素 a_{ij_i} 的列下标只能取

$$j_1=1,j_2=3,j_3=2,j_4=4 \text{ 与 } j_2=1,j_3=5,j_4=4,j_5=2$$

相应的五元排列只有 13245，31542. 含 x^4 的相应项为

$$(-1)^{\tau(13245)}a_{11}a_{23}a_{32}a_{44}a_{55}=4x^4$$

$$(-1)^{\tau(31542)}a_{13}a_{21}a_{35}a_{44}a_{52}=21x^4$$

故 $f(x)$ 中 x^4 的系数为 $21+4=25$.

解二 将 $f(x)$ 化成含 x 的元素位于不同行、不同列的行列式，于是将这些元素相乘，即可求出 x^4 的系数. 为此将 $a_{21}=x$ 及 $a_{32}=x$ 变成零元素，得到

$$f(x)=\begin{vmatrix} -x & 3 & 1 & 3 & 0 \\ 0 & 6 & 2x+1 & 14 & 4 \\ -6/7 & 0 & 3/7 & 27/7 & 3x+2/7 \\ 2 & 21 & 4 & x & 5 \\ 1 & -7x & 3 & -1 & 2 \end{vmatrix}$$

x^4 的系数是下列两项系数的和：

$$(-1)^{\tau(13542)}(-x)\cdot 1\cdot (3x)\cdot x\cdot (-7x)=21x^4$$

$$(-1)^{\tau(13542)}(-x)\cdot (2x)\cdot (2/7)\cdot x\cdot (-7x)=4x^4$$

故所求系数为 $21+4=25$.

解三 将 $f(x)$化成 x 只位于主对角线上的行列式.为此，将 $f(x)$的第 1 行加到第 2 行、第 5 行加上第 3 行的 7 倍，再将所得行列式的第 5 列减去第 2 列的 3 倍，最后将新行列式的第 2,3 行对调，得到

$$f(x)=-\begin{vmatrix} -x & 3 & 1 & 3 & -9 \\ -1 & x & 0 & 4 & 0 \\ 0 & 6 & 2x+1 & 14 & -14 \\ 2 & 21 & 4 & x & -58 \\ -6 & 0 & 3 & 27 & 21x+2 \end{vmatrix}$$

含 x^4 的两项分别为

$$(-1)\cdot(-x)\cdot x\cdot(2x)\cdot x\cdot 2$$

$$(-1)\cdot(-x)\cdot x\cdot 1\cdot x\cdot(21x)$$

故 $f(x)$中含 x^4 的系数为 $4+21=25$.

例 10 计算下列行列式：

(1) $D_1=\begin{vmatrix} 1 & 1 & 1 & 1 \\ 1 & 2 & 3 & 4 \\ 1 & 3 & 5 & 7 \\ 1 & 4 & 10 & 20 \end{vmatrix}$； (2) $D_2=\begin{vmatrix} 1 & 1 & 1 & 0 \\ 1 & 1 & 0 & 1 \\ 1 & 0 & 1 & 1 \\ 0 & 1 & 1 & 1 \end{vmatrix}$.

解 (1) 利用消元性质，将第 1 行的 -1 倍加到第 2,3,4 行上，再由第 2,3 行成比例，得

$$D_1=\begin{vmatrix} 1 & 1 & 1 & 1 \\ 0 & 1 & 2 & 3 \\ 0 & 2 & 4 & 6 \\ 0 & 3 & 9 & 19 \end{vmatrix}=0$$

(2) **分析** 此题属低阶行列式的计算.由于行列式除次对角线上的元素全为 0 外，其余元素均为 1，可据此特点化为上(或下)三角行列式，或利用各行(列)和都是 3 来化为三角行列式.

解一
$$\begin{vmatrix}1&1&1&0\\1&1&0&1\\1&0&1&1\\0&1&1&1\end{vmatrix}\xlongequal[i=2,3]{r_i-r_1}\begin{vmatrix}1&1&1&0\\0&0&-1&1\\0&-1&0&1\\0&1&1&1\end{vmatrix}\xlongequal{r_2\leftrightarrow r_3}-\begin{vmatrix}1&1&1&0\\0&-1&0&1\\0&0&-1&1\\0&1&1&1\end{vmatrix}$$

$$\xlongequal{r_4+r_2+r_3}-\begin{vmatrix}1&1&1&0\\0&-1&0&1\\0&0&-1&1\\0&0&0&3\end{vmatrix}=-3$$

解二
$$\begin{vmatrix}1&1&1&0\\1&1&0&1\\1&0&1&1\\0&1&1&1\end{vmatrix}\xlongequal{c_1+c_2+c_3+c_4}\begin{vmatrix}3&1&1&0\\3&1&0&1\\3&0&1&1\\3&1&1&1\end{vmatrix}=3\begin{vmatrix}1&1&1&0\\1&1&0&1\\1&0&1&1\\1&1&1&1\end{vmatrix}$$

$$=3\begin{vmatrix}1&1&1&0\\0&0&-1&1\\0&-1&0&1\\0&0&0&1\end{vmatrix}$$

$$\xlongequal{r_2\leftrightarrow r_3}-3\begin{vmatrix}1&1&1&0\\0&-1&0&1\\0&0&-1&1\\0&0&0&1\end{vmatrix}=-3$$

例 11 设 $abcd=1$,计算行列式

$$D=\begin{vmatrix}a^2+\frac{1}{a^2}&a&\frac{1}{a}&1\\b^2+\frac{1}{b^2}&b&\frac{1}{b}&1\\c^2+\frac{1}{c^2}&c&\frac{1}{c}&1\\d^2+\frac{1}{d^2}&d&\frac{1}{d}&1\end{vmatrix}$$

解
$$D=\begin{vmatrix}a^2&a&\frac{1}{a}&1\\b^2&b&\frac{1}{b}&1\\c^2&c&\frac{1}{c}&1\\d^2&d&\frac{1}{d}&1\end{vmatrix}+\begin{vmatrix}\frac{1}{a^2}&a&\frac{1}{a}&1\\\frac{1}{b^2}&b&\frac{1}{b}&1\\\frac{1}{c^2}&c&\frac{1}{c}&1\\\frac{1}{d^2}&d&\frac{1}{d}&1\end{vmatrix}$$

$$=abcd\begin{vmatrix} a & 1 & \frac{1}{a^2} & \frac{1}{a} \\ b & 1 & \frac{1}{b^2} & \frac{1}{b} \\ c & 1 & \frac{1}{c^2} & \frac{1}{c} \\ d & 1 & \frac{1}{d^2} & \frac{1}{d} \end{vmatrix}+(-1)^3\begin{vmatrix} a & 1 & \frac{1}{a^2} & \frac{1}{a} \\ b & 1 & \frac{1}{b^2} & \frac{1}{b} \\ c & 1 & \frac{1}{c^2} & \frac{1}{c} \\ d & 1 & \frac{1}{d^2} & \frac{1}{d} \end{vmatrix}=0$$

例 12 计算行列式

$$D=\begin{vmatrix} 1 & -1 & 1 & x-1 \\ 1 & -1 & 1+x & -1 \\ 1 & x-1 & 1 & -1 \\ 1+x & -1 & 1 & -1 \end{vmatrix}$$

解 行列式每行元素之和都为 x,故把第 2,3,4 列都加到第 1 列上,提取因子.

$$D=\begin{vmatrix} x & -1 & 1 & x-1 \\ x & -1 & 1+x & -1 \\ x & x-1 & 1 & -1 \\ x & -1 & 1 & -1 \end{vmatrix}=x\begin{vmatrix} 1 & -1 & 1 & x-1 \\ 1 & -1 & 1+x & -1 \\ 1 & x-1 & 1 & -1 \\ 1 & -1 & 1 & -1 \end{vmatrix}$$

将第 1 行的 -1 倍加到各行上,得

$$D=x\begin{vmatrix} 1 & -1 & 1 & x-1 \\ 0 & 0 & x & -x \\ 0 & x & 0 & -x \\ 0 & 0 & 0 & -x \end{vmatrix}=x^4\begin{vmatrix} 1 & -1 & 1 & x-1 \\ 0 & 0 & 1 & -1 \\ 0 & 1 & 0 & -1 \\ 0 & 0 & 0 & -1 \end{vmatrix}=-x^4\begin{vmatrix} 1 & 1 & -1 & x-1 \\ 0 & 1 & 0 & -1 \\ 0 & 0 & 1 & -1 \\ 0 & 0 & 0 & -1 \end{vmatrix}=x^4$$

例 13 计算 n 阶行列式

$$D_n=\begin{vmatrix} 2 & 1 & 1 & \cdots & 1 \\ 1 & 2 & 1 & \cdots & 1 \\ 1 & 1 & 2 & \cdots & 1 \\ \vdots & \vdots & \vdots & & \vdots \\ 1 & 1 & 1 & \cdots & 2 \end{vmatrix}$$

解一 因为这个 n 阶行列式中每一列中的 n 个元素之和都为 $n+1$,所以将第 2,3,…,n 行元素都加到第 1 行上,得

$$D_n=\begin{vmatrix} n+1 & n+1 & n+1 & \cdots & n+1 \\ 1 & 2 & 1 & \cdots & 1 \\ 1 & 1 & 2 & \cdots & 1 \\ \vdots & \vdots & \vdots & & \vdots \\ 1 & 1 & 1 & \cdots & 2 \end{vmatrix}=(n+1)\begin{vmatrix} 1 & 1 & 1 & \cdots & 1 \\ 1 & 2 & 1 & \cdots & 1 \\ 1 & 1 & 2 & \cdots & 1 \\ \vdots & \vdots & \vdots & & \vdots \\ 1 & 1 & 1 & \cdots & 2 \end{vmatrix}$$

$$\xlongequal[i=2,3,\cdots,n]{r_i-r_1}(n+1)\begin{vmatrix}1&1&1&\cdots&1\\0&1&0&\cdots&0\\0&0&1&\cdots&0\\\vdots&\vdots&\vdots&&\vdots\\0&0&0&\cdots&1\end{vmatrix}=n+1$$

解二 利用 n 阶行列式的性质化简.

$$D_n\xlongequal[i=2,3,\cdots,n]{r_i-r_1}\begin{vmatrix}2&1&1&\cdots&1\\-1&1&0&\cdots&0\\-1&0&1&\cdots&0\\\vdots&\vdots&\vdots&&\vdots\\-1&0&0&\cdots&1\end{vmatrix}\xlongequal{c_1+c_2+\cdots+c_n}\begin{vmatrix}n+1&1&1&\cdots&1\\0&1&0&\cdots&0\\0&0&1&\cdots&0\\\vdots&\vdots&\vdots&&\vdots\\0&0&0&\cdots&1\end{vmatrix}$$

$$=n+1$$

例 14 用行列式性质证明：

(1) $\begin{vmatrix}a_1+kb_1&b_1+c_1&c_1\\a_2+kb_2&b_2+c_2&c_2\\a_3+kb_3&b_3+c_3&c_3\end{vmatrix}=\begin{vmatrix}a_1&b_1&c_1\\a_2&b_2&c_2\\a_3&b_3&c_3\end{vmatrix}$；

(2) $\begin{vmatrix}b_1+c_1&c_1+a_1&a_1+b_1\\b_2+c_2&c_2+a_2&a_2+b_2\\b_3+c_3&c_3+a_3&a_3+b_3\end{vmatrix}=2\begin{vmatrix}a_1&b_1&c_1\\a_2&b_2&c_2\\a_3&b_3&c_3\end{vmatrix}$.

证 (1) **证一** 直接利用行列式性质从右边化到左边,即

$$\begin{vmatrix}a_1&b_1&c_1\\a_2&b_2&c_2\\a_3&b_3&c_3\end{vmatrix}=\begin{vmatrix}a_1+kb_1&b_1&c_1\\a_2+kb_2&b_2&c_2\\a_3+kb_3&b_3&c_3\end{vmatrix}=\begin{vmatrix}a_1+kb_1&b_1+c_1&c_1\\a_2+kb_2&b_2+c_2&c_2\\a_3+kb_3&b_3+c_3&c_3\end{vmatrix}$$

证二 在等式左端的行列式中去掉与第 3 列成比例的分列,再在新行列式中去掉与第 2 列成比例的分列,得到

$$\begin{vmatrix}a_1+kb_1&b_1+c_1&c_1\\a_2+kb_2&b_2+c_2&c_2\\a_3+kb_3&b_3+c_3&c_3\end{vmatrix}=\begin{vmatrix}a_1+kb_1&b_1&c_1\\a_2+kb_2&b_2&c_2\\a_3+kb_3&b_3&c_3\end{vmatrix}=\begin{vmatrix}a_1&b_1&c_1\\a_2&b_2&c_2\\a_3&b_3&c_3\end{vmatrix}$$

(2) 因左端行列式的各列均为两数的和,故可将它拆成两行列式之和,再利用去掉成比例的分列证之.

$$\begin{vmatrix}b_1+c_1&c_1+a_1&a_1+b_1\\b_2+c_2&c_2+a_2&a_2+b_2\\b_3+c_3&c_3+a_3&a_3+b_3\end{vmatrix}=\begin{vmatrix}b_1&c_1+a_1&a_1+b_1\\b_2&c_2+a_2&a_2+b_2\\b_3&c_3+a_3&a_3+b_3\end{vmatrix}+\begin{vmatrix}c_1&c_1+a_1&a_1+b_1\\c_2&c_2+a_2&a_2+b_2\\c_3&c_3+a_3&a_3+b_3\end{vmatrix}$$

$$=\begin{vmatrix} b_1 & c_1+a_1 & a_1 \\ b_2 & c_2+a_2 & a_2 \\ b_3 & c_3+a_3 & a_3 \end{vmatrix}+\begin{vmatrix} c_1 & a_1 & a_1+b_1 \\ c_2 & a_2 & a_2+b_2 \\ c_3 & a_3 & a_3+b_3 \end{vmatrix}$$

$$=\begin{vmatrix} b_1 & c_1 & a_1 \\ b_2 & c_2 & a_2 \\ b_3 & c_3 & a_3 \end{vmatrix}+\begin{vmatrix} c_1 & a_1 & b_1 \\ c_2 & a_2 & b_2 \\ c_3 & a_3 & b_3 \end{vmatrix}$$

$$=(-1)^2\begin{vmatrix} a_1 & b_1 & c_1 \\ a_2 & b_2 & c_2 \\ a_3 & b_3 & c_3 \end{vmatrix}+(-1)^2\begin{vmatrix} a_1 & b_1 & c_1 \\ a_2 & b_2 & c_2 \\ a_3 & b_3 & c_3 \end{vmatrix}$$

$$=2\begin{vmatrix} a_1 & b_1 & c_1 \\ a_2 & b_2 & c_2 \\ a_3 & b_3 & c_3 \end{vmatrix}$$

例 15 用行列式性质证明：

$$D=\begin{vmatrix} 0 & a & b \\ -a & 0 & c \\ -b & -c & 0 \end{vmatrix}=0$$

证 所给行列式为三阶反对称行列式. 从 D 的各行提出公因子-1,得到

$$D=(-1)^3\begin{vmatrix} 0 & -a & -b \\ a & 0 & -c \\ b & c & 0 \end{vmatrix}=(-1)^3D^{\mathrm{T}}=-D^{\mathrm{T}}$$

又因 $D=D^{\mathrm{T}}$,故 $D+D^{\mathrm{T}}=2D=0$,即 $D=0$.

一般设 $a_{ij}=-a_{ji}$,则

$$D=\begin{vmatrix} 0 & a_{12} & \cdots & a_{1n} \\ a_{21} & 0 & \cdots & a_{2n} \\ \vdots & \vdots & & \vdots \\ a_{n1} & a_{n2} & \cdots & 0 \end{vmatrix}=\begin{vmatrix} 0 & -a_{21} & \cdots & -a_{n1} \\ -a_{12} & 0 & \cdots & -a_{n2} \\ \vdots & \vdots & & \vdots \\ -a_{1n} & -a_{2n} & \cdots & 0 \end{vmatrix}$$

$$=(-1)^n\begin{vmatrix} 0 & a_{21} & \cdots & a_{n1} \\ a_{12} & 0 & \cdots & a_{n2} \\ \vdots & \vdots & & \vdots \\ a_{1n} & a_{2n} & \cdots & 0 \end{vmatrix}=(-1)^nD^{\mathrm{T}}=(-1)^nD$$

因 n 为奇数,故 $D=-D$,即 $D=0$.

此题可概括为结论:奇数阶反对称行列式等于零.

值得注意的是,对称行列式和偶数阶反对称行列式不一定等于零. 例如,四阶反对称行列式

$$D=\begin{vmatrix}0 & b & c & d\\ -b & 0 & -d & c\\ -c & d & 0 & -b\\ -d & -c & b & 0\end{vmatrix}=(b^2+c^2+d^2)^2$$

事实上,由两个同阶行列式的乘法规则(与矩阵乘法规则相同)得

$$D^2=D\cdot D^{\mathrm{T}}=\begin{vmatrix}0 & b & c & d\\ -b & 0 & -d & c\\ -c & d & 0 & -b\\ -d & -c & b & 0\end{vmatrix}\begin{vmatrix}0 & -b & -c & -d\\ b & 0 & d & -c\\ c & -d & 0 & b\\ d & c & -b & 0\end{vmatrix}$$

$$=\begin{vmatrix}b^2+c^2+d^2 & 0 & 0 & 0\\ 0 & b^2+c^2+d^2 & 0 & 0\\ 0 & 0 & b^2+c^2+d^2 & 0\\ 0 & 0 & 0 & b^2+c^2+d^2\end{vmatrix}$$

$$=(b^2+c^2+d^2)^4$$

即
$$D=\pm(b^2+c^2+d^2)^2$$

因 D 中 b^4 一项为 $(-1)^{\tau(2143)}a_{12}a_{21}a_{34}a_{43}=(-1)^2b^4=b^4$,故 b^4 的系数为 1,所以必取正号,即 $D=(b^2+c^2+d^2)^2$.

例 16　计算下列行列式:

(1) $D=\begin{vmatrix}a_1-b & a_1 & a_1 & a_1\\ a_2 & a_2-b & a_2 & a_2\\ a_3 & a_3 & a_3-b & a_3\\ a_4 & a_4 & a_4 & a_4-b\end{vmatrix}$;

(2) $D=\begin{vmatrix}0 & 1 & 1 & \cdots & 1 & 1\\ 1 & 0 & 1 & \cdots & 1 & 1\\ 1 & 1 & 0 & \cdots & 1 & 1\\ \vdots & \vdots & \vdots & & \vdots & \vdots\\ 1 & 1 & 1 & \cdots & 1 & 0\end{vmatrix}$.

解　(1) D 为列和相等的四阶行列式,将各行加到第 1 行,提取公因式,去掉与第 1 行成比例的分行,化成上三角行列式,即得其值为

$$D=\begin{vmatrix}\sum_{i=1}^{4}a_i-b & \sum_{i=1}^{4}a_i-b & \sum_{i=1}^{4}a_i-b & \sum_{i=1}^{4}a_i-b\\ a_2 & a_2-b & a_2 & a_2\\ a_3 & a_3 & a_3-b & a_3\\ a_4 & a_4 & a_4 & a_4-b\end{vmatrix}$$

$$= \left(\sum_{i=1}^{4} a_i - b\right)\begin{vmatrix} 1 & 1 & 1 & 1 \\ a_2 & a_2 - b & a_2 & a_2 \\ a_3 & a_3 & a_3 - b & a_3 \\ a_4 & a_4 & a_4 & a_4 - b \end{vmatrix}$$

$$\xlongequal[i=2,3,4]{r_i + (-a_i)r_1} \left(\sum_{i=1}^{4} a_i - b\right)\begin{vmatrix} 1 & 1 & 1 & 1 \\ 0 & -b & 0 & 0 \\ 0 & 0 & -b & 0 \\ 0 & 0 & 0 & -b \end{vmatrix}$$

$$= \left(\sum_{i=1}^{4} a_i - b\right)(-1)^3 b^3 = -\left(\sum_{i=1}^{4} a_i - b\right)b^3$$

(2) D 是行和与列和都相等的行列式.将各列加到第 1 列,提取公因式,去掉与第 1 列成比例的分列,化为三角行列式,得

$$D = (n-1)\begin{vmatrix} 1 & 1 & 1 & \cdots & 1 \\ 1 & 0 & 1 & \cdots & 1 \\ 1 & 1 & 0 & \cdots & 1 \\ \vdots & \vdots & \vdots & & \vdots \\ 1 & 1 & 1 & \cdots & 0 \end{vmatrix} = (n-1)\begin{vmatrix} 1 & 0 & 0 & \cdots & 0 \\ 1 & -1 & 0 & \cdots & 0 \\ 1 & 0 & -1 & \cdots & 0 \\ \vdots & \vdots & \vdots & & \vdots \\ 1 & 0 & 0 & \cdots & -1 \end{vmatrix}$$

$$= (-1)^{n-1}(n-1)$$

例 17 计算:

$$D_4 = \begin{vmatrix} a & b & c & d \\ b & a & d & c \\ c & d & a & b \\ d & c & b & a \end{vmatrix}$$

解 将 D_4 的第 2,3,4 行都加到第 1 行,并从第 1 行中提取公因子 $a+b+c+d$,得

$$D_4 = (a+b+c+d)\begin{vmatrix} 1 & 1 & 1 & 1 \\ b & a & d & c \\ c & d & a & b \\ d & c & b & a \end{vmatrix}$$

再将第 2,3,4 列都减去第 1 列,得

$$D_4 = (a+b+c+d)\begin{vmatrix} 1 & 0 & 0 & 0 \\ b & a-b & d-b & c-b \\ c & d-c & a-c & b-c \\ d & c-d & b-d & a-d \end{vmatrix}$$

按第 1 行展开,得

$$D_4=(a+b+c+d)\begin{vmatrix} a-b & d-b & c-b \\ d-c & a-c & b-c \\ c-d & b-d & a-d \end{vmatrix}$$

把上面右端行列式第 2 行加到第 1 行，再从第 1 行中提取公因子 $a-b-c+d$，得

$$D_4=(a+b+c+d)(a-b-c+d)\begin{vmatrix} 1 & 1 & 0 \\ d-c & a-c & b-c \\ c-d & b-d & a-d \end{vmatrix}$$

再将第 2 列减去第 1 列，得

$$D_4=(a+b+c+d)(a-b-c+d)\begin{vmatrix} 1 & 0 & 0 \\ d-c & a-d & b-c \\ c-d & b-c & a-d \end{vmatrix}$$

按第 1 行展开，得

$$\begin{aligned} D_4 &=(a+b+c+d)(a-b-c+d)\begin{vmatrix} a-d & b-c \\ b-c & a-d \end{vmatrix} \\ &=(a+b+c+d)(a-b-c+d)[(a-d)^2-(b-c)^2] \\ &=(a+b+c+d)(a-b-c+d)(a+b-c-d)(a-b+c-d) \end{aligned}$$

例 18 计算下列行列式：

(1) $D_n=\begin{vmatrix} a_1 & e_2 & e_3 & \cdots & e_n \\ b_2 & a_2 & 0 & \cdots & 0 \\ b_3 & 0 & a_3 & \cdots & 0 \\ \vdots & \vdots & \vdots & & \vdots \\ b_n & 0 & 0 & \cdots & a_n \end{vmatrix}(a_i\neq 0;i=2,3,\cdots,n)$；

(2) $D=\begin{vmatrix} 1+x & 1 & 1 & 1 \\ 1 & 1-x & 1 & 1 \\ 1 & 1 & 1+y & 1 \\ 1 & 1 & 1 & 1-y \end{vmatrix}$.

解 (1) 将第 j 列乘以 $-b_j/a_j(j=2,3,\cdots,n)$ 加到第 1 列上，化为上三角行列式：

$$D_n \xlongequal{-\sum\limits_{j=2}^{n}\frac{b_j}{a_j}e_j} \begin{vmatrix} a_1-\sum\limits_{j=2}^{n}(b_je_j/a_j) & e_2 & e_3 & \cdots & e_n \\ 0 & a_2 & 0 & \cdots & 0 \\ 0 & 0 & a_3 & \cdots & 0 \\ \vdots & \vdots & \vdots & & \vdots \\ 0 & 0 & 0 & \cdots & a_n \end{vmatrix}$$

$$=\left[a_1-\sum_{j=2}^{n}(b_je_j/a_j)\right]\prod_{i=2}^{n}a_i = k_1a_2a_3\cdots a_n$$

其中，$k_1 = a_1 - \sum_{j=2}^{n}(b_j e_j / a_j)$.

一般除主对角线上的元素外，其余元素全部相同的行列式都可化为爪形行列式，利用(1)的结果计算其值.

(2) $D \xlongequal[i=2,3,4]{c_i+(-1)c_1} \begin{vmatrix} 1+x & -x & -x & -x \\ 1 & -x & 0 & 0 \\ 1 & 0 & y & 0 \\ 1 & 0 & 0 & -y \end{vmatrix}$.

右端为爪形行列式，利用(1)的结论即得

$$D=\{(1+x)-[1\cdot(-x)/(-x)+1\cdot(-x)/y+1\cdot(-x)/(-y)]\}$$
$$\cdot(-x)\cdot y\cdot(-y)=(1+x-1)\cdot xy^2=x^2y^2$$

例 19 计算 n 阶行列式：

$$D_n=\begin{vmatrix} x_1 & a_2 & a_3 & \cdots & a_n \\ a_1 & x_2 & a_3 & \cdots & a_n \\ a_1 & a_2 & x_3 & \cdots & a_n \\ \vdots & \vdots & \vdots & & \vdots \\ a_1 & a_2 & a_3 & \cdots & x_n \end{vmatrix},x_i\neq a_i,i=1,2,\cdots,n$$

解 $D_n \xlongequal[i=2,3,\cdots,n]{r_i-r_1} \begin{vmatrix} x_1 & a_2 & a_3 & \cdots & a_n \\ a_1-x_1 & x_2-a_2 & 0 & \cdots & 0 \\ a_1-x_1 & 0 & x_3-a_3 & \cdots & 0 \\ \vdots & \vdots & \vdots & & \vdots \\ a_1-x_1 & 0 & 0 & \cdots & x_n-a_n \end{vmatrix}$（爪形行列式）

$$=\prod_{i=1}^{n}(x_i-a_i)\begin{vmatrix} \frac{x_1}{x_1-a_1} & \frac{a_2}{x_2-a_2} & \frac{a_3}{x_3-a_3} & \cdots & \frac{a_n}{x_n-a_n} \\ -1 & 1 & 0 & \cdots & 0 \\ -1 & 0 & 1 & \cdots & 0 \\ \vdots & \vdots & \vdots & & \vdots \\ -1 & 0 & 0 & \cdots & 1 \end{vmatrix}$$

$$\xlongequal{c_1+\sum_{j=2}^{n}c_j} \prod_{i=1}^{n}(x_i-a_i)\begin{vmatrix} 1+\sum_{k=1}^{n}\frac{a_k}{x_k-a_k} & \frac{a_2}{x_2-a_2} & \cdots & \frac{a_n}{x_n-a_n} \\ 0 & 1 & \cdots & 0 \\ \vdots & \vdots & & \vdots \\ 0 & 0 & \cdots & 1 \end{vmatrix}$$

$$=\left(1+\sum_{k=1}^{n}\frac{a_k}{x_k-a_k}\right)\prod_{i=1}^{n}(x_i-a_i)$$

例 20 计算下列行列式：

$$D_n=\begin{vmatrix} a_1+m_1 & a_2 & \cdots & a_n \\ a_1 & a_2+m_2 & \cdots & a_n \\ \vdots & \vdots & & \vdots \\ a_1 & a_2 & \cdots & a_n+m_n \end{vmatrix}$$

解 加边法. 将 D_n 添加一行一列，其值不变，得

$$D_n=D_{n+1}=\begin{vmatrix} 1 & a_1 & a_2 & \cdots & a_n \\ 0 & a_1+m_1 & a_2 & \cdots & a_n \\ 0 & a_1 & a_2+m_2 & \cdots & a_n \\ \vdots & \vdots & \vdots & & \vdots \\ 0 & a_1 & a_2 & \cdots & a_n+m_n \end{vmatrix}$$

然后将其化为爪形行列式，得

$$D_n \xlongequal[i=2,3,\cdots,n]{r_i+(-1)r_1} \begin{vmatrix} 1 & a_1 & a_2 & \cdots & a_n \\ -1 & m_1 & 0 & \cdots & 0 \\ -1 & 0 & m_2 & \cdots & 0 \\ \vdots & \vdots & \vdots & & \vdots \\ -1 & 0 & 0 & \cdots & m_n \end{vmatrix}$$

由例 18(1)题结论，作如下讨论.

当 $m_i=0$ 时，即得 $D_n=0$；

当 $\prod_{i=1}^{n} m_i \neq 0$ 时，得到

$$C_1=1+\sum_{i=1}^{n}\frac{a_i}{m_i},\qquad D_n=\left(1+\sum_{i=1}^{n}\frac{a_i}{m_i}\right)m_1m_2\cdots m_n$$

例 21 计算行列式：

(1) $D_n=\begin{vmatrix} x & -1 & 0 & \cdots & 0 & 0 \\ 0 & x & -1 & \cdots & 0 & 0 \\ \vdots & \vdots & \vdots & & \vdots & \vdots \\ 0 & 0 & 0 & \cdots & x & -1 \\ a_n & a_{n-1} & a_{n-2} & \cdots & a_2 & a_1 \end{vmatrix}$；

(2) $D_5=\begin{vmatrix} 1-a & a & 0 & 0 & 0 \\ -1 & 1-a & a & 0 & 0 \\ 0 & -1 & 1-a & a & 0 \\ 0 & 0 & -1 & 1-a & a \\ 0 & 0 & 0 & -1 & 1-a \end{vmatrix}$.

解 (1) 按第 1 列展开后可得递推公式.

$$D_n=x\begin{vmatrix} x & -1 & & & \\ & x & -1 & & \\ & & \ddots & \ddots & \\ & & & x & -1 \\ a_{n-1} & a_{n-2} & \cdots & a_2 & a_1 \end{vmatrix}_{(n-1)\times(n-1)}$$

$$+(-1)^{n+1}a_n\begin{vmatrix} -1 & & & \\ x & -1 & & \\ & \ddots & \ddots & \\ & & x & -1 \end{vmatrix}_{(n-1)\times(n-1)}$$

$$=xD_{n-1}+(-1)^{2n}a_n=xD_{n-1}+a_n$$

继续用此公式递推下去,最后可得

$$D_n=xD_{n-1}+a_n=x(xD_{n-2}+a_{n-1})+a_n=x^2D_{n-2}+xa_{n-1}+a_n=\cdots$$
$$=x^{n-1}a_1+x^{n-2}a_2+\cdots+x^2a_{n-2}+xa_{n-1}+a_n$$

(2) 因划去 D_5 的第 1 行与第 1 列之后能得到与原行列式结构相同的低一阶(四阶)行列式,因而可用递推法计算.

$$D_5=\begin{vmatrix} 1-a & a & 0 & 0 & 0 \\ -1 & 1-a & a & 0 & 0 \\ 0 & -1 & 1-a & a & 0 \\ 0 & 0 & -1 & 1-a & a \\ 0 & 0 & 0 & -1 & -a \end{vmatrix}+\begin{vmatrix} 1-a & a & 0 & 0 & 0 \\ -1 & 1-a & a & 0 & 0 \\ 0 & -1 & 1-a & a & 0 \\ 0 & 0 & -1 & 1-a & 0 \\ 0 & 0 & 0 & -1 & 1 \end{vmatrix}$$

将上式右端第一个行列式的最后一行开始往上一行相加,得到其值等于 $(-1)^5a^5$,将第二个行列式按最后一列展开得到 D_4,于是有

$$D_5=(-1)^5a^5+D_4$$

同理,有 $$D_4=(-1)^4a^4+D_3,\quad D_3=(-1)^3a^3+D_2$$
$$D_2=(-1)^2a^2+D_1=a^2+(1-a)$$

故 $$D_5=1-a+a^2-a^3+a^4-a^5$$

形如"\\\"的行列式常称为三对角线行列式,除利用行列式性质(r_j+kr_i 或 c_j+kc_i)及展开化为三角行列式计算外,若划去其第 1 行与第 1 列之后能得到与原行列式结构相同的低一阶行列式,则还可利用递推法求其值.

例 22 计算行列式:

$$D_n=\begin{vmatrix} 1 & 2 & 3 & \cdots & n-1 & n \\ 1 & -1 & 0 & \cdots & 0 & 0 \\ 0 & 2 & -2 & \cdots & 0 & 0 \\ \vdots & \vdots & \vdots & & \vdots & \vdots \\ 0 & 0 & 0 & \cdots & -(n-2) & 0 \\ 0 & 0 & 0 & \cdots & n-1 & -(n-1) \end{vmatrix}$$

解 将第 2,3,…,n 列都加到第 1 列上去,有

$$D_n=\begin{vmatrix} \frac{n(n+1)}{2} & 2 & 3 & \cdots & n-1 & n \\ 0 & -1 & 0 & \cdots & 0 & 0 \\ 0 & 2 & -2 & \cdots & 0 & 0 \\ \vdots & \vdots & \vdots & & \vdots & \vdots \\ 0 & 0 & 0 & \cdots & -(n-2) & 0 \\ 0 & 0 & 0 & \cdots & n-1 & -(n-1) \end{vmatrix}$$

$$\xlongequal{\text{按 } c_1 \text{ 展开}} \frac{n(n+1)}{2}\begin{vmatrix} -1 & 0 & \cdots & 0 & 0 \\ 2 & -2 & \cdots & 0 & 0 \\ \vdots & \vdots & & \vdots & \vdots \\ 0 & 0 & \cdots & -(n-2) & 0 \\ 0 & 0 & \cdots & n-1 & -(n-1) \end{vmatrix}$$

$$=\frac{1}{2}(-1)^{n-1}(n+1)!$$

例 23 计算下列 n 阶行列式:

$$D_n=\begin{vmatrix} x_1 & a & a & \cdots & a & a \\ b & x_2 & a & \cdots & a & a \\ b & b & x_3 & \cdots & a & a \\ \vdots & \vdots & \vdots & & \vdots & \vdots \\ b & b & b & \cdots & x_{n-1} & a \\ b & b & b & \cdots & b & x_n \end{vmatrix} \quad (b\neq a)$$

分析 此行列式的特点是主对角线上方和下方元素分别相同,求解此类行列式的思路是:将 D_n 拆成两个行列式之和,找出用 D_{n-1} 表示 D_n 的表达式,然后利用行列式性质 $D_n^{\mathrm{T}}=D_n$,找出另一个用 D_{n-1} 表示 D_n 的式子,将两式联立,消去 D_{n-1},即可求出 D_n.

解 将 D_n 的第 n 列中的元素 a 写成 $a+0$,x_n 写成 $a+(x_n-a)$,依第 n 列将行列式拆成两个行列式之和,于是有

$$D_n=\begin{vmatrix} x_1 & a & a & \cdots & a & a \\ b & x_2 & a & \cdots & a & a \\ b & b & x_3 & \cdots & a & a \\ \vdots & \vdots & \vdots & & \vdots & \vdots \\ b & b & b & \cdots & b & a \end{vmatrix}+\begin{vmatrix} x_1 & a & a & \cdots & a & 0 \\ b & x_2 & a & \cdots & a & 0 \\ b & b & x_3 & \cdots & a & 0 \\ \vdots & \vdots & \vdots & & \vdots & \vdots \\ b & b & b & \cdots & b & x_n-a \end{vmatrix}$$

$$=a\begin{vmatrix} x_1-b & a-b & a-b & \cdots & a-b & 1 \\ 0 & x_2-b & a-b & \cdots & a-b & 1 \\ 0 & 0 & x_3-b & \cdots & a-b & 1 \\ \vdots & \vdots & \vdots & & \vdots & \vdots \\ 0 & 0 & 0 & \cdots & x_{n-1}-b & 1 \\ 0 & 0 & 0 & \cdots & 0 & 1 \end{vmatrix}+(x_n-a)D_{n-1}$$

$$=a(x_1-b)(x_2-b)\cdots(x_{n-1}-b)+(x_n-a)D_{n-1}$$

即

$$D_n=a\prod_{i=1}^{n-1}(x_i-b)+(x_n-a)D_{n-1} \tag{①}$$

因 $D_n^{\mathrm{T}}=D_n$，将式①中 a 与 b 互换，得

$$D_n=b\prod_{i=1}^{n-1}(x_i-a)+(x_n-b)D_{n-1} \tag{②}$$

当 $a\neq b$ 时，由式①$\times(x_n-b)-$式②$\times(x_n-a)$，得

$$D_n=\frac{a\prod\limits_{i=1}^{n}(x_i-b)-b\prod\limits_{i=1}^{n}(x_i-a)}{a-b}$$

注 若 $a=b$，可利用行列式性质将 D_n 化为"$\nwarrow$"形行列式，则有

$$D_n=\left(1+a\sum_{i=1}^{n}\frac{1}{x_i-a}\right)\prod_{i=1}^{n}(x_i-a)$$

例 24 （1）计算 $D_n=\begin{vmatrix} 1 & 1 & \cdots & 1 \\ 2 & 2^2 & \cdots & 2^n \\ 3 & 3^2 & \cdots & 3^n \\ \vdots & \vdots & & \vdots \\ n & n^2 & \cdots & n^n \end{vmatrix}$；

（2）计算 $n+1$ 阶行列式：

$$D_{n+1}=\begin{vmatrix} a_1^n & a_1^{n-1}b_1 & a_1^{n-2}b_1^2 & \cdots & a_1b_1^{n-1} & b_1^n \\ a_2^n & a_2^{n-1}b_2 & a_2^{n-2}b_2^2 & \cdots & a_2b_2^{n-1} & b_2^n \\ \vdots & \vdots & \vdots & & \vdots & \vdots \\ a_{n+1}^n & a_{n+1}^{n-1}b_{n+1} & a_{n+1}^{n-2}b_{n+1}^2 & \cdots & a_{n+1}b_{n+1}^{n-1} & b_{n+1}^n \end{vmatrix}$$

其中，$b_i\neq0,a_i\neq0(i=1,2,\cdots,n+1)$.

解 （1）D_n 中各行元素都分别是一个数的不同方幂，且方幂次数自左至右按递升次序排列，但不是从 0 变到 $n-1$，而是由 1 递升至 n. 若提取各行的公因数，则方幂次数便从 0 增至 $n-1$，于是得到

$$D_n=n!\begin{vmatrix}1&1&1&\cdots&1\\1&2&2^2&\cdots&2^{n-1}\\1&3&3^2&\cdots&3^{n-1}\\\vdots&\vdots&\vdots&&\vdots\\1&n&n^2&\cdots&n^{n-1}\end{vmatrix}$$

上述等式右端行列式为 n 阶范德蒙行列式，于是

$$\begin{aligned}D_n&=n!\ (2-1)(3-1)\cdots(n-1)\cdot(3-2)(4-2)\cdots(n-2)\cdots[n-(n-1)]\\&=n!\ (n-1)!\ (n-2)!\ \cdots2!\ \cdot1!\end{aligned}$$

(2) 提取 D_{n+1} 各行的公因式，得到

$$D_{n+1}=a_1^na_2^n\cdots a_{n+1}^n\times\begin{vmatrix}1&b_1/a_1&(b_1/a_1)^2&\cdots&(b_1/a_1)^n\\1&b_2/a_2&(b_2/a_2)^2&\cdots&(b_2/a_2)^n\\\vdots&\vdots&\vdots&&\vdots\\1&b_{n+1}/a_{n+1}&(b_{n+1}/a_{n+1})^2&\cdots&(b_{n+1}/a_{n+1})^n\end{vmatrix}$$

上式右端行列式是以新元素 $b_1/a_1,b_2/a_2,\cdots,b_{n+1}/a_{n+1}$ 为列元素的 $n+1$ 阶范德蒙德行列式. 从而

$$D_{n+1}=\prod_{i=1}^{n+1}a_i^n\prod_{n+1\geqslant i>j\geqslant1}(b_i/a_i-b_j/a_j)$$

例 25 计算 $\begin{vmatrix}a_1+\lambda_1&a_2&\cdots&a_n\\a_1&a_2+\lambda_2&\cdots&a_n\\\vdots&\vdots&&\vdots\\a_1&a_2&\cdots&a_n+\lambda_n\end{vmatrix}(\lambda_i\neq0)$.

解一 设题设行列式为 D_n，显然 D_n 中除主对角线上的元素外，其他各列元素都分别相同，可用加边法计算. 又各列元素除主对角线上的元素外分别为 1,1,…,1 的倍元，故可按如下加边计算：

$$D_{n+1}=\begin{vmatrix}1&0&0&\cdots&0\\1&a_1+\lambda_1&a_2&\cdots&a_n\\1&a_1&a_2+\lambda_2&\cdots&a_n\\\vdots&\vdots&\vdots&&\vdots\\1&a_1&a_2&\cdots&a_n+\lambda_n\end{vmatrix}$$

$$=\begin{vmatrix}1&-a_1&-a_2&\cdots&-a_n\\1&\lambda_1&0&\cdots&0\\1&0&\lambda_2&\cdots&0\\\vdots&\vdots&\vdots&&\vdots\\1&0&0&\cdots&\lambda_n\end{vmatrix}$$

$$=\prod_{i=1}^{n}\lambda_i\left(1+\sum_{j=1}^{n}a_j\lambda_j^{-1}\right)$$

解二 D_n 可看成除主对角线上的元素外，各行的对应元素分别都相同的行列式，因而各行分别为 $a_1,\cdots,a_{i-1},a_{i+1},\cdots,a_n$ 的倍元（1 倍），于是也可按如下加边法计算：

$$D_{n+1}=\begin{vmatrix}1 & a_1 & a_2 & \cdots & a_n\\ 0 & a_1+\lambda_1 & a_2 & \cdots & a_n\\ 0 & a_1 & a_2+\lambda_2 & \cdots & a_n\\ \vdots & \vdots & \vdots & & \vdots\\ 0 & a_1 & a_2 & \cdots & a_n+\lambda_n\end{vmatrix}=\begin{vmatrix}1 & a_1 & a_2 & \cdots & a_n\\ -1 & \lambda_1 & 0 & \cdots & 0\\ -1 & 0 & \lambda_2 & \cdots & 0\\ \vdots & \vdots & \vdots & & \vdots\\ -1 & 0 & 0 & \cdots & \lambda_n\end{vmatrix}$$

$$=\prod_{i=1}^{n}\lambda_i\left(1+\sum_{j=1}^{n}a_j\lambda_j^{-1}\right)$$

例 26 计算行列式：

$$D_{2n}=\begin{vmatrix}n & & & & & & & n+2\\ & n-1 & & & & & n+1 & \\ & & \ddots & & & \iddots & & \\ & & & 1 & 3 & & & \\ & & & 2 & 4 & & & \\ & & \iddots & & & \ddots & & \\ & n & & & & & n+2 & \\ n+1 & & & & & & & n+3\end{vmatrix}$$

解 $D_{2n}\xlongequal{\text{按 } r_1 \text{ 展开}} n\begin{vmatrix}n-1 & & & & & n+1 & 0\\ & \ddots & & & \iddots & & \\ & & 1 & 3 & & & \\ & & 2 & 4 & & & \\ & \iddots & & & \ddots & & \\ n & & & & & n+2 & \\ 0 & & & & & & n+3\end{vmatrix}$

$$+(-1)^{2n+1}(n+2)\begin{vmatrix}0 & n-1 & & & & & n+1\\ & & \ddots & & & \iddots & \\ & & & 1 & 3 & & \\ & & & 2 & 4 & & \\ & & \iddots & & & \ddots & \\ & n & & & & & n+2\\ n+1 & & & & & & 0\end{vmatrix}$$

$$=n(n+3)D_{2(n-1)}-(n+1)(n+2)D_{2(n-1)}=-2D_{2(n-1)}$$

所以

$$D_{2n}=-2D_{2(n-1)}=(-2)^2D_{2(n-2)}=\cdots=(-2)^{n-1}D_2=(-2)^{n-1}\begin{vmatrix}1&3\\2&4\end{vmatrix}=(-2)^n$$

例 27 设 $D=\begin{vmatrix}2&1&4&1\\3&-4&2&1\\1&2&-3&2\\5&0&6&2\end{vmatrix}$，求 $4A_{12}+2A_{22}-3A_{32}+6A_{42}$，其中 A_{i2} 为 D 中元素 $a_{i2}(i=1,2,3,4)$ 的代数余子式.

解一 因 4,2,−3,6 恰好为 D 中第 3 列元素，而 A_{12}，A_{22}，A_{32}，A_{42} 为 D 中第 2 列元素的代数余子式，故 $4A_{12}+2A_{22}-3A_{32}+6A_{42}=0$.

解二 因 A_{i2} 为 D 中元素 $a_{i2}(i=1,2,3,4)$ 的代数余子式，故将 D 中第 2 列元素依次换为 4,2,−3,6，即得

$$4A_{12}+2A_{22}-3A_{32}+6A_{42}=\begin{vmatrix}2&4&4&1\\3&2&2&1\\1&-3&-3&2\\5&6&6&2\end{vmatrix}=0$$

例 28 已知五阶行列式

$$D=\begin{vmatrix}4&4&4&1&1\\3&2&1&4&5\\3&3&3&2&2\\2&3&5&4&2\\4&5&6&1&3\end{vmatrix}$$

试求：(1) $A_{21}+A_{22}+A_{23}$；(2) $A_{24}+A_{25}$，其中，$A_{2j}(j=1,2,3,4,5)$ 是 D 中元素 a_{2j} 的代数余子式.

解 将行列式按行展开，有

$$a_{i1}A_{21}+a_{i2}A_{22}+a_{i3}A_{23}+a_{i4}A_{24}+a_{i5}A_{25}=0,\quad i=1,2,3,4,5$$

取 $i=1,3$，有

$$\begin{cases}a_{11}A_{21}+a_{12}A_{22}+a_{13}A_{23}+a_{14}A_{24}+a_{15}A_{25}=0\\a_{31}A_{21}+a_{32}A_{22}+a_{33}A_{23}+a_{34}A_{24}+a_{35}A_{25}=0\end{cases}$$

即

$$\begin{cases}4(A_{21}+A_{22}+A_{23})+(A_{24}+A_{25})=0\\3(A_{21}+A_{22}+A_{23})+2(A_{24}+A_{25})=0\end{cases}$$

解方程组，得

$$\begin{cases}A_{21}+A_{22}+A_{23}=0\\A_{24}+A_{25}=0\end{cases}$$

例 29 用克拉默法则解下列线性方程组：

$$\begin{cases}2x_1+x_2-5x_3+x_4=8\\x_1-3x_2-6x_4=9\\2x_2-x_3+2x_4=-5\\x_1+4x_2-7x_3+6x_4=0\end{cases}$$

解 所给方程组为方程个数与未知数个数相等的非齐次线性方程组，因方程组的系数行列式 $D=27\neq0$，故所给方程组有唯一解. 又将 D 中第 $j(j=1,2,3,4)$ 列元素分别换为方程组的常数项 8，9，−5，0 后得到的行列式记为 D_j，易求得

$$D_1=\begin{vmatrix}8&1&-5&1\\9&-3&0&-6\\-5&2&-1&2\\0&4&-7&6\end{vmatrix}=81,\quad D_2=\begin{vmatrix}2&8&-5&1\\1&9&0&-6\\0&-5&-1&2\\1&0&-7&6\end{vmatrix}=-108$$

$$D_3=\begin{vmatrix}2&1&8&1\\1&-3&9&-6\\0&2&-5&2\\1&4&0&6\end{vmatrix}=-27,\quad D_4=\begin{vmatrix}2&1&-5&8\\1&-3&0&9\\0&2&-1&-5\\1&4&-7&0\end{vmatrix}=27$$

从而方程组的唯一解为

$$x_1=D_1/D=3,\quad x_2=D_2/D=-4$$
$$x_3=D_3/D=-1,\quad x_4=D_4/D=1$$

例 30 若齐次线性方程组

$$\begin{cases}\lambda x_1+x_2+x_3=0\\x_1+\lambda x_2+x_3=0\\x_1+x_2+x_3=0\end{cases}$$

只有零解，则 λ 应满足的条件是什么？

解 因齐次线性方程组只有零解，故

$$D=\begin{vmatrix}\lambda&1&1\\1&\lambda&1\\1&1&1\end{vmatrix}=(1-\lambda)^2\neq0$$

即 $\lambda\neq1$.

例 31 问 λ 取何值时，下列齐次线性方程组有非零解？

$$\begin{cases}(1-\lambda)x_1-2x_2+4x_3=0\\2x_1+(3-\lambda)x_2+x_3=0\\x_1+x_2+(1-\lambda)x_3=0\end{cases}$$

解 令方程组的系数行列式

$$D=\begin{vmatrix} 1-\lambda & -2 & 4 \\ 2 & 3-\lambda & 1 \\ 1 & 1 & 1-\lambda \end{vmatrix}=0$$

为简化计算,先将 D 中一个常数元素消成零,提取 λ 的一次因式,得到

$$D\xlongequal{r_1+2r_3}\begin{vmatrix} -(\lambda-3) & 0 & -2(\lambda-3) \\ 2 & 3-\lambda & 1 \\ 1 & 1 & 1-\lambda \end{vmatrix}=(\lambda-3)\begin{vmatrix} -1 & 0 & 0 \\ 2 & 3-\lambda & -3 \\ 1 & 1 & -(\lambda+1) \end{vmatrix}$$

$$=-(\lambda-3)(\lambda-2)\cdot\lambda=0$$

故当 $\lambda=0,2,3$ 时,方程组有非零解.

例 32 求一个二次多项式 $f(x)$,使

$$f(1)=0,\quad f(2)=3,\quad f(-3)=28$$

解 设所求的二次多项式为

$$f(x)=ax^2+bx+c$$

由题意得

$$\begin{cases} f(1)=a+b+c=0 \\ f(2)=4a+2b+c=3 \\ f(-3)=9a-3b+c=28 \end{cases}$$

这是一个关于三个未知数 a,b,c 的线性方程组,而

$$D=-20\neq 0,\quad D_1=-40,\quad D_2=60,\quad D_3=-20$$

由克拉默法则,得

$$a=\frac{D_1}{D}=2,\quad b=\frac{D_2}{D}=-3,\quad c=\frac{D_3}{D}=1$$

于是,所求的多项式为

$$f(x)=2x^2-3x+1$$

五、课后习题解析

习 题 1.1

1. 计算下列行列式.

(1) $D=\begin{vmatrix} \cos\theta & \sin\theta \\ -\sin\theta & \cos\theta \end{vmatrix}$;

(2) $D=\begin{vmatrix} \lambda^2 & \lambda \\ 3 & 1 \end{vmatrix}$;

(3) $\begin{vmatrix} 2 & 1 & 2 \\ -4 & 3 & 1 \\ 2 & 3 & 5 \end{vmatrix}$.

解 （1）$D=\begin{vmatrix} \cos\theta & \sin\theta \\ -\sin\theta & \cos\theta \end{vmatrix}=\cos^2\theta+\sin^2\theta=1$

（2）$D=\begin{vmatrix} \lambda^2 & \lambda \\ 3 & 1 \end{vmatrix}=\lambda^2-3\lambda$

（3）由对角线法则有

$$\begin{vmatrix} 2 & 1 & 2 \\ -4 & 3 & 1 \\ 2 & 3 & 5 \end{vmatrix}=2\times3\times5+1\times1\times2+(-4)\times3\times2-2\times3\times2-1\times(-4)\times5-2\times3\times1$$

$$=30+2-24-12+20-6=10$$

2. 解三元线性方程组.

$$\begin{cases} 3x_1+2x_2-x_3=4 \\ 3x_1-2x_2+3x_3=8 \\ -x_1-3x_2+2x_3=-1 \end{cases}$$

解 用对角线法则计算行列式，得

$$D=\begin{vmatrix} 3 & 2 & -1 \\ 3 & -2 & 3 \\ -1 & -3 & 2 \end{vmatrix}=8, \quad D_1=\begin{vmatrix} 4 & 2 & -1 \\ 8 & -2 & 3 \\ -1 & -3 & 2 \end{vmatrix}=8$$

$$D_2=\begin{vmatrix} 3 & 4 & -1 \\ 3 & 8 & 3 \\ -1 & -1 & 2 \end{vmatrix}=16, \quad D_3=\begin{vmatrix} 3 & 2 & 4 \\ 3 & -2 & 8 \\ -1 & -3 & -1 \end{vmatrix}=24$$

可知
$$x_1=\frac{D_1}{D}=1, \quad x_2=\frac{D_2}{D}=2, \quad x_3=\frac{D_3}{D}=3$$

习　题　1.2

1. 求下列排列的逆序数和奇偶性.

(1) 653421；（2）24687531.

解

(1) $\tau[653421]=5+4+2+2+1+0=14$，偶排列.

(2) $\tau[24687531]=1+2+3+4+3+2+1=16$，偶排列.

2. 写出四阶行列式 $D=|a_{ij}|_{4\times4}$ 中含 $a_{13}a_{42}$ 的项.

解 根据 n 阶行列式的定义知：四阶行列式的项是取自不同行不同列的 4 个元素的乘积并冠以符号后的值，所以 $D=|a_{ij}|_{4\times4}$ 展开式中含 $a_{13}a_{42}$ 的项为

$$(-1)^{\tau(3412)}a_{13}a_{24}a_{31}a_{42}=(-1)^4a_{13}a_{24}a_{31}a_{42}=a_{13}a_{24}a_{31}a_{42}$$

$$(-1)^{\tau(3142)}a_{13}a_{21}a_{34}a_{42}=(-1)^3a_{13}a_{24}a_{32}a_{42}=-a_{13}a_{24}a_{32}a_{42}$$

3. 按定义计算下列行列式：

(1) $D_n=\begin{vmatrix} 0 & \cdots & 0 & 1 & 0 \\ 0 & \cdots & 2 & 0 & 0 \\ \vdots & & \vdots & \vdots & \vdots \\ n-1 & \cdots & 0 & 0 & 0 \\ 0 & \cdots & 0 & 0 & n \end{vmatrix}$；

(2) $D_n=\begin{vmatrix} 0 & 1 & 0 & \cdots & 0 \\ 0 & 0 & 2 & \cdots & 0 \\ \vdots & \vdots & \vdots & & \vdots \\ 0 & 0 & \cdots & 0 & n-1 \\ n & 0 & \cdots & & 0 \end{vmatrix}$.

解 (1) $D_n=(-1)^{\tau[(n-1)(n-2)\cdots 1n]}\cdot 1\cdot 2\cdots n=(-1)^{\frac{n(n-1)}{2}}n!$

(2) $D_n=(-1)^{\tau[2\cdot 3\cdots n\cdot 1]}\cdot 1\cdot 2\cdots n=(-1)^{n-1}\cdot n!$

习 题 1.3

1. 计算下列行列式：

(1) $D=\begin{vmatrix} 1 & 2 & 3 & 4 \\ 2 & 3 & 4 & 5 \\ 3 & 4 & 5 & 6 \\ 7 & 8 & 9 & 10 \end{vmatrix}$；

(2) $D=\begin{vmatrix} 0 & -1 & -1 & 2 \\ 1 & -1 & 0 & 2 \\ -1 & 2 & -1 & 0 \\ 2 & 1 & 1 & 0 \end{vmatrix}$；

(3) $D=\begin{vmatrix} a^2 & ab & b^2 \\ 2a & a+b & 2b \\ 1 & 1 & 1 \end{vmatrix}$.

解 (1) 将第 1 行的 −2 倍和 −3 倍分别加到第 2 行和第 3 行，得

$$D=\begin{vmatrix} 1 & 2 & 3 & 4 \\ 0 & -1 & -2 & -3 \\ 0 & -2 & -4 & -6 \\ 7 & 8 & 9 & 10 \end{vmatrix}=2\begin{vmatrix} 1 & 2 & 3 & 4 \\ 0 & -1 & -2 & -3 \\ 0 & -1 & -2 & -3 \\ 7 & 8 & 9 & 10 \end{vmatrix}$$

$=0$ （其中第 2 行和第 3 行元素相同）

(2) $D=\begin{vmatrix} 0 & -1 & -1 & 2 \\ 1 & -1 & 0 & 2 \\ -1 & 2 & -1 & 0 \\ 2 & 1 & 1 & 0 \end{vmatrix}=-\begin{vmatrix} 1 & -1 & 0 & 2 \\ 0 & -1 & -1 & 2 \\ -1 & 2 & -1 & 0 \\ 2 & 1 & 1 & 0 \end{vmatrix}$ （交换第 1、2 行；第 1 行 $\times 1$ 加到第 3 行，$\times(-2)$ 加到第 4 行）

$$=-\begin{vmatrix}1&-1&0&2\\0&-1&-1&2\\0&1&-1&2\\0&3&1&-4\end{vmatrix}\begin{matrix}\\ \times1\ \ \times3\\ \leftarrow\\ \leftarrow\end{matrix}=-\begin{vmatrix}1&-1&0&2\\0&-1&-1&2\\0&0&-2&4\\0&0&-2&2\end{vmatrix}\begin{matrix}\\ \\ \times(-1)\\ \leftarrow\end{matrix}$$

$$=-\begin{vmatrix}1&-1&0&2\\0&-1&-1&2\\0&0&-2&4\\0&0&0&-2\end{vmatrix}=-1\times(-1)\times(-2)\times(-2)=4$$

(3) $$D\xlongequal[c_2-c_3]{c_1-c_3}\begin{vmatrix}a^2-b^2&b(a-b)&b^2\\2(a-b)&a-b&2b\\0&0&1\end{vmatrix}\xlongequal{c_1-2c_2}\begin{vmatrix}(a-b)^2&b(a-b)&b^2\\0&a-b&2b\\0&0&1\end{vmatrix}$$

$$=(a-b)^3$$

2. 证明：$\begin{vmatrix}a_1+b_1&b_1+c_1&c_1+a_1\\a_2+b_2&b_2+c_2&c_2+a_2\\a_3+b_3&b_3+c_3&c_3+a_3\end{vmatrix}=2\begin{vmatrix}a_1&b_1&c_1\\a_2&b_2&c_2\\a_3&b_3&c_3\end{vmatrix}$.

证 $$\begin{vmatrix}a_1+b_1&b_1+c_1&c_1+a_1\\a_2+b_2&b_2+c_2&c_2+a_2\\a_3+b_3&b_3+c_3&c_3+a_3\end{vmatrix}=\begin{vmatrix}a_1&b_1+c_1&c_1+a_1\\a_2&b_2+c_2&c_2+a_2\\a_3&b_3+c_3&c_3+a_3\end{vmatrix}+\begin{vmatrix}b_1&b_1+c_1&c_1+a_1\\b_2&b_2+c_2&c_2+a_2\\b_3&b_3+c_3&c_3+a_3\end{vmatrix}$$

$$=\begin{vmatrix}a_1&b_1+c_1&c_1\\a_2&b_2+c_2&c_2\\a_3&b_3+c_3&c_3\end{vmatrix}+\begin{vmatrix}b_1&c_1&c_1+a_1\\b_2&c_2&c_2+a_2\\b_3&c_3&c_3+a_3\end{vmatrix}$$

$$=\begin{vmatrix}a_1&b_1&c_1\\a_2&b_2&c_2\\a_3&b_3&c_3\end{vmatrix}+\begin{vmatrix}b_1&c_1&a_1\\b_2&c_2&a_2\\b_3&c_3&a_3\end{vmatrix}$$

$$=\begin{vmatrix}a_1&b_1&c_1\\a_2&b_2&c_2\\a_3&b_3&c_3\end{vmatrix}+\begin{vmatrix}a_1&b_1&c_1\\a_2&b_2&c_2\\a_3&b_3&c_3\end{vmatrix}=2\begin{vmatrix}a_1&b_1&c_1\\a_2&b_2&c_2\\a_3&b_3&c_3\end{vmatrix}$$

3. 计算行列式：

$$D=\begin{vmatrix}a&b&c&d\\a&a+b&a+b+c&a+b+c+d\\a&2a+b&3a+2b+c&4a+3b+2c+d\\a&3a+b&6a+3b+c&10a+6b+3c+d\end{vmatrix}$$

解 $$D\xlongequal[r_2-r_1]{r_4-r_3,\ r_3-r_2}\begin{vmatrix}a&b&c&d\\0&a&a+b&a+b+c\\0&a&2a+b&3a+2b+c\\0&a&3a+b&6a+3b+c\end{vmatrix}\xlongequal[r_3-r_2]{r_4-r_3}\begin{vmatrix}a&b&c&d\\0&a&a+b&a+b+c\\0&0&a&2a+b\\0&0&a&3a+b\end{vmatrix}$$

$$\xlongequal{r_4-r_3}\begin{vmatrix} a & b & c & d \\ 0 & a & a+b & a+b+c \\ 0 & 0 & a & 2a+b \\ 0 & 0 & 0 & a \end{vmatrix}=a^4$$

4. 计算 n 阶行列式：

$$D=\begin{vmatrix} x & & & a \\ & x & & \\ & & \ddots & \\ a & & & x \end{vmatrix}$$

解 $D=\begin{vmatrix} x & & & a \\ & x & & \\ & & \ddots & \\ a & & & x \end{vmatrix}\xlongequal{c_n+\left(-\frac{a}{x}\right)c_1}\begin{vmatrix} x & & & & 0 \\ & x & & & \\ & & \ddots & & \\ & & & x & \\ a & & & & x-\frac{a^2}{x} \end{vmatrix}$

$$=x^{n-1}\left(x-\frac{a^2}{x}\right)=x^n-x^{n-2}a^2$$

5. 试证明：奇数阶反对称行列式 $D=\begin{vmatrix} 0 & a_{12} & \cdots & a_{1n} \\ -a_{12} & 0 & \cdots & a_{2n} \\ \vdots & \vdots & & \vdots \\ -a_{1n} & -a_{2n} & \cdots & 0 \end{vmatrix}=0.$

证 D 的转置行列式为 $D^{\mathrm{T}}=\begin{vmatrix} 0 & -a_{12} & \cdots & -a_{1n} \\ a_{12} & 0 & \cdots & -a_{2n} \\ \vdots & \vdots & & \vdots \\ a_{1n} & a_{2n} & \cdots & 0 \end{vmatrix}.$

从 D^{T} 中每一行提出一个公因子 -1，于是有

$$D^{\mathrm{T}}=(-1)^n\begin{vmatrix} 0 & a_{12} & \cdots & a_{1n} \\ -a_{12} & 0 & \cdots & a_{2n} \\ \vdots & \vdots & & \vdots \\ -a_{1n} & -a_{2n} & \cdots & 0 \end{vmatrix}=(-1)^nD$$

由 $D^{\mathrm{T}}=D$，有 $$D=(-1)^nD.$$

又由 n 为奇数，有

$$D=-D,\quad 即\quad 2D=0,D=0$$

习 题 1.4

1. 用行列式展开方法计算行列式.

$$D=\begin{vmatrix} 2 & 1 & -3 & -1 \\ 3 & 1 & 0 & 7 \\ -1 & 2 & 4 & -2 \\ 1 & 0 & -1 & 5 \end{vmatrix}$$

解 D 的第 4 行已有一个元素是零,有

$$D=\begin{vmatrix} 2 & 1 & -3 & -1 \\ 3 & 1 & 0 & 7 \\ -1 & 2 & 4 & -2 \\ 1 & 0 & -1 & 5 \end{vmatrix}=\begin{vmatrix} 2 & 1 & -1 & -11 \\ 3 & 1 & 3 & -8 \\ -1 & 2 & 3 & 3 \\ 1 & 0 & 0 & 0 \end{vmatrix}$$

$$=(-1)^{4+1}\begin{vmatrix} 1 & -1 & -11 \\ 1 & 3 & -8 \\ 2 & 3 & 3 \end{vmatrix}=-\begin{vmatrix} 1 & -1 & -11 \\ 0 & 4 & 3 \\ 0 & 5 & 25 \end{vmatrix}$$

$$=-(-1)^{1+1}\begin{vmatrix} 4 & 3 \\ 5 & 25 \end{vmatrix}=-85$$

2. 计算 n 阶行列式:

$$D=\begin{vmatrix} x & y & 0 & \cdots & 0 & 0 \\ 0 & x & y & \cdots & 0 & 0 \\ 0 & 0 & x & y & & \vdots \\ \vdots & \vdots & \ddots & \ddots & \ddots & \\ 0 & 0 & \cdots & 0 & x & y \\ y & 0 & 0 & \cdots & 0 & x \end{vmatrix}$$

解 按第 1 列展开,得

$$D=x\cdot(-1)^{1+1}\begin{vmatrix} x & y & 0 & \cdots & 0 & 0 \\ 0 & x & y & \cdots & 0 & 0 \\ 0 & 0 & x & \cdots & 0 & 0 \\ \vdots & \vdots & \vdots & & \vdots & \vdots \\ 0 & 0 & 0 & \cdots & x & y \\ 0 & 0 & 0 & \cdots & 0 & x \end{vmatrix}+y\cdot(-1)^{n+1}\begin{vmatrix} y & 0 & 0 & \cdots & 0 & 0 \\ x & y & 0 & \cdots & 0 & 0 \\ 0 & x & y & \cdots & 0 & 0 \\ \vdots & \vdots & \vdots & & \vdots & \vdots \\ 0 & 0 & 0 & \cdots & y & 0 \\ 0 & 0 & 0 & \cdots & x & y \end{vmatrix}$$

$$=x^n+(-1)^{n+1}y^n$$

3. 对于行列式 $\begin{vmatrix} a_1 & a_2 & a_3 & p \\ b_1 & b_2 & b_3 & p \\ c_1 & c_2 & c_3 & p \\ d_1 & d_2 & d_3 & p \end{vmatrix}$,计算代数余子式的线性组合 $A_{11}+A_{21}+A_{31}+A_{41}$.

解 $$A_{11}+A_{21}+A_{31}+A_{41}=\begin{vmatrix}1 & a_2 & a_3 & p\\ 1 & b_2 & b_3 & p\\ 1 & c_2 & c_3 & p\\ 1 & d_2 & d_3 & p\end{vmatrix}=0$$

4. 设 $f(x)=\begin{vmatrix}1 & 1 & 1 & 1\\ -1 & 3 & 0 & x\\ 1 & 9 & 0 & x^2\\ -1 & 27 & 0 & x^3\end{vmatrix}$,求方程 $f(x)=0$ 的根.

解 由范德蒙行列式知

$$f(x)=(x-0)(x-3)(x+1)(0-3)(0+1)(3+1)=-12x(x-3)(x+1)$$

所以 $x_1=-1,x_2=3,x_3=0$ 为方程 $f(x)=0$ 的根.

5. 证明:$\begin{vmatrix}a_{11} & a_{12} & 0 & 0\\ a_{21} & a_{22} & 0 & 0\\ c_{11} & c_{12} & b_{11} & b_{12}\\ c_{21} & c_{22} & b_{21} & b_{22}\end{vmatrix}=\begin{vmatrix}a_{11} & a_{12}\\ a_{21} & a_{22}\end{vmatrix}\cdot\begin{vmatrix}b_{11} & b_{12}\\ b_{21} & b_{22}\end{vmatrix}$.

证 将上面等式左端的行列式按第 1 行展开,得

$$\begin{vmatrix}a_{11} & a_{12} & 0 & 0\\ a_{21} & a_{22} & 0 & 0\\ c_{11} & c_{12} & b_{11} & b_{12}\\ c_{21} & c_{22} & b_{21} & b_{22}\end{vmatrix}=a_{11}\begin{vmatrix}a_{22} & 0 & 0\\ c_{12} & b_{11} & b_{12}\\ c_{22} & b_{21} & b_{22}\end{vmatrix}-a_{12}\begin{vmatrix}a_{21} & 0 & 0\\ c_{11} & b_{11} & b_{12}\\ c_{21} & b_{21} & b_{22}\end{vmatrix}$$

$$=a_{11}a_{22}\begin{vmatrix}b_{11} & b_{12}\\ b_{21} & b_{22}\end{vmatrix}-a_{12}a_{21}\begin{vmatrix}b_{11} & b_{12}\\ b_{21} & b_{22}\end{vmatrix}$$

$$=(a_{11}a_{22}-a_{12}a_{21})\begin{vmatrix}b_{11} & b_{12}\\ b_{21} & b_{22}\end{vmatrix}$$

$$=\begin{vmatrix}a_{11} & a_{12}\\ a_{21} & a_{22}\end{vmatrix}\cdot\begin{vmatrix}b_{11} & b_{12}\\ b_{21} & b_{22}\end{vmatrix}$$

习 题 1.5

1. 解下列线性方程组

$$\begin{cases}x_1+x_2+x_3+x_4=1\\ 2x_1+3x_2+4x_3+5x_4=1\\ 4x_1+9x_2+16x_3+25x_4=1\\ 8x_1+27x_2+64x_3+125x_4=1\end{cases}$$

解 方程组的系数行列式是范德蒙行列式

$$D=\begin{vmatrix}1&1&1&1\\2&3&4&5\\2^2&3^2&4^2&5^2\\2^3&3^3&4^3&5^3\end{vmatrix}=(5-4)(5-3)(5-2)(4-3)(4-2)(3-2)=12$$

D_1,D_2,D_3,D_4 也都是范德蒙行列式，如

$$D_1=\begin{vmatrix}1&1&1&1\\1&3&4&5\\1&3^2&4^2&5^2\\1&3^3&4^3&5^3\end{vmatrix}=(5-4)(5-3)(5-1)(4-3)(4-1)(3-1)=48$$

类似计算得 $D_2=-72, D_3=48, D_4=-12$，故由克拉默法则可知方程组有唯一解，且其解为：$x_1=4, x_2=-6, x_3=4, x_4=-1$.

2. 讨论下列齐次线性方程组的解.

$$\begin{cases}2x_1+2x_2-x_3=0\\x_1-2x_2+4x_3=0\\5x_1+8x_2-2x_3=0\end{cases}$$

解 因为该方程组的系数行列式 $D=\begin{vmatrix}2&2&-1\\1&-2&4\\5&8&-2\end{vmatrix}\neq0$，所以该齐次线性方程组仅有零解.

3. 设线性方程组 $\begin{cases}kx+y+z=0\\x+ky+z=0\\x+y+kz=0\end{cases}$ 有非零解，求 k 的值.

解 方程组的系数行列式

$$D=\begin{vmatrix}k&1&1\\1&k&1\\1&1&k\end{vmatrix}=(k+2)(k-1)^2$$

而齐次线性方程组有非零解的充要条件是系数行列式为零. 由 $D=0$ 可得

$$k=-2\quad 或\quad k=1$$

六、考研真题解析

1. 行列式

$$\begin{vmatrix}1&-1&1&x-1\\1&-1&x+1&-1\\1&x-1&1&-1\\x+1&-1&1&-1\end{vmatrix}=\underline{\qquad}.$$

解　把第 2,3,4 列均加到第 1 列,得

$$
\text{原式}=\begin{vmatrix} x & -1 & 1 & x-1 \\ x & -1 & x+1 & -1 \\ x & x-1 & 1 & -1 \\ x & -1 & 1 & -1 \end{vmatrix}=x\begin{vmatrix} 1 & -1 & 1 & x-1 \\ 1 & -1 & x+1 & -1 \\ 1 & x-1 & 1 & -1 \\ 1 & -1 & 1 & -1 \end{vmatrix}
$$

$$
\xlongequal[i=2,3,4]{c_i+(-1)^i c_1} x\begin{vmatrix} 1 & 0 & 0 & x \\ 1 & 0 & x & 0 \\ 1 & x & 0 & 0 \\ 1 & 0 & 0 & 0 \end{vmatrix}=x^4
$$

故应填 x^4.

2. 设 $\boldsymbol{A}$ 为 10×10 阶矩阵

$$
\boldsymbol{A}=\begin{pmatrix} 0 & 1 & 0 & \cdots & 0 & 0 \\ 0 & 0 & 1 & \cdots & 0 & 0 \\ \vdots & \vdots & \vdots & & \vdots & \vdots \\ 0 & 0 & 0 & \cdots & 0 & 1 \\ 10^{10} & 0 & 0 & \cdots & 0 & 0 \end{pmatrix}
$$

计算行列式 $|\boldsymbol{A}-\lambda\boldsymbol{E}|$,其中 $\boldsymbol{E}$ 为 10 阶单位矩阵,λ 为常数.

解

$$
|\boldsymbol{A}-\lambda\boldsymbol{E}|=\begin{vmatrix} -\lambda & 1 & 0 & \cdots & 0 & 0 \\ 0 & -\lambda & 1 & \cdots & 0 & 0 \\ \vdots & \vdots & \vdots & & \vdots & \vdots \\ 0 & 0 & 0 & \cdots & -\lambda & 1 \\ 10^{10} & 0 & 0 & \cdots & 0 & -\lambda \end{vmatrix}
$$

$$
=(-\lambda)\begin{vmatrix} -\lambda & 1 & 0 & \cdots & 0 & 0 \\ 0 & -\lambda & 1 & \cdots & 0 & 0 \\ \vdots & \vdots & \vdots & & \vdots & \vdots \\ 0 & 0 & 0 & \cdots & -\lambda & 1 \\ 0 & 0 & 0 & \cdots & 0 & -\lambda \end{vmatrix}
+10^{10}(-1)^{10+1}\begin{vmatrix} 1 & 0 & 0 & \cdots & 0 & 0 \\ -\lambda & 1 & 0 & \cdots & 0 & 0 \\ \vdots & \vdots & \vdots & & \vdots & \vdots \\ 0 & 0 & 0 & \cdots & 1 & 0 \\ 0 & 0 & 0 & \cdots & -\lambda & 1 \end{vmatrix}
$$

$$
=(-\lambda)(-\lambda)^9-10^{10}=\lambda^{10}-10^{10}
$$

3. n 阶行列式

$$\begin{vmatrix} a & b & 0 & \cdots & 0 & 0 \\ 0 & a & b & \cdots & 0 & 0 \\ 0 & 0 & a & \cdots & 0 & 0 \\ \vdots & \vdots & \vdots & & \vdots & \vdots \\ 0 & 0 & 0 & \cdots & a & b \\ b & 0 & 0 & \cdots & 0 & a \end{vmatrix} = \underline{\qquad}.$$

解 按第1列展开得

$$D = a\begin{vmatrix} a & b & 0 & \cdots & 0 & 0 \\ 0 & a & b & \cdots & 0 & 0 \\ 0 & 0 & a & \cdots & 0 & 0 \\ \vdots & \vdots & \vdots & & \vdots & \vdots \\ 0 & 0 & 0 & \cdots & a & b \\ 0 & 0 & 0 & \cdots & 0 & a \end{vmatrix} + b\cdot(-1)^{n+1}\begin{vmatrix} b & 0 & 0 & \cdots & 0 & 0 \\ a & b & 0 & \cdots & 0 & 0 \\ 0 & a & b & \cdots & 0 & 0 \\ \vdots & \vdots & \vdots & & \vdots & \vdots \\ 0 & 0 & 0 & \cdots & b & 0 \\ 0 & 0 & 0 & \cdots & a & b \end{vmatrix}$$

$$= a^n + (-1)^{n+1}b^n$$

故应填 $a^n + (-1)^{n+1}b^n$.

4. 计算行列式

$$D = \begin{vmatrix} 1-a & a & 0 & 0 & 0 \\ -1 & 1-a & a & 0 & 0 \\ 0 & -1 & 1-a & a & 0 \\ 0 & 0 & -1 & 1-a & a \\ 0 & 0 & 0 & -1 & 1-a \end{vmatrix} = \underline{\qquad}.$$

解 这是三对角行列式，主要用递推法. 先把第2列到第5列均加至第1列，得

$$D_5 = \begin{vmatrix} 1 & a & 0 & 0 & 0 \\ 0 & 1-a & a & 0 & 0 \\ 0 & -1 & 1-a & a & 0 \\ 0 & 0 & -1 & 1-a & a \\ -a & 0 & 0 & -1 & 1-a \end{vmatrix}$$

按第1列展开得

$$D_5 = \begin{vmatrix} 1-a & a & 0 & 0 \\ -1 & 1-a & a & 0 \\ 0 & -1 & 1-a & a \\ 0 & 0 & -1 & 1-a \end{vmatrix} + (-a)\cdot(-1)^{5+1}\begin{vmatrix} a & 0 & 0 & 0 \\ 1-a & a & 0 & 0 \\ -1 & 1-a & a & 0 \\ 0 & -1 & 1-a & a \end{vmatrix}$$

$$= D_4 + (-a)(-1)^{5+1}a^4$$

则 $$D_4 = D_3 + (-a)(-1)^{4+1}a^3,\quad D_3 = D_2 + (-a)(-1)^{3+1}a^2$$

$$D_2 = \begin{vmatrix} 1-a & a \\ -1 & 1-a \end{vmatrix} = 1-a+a^2$$

代入得 $$D_5=1-a+a^2-a^3+a^4-a^5$$
故应填 $1-a+a^2-a^3+a^4-a^5$.

5. 设 n 阶矩阵

$$\boldsymbol{A}=\begin{pmatrix}0&1&1&\cdots&1&1\\1&0&1&\cdots&1&1\\1&1&0&\cdots&1&1\\\vdots&\vdots&\vdots&&\vdots&\vdots\\1&1&1&\cdots&0&1\\1&1&1&\cdots&1&0\end{pmatrix}$$

则 $|\boldsymbol{A}|=$______.

解 $|\boldsymbol{A}|=\begin{vmatrix}0&1&1&\cdots&1&1\\1&0&1&\cdots&1&1\\1&1&0&\cdots&1&1\\\vdots&\vdots&\vdots&&\vdots&\vdots\\1&1&1&\cdots&0&1\\1&1&1&\cdots&1&0\end{vmatrix}$,把第 $2,3,\cdots,n$ 各行均加至第 1 行,则

$$|\boldsymbol{A}|=\begin{vmatrix}n-1&n-1&n-1&\cdots&n-1&n-1\\1&0&1&\cdots&1&1\\1&1&0&\cdots&1&1\\\vdots&\vdots&\vdots&&\vdots&\vdots\\1&1&1&\cdots&0&1\\1&1&1&\cdots&1&0\end{vmatrix}=(n-1)\begin{vmatrix}1&1&1&\cdots&1&1\\1&0&1&\cdots&1&1\\1&1&0&\cdots&1&1\\\vdots&\vdots&\vdots&&\vdots&\vdots\\1&1&1&\cdots&0&1\\1&1&1&\cdots&1&0\end{vmatrix}$$

$$\xrightarrow[i=2,\cdots,n]{r_i-r_1}(n-1)\begin{vmatrix}1&1&1&\cdots&1&1\\0&-1&0&\cdots&0&0\\0&0&-1&\cdots&0&0\\\vdots&\vdots&\vdots&&\vdots&\vdots\\0&0&0&\cdots&-1&0\\0&0&0&\cdots&0&-1\end{vmatrix}=(n-1)(-1)^{n-1}$$

故应填 $(n-1)(-1)^{n-1}$.

6. 设行列式

$$D=\begin{vmatrix}3&0&4&0\\2&2&2&2\\0&-7&0&0\\5&3&-2&2\end{vmatrix}$$

则第 4 行各元素余子式之和的值为______.

解 **解法1** 由余子式定义,即求下列4个行列式值的和:

$$\begin{vmatrix} 0 & 4 & 0 \\ 2 & 2 & 2 \\ -7 & 0 & 0 \end{vmatrix}+\begin{vmatrix} 3 & 4 & 0 \\ 2 & 2 & 2 \\ 0 & 0 & 0 \end{vmatrix}+\begin{vmatrix} 3 & 0 & 0 \\ 2 & 2 & 2 \\ 0 & -7 & 0 \end{vmatrix}+\begin{vmatrix} 3 & 0 & 4 \\ 2 & 2 & 2 \\ 0 & -7 & 0 \end{vmatrix}=-56+0+42-14$$

$$=-28$$

解法2 由余子式与代数余子式的关系可得

$$M_{41}+M_{42}+M_{43}+M_{44}=-A_{41}+A_{42}-A_{43}+A_{44}=\begin{vmatrix} 3 & 0 & 4 & 0 \\ 2 & 2 & 2 & 2 \\ 0 & -7 & 0 & 0 \\ -1 & 1 & -1 & 1 \end{vmatrix}$$

$$=(-7)\cdot(-1)^{3+2}\begin{vmatrix} 3 & 4 & 0 \\ 2 & 2 & 2 \\ -1 & -1 & 1 \end{vmatrix}=7\begin{vmatrix} 3 & 4 & 0 \\ 0 & 0 & 4 \\ -1 & -1 & 1 \end{vmatrix}$$

$$=7\cdot 4\cdot(-1)^{2+3}\begin{vmatrix} 3 & 4 \\ -1 & -1 \end{vmatrix}=-28$$

故应填-28.

7. $\begin{vmatrix} a_1 & 0 & 0 & b_1 \\ 0 & a_2 & b_2 & 0 \\ 0 & b_3 & a_3 & 0 \\ b_4 & 0 & 0 & a_4 \end{vmatrix}=($ $)$.

A. $a_1a_2a_3a_4-b_1b_2b_3b_4$　　B. $a_1a_2a_3a_4+b_1b_2b_3b_4$

C. $(a_1a_2-b_1b_2)(a_3a_4-b_3b_4)$　　D. $(a_2a_3-b_2b_3)(a_1a_4-b_1b_4)$

解 **解法1** 按第1行展开,得

$$\begin{vmatrix} a_1 & 0 & 0 & b_1 \\ 0 & a_2 & b_2 & 0 \\ 0 & b_3 & a_3 & 0 \\ b_4 & 0 & 0 & a_4 \end{vmatrix}=a_1\begin{vmatrix} a_2 & b_2 & 0 \\ b_3 & a_3 & 0 \\ 0 & 0 & a_4 \end{vmatrix}-b_1\begin{vmatrix} 0 & a_2 & b_2 \\ 0 & b_3 & a_3 \\ b_4 & 0 & 0 \end{vmatrix}$$

$$=a_1a_4\begin{vmatrix} a_2 & b_2 \\ b_3 & a_3 \end{vmatrix}-b_1b_4\begin{vmatrix} a_2 & b_2 \\ b_3 & a_3 \end{vmatrix}$$

$$=a_1a_4(a_2a_3-b_2b_3)-b_1b_4(a_2a_3-b_2b_3)$$

$$=(a_2a_3-b_2b_3)(a_1a_4-b_1b_4)$$

故应选D.

解法2 取第1,4行,用拉普拉斯定理,有

$$\begin{vmatrix} a_1 & 0 & 0 & b_1 \\ 0 & a_2 & b_2 & 0 \\ 0 & b_3 & a_3 & 0 \\ b_4 & 0 & 0 & a_4 \end{vmatrix} = \begin{vmatrix} a_1 & b_1 \\ b_4 & a_4 \end{vmatrix} \cdot (-1)^{(1+4)+(1+4)} \begin{vmatrix} a_2 & b_2 \\ b_3 & a_3 \end{vmatrix}$$

$$=(a_1a_4-b_1b_4)(a_2a_3-b_2b_3)$$

故应选 D.

8. $\begin{vmatrix} 1 & 1 & 1 & 0 \\ 1 & 1 & 0 & 1 \\ 1 & 0 & 1 & 1 \\ 0 & 1 & 1 & 1 \end{vmatrix} =$______.

解 $\begin{vmatrix} 1 & 1 & 1 & 0 \\ 1 & 1 & 0 & 1 \\ 1 & 0 & 1 & 1 \\ 0 & 1 & 1 & 1 \end{vmatrix} = \begin{vmatrix} 3 & 1 & 1 & 0 \\ 3 & 1 & 0 & 1 \\ 3 & 0 & 1 & 1 \\ 3 & 1 & 1 & 1 \end{vmatrix} = 3\begin{vmatrix} 1 & 1 & 1 & 0 \\ 1 & 1 & 0 & 1 \\ 1 & 0 & 1 & 1 \\ 1 & 1 & 1 & 1 \end{vmatrix} = 3\begin{vmatrix} 1 & 1 & 1 & 0 \\ 0 & 0 & -1 & 1 \\ 0 & -1 & 0 & 1 \\ 0 & 0 & 0 & 1 \end{vmatrix}$

$$=-3$$

故应填-3.

9. 若齐次线性方程组

$$\begin{cases} \lambda x_1 + x_2 + x_3 = 0 \\ x_1 + \lambda x_2 + x_3 = 0 \\ x_1 + x_2 + x_3 = 0 \end{cases}$$

只有零解,则 λ 应满足(　　)条件.

解 由方程组只有零解,可知系数行列式 $D\neq 0$,即

$$D=\begin{vmatrix} \lambda & 1 & 1 \\ 1 & \lambda & 1 \\ 1 & 1 & 1 \end{vmatrix} = \lambda^2-2\lambda+1=(\lambda-1)^2\neq 0$$

得 $\lambda\neq 1$. 故应填 $\lambda\neq 1$.

10. 记行列式

$$\begin{vmatrix} x-2 & x-1 & x-2 & x-3 \\ 2x-2 & 2x-1 & 2x-2 & 2x-3 \\ 3x-3 & 3x-2 & 4x-5 & 3x-5 \\ 4x & 4x-3 & 5x-7 & 4x-3 \end{vmatrix}$$

为 $f(x)$,则方程 $f(x)=0$ 的根的个数为(　　).

A. 1　　　B. 2　　　C. 3　　　D. 4

解 问方程 $f(x)=0$ 有几个根,即讨论 $f(x)$是 x 的几次多项式.

$$f(x)=\begin{vmatrix} x-2 & x-1 & x-2 & x-3 \\ 2x-2 & 2x-1 & 2x-2 & 2x-3 \\ 3x-3 & 3x-2 & 4x-5 & 3x-5 \\ 4x & 4x-3 & 5x-7 & 4x-3 \end{vmatrix} \xlongequal[\substack{c_4+(-1)c_1 \\ c_4+c_2}]{\substack{c_2+(-1)c_1 \\ c_3+(-1)c_1}} \begin{vmatrix} x-2 & 1 & 0 & 0 \\ 2x-2 & 1 & 0 & 0 \\ 3x-3 & 1 & x-2 & -1 \\ 4x & -3 & x-7 & -6 \end{vmatrix}$$

由拉普拉斯展开式有

$$f(x)=\begin{vmatrix} x-2 & 1 \\ 2x-2 & 1 \end{vmatrix} \cdot \begin{vmatrix} x-2 & -1 \\ x-7 & -6 \end{vmatrix}$$

则 $f(x)$是 x 的 2 次多项式. 故应选 B.

11. 行列式$\begin{vmatrix} 0 & a & b & 0 \\ a & 0 & 0 & b \\ 0 & c & d & 0 \\ c & 0 & 0 & d \end{vmatrix}=(\quad)$.

A. $(ad-bc)^2$　　B. $-(ad-bc)^2$　　C. $a^2d^2-b^2c^2$　　D. $b^2c^2-a^2d^2$

解　由行列式的展开定理展开第 1 列

$$\begin{vmatrix} 0 & a & b & 0 \\ a & 0 & 0 & b \\ 0 & c & d & 0 \\ c & 0 & 0 & d \end{vmatrix}=-a\begin{vmatrix} a & b & 0 \\ c & d & 0 \\ 0 & 0 & d \end{vmatrix}-c\begin{vmatrix} a & b & 0 \\ 0 & 0 & b \\ c & d & 0 \end{vmatrix}$$

$$=-ad(ad-bc)+bc(ad-bc)=-(ad-bc)^2$$

故应选 B.

七、自测题

A 组

1. 排列“$135\cdots(2n-1)246\cdots(2n)$”的逆序数 $\tau=$______.

2. 九阶行列式 $\det(a_{ij})$的次对角线元素之积(即 $a_{19}a_{28}\cdots a_{82}a_{91}$)的项应置以______号.

3. 如果在行列式中,偶数号码各行对应元素之和与奇数号码各行对应元素之和成比例,则行列式的值等于______.

4. 设 $\boldsymbol{A}=(a_{ij})_{3\times3}$,$A_{ij}$ 是 a_{ij} 的代数余子式,如果$|\boldsymbol{A}|=3$,则$(a_{11}A_{11}+a_{12}A_{12}+a_{13}A_{13})^2+(a_{21}A_{11}+a_{22}A_{12}+a_{23}A_{13})^2+(a_{31}A_{11}+a_{32}A_{12}+a_{33}A_{13})^2=$______.

5. $\begin{vmatrix} 0 & y & 0 & x \\ x & 0 & y & 0 \\ 0 & x & 0 & y \\ y & 0 & x & 0 \end{vmatrix}=$______.

6. 下列排列是偶排列的是(　　).

A. 13524876　　B. 51324867　　C. 38124657　　D. 76154283

7. $\det(a_{ij})$与$\det(b_{ij})$均为六阶行列式，而$\det(a_{ij})=a$，且对一切i,j均有$b_{ij}=-2a_{ij}$，则$\det(b_{ij})=$(　　).

A. $2a$　　B. $-2a$　　C. $64a$　　D. $-64a$

8. 将n阶行列式D的全部“行”颠倒排列后的新行列式之值为(　　).

A. D　　B. $-D$　　C. $(-1)^n D$　　D. $(-1)^{\frac{n(n-1)}{2}}D$

9. 行列式$\begin{vmatrix} a & 1 & 1 & 1 \\ b & 0 & 1 & 1 \\ c & 1 & 0 & 1 \\ d & 1 & 1 & 0 \end{vmatrix}$的值为(　　).

A. $2a+b-c-d$　　B. $2a-b-c-d$　　C. $2a-b+c-d$　　D. $2a-b-c+d$

10. 行列式$\begin{vmatrix} 2 & 0 & 0 & 1 \\ 0 & 0 & 1 & 0 \\ 0 & -6 & 0 & 0 \\ 7 & 0 & 0 & 0 \end{vmatrix}$的值为(　　).

A. 42　　B. -42　　C. 0　　D. 84

11. 计算下列各行列式的值：

(1) $\begin{vmatrix} 1 & 2 & 3 & 4 \\ 2 & 3 & 4 & 1 \\ 3 & 4 & 1 & 2 \\ 4 & 1 & 2 & 3 \end{vmatrix}$；　(2) $\begin{vmatrix} 1 & -1 & 1 & 1 \\ 1 & -1 & -1 & -1 \\ 1 & 1 & -1 & -1 \\ 1 & 1 & 1 & -1 \end{vmatrix}$；

(3) $\begin{vmatrix} 1 & 0 & 0 & 0 & 0 \\ 2 & 3 & 0 & 0 & 0 \\ 4 & 6 & 5 & 0 & 0 \\ 2 & 1 & 3 & 1 & -2 \\ 1 & 2 & 1 & 3 & -4 \end{vmatrix}$；　(4) $D_n=\begin{vmatrix} 1 & 1 & 1 & \cdots & 1 \\ 1 & 2 & 0 & \cdots & 0 \\ 1 & 0 & 3 & \cdots & 0 \\ \vdots & \vdots & \vdots & & \vdots \\ 1 & 0 & 0 & \cdots & n \end{vmatrix}$；

(5) $D=\begin{vmatrix} a^2+\frac{1}{a^2} & a & \frac{1}{a} & 1 \\ b^2+\frac{1}{b^2} & b & \frac{1}{b} & 1 \\ c^2+\frac{1}{c^2} & c & \frac{1}{c} & 1 \\ d^2+\frac{1}{d^2} & d & \frac{1}{d} & 1 \end{vmatrix}$，其中$abcd=1$.

B 组

1. 多项式 $f(x)=\begin{vmatrix} x & 1 & 1 & 2 \\ 1 & x & 1 & -1 \\ 3 & 2 & x & 1 \\ 1 & 1 & 2x & 1 \end{vmatrix}$ 中的 x^3 项的系数为______.(用定义计算较简捷)

2. 若 n 阶行列式 $D_n=\det(a_{ij})$ 的元素满足

$$a_{ji}=-a_{ij}(i,j=1,2,\cdots,n)$$

则称 D_n 为反对称行列式. 奇数阶反对称行列式 D_n 的值为______.

3. 设 x_1,x_2,x_3 是方程 $x^3+px+q=0$ 的三个根,则行列式 $\begin{vmatrix} x_1 & x_2 & x_3 \\ x_3 & x_1 & x_2 \\ x_2 & x_3 & x_1 \end{vmatrix}=$______.

4. $D_4=\begin{vmatrix} a & b & c & d \\ -b & a & -d & c \\ -c & d & a & -b \\ -d & -c & b & a \end{vmatrix}=$______.

5. 设四阶行列式 $D_4=\begin{vmatrix} a & b & c & d \\ c & b & d & a \\ d & b & c & a \\ a & b & d & c \end{vmatrix}$,则 $A_{14}+A_{24}+A_{34}+A_{44}=$______.

6. n 阶行列式 $D_n=\begin{vmatrix} & & & -1 \\ & & -1 & \\ & \iddots & & \\ -1 & & & \end{vmatrix}=($ $)$.

A. -1　　B. $(-1)^n$　　C. $(-1)^{\frac{n(n+1)}{2}}$　　D. $(-1)^{\frac{n(n-1)}{2}-1}$

7. 行列式 $\begin{vmatrix} a^2 & (a+1)^2 & (a+2)^2 & (a+3)^2 \\ b^2 & (b+1)^2 & (b+2)^2 & (b+3)^2 \\ c^2 & (c+1)^2 & (c+2)^2 & (c+3)^2 \\ d^2 & (d+1)^2 & (d+2)^2 & (d+3)^2 \end{vmatrix}$ 的值为(　　).

A. $abcd$　　B. 0　　C. 1　　D. -1

8. 设 $D=\begin{vmatrix} 1 & x & x & x \\ x & 1 & 0 & 0 \\ x & 0 & 1 & 0 \\ x & 0 & 0 & 1 \end{vmatrix}=-3$,则 $x=($ $)$.

A. $\pm\frac{2}{\sqrt{3}}$　　B. $\frac{2}{\sqrt{3}}$　　C. $-\frac{2}{\sqrt{3}}$　　D. 以上都不对

9. 行列式$\begin{vmatrix} 1 & 1 & 1 & 1 \\ 1 & 2 & 3 & 4 \\ 1 & 4 & 9 & 16 \\ 1 & 8 & 27 & 64 \end{vmatrix}$的值为(　　).

A. 12　　B. -16　　C. 16　　D. -12

10. $\begin{vmatrix} 1 & 2 & 3 & \cdots & n \\ 2 & 3 & 4 & \cdots & n+1 \\ 3 & 4 & 5 & \cdots & n+2 \\ \vdots & \vdots & \vdots & & \vdots \\ n & n+1 & n+2 & \cdots & 2n-1 \end{vmatrix}=$(　　)$(n>2)$.

A. 1　　B. 0　　C. -1　　D. 2

11. 已知五阶行列式 $D_5=\begin{vmatrix} 1 & 2 & 3 & 4 & 5 \\ 2 & 2 & 2 & 1 & 1 \\ 3 & 1 & 2 & 4 & 5 \\ 1 & 1 & 1 & 2 & 2 \\ 4 & 3 & 1 & 5 & 0 \end{vmatrix}=27$，求 $A_{41}+A_{42}+A_{43}$ 和 $A_{44}+A_{45}$，其中 $A_{4j}(j=1,2,3,4,5)$为 D_5 的第 4 行第 j 个元素的代数余子式.

12. 计算下列行列式的值：

(1) $D_n=\begin{vmatrix} a_1+b_1 & a_1+b_2 & \cdots & a_1+b_n \\ a_2+b_1 & a_2+b_2 & \cdots & a_2+b_n \\ \vdots & \vdots & & \vdots \\ a_n+b_1 & a_n+b_2 & \cdots & a_n+b_n \end{vmatrix}$；

(2) $D_n=\begin{vmatrix} -n & 1 & \cdots & 1 & 1 \\ 1 & -n & \cdots & 1 & 1 \\ \vdots & \vdots & & \vdots & \vdots \\ 1 & 1 & \cdots & -n & 1 \\ 1 & 1 & \cdots & 1 & -n \end{vmatrix}$；

(3) $D_n=\begin{vmatrix} a_1+1 & a_2 & \cdots & a_{n-1} & a_n \\ a_1 & a_2+2 & \cdots & a_{n-1} & a_n \\ \vdots & \vdots & & \vdots & \vdots \\ a_1 & a_2 & \cdots & a_{n-1}+n-1 & a_n \\ a_1 & a_2 & \cdots & a_{n-1} & a_n+n \end{vmatrix}$；

(4) $D_{2n}=\begin{vmatrix} a_1 & & & & & b_1 \\ & \ddots & & & \iddots & \\ & & a_n & b_n & & \\ & & c_n & d_n & & \\ & \iddots & & & \ddots & \\ c_1 & & & & & d_1 \end{vmatrix}$;

(5) $D_n=\begin{vmatrix} 2n & n & 0 & \cdots & 0 & 0 \\ n & 2n & n & \cdots & 0 & 0 \\ 0 & n & 2n & \cdots & 0 & 0 \\ \vdots & \vdots & \vdots & & \vdots & \vdots \\ 0 & 0 & 0 & \cdots & 2n & n \\ 0 & 0 & 0 & \cdots & n & 2n \end{vmatrix}$.

13. 设 n 阶行列式 $D_n=\begin{vmatrix} 3 & -2 & & & \\ -1 & 3 & \ddots & & \\ & \ddots & \ddots & \ddots & \\ & & \ddots & 3 & -2 \\ & & & -1 & 3 \end{vmatrix}$,试建立递推关系,并求 D_n 的值.

14. 证明:n 阶行列式

$$D_n=\begin{vmatrix} x & -1 & 0 & \cdots & 0 & 0 \\ 0 & x & -1 & \cdots & 0 & 0 \\ 0 & 0 & x & \cdots & 0 & 0 \\ \vdots & \vdots & \vdots & & \vdots & \vdots \\ 0 & 0 & 0 & \cdots & x & -1 \\ a_n & a_{n-1} & a_{n-2} & \cdots & a_2 & a_1+x \end{vmatrix}$$
$$=x^n+a_1x^{n-1}+a_2x^{n-2}+\cdots+a_{n-1}x+a_n$$

15. 设 $\boldsymbol{A}$ 为 n 阶方阵,$\boldsymbol{\alpha}$ 为 n 维列向量,$\boldsymbol{\beta}$ 为 n 维行向量,且

$$\begin{vmatrix} \boldsymbol{A} & \boldsymbol{\alpha} \\ \boldsymbol{\beta} & b \end{vmatrix}=0$$

求证:$\begin{vmatrix} \boldsymbol{A} & \boldsymbol{\alpha} \\ \boldsymbol{\beta} & c \end{vmatrix}=(c-b)|\boldsymbol{A}|$.

参考答案及提示

A 组

1. $\dfrac{n(n-1)}{2}$　**2.** 正　**3.** 0　**4.** 9　**5.** $-(x^2-y^2)^2$

6. A **7.** C **8.** D **9.** B **10.** B

11. (1) 160 (2) -8 (3) 30 (4) $n! \cdot \left(1-\sum_{j=2}^{n}\frac{1}{j}\right)$

(5) 0 提示:将第 1 列拆开成两个行列式,然后将第二个行列式乘 $abcd$.

B 组

1. -1 提示:含 x^3 的项有两项,主对角线上元素之积 x^3 和 $(-1)^{\tau(1243)}x\cdot x\cdot 1\cdot 2x$.

2. 0 提示:$D_n=(-1)^n\det(-a_{ij})=(-1)^n\det(a_{ji})=(-1)^nD_n^{\mathrm{T}}=-D_n$.

3. 0 提示:由 $x^3+px+q=(x-x_1)(x-x_2)(x-x_3)$ 得 $x_1+x_2+x_3=0$.

4. $(a^2+b^2+c^2+d^2)^2$ 提示:利用 $D_4^2=D_4D_4^{\mathrm{T}}$ 及 D_4 中 a^4 的系数为 1.

5. 0 提示:将第 4 列全换为 1 后的行列式的值即为所求.

6. C.

7. B. 提示:c_4-c_1,c_3-c_2.

8. A. 提示:$r_1-\sum_{i=2}^{4}xr_i$.

9. A. 提示:利用范德蒙行列式的结果.

10. B. 提示:逐行相减.

11. $-9,18$ 提示:利用代数余子式的重要性质,解方程组

$$\begin{cases}A_{41}+A_{42}+A_{43}+2(A_{44}+A_{45})=27\\2(A_{41}+A_{42}+A_{43})+A_{44}+A_{45}=0\end{cases}$$

12. (1) 当 $n=1$ 时,$D_n=a_1+b_1$;

当 $n=2$ 时,$D_2=(a_1-a_2)(b_2-b_1)$;

当 $n\geqslant 3$ 时,$D_n=0$.

(2) $(-1)^n(n+1)^{n-1}$.

(3) $(n!)\left(1+\sum_{k=1}^{n}\frac{a_k}{k}\right)$.

(4) $\prod_{i=1}^{n}(a_id_i-b_ic_i)$.

(5) $(n+1)n^2$ 提示:各行提出 n,再用递推法作进一步计算.

13. 递推公式为 $D_n=2^n+D_{n-1}$.结果为

$$D_n=2^n+2^{n-1}+\cdots+2+1=2^{n+1}-1$$

14. 提示:**证法 1** 因行列式 D_n 的最后一行每个元素的余子式均为三角形行列式,这样按最后一行展开,便可得证.

证法 2 将按第 1 列展开,得递推公式:$D_n=a_n+xD_{n-1}$,利用此递推公式亦可得证.

15. 提示:令 $c=b+c-b$,$\boldsymbol{\alpha}=\boldsymbol{\alpha}+\boldsymbol{0}$,按最后一列(或行)拆成两个行列式.

第二章 矩 阵

一、教学基本要求

(1) 理解矩阵的概念,了解对角矩阵、单位矩阵、对称矩阵等特殊矩阵.

(2) 掌握矩阵的线性运算(加法及数乘矩阵)、矩阵的乘法运算、矩阵的转置、方阵的行列式运算及运算规律.

(3) 掌握可逆矩阵的概念、矩阵可逆的充要条件及性质,理解伴随矩阵的概念和性质,会用伴随矩阵求逆矩阵.

(4) 熟悉分块矩阵及其运算规律.

二、内容提要

1. 矩阵概念

(1) 由 $m\times n$ 个数字 $a_{ij}(i=1,2,\cdots,m;j=1,2,\cdots,n)$ 排成的 m 行 n 列的数表,称为一个 m 行 n 列矩阵,简称为 $m\times n$ **矩阵**. 通常用圆括号或方括号括起来表示矩阵数表是一个整体,并用大写字母表示,即

$$\boldsymbol{A}=\begin{pmatrix} a_{11} & a_{12} & \cdots & a_{1n} \\ a_{21} & a_{22} & \cdots & a_{2n} \\ \vdots & \vdots & & \vdots \\ a_{m1} & a_{m2} & \cdots & a_{mn} \end{pmatrix}$$

位于矩阵 $\boldsymbol{A}$ 的第 i 行第 j 列的数字 a_{ij},称为 $\boldsymbol{A}$ 的 (i,j) 元素,简称 (i,j) 元. 以 a_{ij} 为 (i,j) 元的矩阵可简记作 (a_{ij}). $m\times n$ 矩阵 $\boldsymbol{A}$ 也记作 $\boldsymbol{A}_{m\times n}$. $m=n$ 时,$n\times n$ 矩阵 $\boldsymbol{A}$ 也称为 n 阶矩阵,记作 $\boldsymbol{A}_n$.

(2) 两个矩阵的行数相等,列数也相同时,称为同型矩阵. 两个矩阵 $\boldsymbol{A}$ 与 $\boldsymbol{B}$ 是同型矩阵,且它们的对应位置上的数字元素都相等,就称这两个矩阵 $\boldsymbol{A}$ 与 $\boldsymbol{B}$ 相等,记作 $\boldsymbol{A}=\boldsymbol{B}$.

(3) 零矩阵 $\boldsymbol{0}$,它的元素全为 0. 要注意,不同型的零矩阵是不同的.

(4) 单位矩阵 $\boldsymbol{E}$(也记作 $\boldsymbol{I}$),它是对角元素都为 1,其余元素都为 0 的方阵.

(5) 对角矩阵 $\boldsymbol{\Lambda}=\mathrm{diag}(\lambda_1,\lambda_2,\cdots,\lambda_n)=\begin{pmatrix} \lambda_1 & & & \\ & \lambda_2 & & \\ & & \ddots & \\ & & & \lambda_n \end{pmatrix}$(与行列式中一样,不

写出的元素就是 0).

2. 矩阵运算

设两个矩阵 $\boldsymbol{A}=(a_{ij})_{m\times n}$ 和 $\boldsymbol{B}=(b_{ij})_{s\times t}$.

1) 加减法

(1) $\boldsymbol{A}$ 与 $\boldsymbol{B}$ 能相加、减的条件是:$\boldsymbol{A}$ 与 $\boldsymbol{B}$ 同型,即 $m=s$ 且 $n=t$.

(2) $\boldsymbol{A}$ 与 $\boldsymbol{B}$ 相加的和记作 $\boldsymbol{A}+\boldsymbol{B}$,$\boldsymbol{A}$ 与 $\boldsymbol{B}$ 相减的差记作 $\boldsymbol{A}-\boldsymbol{B}$.

运算方法规定为

$$\boldsymbol{A}+\boldsymbol{B}=\begin{pmatrix} a_{11}+b_{11} & a_{12}+b_{12} & \cdots & a_{1n}+b_{1n} \\ a_{21}+b_{21} & a_{22}+b_{22} & \cdots & a_{2n}+b_{2n} \\ \vdots & \vdots & & \vdots \\ a_{m1}+b_{m1} & a_{m2}+b_{m2} & \cdots & a_{mn}+b_{mn} \end{pmatrix}$$

$$\boldsymbol{A}-\boldsymbol{B}=\begin{pmatrix} a_{11}-b_{11} & a_{12}-b_{12} & \cdots & a_{1n}-b_{1n} \\ a_{21}-b_{21} & a_{22}-b_{22} & \cdots & a_{2n}-b_{2n} \\ \vdots & \vdots & & \vdots \\ a_{m1}-b_{m1} & a_{m2}-b_{m2} & \cdots & a_{mn}-b_{mn} \end{pmatrix}$$

根据定义,矩阵的加减就是对应位置上数字的加减.

2) 数乘

数 k 与矩阵 $\boldsymbol{A}=(a_{ij})_{m\times n}$ 相乘的积记作 $k\boldsymbol{A}(=\boldsymbol{A}k)$.

运算方法规定为

$$k\boldsymbol{A}=(ka_{ij})_{m\times n}$$

3) 乘法

(1) $\boldsymbol{A}$ 与 $\boldsymbol{B}$ 能相乘的条件是:$n=s$.

(2) $\boldsymbol{A}$ 与 $\boldsymbol{B}$ 相乘的积记作 $\boldsymbol{AB}$.

运算方法规定为

$$\boldsymbol{AB}\text{ 的}(i,j)\text{元}=a_{i1}b_{1j}+a_{i2}b_{2j}+\cdots+a_{in}b_{nj}$$

即 $\boldsymbol{A}$ 的第 i 行各元素与 $\boldsymbol{B}$ 的第 j 列对应元素的乘积之和为 $\boldsymbol{AB}$ 的 (i,j) 元.

4) 乘方

(1) $\boldsymbol{A}$ 能乘方的条件是:$m=n$,即 $\boldsymbol{A}$ 为方阵.

(2) k 为非负整数,$\boldsymbol{A}$ 的 k 次幂记作 $\boldsymbol{A}^k$.

运算方法规定为

$$\boldsymbol{A}^k=\begin{cases} \boldsymbol{E}, & k=0 \\ \boldsymbol{A}, & k=1 \\ \boldsymbol{A}^{k-1}\boldsymbol{A}, & k\geqslant 2 \end{cases}$$

5）转置

将矩阵 $\boldsymbol{A}$ 的行与列互换，得到的矩阵称为 $\boldsymbol{A}$ 的转置，记作 $\boldsymbol{A}'$ 或 $\boldsymbol{A}^{\mathrm{T}}$，即

$$\text{当 } \boldsymbol{A}=\begin{pmatrix} a_{11} & a_{12} & \cdots & a_{1n} \\ a_{21} & a_{22} & \cdots & a_{2n} \\ \vdots & \vdots & & \vdots \\ a_{m1} & a_{m2} & \cdots & a_{mn} \end{pmatrix} \text{ 时，} \qquad \boldsymbol{A}^{\mathrm{T}}=\begin{pmatrix} a_{11} & a_{21} & \cdots & a_{m1} \\ a_{12} & a_{22} & \cdots & a_{m2} \\ \vdots & \vdots & & \vdots \\ a_{1n} & a_{2n} & \cdots & a_{mn} \end{pmatrix}$$

6）方阵的行列式

（1）$\boldsymbol{A}$ 可取行列式的条件是：$m=n$，即 $\boldsymbol{A}$ 为方阵.

（2）$\boldsymbol{A}$ 的行列式即 $|\boldsymbol{A}|=|a_{ij}|$.

注意：矩阵 $\boldsymbol{A}$ 与行列式 $|\boldsymbol{A}|$ 是完全不同的对象. 矩阵 $\boldsymbol{A}$ 是一张数表，不是数，而行列式 $|\boldsymbol{A}|$ 就是数. 记号上，矩阵只能用圆括号或方括号，而行列式一定要用一对平行线.

7）伴随矩阵

（1）$\boldsymbol{A}$ 能取伴随的条件是：$\boldsymbol{A}$ 为方阵且 $m=n\geqslant 2$.

（2）$\boldsymbol{A}$ 的伴随记作 $\boldsymbol{A}^*$，并称为 $\boldsymbol{A}$ 的伴随矩阵.

运算方法规定为

$$\boldsymbol{A}^*=\begin{pmatrix} A_{11} & A_{21} & \cdots & A_{n1} \\ A_{12} & A_{22} & \cdots & A_{n2} \\ \vdots & \vdots & & \vdots \\ A_{1n} & A_{2n} & \cdots & A_{nn} \end{pmatrix}$$

即在 $\boldsymbol{A}$ 中将每个元素换成它的代数余子式后，再转置. 例如，

$$\begin{pmatrix} a & b \\ c & d \end{pmatrix}^* = \begin{pmatrix} d & -b \\ -c & a \end{pmatrix}$$

8）逆矩阵

（1）$\boldsymbol{A}$ 可逆的条件是：$\boldsymbol{A}$ 为方阵且 $|\boldsymbol{A}|\neq 0$.

（2）$\boldsymbol{A}$ 的逆矩阵记作 $\boldsymbol{A}^{-1}$.

运算方法规定为

$m=n\geqslant 2$ 时，$\boldsymbol{A}^{-1}=\dfrac{1}{|\boldsymbol{A}|}\boldsymbol{A}^*$；

$m=n=1$ 时，即一阶方阵的逆 $(a_{11})^{-1}=\dfrac{1}{a_{11}}$.

当方阵 $\boldsymbol{A}$ 可逆的条件不满足，即 $|\boldsymbol{A}|=0$ 时，常说 $\boldsymbol{A}$ 不可逆或 $\boldsymbol{A}$ 是奇异矩阵.

有时，规定一阶矩阵的伴随 $(a_{11})^*=(1)$，这样，求逆公式就统一为 $\boldsymbol{A}^{-1}=\dfrac{1}{|\boldsymbol{A}|}\boldsymbol{A}^*$.

3. 矩阵运算的性质

类比数值运算的性质,去发现矩阵运算的性质.

(1) 可用矩阵相等的定义证明的性质.

① $\boldsymbol{A}(\boldsymbol{BC})=(\boldsymbol{AB})\boldsymbol{C}$.

② $\boldsymbol{A}+\boldsymbol{B}=\boldsymbol{B}+\boldsymbol{A}$

③ $(\boldsymbol{A}+\boldsymbol{B})+\boldsymbol{C}=\boldsymbol{A}+(\boldsymbol{B}+\boldsymbol{C})$

④ $\boldsymbol{A}-\boldsymbol{B}=\boldsymbol{A}+(-\boldsymbol{B})$

⑤ $(\lambda\mu)\boldsymbol{A}=\lambda(\mu\boldsymbol{A})$

⑥ $(\lambda+\mu)\boldsymbol{A}=\lambda\boldsymbol{A}+\mu\boldsymbol{A}$

⑦ $\lambda(\boldsymbol{A}+\boldsymbol{B})=\lambda\boldsymbol{A}+\lambda\boldsymbol{B}$

⑧ $\lambda(\boldsymbol{AB})=(\lambda\boldsymbol{A})\boldsymbol{B}=\boldsymbol{A}(\lambda\boldsymbol{B})$

⑨ $\boldsymbol{A}(\boldsymbol{B}+\boldsymbol{C})=\boldsymbol{AB}+\boldsymbol{AC},(\boldsymbol{B}+\boldsymbol{C})\boldsymbol{A}=\boldsymbol{BA}+\boldsymbol{CA}$

⑩ $\boldsymbol{A}^k\boldsymbol{A}^l=\boldsymbol{A}^{k+l},(\boldsymbol{A}^k)^l=\boldsymbol{A}^{kl}$

⑪ $(\boldsymbol{A}^{\mathrm{T}})^{\mathrm{T}}=\boldsymbol{A}$

⑫ $(\boldsymbol{A}+\boldsymbol{B})^{\mathrm{T}}=\boldsymbol{A}^{\mathrm{T}}+\boldsymbol{B}^{\mathrm{T}}$

⑬ $(\lambda\boldsymbol{A})^{\mathrm{T}}=\lambda\boldsymbol{A}^{\mathrm{T}}$

⑭ $(\boldsymbol{AB})^{\mathrm{T}}=\boldsymbol{B}^{\mathrm{T}}\boldsymbol{A}^{\mathrm{T}}$

⑮ $\overline{\boldsymbol{A}+\boldsymbol{B}}=\overline{\boldsymbol{A}}+\overline{\boldsymbol{B}}$

⑯ $\overline{\lambda\boldsymbol{A}}=\lambda\overline{\boldsymbol{A}}$

⑰ $\overline{\boldsymbol{AB}}=\overline{\boldsymbol{A}}\overline{\boldsymbol{B}}$

⑱ $\boldsymbol{AA}^*=\boldsymbol{A}^*\boldsymbol{A}=|\boldsymbol{A}|\boldsymbol{E}$

注意:

a. $\boldsymbol{A}+\boldsymbol{0}=\boldsymbol{A}$

b. $\boldsymbol{0A}=\boldsymbol{0},\boldsymbol{A0}=\boldsymbol{0}$,注意这些零矩阵可能不同型.

c. $\boldsymbol{EA}=\boldsymbol{A},\boldsymbol{AE}=\boldsymbol{A}$,注意这些单位矩阵可能不同阶.

d. $\mathrm{diag}(a_1,a_2,\cdots,a_n)\pm\mathrm{diag}(b_1,b_2,\cdots,b_n)=\mathrm{diag}(a_1\pm b_1,a_2\pm b_2,\cdots,a_n\pm b_n)$

$$\mathrm{diag}(a_1,a_2,\cdots,a_n)\mathrm{diag}(b_1,b_2,\cdots,b_n)=\mathrm{diag}(a_1b_1,a_2b_2,\cdots,a_nb_n)$$

$$(\mathrm{diag}(a_1,a_2,\cdots,a_n))^k=\mathrm{diag}(a_1^k,a_2^k,\cdots,a_n^k)$$

e. $$\begin{pmatrix} a_1 & & & *_1 \\ & a_2 & & \\ & & \ddots & \\ & & & a_n \end{pmatrix}\begin{pmatrix} b_1 & & & *_2 \\ & b_2 & & \\ & & \ddots & \\ & & & b_n \end{pmatrix}=\begin{pmatrix} a_1b_1 & & & *_3 \\ & a_2b_2 & & \\ & & \ddots & \\ & & & a_nb_n \end{pmatrix}$$

$$\begin{pmatrix} a_1 & & & * _1 \\ & a_2 & & \\ & & \ddots & \\ & & & a_n \end{pmatrix}^k = \begin{pmatrix} a_1^k & & & * _2 \\ & a_2^k & & \\ & & \ddots & \\ & & & a_n^k \end{pmatrix}$$

对于方阵 $\boldsymbol{A}$ 和多项式 $f(x)=a_0+a_1x+a_2x^2+\cdots+a_mx^m$,记

$$f(\boldsymbol{A})=a_0\boldsymbol{E}+a_1\boldsymbol{A}+a_2\boldsymbol{A}^2+\cdots+a_m\boldsymbol{A}^m$$

并称 $f(\boldsymbol{A})$为矩阵 $\boldsymbol{A}$ 代入多项式 $f(x)$所得的多项式,注意 $f(\boldsymbol{A})$仍是与矩阵 $\boldsymbol{A}$ 同阶的方阵.

f. 对于两个多项式 $f(x)$和 $g(x)$及方阵 $\boldsymbol{A}$,交换律成立:$f(\boldsymbol{A})g(\boldsymbol{A})=g(\boldsymbol{A})f(\boldsymbol{A})$.

g. 如果 $f(x)$为多项式,$\boldsymbol{\Lambda}=\mathrm{diag}(\lambda_1,\lambda_2,\cdots,\lambda_n)$,则

$$f(\boldsymbol{\Lambda})=\mathrm{diag}(f(\lambda_1),f(\lambda_2),\cdots,f(\lambda_n))$$

h. 如果 $f(x)$为多项式,$\boldsymbol{A}$ 为上三角形矩阵,即

$$\boldsymbol{A}=\begin{pmatrix} a_1 & & & * _1 \\ & a_2 & & \\ & & \ddots & \\ & & & a_n \end{pmatrix}$$

则

$$f(\boldsymbol{A})=\begin{pmatrix} f(a_1) & & & * _2 \\ & f(a_2) & & \\ & & \ddots & \\ & & & f(a_n) \end{pmatrix}$$

对于下三角形矩阵,上述类似结论也成立.

i. 若 $\boldsymbol{A}=\boldsymbol{P}^{-1}\boldsymbol{BP}$,$f(x)$为多项式,则 $f(\boldsymbol{A})=\boldsymbol{P}^{-1}f(\boldsymbol{B})\boldsymbol{P}$.

j. $\boldsymbol{AA}^{-1}=\boldsymbol{A}^{-1}\boldsymbol{A}=\boldsymbol{E}$.

最后,我们还指出一个很有用的性质.

k. 对于一阶方阵(k),总有 $\boldsymbol{A}(k)=k\boldsymbol{A}$,$(k)\boldsymbol{A}=k\boldsymbol{A}$.

举反例说明矩阵如下性质不成立:

$$\boldsymbol{AB}\neq\boldsymbol{BA}$$

a. 矩阵乘法有零因子,即 $\boldsymbol{AB}=\boldsymbol{0}\nRightarrow\boldsymbol{A}=\boldsymbol{0}$ 或 $\boldsymbol{B}=\boldsymbol{0}$.

b. 矩阵乘法消去律一般不成立,即 $\boldsymbol{AB}=\boldsymbol{AC}$ 且 $\boldsymbol{A}\neq\boldsymbol{0}\nRightarrow\boldsymbol{B}=\boldsymbol{C}$.

另外,由于矩阵乘法交换律不成立,从而有关因式分解的代数公式一般就都不成

立，即

c. $(\boldsymbol{A}\pm\boldsymbol{B})^2\neq\boldsymbol{A}^2\pm2\boldsymbol{AB}+\boldsymbol{B}^2$

d. $(\boldsymbol{A}\pm\boldsymbol{B})^3\neq\boldsymbol{A}^3\pm3\boldsymbol{A}^2\boldsymbol{B}+3\boldsymbol{AB}^2\pm\boldsymbol{B}^3$

e. $(\boldsymbol{A}\pm\boldsymbol{B})^n\neq\sum\limits_{k=0}^{n}(\pm1)^{n-k}C_n^k\boldsymbol{A}^k\boldsymbol{B}^{n-k}$

f. $(\boldsymbol{A}+\boldsymbol{B})(\boldsymbol{A}-\boldsymbol{B})\neq\boldsymbol{A}^2-\boldsymbol{B}^2$

g. $(\boldsymbol{A}\pm\boldsymbol{B})(\boldsymbol{A}^2\mp\boldsymbol{AB}+\boldsymbol{B}^2)\neq\boldsymbol{A}^3\pm\boldsymbol{B}^3$

h. $(\boldsymbol{A}+\boldsymbol{B})(\boldsymbol{A}^{n-1}-\boldsymbol{A}^{n-2}\boldsymbol{B}+\boldsymbol{A}^{n-3}\boldsymbol{B}^2-\cdots+\boldsymbol{B}^{n-1})\neq\boldsymbol{A}^n+\boldsymbol{B}^n$，$n$ 为奇数

i. $(\boldsymbol{A}-\boldsymbol{B})(\boldsymbol{A}^{n-1}+\boldsymbol{A}^{n-2}\boldsymbol{B}+\boldsymbol{A}^{n-3}\boldsymbol{B}^2+\cdots+\boldsymbol{B}^{n-1})\neq\boldsymbol{A}^n-\boldsymbol{B}^n$

乘积乘方的公式也不成立，即

j. $(\boldsymbol{AB})^k\neq\boldsymbol{A}^k\boldsymbol{B}^k$

注：对于乘法可以交换的两个具体矩阵 $\boldsymbol{A}$ 和 $\boldsymbol{B}$：$\boldsymbol{AB}=\boldsymbol{BA}$，上述公式 c～j 中的不等号"$\neq$"就都要换成等号"$=$".

另外，由于乘法没有交换律，因此，若想用乘法定义除法，对于可逆矩阵 $\boldsymbol{B}$，$\boldsymbol{A}$ 除以 $\boldsymbol{B}$ 就应该分清是右除，还是左除，所以在矩阵运算中没有除法，因此，矩阵是永远不能出现在分母中的.

(2) 方阵的行列式运算的性质.

① $|\boldsymbol{A}^{\mathrm{T}}|=|\boldsymbol{A}|$（行列式转置，值不变）

② $|k\boldsymbol{A}_n|=k^n|\boldsymbol{A}_n|$（$n$ 个行都提出公因子 k）

③ $|\boldsymbol{AB}|=|\boldsymbol{A}||\boldsymbol{B}|$

④ $|\boldsymbol{A}^k|=|\boldsymbol{A}|^k$（由③归纳）

⑤ $n\geqslant2$ 时，$|\boldsymbol{A}_n^*|=|\boldsymbol{A}_n|^{n-1}$，$|(a_{11})^*|=|1|=1$

⑥ $|\boldsymbol{A}^{-1}|=|\boldsymbol{A}|^{-1}=\dfrac{1}{|\boldsymbol{A}|}$

⑦ $|\overline{\boldsymbol{A}}|=\overline{|\boldsymbol{A}|}$（行列式定义和数值共轭运算性质）

⑧ $|\boldsymbol{A}+\boldsymbol{B}|\neq|\boldsymbol{A}|+|\boldsymbol{B}|$（举二阶反例）

⑨ $|\boldsymbol{A}-\boldsymbol{B}|\neq|\boldsymbol{A}|-|\boldsymbol{B}|$（举二阶反例）

注：上述⑤要用下面的连续性方法进行证明.

(3) 对于方阵 $\boldsymbol{A}$，$\boldsymbol{A}^{-1}=\boldsymbol{B}$ 的充要条件是 $\boldsymbol{AB}=\boldsymbol{E}$（或 $\boldsymbol{BA}=\boldsymbol{E}$）.

逆矩阵问题的方法——逆矩阵方法：要证 $\boldsymbol{A}^{-1}=\boldsymbol{B}$，只需证明 $\boldsymbol{A}$ 为方阵且 $\boldsymbol{AB}=\boldsymbol{E}$（或 $\boldsymbol{BA}=\boldsymbol{E}$）. 下面逆矩阵的性质就可以用这个方法证明.

① $(k\boldsymbol{A})^{-1}=k^{-1}\boldsymbol{A}^{-1}$

② $(\boldsymbol{AB})^{-1}=\boldsymbol{B}^{-1}\boldsymbol{A}^{-1}$

③ $(\boldsymbol{A}^k)^{-1}=(\boldsymbol{A}^{-1})^k=\boldsymbol{A}^{-k}$

④ $(\boldsymbol{A}^{\mathrm{T}})^{-1}=(\boldsymbol{A}^{-1})^{\mathrm{T}}$

⑤ $(\boldsymbol{A}^*)^{-1}=(\boldsymbol{A}^{-1})^*$

⑥ $(\boldsymbol{A}^{-1})^{-1}=\boldsymbol{A}$

⑦ $(\overline{\boldsymbol{A}})^{-1}=\overline{(\boldsymbol{A}^{-1})}$

同样,举反例可说明

⑧ $(\boldsymbol{A}+\boldsymbol{B})^{-1}\neq\boldsymbol{A}^{-1}+\boldsymbol{B}^{-1}$

⑨ $(\boldsymbol{A}-\boldsymbol{B})^{-1}\neq\boldsymbol{A}^{-1}-\boldsymbol{B}^{-1}$

另外,对于可逆矩阵的乘法,消去律是成立的:

⑩ $\boldsymbol{AX}=\boldsymbol{AY}$ 或 $\boldsymbol{XA}=\boldsymbol{YA}$ 且 $\boldsymbol{A}$ 可逆$\Rightarrow\boldsymbol{X}=\boldsymbol{Y}$.

(4) 对于伴随矩阵,除前面已列举的性质外,还有一些性质,主要用前面的连续性方法进行证明,一并列出如下:

① $(k\boldsymbol{A}_n)^*=k^{n-1}\boldsymbol{A}_n^*$(用伴随的定义和行列式性质即得)

② $(\boldsymbol{AB})^*=\boldsymbol{B}^*\boldsymbol{A}^*$

③ $(\boldsymbol{A}^k)^*=(\boldsymbol{A}^*)^k$(用②归纳)

④ $(\boldsymbol{A}^{\mathrm{T}})^*=(\boldsymbol{A}^*)^{\mathrm{T}}$(用转置和伴随的定义即得)

⑤ $(\boldsymbol{A}^{-1})^*=(\boldsymbol{A}^*)^{-1}$(前面已有)

⑥ $(\boldsymbol{A}^*)^*=\begin{cases}|\boldsymbol{A}|^{n-2}\boldsymbol{A}, & n>2\\ \boldsymbol{A}, & n=2\\ (1), & n=1\end{cases}$

⑦ $(\overline{\boldsymbol{A}})^*=\overline{(\boldsymbol{A}^*)}$(用伴随的定义和行列式性质即得)

⑧ $\boldsymbol{AA}^*=\boldsymbol{A}^*\boldsymbol{A}=|\boldsymbol{A}|\boldsymbol{E}$(前面已有)

同样,举反例可证明

⑨ $(\boldsymbol{A}+\boldsymbol{B})^*\neq\boldsymbol{A}^*+\boldsymbol{B}^*$

⑩ $(\boldsymbol{A}-\boldsymbol{B})^*\neq\boldsymbol{A}^*-\boldsymbol{B}^*$

4. 矩阵运算及性质应用的六种题型

(1) 从矩阵运算的有意义表达式或等式,确定矩阵表达式中的参数;

(2) 矩阵混合运算的直接计算(有些也有简单直观的化简);

(3) 利用性质 $\boldsymbol{A}^*=|\boldsymbol{A}|\boldsymbol{A}^{-1}$ 化简计算;

(4) 利用性质 $\boldsymbol{AA}^{-1}=\boldsymbol{A}^{-1}\boldsymbol{A}=\boldsymbol{E},\boldsymbol{AA}^*=\boldsymbol{A}^*\boldsymbol{A}=|\boldsymbol{A}|\boldsymbol{E}$ 解矩阵方程;

(5) 利用性质:对于一阶方阵(k),总有 $\boldsymbol{A}(k)=k\boldsymbol{A}$,$(k)\boldsymbol{A}=k\boldsymbol{A}$ 化简只有一行或一列的矩阵乘法(乘方);

(6) 逆矩阵方法的应用:由 $f(\boldsymbol{A})=0$,证明 $g(\boldsymbol{A})$可逆并求出$[g(\boldsymbol{A})]^{-1}$(带余除法).

5. 特殊矩阵与分块矩阵

(1) 根据元素分布的特殊性定义的特殊矩阵.

除了零矩阵、单位矩阵、对角矩阵、三角形矩阵外，还有哈达码(Hadamard)矩阵

$$\boldsymbol{H}=\begin{pmatrix} & & & 1\\ & & 1 & \\ & \iddots & & \\ 1 & & & \end{pmatrix}$$

它具有如下性质：

① $\boldsymbol{H}^{\mathrm{T}}=\boldsymbol{H}$

② $\boldsymbol{H}^{-1}=\boldsymbol{H},\boldsymbol{H}^2=\boldsymbol{E}$

③ $|\boldsymbol{H}|=(-1)^{\frac{n(n-1)}{2}}$，$n$ 为 $\boldsymbol{H}$ 的阶

④ $\boldsymbol{A}=\begin{pmatrix}\boldsymbol{\alpha}_1\\ \boldsymbol{\alpha}_2\\ \vdots\\ \boldsymbol{\alpha}_n\end{pmatrix}$时，$\boldsymbol{HA}=\begin{pmatrix}\boldsymbol{\alpha}_n\\ \vdots\\ \boldsymbol{\alpha}_2\\ \boldsymbol{\alpha}_1\end{pmatrix}$；$\boldsymbol{A}=(\boldsymbol{\beta}_1,\boldsymbol{\beta}_2,\cdots,\boldsymbol{\beta}_n)$时，$\boldsymbol{AH}=(\boldsymbol{\beta}_n,\cdots,\boldsymbol{\beta}_2,\boldsymbol{\beta}_1)$.

(2) 另一类特殊矩阵是具有某些特殊运算性质的矩阵.

一种是满足 $\boldsymbol{A}^{\mathrm{T}}=\boldsymbol{A}$ 的矩阵 $\boldsymbol{A}$，我们称 $\boldsymbol{A}$ 为对称矩阵；另一种是满足 $\boldsymbol{A}^{\mathrm{T}}=-\boldsymbol{A}$ 的矩阵 $\boldsymbol{A}$，我们称 $\boldsymbol{A}$ 为反对称矩阵.

显然对称矩阵与反对称矩阵都是方阵，它们具有如下一些性质：

① 当 $\boldsymbol{A}$ 为方阵时，$\boldsymbol{M}=\dfrac{\boldsymbol{A}+\boldsymbol{A}^{\mathrm{T}}}{2}$ 为对称矩阵，称为 $\boldsymbol{A}$ 的对称部分；$\boldsymbol{N}=\dfrac{\boldsymbol{A}-\boldsymbol{A}^{\mathrm{T}}}{2}$ 为反对称矩阵，称为 $\boldsymbol{A}$ 的反对称部分，这时 $\boldsymbol{A}=\boldsymbol{M}+\boldsymbol{N}$.

② 对于矩阵 $\boldsymbol{A}$，$\boldsymbol{AA}^{\mathrm{T}}$ 和 $\boldsymbol{A}^{\mathrm{T}}\boldsymbol{A}$ 都是对称矩阵.

③ 奇数阶反对称矩阵的行列式等于 0.

关于对称矩阵、反对称矩阵的运算性质：设 $\boldsymbol{A}$ 为对称矩阵，$\boldsymbol{B}$ 为反对称矩阵，$\boldsymbol{A}$ 与 $\boldsymbol{B}$ 同阶，且 $k+l\neq 0$，则 $k\boldsymbol{AB}+l\boldsymbol{BA}$ 为对称矩阵的充分必要条件是 $\boldsymbol{AB}+\boldsymbol{BA}=\boldsymbol{0}$.

(3) 分块矩阵.

分块矩阵是为了方便元素的记忆和简化计算采用的一种技巧. 对矩阵如何分块呢？第一，分块“所画的线”必须贯穿所有行或所有列；第二，分块后的矩阵之间的运算能分两步进行，即进行分块运算.

我们根据运算的需要，结合矩阵中元素的分布规律，将矩阵划分成若干块(称为子块)，并以所分的子块为(抽象的)元素的矩阵称为分块矩阵.

分块运算的两步骤就是：第一步，对(抽象的)子块元素的分块矩阵进行计算；第二步，对子块内的(实际的)元素进行计算. 因此，对参与计算的矩阵进行分块时，必须使这些分块矩阵相互之间满足两步运算的所有条件.

显然，分块矩阵可以进行加、减、数乘、乘法、乘方、转置、共轭这七种分块运算.

其中转置是先对分块矩阵转置，再对每一个子块转置. 但是不能分两步进行取行

列式、求伴随、求逆，这三种运算没法分块运算.

对某些分块矩阵进行取行列式、求伴随、求逆运算的公式如下.

① 准对角阵.

$$\boldsymbol{D}=\begin{pmatrix}\boldsymbol{A}_1 & & & \\ & \boldsymbol{A}_2 & & \\ & & \ddots & \\ & & & \boldsymbol{A}_s\end{pmatrix}\quad(\boldsymbol{A}_i\text{ 为 }n_i\text{ 阶方阵})$$

$$|\boldsymbol{D}|=|\boldsymbol{A}_1|\,|\boldsymbol{A}_2|\cdots|\boldsymbol{A}_s|.$$

$$\boldsymbol{D}^{-1}=\begin{pmatrix}\boldsymbol{A}_1^{-1} & & & \\ & \boldsymbol{A}_2^{-1} & & \\ & & \ddots & \\ & & & \boldsymbol{A}_s^{-1}\end{pmatrix}$$

$$\boldsymbol{D}^*=\begin{pmatrix}\boldsymbol{A}_1^*\,|\boldsymbol{A}_2|\cdots|\boldsymbol{A}_s| & & & \\ & |\boldsymbol{A}_1|\,\boldsymbol{A}_2^*\cdots|\boldsymbol{A}_s| & & \\ & & \ddots & \\ & & & |\boldsymbol{A}_1|\,|\boldsymbol{A}_2|\cdots\boldsymbol{A}_s^*\end{pmatrix}$$

② 2×2 准上三角形矩阵.

$$\boldsymbol{D}=\begin{pmatrix}\boldsymbol{A} & \boldsymbol{C}\\ \boldsymbol{0} & \boldsymbol{B}\end{pmatrix}$$

其中，$\boldsymbol{A},\boldsymbol{B}$ 都是方阵但可以不同阶.

$$|\boldsymbol{D}|=|\boldsymbol{A}|\,|\boldsymbol{B}|$$

$$\boldsymbol{D}^{-1}=\begin{pmatrix}\boldsymbol{A}^{-1} & -\boldsymbol{A}^{-1}\boldsymbol{C}\boldsymbol{B}^{-1}\\ \boldsymbol{0} & \boldsymbol{B}^{-1}\end{pmatrix}$$

$$\boldsymbol{D}^*=\begin{pmatrix}\boldsymbol{A}^*\,|\boldsymbol{B}| & -\boldsymbol{A}^*\boldsymbol{C}\boldsymbol{B}^*\\ \boldsymbol{0} & |\boldsymbol{A}|\,\boldsymbol{B}^*\end{pmatrix}$$

求 $\boldsymbol{D}^{-1}$时可采用待定元素法.

三、疑难解析

1. 为什么要研究矩阵？

答 矩阵是线性代数中最重要的部分，是线性代数的有力工具. 它是根据实际需要提出的，大量的问题借助它可以得到解决. 例如，一般线性方程组有解的充要条件是用矩阵的秩表示的；作为解线性方程组基础的克拉默法则也可以用矩阵运算导出；二次型的研究可以转化为对称矩阵的研究；化二次型为标准形，实际上就是化对称矩阵为合同对角线与合同标准形.

矩阵运算的实质，是把它当作一个“量”来进行运算，从而使得运算得到大大简化.

2. 任何两个矩阵都能进行加(减)、乘积运算吗？

答 不一定，只有当矩阵 $\boldsymbol{A},\boldsymbol{B}$ 是同型矩阵时，才能进行加(减)运算，只有当第一个矩阵 $\boldsymbol{A}$ 的列数等于第二个矩阵 $\boldsymbol{B}$ 的行数时，乘积 $\boldsymbol{AB}$ 才有意义.

3. 两个矩阵 $\boldsymbol{A},\boldsymbol{B}$ 相乘时，$\boldsymbol{AB}=\boldsymbol{BA}$ 成立吗？$|\boldsymbol{AB}|=|\boldsymbol{BA}|$ 成立吗？

答 $\boldsymbol{AB}$ 不一定等于 $\boldsymbol{BA}$，若要使 $\boldsymbol{AB}=\boldsymbol{BA}$，首先要使 $\boldsymbol{AB},\boldsymbol{BA}$ 都存在，此时 $\boldsymbol{A},\boldsymbol{B}$ 应为同阶矩阵；其次，矩阵的乘法不满足交换律，在一般情况下，$\boldsymbol{AB}\neq\boldsymbol{BA}$. 但对同阶方阵 $\boldsymbol{A},\boldsymbol{B}$，$|\boldsymbol{AB}|=|\boldsymbol{BA}|$ 是一定成立的，因为对于数的运算，$|\boldsymbol{AB}|=|\boldsymbol{A}||\boldsymbol{B}|=|\boldsymbol{B}||\boldsymbol{A}|=|\boldsymbol{BA}|$.

4. 若 $\boldsymbol{AB}=\boldsymbol{AC}$，能推出 $\boldsymbol{B}=\boldsymbol{C}$ 吗？

答 不能，因为矩阵的乘法不满足消去律.

例如，$\boldsymbol{A}=\begin{pmatrix}1&0\\0&0\end{pmatrix}$，$\boldsymbol{B}=\begin{pmatrix}0&0\\0&1\end{pmatrix}$，$\boldsymbol{C}=\begin{pmatrix}0&0\\0&0\end{pmatrix}$，则 $\boldsymbol{AB}=\boldsymbol{AC}$，但显然 $\boldsymbol{B}\neq\boldsymbol{C}$.

5. 非零矩阵相乘时，结果一定不是零矩阵吗？

答 非零矩阵相乘的结果可能是零矩阵. 例如，$\boldsymbol{A}=\begin{pmatrix}0&0\\0&1\end{pmatrix}\neq\boldsymbol{0}$，$\boldsymbol{B}=\begin{pmatrix}1&0\\0&0\end{pmatrix}\neq\boldsymbol{0}$，但 $\boldsymbol{AB}=\begin{pmatrix}0&0\\0&0\end{pmatrix}$.

6. 设 $\boldsymbol{A},\boldsymbol{B}$ 为 n 阶方阵，问等式 $\boldsymbol{A}^2-\boldsymbol{B}^2=(\boldsymbol{A}+\boldsymbol{B})(\boldsymbol{A}-\boldsymbol{B})$ 成立的充要条件是什么？

答 $\boldsymbol{A}^2-\boldsymbol{B}^2=(\boldsymbol{A}+\boldsymbol{B})(\boldsymbol{A}-\boldsymbol{B})$ 成立的充要条件是 $\boldsymbol{AB}=\boldsymbol{BA}$. 事实上，由于 $(\boldsymbol{A}+\boldsymbol{B})(\boldsymbol{A}-\boldsymbol{B})=\boldsymbol{A}^2+\boldsymbol{BA}-\boldsymbol{AB}-\boldsymbol{B}^2$，故当且仅当 $\boldsymbol{AB}=\boldsymbol{BA}$ 时成立. 所以，关于数的一些运算性质，在矩阵中在没有证明成立之前是不能引用的.

7. 一个数 $k(k\neq1)$ 乘 n 阶矩阵 $\boldsymbol{A}$ 后取行列式，其值是多少？

答 $|k\boldsymbol{A}|=k^n|\boldsymbol{A}|\neq k|\boldsymbol{A}|$，注意数乘行列式与数乘矩阵的区别及常犯错误.

8. 为什么一些关于数的代数恒等式或命题在矩阵中不一定成立？

答 这是因为矩阵的运算有它特有的规则和特殊的运算性质，如矩阵乘法一般不满足交换律、消去律等运算规律，所以不能把数的有关运算性质“平行”推到矩阵上来.

例如，若 $\boldsymbol{A},\boldsymbol{B},\boldsymbol{C}$ 均为 n 阶方阵，则 $(\boldsymbol{A}\pm\boldsymbol{B})^2\neq\boldsymbol{A}^2\pm2\boldsymbol{AB}+\boldsymbol{B}^2$，$(\boldsymbol{AB})^k\neq\boldsymbol{A}^k\boldsymbol{B}^k$，$(\boldsymbol{A}+\boldsymbol{B})(\boldsymbol{A}-\boldsymbol{B})\neq\boldsymbol{A}^2-\boldsymbol{B}^2$，但当且仅当 $\boldsymbol{A},\boldsymbol{B}$ 可交换时，命题才能成立.

$\boldsymbol{AB}=\boldsymbol{0}$ 不能推出 $\boldsymbol{A}=\boldsymbol{0}$ 或 $\boldsymbol{B}=\boldsymbol{0}$，当且仅当 $\boldsymbol{B}$ 可逆或 $\boldsymbol{A}$ 可逆时，命题成立.

$\boldsymbol{A}^2=\boldsymbol{0}$ 不能推出 $\boldsymbol{A}=\boldsymbol{0}$，当且仅当 $\boldsymbol{A}$ 为对称矩阵，即 $\boldsymbol{A}=\boldsymbol{A}^{\mathrm{T}}$ 时，命题成立.

$\boldsymbol{A}^2=\boldsymbol{A}$ 不能推出 $\boldsymbol{A}=\boldsymbol{E}$ 或 $\boldsymbol{A}=\boldsymbol{0}$，当且仅当 $\boldsymbol{A}$ 可逆时，有 $\boldsymbol{A}=\boldsymbol{E}$；当且仅当 $\boldsymbol{A}-\boldsymbol{E}$ 可

逆时，有 $\boldsymbol{A}=\boldsymbol{0}$.

初学者要特别留心，注意总结矩阵运算的特殊性，否则容易出错.

例如，$\boldsymbol{AB}-2\boldsymbol{B}=(\boldsymbol{A}-2)\boldsymbol{B}$ 是错误的，正确的写法是 $\boldsymbol{AB}-2\boldsymbol{B}=(\boldsymbol{A}-2\boldsymbol{E})\boldsymbol{B}$.

9. 设 $\boldsymbol{A},\boldsymbol{B},\boldsymbol{C}$ 是与 $\boldsymbol{E}$ 同阶的方阵，其中 $\boldsymbol{E}$ 是单位矩阵，若 $\boldsymbol{ABC}=\boldsymbol{E}$，问 $\boldsymbol{BCA}=\boldsymbol{E}$，$\boldsymbol{ACB}=\boldsymbol{E}$，$\boldsymbol{CAB}=\boldsymbol{E}$，$\boldsymbol{BAC}=\boldsymbol{E}$，$\boldsymbol{CBA}=\boldsymbol{E}$ 中哪些总是成立，哪些不一定成立？

答 由于 $\boldsymbol{ABC}=\boldsymbol{E}$，说明 $\boldsymbol{BC}$ 是 $\boldsymbol{A}$ 的逆矩阵，$\boldsymbol{AB}$ 是 $\boldsymbol{C}$ 的逆矩阵，由于任何可逆方阵与其逆矩阵相乘可交换，故有 $\boldsymbol{BCA}=\boldsymbol{E}$，$\boldsymbol{CAB}=\boldsymbol{E}$ 成立，其他等式不一定成立.

10. 如果一个方阵的逆矩阵存在，求逆矩阵都有哪些方法？

答 法一：运用伴随矩阵求逆，$\boldsymbol{A}^{-1}=\dfrac{\boldsymbol{A}^*}{|\boldsymbol{A}|}$；

法二：用初等变换求逆，$(\boldsymbol{A}|\boldsymbol{E})\xrightarrow{r}(\boldsymbol{E}|\boldsymbol{A}^{-1})$.

其他方法：运用分块矩阵求逆等.

11. 若矩阵 $\boldsymbol{A},\boldsymbol{B}$ 满足 $\boldsymbol{AB}=\boldsymbol{E}$，是否一定可推出矩阵 $\boldsymbol{A},\boldsymbol{B}$ 可逆？

答 不一定，这里 $\boldsymbol{A},\boldsymbol{B}$ 不一定是方阵.

例如，$\boldsymbol{A}=\begin{pmatrix}1&0&0\\0&1&0\end{pmatrix}$，$\boldsymbol{B}=\begin{pmatrix}1&0\\0&1\\0&0\end{pmatrix}$，$\boldsymbol{AB}=\begin{pmatrix}1&0\\0&1\end{pmatrix}=\boldsymbol{E}$.

12. 是否有 n 阶方阵 $\boldsymbol{A},\boldsymbol{B}$ 存在，能使 $\boldsymbol{AB}-\boldsymbol{BA}=\boldsymbol{E}$ 成立？

答 没有，设 $\boldsymbol{A}=(a_{ij})_{n\times n}$，$\boldsymbol{B}=(b_{ij})_{n\times n}$ 为任意两个 n 阶方阵，则 $\boldsymbol{AB}$ 主对角线上的元素为 $\sum\limits_{i=1}^{n}a_{1i}b_{i1}$，$\sum\limits_{i=1}^{n}a_{2i}b_{i2}$，…，$\sum\limits_{i=1}^{n}a_{ni}b_{in}$，它们的和为 $\sum\limits_{i=1}^{n}\sum\limits_{j=1}^{n}a_{ji}b_{ij}$. 同理，$\boldsymbol{BA}$ 的主对角线上的元素之和也为 $\sum\limits_{i=1}^{n}\sum\limits_{j=1}^{n}a_{ji}b_{ij}$，这说明 $\boldsymbol{AB}$ 与 $\boldsymbol{BA}$ 的主对角线上的元素之和相等，从而 $\boldsymbol{AB}-\boldsymbol{BA}$ 的主对角线上的元素之和为零，显然有 $\boldsymbol{AB}-\boldsymbol{BA}\neq\boldsymbol{E}$.

13. 矩阵的伴随矩阵有什么特点？

答 两个特点：第一，元素由 a_{ij} 的代数余子式 A_{ij} 构成；第二，$\boldsymbol{A}$ 的第 i 行第 j 列元素 a_{ij} 的代数余子式 A_{ij} 写在 $\boldsymbol{A}^*$ 中的第 j 行第 i 列.

14. 矩阵的分块相乘应满足什么条件？

答 必须满足两个条件：

(1) 前一(左)矩阵的列块数与后一(右)矩阵的行块数相等；

(2) 前一(左)矩阵的每个列块所包含的列数等于后一(右)矩阵对应行块所包含的行数.

15. 分块矩阵的转置应该注意什么问题？

答 转置一个分块矩阵时，不仅整个分块矩阵按块转置，而且每一块都要做转置.

四、典型例题

例 1　设 $\boldsymbol{A}=\begin{pmatrix} x & 0 \\ 7 & y \end{pmatrix}$，$\boldsymbol{B}=\begin{pmatrix} u & v \\ y & 2 \end{pmatrix}$，$\boldsymbol{C}=\begin{pmatrix} 3 & -4 \\ x & v \end{pmatrix}$，且 $\boldsymbol{A}+2\boldsymbol{B}-\boldsymbol{C}=\boldsymbol{0}$，求 x,y,u,v 的值.

解　因 $\boldsymbol{A},\boldsymbol{B},\boldsymbol{C}$ 为同型矩阵，由 $\boldsymbol{A}+2\boldsymbol{B}-\boldsymbol{C}=\boldsymbol{0}$，即

$$\begin{pmatrix} x & 0 \\ 7 & y \end{pmatrix}+2\begin{pmatrix} u & v \\ y & 2 \end{pmatrix}-\begin{pmatrix} 3 & -4 \\ x & v \end{pmatrix}=\begin{pmatrix} 0 & 0 \\ 0 & 0 \end{pmatrix}$$

得到

$$\begin{pmatrix} x+2u-3 & 0+2v+4 \\ 7+2y-x & y+4-v \end{pmatrix}=\begin{pmatrix} 0 & 0 \\ 0 & 0 \end{pmatrix}$$

再由矩阵相等的定义，得到

$$x+2u-3=0,\quad 2v+4=0,\quad 7+2y-x=0,\quad y+4-v=0$$

解上述方程组即得

$$x=-5,\quad y=-6,\quad u=4,\quad v=-2$$

例 2　设有二阶方阵 $\boldsymbol{A}=\begin{pmatrix} a & b \\ c & d \end{pmatrix}$.（1）求满足 $\boldsymbol{A}^2=\boldsymbol{0}$ 的所有矩阵；（2）求满足 $\boldsymbol{A}^2=\boldsymbol{A}$ 的所有矩阵.

解　（1）由 $\boldsymbol{A}^2=\boldsymbol{0}$ 得

$$\begin{pmatrix} a & b \\ c & d \end{pmatrix}\begin{pmatrix} a & b \\ c & d \end{pmatrix}=\begin{bmatrix} a^2+bc & ab+bd \\ ca+dc & cb+d^2 \end{bmatrix}=\begin{pmatrix} 0 & 0 \\ 0 & 0 \end{pmatrix}$$

所以

$$a^2+bc=(a+d)b=c(a+d)=cb+d^2=0$$

若 $a+d\neq 0$，则 $b=c=0$；由 $a^2+bc=cb+d^2=0$ 得 $a=d=0$，这与 $a+d\neq 0$ 矛盾，故必有 $a+d=0$，即 $d=-a$，这时 b,c 满足 $a^2+bc=0$. 于是满足 $\boldsymbol{A}^2=\boldsymbol{0}$ 的所有矩阵为 $\boldsymbol{A}=\begin{pmatrix} a & b \\ c & -a \end{pmatrix}$，其中 $a^2+bc=0$.

（2）由 $\boldsymbol{A}^2=\boldsymbol{A}$ 得 $\begin{bmatrix} a^2+bc & ab+bd \\ ac+cd & bc+d^2 \end{bmatrix}=\begin{pmatrix} a & b \\ c & d \end{pmatrix}$，于是有

$$\begin{cases} a^2+bc=a & ① \\ ab+bd=b & ② \\ ac+cd=c & ③ \\ bc+d^2=d & ④ \end{cases}$$

由式②、式③有 $(a+d-1)b=0$，$(a+d-1)c=0$.

a. 若 $a+d-1=0$，由式①得 $a=\dfrac{1\pm\sqrt{1-4bc}}{2}$，由式④得 $d=\dfrac{1\mp\sqrt{1-4bc}}{2}$，此时矩阵 $\boldsymbol{A}$ 为如下形式：

$$\begin{pmatrix} \frac{1+\sqrt{1-4bc}}{2} & b \\ c & \frac{1-\sqrt{1-4bc}}{2} \end{pmatrix} \text{ 或 } \begin{pmatrix} \frac{1-\sqrt{1-4bc}}{2} & b \\ c & \frac{1+\sqrt{1-4bc}}{2} \end{pmatrix} \quad (*)$$

其中,b,c 为任意数.

b. 若 $a+d-1\neq 0$,则 $b=c=0$,由式①、式④得 $a=0$ 或 1,$d=0$ 或 1,但 $a+d-1\neq 0$,所以 $a=d=0$ 或 $a=d=1$,此时有 $\boldsymbol{A}=\boldsymbol{0}$ 或 $\boldsymbol{A}=\boldsymbol{E}$.

由上述讨论知,满足 $\boldsymbol{A}^2=\boldsymbol{A}$ 的所有二阶方阵 $\boldsymbol{A}$ 为 $\boldsymbol{0}$ 或 $\boldsymbol{E}$ 或由(*)式表示的矩阵.

例 3 已知矩阵 $\boldsymbol{A}=\begin{pmatrix} 1 & 1 & 0 \\ 0 & 1 & 0 \\ 0 & 0 & 1 \end{pmatrix}$,求与 $\boldsymbol{A}$ 可交换的矩阵 $\boldsymbol{B}$.

解 设 $\boldsymbol{B}=\begin{pmatrix} a_1 & a_2 & a_3 \\ b_1 & b_2 & b_3 \\ c_1 & c_2 & c_3 \end{pmatrix}$,则

$$\boldsymbol{AB}=\begin{pmatrix} a_1+b_1 & a_2+b_2 & a_3+b_3 \\ b_1 & b_2 & b_3 \\ c_1 & c_2 & c_3 \end{pmatrix}, \quad \boldsymbol{BA}=\begin{pmatrix} a_1 & a_1+a_2 & a_3 \\ b_1 & b_1+b_2 & b_3 \\ c_1 & c_1+c_2 & c_3 \end{pmatrix}$$

由 $\boldsymbol{AB}=\boldsymbol{BA}$,得

$$a_1+b_1=a_1, \quad a_2+b_2=a_1+a_2, \quad a_3+b_3=a_3, \quad b_1=b_1$$
$$b_2=b_1+b_2, \quad b_3=b_3, \quad c_1=c_1, \quad c_2=c_1+c_2, \quad c_3=c_3$$

故有
$$b_1=b_3=c_1=0, \quad b_2=a_1$$

所以,与 $\boldsymbol{A}$ 可交换的矩阵为

$$\boldsymbol{B}=\begin{pmatrix} a_1 & a_2 & a_3 \\ 0 & a_1 & 0 \\ 0 & c_2 & c_3 \end{pmatrix}$$

其中,a_1,a_2,a_3,c_2,c_3 可取任意实数.

例 4 设有三阶矩阵 $\boldsymbol{A}=\begin{pmatrix} \boldsymbol{\alpha} \\ 3\boldsymbol{\gamma}_2 \\ 2\boldsymbol{\gamma}_3 \end{pmatrix}$,$\boldsymbol{B}=\begin{pmatrix} \boldsymbol{\beta} \\ \boldsymbol{\gamma}_2 \\ \boldsymbol{\gamma}_3 \end{pmatrix}$,其中,$\boldsymbol{\alpha},\boldsymbol{\beta},\boldsymbol{\gamma}_2,\boldsymbol{\gamma}_3$ 均为三维行向量,且已知行列式 $|\boldsymbol{A}|=24$,$|\boldsymbol{B}|=3$,求 $|\boldsymbol{A}-\boldsymbol{B}|$.

解 $|\boldsymbol{A}-\boldsymbol{B}|=\begin{vmatrix} \boldsymbol{\alpha}-\boldsymbol{\beta} \\ 3\boldsymbol{\gamma}_2-\boldsymbol{\gamma}_2 \\ 2\boldsymbol{\gamma}_3-\boldsymbol{\gamma}_3 \end{vmatrix}=\begin{vmatrix} \boldsymbol{\alpha}-\boldsymbol{\beta} \\ 2\boldsymbol{\gamma}_2 \\ \boldsymbol{\gamma}_3 \end{vmatrix}=2\begin{vmatrix} \boldsymbol{\alpha}-\boldsymbol{\beta} \\ \boldsymbol{\gamma}_2 \\ \boldsymbol{\gamma}_3 \end{vmatrix}=2\begin{vmatrix} \boldsymbol{\alpha} \\ \boldsymbol{\gamma}_2 \\ \boldsymbol{\gamma}_3 \end{vmatrix}-2\begin{vmatrix} \boldsymbol{\beta} \\ \boldsymbol{\gamma}_2 \\ \boldsymbol{\gamma}_3 \end{vmatrix}$

$$=\begin{vmatrix}\boldsymbol{\alpha}\\\boldsymbol{\gamma}_2\\2\boldsymbol{\gamma}_3\end{vmatrix}-2\begin{vmatrix}\boldsymbol{\beta}\\\boldsymbol{\gamma}_2\\\boldsymbol{\gamma}_3\end{vmatrix}=\frac{1}{3}\begin{vmatrix}\boldsymbol{\alpha}\\3\boldsymbol{\gamma}_2\\2\boldsymbol{\gamma}_3\end{vmatrix}-2\begin{vmatrix}\boldsymbol{\beta}\\\boldsymbol{\gamma}_2\\\boldsymbol{\gamma}_3\end{vmatrix}=\frac{1}{3}\times 24-2\times 3=2$$

例 5 如果 $f(x)=x^2-x+1$,已知 $\boldsymbol{A}=\begin{pmatrix}2&1&1\\3&1&2\\1&-1&0\end{pmatrix}$,求 $f(\boldsymbol{A})$.

解 $f(\boldsymbol{A})=\boldsymbol{A}^2-\boldsymbol{A}+\boldsymbol{E}=\begin{pmatrix}2&1&1\\3&1&2\\1&-1&0\end{pmatrix}\begin{pmatrix}2&1&1\\3&1&2\\1&-1&0\end{pmatrix}-\begin{pmatrix}2&1&1\\3&1&2\\1&-1&0\end{pmatrix}+\begin{pmatrix}1&0&0\\0&1&0\\0&0&1\end{pmatrix}$

$$=\begin{pmatrix}7&1&3\\8&2&3\\-2&1&0\end{pmatrix}.$$

例 6 设 $\boldsymbol{A},\boldsymbol{B}$ 为同阶方阵,且满足 $\boldsymbol{A}=\frac{1}{2}(\boldsymbol{B}+\boldsymbol{E})$,求证:$\boldsymbol{A}^2=\boldsymbol{A}$ 的充要条件是$\boldsymbol{B}^2=\boldsymbol{E}$.

证 $\boldsymbol{A}^2=\boldsymbol{A}\Leftrightarrow\left[\frac{1}{2}(\boldsymbol{B}+\boldsymbol{E})\right]^2=\frac{1}{2}(\boldsymbol{B}+\boldsymbol{E})$

$\Leftrightarrow\frac{1}{4}(\boldsymbol{B}+\boldsymbol{E})^2=\frac{1}{2}(\boldsymbol{B}+\boldsymbol{E})$

$\Leftrightarrow\frac{1}{2}(\boldsymbol{B}^2+2\boldsymbol{B}+\boldsymbol{E})=\boldsymbol{B}+\boldsymbol{E}$

$\Leftrightarrow\boldsymbol{B}^2+2\boldsymbol{B}+\boldsymbol{E}=2\boldsymbol{B}+2\boldsymbol{E}$

$\Leftrightarrow\boldsymbol{B}^2=\boldsymbol{E}$

例 7 设 $\boldsymbol{A}$ 与 $\boldsymbol{B}$ 都是幂等矩阵,证明:$\boldsymbol{A}+\boldsymbol{B}$ 是幂等矩阵的充要条件是 $\boldsymbol{AB}=\boldsymbol{BA}=\boldsymbol{0}$.

证 充分性.因 $\boldsymbol{A}^2=\boldsymbol{A},\boldsymbol{B}^2=\boldsymbol{B}$,所以有

$$(\boldsymbol{A}+\boldsymbol{B})^2=\boldsymbol{A}^2+\boldsymbol{AB}+\boldsymbol{BA}+\boldsymbol{B}^2=\boldsymbol{A}+\boldsymbol{AB}+\boldsymbol{BA}+\boldsymbol{B} \qquad ①$$

又因 $\boldsymbol{AB}+\boldsymbol{BA}=\boldsymbol{0}$,由式①知$(\boldsymbol{A}+\boldsymbol{B})^2=\boldsymbol{A}+\boldsymbol{B}$,即 $\boldsymbol{A}+\boldsymbol{B}$ 是幂等阵.

必要性.设$(\boldsymbol{A}+\boldsymbol{B})^2=\boldsymbol{A}+\boldsymbol{B}$,则由式①有

$$\boldsymbol{AB}+\boldsymbol{BA}=\boldsymbol{0} \quad 或 \quad \boldsymbol{AB}=-\boldsymbol{BA} \qquad ②$$

这时

$$\boldsymbol{AB}=\boldsymbol{A}^2\boldsymbol{B}=\boldsymbol{A}(\boldsymbol{AB})=\boldsymbol{A}(-\boldsymbol{BA})=-(\boldsymbol{ABA})=-(-\boldsymbol{BA})\boldsymbol{A}=\boldsymbol{BA}^2=\boldsymbol{BA}$$

与式②比较,得$-\boldsymbol{BA}=\boldsymbol{BA}$,所以 $\boldsymbol{BA}=\boldsymbol{AB}=\boldsymbol{0}$.

例 8 设 n 阶矩阵 $\boldsymbol{A},\boldsymbol{B}$ 满足 $\boldsymbol{A}^2=\boldsymbol{A},\boldsymbol{B}^2=\boldsymbol{B},(\boldsymbol{A}+\boldsymbol{B})^2=\boldsymbol{A}+\boldsymbol{B}$,证明:$\boldsymbol{AB}=\boldsymbol{0}$.

证 由题设条件$(\boldsymbol{A}+\boldsymbol{B})^2=\boldsymbol{A}+\boldsymbol{B}$,得

$$\boldsymbol{A}^2+\boldsymbol{AB}+\boldsymbol{BA}+\boldsymbol{B}^2=\boldsymbol{A}+\boldsymbol{B}$$

又已知 $\boldsymbol{A}^2=\boldsymbol{A},\boldsymbol{B}^2=\boldsymbol{B}$,故得

$$\boldsymbol{AB}+\boldsymbol{BA}=\boldsymbol{0} \tag{①}$$

用 $\boldsymbol{A}$ 左乘式①两端,并利用 $\boldsymbol{A}^2=\boldsymbol{A}$,得

$$\boldsymbol{AB}+\boldsymbol{ABA}=\boldsymbol{0} \tag{②}$$

用 $\boldsymbol{A}$ 右乘式①两端,并利用 $\boldsymbol{A}^2=\boldsymbol{A}$,得

$$\boldsymbol{ABA}+\boldsymbol{BA}=\boldsymbol{0} \tag{③}$$

式②与式③相减,得

$$\boldsymbol{AB}=\boldsymbol{BA} \tag{④}$$

将式④代入式①,便得

$$\boldsymbol{AB}=\boldsymbol{0}$$

注 对于本题,在还不知道 $\boldsymbol{AB}=\boldsymbol{BA}$ 时,不能把 $(\boldsymbol{A}+\boldsymbol{B})^2$ 写成 $\boldsymbol{A}^2+2\boldsymbol{AB}+\boldsymbol{B}^2$.

例 9 计算矩阵 $\begin{pmatrix} a & 0 & 0 \\ 0 & b & 0 \\ 0 & 0 & c \end{pmatrix}^n$ (n 为正整数).

解 易求得,当 $n=2$ 时,$\begin{pmatrix} a & 0 & 0 \\ 0 & b & 0 \\ 0 & 0 & c \end{pmatrix}^2=\begin{pmatrix} a^2 & 0 & 0 \\ 0 & b^2 & 0 \\ 0 & 0 & c^2 \end{pmatrix}$.

当 $n=3$ 时,$\begin{pmatrix} a & 0 & 0 \\ 0 & b & 0 \\ 0 & 0 & c \end{pmatrix}^3=\begin{pmatrix} a & 0 & 0 \\ 0 & b & 0 \\ 0 & 0 & c \end{pmatrix}^2\begin{pmatrix} a & 0 & 0 \\ 0 & b & 0 \\ 0 & 0 & c \end{pmatrix}=\begin{pmatrix} a^3 & 0 & 0 \\ 0 & b^3 & 0 \\ 0 & 0 & c^3 \end{pmatrix}$.

假设当 $n=k$ 时,有 $\begin{pmatrix} a & 0 & 0 \\ 0 & b & 0 \\ 0 & 0 & c \end{pmatrix}^k=\begin{pmatrix} a^k & 0 & 0 \\ 0 & b^k & 0 \\ 0 & 0 & c^k \end{pmatrix}$. 下面证 $n=k+1$ 时,有

$$\begin{pmatrix} a & 0 & 0 \\ 0 & b & 0 \\ 0 & 0 & c \end{pmatrix}^{k+1}=\begin{pmatrix} a^{k+1} & 0 & 0 \\ 0 & b^{k+1} & 0 \\ 0 & 0 & c^{k+1} \end{pmatrix}$$

事实上,

$$\begin{aligned}\begin{pmatrix} a & 0 & 0 \\ 0 & b & 0 \\ 0 & 0 & c \end{pmatrix}^{k+1}&=\begin{pmatrix} a & 0 & 0 \\ 0 & b & 0 \\ 0 & 0 & c \end{pmatrix}^k\begin{pmatrix} a & 0 & 0 \\ 0 & b & 0 \\ 0 & 0 & c \end{pmatrix}=\begin{pmatrix} a^k & 0 & 0 \\ 0 & b^k & 0 \\ 0 & 0 & c^k \end{pmatrix}\begin{pmatrix} a & 0 & 0 \\ 0 & b & 0 \\ 0 & 0 & c \end{pmatrix}\\&=\begin{pmatrix} a^{k+1} & 0 & 0 \\ 0 & b^{k+1} & 0 \\ 0 & 0 & c^{k+1} \end{pmatrix}\end{aligned}$$

故对于任意自然数 n,有 $\begin{pmatrix} a & 0 & 0 \\ 0 & b & 0 \\ 0 & 0 & c \end{pmatrix}^n = \begin{pmatrix} a^n & 0 & 0 \\ 0 & b^n & 0 \\ 0 & 0 & c^n \end{pmatrix}$.

例 10 设 n 维行向量 $\boldsymbol{\alpha}=\left(\frac{1}{2},0,\cdots,0,\frac{1}{2}\right)$,矩阵 $\boldsymbol{A}=\boldsymbol{E}-\boldsymbol{\alpha}^{\mathrm{T}}\boldsymbol{\alpha}$,$\boldsymbol{B}=\boldsymbol{E}+2\boldsymbol{\alpha}^{\mathrm{T}}\boldsymbol{\alpha}$,其中,$\boldsymbol{E}$ 为 n 阶单位矩阵,则 $\boldsymbol{AB}$ 等于( ).

A. 0 B. $-\boldsymbol{E}$ C. $\boldsymbol{E}$ D. $\boldsymbol{E}+\boldsymbol{\alpha}^{\mathrm{T}}\boldsymbol{\alpha}$

解
$$\begin{aligned}\boldsymbol{AB}&=(\boldsymbol{E}-\boldsymbol{\alpha}^{\mathrm{T}}\boldsymbol{\alpha})(\boldsymbol{E}+2\boldsymbol{\alpha}^{\mathrm{T}}\boldsymbol{\alpha})=\boldsymbol{E}-\boldsymbol{\alpha}^{\mathrm{T}}\boldsymbol{\alpha}+2\boldsymbol{\alpha}^{\mathrm{T}}\boldsymbol{\alpha}-2\boldsymbol{\alpha}^{\mathrm{T}}\boldsymbol{\alpha}\cdot\boldsymbol{\alpha}^{\mathrm{T}}\boldsymbol{\alpha}\\&=\boldsymbol{E}-\boldsymbol{\alpha}^{\mathrm{T}}\boldsymbol{\alpha}+2\boldsymbol{\alpha}^{\mathrm{T}}\boldsymbol{\alpha}-2\boldsymbol{\alpha}^{\mathrm{T}}(\boldsymbol{\alpha}\boldsymbol{\alpha}^{\mathrm{T}})\boldsymbol{\alpha}.\end{aligned}$$

因 $\boldsymbol{\alpha}$ 为行向量,$\boldsymbol{\alpha}\boldsymbol{\alpha}^{\mathrm{T}}$ 为一个数,且

$$\boldsymbol{\alpha}\boldsymbol{\alpha}^{\mathrm{T}}=\left(\frac{1}{2},0,\cdots,0,\frac{1}{2}\right)\begin{pmatrix}\frac{1}{2}\\0\\\vdots\\0\\\frac{1}{2}\end{pmatrix}=\frac{1}{4}+\frac{1}{4}=\frac{1}{2}$$

故
$$\boldsymbol{AB}=\boldsymbol{E}-\boldsymbol{\alpha}^{\mathrm{T}}\boldsymbol{\alpha}+2\boldsymbol{\alpha}^{\mathrm{T}}\boldsymbol{\alpha}-2(\boldsymbol{\alpha}\boldsymbol{\alpha}^{\mathrm{T}})(\boldsymbol{\alpha}^{\mathrm{T}}\boldsymbol{\alpha})=\boldsymbol{E}-\boldsymbol{\alpha}^{\mathrm{T}}\boldsymbol{\alpha}+2\boldsymbol{\alpha}^{\mathrm{T}}\boldsymbol{\alpha}-\boldsymbol{\alpha}^{\mathrm{T}}\boldsymbol{\alpha}=\boldsymbol{E}$$

因而 C 对,其余的都不对.

例 11 设 4×4 矩阵 $\boldsymbol{A}=(\boldsymbol{\alpha},\boldsymbol{\gamma}_2,\boldsymbol{\gamma}_3,\boldsymbol{\gamma}_4)$,$\boldsymbol{B}=(\boldsymbol{\beta},\boldsymbol{\gamma}_2,\boldsymbol{\gamma}_3,\boldsymbol{\gamma}_4)$,其中,$\boldsymbol{\alpha},\boldsymbol{\beta},\boldsymbol{\gamma}_2,\boldsymbol{\gamma}_3,\boldsymbol{\gamma}_4$ 均为四维列向量,且已知行列式 $|\boldsymbol{A}|=4$,$|\boldsymbol{B}|=1$,求 $|\boldsymbol{A}+\boldsymbol{B}|$.

解 $\boldsymbol{A}+\boldsymbol{B}=(\boldsymbol{\alpha}+\boldsymbol{\beta},2\boldsymbol{\gamma}_2,2\boldsymbol{\gamma}_3,2\boldsymbol{\gamma}_4)$,由行列式的性质,有

$$\begin{aligned}|\boldsymbol{A}+\boldsymbol{B}|&=|\boldsymbol{\alpha}+\boldsymbol{\beta},2\boldsymbol{\gamma}_2,2\boldsymbol{\gamma}_3,2\boldsymbol{\gamma}_4|=8|\boldsymbol{\alpha}+\boldsymbol{\beta},\boldsymbol{\gamma}_2,\boldsymbol{\gamma}_3,\boldsymbol{\gamma}_4|\\&=8(|\boldsymbol{\alpha},\boldsymbol{\gamma}_2,\boldsymbol{\gamma}_3,\boldsymbol{\gamma}_4|+|\boldsymbol{\beta},\boldsymbol{\gamma}_2,\boldsymbol{\gamma}_3,\boldsymbol{\gamma}_4|)=8\times(4+1)=40\end{aligned}$$

例 12 设 $\boldsymbol{A}$ 是 n 阶矩阵,满足 $\boldsymbol{A}\boldsymbol{A}^{\mathrm{T}}=\boldsymbol{E}$,$|\boldsymbol{A}|<0$,求 $|\boldsymbol{A}+\boldsymbol{E}|$.

解 由 $\boldsymbol{A}\boldsymbol{A}^{\mathrm{T}}=\boldsymbol{E}$,得 $|\boldsymbol{A}|^2=1$,而 $|\boldsymbol{A}|<0$,故 $|\boldsymbol{A}|=-1$. 因为

$$\begin{aligned}|\boldsymbol{A}+\boldsymbol{E}|&=|\boldsymbol{A}+\boldsymbol{A}\boldsymbol{A}^{\mathrm{T}}|=|\boldsymbol{A}(\boldsymbol{E}+\boldsymbol{A}^{\mathrm{T}})|=|\boldsymbol{A}|\,|(\boldsymbol{E}+\boldsymbol{A})^{\mathrm{T}}|\\&=|\boldsymbol{A}|\,|\boldsymbol{E}+\boldsymbol{A}|=|\boldsymbol{A}|\,|\boldsymbol{A}+\boldsymbol{E}|=-|\boldsymbol{A}+\boldsymbol{E}|\end{aligned}$$

所以 $2|\boldsymbol{A}+\boldsymbol{E}|=0$,从而有 $|\boldsymbol{A}+\boldsymbol{E}|=0$.

例 13 设 $\boldsymbol{A}$ 是 $m\times n$ 实矩阵. 证明:若 $\boldsymbol{A}\boldsymbol{A}^{\mathrm{T}}=\boldsymbol{0}$,则 $\boldsymbol{A}=\boldsymbol{0}$.

证 设 $\boldsymbol{A}=(a_{ij})_{m\times n}$,$\boldsymbol{C}=(c_{ij})_{m\times m}=\boldsymbol{A}\boldsymbol{A}^{\mathrm{T}}$,则有

$$c_{ij}=a_{i1}a_{j1}+a_{i2}a_{j2}+\cdots+a_{in}a_{jn},\quad i,j=1,2,\cdots,m$$

由 $\boldsymbol{C}=\boldsymbol{A}\boldsymbol{A}^{\mathrm{T}}=\boldsymbol{0}$,得

$$c_{ii}=a_{i1}^2+a_{i2}^2+\cdots+a_{in}^2=0,\quad i=1,2,\cdots,m$$

于是 $a_{ij}=0\ (i=1,2,\cdots,m;j=1,2,\cdots,n)$,故 $\boldsymbol{A}=\boldsymbol{0}$.

例 14 设 $\boldsymbol{A}=\begin{pmatrix}1&2&3\\4&5&8\\3&4&6\end{pmatrix}$,判断 $\boldsymbol{A}$ 是否可逆,若可逆,求出其逆阵.

解 因为 $\det\boldsymbol{A}=\begin{vmatrix}1&2&3\\4&5&8\\3&4&6\end{vmatrix}=1$,所以 $\boldsymbol{A}$ 可逆. 而

$$A_{11}=\begin{vmatrix}5&8\\4&6\end{vmatrix}=-2,\quad A_{12}=-\begin{vmatrix}4&8\\3&6\end{vmatrix}=0$$

$$A_{13}=\begin{vmatrix}4&5\\3&4\end{vmatrix}=1,\quad A_{21}=0,\quad A_{22}=-3$$

$$A_{23}=2,\quad A_{31}=1,\quad A_{32}=4,\quad A_{33}=-3$$

所以
$$\boldsymbol{A}^{-1}=\frac{1}{\det|\boldsymbol{A}|}\boldsymbol{A}^*=\begin{pmatrix}-2&0&1\\0&-3&4\\1&2&-3\end{pmatrix}$$

注 从理论上讲,用伴随矩阵求逆的公式对任何阶可逆矩阵都成立. 但当阶数较高时计算量很大,因而该方法只适用于较低阶的方阵求逆. 一般情况下,公式法常用于二阶、三阶方阵的求逆,尤其以二阶方阵更为方便.

对于二阶方阵 $\boldsymbol{A}=\begin{pmatrix}a&b\\c&d\end{pmatrix}$,可求得 $\boldsymbol{A}^*=\begin{pmatrix}d&-b\\-c&a\end{pmatrix}$. 显然,只要把 $\boldsymbol{A}$ 的主对角线上元素 a,b 对调,次对角线上元素 b,c 变号,就得到 $\boldsymbol{A}^*$.

例 15 设 $\boldsymbol{A}=\begin{pmatrix}1&1&-1\\2&1&0\\1&-1&0\end{pmatrix}$,求 $\boldsymbol{A}^{-1}$.

解 利用公式 $\boldsymbol{A}^{-1}=\frac{1}{|\boldsymbol{A}|}\boldsymbol{A}^*$ 计算.

因 $|\boldsymbol{A}|=\begin{vmatrix}1&1&-1\\2&1&0\\1&-1&0\end{vmatrix}=3\neq0$,故 $\boldsymbol{A}^{-1}$ 存在. 又

$$A_{11}=(-1)^2\begin{vmatrix}1&0\\-1&0\end{vmatrix}=0,\quad A_{21}=(-1)^3\begin{vmatrix}1&-1\\-1&0\end{vmatrix}=1$$

$$A_{31}=(-1)^4\begin{vmatrix}1&-1\\1&0\end{vmatrix}=1,\quad A_{12}=(-1)^3\begin{vmatrix}2&0\\1&0\end{vmatrix}=0$$

$$A_{22}=(-1)^4\begin{vmatrix}1&-1\\1&0\end{vmatrix}=1,\quad A_{32}=(-1)^5\begin{vmatrix}1&-1\\2&0\end{vmatrix}=-2$$

$$A_{13}=(-1)^4\begin{vmatrix}2&1\\1&-1\end{vmatrix}=-3,\quad A_{23}=(-1)^5\begin{vmatrix}1&1\\1&-1\end{vmatrix}=2$$

$$A_{33}=(-1)^6\begin{vmatrix}1 & 1\\ 2 & 1\end{vmatrix}=-1$$

于是
$$\boldsymbol{A}^{-1}=\frac{1}{|\boldsymbol{A}|}\begin{pmatrix}A_{11} & A_{21} & A_{31}\\ A_{12} & A_{22} & A_{32}\\ A_{13} & A_{23} & A_{33}\end{pmatrix}=\frac{1}{3}\begin{pmatrix}0 & 1 & 1\\ 0 & 1 & -2\\ -3 & 2 & -1\end{pmatrix}$$

例 16　设方阵 $\boldsymbol{A}$ 满足 $\boldsymbol{A}^3-\boldsymbol{A}^2+2\boldsymbol{A}-\boldsymbol{E}=\boldsymbol{0}$，证明：$\boldsymbol{A}$ 及 $\boldsymbol{E}-\boldsymbol{A}$ 均可逆，并求 $\boldsymbol{A}^{-1}$ 和 $(\boldsymbol{E}-\boldsymbol{A})^{-1}$.

证　由 $\boldsymbol{A}^3-\boldsymbol{A}^2+2\boldsymbol{A}-\boldsymbol{E}=\boldsymbol{0}$ 得

$$\boldsymbol{A}(\boldsymbol{A}^2-\boldsymbol{A}+2\boldsymbol{E})=\boldsymbol{E}$$

又根据逆矩阵的定义知 $\boldsymbol{A}$ 可逆，于是

$$\boldsymbol{A}^{-1}=\boldsymbol{A}^2-\boldsymbol{A}+2\boldsymbol{E}$$

又因$(\boldsymbol{E}-\boldsymbol{A})(\boldsymbol{A}^2+2\boldsymbol{E})=\boldsymbol{E}$，所以 $\boldsymbol{E}-\boldsymbol{A}$ 可逆，且

$$(\boldsymbol{E}-\boldsymbol{A})^{-1}=\boldsymbol{A}^2+2\boldsymbol{E}$$

例 17　设 $\boldsymbol{A},\boldsymbol{B}$ 为 n 阶方阵，$\boldsymbol{B}$ 是可逆矩阵，且满足 $\boldsymbol{A}^2+\boldsymbol{AB}+\boldsymbol{B}^2=\boldsymbol{0}$. 证明：$\boldsymbol{A}$ 和 $\boldsymbol{A}+\boldsymbol{B}$ 均可逆，并求出它们的逆矩阵.

证　已知 $\boldsymbol{B}$ 可逆，则$|\boldsymbol{B}|\neq 0$. 由

$$\boldsymbol{A}^2+\boldsymbol{AB}+\boldsymbol{B}^2=\boldsymbol{0}$$

得
$$\boldsymbol{A}(\boldsymbol{A}+\boldsymbol{B})=-\boldsymbol{B}^2 \qquad ①$$

两边取行列式得
$$|\boldsymbol{A}|\,|\boldsymbol{A}+\boldsymbol{B}|=(-1)^n|\boldsymbol{B}|^2\neq 0$$

所以$|\boldsymbol{A}|\neq 0$，$|\boldsymbol{A}+\boldsymbol{B}|\neq 0$，即 $\boldsymbol{A}$ 和 $\boldsymbol{A}+\boldsymbol{B}$ 均可逆.

对式①两边右乘$-(\boldsymbol{B}^2)^{-1}$，得

$$\boldsymbol{A}(\boldsymbol{A}+\boldsymbol{B})(-\boldsymbol{B}^2)^{-1}=\boldsymbol{E}$$

所以
$$\boldsymbol{A}^{-1}=-(\boldsymbol{A}+\boldsymbol{B})(\boldsymbol{B}^2)^{-1}=-\boldsymbol{A}(\boldsymbol{B}^{-1})^2-\boldsymbol{B}^{-1}$$

对式①两边左乘$-(\boldsymbol{B}^2)^{-1}$，得

$$-(\boldsymbol{B}^2)^{-1}\boldsymbol{A}(\boldsymbol{A}+\boldsymbol{B})=\boldsymbol{E}$$

于是
$$(\boldsymbol{A}+\boldsymbol{B})^{-1}=-(\boldsymbol{B}^2)^{-1}\boldsymbol{A}=-(\boldsymbol{B}^{-1})^2\boldsymbol{A}$$

例 18　设 $\boldsymbol{A},\boldsymbol{B},\boldsymbol{A}+\boldsymbol{B}$ 均为 n 阶可逆方阵，证明：

(1) $\boldsymbol{A}^{-1}+\boldsymbol{B}^{-1}$可逆，且$(\boldsymbol{A}^{-1}+\boldsymbol{B}^{-1})^{-1}=\boldsymbol{A}(\boldsymbol{A}+\boldsymbol{B})^{-1}\boldsymbol{B}$；

(2) $\boldsymbol{A}(\boldsymbol{A}+\boldsymbol{B})^{-1}\boldsymbol{B}=\boldsymbol{B}(\boldsymbol{A}+\boldsymbol{B})^{-1}\boldsymbol{A}$.

证　(1) 因为

$$\begin{aligned}(\boldsymbol{A}^{-1}+\boldsymbol{B}^{-1})[\boldsymbol{A}(\boldsymbol{A}+\boldsymbol{B})^{-1}\boldsymbol{B}]&=(\boldsymbol{E}+\boldsymbol{B}^{-1}\boldsymbol{A})(\boldsymbol{A}+\boldsymbol{B})^{-1}\boldsymbol{B}\\&=(\boldsymbol{B}^{-1}\boldsymbol{B}+\boldsymbol{B}^{-1}\boldsymbol{A})(\boldsymbol{A}+\boldsymbol{B})^{-1}\boldsymbol{B}\\&=\boldsymbol{B}^{-1}(\boldsymbol{B}+\boldsymbol{A})(\boldsymbol{A}+\boldsymbol{B})^{-1}\boldsymbol{B}=\boldsymbol{B}^{-1}\boldsymbol{B}=\boldsymbol{E}\end{aligned}$$

所以 $\boldsymbol{A}^{-1}+\boldsymbol{B}^{-1}$可逆，且

$$(\boldsymbol{A}^{-1}+\boldsymbol{B}^{-1})^{-1}=\boldsymbol{A}(\boldsymbol{A}+\boldsymbol{B})^{-1}\boldsymbol{B}.$$

(2) 因为

$$(A^{-1}+B^{-1})B(A+B)^{-1}A=(A^{-1}B+E)(A+B)^{-1}A=(A^{-1}B+A^{-1}A)(A+B)^{-1}A$$
$$=A^{-1}(B+A)(A+B)^{-1}A=E$$

所以又有

$$(A^{-1}+B^{-1})^{-1}=B(A+B)^{-1}A$$

而由逆阵的唯一性,有

$$A(A+B)^{-1}B=B(A+B)^{-1}A$$

例 19 设 A,B 都是对称矩阵,B 和 $E+AB$ 都可逆,证明:$B(E+AB)^{-1}$ 是对称矩阵.

证 因 B 和 $E+AB$ 都可逆,故

$$B(E+AB)^{-1}=B(B^{-1}B+AB)^{-1}=B((B^{-1}+A)B)^{-1}$$
$$=BB^{-1}(B^{-1}+A)^{-1}=(B^{-1}+A)^{-1}$$

又因 A,B 都是对称矩阵,即

$$A^T=A,\quad B^T=B$$

故 $$(B(E+AB)^{-1})^T=((B^{-1}+A)^{-1})^T=((B^{-1}+A)^T)^{-1}=((B^T)^{-1}+A^T)^{-1}$$
$$=(B^{-1}+A)^{-1}=B(E+AB)^{-1}$$

于是 $B(E+AB)^{-1}$ 是对称矩阵.

例 20 解矩阵方程

$$\begin{pmatrix}0&1&0\\-1&0&0\\0&0&1\end{pmatrix}X\begin{pmatrix}1&0&0\\0&0&1\\0&-1&0\end{pmatrix}=\begin{pmatrix}1&-4&3\\2&0&-1\\1&-2&0\end{pmatrix}$$

解 令 $A=\begin{pmatrix}0&1&0\\-1&0&0\\0&0&1\end{pmatrix}$,$B=\begin{pmatrix}1&0&0\\0&0&1\\0&-1&0\end{pmatrix}$,$C=\begin{pmatrix}1&-4&3\\2&0&-1\\1&-2&0\end{pmatrix}$,求 A^{-1} 和 B^{-1},得

$$A^{-1}=\begin{pmatrix}0&-1&0\\1&0&0\\0&0&1\end{pmatrix},\quad B^{-1}=\begin{pmatrix}1&0&0\\0&0&-1\\0&1&0\end{pmatrix}$$

用 A^{-1} 左乘,用 B^{-1} 右乘原方程两端,得到

$$X=A^{-1}CB^{-1}=\begin{pmatrix}-2&1&0\\1&3&4\\1&0&2\end{pmatrix}$$

例 21 已知 A 是元素都为 1 的三阶矩阵,证明:

$$(E-A)^{-1}=E-\frac{1}{2}A$$

分析 从矩阵 $\boldsymbol{A}$ 中元素的特点,证明

$$(\boldsymbol{E}-\boldsymbol{A})\left(\boldsymbol{E}-\frac{1}{2}\boldsymbol{A}\right)=\boldsymbol{E}$$

证 由于
$$(\boldsymbol{E}-\boldsymbol{A})\left(\boldsymbol{E}-\frac{1}{2}\boldsymbol{A}\right)=\boldsymbol{E}-\frac{3}{2}\boldsymbol{A}+\frac{1}{2}\boldsymbol{A}^2$$

而
$$\boldsymbol{A}=\begin{pmatrix}1&1&1\\1&1&1\\1&1&1\end{pmatrix},\quad \boldsymbol{A}^2=\begin{pmatrix}3&3&3\\3&3&3\\3&3&3\end{pmatrix}=3\boldsymbol{A}$$

于是
$$(\boldsymbol{E}-\boldsymbol{A})\left(\boldsymbol{E}-\frac{1}{2}\boldsymbol{A}\right)=\boldsymbol{E}-\frac{3}{2}\boldsymbol{A}+\frac{3}{2}\boldsymbol{A}=\boldsymbol{E}$$

所以
$$(\boldsymbol{E}-\boldsymbol{A})^{-1}=\boldsymbol{E}-\frac{1}{2}\boldsymbol{A}$$

例 22 设三阶矩阵 $\boldsymbol{A},\boldsymbol{B}$ 满足关系式:$\boldsymbol{A}^{-1}\boldsymbol{B}\boldsymbol{A}=6\boldsymbol{A}+\boldsymbol{B}\boldsymbol{A}$,其中,

$$\boldsymbol{A}=\begin{pmatrix}1/3&0&0\\0&1/4&0\\0&0&1/7\end{pmatrix}$$

求 $\boldsymbol{B}$.

解 在关系式 $\boldsymbol{A}^{-1}\boldsymbol{B}\boldsymbol{A}=6\boldsymbol{A}+\boldsymbol{B}\boldsymbol{A}$ 两端左乘 $\boldsymbol{A}$,右乘 $\boldsymbol{A}^{-1}$,得

$$\boldsymbol{B}=6\boldsymbol{A}+\boldsymbol{A}\boldsymbol{B}$$

于是
$$\boldsymbol{B}-\boldsymbol{A}\boldsymbol{B}=(\boldsymbol{E}-\boldsymbol{A})\boldsymbol{B}=6\boldsymbol{A}$$

又因 $\boldsymbol{E}-\boldsymbol{A}=\begin{pmatrix}2/3&0&0\\0&3/4&0\\0&0&6/7\end{pmatrix}$可逆,且$(\boldsymbol{E}-\boldsymbol{A})^{-1}=\begin{pmatrix}3/2&0&0\\0&4/3&0\\0&0&7/6\end{pmatrix}$,所以

$$\boldsymbol{B}=6(\boldsymbol{E}-\boldsymbol{A})^{-1}\boldsymbol{A}=\begin{pmatrix}3&0&0\\0&2&0\\0&0&1\end{pmatrix}$$

例 23 已知矩阵 $\boldsymbol{A}=\begin{pmatrix}1&0&0\\1&1&0\\1&1&1\end{pmatrix}$,$\boldsymbol{B}=\begin{pmatrix}0&1&1\\1&0&1\\1&1&0\end{pmatrix}$,且矩阵 $\boldsymbol{X}$ 满足

$$\boldsymbol{AXA}+\boldsymbol{BXB}=\boldsymbol{AXB}+\boldsymbol{BXA}+\boldsymbol{E}$$

其中,$\boldsymbol{E}$ 是三阶单位矩阵. 求 $\boldsymbol{X}$.

解 原矩阵方程$\Rightarrow(\boldsymbol{AXA}-\boldsymbol{AXB})-(\boldsymbol{BXA}-\boldsymbol{BXB})=\boldsymbol{E}$

$$\Rightarrow\boldsymbol{AX}(\boldsymbol{A}-\boldsymbol{B})-\boldsymbol{BX}(\boldsymbol{A}-\boldsymbol{B})=\boldsymbol{E}$$

$$\Rightarrow(\boldsymbol{A}-\boldsymbol{B})\boldsymbol{X}(\boldsymbol{A}-\boldsymbol{B})=\boldsymbol{E}$$

由此可知 $\boldsymbol{A}-\boldsymbol{B}$ 可逆,且 $\boldsymbol{X}=[(\boldsymbol{A}-\boldsymbol{B})^{-1}]^2$,而易知

$$(\boldsymbol{A}-\boldsymbol{B})^{-1}=\begin{pmatrix}1 & -1 & -1\\0 & 1 & -1\\0 & 0 & 1\end{pmatrix}^{-1}=\begin{pmatrix}1 & 1 & 2\\0 & 1 & 1\\0 & 0 & 1\end{pmatrix}$$

故

$$\boldsymbol{X}=[(\boldsymbol{A}-\boldsymbol{B})^{-1}]^2=\begin{pmatrix}1 & 1 & 2\\0 & 1 & 1\\0 & 0 & 1\end{pmatrix}^2=\begin{pmatrix}1 & 2 & 5\\0 & 1 & 2\\0 & 0 & 1\end{pmatrix}$$

注 此题 $\boldsymbol{A}-\boldsymbol{B}$ 是上三角矩阵且主对角线元素全为1,故它的逆矩阵仍是上三角矩阵,且主对角线元素也全为1.

例 24 解下列矩阵方程组

$$\begin{cases}\boldsymbol{AX}+\boldsymbol{BY}=\boldsymbol{M}\\\boldsymbol{CX}+\boldsymbol{DY}=\boldsymbol{N}\end{cases}$$

其中

$$\boldsymbol{A}=\begin{pmatrix}2 & 1\\1 & 2\end{pmatrix},\quad \boldsymbol{B}=\begin{pmatrix}3 & 2\\1 & 1\end{pmatrix},\quad \boldsymbol{C}=\begin{pmatrix}0 & -1\\2 & -3\end{pmatrix}$$

$$\boldsymbol{D}=\begin{pmatrix}2 & 3\\-6 & -13\end{pmatrix},\quad \boldsymbol{M}=\begin{pmatrix}9 & 4\\4 & 3\end{pmatrix},\quad \boldsymbol{N}=\begin{pmatrix}1 & -2\\6 & 4\end{pmatrix}$$

分析 矩阵方程组的解法与代数方程组的解法相似,但值得注意的是,矩阵没有除法,只有逆矩阵,要消去一个矩阵,可通过左乘或右乘其逆矩阵.

解 易知矩阵 $\boldsymbol{A},\boldsymbol{C}$ 可逆,于是有

$$\boldsymbol{X}+\boldsymbol{A}^{-1}\boldsymbol{BY}=\boldsymbol{A}^{-1}\boldsymbol{M},\quad \boldsymbol{X}+\boldsymbol{C}^{-1}\boldsymbol{DY}=\boldsymbol{C}^{-1}\boldsymbol{N}$$

以上两式相减,得

$$(\boldsymbol{A}^{-1}\boldsymbol{B}-\boldsymbol{C}^{-1}\boldsymbol{D})\boldsymbol{Y}=\boldsymbol{A}^{-1}\boldsymbol{M}-\boldsymbol{C}^{-1}\boldsymbol{N}$$

故

$$\boldsymbol{Y}=(\boldsymbol{A}^{-1}\boldsymbol{B}-\boldsymbol{C}^{-1}\boldsymbol{D})^{-1}(\boldsymbol{A}^{-1}\boldsymbol{M}-\boldsymbol{C}^{-1}\boldsymbol{N})$$

又

$$\boldsymbol{A}^{-1}\boldsymbol{B}-\boldsymbol{C}^{-1}\boldsymbol{D}=\frac{1}{3}\begin{pmatrix}23 & 36\\5 & 9\end{pmatrix},\quad \boldsymbol{A}^{-1}\boldsymbol{M}-\boldsymbol{C}^{-1}\boldsymbol{N}=\frac{1}{6}\begin{pmatrix}19 & -20\\4 & -8\end{pmatrix}$$

于是

$$\boldsymbol{Y}=\frac{1}{9}\begin{pmatrix}9 & -36\\-5 & 23\end{pmatrix}\left(\frac{1}{6}\begin{pmatrix}19 & -20\\4 & -8\end{pmatrix}\right)=\frac{1}{18}\begin{pmatrix}9 & 36\\-1 & -28\end{pmatrix}$$

则

$$\boldsymbol{X}=\boldsymbol{A}^{-1}(\boldsymbol{M}-\boldsymbol{BY})=\frac{1}{18}\begin{pmatrix}70 & -2\\-3 & 24\end{pmatrix}$$

例 25 设三阶方阵 $\boldsymbol{A},\boldsymbol{B}$ 满足 $\boldsymbol{A}^2\boldsymbol{B}-\boldsymbol{A}-\boldsymbol{B}=\boldsymbol{E}$,若 $\boldsymbol{A}=\begin{pmatrix}1 & 0 & 1\\0 & 2 & 0\\-2 & 0 & 1\end{pmatrix}$,求 $|\boldsymbol{B}|$.

分析 本题矩阵 $\boldsymbol{A}$ 是具体给出的,欲求 $|\boldsymbol{B}|$,就需从 $\boldsymbol{A}$ 与 $\boldsymbol{B}$ 满足的关系式中求出 $\boldsymbol{B}$.

解 由题设关系式 $\boldsymbol{A}^2\boldsymbol{B}-\boldsymbol{A}-\boldsymbol{B}=\boldsymbol{E}$,得 $(\boldsymbol{A}^2-\boldsymbol{E})\boldsymbol{B}-\boldsymbol{A}=\boldsymbol{E}$,即

$$(\boldsymbol{A}^2-\boldsymbol{E})\boldsymbol{B}=\boldsymbol{A}+\boldsymbol{E}$$

亦即
$$(\boldsymbol{A}+\boldsymbol{E})(\boldsymbol{A}-\boldsymbol{E})\boldsymbol{B}=\boldsymbol{A}+\boldsymbol{E}$$

由矩阵 $\boldsymbol{A}$ 可知 $\boldsymbol{A}+\boldsymbol{E}$ 可逆，上式两端左乘 $(\boldsymbol{A}+\boldsymbol{E})^{-1}$，得
$$(\boldsymbol{A}-\boldsymbol{E})\boldsymbol{B}=\boldsymbol{E}$$
故
$$\boldsymbol{B}=(\boldsymbol{A}-\boldsymbol{E})^{-1}$$
所以
$$|\boldsymbol{B}|=|(\boldsymbol{A}-\boldsymbol{E})^{-1}|=|\boldsymbol{A}-\boldsymbol{E}|^{-1}$$
而
$$|\boldsymbol{A}-\boldsymbol{E}|=\begin{vmatrix}0&0&1\\0&1&0\\-2&0&0\end{vmatrix}=2$$
所以
$$|\boldsymbol{B}|=\frac{1}{2}$$

例 26 设矩阵
$$\boldsymbol{A}=\begin{pmatrix}1&-1&-1&-1\\-1&1&-1&-1\\-1&-1&1&-1\\-1&-1&-1&1\end{pmatrix}$$
(1) 求 $\boldsymbol{A}^n$；(2) 若方阵 $\boldsymbol{B}$ 满足 $\boldsymbol{A}^2+\boldsymbol{AB}-\boldsymbol{A}=\boldsymbol{E}$，求 $\boldsymbol{B}$.

解 (1) 由于
$$\boldsymbol{A}^2=\begin{pmatrix}1&-1&-1&-1\\-1&1&-1&-1\\-1&-1&1&-1\\-1&-1&-1&1\end{pmatrix}\begin{pmatrix}1&-1&-1&-1\\-1&1&-1&-1\\-1&-1&1&-1\\-1&-1&-1&1\end{pmatrix}=\begin{pmatrix}4&0&0&0\\0&4&0&0\\0&0&4&0\\0&0&0&4\end{pmatrix}=4\boldsymbol{E}$$
所以
$$\boldsymbol{A}^{2k}=(\boldsymbol{A}^2)^k=(4\boldsymbol{E})^k=4^k\boldsymbol{E}$$
$$\boldsymbol{A}^{2k+1}=\boldsymbol{A}^{2k}\boldsymbol{A}=4^k\boldsymbol{A},\quad k=1,2,3,\cdots$$

(2) 由 $\boldsymbol{A}^2=4\boldsymbol{E}$ 可知，$\boldsymbol{A}$ 可逆，且 $\boldsymbol{A}^{-1}=\frac{1}{4}\boldsymbol{A}$. 由 $\boldsymbol{A}^2+\boldsymbol{AB}-\boldsymbol{A}=\boldsymbol{E}$ 得
$$\boldsymbol{AB}-\boldsymbol{A}=-3\boldsymbol{E}$$
即
$$\boldsymbol{AB}=\boldsymbol{A}-3\boldsymbol{E}$$
两端左乘 $\boldsymbol{A}^{-1}$，得
$$\boldsymbol{B}=\boldsymbol{E}-3\boldsymbol{A}^{-1}=\boldsymbol{E}-\frac{3}{4}\boldsymbol{A}=\frac{1}{4}\begin{pmatrix}1&3&3&3\\3&1&3&3\\3&3&1&3\\3&3&3&1\end{pmatrix}$$

例 27 设矩阵 $\boldsymbol{A}$ 的伴随矩阵 $\boldsymbol{A}^*=\begin{pmatrix}1&0&0&0\\0&1&0&0\\1&0&1&0\\0&-3&0&8\end{pmatrix}$，且

$$\boldsymbol{AXA}^{-1}=\boldsymbol{XA}^{-1}+3\boldsymbol{E}$$

其中,$\boldsymbol{E}$ 为四阶单位矩阵,求矩阵 $\boldsymbol{X}$.

解 由 $\boldsymbol{AA}^*=(\det\boldsymbol{A})\boldsymbol{E}$ 得,$\det\boldsymbol{A}\cdot\det\boldsymbol{A}^*=(\det\boldsymbol{A})^4$,即 $(\det\boldsymbol{A})^3=\det\boldsymbol{A}^*=8$,于是 $\det\boldsymbol{A}=2$. 可求得

$$\boldsymbol{A}=(\det\boldsymbol{A})(\boldsymbol{A}^*)^{-1}=2(\boldsymbol{A}^*)^{-1}=\begin{pmatrix}2&0&0&0\\0&2&0&0\\-2&0&2&0\\0&3/4&0&1/4\end{pmatrix}$$

又 $(\boldsymbol{A}-\boldsymbol{E})\boldsymbol{XA}^{-1}=3\boldsymbol{E}$,有 $(\boldsymbol{A}-\boldsymbol{E})\boldsymbol{X}=3\boldsymbol{A}$,且 $\boldsymbol{A}-\boldsymbol{E}$ 可逆,从而

$$\boldsymbol{X}=3(\boldsymbol{A}-\boldsymbol{E})^{-1}\boldsymbol{A}=3\begin{pmatrix}1&0&0&0\\0&1&0&0\\2&0&1&0\\0&1&0&-4/3\end{pmatrix}\begin{pmatrix}2&0&0&0\\0&2&0&0\\-2&0&2&0\\0&3/4&0&1/4\end{pmatrix}=\begin{pmatrix}6&0&0&0\\0&6&0&0\\6&0&6&0\\0&3&0&-1\end{pmatrix}$$

例 28 设 $\boldsymbol{A}^*$ 为 n 阶方阵 $\boldsymbol{A}$ 的伴随矩阵,证明:

(1) $|\boldsymbol{A}^*|=|\boldsymbol{A}|^{n-1}$; (2) $(k\boldsymbol{A})^*=k^{n-1}\boldsymbol{A}^*$;

(3) $(\boldsymbol{A}^*)^{\mathrm{T}}=(\boldsymbol{A}^{\mathrm{T}})^*$; (4) $(\boldsymbol{A}^*)^*=|\boldsymbol{A}|^{n-2}\boldsymbol{A}$(设 $\boldsymbol{A}$ 为 n 阶可逆矩阵).

证 (1) 若 $\boldsymbol{A}$ 可逆,$|\boldsymbol{A}|\neq0$,由 $\boldsymbol{AA}^*=|\boldsymbol{A}|\boldsymbol{E}$,取行列式,得

$$|\boldsymbol{A}||\boldsymbol{A}^*|=||\boldsymbol{A}|\boldsymbol{E}|=|\boldsymbol{A}|^n|\boldsymbol{E}|=|\boldsymbol{A}|^n$$

故有 $|\boldsymbol{A}^*|=|\boldsymbol{A}|^{n-1}$.

若 $\boldsymbol{A}$ 不可逆,当 $\boldsymbol{A}=\boldsymbol{0}$ 时,等式成立. 当 $\boldsymbol{A}\neq\boldsymbol{0}$ 时,$|\boldsymbol{A}|=0$ 及 $\boldsymbol{AA}^*=|\boldsymbol{A}|\boldsymbol{E}$,有 $\boldsymbol{AA}^*=\boldsymbol{0}$,则必有 $|\boldsymbol{A}^*|=0$. 否则,若 $\boldsymbol{A}^*$ 可逆,$\boldsymbol{AA}^*(\boldsymbol{A}^*)^{-1}=\boldsymbol{0}(\boldsymbol{A}^*)^{-1}$,得 $\boldsymbol{A}=\boldsymbol{0}$,这与假定 $\boldsymbol{A}\neq\boldsymbol{0}$ 矛盾.

故不论 $\boldsymbol{A}$ 是否可逆,有 $|\boldsymbol{A}^*|=|\boldsymbol{A}|^{n-1}$.

(2) 因为

$$k\boldsymbol{A}=\begin{pmatrix}ka_{11}&ka_{12}&\cdots&ka_{1n}\\ka_{21}&ka_{22}&\cdots&ka_{2n}\\\vdots&\vdots&&\vdots\\ka_{n1}&ka_{n2}&\cdots&ka_{nn}\end{pmatrix},\quad \boldsymbol{A}^*=\begin{pmatrix}A_{11}&A_{21}&\cdots&A_{n1}\\A_{12}&A_{22}&\cdots&A_{n2}\\\vdots&\vdots&&\vdots\\A_{1n}&A_{2n}&\cdots&A_{nn}\end{pmatrix}$$

由于 $k\boldsymbol{A}$ 的 $n-1$ 阶子行列式中的每一个元素都是 $\boldsymbol{A}$ 的对应元素的 k 倍,由此 $n-1$阶子行列式每行提公因子 k,则矩阵 $k\boldsymbol{A}$ 的元素 ka_{ij} 的代数余子式就是 $k^{n-1}A_{ij}$,故

$$(k\boldsymbol{A})^*=\begin{pmatrix}k^{n-1}A_{11}&k^{n-1}A_{21}&\cdots&k^{n-1}A_{n1}\\k^{n-1}A_{12}&k^{n-1}A_{22}&\cdots&k^{n-1}A_{n2}\\\vdots&\vdots&&\vdots\\k^{n-1}A_{1n}&k^{n-1}A_{2n}&\cdots&k^{n-1}A_{nn}\end{pmatrix}=k^{n-1}\boldsymbol{A}^*$$

(3) 要证$(\boldsymbol{A}^*)^{\mathrm{T}}=(\boldsymbol{A}^{\mathrm{T}})^*$，设$\boldsymbol{A}=(a_{ij})_{n\times n}$，则

$$\boldsymbol{A}^*=\begin{pmatrix} A_{11} & A_{21} & \cdots & A_{n1} \\ A_{12} & A_{22} & \cdots & A_{n2} \\ \vdots & \vdots & & \vdots \\ A_{1n} & A_{2n} & \cdots & A_{nn} \end{pmatrix}$$

因 $\boldsymbol{A}^{\mathrm{T}}=\begin{pmatrix} a_{11} & a_{21} & \cdots & a_{n1} \\ a_{12} & a_{22} & \cdots & a_{n2} \\ \vdots & \vdots & & \vdots \\ a_{1n} & a_{2n} & \cdots & a_{nn} \end{pmatrix}$，所以

$$(\boldsymbol{A}^{\mathrm{T}})^*=\begin{pmatrix} A_{11} & A_{12} & \cdots & A_{1n} \\ A_{21} & A_{22} & \cdots & A_{2n} \\ \vdots & \vdots & & \vdots \\ A_{n1} & A_{n2} & \cdots & A_{nn} \end{pmatrix}$$

即$(\boldsymbol{A}^*)^{\mathrm{T}}=(\boldsymbol{A}^{\mathrm{T}})^*$.

(4) 因$|\boldsymbol{A}^*|=|\boldsymbol{A}|^{n-1}$，$\boldsymbol{A}^*=|\boldsymbol{A}|\boldsymbol{A}^{-1}$，于是

$$(\boldsymbol{A}^*)^*=|\boldsymbol{A}^*|(\boldsymbol{A}^*)^{-1}=|\boldsymbol{A}|^{n-1}(|\boldsymbol{A}|\boldsymbol{A}^{-1})^{-1}=|\boldsymbol{A}|^{n-1}|\boldsymbol{A}|^{-1}\boldsymbol{A}=|\boldsymbol{A}|^{n-2}\boldsymbol{A}$$

例 29　已知 $\boldsymbol{A}$ 的伴随矩阵如下，求 $\boldsymbol{A}^{-1}$.

$$\boldsymbol{A}^*=\begin{pmatrix} 1 & 0 & 0 & 0 \\ 0 & -2 & 0 & 0 \\ -2 & -4 & 2 & 0 \\ 0 & -2 & 0 & 2 \end{pmatrix}$$

分析　由于 $\boldsymbol{A}$ 可逆时，$\boldsymbol{A}^{-1}=\dfrac{1}{|\boldsymbol{A}|}\boldsymbol{A}^*$，求$|\boldsymbol{A}|$即可.

解　因为$|\boldsymbol{A}^*|=-8$，所以$|\boldsymbol{A}|\neq 0$，即 $\boldsymbol{A}$ 可逆.

因为$\boldsymbol{A}\boldsymbol{A}^*=|\boldsymbol{A}|\boldsymbol{E}$，两边取行列式，得

$$|\boldsymbol{A}||\boldsymbol{A}^*|=|\boldsymbol{A}|^4$$

于是$|\boldsymbol{A}|^3=-8$，即$|\boldsymbol{A}|=-2$. 故

$$\boldsymbol{A}^{-1}=-\frac{1}{2}\boldsymbol{A}^*=\begin{pmatrix} -\frac{1}{2} & 0 & 0 & 0 \\ 0 & 1 & 0 & 0 \\ 1 & 2 & -1 & 0 \\ 0 & 1 & 0 & -1 \end{pmatrix}$$

例 30　设 $\boldsymbol{A}=\begin{pmatrix} 1 & 0 & 0 \\ 3 & 2 & 0 \\ 3 & 4 & 5 \end{pmatrix}$，求$(\boldsymbol{A}^*)^{-1}$.

解 因 $\boldsymbol{A}^*$ 的逆矩阵 $(\boldsymbol{A}^*)^{-1}$ 可用 $\boldsymbol{A}$ 来表示，$\boldsymbol{A}$ 的行列式 $|\boldsymbol{A}|=10$，即可得到

$$(\boldsymbol{A}^*)^{-1}=\boldsymbol{A}/|\boldsymbol{A}|=\begin{pmatrix}1/10 & 0 & 0\\ 3/10 & 2/10 & 0\\ 3/10 & 4/10 & 5/10\end{pmatrix}$$

例 31 设 $\boldsymbol{A}=(a_{ij})$ 为 n 阶矩阵，满足 $\boldsymbol{A}\boldsymbol{A}^{\mathrm{T}}=\boldsymbol{E}$，$|\boldsymbol{A}|=1$，证明：$a_{ij}=A_{ij}$.

证一 因 $|\boldsymbol{A}|=1$，故 $\boldsymbol{A}\boldsymbol{A}^*=|\boldsymbol{A}|\boldsymbol{E}=\boldsymbol{E}$. 又 $\boldsymbol{A}\boldsymbol{A}^{\mathrm{T}}=\boldsymbol{E}$，所以 $\boldsymbol{A}\boldsymbol{A}^{\mathrm{T}}=\boldsymbol{A}\boldsymbol{A}^*$，即

$$\boldsymbol{A}(\boldsymbol{A}^{\mathrm{T}}-\boldsymbol{A}^*)=\boldsymbol{0}$$

又因 $\boldsymbol{A}$ 可逆，$\boldsymbol{A}^{-1}$ 存在，于是 $\boldsymbol{A}^{-1}\boldsymbol{A}(\boldsymbol{A}^{\mathrm{T}}-\boldsymbol{A}^*)=\boldsymbol{A}^{-1}\boldsymbol{0}=\boldsymbol{0}$，即

$$\boldsymbol{A}^{\mathrm{T}}=\boldsymbol{A}^*$$

亦即 $(a_{ij})^{\mathrm{T}}=(A_{ji})$，故 $(a_{ji})=(A_{ji})$，即 $a_{ij}=A_{ij}\ (i,j=1,2,\cdots,n)$.

证二 $\boldsymbol{A}\boldsymbol{A}^{\mathrm{T}}=\boldsymbol{E}$，得到 $\boldsymbol{A}^{-1}=\boldsymbol{A}^{\mathrm{T}}$，因而 $\boldsymbol{A}^{\mathrm{T}}=\boldsymbol{A}^{-1}=\boldsymbol{A}^*/|\boldsymbol{A}|=\boldsymbol{A}^*$，即

$$(a_{ij})^{\mathrm{T}}=(A_{ji})$$

故 $(a_{ji})=(A_{ji})$，即 $(a_{ij})=(A_{ij})\ (i,j=1,2,\cdots,n)$.

例 32 设 $\boldsymbol{A}$ 为三阶方阵，$\boldsymbol{A}^*$ 为其伴随矩阵，且 $|\boldsymbol{A}|=\dfrac{1}{2}$，求 $\left|\left(\dfrac{1}{3}\boldsymbol{A}\right)^{-1}-10\boldsymbol{A}^*\right|$.

解
$$\begin{aligned}\left|\left(\frac{1}{3}\boldsymbol{A}\right)^{-1}-10\boldsymbol{A}^*\right|&=|3\boldsymbol{A}^{-1}-10|\boldsymbol{A}|\boldsymbol{A}^{-1}|=|3\boldsymbol{A}^{-1}-5\boldsymbol{A}^{-1}|\\&=|-2\boldsymbol{A}^{-1}|=(-2)^3|\boldsymbol{A}^{-1}|=-16\end{aligned}$$

例 33 设

$$\boldsymbol{A}=\begin{pmatrix}a & 1 & 0 & 0\\ 0 & a & 0 & 0\\ 0 & 0 & b & 1\\ 0 & 0 & 1 & b\end{pmatrix},\quad \boldsymbol{B}=\begin{pmatrix}a & 0 & 0 & 0\\ 1 & a & 0 & 0\\ 0 & 0 & b & 0\\ 0 & 0 & 1 & b\end{pmatrix}$$

求 $\boldsymbol{A}+\boldsymbol{B}$，$\boldsymbol{A}^2$，$\boldsymbol{A}\boldsymbol{B}\boldsymbol{A}$.

解 将 $\boldsymbol{A}$，$\boldsymbol{B}$ 分块，即

$$\boldsymbol{A}=\left(\begin{array}{cc:cc}a & 1 & 0 & 0\\ 0 & a & 0 & 0\\ \hdashline 0 & 0 & b & 1\\ 0 & 0 & 1 & b\end{array}\right)=\begin{pmatrix}\boldsymbol{A}_1 & \boldsymbol{0}\\ \boldsymbol{0} & \boldsymbol{A}_2\end{pmatrix},\quad \boldsymbol{B}=\left(\begin{array}{cc:cc}a & 0 & 0 & 0\\ 1 & a & 0 & 0\\ \hdashline 0 & 0 & b & 0\\ 0 & 0 & 1 & b\end{array}\right)=\begin{pmatrix}\boldsymbol{B}_1 & \boldsymbol{0}\\ \boldsymbol{0} & \boldsymbol{B}_2\end{pmatrix}$$

于是
$$\boldsymbol{A}+\boldsymbol{B}=\begin{pmatrix}\boldsymbol{A}_1 & \boldsymbol{0}\\ \boldsymbol{0} & \boldsymbol{A}_2\end{pmatrix}+\begin{pmatrix}\boldsymbol{B}_1 & \boldsymbol{0}\\ \boldsymbol{0} & \boldsymbol{B}_2\end{pmatrix}=\begin{pmatrix}\boldsymbol{A}_1+\boldsymbol{B}_1 & \boldsymbol{0}\\ \boldsymbol{0} & \boldsymbol{A}_2+\boldsymbol{B}_2\end{pmatrix}=\begin{pmatrix}2a & 1 & & \\ 1 & 2a & \multicolumn{2}{c}{\boldsymbol{0}}\\ \multicolumn{2}{c}{\boldsymbol{0}} & 2b & 1\\ & & 2 & 2b\end{pmatrix}$$

$$\boldsymbol{A}^2=\begin{pmatrix}\boldsymbol{A}_1 & \boldsymbol{0}\\ \boldsymbol{0} & \boldsymbol{A}_2\end{pmatrix}^2=\begin{pmatrix}\boldsymbol{A}_1^2 & \boldsymbol{0}\\ \boldsymbol{0} & \boldsymbol{A}_2^2\end{pmatrix}=\begin{pmatrix}a^2 & 2a & & \\ 0 & a^2 & \multicolumn{2}{c}{\boldsymbol{0}}\\ \multicolumn{2}{c}{\boldsymbol{0}} & b^2+1 & 2b\\ & & 2b & b^2+1\end{pmatrix}$$

$$ABA=\begin{pmatrix}A_1 & 0\\ 0 & A_2\end{pmatrix}\begin{pmatrix}B_1 & 0\\ 0 & B_2\end{pmatrix}\begin{pmatrix}A_1 & 0\\ 0 & A_2\end{pmatrix}=\begin{pmatrix}A_1B_1A_1 & 0\\ 0 & A_2B_2A_2\end{pmatrix}$$

$$=\begin{pmatrix}a^3+a & 2a^2+1 & & \\ a^2 & a^3+a & & \mathbf{0} \\ & & b^3+2b & 2b^2+1\\ \mathbf{0} & & 3b^2 & b^3+2b\end{pmatrix}$$

例 34　$A=\begin{pmatrix}1 & 2 & 0 & 0\\ 0 & 1 & 0 & 0\\ 0 & 0 & 3 & 4\\ 0 & 0 & 4 & -3\end{pmatrix}$，求 $|A|^n$ 及 A^{2n}.

解　A 是分块对角矩阵，设

$$A_1=\begin{pmatrix}1 & 2\\ 0 & 1\end{pmatrix},\quad A_2=\begin{pmatrix}3 & 4\\ 4 & -3\end{pmatrix},\quad A=\begin{pmatrix}A_1 & 0\\ 0 & A_2\end{pmatrix}$$

则

$$|A|^n=|A_1|^n|A_2|^n=\begin{vmatrix}1 & 2\\ 0 & 1\end{vmatrix}^n\begin{vmatrix}3 & 4\\ 4 & -3\end{vmatrix}^n=(-25)^n$$

又

$$A_1^2=A_1A_1=\begin{pmatrix}1 & 2\\ 0 & 1\end{pmatrix}^2=\begin{pmatrix}1 & 4\\ 0 & 1\end{pmatrix},\quad A_1^3=\begin{pmatrix}1 & 6\\ 0 & 1\end{pmatrix}$$

故有

$$A_1^k=\begin{pmatrix}1 & 2k\\ 0 & 1\end{pmatrix}$$

$$A_2^2=\begin{pmatrix}3 & 4\\ 4 & -3\end{pmatrix}\begin{pmatrix}3 & 4\\ 4 & -3\end{pmatrix}=\begin{pmatrix}25 & 0\\ 0 & 25\end{pmatrix}=5^2\begin{pmatrix}1 & 0\\ 0 & 1\end{pmatrix}=5^2E$$

$$A_2^3=A_2^2\cdot A_2=5^2EA_2=5^2A_2,\quad A_2^4=A_2^2A_2^2=5^4E,\quad A_2^5=5^4A_2,\cdots$$

综上所述，有

$$A_2^k=\begin{cases}5^kE, & k\text{ 为偶数}\\ 5^{k-1}A_2, & k\text{ 为奇数}\end{cases}$$

于是

$$A^{2n}=\begin{pmatrix}A_1 & 0\\ 0 & A_2\end{pmatrix}^{2n}=\begin{pmatrix}A_1^{2n} & 0\\ 0 & A_2^{2n}\end{pmatrix}=\begin{pmatrix}1 & 4n & 0 & 0\\ 0 & 1 & 0 & 0\\ 0 & 0 & 5^{2n} & 0\\ 0 & 0 & 0 & 5^{2n}\end{pmatrix}$$

例 35　用分块求逆的方法，求下列方阵的逆方阵.

(1) $D=\begin{pmatrix}2 & 1 & 0 & 0\\ 1 & 1 & 0 & 0\\ 0 & 0 & 2 & 5\\ 0 & 0 & 1 & 3\end{pmatrix}$；　(2) $D=\begin{pmatrix}2 & 1 & 0 & 0\\ 1 & 1 & 0 & 0\\ -1 & 2 & 2 & 5\\ 1 & -1 & 1 & 3\end{pmatrix}$.

解　(1) 对 D 进行如下分块：

$$D=\left(\begin{array}{cc:cc}2&1&0&0\\1&1&0&0\\ \hdashline 0&0&2&5\\0&0&1&3\end{array}\right)$$

令 $A=\begin{pmatrix}2&1\\1&1\end{pmatrix}$，$B=\begin{pmatrix}2&5\\1&3\end{pmatrix}$，则 $D=\begin{pmatrix}A&0\\0&B\end{pmatrix}$，于是 $D^{-1}=\begin{pmatrix}A^{-1}&0\\0&B^{-1}\end{pmatrix}$. 而

$$A^{-1}=\begin{pmatrix}1&-1\\-1&2\end{pmatrix},\quad B^{-1}=\begin{pmatrix}3&-5\\-1&2\end{pmatrix}$$

故
$$D^{-1}=\begin{pmatrix}1&-1&0&0\\-1&2&0&0\\0&0&3&-5\\0&0&-1&2\end{pmatrix}.$$

（2）令
$$A=\begin{pmatrix}2&1\\1&1\end{pmatrix},\quad C=\begin{pmatrix}-1&2\\1&-1\end{pmatrix},\quad B=\begin{pmatrix}2&5\\1&3\end{pmatrix}$$

则 $D=\begin{pmatrix}A&0\\C&B\end{pmatrix}$，于是 $D^{-1}=\begin{pmatrix}A^{-1}&0\\-B^{-1}CA^{-1}&B^{-1}\end{pmatrix}$. 而

$$A^{-1}=\begin{pmatrix}1&-1\\-1&2\end{pmatrix},\quad B^{-1}=\begin{pmatrix}3&-5\\-1&2\end{pmatrix}$$

则
$$-B^{-1}CA^{-1}=-\begin{pmatrix}3&-5\\-1&2\end{pmatrix}\begin{pmatrix}-1&2\\1&-1\end{pmatrix}\begin{pmatrix}1&-1\\-1&2\end{pmatrix}=\begin{pmatrix}19&-30\\-7&11\end{pmatrix}$$

故
$$D^{-1}=\begin{pmatrix}1&-1&0&0\\-1&2&0&0\\19&-30&3&-5\\-7&11&-1&2\end{pmatrix}$$

例 36 设 A,B 皆为 n 阶矩阵，令

$$M=\begin{pmatrix}A&A\\C-B&C\end{pmatrix}$$

如果 AB 可逆，则 M 可逆，并求 M^{-1}.

证 右乘分块初等矩阵，零化 M 的子块，得

$$\begin{pmatrix}A&A\\C-B&C\end{pmatrix}\begin{pmatrix}E_n&Y\\0&E_n\end{pmatrix}=\begin{pmatrix}A&AY+A\\C-B&(C-B)Y+C\end{pmatrix}$$

令 $AY+A=0$，显然 $Y=-E_n$ 满足此式，于是

$$\begin{pmatrix}A&A\\C-B&C\end{pmatrix}=\begin{pmatrix}A&0\\C-B&B\end{pmatrix}\begin{pmatrix}E_n&-E_n\\0&E_n\end{pmatrix}^{-1}$$

因 $\boldsymbol{AB}$ 可逆，故 $\boldsymbol{A},\boldsymbol{B}$ 可逆，从而 $\begin{pmatrix}\boldsymbol{A} & \boldsymbol{0}\\ \boldsymbol{C}-\boldsymbol{B} & \boldsymbol{B}\end{pmatrix}$ 可逆，于是由上式知，$\boldsymbol{M}$ 可逆. 又因

$$\begin{pmatrix}\boldsymbol{A} & \boldsymbol{0}\\ \boldsymbol{C}-\boldsymbol{B} & \boldsymbol{B}\end{pmatrix}^{-1}=\begin{pmatrix}\boldsymbol{A}^{-1} & \boldsymbol{0}\\ -\boldsymbol{B}^{-1}(\boldsymbol{C}-\boldsymbol{B})\boldsymbol{A}^{-1} & \boldsymbol{B}^{-1}\end{pmatrix}$$

于是

$$\begin{pmatrix}\boldsymbol{A} & \boldsymbol{A}\\ \boldsymbol{C}-\boldsymbol{B} & \boldsymbol{C}\end{pmatrix}^{-1}=\begin{pmatrix}\boldsymbol{E}_n & -\boldsymbol{E}_n\\ \boldsymbol{0} & \boldsymbol{E}_n\end{pmatrix}\begin{pmatrix}\boldsymbol{A} & \boldsymbol{0}\\ \boldsymbol{C}-\boldsymbol{B} & \boldsymbol{B}\end{pmatrix}^{-1}=\begin{pmatrix}\boldsymbol{A}^{-1}+\boldsymbol{B}^{-1}\boldsymbol{C}(-\boldsymbol{B})\boldsymbol{A}^{-1} & -\boldsymbol{B}^{-1}\\ -\boldsymbol{B}^{-1}(\boldsymbol{C}-\boldsymbol{B})\boldsymbol{A}^{-1} & \boldsymbol{B}^{-1}\end{pmatrix}$$

例 37　设 $\boldsymbol{A}$ 为 n 阶非奇异矩阵，$\boldsymbol{\alpha}$ 为 n 维列向量，b 为常数，记分块矩阵

$$\boldsymbol{P}=\begin{pmatrix}\boldsymbol{E} & \boldsymbol{0}\\ -\boldsymbol{\alpha}^{\mathrm{T}}\boldsymbol{A}^{*} & |\boldsymbol{A}|\end{pmatrix},\quad \boldsymbol{Q}=\begin{pmatrix}\boldsymbol{A} & \boldsymbol{\alpha}\\ \boldsymbol{\alpha}^{\mathrm{T}} & b\end{pmatrix}$$

其中，$\boldsymbol{A}^{*}$ 为矩阵 $\boldsymbol{A}$ 的伴随矩阵，$\boldsymbol{E}$ 为 n 阶单位矩阵.

（1）计算并化简 $\boldsymbol{PQ}$；

（2）证明：矩阵 $\boldsymbol{Q}$ 可逆的充要条件是 $\boldsymbol{\alpha}^{\mathrm{T}}\boldsymbol{A}^{-1}\boldsymbol{\alpha}\neq b$.

证　（1）显然 $\boldsymbol{P}$ 与 $\boldsymbol{Q}$ 的分块方法符合可相乘条件，因此可将 $\boldsymbol{P},\boldsymbol{Q}$ 中子矩阵（子块）视为一个数相乘. 又由 $\boldsymbol{A}^{*}\boldsymbol{A}=|\boldsymbol{A}|\boldsymbol{E},\boldsymbol{A}^{*}=|\boldsymbol{A}|\boldsymbol{A}^{-1}$，得到

$$\boldsymbol{PQ}=\begin{pmatrix}\boldsymbol{E} & \boldsymbol{0}\\ -\boldsymbol{\alpha}^{\mathrm{T}}\boldsymbol{A}^{*} & |\boldsymbol{A}|\end{pmatrix}\begin{pmatrix}\boldsymbol{A} & \boldsymbol{\alpha}\\ \boldsymbol{\alpha}^{\mathrm{T}} & b\end{pmatrix}=\begin{pmatrix}\boldsymbol{A} & \boldsymbol{\alpha}\\ -\boldsymbol{\alpha}^{\mathrm{T}}\boldsymbol{A}^{*}\boldsymbol{A}+|\boldsymbol{A}|\boldsymbol{\alpha}^{\mathrm{T}} & -\boldsymbol{\alpha}^{\mathrm{T}}\boldsymbol{A}^{*}\boldsymbol{\alpha}+b|\boldsymbol{A}|\end{pmatrix}$$

$$=\begin{pmatrix}\boldsymbol{A} & \boldsymbol{\alpha}\\ \boldsymbol{0} & |\boldsymbol{A}|(b-\boldsymbol{\alpha}^{\mathrm{T}}\boldsymbol{A}^{-1}\boldsymbol{\alpha})\end{pmatrix}$$

（2）由（1）知

$$|\boldsymbol{PQ}|=|\boldsymbol{A}|^{2}(b-\boldsymbol{\alpha}^{\mathrm{T}}\boldsymbol{A}^{-1}\boldsymbol{\alpha})$$

而 $|\boldsymbol{PQ}|=|\boldsymbol{P}|\,|\boldsymbol{Q}|$，因 $|\boldsymbol{P}|=|\boldsymbol{A}|\neq 0$，故由式即得

$$|\boldsymbol{Q}|=|\boldsymbol{A}|(b-\boldsymbol{\alpha}^{\mathrm{T}}\boldsymbol{A}^{-1}\boldsymbol{\alpha})$$

由此可知，$|\boldsymbol{Q}|\neq 0$ 的充要条件为 $\boldsymbol{\alpha}^{\mathrm{T}}\boldsymbol{A}^{-1}\boldsymbol{\alpha}\neq b$，即矩阵 $\boldsymbol{Q}$ 可逆的充要条件为 $\boldsymbol{\alpha}^{\mathrm{T}}\boldsymbol{A}^{-1}\boldsymbol{\alpha}\neq b$.

例 38　设分块矩阵 $\boldsymbol{M}=\begin{pmatrix}\boldsymbol{A} & \boldsymbol{\alpha}\\ \boldsymbol{\alpha}^{\mathrm{T}} & c\end{pmatrix}$，其中 $\boldsymbol{A}$ 是 n 阶可逆矩阵，$\boldsymbol{\alpha}$ 是 n 维列向量，c 是常数，且 $c-\boldsymbol{\alpha}^{\mathrm{T}}\boldsymbol{A}^{-1}\boldsymbol{\alpha}\neq 0$，求 $\boldsymbol{M}^{-1}$.

解　因 $\boldsymbol{A}$ 是可逆矩阵，则

$$\begin{pmatrix}\boldsymbol{E}_n & \boldsymbol{0}\\ -\boldsymbol{\alpha}^{\mathrm{T}}\boldsymbol{A}^{-1} & 1\end{pmatrix}\begin{pmatrix}\boldsymbol{A} & \boldsymbol{\alpha}\\ \boldsymbol{\alpha}^{\mathrm{T}} & c\end{pmatrix}\begin{pmatrix}\boldsymbol{E}_n & -\boldsymbol{A}^{-1}\boldsymbol{\alpha}\\ \boldsymbol{0} & 1\end{pmatrix}=\begin{pmatrix}\boldsymbol{A} & \boldsymbol{0}\\ \boldsymbol{0} & c-\boldsymbol{\alpha}^{\mathrm{T}}\boldsymbol{A}^{-1}\boldsymbol{\alpha}\end{pmatrix}$$

即

$$\begin{pmatrix}\boldsymbol{A} & \boldsymbol{\alpha}\\ \boldsymbol{\alpha}^{\mathrm{T}} & c\end{pmatrix}=\begin{pmatrix}\boldsymbol{E}_n & \boldsymbol{0}\\ -\boldsymbol{\alpha}^{\mathrm{T}}\boldsymbol{A}^{-1} & 1\end{pmatrix}^{-1}\begin{pmatrix}\boldsymbol{A} & \boldsymbol{0}\\ \boldsymbol{0} & c-\boldsymbol{\alpha}^{\mathrm{T}}\boldsymbol{A}^{-1}\boldsymbol{\alpha}\end{pmatrix}\begin{pmatrix}\boldsymbol{E}_n & -\boldsymbol{A}^{-1}\boldsymbol{\alpha}\\ \boldsymbol{0} & 1\end{pmatrix}^{-1}$$

上式两端求逆，得到

$$\begin{pmatrix} \boldsymbol{A} & \boldsymbol{\alpha} \\ \boldsymbol{\alpha}^{\mathrm{T}} & c \end{pmatrix}^{-1} = \begin{pmatrix} \boldsymbol{E}_n & -\boldsymbol{A}^{-1}\boldsymbol{\alpha} \\ \boldsymbol{0} & 1 \end{pmatrix} \begin{pmatrix} \boldsymbol{A} & \boldsymbol{0} \\ \boldsymbol{0} & c-\boldsymbol{\alpha}^{\mathrm{T}}\boldsymbol{A}^{-1}\boldsymbol{\alpha} \end{pmatrix}^{-1} \begin{pmatrix} \boldsymbol{E}_n & \boldsymbol{0} \\ -\boldsymbol{\alpha}^{\mathrm{T}}\boldsymbol{A}^{-1} & 1 \end{pmatrix}$$

$$= \begin{pmatrix} \boldsymbol{E}_n & -\boldsymbol{A}^{-1}\boldsymbol{\alpha} \\ \boldsymbol{0} & 1 \end{pmatrix} \begin{pmatrix} \boldsymbol{A}^{-1} & \boldsymbol{0} \\ \boldsymbol{0} & (c-\boldsymbol{\alpha}^{\mathrm{T}}\boldsymbol{A}^{-1}\boldsymbol{\alpha})^{-1} \end{pmatrix} \begin{pmatrix} \boldsymbol{E}_n & \boldsymbol{0} \\ -\boldsymbol{\alpha}^{\mathrm{T}}\boldsymbol{A}^{-1} & 1 \end{pmatrix}$$

$$= \frac{1}{c-\boldsymbol{\alpha}^{\mathrm{T}}\boldsymbol{A}^{-1}\boldsymbol{\alpha}} \begin{pmatrix} (c-\boldsymbol{\alpha}^{\mathrm{T}}\boldsymbol{A}^{-1}\boldsymbol{\alpha})\boldsymbol{A}+\boldsymbol{A}^{-1}\cdot\boldsymbol{\alpha}\boldsymbol{\alpha}^{\mathrm{T}}\cdot\boldsymbol{A}^{-1} & -\boldsymbol{A}^{-1}\boldsymbol{\alpha} \\ -\boldsymbol{\alpha}^{\mathrm{T}}\boldsymbol{A}^{-1} & 1 \end{pmatrix}$$

例 39 设 $\boldsymbol{A},\boldsymbol{B},\boldsymbol{C},\boldsymbol{D}$ 都是 n 阶矩阵，且 $|\boldsymbol{A}|\neq 0$，$\boldsymbol{AC}=\boldsymbol{CA}$，求 $\begin{vmatrix} \boldsymbol{A} & \boldsymbol{B} \\ \boldsymbol{C} & \boldsymbol{D} \end{vmatrix}$.

解 因 $|\boldsymbol{A}|\neq 0$，故 $\boldsymbol{A}^{-1}$ 存在，得到

$$\begin{vmatrix} \boldsymbol{A} & \boldsymbol{B} \\ \boldsymbol{C} & \boldsymbol{D} \end{vmatrix} = \begin{vmatrix} \boldsymbol{A} & \boldsymbol{B} \\ \boldsymbol{0} & \boldsymbol{D}-\boldsymbol{CA}^{-1}\boldsymbol{B} \end{vmatrix} = |\boldsymbol{A}|\,|\boldsymbol{D}-\boldsymbol{CA}^{-1}\boldsymbol{B}| = |\boldsymbol{AD}-\boldsymbol{ACA}^{-1}\boldsymbol{B}|$$

$$= |\boldsymbol{AD}-\boldsymbol{CAA}^{-1}\boldsymbol{B}| = |\boldsymbol{AD}-\boldsymbol{CB}|$$

注 由上例可知，分块矩阵 $\boldsymbol{M}=\begin{pmatrix} \boldsymbol{A} & \boldsymbol{B} \\ \boldsymbol{C} & \boldsymbol{D} \end{pmatrix}$ 中子块 $\boldsymbol{A},\boldsymbol{B},\boldsymbol{C},\boldsymbol{D}$ 的阶数大于 1 时，其行列式

$$|\boldsymbol{M}| = \begin{vmatrix} \boldsymbol{A} & \boldsymbol{B} \\ \boldsymbol{C} & \boldsymbol{D} \end{vmatrix} \neq |\boldsymbol{A}|\,|\boldsymbol{D}| - |\boldsymbol{C}|\,|\boldsymbol{B}| = |\boldsymbol{AD}| - |\boldsymbol{CB}|$$

读者可取 $\boldsymbol{A}=\boldsymbol{B}=-\boldsymbol{C}=\boldsymbol{D}=\begin{pmatrix} 1 & 0 \\ 0 & 1 \end{pmatrix}$，验证上述事实. 切不可与二阶数字矩阵 $\begin{vmatrix} a & b \\ c & d \end{vmatrix}=ad-bc$ 的算法混淆.

例 40 求下列矩阵的逆矩阵：

$$\boldsymbol{A} = \begin{pmatrix} n & 0 & 0 & \cdots & 0 & 0 & 0 \\ 0 & n-1 & 0 & \cdots & 0 & 0 & 0 \\ 0 & 0 & 0 & \cdots & 0 & 0 & 1 \\ 0 & 0 & 0 & \cdots & 0 & 2 & 0 \\ \vdots & \vdots & \vdots & & \vdots & \vdots & \vdots \\ 0 & 0 & n-2 & \cdots & 0 & 0 & 0 \end{pmatrix}$$

解 设 $\boldsymbol{A}=\begin{pmatrix} \boldsymbol{A}_1 & \boldsymbol{0} \\ \boldsymbol{0} & \boldsymbol{A}_2 \end{pmatrix}$，其中，$\boldsymbol{A}_1=\begin{pmatrix} n & 0 \\ 0 & n-1 \end{pmatrix}$，$\boldsymbol{A}_2$ 为 $n-2$ 阶矩阵. 先求 $\boldsymbol{A}_2^{-1}$，得到

$$\boldsymbol{A}_2^{-1} = \begin{pmatrix} 0 & 0 & \cdots & 0 & 1/(n-2) \\ 0 & 0 & \cdots & 1/(n-3) & 0 \\ \vdots & \vdots & & \vdots & \vdots \\ 0 & 1/2 & \cdots & 0 & 0 \\ 1 & 0 & \cdots & 0 & 0 \end{pmatrix}$$

又 $\boldsymbol{A}_1^{-1}=\begin{pmatrix}1/n & 0\\ 0 & 1/(n-1)\end{pmatrix}$，易求得

$$\boldsymbol{A}=\begin{pmatrix}\boldsymbol{A}_1^{-1} & \boldsymbol{0}\\ \boldsymbol{0} & \boldsymbol{A}_2^{-1}\end{pmatrix}=\begin{pmatrix}1/n & 0 & 0 & 0 & \cdots & 0 & 0\\ 0 & 1/(n-1) & 0 & 0 & \cdots & 0 & 0\\ 0 & 0 & 0 & 0 & \cdots & 0 & 1/(n-2)\\ \vdots & \vdots & \vdots & \vdots & & \vdots & \vdots\\ 0 & 0 & 0 & 1/2 & \cdots & 0 & 0\\ 0 & 0 & 1 & 0 & \cdots & 0 & 0\end{pmatrix}$$

五、课后习题解析

习 题 2.1

2. 试确定 a、b、c 的值，使得 $\begin{pmatrix}2 & -1 & 0\\ a+b & 3 & 5\\ 1 & 0 & a\end{pmatrix}=\begin{pmatrix}c & -1 & 0\\ -2 & 3 & 5\\ 1 & 0 & 6\end{pmatrix}$.

解 $a=6, c=2, b=-8$

习 题 2.2

1. 计算.

(1) $(1\quad 2\quad 3)\begin{pmatrix}3\\2\\1\end{pmatrix}$；

(2) $\begin{pmatrix}3\\2\\1\end{pmatrix}(1\quad 2\quad 3)$.

解 (1) $(1\quad 2\quad 3)\begin{pmatrix}3\\2\\1\end{pmatrix}=(1\times 3+2\times 2+3\times 1)=(10)=10$

(2) $\begin{pmatrix}3 & 6 & 9\\ 2 & 4 & 6\\ 1 & 2 & 3\end{pmatrix}$

2. 设 $\boldsymbol{A}=\begin{pmatrix}3 & 1\\ 4 & 6\end{pmatrix}$，$\boldsymbol{B}=\begin{pmatrix}2 & 1\\ 4 & 6\end{pmatrix}$，$\boldsymbol{C}=\begin{pmatrix}0 & 0\\ 1 & 1\end{pmatrix}$，求 $\boldsymbol{AC}$ 和 $\boldsymbol{BC}$.

解 $\boldsymbol{AC}=\begin{pmatrix}3 & 1\\ 4 & 6\end{pmatrix}\begin{pmatrix}0 & 0\\ 1 & 1\end{pmatrix}=\begin{pmatrix}1 & 1\\ 6 & 6\end{pmatrix}$；$\boldsymbol{BC}=\begin{pmatrix}2 & 1\\ 4 & 6\end{pmatrix}\begin{pmatrix}0 & 0\\ 1 & 1\end{pmatrix}=\begin{pmatrix}1 & 1\\ 6 & 6\end{pmatrix}$.

3. 设 $\boldsymbol{A}=\begin{pmatrix}1 & 1\\ -1 & -1\end{pmatrix}$，$\boldsymbol{B}=\begin{pmatrix}1 & -1\\ -1 & 1\end{pmatrix}$，计算 $\boldsymbol{AB}$；$\boldsymbol{BA}$.

解 $$\boldsymbol{AB}=\begin{pmatrix}1&1\\-1&-1\end{pmatrix}\begin{pmatrix}1&-1\\-1&1\end{pmatrix}$$

$$=\begin{pmatrix}1\times1+1\times(-1)&1\times(-1)+1\times1\\(-1)\times1+(-1)\times(-1)&(-1)\times(-1)+(-1)\times1\end{pmatrix}$$

$$=\begin{pmatrix}0&0\\0&0\end{pmatrix}$$

$$\boldsymbol{BA}=\begin{pmatrix}1&-1\\-1&1\end{pmatrix}\begin{pmatrix}1&1\\-1&-1\end{pmatrix}$$

$$=\begin{pmatrix}1\times1+(-1)\times(-1)&1\times1+(-1)\times(-1)\\(-1)\times1+1\times(-1)&(-1)\times1+1\times(-1)\end{pmatrix}$$

$$=\begin{pmatrix}2&2\\-2&-2\end{pmatrix}$$

4. 求矩阵 $\boldsymbol{X}$ 使 $2\boldsymbol{A}+3\boldsymbol{X}=2\boldsymbol{B}$,其中,$\boldsymbol{A}=\begin{pmatrix}2&0&5\\-6&1&0\end{pmatrix}$,$\boldsymbol{B}=\begin{pmatrix}1&3&-1\\0&-2&1\end{pmatrix}$.

解 由 $2\boldsymbol{A}+3\boldsymbol{X}=2\boldsymbol{B}$ 得

$$3\boldsymbol{X}=2\boldsymbol{B}-2\boldsymbol{A}=2(\boldsymbol{B}-\boldsymbol{A})$$

于是

$$\boldsymbol{X}=\frac{2}{3}(\boldsymbol{B}-\boldsymbol{A})$$

即

$$\boldsymbol{X}=\frac{2}{3}\left[\begin{pmatrix}1&3&-1\\0&-2&1\end{pmatrix}-\begin{pmatrix}2&0&5\\-6&1&0\end{pmatrix}\right]=\begin{pmatrix}-\frac{2}{3}&2&-4\\4&-2&\frac{2}{3}\end{pmatrix}$$

5. 设 $\boldsymbol{A}_{3\times3}=(\boldsymbol{\alpha}_1,\boldsymbol{\alpha}_2,\boldsymbol{\alpha}_3)$,$|\boldsymbol{A}|=-2$,求 $|\boldsymbol{\alpha}_3-2\boldsymbol{\alpha}_1,3\boldsymbol{\alpha}_2,\boldsymbol{\alpha}_1|$.

解 $$|\boldsymbol{\alpha}_3-2\boldsymbol{\alpha}_1,3\boldsymbol{\alpha}_2,\boldsymbol{\alpha}_1|\xlongequal[c_2\div3]{c_1+2c_3}3|\boldsymbol{\alpha}_3,\boldsymbol{\alpha}_2,\boldsymbol{\alpha}_1|\xlongequal{c_1\leftrightarrow c_3}-3|\boldsymbol{A}|=6$$

6. 设两个 n 阶方阵 $\boldsymbol{A}$,$\boldsymbol{B}$ 的行列式 $|\boldsymbol{A}|=-1$,$|\boldsymbol{B}|=2$,计算 $|-(\boldsymbol{AB})^3\boldsymbol{A}^{\mathrm{T}}|$ 的值.

解 $|-(\boldsymbol{AB})^3\boldsymbol{A}^{\mathrm{T}}|=(-1)^n|\boldsymbol{A}|^3|\boldsymbol{B}|^3|\boldsymbol{A}^{\mathrm{T}}|=(-1)^n|\boldsymbol{A}|^3|\boldsymbol{B}|^3|\boldsymbol{A}|=(-1)^n\cdot8$

7. 设列矩阵 $\boldsymbol{X}=(x_1,x_2,\cdots,x_n)^{\mathrm{T}}$ 满足 $\boldsymbol{X}^{\mathrm{T}}\boldsymbol{X}=1$,$\boldsymbol{E}$ 为 n 阶单位矩阵,$\boldsymbol{H}=\boldsymbol{E}-2\boldsymbol{XX}^{\mathrm{T}}$,证明:$\boldsymbol{H}$ 为对称矩阵,且 $\boldsymbol{HH}^{\mathrm{T}}=\boldsymbol{E}$.

证 由

$$\boldsymbol{H}^{\mathrm{T}}=(\boldsymbol{E}-2\boldsymbol{XX}^{\mathrm{T}})^{\mathrm{T}}=\boldsymbol{E}^{\mathrm{T}}-2(\boldsymbol{XX}^{\mathrm{T}})^{\mathrm{T}}\boldsymbol{E}-2(\boldsymbol{X}^{\mathrm{T}})^{\mathrm{T}}\boldsymbol{X}^{\mathrm{T}}=\boldsymbol{E}-2\boldsymbol{XX}^{\mathrm{T}}=\boldsymbol{H}$$

所以 $\boldsymbol{H}$ 为对称矩阵,且

$$\begin{aligned}\boldsymbol{HH}^{\mathrm{T}}&=\boldsymbol{H}^2=(\boldsymbol{E}-2\boldsymbol{XX}^{\mathrm{T}})^2=\boldsymbol{E}-4\boldsymbol{XX}^{\mathrm{T}}+4(\boldsymbol{XX}^{\mathrm{T}})(\boldsymbol{XX}^{\mathrm{T}})\\&=\boldsymbol{E}-4\boldsymbol{XX}^{\mathrm{T}}+4\boldsymbol{X}(\boldsymbol{X}^{\mathrm{T}}\boldsymbol{X})\boldsymbol{X}^{\mathrm{T}}=\boldsymbol{E}-4\boldsymbol{XX}^{\mathrm{T}}+4\boldsymbol{XX}^{\mathrm{T}}=\boldsymbol{E}\end{aligned}$$

习 题 2.3

1. 设 $\boldsymbol{A}=\begin{pmatrix}1&0&2\\-1&1&3\\3&1&0\end{pmatrix}$，试求伴随矩阵 $\boldsymbol{A}^*$.

解 $A_{11}=\begin{vmatrix}1&3\\1&0\end{vmatrix}=-3$， $A_{12}=-\begin{vmatrix}-1&3\\3&0\end{vmatrix}=9$， $A_{13}=\begin{vmatrix}-1&1\\3&1\end{vmatrix}=-4$

$A_{21}=-\begin{vmatrix}0&2\\1&0\end{vmatrix}=2$， $A_{22}=\begin{vmatrix}1&2\\3&0\end{vmatrix}=-6$， $A_{23}=-\begin{vmatrix}1&0\\3&1\end{vmatrix}=-1$

$A_{31}=\begin{vmatrix}0&2\\1&3\end{vmatrix}=-2$， $A_{32}=-\begin{vmatrix}1&2\\-1&3\end{vmatrix}=-5$， $A_{33}=\begin{vmatrix}1&0\\-1&1\end{vmatrix}=1$

所以
$$\boldsymbol{A}^*=\begin{pmatrix}-3&2&-2\\9&-6&-5\\-4&-1&1\end{pmatrix}$$

3. 设 $\boldsymbol{A}$ 是三阶方阵，且 $|\boldsymbol{A}|=\frac{1}{27}$，求 $|(3\boldsymbol{A})^{-1}-18\boldsymbol{A}^*|$.

解
$$|(3\boldsymbol{A})^{-1}-18\boldsymbol{A}^*|=\left|\frac{1}{3}\boldsymbol{A}^{-1}-18|\boldsymbol{A}|\boldsymbol{A}^{-1}\right|=\left|\frac{1}{3}\boldsymbol{A}^{-1}-\frac{2}{3}\boldsymbol{A}^{-1}\right|$$
$$=\left|-\frac{1}{3}\boldsymbol{A}^{-1}\right|=\left(-\frac{1}{3}\right)^3\frac{1}{|\boldsymbol{A}|}=-\frac{1}{27}\cdot 27=-1$$

4. 设 $\boldsymbol{A}=\begin{pmatrix}a&b\\c&d\end{pmatrix}$，问：当 a、b、c、d 满足什么条件时，矩阵 $\boldsymbol{A}$ 可逆？当 $\boldsymbol{A}$ 可逆时，求 $\boldsymbol{A}^{-1}$.

解 $|\boldsymbol{A}|=\begin{vmatrix}a&b\\c&d\end{vmatrix}=ad-bc$

当 $ad-bc\neq 0$ 时，$|\boldsymbol{A}|\neq 0$，从而 $\boldsymbol{A}$ 可逆. 此时
$$\boldsymbol{A}^{-1}=\frac{1}{|\boldsymbol{A}|}\boldsymbol{A}^*=\frac{1}{ad-bc}\begin{pmatrix}d&-b\\-c&a\end{pmatrix}=\begin{pmatrix}\frac{d}{ad-bc}&-\frac{b}{ad-bc}\\-\frac{c}{ad-bc}&\frac{a}{ad-bc}\end{pmatrix}$$

当 $ad-bc=0$ 时，$|\boldsymbol{A}|=0$，从而 $\boldsymbol{A}$ 不可逆.

5. 设 $\boldsymbol{A}$、$\boldsymbol{B}$ 为三阶方阵，且 $|\boldsymbol{A}|=3$，$|\boldsymbol{B}|=2$，$|\boldsymbol{A}^{-1}+\boldsymbol{B}|=2$，求 $|\boldsymbol{A}+\boldsymbol{B}^{-1}|$.

解 由 $|\boldsymbol{A}|=3$，$|\boldsymbol{B}|=2$ 知矩阵 $\boldsymbol{A}$，$\boldsymbol{B}$ 可逆，所以
$$\boldsymbol{A}+\boldsymbol{B}^{-1}=\boldsymbol{A}\cdot\boldsymbol{A}^{-1}(\boldsymbol{A}+\boldsymbol{B}^{-1})\boldsymbol{B}\cdot\boldsymbol{B}^{-1}$$

故
$$|\boldsymbol{A}+\boldsymbol{B}^{-1}|=|\boldsymbol{A}||\boldsymbol{A}^{-1}(\boldsymbol{A}+\boldsymbol{B}^{-1})\boldsymbol{B}||\boldsymbol{B}^{-1}|=|\boldsymbol{A}||\boldsymbol{B}+\boldsymbol{A}^{-1}||\boldsymbol{B}|^{-1}=3$$

6. 解矩阵方程.

(1) $\begin{pmatrix}1&4\\-1&2\end{pmatrix}X\begin{pmatrix}2&0\\-1&1\end{pmatrix}=\begin{pmatrix}3&1\\0&-1\end{pmatrix}$； (2) $X\begin{pmatrix}2&1&-1\\1&1&1\\3&2&1\end{pmatrix}=\begin{pmatrix}1&-1&3\\4&3&2\\2&-2&5\end{pmatrix}$.

解 (1) $X=\begin{pmatrix}1&4\\-1&2\end{pmatrix}^{-1}\begin{pmatrix}3&1\\0&-1\end{pmatrix}\begin{pmatrix}2&0\\-1&1\end{pmatrix}^{-1}=\frac{1}{12}\begin{pmatrix}2&-4\\1&1\end{pmatrix}\begin{pmatrix}3&1\\0&-1\end{pmatrix}\begin{pmatrix}1&0\\1&2\end{pmatrix}$

$$=\frac{1}{12}\begin{pmatrix}6&6\\3&0\end{pmatrix}\begin{pmatrix}1&0\\1&2\end{pmatrix}=\frac{1}{12}\begin{pmatrix}12&12\\3&0\end{pmatrix}$$

(2) $X=\begin{pmatrix}1&-1&3\\4&3&2\\2&-2&5\end{pmatrix}\begin{pmatrix}2&1&-1\\1&1&1\\3&2&1\end{pmatrix}^{-1}=\begin{pmatrix}1&-1&3\\4&3&2\\2&-2&5\end{pmatrix}\begin{pmatrix}-1&-3&2\\2&5&-3\\-1&-1&1\end{pmatrix}$

$$=\begin{pmatrix}-6&-11&8\\0&1&1\\-11&-21&15\end{pmatrix}$$

7. 设 $A=\begin{pmatrix}3&3&2\\0&1&0\\2&2&1\end{pmatrix}$满足 $A^*X+E=X$,求矩阵 X.

解法1 由 $|A|=(-1)^{2+2}\begin{vmatrix}3&2\\2&1\end{vmatrix}=-1\Rightarrow AA^*=|A|E=-E$,原方程两边左乘 A 可化为

$$AA^*X+A=AX\Rightarrow|A|X+A=AX\Rightarrow(A-|A|E)X=A\Rightarrow(A+E)X=A$$

由 $A=\begin{pmatrix}3&3&2\\0&1&0\\2&2&1\end{pmatrix}\Rightarrow A+E=\begin{pmatrix}4&3&2\\0&2&0\\2&2&2\end{pmatrix}$

$$\Rightarrow|A+E|=\begin{vmatrix}4&3&2\\0&2&0\\2&2&2\end{vmatrix}=2\begin{vmatrix}4&2\\2&2\end{vmatrix}=8\neq0$$

又 $(A+E)^*=\begin{pmatrix}4&-2&-4\\0&4&0\\-4&-2&8\end{pmatrix}$,所以

$$(A+E)^{-1}=\frac{1}{|A+E|}(A+E)^*=\frac{1}{8}\begin{pmatrix}4&-2&-4\\0&4&0\\-4&-2&8\end{pmatrix}=\frac{1}{4}\begin{pmatrix}2&-1&-2\\0&2&0\\-2&-1&-4\end{pmatrix}$$

从而

$$X=(A+E)^{-1}A=\frac{1}{4}\begin{pmatrix}2&-1&-2\\0&2&0\\-2&-1&-4\end{pmatrix}\begin{pmatrix}3&3&2\\0&1&0\\2&2&1\end{pmatrix}=\begin{pmatrix}2^{-1}&4^{-1}&2^{-1}\\0&2^{-1}&0\\2^{-1}&4^{-1}&0\end{pmatrix}$$

解法 2 由

$$|\boldsymbol{A}|=(-1)^{2+2}\begin{vmatrix}3 & 2\\ 2 & 1\end{vmatrix}=-1\Rightarrow \boldsymbol{A}\boldsymbol{A}^*=|\boldsymbol{A}|\boldsymbol{E}=-\boldsymbol{E}$$

所以原方程两边左乘 $\boldsymbol{A}$ 可化为

$$\boldsymbol{A}\boldsymbol{A}^*\boldsymbol{X}+\boldsymbol{A}=\boldsymbol{A}\boldsymbol{X}\Rightarrow|\boldsymbol{A}|\boldsymbol{X}+\boldsymbol{A}=\boldsymbol{A}\boldsymbol{X}\Rightarrow(\boldsymbol{A}-|\boldsymbol{A}|\boldsymbol{E})\boldsymbol{X}=\boldsymbol{A}\Rightarrow(\boldsymbol{A}+\boldsymbol{E})\boldsymbol{X}=\boldsymbol{A}$$

又 $\boldsymbol{A}+\boldsymbol{E}=\begin{pmatrix}4 & 3 & 2\\ 0 & 2 & 0\\ 2 & 2 & 2\end{pmatrix}$，且

$$(\boldsymbol{A}+\boldsymbol{E},\boldsymbol{A})=\begin{pmatrix}4 & 3 & 2 & 3 & 3 & 2\\ 0 & 2 & 0 & 0 & 1 & 0\\ 2 & 2 & 2 & 2 & 2 & 1\end{pmatrix}\xrightarrow[r_1-4r_3]{\substack{r_3\div 2\\ r_2\div 2}}\begin{pmatrix}0 & -1 & -2 & -1 & -1 & 0\\ 0 & 1 & 0 & 0 & 2^{-1} & 0\\ 1 & 1 & 1 & 1 & 1 & 2^{-1}\end{pmatrix}$$

$$\xrightarrow[r_1+r_2]{r_3-r_2}\begin{pmatrix}0 & 0 & -2 & -1 & 2^{-1} & 0\\ 0 & 1 & 0 & 0 & 2^{-1} & 0\\ 1 & 0 & 1 & 1 & 2^{-1} & 2^{-1}\end{pmatrix}$$

$$\xrightarrow[r_3-r_1]{r_1\div(-2)}\begin{pmatrix}0 & 0 & 1 & 2^{-1} & 4^{-1} & 0\\ 0 & 1 & 0 & 0 & 2^{-1} & 0\\ 1 & 0 & 0 & 2^{-1} & 4^{-1} & 2^{-1}\end{pmatrix}$$

$$\xrightarrow{r_3\leftrightarrow r_1}\begin{pmatrix}1 & 0 & 0 & 2^{-1} & 4^{-1} & 2^{-1}\\ 0 & 1 & 0 & 0 & 2^{-1} & 0\\ 0 & 0 & 1 & 2^{-1} & 4^{-1} & 0\end{pmatrix}$$

故

$$\boldsymbol{X}=(\boldsymbol{A}+\boldsymbol{E})^{-1}\boldsymbol{A}=\begin{pmatrix}2^{-1} & 4^{-1} & 2^{-1}\\ 0 & 2^{-1} & 0\\ 2^{-1} & 4^{-1} & 0\end{pmatrix}$$

8. 设 $\boldsymbol{A},\boldsymbol{B}$ 满足 $\boldsymbol{A}^*\boldsymbol{B}\boldsymbol{A}=2\boldsymbol{B}\boldsymbol{A}-8\boldsymbol{E}$ 且 $\boldsymbol{A}=\begin{pmatrix}1 & 1 & 0\\ 0 & -2 & 0\\ 0 & 0 & 1\end{pmatrix}$，求 $\boldsymbol{B}$.

解 由于 $\boldsymbol{A}=\begin{pmatrix}1 & 1 & 0\\ 0 & -2 & 0\\ 0 & 0 & 1\end{pmatrix}$，所以 $|\boldsymbol{A}|=-2\neq 0\Rightarrow\boldsymbol{A}^{-1}$ 存在，且 $\boldsymbol{A}\boldsymbol{A}^*=|\boldsymbol{A}|\boldsymbol{E}=$ $-2\boldsymbol{E}$.

将 $\boldsymbol{A}^*\boldsymbol{B}\boldsymbol{A}=2\boldsymbol{B}\boldsymbol{A}-8\boldsymbol{E}$ 两端同左乘 $\boldsymbol{A}$，得

$$-2\boldsymbol{A}\boldsymbol{B}=2\boldsymbol{A}\boldsymbol{B}\boldsymbol{A}-8\boldsymbol{A}\Rightarrow\boldsymbol{B}\boldsymbol{A}=4\boldsymbol{A}-\boldsymbol{A}\boldsymbol{B}\boldsymbol{A}$$

方程两端右乘 $\boldsymbol{A}^{-1}$，得 $(\boldsymbol{A}-\boldsymbol{E})\boldsymbol{B}=4\boldsymbol{E}$，而

$$A+E=\begin{pmatrix}2&1&0\\0&-1&0\\0&0&2\end{pmatrix}\Rightarrow|A+E|=-4\neq 0$$

所以 $A+E$ 可逆，且

$$(A+E)^*=\begin{pmatrix}-2&-2&0\\0&4&0\\0&0&-2\end{pmatrix}\Rightarrow(A+E)^{-1}=\frac{1}{|A+E|}(A+E)^*$$

$$=-\frac{1}{4}\begin{pmatrix}-2&-2&0\\0&4&0\\0&0&-2\end{pmatrix}$$

所以

$$B=4(A+E)^{-1}E^*=\begin{pmatrix}2&2&0\\0&-4&0\\0&0&2\end{pmatrix}$$

9. 设方阵 $A=\begin{pmatrix}1&0&0\\9&3&0\\-5&7&-2\end{pmatrix}$，求(1) $|2A^*+10A^{-1}|$；(2) $(A^*)^{-1}$.

解 (1) $|A|=-6\neq 0\Rightarrow A^{-1}$存在，且 $A^*=|A|A^{-1}=-6A^{-1}$.

$$|2A^*+10A^{-1}|=|-12A^{-1}+10A^{-1}|=|-2A^{-1}|=-2^3|A|^{-1}=\frac{4}{3}$$

(2) $$(A^*)^{-1}=(|A|A^{-1})^{-1}=(-6)^{-1}A=-\frac{1}{6}\begin{pmatrix}1&0&0\\9&3&0\\-5&7&-2\end{pmatrix}$$

10. 已知 $AP=PB$，其中，$B=\begin{pmatrix}1&0&0\\0&0&0\\0&0&-1\end{pmatrix}$，$P=\begin{pmatrix}1&0&0\\2&-1&0\\2&1&1\end{pmatrix}$，求 A,A^{10}.

解 $$A=\begin{pmatrix}1&0&0\\2&0&0\\6&-1&-1\end{pmatrix},\quad A^{10}=\begin{pmatrix}1&0&0\\2&0&0\\-2&1&1\end{pmatrix}$$

11. 设 $\boldsymbol{\alpha}=(0,8,6)$，$A=\boldsymbol{\alpha}^T\boldsymbol{\alpha}$，计算 A^{101}.

解 $$\boldsymbol{\alpha}\boldsymbol{\alpha}^T=(0,8,6)\begin{pmatrix}0\\8\\6\end{pmatrix}=0+8^2+6^2=100$$

$$A=\boldsymbol{\alpha}^T\boldsymbol{\alpha}=\begin{pmatrix}0&0&0\\0&64&48\\0&48&36\end{pmatrix}$$

$$A^2=(\boldsymbol{\alpha}^T\boldsymbol{\alpha})(\boldsymbol{\alpha}^T\boldsymbol{\alpha})=\boldsymbol{\alpha}^T(\boldsymbol{\alpha}\boldsymbol{\alpha}^T)\boldsymbol{\alpha}=\boldsymbol{\alpha}^T\cdot 100\cdot\boldsymbol{\alpha}=100\boldsymbol{A}$$

$$\boldsymbol{A}^3=\boldsymbol{A}^2\boldsymbol{A}=100\boldsymbol{A}\cdot\boldsymbol{A}=(100)^2\boldsymbol{A}$$

递推有

$$\boldsymbol{A}^{101}=100^{100}\boldsymbol{A}=100^{100}\begin{pmatrix}0&0&0\\0&64&48\\0&48&36\end{pmatrix}$$

12. (1) 若 n 阶矩阵 $\boldsymbol{A}$ 满足 $\boldsymbol{A}^2-2\boldsymbol{A}-4\boldsymbol{E}=\boldsymbol{0}$,试证明:$\boldsymbol{A}+\boldsymbol{E}$ 可逆,并求$(\boldsymbol{A}+\boldsymbol{E})^{-1}$.

(2) 若 n 阶矩阵 $\boldsymbol{A}$ 满足 $\boldsymbol{A}^3-2\boldsymbol{A}+3\boldsymbol{E}=\boldsymbol{0}$,试证明:$\boldsymbol{A}+\boldsymbol{E}$ 可逆,并求$(\boldsymbol{A}+\boldsymbol{E})^{-1}$.

解 (1) 由于 $\boldsymbol{A}^2-2\boldsymbol{A}-4\boldsymbol{E}=(\boldsymbol{A}+\boldsymbol{E})(\boldsymbol{A}-3\boldsymbol{E})-\boldsymbol{E}=\boldsymbol{0}$,故$(\boldsymbol{A}+\boldsymbol{E})(\boldsymbol{A}-3\boldsymbol{E})=\boldsymbol{E}$.所以 $\boldsymbol{A}+\boldsymbol{E}$ 可逆,且$(\boldsymbol{A}+\boldsymbol{E})^{-1}=\boldsymbol{A}-3\boldsymbol{E}$.

(2) 由于 $\boldsymbol{A}^3-2\boldsymbol{A}+3\boldsymbol{E}=(\boldsymbol{A}+\boldsymbol{E})(\boldsymbol{A}^2-\boldsymbol{A}+\boldsymbol{E})+4\boldsymbol{E}=\boldsymbol{0}$,故

$$(\boldsymbol{A}+\boldsymbol{E})\left[-\frac{1}{4}(\boldsymbol{A}^2-\boldsymbol{A}+\boldsymbol{E})\right]=\boldsymbol{E}$$

所以 $\boldsymbol{A}+\boldsymbol{E}$ 可逆,且$(\boldsymbol{A}+\boldsymbol{E})^{-1}=-\frac{1}{4}(\boldsymbol{A}^2-\boldsymbol{A}+\boldsymbol{E})$.

习 题 2.4

1. 设 $\boldsymbol{A}=\begin{pmatrix}1&0&0&0\\0&1&0&0\\-1&3&1&0\end{pmatrix}$,$\boldsymbol{B}=\begin{pmatrix}4&1&0\\3&4&1\\0&-1&3\\1&0&-1\end{pmatrix}$,利用分块方法化简计算 $\boldsymbol{AB}$.

解 对 $\boldsymbol{A}$、$\boldsymbol{B}$ 作如下分块:

$$\boldsymbol{A}=\left(\begin{array}{cc:cc}1&0&0&0\\0&1&0&0\\\hdashline -1&3&1&0\end{array}\right)=\begin{pmatrix}\boldsymbol{A}_{11}&\boldsymbol{A}_{12}\\\boldsymbol{A}_{21}&\boldsymbol{A}_{22}\end{pmatrix}$$

$$\boldsymbol{B}=\left(\begin{array}{c:cc}4&1&0\\3&4&1\\\hdashline 0&-1&3\\1&0&-1\end{array}\right)=\begin{pmatrix}\boldsymbol{B}_{11}&\boldsymbol{B}_{12}\\\boldsymbol{B}_{21}&\boldsymbol{B}_{22}\end{pmatrix}$$

则
$$\boldsymbol{AB}=\begin{pmatrix}\boldsymbol{A}_{11}&\boldsymbol{A}_{12}\\\boldsymbol{A}_{21}&\boldsymbol{A}_{22}\end{pmatrix}\begin{pmatrix}\boldsymbol{B}_{11}&\boldsymbol{B}_{12}\\\boldsymbol{B}_{21}&\boldsymbol{B}_{22}\end{pmatrix}=\begin{pmatrix}\boldsymbol{A}_{11}\boldsymbol{B}_{11}+\boldsymbol{A}_{12}\boldsymbol{B}_{21}&\boldsymbol{A}_{11}\boldsymbol{B}_{12}+\boldsymbol{A}_{12}\boldsymbol{B}_{22}\\\boldsymbol{A}_{21}\boldsymbol{B}_{11}+\boldsymbol{A}_{22}\boldsymbol{B}_{21}&\boldsymbol{A}_{21}\boldsymbol{B}_{12}+\boldsymbol{A}_{22}\boldsymbol{B}_{22}\end{pmatrix}$$

$$\boldsymbol{A}_{11}\boldsymbol{B}_{11}+\boldsymbol{A}_{12}\boldsymbol{B}_{21}=\begin{pmatrix}1&0\\0&1\end{pmatrix}\begin{pmatrix}4\\3\end{pmatrix}+\begin{pmatrix}0&0\\0&0\end{pmatrix}\begin{pmatrix}0\\1\end{pmatrix}=\begin{pmatrix}4\\3\end{pmatrix}$$

$$\boldsymbol{A}_{11}\boldsymbol{B}_{12}+\boldsymbol{A}_{12}\boldsymbol{B}_{22}=\begin{pmatrix}1&0\\0&1\end{pmatrix}\begin{pmatrix}1&0\\4&1\end{pmatrix}+\begin{pmatrix}0&0\\0&0\end{pmatrix}\begin{pmatrix}-1&3\\0&-1\end{pmatrix}=\begin{pmatrix}1&0\\4&1\end{pmatrix}$$

$$A_{21}B_{11}+A_{22}B_{21}=(-1\quad 3)\begin{pmatrix}4\\3\end{pmatrix}+(1\quad 0)\begin{pmatrix}0\\1\end{pmatrix}=(5)$$

$$A_{21}B_{12}+A_{22}B_{22}=(-1\quad 3)\begin{pmatrix}1&0\\4&1\end{pmatrix}+(1\quad 0)\begin{pmatrix}-1&3\\0&-1\end{pmatrix}=(10\quad 6)$$

$$AB=\begin{pmatrix}4&1&0\\3&4&1\\5&10&6\end{pmatrix}$$

2. 设 $A=\begin{pmatrix}5&0&0\\0&3&1\\0&2&1\end{pmatrix}$,求 A^{-1}.

解 $A=\begin{pmatrix}5&0&0\\0&3&1\\0&2&1\end{pmatrix}=\begin{pmatrix}A_1^{-1}&\mathbf{0}\\\mathbf{0}&A_2^{-1}\end{pmatrix}$, $A_1^{-1}=\left(\frac{1}{5}\right)$, $A_2^{-1}=\begin{pmatrix}1&-1\\-2&3\end{pmatrix}$

故

$$A^{-1}=\begin{pmatrix}A_1^{-1}&\mathbf{0}\\\mathbf{0}&A_2^{-1}\end{pmatrix}=\begin{pmatrix}\frac{1}{5}&0&0\\0&1&-1\\0&-2&3\end{pmatrix}$$

3. 利用分块矩阵求矩阵

$$D=\begin{pmatrix}a_{11}&\cdots&a_{1k}&0&\cdots&0\\\vdots&&\vdots&\vdots&&\vdots\\a_{k1}&\cdots&a_{kk}&0&\cdots&0\\c_{11}&\cdots&c_{1k}&b_{11}&\cdots&b_{1r}\\\vdots&&\vdots&\vdots&&\vdots\\c_{r1}&\cdots&c_{rk}&b_{r1}&\cdots&b_{rr}\end{pmatrix}=\begin{pmatrix}A&\mathbf{0}\\C&B\end{pmatrix}$$

的逆矩阵,其中 A,B 分别是 k 阶和 r 阶的可逆矩阵,C 是 $r\times k$ 矩阵,$\mathbf{0}$ 是 $k\times r$ 零矩阵.

解 因为 $|D|=|A||B|$,所以当 A,B 可逆时,D 也可逆. 设

$$D^{-1}=\begin{pmatrix}X_{11}&X_{12}\\X_{21}&X_{22}\end{pmatrix}$$

则 $\begin{pmatrix}A&\mathbf{0}\\C&B\end{pmatrix}\begin{pmatrix}X_{11}&X_{12}\\X_{21}&X_{22}\end{pmatrix}=\begin{pmatrix}E_k&\mathbf{0}\\\mathbf{0}&E_r\end{pmatrix}$,这里 E_k 和 E_r 分别表示 k 阶和 r 阶单位矩阵. 由分块乘法得

$$\begin{pmatrix}AX_{11}&AX_{12}\\CX_{11}+BX_{21}&CX_{12}+BX_{22}\end{pmatrix}=\begin{pmatrix}E_k&\mathbf{0}\\\mathbf{0}&E_r\end{pmatrix}$$

根据矩阵相等的定义,有

$$\begin{cases}\boldsymbol{AX}_{11}=\boldsymbol{E}_k & ①\\ \boldsymbol{CX}_{11}+\boldsymbol{BX}_{21}=\boldsymbol{0} & ②\end{cases}$$

$$\begin{cases}\boldsymbol{AX}_{12}=\boldsymbol{0} & ③\\ \boldsymbol{CX}_{12}+\boldsymbol{BX}_{22}=\boldsymbol{E}_r & ④\end{cases}$$

由式①、式③得　$\boldsymbol{X}_{11}=\boldsymbol{A}^{-1},\quad \boldsymbol{X}_{12}=\boldsymbol{A}^{-1}\boldsymbol{0}=\boldsymbol{0}$

代入式④得　$\boldsymbol{X}_{22}=\boldsymbol{B}^{-1}\boldsymbol{E}_r=\boldsymbol{B}^{-1}$

代入式②得　$\boldsymbol{BX}_{21}=-\boldsymbol{CX}_{11}=-\boldsymbol{CA}^{-1}$

所以　$\boldsymbol{X}_{21}=-\boldsymbol{B}^{-1}\boldsymbol{CA}^{-1}$

因此,　$\boldsymbol{D}^{-1}=\begin{pmatrix}\boldsymbol{A}^{-1} & \boldsymbol{0}\\ -\boldsymbol{B}^{-1}\boldsymbol{CA}^{-1} & \boldsymbol{B}^{-1}\end{pmatrix}$

4. 试判断矩阵 $\boldsymbol{A}=\begin{pmatrix}3&0&0&0\\0&1&2&0\\0&1&3&0\\0&0&0&5\end{pmatrix}$是否可逆.若可逆,求出 $\boldsymbol{A}^{-1}$,并计算 $\boldsymbol{A}^2$.

解　将 $\boldsymbol{A}$ 分块为

$$\boldsymbol{A}=\left(\begin{array}{c:cc:c}3&0&0&0\\ \hdashline 0&1&2&0\\0&1&3&0\\ \hdashline 0&0&0&5\end{array}\right)=\begin{pmatrix}\boldsymbol{A}_1&\boldsymbol{0}&\boldsymbol{0}\\ \boldsymbol{0}&\boldsymbol{A}_2&\boldsymbol{0}\\ \boldsymbol{0}&\boldsymbol{0}&\boldsymbol{A}_3\end{pmatrix}$$

则 $\boldsymbol{A}$ 为一准对角矩阵,因为 $|\boldsymbol{A}_1|=3,|\boldsymbol{A}_2|=\begin{vmatrix}1&2\\1&3\end{vmatrix}=1,|\boldsymbol{A}_3|=5$ 都不为零,所以 $\boldsymbol{A}_1$,$\boldsymbol{A}_2$,$\boldsymbol{A}_3$ 都可逆,从而 $\boldsymbol{A}$ 可逆.又因为 $\boldsymbol{A}_1^{-1}=\frac{1}{3}$,$\boldsymbol{A}_2^{-1}=\begin{pmatrix}3&-2\\-1&1\end{pmatrix}$,$\boldsymbol{A}_3^{-1}=\frac{1}{5}$,所以

$$\boldsymbol{A}^{-1}=\begin{pmatrix}\boldsymbol{A}_1^{-1}&\boldsymbol{0}&\boldsymbol{0}\\ \boldsymbol{0}&\boldsymbol{A}_2^{-1}&\boldsymbol{0}\\ \boldsymbol{0}&\boldsymbol{0}&\boldsymbol{A}_3^{-1}\end{pmatrix}=\begin{pmatrix}\frac{1}{3}&0&0&0\\0&3&-2&0\\0&-1&1&0\\0&0&0&\frac{1}{5}\end{pmatrix}$$

再计算 $\boldsymbol{A}^2$.

$$\boldsymbol{A}^2=\begin{pmatrix}\boldsymbol{A}_1&\boldsymbol{0}&\boldsymbol{0}\\ \boldsymbol{0}&\boldsymbol{A}_2&\boldsymbol{0}\\ \boldsymbol{0}&\boldsymbol{0}&\boldsymbol{A}_3\end{pmatrix}\begin{pmatrix}\boldsymbol{A}_1&\boldsymbol{0}&\boldsymbol{0}\\ \boldsymbol{0}&\boldsymbol{A}_2&\boldsymbol{0}\\ \boldsymbol{0}&\boldsymbol{0}&\boldsymbol{A}_3\end{pmatrix}=\begin{pmatrix}\boldsymbol{A}_1^2&\boldsymbol{0}&\boldsymbol{0}\\ \boldsymbol{0}&\boldsymbol{A}_2^2&\boldsymbol{0}\\ \boldsymbol{0}&\boldsymbol{0}&\boldsymbol{A}_3^2\end{pmatrix}$$

而

$$A_1^2=9,\quad A_2^2=\begin{pmatrix}1&2\\1&3\end{pmatrix}^2=\begin{pmatrix}3&8\\4&11\end{pmatrix},\quad A_3^2=25$$

因此，

$$A^2=\begin{pmatrix}9&0&0&0\\0&3&8&0\\0&4&11&0\\0&0&0&25\end{pmatrix}$$

总复习题 2

一、单项选择题

1. 若 $\boldsymbol{A},\boldsymbol{B}$ 均为 n 阶方阵，则（　　）.

A. 若 $\boldsymbol{AB}=\boldsymbol{0}$，则 $\boldsymbol{A}=\boldsymbol{0}$ 或 $\boldsymbol{B}=\boldsymbol{0}$

B. $(\boldsymbol{A}-\boldsymbol{B})^2=\boldsymbol{A}^2-2\boldsymbol{AB}+\boldsymbol{B}^2$

C. $(\boldsymbol{AB})^{\mathrm{T}}=\boldsymbol{A}^{\mathrm{T}}\boldsymbol{B}^{\mathrm{T}}$

D. $[(\boldsymbol{AB})^{-1}]^{\mathrm{T}}=(\boldsymbol{A}^{\mathrm{T}})^{-1}(\boldsymbol{B}^{\mathrm{T}})^{-1}$，$|\boldsymbol{A}|\neq 0$，$|\boldsymbol{B}|\neq 0$

2. $||\boldsymbol{A}^*|\boldsymbol{A}|=$（　　），其中 $\boldsymbol{A}$ 为 n 阶方阵，$\boldsymbol{A}^*$ 为 $\boldsymbol{A}$ 的伴随矩阵.

A. $|\boldsymbol{A}|^{n^2}$　　B. $|\boldsymbol{A}|^n$　　C. $|\boldsymbol{A}|^{n^2-n}$　　D. $|\boldsymbol{A}|^{n^2-n+1}$

3. 若 $\boldsymbol{A},\boldsymbol{B}$ 都是 n 阶可逆矩阵，则 $\left|-3\begin{pmatrix}\boldsymbol{A}^{-1}&\boldsymbol{0}\\\boldsymbol{0}&\boldsymbol{B}^{\mathrm{T}}\end{pmatrix}\right|=$（　　）.

A. $(-3)|\boldsymbol{A}|^{-1}|\boldsymbol{B}|$　　B. $(-3)^n|\boldsymbol{A}|^{-1}|\boldsymbol{B}|$

C. $(-3)^n|\boldsymbol{A}||\boldsymbol{B}|$　　D. $9^n|\boldsymbol{A}|^{-1}|\boldsymbol{B}|$

4. 设 $\boldsymbol{A}$ 为对称矩阵（$\boldsymbol{A}=-\boldsymbol{A}^{\mathrm{T}}$），且 $|\boldsymbol{A}|\neq 0$，$\boldsymbol{B}$ 可逆，$\boldsymbol{A},\boldsymbol{B}$ 为同阶方阵，$\boldsymbol{A}^*$ 为 $\boldsymbol{A}$ 的伴随矩阵，则 $[\boldsymbol{A}^{\mathrm{T}}\boldsymbol{A}^*(\boldsymbol{B}^{-1})^{\mathrm{T}}]^{-1}=$（　　）.

A. $-\dfrac{\boldsymbol{B}}{|\boldsymbol{A}|}$　　B. $\dfrac{\boldsymbol{B}}{|\boldsymbol{A}|}$　　C. $-\dfrac{\boldsymbol{B}^{\mathrm{T}}}{|\boldsymbol{A}|}$　　D. $\dfrac{\boldsymbol{B}^{\mathrm{T}}}{|\boldsymbol{A}|}$

5. 设 $\boldsymbol{A},\boldsymbol{B},\boldsymbol{C}$ 均为 n 阶非零矩阵，则下列说法正确的是（　　）.

A. 若 $\boldsymbol{B}\neq\boldsymbol{C}$，则 $\boldsymbol{AB}\neq\boldsymbol{AC}$

B. 若 $\boldsymbol{AB}=\boldsymbol{AC}$，则 $\boldsymbol{B}=\boldsymbol{C}$

C. 若 $\boldsymbol{AB}=\boldsymbol{BA}$，则 $\boldsymbol{ABC}=\boldsymbol{CBA}$

D. 若 $\boldsymbol{AB}=\boldsymbol{BA}$，则 $\boldsymbol{A}^2\boldsymbol{B}+\boldsymbol{ACA}=\boldsymbol{A}(\boldsymbol{B}+\boldsymbol{C})\boldsymbol{A}$

二、填空题

1. 设四阶方阵 $\boldsymbol{A}=(\boldsymbol{\alpha},\boldsymbol{\gamma}_1,\boldsymbol{\gamma}_2,\boldsymbol{\gamma}_3)$，$\boldsymbol{B}=(\boldsymbol{\beta},\boldsymbol{\gamma}_1,\boldsymbol{\gamma}_2,\boldsymbol{\gamma}_3)$，其中 $\boldsymbol{\alpha},\boldsymbol{\beta},\boldsymbol{\gamma}_1,\boldsymbol{\gamma}_2,\boldsymbol{\gamma}_3$ 均为四维列向量，且 $|\boldsymbol{A}|=4$，$|\boldsymbol{B}|=-1$，则 $|\boldsymbol{A}+2\boldsymbol{B}|=$______.

2. 设 $\boldsymbol{A}$ 为三阶矩阵，且 $|\boldsymbol{A}|=-2$，则 $\left|\left(\frac{1}{12}\boldsymbol{A}\right)^{-1}+(3\boldsymbol{A})^*\right|=$______.

3. 若矩阵 $\boldsymbol{A}=\begin{pmatrix}1&-1\\2&3\end{pmatrix}$，$\boldsymbol{B}=\boldsymbol{A}^2-3\boldsymbol{A}+2\boldsymbol{E}$，则 $\boldsymbol{B}^{-1}=$______.

4. 设 $\boldsymbol{A}=\begin{pmatrix}0&a_1&0\\0&0&a_2\\a_3&0&0\end{pmatrix}$ $(a_i\neq0,i=1,2,3)$，则 $\boldsymbol{A}^{-1}=$______.

5. 设 $\boldsymbol{A}=\begin{pmatrix}3&0&0\\1&4&0\\0&0&3\end{pmatrix}$，$\boldsymbol{E}=\begin{pmatrix}1&0&0\\0&1&0\\0&0&1\end{pmatrix}$，则 $(\boldsymbol{A}-2\boldsymbol{E})^{-1}=$______.

6. 设三阶方阵 $\boldsymbol{A},\boldsymbol{B}$ 满足 $\boldsymbol{A}^{-1}\boldsymbol{B}\boldsymbol{A}=6\boldsymbol{A}+\boldsymbol{B}\boldsymbol{A}$，且 $\boldsymbol{A}=\begin{pmatrix}\frac{1}{3}&0&0\\0&\frac{1}{4}&0\\0&0&\frac{1}{7}\end{pmatrix}$，则 $\boldsymbol{B}$ =______.

7. 已知 $\boldsymbol{AB}-\boldsymbol{B}=\boldsymbol{A}$，其中 $\boldsymbol{B}=\begin{pmatrix}1&-2&0\\2&1&0\\0&0&2\end{pmatrix}$，则 $\boldsymbol{A}=$______.

8. 设矩阵 $\boldsymbol{A}$ 满足 $\boldsymbol{A}^2+\boldsymbol{A}-4\boldsymbol{E}=\boldsymbol{0}$，其中 $\boldsymbol{E}$ 为单位矩阵，则 $(\boldsymbol{A}-\boldsymbol{E})^{-1}=$______.

9. $\boldsymbol{A},\boldsymbol{B}$ 均为 n 阶对称矩阵，则 $\boldsymbol{AB}$ 是对称矩阵的充要条件是______.

10. 四阶方阵 $\boldsymbol{A}=\begin{pmatrix}0&0&5&2\\0&0&2&1\\1&-2&0&0\\-1&3&0&0\end{pmatrix}$，则 $\boldsymbol{A}^{-1}=$______.

三、解答题

1. 求矩阵 $\begin{pmatrix}1&1&1\\2&1&3\end{pmatrix}\begin{pmatrix}1&2&2\\0&3&-2\\-1&4&3\end{pmatrix}$.

2. 求矩阵 $\boldsymbol{A}=\begin{pmatrix}1&1&-1\\0&2&2\\1&-1&0\end{pmatrix}$ 的逆.

3. 若方阵 $\boldsymbol{A}$ 满足 $\boldsymbol{A}^2=\boldsymbol{0}$，求矩阵 $\boldsymbol{E}+\boldsymbol{A}$ 的逆矩阵.

4. 若方阵 $\boldsymbol{A}$ 满足 $\boldsymbol{A}^3=2\boldsymbol{E}$，求矩阵 $\boldsymbol{E}-\boldsymbol{A}$ 的逆矩阵.

5. 设 $\boldsymbol{A}$ 是 n 阶反对称矩阵($\boldsymbol{A}^{\mathrm{T}}=-\boldsymbol{A}$). 证明:如果 $\boldsymbol{A}$ 可逆,则 n 必是偶数.

6. 证明:设 $\boldsymbol{A}$ 是 n 阶矩阵,对于任意 $\boldsymbol{x}=(\boldsymbol{a}_1,\boldsymbol{a}_2,\cdots,\boldsymbol{a}_n)^{\mathrm{T}}$,$\boldsymbol{x}^{\mathrm{T}}\boldsymbol{A}\boldsymbol{x}=\boldsymbol{0}$ 的充要条件是 $\boldsymbol{A}$ 是反对称矩阵.

7. 设 $\boldsymbol{A}=\boldsymbol{E}-2\boldsymbol{x}^{\mathrm{T}}\boldsymbol{x}$,其中 $\boldsymbol{x}=(a_1,a_2,\cdots,a_n)^{\mathrm{T}}$,且 $\boldsymbol{x}^{\mathrm{T}}\boldsymbol{x}=1$. 证明:

(1) $\boldsymbol{A}$ 是对称矩阵; (2) $\boldsymbol{A}^2=\boldsymbol{E}$; (3) $\boldsymbol{A}^{\mathrm{T}}\boldsymbol{A}=\boldsymbol{E}$.

8. 设 $\boldsymbol{A}=\begin{pmatrix}\lambda & 1 & 0\\ 0 & \lambda & 1\\ 0 & 0 & \lambda\end{pmatrix}$,求 $\boldsymbol{A}^n$.

9. 设 $\boldsymbol{\alpha}$ 为三维列向量,$\boldsymbol{\alpha}^{\mathrm{T}}$ 是 $\boldsymbol{\alpha}$ 的转置. 若 $\boldsymbol{\alpha}\boldsymbol{\alpha}^{\mathrm{T}}=\begin{pmatrix}1 & -1 & 1\\ -1 & 1 & -1\\ 1 & -1 & 1\end{pmatrix}$,计算 $\boldsymbol{\alpha}^{\mathrm{T}}\boldsymbol{\alpha}$ 的值.

10. 已知 $\boldsymbol{\alpha}=(1,2,3)$,$\boldsymbol{\beta}=\left(1,\frac{1}{2},\frac{1}{3}\right)$,设 $\boldsymbol{A}=\boldsymbol{\alpha}^{\mathrm{T}}\boldsymbol{\beta}$,其中 $\boldsymbol{\alpha}^{\mathrm{T}}$ 是 $\boldsymbol{\alpha}$ 的转置,求 $\boldsymbol{A}^n$.

11. 设 $\boldsymbol{A}$ 是三阶矩阵,$|\boldsymbol{A}|=-2$,将矩阵 $\boldsymbol{A}$ 按列分块为 $\boldsymbol{A}=(\boldsymbol{\alpha}_1,\boldsymbol{\alpha}_2,\boldsymbol{\alpha}_3)^{\mathrm{T}}$,其中,$\boldsymbol{\alpha}_j$ 是 $\boldsymbol{A}$ 第 j 列($j=1,2,3$). 令矩阵 $\boldsymbol{B}=(\boldsymbol{\alpha}_3-2\boldsymbol{\alpha}_1,3\boldsymbol{\alpha}_2,\boldsymbol{\alpha}_1)$,求 $|\boldsymbol{B}|$.

12. 设 n 阶矩阵 $\boldsymbol{A}=(\boldsymbol{\alpha}_1,\boldsymbol{\alpha}_2,\cdots,\boldsymbol{\alpha}_n)$,$\boldsymbol{B}=(\boldsymbol{\alpha}_1+\boldsymbol{\alpha}_2,\boldsymbol{\alpha}_2+\boldsymbol{\alpha}_3,\cdots,\boldsymbol{\alpha}_n+\boldsymbol{\alpha}_1)$,其中,$\boldsymbol{\alpha}_1$,$\boldsymbol{\alpha}_2,\cdots,\boldsymbol{\alpha}_n$ 为 n 维列向量. 已知行列式 $|\boldsymbol{A}|=a(a\neq 0)$,求行列式 $|\boldsymbol{B}|$ 的值.

总复习题 2 解析

一、单项选择题

1. D

设 $\boldsymbol{A}=\begin{pmatrix}0 & 1\\ 0 & 0\end{pmatrix}$,$\boldsymbol{B}=\begin{pmatrix}1 & 0\\ 0 & 0\end{pmatrix}$,则 $\boldsymbol{AB}=\begin{pmatrix}0 & 0\\ 0 & 0\end{pmatrix}$,但 $\boldsymbol{A}\neq\boldsymbol{0}$,$\boldsymbol{B}\neq\boldsymbol{0}$,故排除 A;

因 $\boldsymbol{AB}=\boldsymbol{BA}$ 不一定成立,故 $(\boldsymbol{A}-\boldsymbol{B})^2=\boldsymbol{A}^2-2\boldsymbol{AB}+\boldsymbol{B}^2$ 不一定成立,故排除 B;

$(\boldsymbol{AB})^{\mathrm{T}}=\boldsymbol{B}^{\mathrm{T}}\boldsymbol{A}^{\mathrm{T}}\neq\boldsymbol{A}^{\mathrm{T}}\boldsymbol{B}^{\mathrm{T}}$,故排除 C;

$[(\boldsymbol{AB})^{-1}]^{\mathrm{T}}=(\boldsymbol{B}^{-1}\boldsymbol{A}^{-1})^{\mathrm{T}}=(\boldsymbol{A}^{-1})^{\mathrm{T}}(\boldsymbol{B}^{-1})^{\mathrm{T}}=(\boldsymbol{A}^{\mathrm{T}})^{-1}(\boldsymbol{B}^{\mathrm{T}})^{-1}$,故 D 正确.

2. D

$||\boldsymbol{A}^*|\boldsymbol{A}|=|\boldsymbol{A}^*|^n|\boldsymbol{A}|=(|\boldsymbol{A}|^{n-1})^n|\boldsymbol{A}|=|\boldsymbol{A}|^{n^2-n+1}$

3. D

原式 $=(-3)^{2n}|\boldsymbol{A}^{-1}||\boldsymbol{B}^{\mathrm{T}}|=9^n|\boldsymbol{A}|^{-1}|\boldsymbol{B}|$

4. C

因为 $\boldsymbol{A}^*=|\boldsymbol{A}|\boldsymbol{A}^{-1}$,则

$$(\boldsymbol{A}^*)^{-1}=(|\boldsymbol{A}|\boldsymbol{A}^{-1})^{-1}=\frac{\boldsymbol{A}}{|\boldsymbol{A}|}$$

$$[\boldsymbol{A}^{\mathrm{T}}\boldsymbol{A}^*(\boldsymbol{B}^{-1})^{\mathrm{T}}]^{-1}=[(\boldsymbol{B}^{-1})^{\mathrm{T}}]^{-1}(\boldsymbol{A}^*)^{-1}(\boldsymbol{A}^{\mathrm{T}})^{-1}=[(\boldsymbol{B}^{-1})^{-1}]^{\mathrm{T}}\frac{\boldsymbol{A}}{|\boldsymbol{A}|}(-\boldsymbol{A})^{-1}=-\frac{\boldsymbol{B}^{\mathrm{T}}}{|\boldsymbol{A}|}$$

5. D

因为 $\boldsymbol{AB}=\boldsymbol{BA}$，故 $\boldsymbol{A}^2\boldsymbol{B}+\boldsymbol{ACA}=\boldsymbol{AAB}+\boldsymbol{ACA}=\boldsymbol{A}(\boldsymbol{B}+\boldsymbol{C})\boldsymbol{A}$.

二、填空题

1. 54

因为 $\boldsymbol{A}+2\boldsymbol{B}=(\boldsymbol{\alpha},\boldsymbol{\gamma}_1,\boldsymbol{\gamma}_2,\boldsymbol{\gamma}_3)+(2\boldsymbol{\beta},2\boldsymbol{\gamma}_1,2\boldsymbol{\gamma}_2,2\boldsymbol{\gamma}_3)=(\boldsymbol{\alpha}+2\boldsymbol{\beta},3\boldsymbol{\gamma}_1,3\boldsymbol{\gamma}_2,3\boldsymbol{\gamma}_3)$，故有

$$\begin{aligned}|\boldsymbol{A}+2\boldsymbol{B}|&=|\boldsymbol{\alpha}+2\boldsymbol{\beta},3\boldsymbol{\gamma}_1,3\boldsymbol{\gamma}_2,3\boldsymbol{\gamma}_3|=27|\boldsymbol{\alpha}+2\boldsymbol{\beta},\boldsymbol{\gamma}_1,\boldsymbol{\gamma}_2,\boldsymbol{\gamma}_3|\\&=27(|\boldsymbol{\alpha},\boldsymbol{\gamma}_1,\boldsymbol{\gamma}_2,\boldsymbol{\gamma}_3|+|2\boldsymbol{\beta},\boldsymbol{\gamma}_1,\boldsymbol{\gamma}_2,\boldsymbol{\gamma}_3|)\\&=27(|\boldsymbol{A}|+2|\boldsymbol{B}|)=54\end{aligned}$$

2. 108

由公式 $(k\boldsymbol{A})^{-1}=\frac{1}{k}\boldsymbol{A}^{-1}$ 及 $\boldsymbol{A}^*=|\boldsymbol{A}|\boldsymbol{A}^{-1}$ 有

$$\left(\frac{1}{12}\boldsymbol{A}\right)^{-1}=12\boldsymbol{A}^{-1},(3\boldsymbol{A})^*=|3\boldsymbol{A}|(3\boldsymbol{A})^{-1}=3^3|\boldsymbol{A}|\cdot\frac{1}{3}\boldsymbol{A}^{-1}=-18\boldsymbol{A}^{-1},$$

故
$$\begin{aligned}\left|\left(\frac{1}{12}\boldsymbol{A}\right)^{-1}+(3\boldsymbol{A})^*\right|&=|12\boldsymbol{A}^{-1}-18\boldsymbol{A}^{-1}|=|-6\boldsymbol{A}^{-1}|=(-6)^3|\boldsymbol{A}^{-1}|\\&=(-6)^3\left(-\frac{1}{2}\right)=108\end{aligned}$$

3. $\begin{pmatrix}0&\frac{1}{2}\\-1&-1\end{pmatrix}$

$$\boldsymbol{B}=\boldsymbol{A}^2-3\boldsymbol{A}+2\boldsymbol{E}=(\boldsymbol{A}-2\boldsymbol{E})(\boldsymbol{A}-\boldsymbol{E})=\begin{pmatrix}-1&-1\\2&1\end{pmatrix}\begin{pmatrix}0&-1\\2&2\end{pmatrix}=\begin{pmatrix}-2&-1\\2&0\end{pmatrix}$$

故 $\boldsymbol{B}^{-1}=\begin{pmatrix}0&\frac{1}{2}\\-1&-1\end{pmatrix}$.

4. $\begin{pmatrix}0&0&\frac{1}{a_3}\\\frac{1}{a_1}&0&0\\0&\frac{1}{a_2}&0\end{pmatrix}$

设 $\boldsymbol{A}_1=\begin{pmatrix}a_1&0\\0&a_2\end{pmatrix}$，$\boldsymbol{A}_2=(a_3)$，则 $\boldsymbol{A}=\begin{pmatrix}\boldsymbol{0}&\boldsymbol{A}_1\\\boldsymbol{A}_2&\boldsymbol{O}\end{pmatrix}$，而 $\boldsymbol{A}_1^{-1}=\begin{pmatrix}\frac{1}{a_1}&0\\0&\frac{1}{a_2}\end{pmatrix}$，$\boldsymbol{A}_2^{-1}=\frac{1}{a_3}$，

$$A^{-1}=\begin{pmatrix}\mathbf{0} & A_2^{-1}\\ A_1^{-1} & \mathbf{0}\end{pmatrix}，得\ A^{-1}=\begin{pmatrix}0 & 0 & \frac{1}{a_3}\\ \frac{1}{a_1} & 0 & 0\\ 0 & \frac{1}{a_2} & 0\end{pmatrix}.$$

5. $\begin{pmatrix}1 & 0 & 0\\ -\frac{1}{2} & \frac{1}{2} & 0\\ 0 & 0 & 1\end{pmatrix}$

由 $A-2E=\begin{pmatrix}1 & 0 & 0\\ 1 & 2 & 0\\ 0 & 0 & 1\end{pmatrix}\Rightarrow(A-2E)^{-1}=\begin{pmatrix}1 & 0 & 0\\ -\frac{1}{2} & \frac{1}{2} & 0\\ 0 & 0 & 1\end{pmatrix}$.

6. $\begin{pmatrix}3 & 0 & 0\\ 0 & 2 & 0\\ 0 & 0 & 1\end{pmatrix}$

因 $A^{-1}BA=6A+BA$，故 $(A^{-1}-E)BA=6A$，$(A^{-1}-E)B=6E$，$\left(\frac{A^{-1}-E}{6}\right)B=E$，

$B=\left(\frac{A^{-1}-E}{6}\right)^{-1}=6(A^{-1}-E)^{-1}$. 又因为 $A=\begin{pmatrix}\frac{1}{3} & 0 & 0\\ 0 & \frac{1}{4} & 0\\ 0 & 0 & \frac{1}{7}\end{pmatrix}$，故 $A^{-1}=\begin{pmatrix}2 & 0 & 0\\ 0 & 3 & 0\\ 0 & 0 & 6\end{pmatrix}$，则

$$(A^{-1}-E)^{-1}=\begin{pmatrix}\frac{1}{2} & 0 & 0\\ 0 & \frac{1}{3} & 0\\ 0 & 0 & \frac{1}{6}\end{pmatrix}，B=6\begin{pmatrix}\frac{1}{2} & 0 & 0\\ 0 & \frac{1}{3} & 0\\ 0 & 0 & \frac{1}{6}\end{pmatrix}=\begin{pmatrix}3 & 0 & 0\\ 0 & 2 & 0\\ 0 & 0 & 1\end{pmatrix}$$

7. $\begin{pmatrix}1 & \frac{1}{2} & 0\\ -\frac{1}{2} & 1 & 0\\ 0 & 0 & 2\end{pmatrix}$

由 $AB-B=A$ 得 $A(B-E)=B$，而 $B-E=\begin{pmatrix}0 & -2 & 0\\ 2 & 0 & 0\\ 0 & 0 & 1\end{pmatrix}$，$|B-E|=4\neq0$，故 $B-$

$\boldsymbol{E}$ 可逆，且 $(\boldsymbol{B}-\boldsymbol{E})^{-1}=\begin{pmatrix}0 & \frac{1}{2} & 0\\ -\frac{1}{2} & 0 & 0\\ 0 & 0 & 1\end{pmatrix}$，则

$$\boldsymbol{A}=\boldsymbol{B}(\boldsymbol{B}-\boldsymbol{E})^{-1}=\begin{pmatrix}1 & -2 & 0\\ 2 & 1 & 0\\ 0 & 0 & 2\end{pmatrix}\begin{pmatrix}0 & \frac{1}{2} & 0\\ -\frac{1}{2} & 0 & 0\\ 0 & 0 & 1\end{pmatrix}=\begin{pmatrix}1 & \frac{1}{2} & 0\\ -\frac{1}{2} & 1 & 0\\ 0 & 0 & 2\end{pmatrix}$$

8. $\dfrac{\boldsymbol{A}+2\boldsymbol{E}}{2}$

因为 $\boldsymbol{A}^2+\boldsymbol{A}-4\boldsymbol{E}=\boldsymbol{0}$，故 $\boldsymbol{A}^2+\boldsymbol{A}-2\boldsymbol{E}=2\boldsymbol{E}$，则 $(\boldsymbol{A}-\boldsymbol{E})(\boldsymbol{A}+2\boldsymbol{E})=2\boldsymbol{E}$，$\left(\dfrac{\boldsymbol{A}+2\boldsymbol{E}}{2}\right)=\boldsymbol{E}$，$(\boldsymbol{A}-\boldsymbol{E})^{-1}=\dfrac{\boldsymbol{A}+2\boldsymbol{E}}{2}$.

9. $\boldsymbol{AB}=\boldsymbol{BA}$

两个对称矩阵的乘积不一定是对称矩阵. 例如，$\boldsymbol{AB}$ 对称 $\Leftrightarrow(\boldsymbol{AB})^{\mathrm{T}}=\boldsymbol{AB}\Leftrightarrow\boldsymbol{AB}=\boldsymbol{B}^{\mathrm{T}}\boldsymbol{A}^{\mathrm{T}}=\boldsymbol{BA}$，所以应填 $\boldsymbol{AB}=\boldsymbol{BA}$.

10. $\begin{pmatrix}0 & 0 & 3 & 2\\ 0 & 0 & 1 & 1\\ 1 & -2 & 0 & 0\\ -2 & 5 & 0 & 0\end{pmatrix}$

设 $\boldsymbol{A}_1=\begin{pmatrix}5 & 2\\ 2 & 1\end{pmatrix}$，$\boldsymbol{A}_2=\begin{pmatrix}1 & -2\\ -1 & 3\end{pmatrix}$，则 $\boldsymbol{A}=\begin{pmatrix}\boldsymbol{0} & \boldsymbol{A}_1\\ \boldsymbol{A}_2 & \boldsymbol{0}\end{pmatrix}$. 分块求逆得 $\boldsymbol{A}_1^{-1}=\begin{pmatrix}1 & -2\\ -2 & 5\end{pmatrix}$，$\boldsymbol{A}_2^{-1}=\begin{pmatrix}3 & 2\\ 1 & 1\end{pmatrix}$，所以 $\boldsymbol{A}^{-1}=\begin{pmatrix}\boldsymbol{0} & \boldsymbol{A}_2^{-1}\\ \boldsymbol{A}_1^{-1} & \boldsymbol{0}\end{pmatrix}=\begin{pmatrix}0 & 0 & 3 & 2\\ 0 & 0 & 1 & 1\\ 1 & -2 & 0 & 0\\ -2 & 5 & 0 & 0\end{pmatrix}$.

三、解答题

1. $\begin{pmatrix}0 & 9 & 3\\ -1 & 19 & 11\end{pmatrix}$

2. 解 $\left(\begin{array}{ccc:ccc}1 & 1 & -1 & 1 & 0 & 0\\ 0 & 2 & 2 & 0 & 1 & 0\\ 1 & -1 & 0 & 0 & 0 & 1\end{array}\right)$

$$\rightarrow\left(\begin{array}{ccc:ccc}1&1&-1&1&0&0\\0&2&2&0&1&0\\0&-2&1&-1&0&1\end{array}\right)\rightarrow\left(\begin{array}{ccc:ccc}1&1&-1&1&0&0\\0&1&1&0&\frac{1}{2}&0\\0&0&3&-1&1&1\end{array}\right)$$

$$\rightarrow\left(\begin{array}{ccc:ccc}1&1&-1&1&0&0\\0&1&1&0&\frac{1}{2}&0\\0&0&1&-\frac{1}{3}&\frac{1}{3}&\frac{1}{3}\end{array}\right)\rightarrow\left(\begin{array}{ccc:ccc}1&0&0&\frac{1}{3}&\frac{1}{6}&\frac{2}{3}\\0&1&0&\frac{1}{3}&\frac{1}{6}&-\frac{1}{3}\\0&0&1&-\frac{1}{3}&\frac{1}{3}&\frac{1}{3}\end{array}\right)$$

所以
$$\boldsymbol{A}^{-1}=\begin{pmatrix}\frac{1}{3}&\frac{1}{6}&\frac{2}{3}\\\frac{1}{3}&\frac{1}{6}&-\frac{1}{3}\\-\frac{1}{3}&\frac{1}{3}&\frac{1}{3}\end{pmatrix}$$

3. 解 因为$(\boldsymbol{E}+\boldsymbol{A})(\boldsymbol{E}-\boldsymbol{A})=\boldsymbol{E}-\boldsymbol{A}^2=\boldsymbol{E}$,所以 $\boldsymbol{E}+\boldsymbol{A}$ 的逆矩阵为 $\boldsymbol{E}-\boldsymbol{A}$.

4. 解 因为$(\boldsymbol{E}-\boldsymbol{A})(\boldsymbol{E}+\boldsymbol{A}+\boldsymbol{A}^2)=\boldsymbol{A}^3-\boldsymbol{E}=\boldsymbol{E}$,所以 $\boldsymbol{E}-\boldsymbol{A}$ 的逆矩阵为$-\boldsymbol{E}-\boldsymbol{A}-\boldsymbol{A}^2$.

5. 证 因为 $\boldsymbol{A}$ 是反对称矩阵,即 $\boldsymbol{A}^{\mathrm{T}}=-\boldsymbol{A}$,那么$|\boldsymbol{A}|=|\boldsymbol{A}^{\mathrm{T}}|=|-\boldsymbol{A}|=(-1)^n|\boldsymbol{A}|$.如果 n 是奇数,必有$|\boldsymbol{A}|=-|\boldsymbol{A}|$,即$|\boldsymbol{A}|=0$,与 $\boldsymbol{A}$ 可逆矛盾,所以 n 必是偶数.

6. 证 先证充分性,若 $\boldsymbol{A}$ 是反对称矩阵(即 $\boldsymbol{A}^{\mathrm{T}}=-\boldsymbol{A}$),对任意列向量 $\boldsymbol{x}=(a_1,a_2,\cdots,a_n)^{\mathrm{T}}$,显然 $\boldsymbol{x}^{\mathrm{T}}\boldsymbol{A}\boldsymbol{x}$ 是一个数,所以 $\boldsymbol{x}^{\mathrm{T}}\boldsymbol{A}\boldsymbol{x}=(\boldsymbol{x}^{\mathrm{T}}\boldsymbol{A}\boldsymbol{x})^{\mathrm{T}}=\boldsymbol{x}^{\mathrm{T}}\boldsymbol{A}^{\mathrm{T}}\boldsymbol{x}=-\boldsymbol{x}^{\mathrm{T}}\boldsymbol{A}\boldsymbol{x}$,从而得 $2\boldsymbol{x}^{\mathrm{T}}\boldsymbol{A}\boldsymbol{x}=\boldsymbol{0}$,则对任意向量 $\boldsymbol{x}=(a_1,a_2,\cdots,a_n)^{\mathrm{T}}$ 都有 $\boldsymbol{x}^{\mathrm{T}}\boldsymbol{A}\boldsymbol{x}=\boldsymbol{0}$.

再证必要性,设 $\boldsymbol{A}=\begin{pmatrix}a_{11}&a_{12}&\cdots&a_{1n}\\a_{21}&a_{22}&\cdots&a_{2n}\\\vdots&\vdots&&\vdots\\a_{n1}&a_{n2}&\cdots&a_{nn}\end{pmatrix}$,若对任意向量 $\boldsymbol{x}=(a_1,a_2,\cdots,a_n)^{\mathrm{T}}$ 都有 $\boldsymbol{x}^{\mathrm{T}}\boldsymbol{A}\boldsymbol{x}=\boldsymbol{0}$,则可以取列向量 $\boldsymbol{e}_i=(0,0,\cdots,1,\cdots,0)^{\mathrm{T}}$(第 i 个元素为 1,其余元素均为 0),故 $\boldsymbol{e}_i^{\mathrm{T}}\boldsymbol{A}\boldsymbol{e}_i=a_{ii}=0$. 又取列向量 $\boldsymbol{x}=(0,\cdots,1,\cdots,1,\cdots,0)^{\mathrm{T}}=\boldsymbol{e}_i+\boldsymbol{e}_j$(第 i,j 个元素为 1,其余元素均为 0,其中 $1\leqslant i\leqslant j\leqslant n$),故 $\boldsymbol{x}^{\mathrm{T}}\boldsymbol{A}\boldsymbol{x}=(\boldsymbol{e}_i+\boldsymbol{e}_j)^{\mathrm{T}}\boldsymbol{A}(\boldsymbol{e}_i+\boldsymbol{e}_j)=\boldsymbol{e}_i^{\mathrm{T}}\boldsymbol{A}\boldsymbol{e}_i+\boldsymbol{e}_i^{\mathrm{T}}\boldsymbol{A}\boldsymbol{e}_j+\boldsymbol{e}_j^{\mathrm{T}}\boldsymbol{A}\boldsymbol{e}_i+\boldsymbol{e}_j^{\mathrm{T}}\boldsymbol{A}\boldsymbol{e}_j=a_{ij}+a_{ji}=0$. 所以,对于任意的 $1\leqslant i,j\leqslant n$,都有 $a_{ij}=-a_{ji}$,因此 $\boldsymbol{A}$ 是反对称矩阵.

7. 证 (1) 因为 $\boldsymbol{A}^{\mathrm{T}}=(\boldsymbol{E}-2\boldsymbol{x}^{\mathrm{T}}\boldsymbol{x})^{\mathrm{T}}=\boldsymbol{E}^{\mathrm{T}}-(2\boldsymbol{x}^{\mathrm{T}}\boldsymbol{x})^{\mathrm{T}}=\boldsymbol{E}-2\boldsymbol{x}^{\mathrm{T}}\boldsymbol{x}=\boldsymbol{A}$,即 $\boldsymbol{A}^{\mathrm{T}}=\boldsymbol{A}$,所以 $\boldsymbol{A}$ 是对称矩阵.

(2) 因为 $\boldsymbol{x}=(a_1,a_2,\cdots,a_n)^{\mathrm{T}}$,且 $\boldsymbol{x}^{\mathrm{T}}\boldsymbol{x}=1$,所以

$$A^2=A\cdot A=(E-2x^{\mathrm T}x)(E-2x^{\mathrm T}x)=E-2x^{\mathrm T}x-2x^{\mathrm T}x+4(x^{\mathrm T}x)(x^{\mathrm T}x)$$
$$=E-4x^{\mathrm T}x+4x^{\mathrm T}(xx^{\mathrm T})x=E-4x^{\mathrm T}x+4x^{\mathrm T}x=E,\quad 即\quad A^2=E.$$

(3) 因为 A 是对称矩阵,即 $A^{\mathrm T}=A$,且 $A^2=E$,所以 $A^{\mathrm T}A=A\cdot A=A^2$,故 $A^{\mathrm T}A=E$.

8. 解 矩阵 A 可表示为 $A=\begin{pmatrix}\lambda&0&0\\0&\lambda&0\\0&0&\lambda\end{pmatrix}+\begin{pmatrix}0&1&0\\0&0&1\\0&0&0\end{pmatrix}=\lambda E+B$,其中 $B=\begin{pmatrix}0&1&0\\0&0&1\\0&0&0\end{pmatrix}$. 因此 $A^n=(\lambda E+B)^n$,因为

$$B^2=\begin{pmatrix}0&1&0\\0&0&1\\0&0&0\end{pmatrix}\begin{pmatrix}0&1&0\\0&0&1\\0&0&0\end{pmatrix}=\begin{pmatrix}0&0&1\\0&0&0\\0&0&0\end{pmatrix}$$

$$B^3=B\cdot B^2=\begin{pmatrix}0&1&0\\0&0&1\\0&0&0\end{pmatrix}\begin{pmatrix}0&0&1\\0&0&0\\0&0&0\end{pmatrix}=\begin{pmatrix}0&0&0\\0&0&0\\0&0&0\end{pmatrix}=\mathbf 0$$

当 $n>3$ 时,$B^n=B^3\cdot B^{n-3}=\mathbf 0\cdot B^{n-3}=\mathbf 0$,所以,当 $n=1$ 时,$A^n=A$;$n\geqslant 2$,矩阵多项式 $(\lambda E+B)^n$ 可展开为

$$A^n=(\lambda E+B)^n=\mathrm C_n^0\lambda^nE+\mathrm C_n^1\lambda^{n-1}B+\cdots+\mathrm C_n^nB^n=\mathrm C_n^0\lambda^nE+\mathrm C_n^1\lambda^{n-1}B+\mathrm C_2^2\lambda^{n-2}B^2$$
$$=\begin{pmatrix}\lambda^n&\mathrm C_n^1\lambda^{n-1}&\mathrm C_n^2\lambda^{n-2}\\0&\lambda^n&\mathrm C_n^1\lambda^{n-1}\\0&0&\lambda^n\end{pmatrix}$$

9. 解 由 $\alpha\alpha^{\mathrm T}=\begin{pmatrix}1&-1&1\\-1&1&-1\\1&-1&1\end{pmatrix}=\begin{pmatrix}1\\-1\\1\end{pmatrix}(1,-1,1)$ 知 $\alpha=\begin{pmatrix}1\\-1\\1\end{pmatrix}$,于是 $\alpha\alpha^{\mathrm T}=\begin{pmatrix}1\\-1\\1\end{pmatrix}(1,-1,1)=3$.

评注 本题的关键是矩阵 $\alpha\alpha^{\mathrm T}$ 的秩为 1,必可分解为一列乘一行的形式,其中行向量一般可选第 1 行(或任意非零行),列向量的元素则由各行与选定行的比例系数构成.

10. 解 若 α,β 是 n 维列向量,则 $A=\alpha\beta^{\mathrm T}$ 是秩为 1 的 n 阶矩阵,而 $\alpha^{\mathrm T}\beta$ 是一阶矩阵,是一个数,由于矩阵乘法满足结合律,此时 $A=\alpha^{\mathrm T}\beta=\begin{pmatrix}1\\2\\3\end{pmatrix}\left(1,\frac{1}{2},\frac{1}{3}\right)=$

$\begin{pmatrix} 1 & \frac{1}{2} & \frac{1}{3} \\ 2 & 1 & \frac{2}{3} \\ 3 & \frac{3}{2} & 1 \end{pmatrix}$是一个三阶矩阵，于是

$$\boldsymbol{A}^n=(\boldsymbol{\alpha}^{\mathrm{T}}\boldsymbol{\beta})(\boldsymbol{\alpha}^{\mathrm{T}}\boldsymbol{\beta})(\boldsymbol{\alpha}^{\mathrm{T}}\boldsymbol{\beta})\cdot\cdots\cdot(\boldsymbol{\alpha}^{\mathrm{T}}\boldsymbol{\beta})=\boldsymbol{\alpha}^{\mathrm{T}}(\boldsymbol{\alpha}\boldsymbol{\beta}^{\mathrm{T}})(\boldsymbol{\alpha}\boldsymbol{\beta}^{\mathrm{T}})\cdot\cdots\cdot(\boldsymbol{\alpha}\boldsymbol{\beta}^{\mathrm{T}})\boldsymbol{\beta}$$

$$=3^{n-1}\boldsymbol{\alpha}^{\mathrm{T}}\boldsymbol{\beta}=3^{n-1}\begin{pmatrix} 1 & \frac{1}{2} & \frac{1}{3} \\ 2 & 1 & \frac{2}{3} \\ 3 & \frac{3}{2} & 1 \end{pmatrix}$$

11. 解法一 $|\boldsymbol{B}|=|\boldsymbol{\alpha}_3-2\boldsymbol{\alpha}_1,3\boldsymbol{\alpha}_2,\boldsymbol{\alpha}_1|=|\boldsymbol{\alpha}_3,3\boldsymbol{\alpha}_2,\boldsymbol{\alpha}_1|-2|\boldsymbol{\alpha}_1,3\boldsymbol{\alpha}_2,\boldsymbol{\alpha}_1|$，而$|\boldsymbol{\alpha}_3,3\boldsymbol{\alpha}_2,\boldsymbol{\alpha}_1|=3|\boldsymbol{\alpha}_3,\boldsymbol{\alpha}_2,\boldsymbol{\alpha}_1|=(-3)|\boldsymbol{\alpha}_1,\boldsymbol{\alpha}_2,\boldsymbol{\alpha}_3|=(-3)|\boldsymbol{A}|=(-3)\times(-2)=6$，又$|\boldsymbol{\alpha}_1,3\boldsymbol{\alpha}_2,\boldsymbol{\alpha}_1|=0$，所以$|\boldsymbol{B}|=|\boldsymbol{\alpha}_3,3\boldsymbol{\alpha}_2,\boldsymbol{\alpha}_1|-2|\boldsymbol{\alpha}_1,3\boldsymbol{\alpha}_2,\boldsymbol{\alpha}_1|=6-0=6$.

解法二 因为三阶矩阵 $\boldsymbol{B}=(\boldsymbol{\alpha}_3-2\boldsymbol{\alpha}_1,3\boldsymbol{\alpha}_2,\boldsymbol{\alpha}_1)=(\boldsymbol{\alpha}_1,\boldsymbol{\alpha}_2,\boldsymbol{\alpha}_3)\begin{pmatrix} -2 & 0 & 1 \\ 0 & 3 & 0 \\ 1 & 0 & 0 \end{pmatrix}=\boldsymbol{AC}$，其中$|\boldsymbol{A}|=|\boldsymbol{\alpha}_1,\boldsymbol{\alpha}_2,\boldsymbol{\alpha}_3|=-2$，$|\boldsymbol{C}|=\begin{vmatrix} -2 & 0 & 1 \\ 0 & 3 & 0 \\ 1 & 0 & 0 \end{vmatrix}=-3$，所以

$$|\boldsymbol{B}|=|\boldsymbol{AC}|=(-3)\times(-2)=6.$$

12. 解法一 根据行列式的性质得

$$\begin{aligned}|\boldsymbol{B}|&=|\boldsymbol{\alpha}_1+\boldsymbol{\alpha}_2,\boldsymbol{\alpha}_2+\boldsymbol{\alpha}_3,\cdots,\boldsymbol{\alpha}_n+\boldsymbol{\alpha}_1|\\&=|\boldsymbol{\alpha}_1,\boldsymbol{\alpha}_2+\boldsymbol{\alpha}_3,\cdots,\boldsymbol{\alpha}_n+\boldsymbol{\alpha}_1|+|\boldsymbol{\alpha}_2,\boldsymbol{\alpha}_2+\boldsymbol{\alpha}_3,\cdots,\boldsymbol{\alpha}_n+\boldsymbol{\alpha}_1|\\&=|\boldsymbol{\alpha}_1,\boldsymbol{\alpha}_2+\boldsymbol{\alpha}_3,\cdots,\boldsymbol{\alpha}_n|+|\boldsymbol{\alpha}_2,\boldsymbol{\alpha}_2+\boldsymbol{\alpha}_3,\cdots,\boldsymbol{\alpha}_n+\boldsymbol{\alpha}_1|\\&=|\boldsymbol{\alpha}_1,\boldsymbol{\alpha}_2,\cdots,\boldsymbol{\alpha}_n|+|\boldsymbol{\alpha}_2,\boldsymbol{\alpha}_3,\cdots,\boldsymbol{\alpha}_1|\\&=|\boldsymbol{A}|+(-1)^n|\boldsymbol{\alpha}_1,\boldsymbol{\alpha}_2,\cdots,\boldsymbol{\alpha}_n|=|\boldsymbol{A}|+(-1)^{n-1}|\boldsymbol{A}|=[1+(-1)^{n-1}]a\\&=\begin{cases}2a, & \text{当 } n \text{ 为奇数}\\ 0, & \text{当 } n \text{ 为偶数}\end{cases}\end{aligned}$$

解法二 因为 n 阶矩阵 $\boldsymbol{B}=(\boldsymbol{\alpha}_1+\boldsymbol{\alpha}_2,\boldsymbol{\alpha}_2+\boldsymbol{\alpha}_3,\cdots,\boldsymbol{\alpha}_n+\boldsymbol{\alpha}_1)=(\boldsymbol{\alpha}_1,\boldsymbol{\alpha}_2,\cdots,\boldsymbol{\alpha}_n)\begin{pmatrix} 1 & 0 & \cdots & 0 & 1 \\ 1 & 1 & \cdots & 0 & 0 \\ \vdots & \vdots & & \vdots & \vdots \\ 0 & 0 & \cdots & 1 & 0 \\ 0 & 0 & \cdots & 1 & 1 \end{pmatrix}=\boldsymbol{AC}$，其中 n 阶矩阵 $\boldsymbol{C}$ 的行列式为$|\boldsymbol{C}|=1+(-1)^{n+1}$，所以

$$|\boldsymbol{B}|=|\boldsymbol{A}|\cdot|\boldsymbol{C}|=[1+(-1)^{n+1}]a=\begin{cases}2a, & \text{当 } n \text{ 为奇数}\\ 0, & \text{当 } n \text{ 为偶数}\end{cases}$$

六、考研真题解析

1. 设 $\boldsymbol{A},\boldsymbol{B}$ 为 n 阶方阵,满足等式 $\boldsymbol{AB}=\boldsymbol{0}$,则必有(　　).

A. $\boldsymbol{A}=\boldsymbol{0}$ 或 $\boldsymbol{B}=\boldsymbol{0}$　B. $\boldsymbol{A}+\boldsymbol{B}=\boldsymbol{0}$　C. $|\boldsymbol{A}|=0$ 或 $|\boldsymbol{B}|=0$　D. $|\boldsymbol{A}|+|\boldsymbol{B}|=0$

解 因 $\boldsymbol{AB}=\boldsymbol{0}$,则

$$|\boldsymbol{AB}|=|\boldsymbol{A}||\boldsymbol{B}|=\boldsymbol{0}$$

则 $|\boldsymbol{A}|$ 与 $|\boldsymbol{B}|$ 中至少有 1 个为 0. 故应选 C.

2. 设 n 维列向量 $\boldsymbol{\alpha}=\left(\frac{1}{2},0,\cdots,0,\frac{1}{2}\right)$,矩阵 $\boldsymbol{A}=\boldsymbol{E}-\boldsymbol{\alpha}^{\mathrm{T}}\boldsymbol{\alpha},\boldsymbol{B}=\boldsymbol{E}+2\boldsymbol{\alpha}^{\mathrm{T}}\boldsymbol{\alpha}$,其中 $\boldsymbol{E}$ 为 n 阶单位矩阵,则 $\boldsymbol{AB}=$(　　).

A. $\boldsymbol{0}$　B. $-\boldsymbol{E}$　C. $\boldsymbol{E}$　D. $\boldsymbol{E}+\boldsymbol{\alpha}^{\mathrm{T}}\boldsymbol{\alpha}$

解 由矩阵乘法的分配律、结合律,有

$$\begin{aligned}\boldsymbol{AB}&=(\boldsymbol{E}-\boldsymbol{\alpha}^{\mathrm{T}}\boldsymbol{\alpha})(\boldsymbol{E}+2\boldsymbol{\alpha}^{\mathrm{T}}\boldsymbol{\alpha})=\boldsymbol{E}+2\boldsymbol{\alpha}^{\mathrm{T}}\boldsymbol{\alpha}-\boldsymbol{\alpha}^{\mathrm{T}}\boldsymbol{\alpha}-2\boldsymbol{\alpha}^{\mathrm{T}}\boldsymbol{\alpha}\boldsymbol{\alpha}^{\mathrm{T}}\boldsymbol{\alpha}\\&=\boldsymbol{E}+\boldsymbol{\alpha}^{\mathrm{T}}\boldsymbol{\alpha}-2\boldsymbol{\alpha}^{\mathrm{T}}(\boldsymbol{\alpha}\boldsymbol{\alpha}^{\mathrm{T}})\boldsymbol{\alpha}\end{aligned}$$

又因为

$$\boldsymbol{\alpha}\boldsymbol{\alpha}^{\mathrm{T}}=\left(\frac{1}{2},0,\cdots,0,\frac{1}{2}\right)\begin{pmatrix}\frac{1}{2}\\0\\\vdots\\0\\\frac{1}{2}\end{pmatrix}=\frac{1}{2}\times\frac{1}{2}+\frac{1}{2}\times\frac{1}{2}=\frac{1}{2}$$

则

$$\boldsymbol{AB}=\boldsymbol{E}+\boldsymbol{\alpha}^{\mathrm{T}}\boldsymbol{\alpha}-2\boldsymbol{\alpha}^{\mathrm{T}}\cdot\frac{1}{2}\boldsymbol{\alpha}=\boldsymbol{E}+\boldsymbol{\alpha}^{\mathrm{T}}\boldsymbol{\alpha}-\boldsymbol{\alpha}^{\mathrm{T}}\boldsymbol{\alpha}=\boldsymbol{E}$$

故应选 C.

3. 设 $\boldsymbol{A}=\begin{pmatrix}1&0&1\\0&2&0\\1&0&1\end{pmatrix}$,而 $n\geqslant 2$ 为正整数,则 $\boldsymbol{A}^n-2\boldsymbol{A}^{n-1}=$______.

解
$$\boldsymbol{A}^2=\begin{pmatrix}1&0&1\\0&2&0\\1&0&1\end{pmatrix}\begin{pmatrix}1&0&1\\0&2&0\\1&0&1\end{pmatrix}=\begin{pmatrix}2&0&2\\0&4&0\\2&0&2\end{pmatrix}=2\boldsymbol{A}$$

则

$$\boldsymbol{A}^n-2\boldsymbol{A}^{n-1}=\boldsymbol{A}^{n-2}(\boldsymbol{A}^2-2\boldsymbol{A})=\boldsymbol{A}^{n-2}\boldsymbol{0}=\boldsymbol{0}$$

4. 设 $\boldsymbol{A}=\begin{pmatrix}0 & -1 & 0\\ 1 & 0 & 0\\ 0 & 0 & -1\end{pmatrix}$，$\boldsymbol{B}=\boldsymbol{P}^{-1}\boldsymbol{A}\boldsymbol{P}$，其中 $\boldsymbol{P}$ 为三阶可逆矩阵，则 $\boldsymbol{B}^{2004}-2\boldsymbol{A}^2$ $=$______.

解 由分块矩阵的性质

$$\begin{pmatrix}\boldsymbol{A} & \boldsymbol{0}\\ \boldsymbol{0} & \boldsymbol{B}\end{pmatrix}^n=\begin{pmatrix}\boldsymbol{A}^n & \boldsymbol{0}\\ \boldsymbol{0} & \boldsymbol{B}^n\end{pmatrix}$$

$$\begin{pmatrix}0 & -1\\ 1 & 0\end{pmatrix}^2=\begin{pmatrix}-1 & 0\\ 0 & -1\end{pmatrix}$$

有

$$\boldsymbol{A}^2=\begin{pmatrix}0 & -1 & 0\\ 0 & 0 & 0\\ 0 & 0 & -1\end{pmatrix}^2=\begin{pmatrix}-1 & 0 & 0\\ 0 & -1 & 0\\ 0 & 0 & 1\end{pmatrix}$$

$$\boldsymbol{A}^{2004}=(\boldsymbol{A}^2)^{1002}=\boldsymbol{E}$$

则

$$\begin{aligned}\boldsymbol{B}^{2004}-2\boldsymbol{A}^2&=(\boldsymbol{P}^{-1}\boldsymbol{A}\boldsymbol{P})^{2004}-2\boldsymbol{A}^2=\boldsymbol{P}^{-1}\boldsymbol{A}^{2004}\boldsymbol{P}-2\boldsymbol{A}^2\\ &=\boldsymbol{P}^{-1}\boldsymbol{E}\boldsymbol{P}-2\boldsymbol{A}^2=\boldsymbol{E}-2\boldsymbol{A}^2\\ &=\begin{pmatrix}1 & 0 & 0\\ 0 & 1 & 0\\ 0 & 0 & 1\end{pmatrix}-\begin{pmatrix}-2 & 0 & 0\\ 0 & -2 & 0\\ 0 & 0 & 2\end{pmatrix}=\begin{pmatrix}3 & 0 & 0\\ 0 & 3 & 0\\ 0 & 0 & -1\end{pmatrix}\end{aligned}$$

5. 设四阶方阵 $\boldsymbol{A}$ 的秩为 2，则其伴随矩阵 $\boldsymbol{A}^*$ 的秩为______.

解 由

$$r(\boldsymbol{A}^*)=\begin{cases}n, & 若\ r(\boldsymbol{A})=n\\ 1, & 若\ r(\boldsymbol{A})=n-1\\ 0, & 若\ r(\boldsymbol{A})<n-1\end{cases}$$

易知 $r(\boldsymbol{A}^*)=0$.

6. 设 $\boldsymbol{A}=\begin{pmatrix}1 & 0 & 0\\ 2 & 2 & 0\\ 3 & 4 & 5\end{pmatrix}$，$\boldsymbol{A}^*$ 是 $\boldsymbol{A}$ 的伴随矩阵，则 $(\boldsymbol{A}^*)^{-1}=$______.

解 由 $\boldsymbol{A}\boldsymbol{A}^*=|\boldsymbol{A}|\boldsymbol{E}$，得

$$(\boldsymbol{A}^*)^{-1}=\frac{1}{|\boldsymbol{A}|}\boldsymbol{A}$$

$$|\boldsymbol{A}|=\begin{vmatrix}1 & 0 & 0\\ 2 & 2 & 0\\ 3 & 4 & 5\end{vmatrix}=10$$

则

$$(\boldsymbol{A}^*)^{-1}=\frac{1}{|\boldsymbol{A}|}\boldsymbol{A}=\frac{1}{10}\begin{pmatrix}1&0&0\\2&2&0\\3&4&5\end{pmatrix}=\begin{pmatrix}\frac{1}{10}&0&0\\\frac{1}{5}&\frac{1}{5}&0\\\frac{3}{10}&\frac{2}{5}&\frac{1}{2}\end{pmatrix}$$

7. 设 n 阶矩阵 $\boldsymbol{A}$ 非奇异($n\geqslant 2$),$\boldsymbol{A}^*$ 是 $\boldsymbol{A}$ 的伴随矩阵,则(   ).

A. $(\boldsymbol{A}^*)^*=|\boldsymbol{A}|^{n-1}\boldsymbol{A}$　　B. $(\boldsymbol{A}^*)^*=|\boldsymbol{A}|^{n+1}\boldsymbol{A}$

C. $(\boldsymbol{A}^*)^*=|\boldsymbol{A}|^{n-2}\boldsymbol{A}$　　D. $(\boldsymbol{A}^*)^*=|\boldsymbol{A}|^{n+2}\boldsymbol{A}$

解 由 $\boldsymbol{A}\boldsymbol{A}^*=\boldsymbol{A}^*\boldsymbol{A}=|\boldsymbol{A}|\boldsymbol{E}$,有

$$\boldsymbol{A}^*(\boldsymbol{A}^*)^*=|\boldsymbol{A}^*|\boldsymbol{E}$$

而

$$|\boldsymbol{A}^*|=|\boldsymbol{A}|^{n-1},\quad (\boldsymbol{A}^*)^{-1}=\frac{1}{|\boldsymbol{A}|}\boldsymbol{A}$$

则

$$(\boldsymbol{A}^*)^*=|\boldsymbol{A}^*|\cdot(\boldsymbol{A}^*)^{-1}=|\boldsymbol{A}|^{n-1}\frac{1}{|\boldsymbol{A}|}\boldsymbol{A}=|\boldsymbol{A}|^{n-2}\boldsymbol{A}$$

故应选 C.

8. 设 $\boldsymbol{A},\boldsymbol{B}$ 为 n 阶矩阵,$\boldsymbol{A}^*,\boldsymbol{B}^*$ 分别为 $\boldsymbol{A},\boldsymbol{B}$ 对应的伴随矩阵,分块矩阵 $\boldsymbol{C}=\begin{pmatrix}\boldsymbol{A}&\boldsymbol{0}\\\boldsymbol{0}&\boldsymbol{B}\end{pmatrix}$,则 $\boldsymbol{C}$ 的伴随矩阵 $\boldsymbol{C}^*=$______.

A. $\begin{pmatrix}|\boldsymbol{A}|\boldsymbol{A}^*&\boldsymbol{0}\\\boldsymbol{0}&|\boldsymbol{B}|\boldsymbol{B}^*\end{pmatrix}$　　B. $\begin{pmatrix}|\boldsymbol{B}|\boldsymbol{B}^*&\boldsymbol{0}\\\boldsymbol{0}&|\boldsymbol{A}|\boldsymbol{A}^*\end{pmatrix}$

C. $\begin{pmatrix}|\boldsymbol{A}|\boldsymbol{B}^*&\boldsymbol{0}\\\boldsymbol{0}&|\boldsymbol{B}|\boldsymbol{A}^*\end{pmatrix}$　　D. $\begin{pmatrix}|\boldsymbol{B}|\boldsymbol{A}^*&\boldsymbol{0}\\\boldsymbol{0}&|\boldsymbol{A}|\boldsymbol{B}^*\end{pmatrix}$

解 $\boldsymbol{C}^*=|\boldsymbol{C}|\boldsymbol{C}^{-1}=\begin{vmatrix}\boldsymbol{A}&\boldsymbol{0}\\\boldsymbol{0}&\boldsymbol{B}\end{vmatrix}\begin{pmatrix}\boldsymbol{A}&\boldsymbol{0}\\\boldsymbol{0}&\boldsymbol{B}\end{pmatrix}^{-1}=|\boldsymbol{A}||\boldsymbol{B}|\begin{pmatrix}\boldsymbol{A}^{-1}&\boldsymbol{0}\\\boldsymbol{0}&\boldsymbol{B}^{-1}\end{pmatrix}$

$$=\begin{pmatrix}|\boldsymbol{A}||\boldsymbol{B}|\boldsymbol{A}^{-1}&\boldsymbol{0}\\\boldsymbol{0}&|\boldsymbol{A}||\boldsymbol{B}|\boldsymbol{B}^{-1}\end{pmatrix}=\begin{pmatrix}|\boldsymbol{B}|\boldsymbol{A}^*&\boldsymbol{0}\\\boldsymbol{0}&|\boldsymbol{A}|\boldsymbol{B}^*\end{pmatrix}$$

故应选 D.

9. 设 $\boldsymbol{A},\boldsymbol{B},\boldsymbol{A}+\boldsymbol{B},\boldsymbol{A}^{-1}+\boldsymbol{B}^{-1}$ 均为 n 阶可逆矩阵,则 $(\boldsymbol{A}^{-1}+\boldsymbol{B}^{-1})^{-1}=$(   ).

A. $\boldsymbol{A}^{-1}+\boldsymbol{B}^{-1}$　B. $\boldsymbol{A}+\boldsymbol{B}$　C. $\boldsymbol{A}(\boldsymbol{A}+\boldsymbol{B})^{-1}\boldsymbol{B}$　D. $(\boldsymbol{A}+\boldsymbol{B})^{-1}$

解 因为 $\boldsymbol{A},\boldsymbol{B},\boldsymbol{A}+\boldsymbol{B}$ 均可逆,则

$$\begin{aligned}(\boldsymbol{A}^{-1}+\boldsymbol{B}^{-1})^{-1}&=(\boldsymbol{E}\boldsymbol{A}^{-1}+\boldsymbol{B}^{-1}\boldsymbol{E})^{-1}=(\boldsymbol{B}^{-1}\boldsymbol{B}\boldsymbol{A}^{-1}+\boldsymbol{B}^{-1}\boldsymbol{A}\boldsymbol{A}^{-1})^{-1}\\&=[\boldsymbol{B}^{-1}(\boldsymbol{B}+\boldsymbol{A})\boldsymbol{A}^{-1}]^{-1}=(\boldsymbol{A}^{-1})^{-1}(\boldsymbol{A}+\boldsymbol{B})^{-1}(\boldsymbol{B}^{-1})^{-1}\end{aligned}$$

$$=\boldsymbol{A}(\boldsymbol{A}+\boldsymbol{B})^{-1}\boldsymbol{B}$$

故应选 C.

10. 设 $\boldsymbol{A}=\begin{pmatrix}0 & a_1 & 0 & \cdots & 0\\ 0 & 0 & a_2 & \cdots & 0\\ \vdots & \vdots & \vdots & & \vdots\\ 0 & 0 & 0 & \cdots & a_{n-1}\\ a_n & 0 & 0 & \cdots & 0\end{pmatrix}$，其中 $a_i\neq 0, i=1,2,\cdots,n$，则 $\boldsymbol{A}^{-1}$ $=$______.

解 由于分块矩阵 $\begin{pmatrix}\boldsymbol{0} & \boldsymbol{A}\\ \boldsymbol{B} & \boldsymbol{0}\end{pmatrix}^{-1}=\begin{pmatrix}\boldsymbol{0} & \boldsymbol{B}^{-1}\\ \boldsymbol{A}^{-1} & \boldsymbol{0}\end{pmatrix}$，且

$$\begin{pmatrix}a_1 & 0 & 0 & \cdots & 0\\ 0 & a_2 & 0 & \cdots & 0\\ 0 & 0 & a_3 & \cdots & 0\\ \vdots & \vdots & \vdots & & \vdots\\ 0 & 0 & 0 & \cdots & a_n\end{pmatrix}^{-1}=\begin{pmatrix}\frac{1}{a_1} & 0 & 0 & \cdots & 0\\ 0 & \frac{1}{a_2} & 0 & \cdots & 0\\ 0 & 0 & \frac{1}{a_3} & \cdots & 0\\ \vdots & \vdots & \vdots & & \vdots\\ 0 & 0 & 0 & \cdots & \frac{1}{a_n}\end{pmatrix}$$

把 $\boldsymbol{A}$ 分块后可得

$$\boldsymbol{A}^{-1}=\begin{pmatrix}0 & 0 & 0 & \cdots & 0 & \frac{1}{a_n}\\ \frac{1}{a_1} & 0 & 0 & \cdots & 0 & 0\\ 0 & \frac{1}{a_2} & 0 & \cdots & 0 & 0\\ \vdots & \vdots & \vdots & & \vdots & \vdots\\ 0 & 0 & 0 & \cdots & \frac{1}{a_{n-1}} & 0\end{pmatrix}$$

11. 设矩阵 $\boldsymbol{A}=\begin{pmatrix}1 & -1\\ 2 & 3\end{pmatrix}$，$\boldsymbol{B}=\boldsymbol{A}^2-3\boldsymbol{A}+2\boldsymbol{E}$，则 $\boldsymbol{B}^{-1}=$______.

解 因为 $\boldsymbol{B}=(\boldsymbol{A}-2\boldsymbol{E})(\boldsymbol{A}-\boldsymbol{E})$，故

$$\boldsymbol{B}^{-1}=(\boldsymbol{A}-\boldsymbol{E})^{-1}(\boldsymbol{A}-2\boldsymbol{E})^{-1}$$

又

$$(\boldsymbol{A}-\boldsymbol{E})^{-1}=\begin{pmatrix}0 & -1\\ 2 & 2\end{pmatrix}^{-1}=\frac{1}{2}\begin{pmatrix}2 & 1\\ -2 & 0\end{pmatrix}$$

$$(\boldsymbol{A}-2\boldsymbol{E})^{-1}=\begin{pmatrix}-1 & -1\\ 2 & 1\end{pmatrix}^{-1}=\begin{pmatrix}1 & 1\\ -2 & -1\end{pmatrix}$$

所以

$$B^{-1}=\frac{1}{2}\begin{pmatrix}2&1\\-2&0\end{pmatrix}\begin{pmatrix}1&1\\-2&-1\end{pmatrix}=\begin{pmatrix}0&\frac{1}{2}\\-1&-1\end{pmatrix}$$

12. 设 $\boldsymbol{A},\boldsymbol{B}$ 均为三阶矩阵，$\boldsymbol{E}$ 是三阶单位矩阵，已知 $\boldsymbol{AB}=2\boldsymbol{A}+\boldsymbol{B}$，$\boldsymbol{B}=\begin{pmatrix}2&0&2\\0&4&0\\2&0&2\end{pmatrix}$，则 $(\boldsymbol{A}-\boldsymbol{E})^{-1}=$______.

解 由 $\boldsymbol{AB}-\boldsymbol{B}-2\boldsymbol{A}+2\boldsymbol{E}=2\boldsymbol{E}$，$(\boldsymbol{A}-\boldsymbol{E})(\boldsymbol{B}-2\boldsymbol{E})=2\boldsymbol{E}$，故

$$(\boldsymbol{A}-\boldsymbol{E})^{-1}=\frac{1}{2}(\boldsymbol{B}-2\boldsymbol{E})=\frac{1}{2}\left[\begin{pmatrix}2&0&2\\0&4&0\\2&0&2\end{pmatrix}-\begin{pmatrix}2&0&0\\0&2&0\\0&0&2\end{pmatrix}\right]=\begin{pmatrix}0&0&1\\0&1&0\\1&0&0\end{pmatrix}$$

故应填 $\begin{pmatrix}0&0&1\\0&1&0\\1&0&0\end{pmatrix}$.

13. 设 n 维向量 $\boldsymbol{\alpha}=(a,0,\cdots,0,a)^{\mathrm{T}}$，其中 $a<0$，$\boldsymbol{E}$ 为 n 阶单位矩阵，$\boldsymbol{A}=\boldsymbol{E}-\boldsymbol{\alpha\alpha}^{\mathrm{T}}$，$\boldsymbol{B}=\boldsymbol{E}+\frac{1}{a}\boldsymbol{\alpha\alpha}^{\mathrm{T}}$，其中 $\boldsymbol{A}$ 的逆矩阵为 $\boldsymbol{B}$，则 $a=$______.

解 因为 $\boldsymbol{A}$ 的逆矩阵为 $\boldsymbol{B}$，故 $\boldsymbol{AB}=\boldsymbol{E}$，则

$$(\boldsymbol{E}-\boldsymbol{\alpha\alpha}^{\mathrm{T}})\left(\boldsymbol{E}+\frac{1}{a}\boldsymbol{\alpha\alpha}^{\mathrm{T}}\right)=\boldsymbol{E}$$

即

$$\boldsymbol{E}+\frac{1}{a}\boldsymbol{\alpha\alpha}^{\mathrm{T}}-\boldsymbol{\alpha\alpha}^{\mathrm{T}}-\frac{1}{a}\boldsymbol{\alpha\alpha}^{\mathrm{T}}\boldsymbol{\alpha\alpha}^{\mathrm{T}}=\boldsymbol{E}$$

而

$$\boldsymbol{\alpha}^{\mathrm{T}}\boldsymbol{\alpha}=(a,0,\cdots,0,a)\begin{pmatrix}a\\0\\\vdots\\0\\a\end{pmatrix}=2a^2$$

故

$$\frac{1}{a}\boldsymbol{\alpha\alpha}^{\mathrm{T}}-\boldsymbol{\alpha\alpha}^{\mathrm{T}}-2a\boldsymbol{\alpha\alpha}^{\mathrm{T}}=\boldsymbol{0},\quad\left(\frac{1}{a}-1-2a\right)\boldsymbol{\alpha\alpha}^{\mathrm{T}}=\boldsymbol{0}$$

则 $\frac{1}{a}-1-2a=0$，故 $a=\frac{1}{2}$ 或 $a=-1$，而 $a<0$，则 $a=-1$. 故应填 -1.

14. 已知 $\boldsymbol{\alpha}=(1,2,3)$，$\boldsymbol{\beta}=\left(1,\frac{1}{2},\frac{1}{3}\right)$，设 $\boldsymbol{A}=\boldsymbol{\alpha}^{\mathrm{T}}\boldsymbol{\beta}$，其中 $\boldsymbol{\alpha}^{\mathrm{T}}$ 是 $\boldsymbol{\alpha}$ 的转置，则 $\boldsymbol{A}^n=$______.

解 $\boldsymbol{A}^n=(\boldsymbol{\alpha}^{\mathrm{T}}\boldsymbol{\beta})^n=(\boldsymbol{\alpha}^{\mathrm{T}}\boldsymbol{\beta})(\boldsymbol{\alpha}^{\mathrm{T}}\boldsymbol{\beta})\cdots(\boldsymbol{\alpha}^{\mathrm{T}}\boldsymbol{\beta})=\boldsymbol{\alpha}^{\mathrm{T}}(\boldsymbol{\beta\alpha}^{\mathrm{T}})(\boldsymbol{\beta\alpha}^{\mathrm{T}})\cdots(\boldsymbol{\beta\alpha}^{\mathrm{T}})\boldsymbol{\beta}$

而 $\boldsymbol{\beta}\boldsymbol{\alpha}^{\mathrm{T}}=\left(1,\frac{1}{2},\frac{1}{3}\right)\begin{pmatrix}1\\2\\3\end{pmatrix}=3$ 为一个数,故

$$\boldsymbol{A}^n=\boldsymbol{\alpha}^{\mathrm{T}}\cdot\underbrace{3\cdot 3\cdots 3}_{n-1}\cdot\boldsymbol{\beta}=3^{n-1}\boldsymbol{\alpha}^{\mathrm{T}}\boldsymbol{\beta}=3^{n-1}\begin{pmatrix}1\\2\\3\end{pmatrix}\left(1,\frac{1}{2},\frac{1}{3}\right)=3^{n-1}\begin{pmatrix}1&\frac{1}{2}&\frac{1}{3}\\2&1&\frac{2}{3}\\3&\frac{3}{2}&1\end{pmatrix}$$

15. 设 $\boldsymbol{A}=\begin{pmatrix}1&2&-2\\4&t&3\\3&-1&1\end{pmatrix}$,$\boldsymbol{B}$ 为三阶非零矩阵,且 $\boldsymbol{AB}=\boldsymbol{0}$,则 $t=$______.

解 由 $\boldsymbol{AB}=\boldsymbol{0}$,而 $\boldsymbol{B}$ 为非零,故 $\boldsymbol{AX}=\boldsymbol{0}$ 有非零解,则 $|\boldsymbol{A}|=0$,即

$$\begin{vmatrix}1&2&-2\\4&t&3\\3&-1&1\end{vmatrix}=0$$

即 $t+3=0$,则 $t=-3$. 故应填 -3.

16. 设矩阵 $\boldsymbol{A}$ 的伴随矩阵

$$\boldsymbol{A}^*=\begin{pmatrix}1&0&0&0\\0&1&0&0\\1&0&1&0\\0&-3&0&8\end{pmatrix}$$

且 $\boldsymbol{ABA}^{-1}=\boldsymbol{BA}^{-1}+3\boldsymbol{E}$,其中 $\boldsymbol{E}$ 为四阶单位矩阵,求矩阵 $\boldsymbol{B}$.

解 在等式 $\boldsymbol{ABA}^{-1}=\boldsymbol{BA}^{-1}+3\boldsymbol{E}$ 两边先左乘 $\boldsymbol{A}^{-1}$ 再右乘 $\boldsymbol{A}$,得

$$\boldsymbol{A}^{-1}(\boldsymbol{AB})\boldsymbol{A}^{-1}\boldsymbol{A}=\boldsymbol{A}^{-1}(\boldsymbol{BA}^{-1})\boldsymbol{A}+\boldsymbol{A}^{-1}(3\boldsymbol{E})\boldsymbol{A}$$

即

$$\boldsymbol{B}=\boldsymbol{A}^{-1}\boldsymbol{B}+3\boldsymbol{E}=\frac{1}{|\boldsymbol{A}|}\boldsymbol{A}\cdot\boldsymbol{B}+3\boldsymbol{E}$$

而
$$|\boldsymbol{A}^*|=|\boldsymbol{A}|^{n-1},\quad |\boldsymbol{A}^*|=|\boldsymbol{A}|^3,\quad |\boldsymbol{A}|^3=8$$

故
$$\boldsymbol{B}=\frac{1}{2}\boldsymbol{A}^*\boldsymbol{B}+3\boldsymbol{E},\quad 2\boldsymbol{B}=\boldsymbol{A}^*\boldsymbol{B}+6\boldsymbol{E},\quad (2\boldsymbol{E}-\boldsymbol{A}^*)\boldsymbol{B}=6\boldsymbol{E}$$

$$\boldsymbol{B}=(2\boldsymbol{E}-\boldsymbol{A}^*)^{-1}\cdot 6\boldsymbol{E}=6\begin{pmatrix}1&0&0&0\\0&1&0&0\\1&0&1&0\\0&\frac{1}{2}&0&-\frac{1}{6}\end{pmatrix}=\begin{pmatrix}6&0&0&0\\0&6&0&0\\6&0&6&0\\0&3&0&-1\end{pmatrix}$$

17. 设矩阵 $\boldsymbol{A}$ 满足 $\boldsymbol{A}^2+\boldsymbol{A}-4\boldsymbol{E}=\boldsymbol{0}$,其中 $\boldsymbol{E}$ 为单位矩阵,则$(\boldsymbol{A}-\boldsymbol{E})^{-1}=$______.

解　因 $\boldsymbol{A}^2+\boldsymbol{A}-4\boldsymbol{E}=(\boldsymbol{A}-\boldsymbol{E})(\boldsymbol{A}+2\boldsymbol{E})-2\boldsymbol{E}=\boldsymbol{0}$

故

$$(\boldsymbol{A}-\boldsymbol{E})(\boldsymbol{A}+2\boldsymbol{E})=2\boldsymbol{E},\quad (\boldsymbol{A}-\boldsymbol{E})\frac{\boldsymbol{A}+2\boldsymbol{E}}{2}=\boldsymbol{E}$$

由定义可知

$$(\boldsymbol{A}-\boldsymbol{E})^{-1}=\frac{\boldsymbol{A}+2\boldsymbol{E}}{2}$$

故应填$\frac{1}{2}(\boldsymbol{A}+2\boldsymbol{E})$.

18. 设四阶方阵 $\boldsymbol{A}=\begin{pmatrix}5&2&0&0\\2&1&0&0\\0&0&1&-2\\0&0&1&1\end{pmatrix}$,则 $\boldsymbol{A}$ 的逆矩阵 $\boldsymbol{A}^{-1}=$______.

解

$$\boldsymbol{A}^{-1}=\begin{pmatrix}1&-2&0&0\\-2&5&0&0\\0&0&\frac{1}{3}&\frac{2}{3}\\0&0&-\frac{1}{3}&\frac{1}{3}\end{pmatrix}$$

19. 设 $\boldsymbol{A}=\begin{pmatrix}1&0&0&0\\-2&3&0&0\\0&-4&5&0\\0&0&-6&7\end{pmatrix}$,$\boldsymbol{E}$ 为四阶单位矩阵,且 $\boldsymbol{B}=(\boldsymbol{E}+\boldsymbol{A})^{-1}(\boldsymbol{E}-\boldsymbol{A})$,$(\boldsymbol{E}+\boldsymbol{B})^{-1}=$______.

解　$\boldsymbol{B}+\boldsymbol{E}=(\boldsymbol{E}+\boldsymbol{A})^{-1}(\boldsymbol{E}-\boldsymbol{A})+\boldsymbol{E}=(\boldsymbol{E}+\boldsymbol{A})^{-1}(\boldsymbol{E}-\boldsymbol{A})+(\boldsymbol{E}+\boldsymbol{A})^{-1}(\boldsymbol{E}+\boldsymbol{A})$

$$=(\boldsymbol{E}+\boldsymbol{A})^{-1}[(\boldsymbol{E}-\boldsymbol{A})+(\boldsymbol{E}+\boldsymbol{A})]=2(\boldsymbol{E}+\boldsymbol{A})^{-1}$$

$$(\boldsymbol{B}+\boldsymbol{E})^{-1}=[2(\boldsymbol{E}+\boldsymbol{A})^{-1}]^{-1}=\frac{1}{2}(\boldsymbol{E}+\boldsymbol{A})$$

$$=\frac{1}{2}\begin{pmatrix}2&0&0&0\\-2&4&0&0\\0&-4&6&0\\0&0&-6&8\end{pmatrix}=\begin{pmatrix}1&0&0&0\\-1&2&0&0\\0&-2&3&0\\0&0&-3&4\end{pmatrix}$$

20. 设 $\boldsymbol{A}$ 是任一 $n(n\geqslant3)$阶方阵,$\boldsymbol{A}^*$ 是其伴随矩阵,又 k 为常数,且 $k\neq0,\pm1$,则必有$(k\boldsymbol{A})^*=$(　　).

A. $k\boldsymbol{A}^*$　　B. $k^{n-1}\boldsymbol{A}^*$　　C. $k^n\boldsymbol{A}^*$　　D. $k^{-1}\boldsymbol{A}^*$

解　当 $\boldsymbol{A}$ 可逆时，$\boldsymbol{A}^*=|\boldsymbol{A}|\boldsymbol{A}^{-1}$，故

$$(k\boldsymbol{A})^*=|k\boldsymbol{A}|(k\boldsymbol{A})^{-1}=k^n|\boldsymbol{A}|\frac{1}{k}\boldsymbol{A}^{-1}=k^{n-1}|\boldsymbol{A}|\boldsymbol{A}^{-1}=k^{n-1}\boldsymbol{A}^*$$

故应选 B.

21. 设 $\boldsymbol{\alpha}$ 为三维列向量，$\boldsymbol{\alpha}^{\mathrm{T}}$ 是 $\boldsymbol{\alpha}$ 的转置，若

$$\boldsymbol{\alpha}\boldsymbol{\alpha}^{\mathrm{T}}=\begin{pmatrix}1&-1&1\\-1&1&-1\\1&-1&1\end{pmatrix}$$

则 $\boldsymbol{\alpha}^{\mathrm{T}}\boldsymbol{\alpha}=$______.

解　设 $\boldsymbol{\alpha}=\begin{pmatrix}x_1\\x_2\\x_3\end{pmatrix}$，则

$$\boldsymbol{\alpha}\boldsymbol{\alpha}^{\mathrm{T}}=\begin{pmatrix}x_1\\x_2\\x_3\end{pmatrix}[x_1\quad x_2\quad x_3]=\begin{pmatrix}x_1^2&x_1x_2&x_1x_3\\x_2x_1&x_2^2&x_2x_3\\x_3x_1&x_3x_2&x_3^2\end{pmatrix}$$

$$\boldsymbol{\alpha}^{\mathrm{T}}\boldsymbol{\alpha}=(x_1\quad x_2\quad x_3)\begin{pmatrix}x_1\\x_2\\x_3\end{pmatrix}=x_1^2+x_2^2+x_3^2$$

由题意知 $x_1^2+x_2^2+x_3^2=3$，故 $\boldsymbol{\alpha}^{\mathrm{T}}\boldsymbol{\alpha}=3$. 故应填 3.

22. 设三阶方阵 $\boldsymbol{A},\boldsymbol{B}$ 满足 $\boldsymbol{A}^2\boldsymbol{B}-\boldsymbol{A}-\boldsymbol{B}=\boldsymbol{E}$，其中 $\boldsymbol{E}$ 为三阶单位矩阵，若 $\boldsymbol{A}=\begin{pmatrix}1&0&1\\0&2&0\\-2&0&1\end{pmatrix}$，则 $|\boldsymbol{B}|=$______.

解　由 $\boldsymbol{A}^2\boldsymbol{B}-\boldsymbol{A}-\boldsymbol{B}=\boldsymbol{E}$，得 $(\boldsymbol{A}^2-\boldsymbol{E})\boldsymbol{B}=\boldsymbol{A}+\boldsymbol{E}$，即

$$(\boldsymbol{A}+\boldsymbol{E})(\boldsymbol{A}-\boldsymbol{E})\boldsymbol{B}=\boldsymbol{A}+\boldsymbol{E}$$

而

$$\boldsymbol{A}+\boldsymbol{E}=\begin{pmatrix}2&0&1\\0&3&0\\-2&0&2\end{pmatrix},\quad |\boldsymbol{A}+\boldsymbol{E}|=12+6=18\neq0$$

故 $\boldsymbol{A}+\boldsymbol{E}$ 可逆，从而 $(\boldsymbol{A}-\boldsymbol{E})\boldsymbol{B}=\boldsymbol{E}$，故

$$|\boldsymbol{A}-\boldsymbol{E}||\boldsymbol{B}|=1$$

而

$$|\boldsymbol{A}-\boldsymbol{E}|=\begin{vmatrix}0&0&1\\0&1&0\\-2&0&0\end{vmatrix}=2$$

则$|\boldsymbol{B}|=\frac{1}{2}$.故应填$\frac{1}{2}$.

七、自测题

A 组

1. 两矩阵$\boldsymbol{A}$与$\boldsymbol{B}$既可相加又可相乘的充要条件是______.

2. 设$\boldsymbol{A}=\frac{1}{2}(\boldsymbol{B}+\boldsymbol{E})$,则当且仅当$\boldsymbol{B}^2=$______时,$\boldsymbol{A}^2=\boldsymbol{A}$.

3. 设矩阵$\boldsymbol{A}=\begin{pmatrix}1&2&3\\0&4&5\\0&0&2\end{pmatrix}$,$\boldsymbol{B}=\begin{pmatrix}1&0&0\\5&-1&0\\2&3&1\end{pmatrix}$,则行列式$|\boldsymbol{AB}|=$______.

4. 设$\boldsymbol{A}$、$\boldsymbol{B}$、$\boldsymbol{C}$为n阶矩阵,且$\boldsymbol{ABC}=\boldsymbol{E}_n$,则$|2\boldsymbol{CAB}|=$______.

5. 设$\boldsymbol{A}$是四阶矩阵,$|\boldsymbol{A}|=2$,$\boldsymbol{A}^*$为$\boldsymbol{A}$的伴随矩阵,则$|2\boldsymbol{A}^*|=$______.

6. 设$\boldsymbol{A}$为n阶矩阵,且有$\boldsymbol{A}^2-\boldsymbol{A}+\boldsymbol{E}=\boldsymbol{0}$,则$(\boldsymbol{A}-\boldsymbol{E})^{-1}=$______.

7. 设$\boldsymbol{A}$是$n\times m$矩阵,$\boldsymbol{B}$是$m\times n$矩阵.若$\boldsymbol{AB}=\boldsymbol{E}$,则$r(\boldsymbol{B})=$______.

8. 设$\boldsymbol{A},\boldsymbol{B},\boldsymbol{C}$均为$n$阶矩阵,则下列等式中一定正确的是(　　).

A. $\boldsymbol{A}(\boldsymbol{B}+\boldsymbol{C})=\boldsymbol{AB}+\boldsymbol{AC}$　　B. $\boldsymbol{AB}=\boldsymbol{BA}$

C. $\boldsymbol{A}+\boldsymbol{BC}=\boldsymbol{CB}+\boldsymbol{A}$　　D. 若$\boldsymbol{AB}=\boldsymbol{AC}$,则$\boldsymbol{B}=\boldsymbol{C}$

9. $\boldsymbol{A}$为n阶方阵,$\boldsymbol{B}$是只对换$\boldsymbol{A}$中第1、2列所得的方阵.若$|\boldsymbol{A}|\neq|\boldsymbol{B}|$,则有(　　).

A. $|\boldsymbol{A}|$可能为0　　B. $|\boldsymbol{A}|\neq 0$　　C. $|\boldsymbol{A}+\boldsymbol{B}|\neq 0$　　D. $|\boldsymbol{A}-\boldsymbol{B}|\neq 0$

10. $\boldsymbol{P},\boldsymbol{Q}$都是$n$阶可逆矩阵,$\boldsymbol{A}$是$n$阶矩阵,$\boldsymbol{E}$是$n$阶单位矩阵,且$\boldsymbol{PAQ}=\boldsymbol{E}$,则$\boldsymbol{A}^{-1}=$(　　).

A. $\boldsymbol{PQ}$　　B. $\boldsymbol{P}^{-1}\boldsymbol{Q}^{-1}$　　C. $\boldsymbol{QP}$　　D. $\boldsymbol{Q}^{-1}\boldsymbol{P}^{-1}$

11. 设$\boldsymbol{A}$为n阶方阵,且$\boldsymbol{A}^2-2\boldsymbol{A}-2\boldsymbol{E}=\boldsymbol{0}$,则$(\boldsymbol{A}+\boldsymbol{E})^{-1}=$(　　).

A. $3\boldsymbol{E}-\boldsymbol{A}$　　B. $3\boldsymbol{E}+\boldsymbol{A}$　　C. $\boldsymbol{A}-3\boldsymbol{E}$　　D. $\dfrac{2\boldsymbol{A}+\boldsymbol{E}}{\boldsymbol{A}-\boldsymbol{E}}$

12. 设$\boldsymbol{A}$为五阶方阵,且$|\boldsymbol{A}|=4$,则$\left|\left(\frac{1}{4}\boldsymbol{A}\right)^{-1}-\frac{1}{2}\boldsymbol{A}^*\right|=$(　　).

A. 1/2　　B. 1/4　　C. -8　　D. 8

13. 下列矩阵中不是初等矩阵的矩阵是(　　).

A. $\begin{pmatrix}1&0&-\pi\\0&1&0\\0&0&1\end{pmatrix}$　　B. $\begin{pmatrix}1&0&0\\0&0&1\\0&1&1\end{pmatrix}$　　C. $\begin{pmatrix}1&0&0\\0&0&1\\0&1&0\end{pmatrix}$　　D. $\begin{pmatrix}-1&0&0\\0&1&0\\0&0&1\end{pmatrix}$

14. 已知$\begin{pmatrix}2&-1&3\\0&1&5\\-4&7&1\end{pmatrix}-\boldsymbol{X}+\begin{pmatrix}1\\2\\0\end{pmatrix}(4,-1,5)=3\begin{pmatrix}1&0&0\\1&1&0\\1&1&1\end{pmatrix}$,求矩阵$\boldsymbol{X}$.

15. 求满足下列条件的矩阵 $\boldsymbol{A}$：

$$\begin{pmatrix}5&1&1\\3&4&2\\1&-1&3\end{pmatrix}\boldsymbol{A}+\begin{pmatrix}1&2&-1\\0&1&2\\1&3&1\end{pmatrix}=3\boldsymbol{A}$$

16. 设 $\boldsymbol{A}=\begin{pmatrix}-4&2&0&0\\2&0&0&0\\0&0&-7&3\\0&0&5&-1\end{pmatrix}$，且 $\boldsymbol{BA}=\boldsymbol{A}+\boldsymbol{B}$，求矩阵 $\boldsymbol{B}$.

17. 设 $\boldsymbol{A}_{n\times n}=\begin{pmatrix}0&1&&\\&0&\ddots&\\&&\ddots&1\\&&&0\end{pmatrix}$，试就 $k<n,k=n,k>n$，求 $\boldsymbol{A}^k$.

18. 已知矩阵 $\boldsymbol{A}$，求 $\boldsymbol{A}^n$（n 为正整数）.

(1) $\boldsymbol{A}=\begin{pmatrix}1&a\\0&1\end{pmatrix}$；　(2) $\boldsymbol{A}=\begin{pmatrix}1&1&0\\0&1&1\\0&0&1\end{pmatrix}$.

19. 设 $\boldsymbol{P}=\begin{pmatrix}2&0&2\\0&1&0\\0&0&1\end{pmatrix}$，$\boldsymbol{\Lambda}=\begin{pmatrix}1&0&0\\0&1&0\\0&0&2\end{pmatrix}$，并且 $\boldsymbol{AP}=\boldsymbol{P\Lambda}$，求 $\boldsymbol{A}^{100}$.

20. 设矩阵

$$\boldsymbol{A}=\begin{pmatrix}1&1&-3&-4&1\\3&-1&1&4&t\\1&5&-9&-8&1\end{pmatrix},\quad \boldsymbol{B}=\begin{pmatrix}1&0&1&0\\t&1&2&1\\1&2&-1&2\\-1&0&-1&0\\0&-1&1&-1\end{pmatrix}$$

试确定 t 的值，使 $r(\boldsymbol{A})=3,r(\boldsymbol{B})=2$.

21. 试证：

(1) $\forall \boldsymbol{x}\in\mathbf{R}^n$ 均有 $\boldsymbol{x}^{\mathrm{T}}\boldsymbol{x}\geqslant 0$，当且仅当 $\boldsymbol{x}=\mathbf{0}$ 时等号成立（注：符号"$\forall$"表示"任意"）；

(2) 若 $\boldsymbol{A}$ 为 $m\times n$ 矩阵，则 $\boldsymbol{A}^{\mathrm{T}}\boldsymbol{A}=\mathbf{0}\Leftrightarrow\boldsymbol{A}=\mathbf{0}$.

22. 试证：若 $\boldsymbol{AXB}$ 可乘，则有 $\forall\boldsymbol{X},\boldsymbol{AXB}=\mathbf{0}\Leftrightarrow\boldsymbol{A}=\mathbf{0}$ 或 $\boldsymbol{B}=\mathbf{0}$.

23. 试证：

(1) 两个上（下）三角矩阵的积、和、差与数乘上（下）三角矩阵，仍为上（下）三角矩阵；

(2) 上（下）三角矩阵的任意多项式仍为上（下）三角矩阵.

24. 试证:若 $\boldsymbol{A},\boldsymbol{B}$ 为对称矩阵,则

(1) $\boldsymbol{A}+\boldsymbol{B},\lambda\boldsymbol{A},\boldsymbol{A}^k,\boldsymbol{A}^{\mathrm{T}},\boldsymbol{A}^*$ 仍为对称矩阵,其中 λ 为任意数,k 为正整数;

(2) 当 $\boldsymbol{A}$ 可逆时,$\boldsymbol{A}^{-1}$是对称矩阵.

25. 试证:若 $\boldsymbol{A},\boldsymbol{B}$ 是反对称矩阵,则

(1) $\boldsymbol{A}+\boldsymbol{B},\lambda\boldsymbol{A}$ 仍为反对称矩阵.

(2) 当 k 为偶数时,$\boldsymbol{A}^k$ 为对称矩阵;当 k 为奇数时,$\boldsymbol{A}^k$ 为反对称矩阵.

(3) 当 $\boldsymbol{A}$ 可逆时,$\boldsymbol{A}^{-1}$仍为反对称矩阵.

26. 如果 $\boldsymbol{A}$ 和 $\boldsymbol{B}$ 均是对称矩阵,问 $\boldsymbol{A},\boldsymbol{B}$ 应满足何条件使得 $\boldsymbol{AB}$ 为

(1) 对称矩阵;(2) 反对称矩阵.

27. 试证:若 $\boldsymbol{A},\boldsymbol{B}$ 为同阶对称矩阵,则

(1) $\boldsymbol{AB}+\boldsymbol{BA}$ 是对称矩阵; (2) $\boldsymbol{AB}-\boldsymbol{BA}$ 是反对称矩阵.

28. 试证:若 $\boldsymbol{A}=(a_{ij}),\boldsymbol{B}=(b_{ij})$为正交矩阵,则

(1) $\boldsymbol{AB},\boldsymbol{A}^k$ 为正交矩阵;

(2) $\boldsymbol{A}^{-1}=\boldsymbol{A}^{\mathrm{T}}$ 且均为正交矩阵,$\boldsymbol{A}^*$ 亦为正交矩阵;

(3) $\sum\limits_{l=1}^{n}a_{il}a_{jl}=\sum\limits_{l=1}^{n}a_{li}a_{lj}=\delta_{ij}\overset{\text{def}}{=\!=}\begin{cases}1, & i=j\\0, & i\neq j\end{cases}\quad(i,j=1,2,\cdots,n).$

B 组

1. 设 $\boldsymbol{A}$、$\boldsymbol{B}$ 为四阶方阵,且$|\boldsymbol{A}|=2,|\boldsymbol{B}|=2$,则$|(\boldsymbol{A}^*\boldsymbol{B}^{-1})^2\boldsymbol{A}^{\mathrm{T}}|=$______.

2. 设 $\boldsymbol{A}$ 为 n 阶矩阵,且有 $\boldsymbol{A}^2-2\boldsymbol{A}-3\boldsymbol{E}=\boldsymbol{0}$,则$(\boldsymbol{A}-\boldsymbol{E})^{-1}=$______.

3. 方阵 $\boldsymbol{A}$ 已知,且知 $\boldsymbol{B}=(\boldsymbol{A}-\boldsymbol{E})^{-1}(\boldsymbol{A}+\boldsymbol{E})$($\boldsymbol{E}$ 为单位矩阵),则$(\boldsymbol{B}-\boldsymbol{E})^{-1}$ =______.

4. 设 $\boldsymbol{A}=\begin{pmatrix}1 & 2 & 2 & 0\\-1 & -2 & 4 & t\\0 & t & 3 & 0\end{pmatrix}$,且 $r(\boldsymbol{A})=2$,则 $t=$______.

5. 设 $\boldsymbol{A}=\begin{pmatrix}1 & 1 & 2 & 3\\2 & 2 & 3 & 4\\3 & 3 & 4 & 5\end{pmatrix},\boldsymbol{P}_1=\begin{pmatrix}0 & 1 & 0\\1 & 0 & 0\\0 & 0 & 1\end{pmatrix},\boldsymbol{P}_2=\begin{pmatrix}1 & 0 & 0\\0 & 1 & 0\\1 & 0 & 1\end{pmatrix}$,则 $\boldsymbol{P}_1\boldsymbol{P}_2\boldsymbol{A}=$______.

6. 方阵 $\boldsymbol{A}$ 可表示成一个对称矩阵与一个反对称矩阵之和为______.

7. 设 $\boldsymbol{\alpha}_1,\boldsymbol{\alpha}_2,\boldsymbol{\alpha}_3,\boldsymbol{\alpha},\boldsymbol{\beta}$ 均为四维列向量,矩阵

$$\boldsymbol{A}=(\boldsymbol{\alpha}_1,\boldsymbol{\alpha}_2,\boldsymbol{\alpha}_3,\boldsymbol{\alpha})$$
$$\boldsymbol{B}=(\boldsymbol{\alpha}_1,\boldsymbol{\alpha}_2,\boldsymbol{\alpha}_3,\boldsymbol{\beta})$$

且$|\boldsymbol{A}|=3,|\boldsymbol{B}|=2$,则$|2\boldsymbol{A}-5\boldsymbol{B}|=$( ).

A. -4 B. 1298 C. -1202 D. 108

8. 设 $\boldsymbol{A},\boldsymbol{B}$ 是三阶方阵,已知$|\boldsymbol{A}|=-1,|\boldsymbol{B}|=2$,则$\begin{vmatrix}2\boldsymbol{A} & \boldsymbol{A}\\\boldsymbol{0} & -\boldsymbol{B}\end{vmatrix}=$( ).

A. -4　　B. 4　　C. 16　　D. -16

9. 设 $\boldsymbol{A},\boldsymbol{B}$ 是 n 阶方阵，则下列结论成立的是(　　).

A. $\boldsymbol{AB}\neq\boldsymbol{0} \Leftrightarrow \boldsymbol{A}\neq\boldsymbol{0}$ 且 $\boldsymbol{B}\neq\boldsymbol{0}$　　B. $|\boldsymbol{A}|=0 \Leftrightarrow \boldsymbol{A}=\boldsymbol{0}$

C. $|\boldsymbol{AB}|=0 \Leftrightarrow |\boldsymbol{A}|=0$ 或 $|\boldsymbol{B}|=0$　　D. $\boldsymbol{A}=\boldsymbol{E} \Leftrightarrow |\boldsymbol{A}|=1$

10. 设 $\boldsymbol{A},\boldsymbol{B}$ 都是可逆矩阵，且 $\boldsymbol{AB}=\boldsymbol{BA}$，则(　　).

A. $\boldsymbol{A}^{-1}\boldsymbol{B}=\boldsymbol{B}^{-1}\boldsymbol{A}$　　B. $\boldsymbol{AB}^{-1}=\boldsymbol{B}^{-1}\boldsymbol{A}$

C. $\boldsymbol{AB}=\boldsymbol{B}^{-1}\boldsymbol{A}^{-1}$　　D. $|(\boldsymbol{A}^{-1}+\boldsymbol{B}^{-1})(\boldsymbol{A}+\boldsymbol{B})|\neq 0$

11. 设 $\boldsymbol{A},\boldsymbol{B}$ 都是 n 阶方阵，$|\boldsymbol{A}|=-2$，$|\boldsymbol{B}|=3$，则 $\left|\left(\frac{1}{2}\boldsymbol{AB}\right)^{-1}-\frac{1}{3}(\boldsymbol{AB})^{*}\right|=$(　　)，其中 $(\boldsymbol{AB})^{*}$ 为 $\boldsymbol{AB}$ 的伴随矩阵.

A. $\dfrac{2^{2n-1}}{3}$　　B. $-\dfrac{2^{2n-1}}{3}$　　C. $\dfrac{2}{3}$　　D. $16-\dfrac{2}{3}$

12. 设 n 阶实矩阵 $\boldsymbol{A}=(a_{ij})\neq\boldsymbol{0}$，且 $a_{ij}=\boldsymbol{A}_{ij}$，则(　　).

A. $\boldsymbol{A}$ 必为可逆矩阵　　B. $\boldsymbol{A}$ 必为反对称矩阵

C. $\boldsymbol{A}$ 必为正交矩阵　　D. $\boldsymbol{A}$ 必为实对称矩阵

13. 设 $\boldsymbol{A}$ 是 n 阶方阵，且 $\boldsymbol{A}^2=\boldsymbol{A}$，则必有(　　).

A. $\boldsymbol{A}$ 的秩为 n　　B. $\boldsymbol{A}$ 的秩为 0

C. $\boldsymbol{A}$ 的秩与 $\boldsymbol{E}-\boldsymbol{A}$ 的秩之和为 n　　D. $\boldsymbol{A}$ 的秩与 $\boldsymbol{E}-\boldsymbol{A}$ 的秩相同

14. 已知矩阵 $\boldsymbol{A}$，计算 $\boldsymbol{A}^k$（正整数 $k\geqslant 2$）.

(1) $\boldsymbol{A}=\begin{pmatrix}1&-1&1\\2&-2&2\\-1&1&-1\end{pmatrix}$；　(2) $\boldsymbol{A}=\begin{pmatrix}1&-1&-1&-1\\-1&1&-1&-1\\-1&-1&1&-1\\-1&-1&-1&1\end{pmatrix}$.

15. 已知 $\boldsymbol{A}$ 的伴随矩阵 $\boldsymbol{A}^{*}=\begin{pmatrix}1&0&0&0\\0&-2&0&0\\-2&-4&2&0\\0&-2&0&2\end{pmatrix}$，求 $\boldsymbol{A}^{-1}$.

16. 设 $\boldsymbol{A}=(a_{ij})_{4\times 4}$，$\boldsymbol{A}_{ij}$ 为 a_{ij} 的代数余子式，且 $\boldsymbol{A}_{ij}=-a_{ij}$，$a_{11}\neq 0$，求 $|\boldsymbol{A}|$.

17. 已知方阵 $\boldsymbol{A}=\begin{pmatrix}1&1&\cdots&1&-n\\1&1&\cdots&-n&1\\\vdots&\vdots&&\vdots&\vdots\\1&-n&\cdots&1&1\\-n&1&\cdots&1&1\end{pmatrix}$，求 $\det\boldsymbol{A}^{-1}$.

18. 已知 $\boldsymbol{A}=\begin{pmatrix}1&0&1\\0&2&0\\3&0&1\end{pmatrix}$ 满足 $\boldsymbol{BA}-2\boldsymbol{E}=\boldsymbol{B}-2\boldsymbol{A}^2$，求矩阵 $\boldsymbol{B}$.

19. 矩阵 $\boldsymbol{A}=\begin{pmatrix}1&1&0\\0&1&0\\0&0&-1\end{pmatrix}$ 满足方程 $\boldsymbol{A}^*\boldsymbol{BA}=2\boldsymbol{BA}-9\boldsymbol{E}$,其中 $\boldsymbol{A}^*$ 为 $\boldsymbol{A}$ 的伴随矩阵,试求矩阵 $\boldsymbol{B}$.

20. 设 n 阶方程 $\boldsymbol{A}=\begin{pmatrix}a&1&\cdots&1\\1&a&\cdots&1\\\vdots&\vdots&&\vdots\\1&1&\cdots&a\end{pmatrix}$,求 $\boldsymbol{A}$ 的秩.

21. 求矩阵 $\boldsymbol{A}=\begin{pmatrix}2&1&-6&4&-1\\1&1&-2&3&0\\3&2&a&7&-1\\1&-1&-6&-1&b\end{pmatrix}$ 的秩.

22. 方阵 $\boldsymbol{A}$ 的元素均为整数,求证:$\boldsymbol{A}^{-1}$ 的元素均为整数的充要条件是 $|\boldsymbol{A}|=\pm1$.

23. 试证:(1) 若 $\boldsymbol{A}$、$\boldsymbol{B}$ 为同阶可逆矩阵,则 $(\boldsymbol{AB})^*=\boldsymbol{B}^*\boldsymbol{A}^*$.

(2) $\boldsymbol{A}$ 可逆 $\Leftrightarrow\boldsymbol{A}^*$ 可逆;当 $\boldsymbol{A}$ 可逆时,有

$$(\boldsymbol{A}^*)^{-1}=(\boldsymbol{A}^{-1})^*=\frac{\boldsymbol{A}}{|\boldsymbol{A}|}$$

24. $\boldsymbol{A}$ 为 n 阶方阵($n\geqslant2$),求证:

$$(\boldsymbol{A}^*)^*=|\boldsymbol{A}|^{n-2}\boldsymbol{A}\ (n=2\text{ 时},(\boldsymbol{A}^*)^*=\boldsymbol{A})$$

25. 设方阵 $\boldsymbol{A}$ 满足 $\boldsymbol{A}^2-\boldsymbol{A}-2\boldsymbol{E}=\boldsymbol{0}$,证明:$\boldsymbol{A}$ 及 $\boldsymbol{A}+2\boldsymbol{E}$ 均可逆,并求 $\boldsymbol{A}^{-1}$ 和 $(\boldsymbol{A}+2\boldsymbol{E})^{-1}$.

26. 设 $\boldsymbol{A}$,$\boldsymbol{B}$ 为 n 阶方阵,$\boldsymbol{B}$ 是可逆矩阵,且满足 $\boldsymbol{A}^2+\boldsymbol{AB}+\boldsymbol{B}^2=\boldsymbol{0}$,证明:$\boldsymbol{A}$ 和 $\boldsymbol{A}+\boldsymbol{B}$ 均可逆,并求出它们的逆矩阵.

27. 已知 $\boldsymbol{A}=\boldsymbol{E}+\boldsymbol{B}$,$\boldsymbol{B}^2=\boldsymbol{B}$,证明:$\boldsymbol{A}$ 可逆,并求 $\boldsymbol{A}^{-1}$.

28. 设 n 阶方阵 $\boldsymbol{A}$ 满足 $\boldsymbol{A}^2+2\boldsymbol{A}+2\boldsymbol{E}=\boldsymbol{0}$,证明:对任意实数 λ,矩阵 $\boldsymbol{A}+\lambda\boldsymbol{E}$ 是可逆矩阵,并求其逆矩阵.

29. 设 $\boldsymbol{A}$、$\boldsymbol{B}$ 为 n 阶方阵,试证:

(1) $\begin{vmatrix}\boldsymbol{A}&\boldsymbol{B}\\\boldsymbol{B}&\boldsymbol{A}\end{vmatrix}=|\boldsymbol{A}+\boldsymbol{B}|\cdot|\boldsymbol{A}-\boldsymbol{B}|$;

(2) $\begin{vmatrix}\boldsymbol{A}&\boldsymbol{E}\\\boldsymbol{E}&\boldsymbol{B}\end{vmatrix}=|\boldsymbol{AB}-\boldsymbol{E}|$.

30. 设 $\boldsymbol{A}$ 是 n 阶方阵,$\boldsymbol{A}^2=\boldsymbol{E}$,证明:矩阵的秩的关系式为 $r(\boldsymbol{A}+\boldsymbol{E})+r(\boldsymbol{A}-\boldsymbol{E})=n$.

参考答案及提示

A 组

1. $\boldsymbol{A}$、$\boldsymbol{B}$ 为同阶方阵 **2.** $\boldsymbol{E}$ **3.** -8 **4.** 2^n **5.** 128 **6.** $-\boldsymbol{A}$ **7.** n

8. A **9.** B **10.** C **11.** A **12.** D **13.** B

14. $\begin{pmatrix} 3 & -2 & 8 \\ 5 & -4 & 15 \\ -7 & 4 & -2 \end{pmatrix}$ **15.** $\boldsymbol{A}=\begin{pmatrix} -\frac{3}{2} & -3 & \frac{3}{16} \\ -\frac{1}{2} & 0 & \frac{5}{2} \\ \frac{5}{2} & 4 & -\frac{9}{2} \end{pmatrix}$

16. $\begin{pmatrix} 0 & -2 & 0 & 0 \\ -2 & -4 & 0 & 0 \\ 0 & 0 & -1 & -3 \\ 0 & 0 & -5 & -7 \end{pmatrix}$

17. 当 $k<n$ 时，主对角线上方的一排"1"往右后方平移 k 步；当 $k\geqslant n$ 时，$\boldsymbol{A}^k=\boldsymbol{0}$.

18. (1) $\boldsymbol{A}^n=\left(\boldsymbol{E}_2+\begin{pmatrix} 0 & a \\ 0 & 0 \end{pmatrix}\right)^n=\boldsymbol{E}_2^n+\mathrm{C}_n^1\begin{pmatrix} 0 & a \\ 0 & 0 \end{pmatrix}=\begin{pmatrix} 1 & na \\ 0 & 1 \end{pmatrix}$

(2) $\boldsymbol{A}=\begin{pmatrix} 1 & 0 & 0 \\ 0 & 1 & 0 \\ 0 & 0 & 1 \end{pmatrix}+\begin{pmatrix} 0 & 1 & 0 \\ 0 & 0 & 1 \\ 0 & 0 & 0 \end{pmatrix}\xlongequal{\text{记作}}\boldsymbol{E}+\boldsymbol{B}$，由于 $\boldsymbol{E}$ 与 $\boldsymbol{B}$ 可交换，且 $\boldsymbol{B}^3=\boldsymbol{0}$ 故有

$$\boldsymbol{A}^n=(\boldsymbol{E}+\boldsymbol{B})^n=\sum_{k=0}^{n}\mathrm{C}_n^k\boldsymbol{E}^{n-k}\boldsymbol{B}^k=\boldsymbol{E}^n+n\boldsymbol{E}^{n-1}\boldsymbol{B}+\frac{n(n-1)}{2}\boldsymbol{E}^{n-2}\boldsymbol{B}^2$$

$$=\begin{pmatrix} 1 & n & \frac{n(n-1)}{2} \\ 0 & 1 & n \\ 0 & 0 & 1 \end{pmatrix}$$

19. $\boldsymbol{A}^{100}=\begin{pmatrix} 1 & 0 & 2^{100}-2 \\ 0 & 1 & 0 \\ 0 & 0 & 2^{100} \end{pmatrix}$，提示：$\boldsymbol{A}^{100}=\boldsymbol{P}\boldsymbol{\Lambda}^{100}\boldsymbol{P}^{-1}$.

20. $t=3$，分别对各矩阵施以初等变换.

21. 提示：(1) 设 $\boldsymbol{x}=(x_1,\cdots,x_n)^{\mathrm{T}}$，则 $\boldsymbol{x}^{\mathrm{T}}\boldsymbol{x}=x_1^2+\cdots+x_n^2\geqslant 0$，而 $\boldsymbol{x}^{\mathrm{T}}\boldsymbol{x}=\boldsymbol{0}\Leftrightarrow x_1=x_2=\cdots=x_n=0\Leftrightarrow\boldsymbol{x}=\boldsymbol{0}$.

(2) $\boldsymbol{A}=\boldsymbol{0}\Rightarrow\boldsymbol{A}^{\mathrm{T}}\boldsymbol{A}=\boldsymbol{0}$ 为显然. 证 $\boldsymbol{A}^{\mathrm{T}}\boldsymbol{A}=\boldsymbol{0}\Rightarrow\boldsymbol{A}=\boldsymbol{0}$：将 $\boldsymbol{A}$ 按列分块 $\boldsymbol{A}=(\boldsymbol{a}_1,\boldsymbol{a}_2,\cdots,\boldsymbol{a}_n)$，$\boldsymbol{A}^{\mathrm{T}}\boldsymbol{A}=(\boldsymbol{a}_i^{\mathrm{T}}\boldsymbol{a}_j)_{n\times n}$，于是，$\boldsymbol{A}^{\mathrm{T}}\boldsymbol{A}=\boldsymbol{0}\Rightarrow\boldsymbol{a}_j^{\mathrm{T}}\boldsymbol{a}_j=\boldsymbol{0}\Rightarrow\boldsymbol{a}_j=\boldsymbol{0}$，$j=1,2,\cdots,n\Rightarrow\boldsymbol{A}=\boldsymbol{0}$.

22. 证 "$\Rightarrow$"：因对任意的 $\boldsymbol{X}$ 均有 $\boldsymbol{AXB}=\boldsymbol{0}$，如果 $\boldsymbol{B}=\boldsymbol{0}$ 则命题已证得. 现设 $\boldsymbol{B}\neq$

$\mathbf{0}$,则至少有(i,j)元不为零,即 $b_{ij}\neq 0$. 于是令 $\boldsymbol{X}=\boldsymbol{e}_k\boldsymbol{f}_i^{\mathrm{T}}$,令其中 $\boldsymbol{e}_k$ 为第k 个 m 维自然基向量(设 $\boldsymbol{A}$ 为 $m\times n$ 矩阵),$\boldsymbol{f}_i$ 为第i 个 p 维自然基向量(设 $\boldsymbol{B}$ 为 $p\times q$ 矩阵,从而 $\boldsymbol{X}$ 是 $n\times p$ 矩阵)故有

$$\begin{aligned}\boldsymbol{AXB}&=\boldsymbol{A}\boldsymbol{e}_k\boldsymbol{f}_i^{\mathrm{T}}\boldsymbol{B}=(\boldsymbol{A}\boldsymbol{e}_k)(\boldsymbol{f}_i^{\mathrm{T}}\boldsymbol{B})=\boldsymbol{a}_k\boldsymbol{b}_{(i)}^{\mathrm{T}}\\&=(b_{i1}\boldsymbol{a}_k,\cdots,b_{ij}\boldsymbol{a}_k,\cdots,b_{iq}\boldsymbol{a}_k)=\mathbf{0}\\&\Rightarrow b_{ij}\boldsymbol{a}_k=\mathbf{0}\Rightarrow\boldsymbol{a}_k=\mathbf{0},\quad k=1,2,\cdots,n\Rightarrow\boldsymbol{A}=\mathbf{0}\end{aligned}$$

证“$\Leftarrow$”略.

23. 和、差、数乘的结论易得. 今证上三角阵 $\boldsymbol{A}$ 与上三角阵 $\boldsymbol{B}$ 的积仍为上三角阵:

设 $\boldsymbol{A}=(a_{ik})_{n\times n}$,$\boldsymbol{B}=(b_{kj})_{n\times n}$. 因

$$(\boldsymbol{AB})_{ij}=\sum_{k=1}^{n}a_{ik}b_{kj}=\begin{cases}\displaystyle\sum_{k=1}^{i-1}0\cdot b_{kj}+\sum_{k=i}^{j}a_{ik}b_{kj}+\sum_{k=j}^{n}a_{ik}\cdot 0=\sum_{k=i}^{j}a_{ik}b_{kj}, & \text{当 } i\leqslant j \text{ 时}\\ \displaystyle\sum_{k=1}^{j}0\cdot b_{kj}+\sum_{k=j+1}^{n}a_{ik}\cdot 0=0, & \text{当 } i>j \text{ 时}\end{cases}$$

故 $\boldsymbol{AB}$ 仍是上三角阵.

24. 提示:因为$(\boldsymbol{A}^*)^{\mathrm{T}}=(\boldsymbol{A}^{\mathrm{T}})^*=\boldsymbol{A}^*$,所以 $\boldsymbol{A}^*$ 为对称矩阵. 其他为显然,从略.

25. 提示:因为$(\boldsymbol{A}^{-1})^{\mathrm{T}}=(\boldsymbol{A}^{\mathrm{T}})^{-1}=(-\boldsymbol{A})^{-1}=-\boldsymbol{A}^{-1}$,所以 $\boldsymbol{A}^{-1}$是反对称矩阵. 其他从略.

26. (1) $(\boldsymbol{AB})^{\mathrm{T}}=\boldsymbol{B}^{\mathrm{T}}\boldsymbol{A}^{\mathrm{T}}=\boldsymbol{BA}$,要使其等于 $\boldsymbol{AB}$,故必须 $\boldsymbol{A},\boldsymbol{B}$ 可交换,即 $\boldsymbol{BA}=\boldsymbol{AB}$.

(2) $(\boldsymbol{AB})^{\mathrm{T}}=\boldsymbol{B}^{\mathrm{T}}\boldsymbol{A}^{\mathrm{T}}=\boldsymbol{BA}$ 要使其等于$-\boldsymbol{AB}$,故必须 $\boldsymbol{A},\boldsymbol{B}$ 是可反交换的,即 $\boldsymbol{BA}=-\boldsymbol{AB}$.

27. 如证:(2) $(\boldsymbol{AB}-\boldsymbol{BA})^{\mathrm{T}}=(\boldsymbol{AB})^{\mathrm{T}}-(\boldsymbol{BA})^{\mathrm{T}}=\boldsymbol{B}^{\mathrm{T}}\boldsymbol{A}^{\mathrm{T}}-\boldsymbol{A}^{\mathrm{T}}\boldsymbol{B}^{\mathrm{T}}=\boldsymbol{BA}-\boldsymbol{AB}=-(\boldsymbol{AB}-\boldsymbol{BA})$.

28. (1) 为显然.

(2) 提示:实际上,$\boldsymbol{A}$ 为正交矩阵,即 $\boldsymbol{AA}^{\mathrm{T}}=\boldsymbol{A}^{\mathrm{T}}\boldsymbol{A}=\boldsymbol{E}$,此之充要条件为 $\boldsymbol{A}^{-1}=\boldsymbol{A}^{\mathrm{T}}$,于是这可当作定义使用.

例如,因为$(\boldsymbol{A}^*)^{\mathrm{T}}=(\boldsymbol{A}^{\mathrm{T}})^*=(\boldsymbol{A}^{-1})^*=(\boldsymbol{A}^*)^{-1}$,所以 $\boldsymbol{A}^*$ 为正交矩阵.

(3) 只要去实际作乘法,利用正交矩阵的定义即可得证.

B 组

1. 32 **2.** $(\boldsymbol{A}-\boldsymbol{E})/4$ **3.** $(\boldsymbol{A}-\boldsymbol{E})/2$ **4.** 0

5. $\begin{pmatrix}2&2&3&4\\1&1&2&3\\4&4&6&8\end{pmatrix}$ **6.** $\dfrac{\boldsymbol{A}+\boldsymbol{A}^{\mathrm{T}}}{2}+\dfrac{\boldsymbol{A}-\boldsymbol{A}^{\mathrm{T}}}{2}$

7. D **8.** C **9.** C **10.** B **11.** B **12.** A **13.** C

14. (1) $(-2)^{k-1}\begin{pmatrix}1 & -1 & 1\\2 & -2 & 2\\-1 & 1 & -1\end{pmatrix}$

提示:作分解 $\begin{pmatrix}1 & -1 & 1\\2 & -2 & 2\\-1 & 1 & -1\end{pmatrix}=\begin{pmatrix}1\\2\\-1\end{pmatrix}(1,-1,1)$ 即可知.

(2) 当 k 为偶数时,$\boldsymbol{A}^k=2^k\boldsymbol{E}$;当 k 为奇数时,

$$\boldsymbol{A}^k=2^{k-1}\boldsymbol{A}(\boldsymbol{A}^2=2^2\boldsymbol{E},\boldsymbol{A}^3=2^2\boldsymbol{A})$$

15. $\boldsymbol{A}^{-1}=\begin{pmatrix}-\frac{1}{2} & 0 & 0 & 0\\0 & 1 & 0 & 0\\0 & 2 & -1 & 0\\0 & 1 & 0 & -1\end{pmatrix}$

提示:由于 $\boldsymbol{A}$ 可逆时,$\boldsymbol{A}^{-1}=|\boldsymbol{A}|^{-1}\boldsymbol{A}^*$,于是只要求出 $|\boldsymbol{A}|$ 即可. 由 $|\boldsymbol{A}|^3=|\boldsymbol{A}^*|=-8\Rightarrow|\boldsymbol{A}|=-2$.

16. -1 提示:由题设易知有 $-\boldsymbol{A}^{\mathrm{T}}\boldsymbol{A}=|\boldsymbol{A}|\boldsymbol{E}\Rightarrow|\boldsymbol{A}^2|=|\boldsymbol{A}|^4$,由 $|\boldsymbol{A}|<0\Rightarrow|\boldsymbol{A}|=-1$.

17. $(-1)^{\frac{n(n+1)}{2}}\dfrac{1}{(n+1)^{n-1}}$

18. $\boldsymbol{B}=\begin{pmatrix}-4 & 0 & -2\\0 & -6 & 0\\-6 & 0 & -4\end{pmatrix}$

19. $\boldsymbol{B}=\begin{pmatrix}3 & -2 & 0\\0 & 3 & 0\\0 & 0 & -9\end{pmatrix}$

提示:原式化为 $\boldsymbol{A}\boldsymbol{A}^*\boldsymbol{B}=2\boldsymbol{A}\boldsymbol{B}-9\boldsymbol{E}\Rightarrow(2\boldsymbol{A}-|\boldsymbol{A}|\boldsymbol{E})\boldsymbol{B}=9\boldsymbol{E}$.

20. 当 $a\neq1$ 且 $a\neq-n+1$ 时,$r(\boldsymbol{A})=n$;当 $a=1$ 时,$r(\boldsymbol{A})=1$;当 $a=-n+1$ 时,$r(\boldsymbol{A})=n-1$.

21. 对矩阵施以初等行变换使之化为行阶梯形矩阵

$$\boldsymbol{A}=\begin{pmatrix}2 & 1 & -6 & 4 & -1\\1 & 1 & -2 & 3 & 0\\3 & 2 & a & 7 & -1\\1 & -1 & -6 & -1 & b\end{pmatrix}\rightarrow\begin{pmatrix}1 & 1 & -2 & 3 & 0\\0 & -1 & -2 & -2 & -1\\0 & 0 & a+8 & 0 & 0\\0 & 0 & 0 & 0 & b+2\end{pmatrix}$$

由此可知

(1) 当 $a=-8,b=-2$ 时,$r(\boldsymbol{A})=2$;

(2) 当 $a=-8,b\neq-2$ 时,$r(\boldsymbol{A})=3$;

(3) 当 $a\neq-8,b=-2$ 时,$r(\boldsymbol{A})=3$;

(4) 当 $a\neq-8,b\neq-2$ 时,$r(\boldsymbol{A})=4$.

22. 提示:必要性:$\boldsymbol{A}\boldsymbol{A}^{-1}=\boldsymbol{E}$,$|\boldsymbol{A}^{-1}|=|\boldsymbol{A}|^{-1}$,因 $\boldsymbol{A}^{-1}$ 与 $\boldsymbol{A}$ 的元素均为整数,所以 $|\boldsymbol{A}^{-1}|$ 与 $|\boldsymbol{A}|$ 均为整数,从而 $|\boldsymbol{A}|=\pm1$.

充分性:因 $\boldsymbol{A}$ 的元素均为整数,故 $\boldsymbol{A}$ 的伴随矩阵 $\boldsymbol{A}^*$ 的元素均为整数,而 $\boldsymbol{A}^{-1}=|\boldsymbol{A}|^{-1}\boldsymbol{A}^*$,所以当 $|\boldsymbol{A}|=\pm1$ 时,$\boldsymbol{A}^{-1}$ 的元素均为整数.

23. 提示:(1) $(\boldsymbol{AB})^*=|\boldsymbol{AB}|(\boldsymbol{AB})^{-1}=|\boldsymbol{A}|\cdot|\boldsymbol{B}|\boldsymbol{B}^{-1}\boldsymbol{A}^{-1}$

$$=(|\boldsymbol{B}|\boldsymbol{B}^{-1})(|\boldsymbol{A}|\boldsymbol{A}^{-1})=\boldsymbol{B}^*\boldsymbol{A}^*$$

注 当 $\boldsymbol{A},\boldsymbol{B}$ 并非全可逆时,结论仍对.

(2) "$\Leftarrow$":当 $\boldsymbol{A}^*$ 可逆时,若 $\boldsymbol{A}$ 不可逆,则

$$|\boldsymbol{A}|=0,\quad 由\quad \boldsymbol{AA}^*=|\boldsymbol{A}|\boldsymbol{E}$$

两边右乘 $(\boldsymbol{A}^*)^{-1}$,即有 $\boldsymbol{A}=\boldsymbol{0}$. 但此时显然 $\boldsymbol{A}^*=\boldsymbol{0}$ 与已知矛盾.

"$\Rightarrow$":当 $\boldsymbol{A}$ 可逆时,由(1)可得

$$\boldsymbol{A}^*(\boldsymbol{A}^{-1})^*=(\boldsymbol{A}^{-1}\boldsymbol{A})^*=\boldsymbol{E}^*=|\boldsymbol{E}|\boldsymbol{E}^{-1}=\boldsymbol{E}$$

即 $\boldsymbol{A}^*$ 可逆,且 $(\boldsymbol{A}^*)^{-1}=(\boldsymbol{A}^{-1})^*$.

又
$$(\boldsymbol{A}^*)^{-1}=(|\boldsymbol{A}|\boldsymbol{A}^{-1})^{-1}=\boldsymbol{A}/|\boldsymbol{A}|$$

(若只证明 $\boldsymbol{A}$ 可逆$\Rightarrow\boldsymbol{A}^*$ 可逆,则由 $\boldsymbol{A}^{-1}=|\boldsymbol{A}|^{-1}\boldsymbol{A}^*$ 即可知)

24. $n=2$ 时,显然 $(\boldsymbol{A}^*)^*=\boldsymbol{A}$. $n>2$ 时,若 $\boldsymbol{A}$ 不可逆,知 $(\boldsymbol{A}^*)^*=\boldsymbol{0}$;若 $\boldsymbol{A}$ 可逆,则由上题可知 $\boldsymbol{A}^*$ 亦可逆,从而由 $(\boldsymbol{A}^*)^*=|\boldsymbol{A}^*|(\boldsymbol{A}^*)^{-1}$ 即可得证.

25. 提示:用定义证明,即若证明方阵 $\boldsymbol{P}$ 可逆,则将已知关系式变形为 $\boldsymbol{PM}=\boldsymbol{E}$ 或 $\boldsymbol{MP}=\boldsymbol{E}$.

$$\boldsymbol{A}^{-1}=\frac{1}{2}(\boldsymbol{A}-\boldsymbol{E}),\quad (\boldsymbol{A}+2\boldsymbol{E})^{-1}=-\frac{1}{4}\boldsymbol{A}+\frac{3}{4}\boldsymbol{E}$$

26. 提示:同上题.

$$\boldsymbol{A}^{-1}=-\boldsymbol{A}(\boldsymbol{B}^{-1})^2-\boldsymbol{B}^{-1},\quad (\boldsymbol{A}+\boldsymbol{B})^{-1}=-(\boldsymbol{B}^{-1})^2\boldsymbol{A}$$

27. 提示:利用 $\boldsymbol{A}^2=(\boldsymbol{E}+\boldsymbol{B})^2,\boldsymbol{B}^2=\boldsymbol{B}\Rightarrow3\boldsymbol{A}-\boldsymbol{A}^2=2\boldsymbol{E}$

$$\boldsymbol{A}^{-1}=(3\boldsymbol{E}-\boldsymbol{A})/2$$

28. 提示:$\boldsymbol{A}^2+2\boldsymbol{A}+2\boldsymbol{E}=\boldsymbol{0}\Rightarrow(\boldsymbol{A}+\lambda\boldsymbol{E})[\boldsymbol{A}+(2-\lambda)\boldsymbol{E}]=-(\lambda^2-2\lambda+2)\boldsymbol{E}$. 对任意实数 λ 有 $\lambda^2-2\lambda+2\neq0$,所以 $\boldsymbol{A}+\lambda\boldsymbol{E}$ 可逆,且有 $(\boldsymbol{A}+\lambda\boldsymbol{E})^{-1}=-[\boldsymbol{A}+(2-\lambda)\boldsymbol{E}]/(\lambda^2-2\lambda+2)$.

29. 提示:

(1) $$\begin{pmatrix}\boldsymbol{E}&\boldsymbol{E}\\\boldsymbol{0}&\boldsymbol{E}\end{pmatrix}\begin{pmatrix}\boldsymbol{A}&\boldsymbol{B}\\\boldsymbol{B}&\boldsymbol{A}\end{pmatrix}\begin{pmatrix}\boldsymbol{E}&-\boldsymbol{E}\\\boldsymbol{0}&\boldsymbol{E}\end{pmatrix}=\begin{pmatrix}\boldsymbol{A}+\boldsymbol{B}&\boldsymbol{B}+\boldsymbol{A}\\\boldsymbol{B}&\boldsymbol{A}\end{pmatrix}\begin{pmatrix}\boldsymbol{E}&-\boldsymbol{E}\\\boldsymbol{0}&\boldsymbol{E}\end{pmatrix}=\begin{pmatrix}\boldsymbol{A}+\boldsymbol{B}&\boldsymbol{0}\\\boldsymbol{B}&\boldsymbol{A}-\boldsymbol{B}\end{pmatrix}$$

两边取行列式,得

$$\begin{vmatrix} \boldsymbol{A} & \boldsymbol{B} \\ \boldsymbol{B} & \boldsymbol{A} \end{vmatrix} = \begin{vmatrix} \boldsymbol{A}+\boldsymbol{B} & \boldsymbol{0} \\ \boldsymbol{B} & \boldsymbol{A}-\boldsymbol{B} \end{vmatrix} = |\boldsymbol{A}+\boldsymbol{B}| \cdot |\boldsymbol{A}-\boldsymbol{B}|$$

(2) 因为$\begin{pmatrix} \boldsymbol{0} & \boldsymbol{E} \\ \boldsymbol{E} & \boldsymbol{0} \end{pmatrix}\begin{pmatrix} \boldsymbol{E} & -\boldsymbol{A} \\ \boldsymbol{0} & \boldsymbol{E} \end{pmatrix}\begin{pmatrix} \boldsymbol{A} & \boldsymbol{E} \\ \boldsymbol{E} & \boldsymbol{B} \end{pmatrix} = \begin{pmatrix} \boldsymbol{0} & \boldsymbol{E} \\ \boldsymbol{E} & -\boldsymbol{A} \end{pmatrix}\begin{pmatrix} \boldsymbol{A} & \boldsymbol{E} \\ \boldsymbol{E} & \boldsymbol{B} \end{pmatrix} = \begin{pmatrix} \boldsymbol{E} & \boldsymbol{B} \\ \boldsymbol{0} & \boldsymbol{E}-\boldsymbol{AB} \end{pmatrix}$

而
$$\begin{vmatrix} \boldsymbol{E} & -\boldsymbol{A} \\ \boldsymbol{0} & \boldsymbol{E} \end{vmatrix} = 1$$

$$\begin{vmatrix} \boldsymbol{0} & \boldsymbol{E} \\ \boldsymbol{E} & \boldsymbol{0} \end{vmatrix} = (-1)^{n^2} = (-1)^{n^2-n+n} = (-1)^{n(n-1)+n} = (-1)^n$$

所以有

$$\begin{vmatrix} \boldsymbol{A} & \boldsymbol{E} \\ \boldsymbol{E} & \boldsymbol{B} \end{vmatrix} = (-1)^n \begin{vmatrix} \boldsymbol{E} & \boldsymbol{B} \\ \boldsymbol{0} & \boldsymbol{E}-\boldsymbol{AB} \end{vmatrix} = |\boldsymbol{AB}-\boldsymbol{E}|$$

30. 提示:由已知可得 $r(\boldsymbol{A})=n$ 及$(\boldsymbol{A}+\boldsymbol{E})(\boldsymbol{A}-\boldsymbol{E})=\boldsymbol{0}$,有 $n=r(\boldsymbol{A})=r(2\boldsymbol{A})=r(\boldsymbol{A}+\boldsymbol{E}+\boldsymbol{A}-\boldsymbol{E})\leqslant r(\boldsymbol{A}+\boldsymbol{E})+r(\boldsymbol{A}-\boldsymbol{E})\leqslant n$(因$(\boldsymbol{A}+\boldsymbol{E})(\boldsymbol{A}-\boldsymbol{E})=\boldsymbol{0}$).

第三章　矩阵的初等变换与线性方程组

一、教学基本要求

（1）理解初等变换的概念，会用初等行变换把矩阵化为行阶梯形矩阵、行最简形矩阵，会用初等变换将矩阵化为标准形.

（2）掌握用初等变换求逆矩阵的方法，知道初等行变换相当于左乘初等矩阵，初等列变换相当于右乘初等矩阵.

（3）了解矩阵的秩的概念，了解初等变换不改变矩阵的秩，知道矩阵的秩的基本性质.

（4）理解非齐次线性方程组无解、有唯一解或有无穷多解的充要条件，理解齐次线性方程组仅有零解、有非零解的充要条件.

（5）熟练掌握用矩阵的初等行变换求解线性方程组的方法.

二、内容提要

1. 矩阵的初等变换与等价标准形

（1）矩阵的初等变换.

矩阵的初等变换也分为行初等变换（换行、倍行、倍行加）和列初等变换（换列、倍列、倍列加），变形的方法和记号与行列式的初等变换一样，但不再有像行列式的初等变换一样的性质.

（2）初等矩阵及其初等变换的表示.

单位矩阵 $\boldsymbol{E}$ 经过一次初等变换所得的矩阵称为初等矩阵.

初等矩阵有下列三种类型，分别对应三种初等变换.

第 1 类型：对换变换.

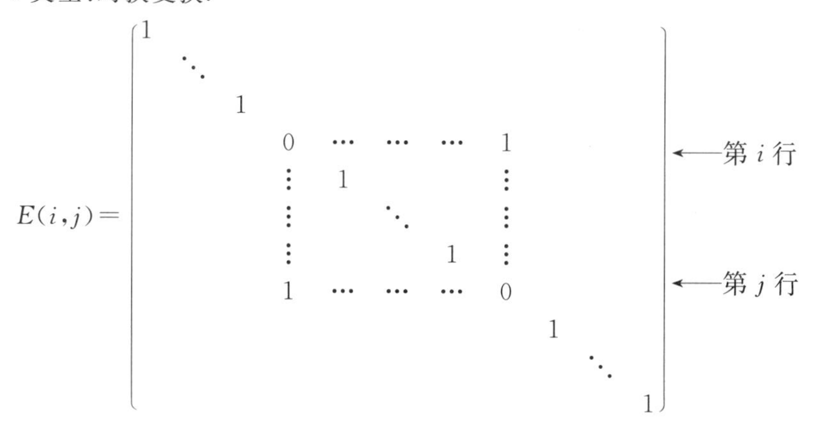

对应换行：第 i 行与第 j 行交换，即 $r_i \leftrightarrow r_j$.

对应换列：第 i 列与第 j 列交换，即 $c_i \leftrightarrow c_j$.

第 2 类型：数乘变换.

$$
\boldsymbol{E}(i(k))=\begin{pmatrix}
1 & & & & & & \\
& \ddots & & & & & \\
& & 1 & & & & \\
& & & k & & & \\
& & & & 1 & & \\
& & & & & \ddots & \\
& & & & & & 1
\end{pmatrix} \begin{matrix} \\ \\ \\ \leftarrow 第\ i\ 行 \\ \\ \\ \\ \end{matrix}
$$

对应倍行：第 i 行 k 倍，即 kr_i.

对应倍列：第 i 列 k 倍，即 kc_i.

第 3 类型：倍加变换.

$$
\boldsymbol{E}(i,j(l))=\begin{pmatrix}
1 & & & & & \\
& \ddots & & & & \\
& & 1 & \cdots & l & \\
& & & \ddots & \vdots & \\
& & & & 1 & \\
& & & & & \ddots \\
& & & & & & 1
\end{pmatrix} \begin{matrix} \\ \\ \leftarrow 第\ i\ 行 \\ \\ \leftarrow 第\ j\ 行 \\ \\ \\ \end{matrix}
$$

对应的倍行加：第 j 行 l 倍加到第 i 行上去，即 r_i+lr_j；

对应的倍列加：第 i 列 l 倍加到第 j 列上去，即 c_j+lc_i.

注：这里第 3 类型的初等矩阵对应的初等变换的行号和列号是有差别的.

直接验证可得如下矩阵的初等变换的初等矩阵表示“左行右列”定理：设 $\boldsymbol{A}$ 是 $m\times n$ 矩阵，$\boldsymbol{A}$ 经过一次行初等变换所得的矩阵等于在 $\boldsymbol{A}$ 的左端乘以对应的 m 阶初等矩阵，$\boldsymbol{A}$ 经过一次列初等变换所得的矩阵等于在 $\boldsymbol{A}$ 的右端乘以对应的 n 阶初等矩阵.

初等矩阵也是特殊矩阵，它们的运算性质显然有：

① $[\boldsymbol{E}(i,j)]^2=\boldsymbol{E}$，$[\boldsymbol{E}(i(k))]^l=\boldsymbol{E}(i(k^l))$，$[\boldsymbol{E}(i,j(l))]^k=\boldsymbol{E}(i,j(kl))$；

② $|\boldsymbol{E}(i,j)|=-1$，$|\boldsymbol{E}(i(k))|=k$，$|\boldsymbol{E}(i,j(l))|=1$；

③ $[\boldsymbol{E}(i,j)]^{-1}=\boldsymbol{E}(i,j)$，$[\boldsymbol{E}(i(k))]^{-1}=\boldsymbol{E}(i(k^{-1}))$，$[\boldsymbol{E}(i,j(l))]^{-1}=\boldsymbol{E}(i,j(-l))$；

④ $[\boldsymbol{E}(i,j)]^{\mathrm{T}}=\boldsymbol{E}(i,j)$，$[\boldsymbol{E}(i(k))]^{\mathrm{T}}=\boldsymbol{E}(i(k))$，$[\boldsymbol{E}(i,j(l))]^{\mathrm{T}}=\boldsymbol{E}(j,i(l))$；

⑤ $\boldsymbol{E}(i,j)=\boldsymbol{E}(j,i)$.

其中性质③说明初等矩阵的逆矩阵是同样类型的初等矩阵，因此，若定义了一个把 $\boldsymbol{A}$ 变成 $\boldsymbol{B}$ 的初等变换，则定义把 $\boldsymbol{B}$ 变成 $\boldsymbol{A}$ 的变换为该初等变换的**逆变换**，则知其逆变换就对应该初等变换的初等矩阵的逆矩阵，从而是同类型的初等变换，即由性质

③知

$r_i \leftrightarrow r_j$ 的逆变换为 $r_j \leftrightarrow r_i$；

$c_i \leftrightarrow c_j$ 的逆变换为 $c_j \leftrightarrow c_i$；

kr_i 的逆变换为$\frac{1}{k}r_i$；

kc_i 的逆变换为$\frac{1}{k}c_i$；

$r_i + lr_j$ 的逆变换为 $r_i - lr_j$；

$c_i + lc_j$ 的逆变换为 $c_j - lc_i$.

(3) 矩阵等价.

若矩阵 $\boldsymbol{A}$ 可经有限次初等变换变成矩阵 $\boldsymbol{B}$，则称 $\boldsymbol{A}$ 与 $\boldsymbol{B}$ **等价**，记作 $\boldsymbol{A} \sim \boldsymbol{B}$，但当要说明所用的初等变换时，就用 $\boldsymbol{A} \rightarrow \boldsymbol{B}$.

矩阵之间的等价具有如下的所谓“等价性质”.

① 反射性：$A \sim A$.

② 对称性：若 $A \sim B$，则 $B \sim A$.

③ 传递性：若 $A \sim B$ 且 $B \sim C$，则 $A \sim C$.

(4) 矩阵经过初等变换化简的简化形状.

① 行阶梯形矩阵.

其特点是：可画一条阶梯线，线的下方全为 0；每个台阶只有一行，阶梯线的竖线(每段竖线对应一个台阶)后面的第 1 个元素为非零元(称为非零首元).

一般化 $\boldsymbol{A}$ 为行阶梯形矩阵的方法是：在 $\boldsymbol{A}$ 中先找到第 1 个非零列，经过行初等变换，将其上方元素(非零首元位置)化成非零元，而下方所有元素都化成 0，除去这个非零首元所在位置前面所有列和上面所有行外，在剩下的子块中，再找到第 1 个非零列，经过行初等变换，将其上方元素(非零首元位置)化成非零元，下方所有元素化成 0. 再除去这个非零首元所在位置前面所有列和上面所有行之外，考虑剩下的子块. 这样一直做下去，直到剩下的子块元素全为 0 或没有剩下的子块元素为止.

② 行最简形矩阵.

其特点是：首先，它是阶梯形矩阵；其次，它的每个非零首元元素为 1 且其上方都为 0.

一般化 $\boldsymbol{A}$ 为行最简形矩阵的方法是：先化 A 为行阶梯形矩阵，再经过行初等变换，化每个非零首元为 1 且其上方都为 0(这应该是从下面的非零首元开始化起，计算量会少).

③ 等价标准形.

像 $\boldsymbol{D} = \begin{pmatrix} \boldsymbol{E}_r & \boldsymbol{0} \\ \boldsymbol{0} & \boldsymbol{0} \end{pmatrix}$(或$(\boldsymbol{E}_r, \boldsymbol{0})$或$\begin{pmatrix} \boldsymbol{E}_r \\ \boldsymbol{0} \end{pmatrix}$或 $\boldsymbol{E}_r$)这种矩阵，称为**等价标准形**.

其特点是:左上角为单位矩阵,其余元素全为 0.

一般化 $\boldsymbol{A}$ 为等价标准形的方法是:第 1 步,化为行阶梯形矩阵;第 2 步,化为行最简形矩阵;第 3 步,经过列初等变换,化每个非零首元所在行后面全为 0,再将非零首元换到左上角.

$m\times n$ 矩阵 $\boldsymbol{A}$ 与 $\boldsymbol{B}$ 等价的充要条件是存在 m 阶可逆矩阵 $\boldsymbol{P}$ 和 n 阶可逆矩阵 $\boldsymbol{Q}$,使 $\boldsymbol{PAQ}=\boldsymbol{B}$.

矩阵化简到上述三种形式,各有用途.

(5) 可逆矩阵的性质及求法.

① 矩阵 $\boldsymbol{A}$ 可逆的充要条件是 $\boldsymbol{A}$ 的行最简形为单位矩阵.

② 矩阵 $\boldsymbol{A}$ 可逆的充要条件是 $\boldsymbol{A}$ 可分解为有限多个初等矩阵的乘积.

逆矩阵的初等变换求法:对 $(\boldsymbol{A},\boldsymbol{E})$ 进行行初等变换,把 $\boldsymbol{A}$ 化成行最简形就行了,后面的 $\boldsymbol{E}$ 就变成了 $\boldsymbol{A}^{-1}$.

这个方法在不知 $\boldsymbol{A}$ 可逆的情况下,当对 $(\boldsymbol{A},\boldsymbol{E})$ 进行行初等变换,不能把 $\boldsymbol{A}$ 化成以 $\boldsymbol{E}$ 为行最简形,即在化行阶梯形时,某个剩下的子块(以及开始的 $\boldsymbol{A}$)中前面有零列,这时的非零首元不能在对角线上,就已经说明 $\boldsymbol{A}$ 不可逆了.

2. 矩阵的秩

(1) 矩阵的 k 阶子式概念.

在 $m\times n$ 矩阵 $\boldsymbol{A}$ 中,任取 k 行与 k 列 $(k\leqslant m,k\leqslant n)$,这些行列交叉位置的元素按原来在 $\boldsymbol{A}$ 中的相对位置排成的 k 阶行列式称为 $\boldsymbol{A}$ 的一个 k 阶子式.

$m\times n$ 矩阵的 k 阶子式共有 $C_m^k C_n^k$ 个.

(2) 矩阵的秩.

非零矩阵 $\boldsymbol{A}$ 中,不等于 0 的最高阶子式称为 $\boldsymbol{A}$ 的秩子式. 秩子式的阶数称为 $\boldsymbol{A}$ 的秩,记作 $r(\boldsymbol{A})$,也记作 $r_{\boldsymbol{A}}$、$rk(\boldsymbol{A})$、$\mathrm{rank}(\boldsymbol{A})$ 等,并规定,零矩阵的秩 $r(\boldsymbol{0})=0$,零矩阵没有秩子式.

显然 $\boldsymbol{A}$ 的秩就是 $\boldsymbol{A}$ 中不等于 0 的子式的最高阶数,从而是由矩阵 $\boldsymbol{A}$ 确定的唯一的一个非负整数,而非零矩阵的秩子式却不一定是唯一的.

因此,若 $\boldsymbol{A}$ 中有 k 阶非零子式,则 $r(\boldsymbol{A})\geqslant k$;反之,若 $\boldsymbol{A}$ 中所有 k 阶子式全都等于 0,从而 $r(\boldsymbol{A})<k$. 于是,$\boldsymbol{A}$ 的秩 $r(\boldsymbol{A})=r(>0)$ 的充要条件是:$\boldsymbol{A}$ 中至少有一个 r 阶子式不等于 0,且所有 $r+1$ 阶子式(如果存在的话)全都等于 0.

矩阵的秩的三个直观易见的运算性质:

① $r(\boldsymbol{A}^{\mathrm{T}})=r(\boldsymbol{A})$;

② $k\neq 0$ 时,$r(k\boldsymbol{A})=r(\boldsymbol{A})$;

③ $r(\bar{\boldsymbol{A}})=r(\boldsymbol{A})$.

很显然,$m\times n$ 矩阵 $\boldsymbol{A}$ 的秩满足:$0\leqslant r(\boldsymbol{A})\leqslant \min(m,n)$.

对于 n 阶方阵,若 $r(\boldsymbol{A})=n$,则 $\boldsymbol{A}$ 为可逆矩阵,而 $r(\boldsymbol{A})<n$,就意味着 $\boldsymbol{A}$ 不可逆.

矩阵秩的初等变换不变性：

① 矩阵经初等变换后，其秩不变；

② 非零矩阵经行初等变换后，其秩子式的列位置不变；非零矩阵经列初等变换后，其秩子式的行位置不变.

求 $\boldsymbol{A}$ 的秩的方法：化 $\boldsymbol{A}$ 为行阶梯形，非零行的行数就是 $\boldsymbol{A}$ 的秩.

矩阵的等价标准形是唯一的且其中单位矩阵的阶数 r 就是 $\boldsymbol{A}$ 的秩.

求 $\boldsymbol{A}$ 的一个秩子式的方法：化 $\boldsymbol{A}$ 为行阶梯形，非零首元的列号对应的 $\boldsymbol{A}$ 的列按原来次序排成矩阵 $\boldsymbol{A}_t$，再化 $\boldsymbol{A}_t^{\mathrm{T}}$ 为行阶梯形，这时非零首元的列号作为行号在 $\boldsymbol{A}_t$ 中确定的子式就是 $\boldsymbol{A}$ 的一个秩子式.

边上乘可逆矩阵，秩不变性质：当 $\boldsymbol{P},\boldsymbol{Q}$ 为可逆矩阵时，$r(\boldsymbol{PA})=r(\boldsymbol{AQ})=r(\boldsymbol{PAQ})=r(\boldsymbol{A})$.

矩阵秩的分块性质：

$$\min\{r(\boldsymbol{A}),r(\boldsymbol{B})\}\leqslant r(\boldsymbol{A},\boldsymbol{B}),r\begin{pmatrix}\boldsymbol{A}\\\boldsymbol{B}\end{pmatrix}\leqslant r(\boldsymbol{A})+r(\boldsymbol{B})$$

矩阵秩的运算性质：

① $r(\boldsymbol{A}^{\mathrm{T}})=r(\boldsymbol{A})$；

② $k\neq 0$ 时，$r(k\boldsymbol{A})=r(\boldsymbol{A})$；

③ $r(\bar{\boldsymbol{A}})=r(\boldsymbol{A})$；

④ $r(\boldsymbol{A}\pm\boldsymbol{B})\leqslant r(\boldsymbol{A})+r(\boldsymbol{B})$；

⑤ $\boldsymbol{A}$ 为 $m\times n$ 型，B 为 $n\times s$ 型时，$r(\boldsymbol{A})+r(\boldsymbol{B})-n\leqslant r(\boldsymbol{AB})\leqslant r(\boldsymbol{A})r(\boldsymbol{B})$；

⑥ $r(\boldsymbol{A}_n^*)=\begin{cases}n, & r(\boldsymbol{A})=n\\1, & r(\boldsymbol{A})=n-1.\\0, & r(\boldsymbol{A})<n-1\end{cases}$

3. 线性方程组的解

对于非齐次线性方程组 $\boldsymbol{Ax}=\boldsymbol{b}$，其中 $\boldsymbol{x}$ 为 $n\times 1$ 矩阵，$\boldsymbol{A}$ 为 $m\times n$ 矩阵，$\boldsymbol{b}$ 为 $m\times 1$ 矩阵，称 $(\boldsymbol{A},\boldsymbol{b})$ 为其增广矩阵. 有如下的性质：

(1) $\boldsymbol{Ax}=\boldsymbol{b}$ 无解的充要条件是 $r(\boldsymbol{A},\boldsymbol{b})\neq r(\boldsymbol{A})$；

(2) $\boldsymbol{Ax}=\boldsymbol{b}$ 有唯一解的充要条件是 $r(\boldsymbol{A},\boldsymbol{b})=r(\boldsymbol{A})=n$；

(3) $\boldsymbol{Ax}=\boldsymbol{b}$ 有无穷多解的充要条件是 $r(\boldsymbol{A},\boldsymbol{b})=r(\boldsymbol{A})=r<n$.

而对于齐次方程组 $\boldsymbol{Ax}=\boldsymbol{0}$ 总有零解 $\boldsymbol{x}=\boldsymbol{0}$，因此有如下的性质：

(1) $\boldsymbol{Ax}=\boldsymbol{0}$ 仅有零解的充要条件是 $r(\boldsymbol{A})=n$；

(2) $\boldsymbol{Ax}=\boldsymbol{0}$ 有非零解的充要条件是 $r(\boldsymbol{A})<n$.

这两个方程组求解的判别法在下一章向量组的线性相关性的判别中起着重要的作用.

推广到矩阵方程，有：矩阵方程 $\boldsymbol{AX}=\boldsymbol{B}$ 有解的充要条件是 $r(\boldsymbol{A})=r(\boldsymbol{A},\boldsymbol{B})$.

三、疑难解析

1. 一个非零矩阵的行最简形与行阶梯形的区别和联系是什么？

答 首先，行最简形和行阶梯形都是矩阵作初等行变换时的某种意义下的“标准形”，任何一个矩阵总可经过有限次初等行变换化为阶梯形和行最简形.

其次，行最简形是一个行阶梯形，但行阶梯形未必是行最简形，其区别在于前者的非零行的非零首元必须为 1，且该元所在列中其他元均为零，因而该元所在列是一个单位坐标列向量，而后者无上述要求.

2. 矩阵的初等变换有哪些应用？

答 主要应用如下：

(1) 用初等行变换求解线性方程组；

(2) 求可逆矩阵的逆矩阵；

(3) 解矩阵方程.

3. 在求解矩阵问题时，什么时候只需化为阶梯形，什么时候需要化为行最简形？

答 矩阵的初等行变换直接源于求解线性方程组的消元法，它是矩阵的最重要的运算之一，其原因就在于矩阵在初等行变换下的行阶梯形和行最简形有强大的功能，归纳如下.

行阶梯形：(1) 求矩阵 $\boldsymbol{A}$ 的秩 $r(\boldsymbol{A})$；

(2) 求矩阵 $\boldsymbol{A}$ 的列向量组的最大无关组.

行最简形：(1) 求矩阵 $\boldsymbol{A}$ 的秩 $r(\boldsymbol{A})$；

(2) 求 $\boldsymbol{A}$ 的列向量组的最大无关组；

(3) 求 $\boldsymbol{A}$ 的列向量组的线性关系；

(4) 求解线性方程组通解或基础解系；

(5) 当 $\boldsymbol{A}$ 可逆时，用 $(\boldsymbol{A} \mid \boldsymbol{E})$ 的行最简形求 $\boldsymbol{A}^{-1}$；

(6) 当 $\boldsymbol{A}$ 可逆时，用 $(\boldsymbol{A},\boldsymbol{B})$ 的行最简形求方程 $\boldsymbol{AX}=\boldsymbol{B}$ 的解 $\boldsymbol{A}^{-1}\boldsymbol{B}$.

4. 初等矩阵有什么作用？初等变换与初等矩阵的关系如何？

答 矩阵的初等变换不是恒等变换，而是等价变换，初等矩阵实现了将一次初等变换的结果用等式表达，并在此基础上，进一步将两个等价的矩阵用等式连接.

5. 矩阵的初等变换与矩阵的乘法之间的联系有何意义？

答 矩阵 $\boldsymbol{A}$ 经过初等行变换变成 $\boldsymbol{B}$ 等价于存在可逆矩阵 $\boldsymbol{P}$，使得 $\boldsymbol{PA}=\boldsymbol{B}$；

矩阵 $\boldsymbol{A}$ 经过初等列变换变成 $\boldsymbol{B}$ 等价于存在可逆矩阵 $\boldsymbol{Q}$，使得 $\boldsymbol{AQ}=\boldsymbol{B}$.

6. 矩阵的秩有何意义？

答 矩阵的秩是矩阵的一个重要的数值特征，秩是最高阶非零子式的阶数，用初等变换化为阶梯形时，秩是阶梯的个数. 在讨论矩阵的等价类问题、线性方程组的求解问题时，向量组的最大无关组都有广泛的应用.

7. 用初等变换求矩阵的秩，可否用列初等变换？

答　可以，在求逆矩阵时，若用$(\boldsymbol{A} \mid \boldsymbol{E})$就只能用初等行变换，而写成$\begin{pmatrix}\boldsymbol{A}\\ \boldsymbol{E}\end{pmatrix}$形式时就只能用初等列变换.

8. 如果矩阵增加1行(列)，则矩阵的秩有何变化？

答　若对矩阵$\boldsymbol{A}_{m\times n}$增加1行(列)得到矩阵$\boldsymbol{B}$，则$r(\boldsymbol{B})=r(\boldsymbol{A})$或$r(\boldsymbol{B})=r(\boldsymbol{A})+1$.

9. 设矩阵$r(\boldsymbol{A}_{m\times n})=r$，(1) 是否存在等于0的$r-1$阶子式？(2) 是否所有$r-1$阶子式全为0？(3) 有没有等于0的$r$阶子式？(4) 有没有不等于0的$r+1$阶子式？

答　由秩的定义知，若$r(\boldsymbol{A}_{m\times n})=r$，则必存在$r$阶非零子式.

(1) 可能存在等于0的$r-1$阶子式；(2) 不存在；(3) 有可能存在；(4) 不存在.

10. 在求线性方程组的通解时，若得到与求线性方程组的通解的参考答案不一致，是否可以？

答　以齐次线性方程组$\boldsymbol{Ax}=\boldsymbol{0}$为例，设$r(\boldsymbol{A})=r$，只要能正确找到$n-r$个自由未知数，进而写出含有$n-r$个任意常数的通解，都是可行的. 但是，这种情况的发生往往是因为没有将增广矩阵(系数矩阵)化为行最简形，根据行最简形可以直接写出方程组的通解.

11. 解线性方程组有哪些基本方法？

答　存在下列两种方法.

方法一：对线性方程组的增广矩阵(系数矩阵)实施初等行变换，得到与原方程组同解的简单方程组，然后解简单线性方程组即可求出原方程组的解.

方法二：在已知线性方程组的若干解的情况下，根据方程组的解的结构理论，用已知的若干解表示出方程组的通解.

12. 求解含参数的线性方程组有哪些基本方法？

答　有以下两种基本方法.

(1) 对线性方程组的增广矩阵(系数矩阵)作初等行变换，得到与原方程组同解的简单方程组，然后利用线性方程组理论对得到的简单方程组的解的情况进行讨论并求解.

(2) 当线性方程组的系数矩阵为方阵时，可先求方阵的行列式，令行列式为0，求出相应的参数的取值范围，然后将参数的不同取值分别代入原线性方程组，最后归结为求解各个不同的具体线性方程组.

13. 在求解带参数的线性方程组时，对系数矩阵或增广矩阵作初等行变换应注意什么问题？

答　在对带参数的矩阵作初等变换时，应该注意不宜作以下变换：

(1) 例如，实施$r_i\times(\lambda-2)$的行变换，若当$\lambda=2$时，相当于在原方程组的第i个方程等号两边都乘以零，也即去掉该方程，于是变换后的方程组与原方程组未必同解.

(2) 例如，实施 $r_i/(\lambda-2)$ 的行变换，若当 $\lambda=2$ 时，第 i 行是零行，但经此变换后，该行有可能出现非零元素.

(3) 例如，实施 $r_1+\dfrac{1}{\lambda-2}r_2$ 的行变换，若当 $\lambda=2$ 时，容易造成前后矩阵的秩不相等，这是无法通过初等行变换实现的.

如果作了以上三种变换，需对 $\lambda=2$ 的情形进行补充讨论.

14. 怎样求两个线性方程组的公共解?

答 按以下三种情况求解：

(1) 若已知两个线性方程组，联立两个方程组得到公共解；

(2) 若已知其中一个方程组的通解，将通解代入另一个方程组得到公共解；

(3) 若已知两个方程组的通解，联立通解，得到公共解.

四、典型例题

题型 1 矩阵秩的求法

方法 1 初等变换法将矩阵 $\boldsymbol{A}$ 经过初等变换化为阶梯形矩阵 $\boldsymbol{B}$，则矩阵的秩等于阶梯形矩阵 $\boldsymbol{B}$ 的非零行的行数.

例 1 设 $\boldsymbol{A}=\begin{pmatrix}3&1&0&2\\1&-1&2&-1\\1&3&-4&4\end{pmatrix}$，求 $r(\boldsymbol{A})$.

解 由初等变换法得

$$\boldsymbol{A}\xrightarrow{r_1\leftrightarrow r_3}\begin{pmatrix}1&3&-4&4\\1&-1&2&-1\\3&1&0&2\end{pmatrix}\xrightarrow[r_3+(-3)r_1]{r_2+(-1)r_1}\begin{pmatrix}1&3&-4&4\\0&-4&6&-5\\0&-8&12&-10\end{pmatrix}$$

$$\xrightarrow{r_3+(-2)r_2}\begin{pmatrix}1&3&-4&4\\0&-4&6&-5\\0&0&0&0\end{pmatrix}=\boldsymbol{A}_1$$

$\boldsymbol{A}_1$ 为阶梯形矩阵，有两个非零行，故 $r(\boldsymbol{A})=r(\boldsymbol{A}_1)=2$.

例 2 求 λ 的值，使矩阵

$$\boldsymbol{A}=\begin{pmatrix}3&1&1&4\\\lambda&4&10&1\\1&7&17&3\\2&2&4&3\end{pmatrix}$$

的秩为最小.

解 $$A\to\begin{pmatrix}1&7&17&3\\0&4-7\lambda&10-17\lambda&1-3\lambda\\0&-20&-50&-5\\0&-12&-30&-3\end{pmatrix}\to\begin{pmatrix}1&7&17&3\\0&7\lambda&17\lambda&3\lambda\\0&0&0&0\\0&4&10&1\end{pmatrix}$$

当 $\lambda=0$ 时，$r(\boldsymbol{A})=2$；当 $\lambda\neq0$ 时，$r(\boldsymbol{A})=3$. 故当 $\lambda=0$ 时，矩阵 $\boldsymbol{A}$ 有最小秩 $r(\boldsymbol{A})=2$.

例 3 讨论 λ 的取值范围，确定矩阵 $\boldsymbol{A}=\begin{pmatrix}1&\lambda&-1&2\\2&-1&\lambda&5\\1&10&-6&1\end{pmatrix}$ 的秩.

解 用初等变换将 $\boldsymbol{A}$ 化成阶梯形矩阵，有

$$\boldsymbol{A}\xrightarrow[r_3+(-1)r_1]{r_2+(-2)r_1}\begin{pmatrix}1&\lambda&-1&2\\0&-1-2\lambda&\lambda+2&1\\0&10-\lambda&-5&-1\end{pmatrix}\xrightarrow{c_2\leftrightarrow c_4}\begin{pmatrix}1&2&-1&\lambda\\0&1&\lambda+2&-1-2\lambda\\0&-1&-5&10-\lambda\end{pmatrix}$$

$$\xrightarrow{r_3+r_2}\begin{pmatrix}1&2&-1&\lambda\\0&1&\lambda+2&-1-2\lambda\\0&0&\lambda-3&9-3\lambda\end{pmatrix}$$

则当 $\lambda=3$ 时，$r(\boldsymbol{A})=2$；当 $\lambda\neq3$ 时，$r(\boldsymbol{A})=3$.

例 4 确定 x 与 y 的值，使矩阵 $\boldsymbol{A}=\begin{pmatrix}1&1&1&1&1\\3&2&1&-3&x\\0&1&2&6&3\\5&4&3&-1&y\end{pmatrix}$ 的秩为 2.

解 $$\boldsymbol{A}\xrightarrow[i=2,3,4,5]{c_i+(-1)c_1}\begin{pmatrix}1&0&0&0&0\\3&-1&-2&-6&x-3\\0&1&2&6&3\\5&-1&-2&-6&y-5\end{pmatrix}$$

$$\xrightarrow[r_4+(-5)r_1]{r_2+(-3)r_1}\begin{pmatrix}1&0&0&0&0\\0&-1&-2&-6&x-3\\0&1&2&6&3\\0&-1&-2&-6&y-5\end{pmatrix}$$

$$\xrightarrow{r_2\leftrightarrow r_3}\begin{pmatrix}1&0&0&0&0\\0&1&2&6&3\\0&-1&-2&-6&x-3\\0&-1&-2&-6&y-5\end{pmatrix}\xrightarrow[r_4+r_2]{r_3+r_2}\begin{pmatrix}1&0&0&0&0\\0&1&2&6&3\\0&0&0&0&x\\0&0&0&0&y-2\end{pmatrix}$$

要使 $r(\boldsymbol{A})=2$，必有 $x=0,y-2=0$，即 $x=0,y=2$.

方法 2 为求矩阵的秩，也可由高阶到低阶计算子式.

例 5 求矩阵

$$A=\begin{pmatrix} 1 & 1 & 1 & 1 & 1 \\ a_1 & a_2 & a_3 & a_4 & a_5 \\ a_1^2 & a_2^2 & a_3^2 & a_4^2 & a_5^2 \\ a_1^3 & a_2^3 & a_3^3 & a_4^3 & a_5^3 \\ (a_1+1)^3 & (a_2+1)^3 & (a_3+1)^3 & (a_4+1)^3 & (a_5+1)^3 \end{pmatrix}$$

的秩.

解 矩阵 $\boldsymbol{A}$ 是一个五阶矩阵,且

$$|\boldsymbol{A}|=\begin{vmatrix} 1 & 1 & 1 & 1 & 1 \\ a_1 & a_2 & a_3 & a_4 & a_5 \\ a_1^2 & a_2^2 & a_3^2 & a_4^2 & a_5^2 \\ a_1^3 & a_2^3 & a_3^3 & a_4^3 & a_5^3 \\ (a_1+1)^3 & (a_2+1)^3 & (a_3+1)^3 & (a_4+1)^3 & (a_5+1)^3 \end{vmatrix}$$

$$\xlongequal{r_5-r_4-3r_3-3r_2-r_1}\begin{vmatrix} 1 & 1 & 1 & 1 & 1 \\ a_1 & a_2 & a_3 & a_4 & a_5 \\ a_1^2 & a_2^2 & a_3^2 & a_4^2 & a_5^2 \\ a_1^3 & a_2^3 & a_3^3 & a_4^3 & a_5^3 \\ 0 & 0 & 0 & 0 & 0 \end{vmatrix}=0$$

即五阶子式等于 0,再看 $\boldsymbol{A}$ 中是否有四阶子式不为 0.

因为 $i\neq j$ 时,$a_i\neq a_j(i,j=1,2,3,4)$,故四阶范德蒙德行列式

$$D_4=\begin{vmatrix} 1 & 1 & 1 & 1 \\ a_1 & a_2 & a_3 & a_4 \\ a_1^2 & a_2^2 & a_3^2 & a_4^2 \\ a_1^3 & a_2^3 & a_3^3 & a_4^3 \end{vmatrix}=\prod_{1\leqslant j<i\leqslant 4}(a_i-a_j)\neq 0$$

因而 $\boldsymbol{A}$ 中不等于 0 的子式的最高阶数为 4,故 $r(\boldsymbol{A})=4$.

例 6 设 $\boldsymbol{A}=\begin{pmatrix} 1 & -2 & 3 & 1 \\ 2 & -1 & 1 & 0 \\ 1 & -5 & 8 & 3 \end{pmatrix}$,求:(1) $\boldsymbol{A}$ 的所有三阶子式;(2) $r(\boldsymbol{A})$.

解 (1) $\boldsymbol{A}$ 为 3×4 矩阵,共有 $C_3^3C_4^3=4$ 个三阶子式,分别为

$$D_1=\begin{vmatrix} 1 & -2 & 3 \\ 2 & -1 & 1 \\ 1 & -5 & 8 \end{vmatrix}=0,\quad D_2=\begin{vmatrix} 1 & -2 & 1 \\ 2 & -1 & 0 \\ 1 & -5 & 3 \end{vmatrix}=0$$

$$D_3=\begin{vmatrix} 1 & 3 & 1 \\ 2 & 1 & 0 \\ 1 & 8 & 3 \end{vmatrix}=0,\quad D_4=\begin{vmatrix} -2 & 3 & 1 \\ -1 & 1 & 0 \\ -5 & 8 & 3 \end{vmatrix}=0$$

(2) 由(1)的结果，则 $r(\boldsymbol{A})<3$，而 $\boldsymbol{A}$ 的二阶子式中 $\begin{vmatrix} 1 & 0 \\ 8 & 3 \end{vmatrix}=3\neq 0$，故 $r(\boldsymbol{A})=2$.

题型 2　矩阵的秩的等式证法

方法 1　利用非零矩阵的秩等于矩阵中不等于 0 的子式的最高阶数的定义证明.

方法 2　利用秩的相关性质和结论.

方法 3　利用齐次线性方程组系数矩阵的秩与解向量的维数及基础解系所含解向量个数之间的关系证明.

例 7　设 $\boldsymbol{A}$ 与 $\boldsymbol{B}$ 是 n 阶矩阵，证明：$r(\boldsymbol{AB})=r(\boldsymbol{B})$ 的充要条件为方程组 $\boldsymbol{ABX}=\boldsymbol{0}$ 与 $\boldsymbol{BX}=\boldsymbol{0}$ 同解.

证　充分性　若方程组 $\boldsymbol{ABX}=\boldsymbol{0}$ 与 $\boldsymbol{BX}=\boldsymbol{0}$ 同解，则必有相同的基础解系，设它们解向量的个数为 s，则 $r(\boldsymbol{AB})=n-s=r(\boldsymbol{B})$.

必要性　设 $r(\boldsymbol{AB})=r(\boldsymbol{B})$，则方程组 $\boldsymbol{ABX}=\boldsymbol{0}$ 与 $\boldsymbol{BX}=\boldsymbol{0}$ 的基础解系所含解向量的个数相同，又因为 $\boldsymbol{BX}=\boldsymbol{0}$ 的解必是 $\boldsymbol{ABX}=\boldsymbol{0}$ 的解，故 $\boldsymbol{BX}=\boldsymbol{0}$ 的基础解系也是 $\boldsymbol{ABX}=\boldsymbol{0}$ 的基础解系，从而两方程组有相同的基础解系，于是它们的解完全相同.

例 8　设 $\boldsymbol{A}$ 为 $n\times m$ 实矩阵，证明：$r(\boldsymbol{A})=r(\boldsymbol{A}^{\mathrm{T}}\boldsymbol{A})=r(\boldsymbol{A}\boldsymbol{A}^{\mathrm{T}})$.

证　因为 $\boldsymbol{A}$ 为 $\boldsymbol{A}^{\mathrm{T}}\boldsymbol{A}$ 的因子矩阵，为证 $r(\boldsymbol{A})=r(\boldsymbol{A}^{\mathrm{T}}\boldsymbol{A})$，只需证 $\boldsymbol{AX}=\boldsymbol{0}$ 与 $\boldsymbol{A}^{\mathrm{T}}\boldsymbol{AX}=\boldsymbol{0}$ 同解. 显然 $\boldsymbol{AX}=\boldsymbol{0}$ 的解为 $\boldsymbol{A}^{\mathrm{T}}\boldsymbol{AX}=\boldsymbol{0}$ 的解，下面只需证 $\boldsymbol{A}^{\mathrm{T}}\boldsymbol{AX}=\boldsymbol{0}$ 的解也是 $\boldsymbol{AX}=\boldsymbol{0}$ 的解.

由 $\boldsymbol{A}^{\mathrm{T}}\boldsymbol{AX}=\boldsymbol{0}$，得

$$\boldsymbol{X}^{\mathrm{T}}\boldsymbol{A}^{\mathrm{T}}\boldsymbol{AX}=\boldsymbol{X}^{\mathrm{T}}\boldsymbol{0}=\boldsymbol{0}$$

即

$$(\boldsymbol{X}^{\mathrm{T}}\boldsymbol{A}^{\mathrm{T}})(\boldsymbol{AX})=\boldsymbol{0},\quad (\boldsymbol{AX})^{\mathrm{T}}(\boldsymbol{AX})=\boldsymbol{0}$$

因为 $\boldsymbol{A}$ 为实矩阵，故 $\boldsymbol{AX}$ 为实列向量，因而由上式得到 $\boldsymbol{AX}=\boldsymbol{0}$.

对 $\boldsymbol{A}^{\mathrm{T}}$，仿上可证 $r(\boldsymbol{A}^{\mathrm{T}})=r(\boldsymbol{A}\boldsymbol{A}^{\mathrm{T}})$，由 $r(\boldsymbol{A})=r(\boldsymbol{A}^{\mathrm{T}})$，故

$$r(\boldsymbol{A})=r(\boldsymbol{A}^{\mathrm{T}}\boldsymbol{A})=r(\boldsymbol{A}\boldsymbol{A}^{\mathrm{T}})$$

题型 3　矩阵秩的不等式证法

方法 1　设向量组 Ⅰ 的秩为 r_1，向量组 Ⅱ 的秩为 r_2，若组 Ⅰ 能由组 Ⅱ 线性表出，则 $r_1\leqslant r_2$.

例 9　从矩阵 $\boldsymbol{A}$ 中划去一行得到矩阵 $\boldsymbol{B}$，问 $r(\boldsymbol{A})$，$r(\boldsymbol{B})$之间的关系.

解　设矩阵 $\boldsymbol{A}$ 的行向量组为 $\boldsymbol{\alpha}_1,\boldsymbol{\alpha}_2,\cdots,\boldsymbol{\alpha}_n$（组 Ⅰ），任意去掉一行 $\boldsymbol{\alpha}_i$ 后得到另一行向量组，即 $\boldsymbol{B}$ 的行向量组为 $\boldsymbol{\alpha}_1,\boldsymbol{\alpha}_2,\cdots,\boldsymbol{\alpha}_{i-1},\boldsymbol{\alpha}_{i+1},\cdots,\boldsymbol{\alpha}_n$（组 Ⅱ）. 而

$$\boldsymbol{\alpha}_1=1\cdot\boldsymbol{\alpha}_1+0\boldsymbol{\alpha}_2+\cdots+0\boldsymbol{\alpha}_n$$

$$\vdots$$

$$\boldsymbol{\alpha}_{i-1}=0\boldsymbol{\alpha}_1+0\boldsymbol{\alpha}_2+\cdots+1\cdot\boldsymbol{\alpha}_{i-1}+0\boldsymbol{\alpha}_i+\cdots+0\boldsymbol{\alpha}_n$$
$$\boldsymbol{\alpha}_{i+1}=0\boldsymbol{\alpha}_1+\cdots+0\boldsymbol{\alpha}_i+1\cdot\boldsymbol{\alpha}_{i+1}+\cdots+0\boldsymbol{\alpha}_n$$
$$\vdots$$
$$\boldsymbol{\alpha}_n=0\boldsymbol{\alpha}_1+0\boldsymbol{\alpha}_2+\cdots+0\boldsymbol{\alpha}_{n-1}+1\cdot\boldsymbol{\alpha}_n$$

即 $\boldsymbol{\alpha}_1,\boldsymbol{\alpha}_2,\cdots,\boldsymbol{\alpha}_{i-1},\boldsymbol{\alpha}_{i+1},\cdots,\boldsymbol{\alpha}_n$ 能由 $\boldsymbol{\alpha}_1,\boldsymbol{\alpha}_2,\cdots\boldsymbol{\alpha}_i,\cdots,\boldsymbol{\alpha}_n$ 线性表示.

故秩(组Ⅱ)≤秩(组Ⅰ),即 $r(\boldsymbol{B})\leqslant r(\boldsymbol{A})$.

例 10 证明:$r(\boldsymbol{A}+\boldsymbol{B})\leqslant r(\boldsymbol{A})+r(\boldsymbol{B})$.

证 设 $\boldsymbol{A},\boldsymbol{B}$ 是两个 $m\times n$ 矩阵,且设

$$\boldsymbol{A}=(\boldsymbol{\alpha}_1,\boldsymbol{\alpha}_2,\cdots,\boldsymbol{\alpha}_n),\quad \boldsymbol{B}=(\boldsymbol{\beta}_1,\boldsymbol{\beta}_2,\cdots,\boldsymbol{\beta}_n)$$

其中,$\boldsymbol{\alpha}_i$ 和 $\boldsymbol{\beta}_i$ 分别为 $\boldsymbol{A}$ 与 $\boldsymbol{B}$ 的 m 维列向量,有

$$\boldsymbol{A}+\boldsymbol{B}=(\boldsymbol{\alpha}_1+\boldsymbol{\beta}_1,\boldsymbol{\alpha}_2+\boldsymbol{\beta}_2,\cdots,\boldsymbol{\alpha}_n+\boldsymbol{\beta}_n)$$

则

$$\begin{aligned}r(\boldsymbol{A}+\boldsymbol{B})&\leqslant r(\boldsymbol{\alpha}_1,\cdots,\boldsymbol{\alpha}_n,\boldsymbol{\beta}_1,\cdots,\boldsymbol{\beta}_n)\\&\leqslant r(\boldsymbol{\alpha}_1,\cdots,\boldsymbol{\alpha}_n)+r(\boldsymbol{\beta}_1,\boldsymbol{\beta}_2,\cdots,\boldsymbol{\beta}_n)\\&=r(\boldsymbol{A})+r(\boldsymbol{B})\end{aligned}$$

方法 2 利用齐次线性方程组或非齐次线性方程组系数矩阵的秩、解向量的维数及基础解系所含解向量个数之间的关系,可证有关矩阵秩的不等式.

即对 $\boldsymbol{AB}=\boldsymbol{0}$,常把 $\boldsymbol{B}$(或 $\boldsymbol{A}$)的列(或行)向量看成 $\boldsymbol{AX}=\boldsymbol{0}$(或 $\boldsymbol{X}^{\mathrm{T}}\boldsymbol{B}=\boldsymbol{0}$)的解向量.

例 11 设 $\boldsymbol{A}$ 为 $m\times l$ 矩阵,$\boldsymbol{B}$ 为 $l\times n$ 矩阵,若 $\boldsymbol{AB}=\boldsymbol{0}$,证明:$r(\boldsymbol{A})+r(\boldsymbol{B})\leqslant l$.

证 因为 $\boldsymbol{AB}=\boldsymbol{0}$,则 $\boldsymbol{B}$ 的 n 个列向量都是 $\boldsymbol{AX}=\boldsymbol{0}$ 的解向量,$\boldsymbol{X}$ 的维数为 l,则 $\boldsymbol{AX}=\boldsymbol{0}$ 的基础解系中恰含 $(l-r(\boldsymbol{A}))$ 个解向量,则 $r(\boldsymbol{B})\leqslant l-r(\boldsymbol{A})$,故 $r(\boldsymbol{A})+r(\boldsymbol{B})\leqslant l$.

题型 4 线性方程组求解

方法 1 初等变换法——对方程组 $\boldsymbol{AX}=\boldsymbol{b}$ 的增广矩阵 $[\boldsymbol{A}\ \vdots\ \boldsymbol{b}]=\boldsymbol{B}$ 进行初等行变换化成阶梯形,$\boldsymbol{X}$ 为 n 维向量.

(1) $r(\boldsymbol{A})<r(\boldsymbol{B})$,方程组无解.

(2) $r(\boldsymbol{A})=r(\boldsymbol{B})=n$,方程组有唯一解.

(3) $r(\boldsymbol{A})=r(\boldsymbol{B})<n$,方程组有无数解.

例 12 解线性方程组

$$\begin{cases}x_1+x_2+2x_3+3x_4=1\\2x_1+3x_2+5x_3+2x_4=-3\\3x_1-x_2-x_3-2x_4=-4\\3x_1+5x_2+2x_3-2x_4=-10\end{cases}$$

解 对方程组的增广矩阵施行行初等变换化为阶梯形,有

$$\begin{pmatrix} 1 & 1 & 2 & 3 & 1 \\ 2 & 3 & 5 & 2 & -3 \\ 3 & -1 & -1 & -2 & -4 \\ 3 & 5 & 2 & -2 & -10 \end{pmatrix}$$

$$\rightarrow \begin{pmatrix} 1 & 1 & 2 & 3 & 1 \\ 0 & 1 & 1 & -4 & -5 \\ 0 & -4 & -7 & -11 & -7 \\ 0 & 2 & -4 & -11 & -13 \end{pmatrix} \rightarrow \begin{pmatrix} 1 & 1 & 2 & 3 & 1 \\ 0 & 1 & 1 & -4 & -5 \\ 0 & 0 & -3 & -27 & -27 \\ 0 & 0 & -6 & -3 & -3 \end{pmatrix}$$

$$\rightarrow \begin{pmatrix} 1 & 1 & 2 & 3 & 1 \\ 0 & 1 & 1 & -4 & -5 \\ 0 & 0 & 1 & 9 & 9 \\ 0 & 0 & 2 & 1 & 1 \end{pmatrix} \rightarrow \begin{pmatrix} 1 & 1 & 2 & 3 & 1 \\ 0 & 1 & 1 & -4 & -5 \\ 0 & 0 & 1 & 9 & 9 \\ 0 & 0 & 0 & -17 & -17 \end{pmatrix}$$

$$\rightarrow \begin{pmatrix} 1 & 1 & 2 & 3 & 1 \\ 0 & 1 & 1 & -4 & -5 \\ 0 & 0 & 1 & 9 & 9 \\ 0 & 0 & 0 & 1 & 1 \end{pmatrix}$$

$r(\boldsymbol{A})=r(\boldsymbol{B})=4$,与未知数的个数相同,方程组有唯一解.

由阶梯形矩阵写出同解方程组

$$\begin{cases} x_1+x_2+2x_3+3x_4=1 \\ x_2+x_3-4x_4=-5 \\ x_3+9x_4=9 \\ x_4=1 \end{cases}$$

由下往上逐步回代,可得方程组的唯一解为

$$\begin{cases} x_1=-1 \\ x_2=-1 \\ x_3=0 \\ x_4=1 \end{cases}$$

例 13 解线性方程组

$$\begin{cases} 2x_1+x_2-x_3+x_4=1 \\ 3x_1-2x_2+2x_3-3x_4=2 \\ 5x_1+x_2-x_3+2x_4=-1 \\ 2x_1-x_2+x_3-3x_4=4 \end{cases}$$

解 对方程组的增广矩阵施行行初等变换化为阶梯形,有

$$\begin{pmatrix}2&1&-1&1&1\\3&-2&2&-3&2\\5&1&-1&2&-1\\2&-1&1&-3&4\end{pmatrix}\xrightarrow[r_4-r_1]{\substack{r_3-r_2\\r_2-r_1}}\begin{pmatrix}2&1&-1&1&1\\1&-3&3&-4&1\\2&3&-3&5&-3\\0&-2&2&-4&3\end{pmatrix}$$

$$\xrightarrow[r_1-2r_2]{r_3-r_1}\begin{pmatrix}0&7&-7&9&-1\\1&-3&3&4&1\\0&2&-2&4&-4\\0&-2&2&-4&3\end{pmatrix}\xrightarrow[r_4+r_3]{r_2+r_3}\begin{pmatrix}0&7&-7&9&-1\\1&-1&1&8&-3\\0&2&-2&4&-4\\0&0&0&0&-1\end{pmatrix}$$

$$\xrightarrow[r_3-\frac{2}{7}r_1]{r_1-3r_3}\begin{pmatrix}0&1&-1&-3&11\\1&-1&1&8&-3\\0&0&0&10&-26\\0&0&0&0&-1\end{pmatrix}\xrightarrow{r_1\leftrightarrow r_2}\begin{pmatrix}1&-1&1&8&-3\\0&1&-1&-3&11\\0&0&0&10&-26\\0&0&0&0&-1\end{pmatrix}$$

则 $r(\boldsymbol{B})=4,r(\boldsymbol{A})=3,r(\boldsymbol{A})\neq r(\boldsymbol{B})$,原方程组无解.

例 14 解线性方程组

$$\begin{cases}3x_1+4x_2-5x_3+7x_4=0\\2x_1-3x_2+3x_3-2x_4=0\\4x_1+11x_2-13x_3+16x_4=0\\7x_1-2x_2+x_3+3x_4=0\end{cases}$$

解 原方程组为齐次的,对系数矩阵施行行初等变换得

$$\begin{pmatrix}3&4&-5&7\\2&-3&3&-2\\4&11&-13&16\\7&-2&1&3\end{pmatrix}\xrightarrow[r_4-2r_1]{\substack{r_2-r_1\\r_3-r_1}}\begin{pmatrix}3&4&-5&7\\-1&-7&8&-9\\1&7&-8&9\\1&-10&11&-11\end{pmatrix}\xrightarrow[r_4-r_3]{\substack{r_1-3r_3\\r_2+r_3}}\begin{pmatrix}0&-17&19&-20\\0&0&0&0\\1&7&-8&9\\0&-17&19&-20\end{pmatrix}$$

$$\xrightarrow{r_4-r_1}\begin{pmatrix}0&-17&19&-20\\0&0&0&0\\1&7&-8&9\\0&0&0&0\end{pmatrix}$$

则 $r(\boldsymbol{A})=2$,即 $r(\boldsymbol{A})=r(\boldsymbol{B})=2$,而方程组中未知数个数为 4,因此原方程组有无穷多个解.

同解方程组为

$$\begin{cases}x_1+7x_2-8x_3+9x_4=0\\-17x_2+19x_3-20x_4=0\end{cases}$$

故可得原方程组的一般解为

$$\begin{cases} x_1 = \dfrac{3}{17}x_3 - \dfrac{13}{17}x_4 \\ x_2 = \dfrac{19}{17}x_3 - \dfrac{20}{17}x_4 \end{cases} \quad (x_3, x_4 \in \mathbf{R})$$

例 15　证明线性方程组

$$\begin{cases} x_1 - x_2 = b_1 \\ x_2 - x_3 = b_2 \\ x_3 - x_4 = b_3 \\ x_4 - x_5 = b_4 \\ -x_1 + x_5 = b_5 \end{cases}$$

有解的充要条件是 $b_1 + b_2 + b_3 + b_4 + b_5 = 0$，并在有解的情况下求出其一般解.

解　对方程组的增广矩阵施行行初等变换得

$$\begin{pmatrix} 1 & -1 & 0 & 0 & 0 & b_1 \\ 0 & 1 & -1 & 0 & 0 & b_2 \\ 0 & 0 & 1 & -1 & 0 & b_3 \\ 0 & 0 & 0 & 1 & -1 & b_4 \\ -1 & 0 & 0 & 0 & 1 & b_5 \end{pmatrix} \xrightarrow{r_5 + \sum_{i=1}^{4} r_i} \begin{pmatrix} 1 & -1 & 0 & 0 & 0 & b_1 \\ 0 & 1 & -1 & 0 & 0 & b_2 \\ 0 & 0 & 1 & -1 & 0 & b_3 \\ 0 & 0 & 0 & 1 & -1 & b_4 \\ 0 & 0 & 0 & 0 & 0 & \sum\limits_{i=1}^{5} b_i \end{pmatrix}$$

方程组有解的充要条件为 $r(\mathbf{A}) = r(\boldsymbol{B})$，即 $\sum\limits_{i=1}^{5} b_i = 0$.

故原方程组有解的充要条件是 $b_1 + b_2 + b_3 + b_4 + b_5 = 0$.

当有解时，原方程对应的增广矩阵变形为

$$\begin{pmatrix} 1 & -1 & 0 & 0 & 0 & b_1 \\ 0 & 1 & -1 & 0 & 0 & b_2 \\ 0 & 0 & 1 & -1 & 0 & b_3 \\ 0 & 0 & 0 & 1 & -1 & b_4 \\ 0 & 0 & 0 & 0 & 0 & 0 \end{pmatrix}$$

从第 4 行开始，上一行依次加上下一行得

$$\begin{pmatrix} 1 & 0 & 0 & 0 & -1 & b_1 + b_2 + b_3 + b_4 \\ 0 & 1 & 0 & 0 & -1 & b_2 + b_3 + b_4 \\ 0 & 0 & 1 & 0 & -1 & b_3 + b_4 \\ 0 & 0 & 0 & 1 & -1 & b_4 \\ 0 & 0 & 0 & 0 & 0 & 0 \end{pmatrix}$$

得原方程组的一般解为

$$\begin{cases} x_1 = b_1 + b_2 + b_3 + b_4 + k \\ x_2 = b_2 + b_3 + b_4 + k \\ x_3 = b_3 + b_4 + k \\ x_4 = b_4 + k \\ x_5 = k \end{cases} \quad (k \text{ 为任意常数})$$

例 16 讨论线性方程组

$$\begin{cases} x_1 + x_2 + 2x_3 + 3x_4 = 1 \\ x_1 + 3x_2 + 6x_3 + x_4 = 3 \\ 3x_1 - x_2 - k_1 x_3 + 15x_4 = 3 \\ x_1 - 5x_2 - 10x_3 + 12x_4 = k_2 \end{cases}$$

当 k_1, k_2 取何值时方程组无解？有唯一解？有无穷多组解？在方程组有无穷多组解的情况下，求出一般解.

解 对增广矩阵 $\boldsymbol{B}$ 施行初等行变换变为行最简形矩阵，有

$$\boldsymbol{B} = \begin{pmatrix} 1 & 1 & 2 & 3 & 1 \\ 1 & 3 & 6 & 1 & 3 \\ 3 & -1 & -k_1 & 15 & 3 \\ 1 & -5 & -10 & 12 & k_2 \end{pmatrix} \xrightarrow[r_4 - r_1]{\substack{r_2 - r_1 \\ r_3 - 3r_1}} \begin{pmatrix} 1 & 1 & 2 & 3 & 1 \\ 0 & 2 & 4 & -2 & 2 \\ 0 & -4 & -k_1 - 6 & 6 & 0 \\ 0 & -6 & -12 & 9 & k_2 - 1 \end{pmatrix}$$

$$\xrightarrow[\substack{r_4 + 3r_2 \\ \frac{1}{2} r_2}]{r_3 + 2r_2} \begin{pmatrix} 1 & 1 & 2 & 3 & 1 \\ 0 & 1 & 2 & -1 & 1 \\ 0 & 0 & -k_1 + 2 & 2 & 4 \\ 0 & 0 & 0 & 3 & k_2 + 5 \end{pmatrix}$$

① 当 $k_1 \neq 2$ 时，$r(\boldsymbol{A}) = r(\boldsymbol{B}) = 4$，方程组有唯一解.

② 当 $k_1 = 2$ 时，有

$$\boldsymbol{B} = \begin{pmatrix} 1 & 1 & 2 & 3 & 1 \\ 0 & 1 & 2 & -1 & 1 \\ 0 & 0 & 0 & 2 & 4 \\ 0 & 0 & 0 & 3 & k_2 + 5 \end{pmatrix} \rightarrow \begin{pmatrix} 1 & 1 & 2 & 3 & 1 \\ 0 & 1 & 2 & -1 & 1 \\ 0 & 0 & 0 & 1 & 2 \\ 0 & 0 & 0 & 0 & k_2 - 1 \end{pmatrix}$$

当 $k_2 \neq 1$ 时，$r(\boldsymbol{A}) = 3 < r(\boldsymbol{B}) = 4$，方程组无解.

当 $k_2 = 1$ 时，$r(\boldsymbol{A}) = r(\boldsymbol{B}) = 3$，方程组有无穷多解，且

$$\boldsymbol{B} = \begin{pmatrix} 1 & 1 & 2 & 3 & 1 \\ 0 & 1 & 2 & -1 & 1 \\ 0 & 0 & 0 & 1 & 2 \\ 0 & 0 & 0 & 0 & 0 \end{pmatrix} \rightarrow \begin{pmatrix} 1 & 0 & 0 & 0 & -8 \\ 0 & 1 & 2 & 0 & 3 \\ 0 & 0 & 0 & 1 & 2 \\ 0 & 0 & 0 & 0 & 0 \end{pmatrix}$$

其同解方程组为

$$\begin{cases} x_1=-8 \\ x_2+2x_3=3 \\ x_4=2 \end{cases}$$

令 x_3 为自由变量，设 $x_3=k$，则

$$\begin{cases} x_1=-8 \\ x_2=3-2k \\ x_3=k \\ x_4=2 \end{cases}$$

故方程组的一般解为

$$\boldsymbol{X}=\begin{pmatrix} x_1 \\ x_2 \\ x_3 \\ x_4 \end{pmatrix}=\begin{pmatrix} -8 \\ 3 \\ 0 \\ 2 \end{pmatrix}+k\begin{pmatrix} 0 \\ -2 \\ 1 \\ 0 \end{pmatrix} \quad (k\text{ 为任意常数})$$

方法 2　克拉默法则——当方程的个数与未知量的个数相同时，即 $m=n$ 时，可利用系数行列式求解.

例 17　设线性方程组

$$\begin{cases} x_1+x_2+kx_3=4 \\ -x_1+kx_2+x_3=k^2 \\ x_1-x_2+2x_3=-4 \end{cases}$$

求方程组什么时候有解，什么时候无解，并在有解时求通解.

解　系数行列式为

$$D=|\boldsymbol{A}|=\begin{vmatrix} 1 & 1 & k \\ -1 & k & 1 \\ 1 & -1 & 2 \end{vmatrix}=-(k+1)(k-4)$$

当 $D\neq 0$，即 $k\neq -1$ 且 $k\neq 4$ 时，方程组有唯一解. 且

$$D_1=\begin{vmatrix} 4 & 1 & k \\ k^2 & k & 1 \\ -4 & -1 & 2 \end{vmatrix}=-(k-4)(k^2+2k)$$

$$D_2=\begin{vmatrix} 1 & 4 & k \\ -1 & k^2 & 1 \\ 1 & -4 & 2 \end{vmatrix}=-(k-4)(k^2+2k+4)$$

$$D_3=\begin{vmatrix} 1 & 1 & 4 \\ -1 & k & k^2 \\ 1 & -1 & -4 \end{vmatrix}=(k-4)\cdot 2k$$

由克拉默法则有

$$x_1=\frac{D_1}{D}=\frac{-(k-4)(k^2+2k)}{-(k+1)(k-4)}=\frac{k^2+2k}{k+1}$$

$$x_2=\frac{D_2}{D}=\frac{-(k-4)(k^2+2k+4)}{-(k+1)(k-4)}=\frac{k^2+2k+4}{k+1}$$

$$x_3=\frac{D_3}{D}=\frac{(k-4)\cdot(2k)}{-(k+1)(k-4)}=\frac{-2k}{k+1}$$

当 $k=-1$ 时，方程组对应的增广矩阵为

$$\boldsymbol{B}=\begin{pmatrix}1&1&-1&4\\-1&-1&1&1\\1&-1&2&-4\end{pmatrix}\rightarrow\begin{pmatrix}1&1&-1&4\\0&2&-3&8\\0&0&0&5\end{pmatrix}$$

因为 $r(\boldsymbol{A})=2<r(\boldsymbol{B})=3$，方程组无解.

当 $k=4$ 时，方程组对应的增广矩阵为

$$\boldsymbol{B}=\begin{pmatrix}1&1&4&4\\-1&4&1&16\\1&-1&2&-4\end{pmatrix}\rightarrow\begin{pmatrix}1&1&4&4\\0&1&1&4\\0&0&0&0\end{pmatrix}\rightarrow\begin{pmatrix}1&0&3&0\\0&1&1&4\\0&0&0&0\end{pmatrix}$$

因为 $r(\boldsymbol{A})=r(\boldsymbol{B})=2<3$，故原方程组有无穷多组解.同解方程组为

$$\begin{cases}x_1+3x_3=0\\x_2+x_3=4\end{cases}$$

令 x_3 为自由变量，设 $x_3=k$，则

$$\begin{cases}x_1=-3k\\x_2=4-k\\x_3=k\end{cases}$$

故通解为
$$\boldsymbol{X}=\begin{pmatrix}x_1\\x_2\\x_3\end{pmatrix}=\begin{pmatrix}0\\4\\0\end{pmatrix}+k\begin{pmatrix}-3\\-1\\1\end{pmatrix}\quad(k\text{ 为任意常数})$$

题型 5　简单矩阵方程的解法

三种简单矩阵方程

$$\boldsymbol{AX}=\boldsymbol{B},\quad \boldsymbol{XA}=\boldsymbol{B},\quad \boldsymbol{AXB}=\boldsymbol{C}$$

的解法有初等变换法、求逆法、待定元素法和解方程组法.

方法　初等变换法.

方程类型不同，用的初等变换也不同.

(1) $\boldsymbol{AX}=\boldsymbol{B}$，用初等行变换法，即

① 当 $\boldsymbol{A}$ 为可逆矩阵时

$$[\boldsymbol{A}\ \vdots\ \boldsymbol{B}]\xrightarrow[\text{行变换}]{\text{经初等}}[\boldsymbol{E}\ \vdots\ \boldsymbol{A}^{-1}\boldsymbol{B}]$$

② 当 $\boldsymbol{A}$ 不可逆时，$\boldsymbol{AX}=\boldsymbol{B}$ 可能无解，也可能有解，利用解线性方程组的方法求出.

(2) $\boldsymbol{XA}=\boldsymbol{B}$，用初等列变换法，即

① 当 $\boldsymbol{A}$ 可逆时，可按如下形式求出 $\boldsymbol{X}=\boldsymbol{BA}^{-1}$：

$$\begin{pmatrix}\boldsymbol{A}\\ \cdots\\ \boldsymbol{B}\end{pmatrix}\xrightarrow[\text{列变换}]{\text{经初等}}\begin{pmatrix}\boldsymbol{E}\\ \cdots\\ \boldsymbol{BA}^{-1}\end{pmatrix}$$

② 当 $\boldsymbol{A}$ 不可逆时，$\boldsymbol{XA}=\boldsymbol{B}$ 可能无解，也可能有解，利用解线性方程组的方法求出.

(3) $\boldsymbol{A},\boldsymbol{B}$ 可逆时，$\boldsymbol{AXB}=\boldsymbol{C}$ 的解法为

$$[\boldsymbol{A}\ \vdots\ \boldsymbol{C}]\xrightarrow[\text{行变换}]{\text{经初等}}[\boldsymbol{E}_n\ \vdots\ \boldsymbol{A}^{-1}\boldsymbol{C}]$$

$$\begin{pmatrix}\boldsymbol{B}\\ \cdots\\ \boldsymbol{A}^{-1}\boldsymbol{C}\end{pmatrix}\xrightarrow[\text{列变换}]{\text{经初等}}\begin{pmatrix}\boldsymbol{E}_m\\ \cdots\\ \boldsymbol{A}^{-1}\boldsymbol{CB}^{-1}\end{pmatrix}$$

例 18　设矩阵 $\boldsymbol{A}$ 和 $\boldsymbol{B}$ 满足 $\boldsymbol{AB}=\boldsymbol{A}+2\boldsymbol{B}$，其中 $\boldsymbol{A}=\begin{pmatrix}3&0&1\\1&1&0\\0&1&0\end{pmatrix}$，求 $\boldsymbol{B}$.

解　由 $\boldsymbol{AB}=\boldsymbol{A}+2\boldsymbol{B}$，得 $\boldsymbol{AB}-2\boldsymbol{B}=\boldsymbol{A}$，即 $(\boldsymbol{A}-2\boldsymbol{E})\boldsymbol{B}=\boldsymbol{A}$，其中 $\boldsymbol{E}$ 为三阶单位矩阵，则

$$[\boldsymbol{A}-2\boldsymbol{E}\ \vdots\ \boldsymbol{A}]=\left(\begin{array}{ccc:ccc}1&0&1&3&0&1\\1&-1&0&1&1&0\\0&1&-2&0&1&0\end{array}\right)\xrightarrow[\text{行变换}]{\text{经初等}}\left(\begin{array}{ccc:ccc}1&0&0&\frac{7}{3}&\frac{2}{3}&\frac{2}{3}\\0&1&0&\frac{4}{3}&-\frac{1}{3}&\frac{2}{3}\\0&0&1&\frac{2}{3}&-\frac{2}{3}&\frac{1}{3}\end{array}\right)$$

$$=[\boldsymbol{E}\ \vdots\ (\boldsymbol{A}-2\boldsymbol{E})^{-1}\boldsymbol{A}]$$

故
$$\boldsymbol{B}=(\boldsymbol{A}-2\boldsymbol{E})^{-1}\boldsymbol{A}=\begin{bmatrix}\frac{7}{3}&\frac{2}{3}&\frac{2}{3}\\\frac{4}{3}&-\frac{1}{3}&\frac{2}{3}\\\frac{2}{3}&-\frac{2}{3}&\frac{1}{3}\end{bmatrix}$$

五、课后习题解析

习　题　3.1

1. 用初等行变换把下面的矩阵化为行阶梯形矩阵以及行最简形矩阵.

$$A=\begin{pmatrix}1 & -2 & 3 & -4 & 4\\ 1 & 3 & 0 & -3 & 1\\ 0 & 1 & -1 & 1 & -3\\ 0 & 7 & -3 & -1 & 3\end{pmatrix}$$

解 $A=\begin{pmatrix}1 & -2 & 3 & -4 & 4\\ 1 & 3 & 0 & -3 & 1\\ 0 & 1 & -1 & 1 & -3\\ 0 & 7 & -3 & -1 & 3\end{pmatrix}\xrightarrow{r_2-r_1}\begin{pmatrix}1 & -2 & 3 & -4 & 4\\ 0 & 5 & -3 & 1 & -3\\ 0 & 1 & -1 & 1 & -3\\ 0 & 7 & -3 & -1 & 3\end{pmatrix}$

$$\xrightarrow[r_4-7r_3]{r_2-5r_3}\begin{pmatrix}1 & -2 & 3 & -4 & 4\\ 0 & 0 & 2 & -4 & 12\\ 0 & 1 & -1 & 1 & -3\\ 0 & 0 & 4 & -8 & 24\end{pmatrix}\xrightarrow[\substack{\frac{1}{2}r_2\\ r_2\leftrightarrow r_3}]{r_4-2r_2}\begin{pmatrix}1 & -2 & 3 & -4 & 4\\ 0 & 1 & -1 & 1 & -3\\ 0 & 0 & 1 & -2 & 6\\ 0 & 0 & 0 & 0 & 0\end{pmatrix}$$

$$\xrightarrow[r_1+2r_2]{\substack{r_2+r_3\\ r_1-3r_3}}\begin{pmatrix}1 & 0 & 0 & 0 & -8\\ 0 & 1 & 0 & -1 & 3\\ 0 & 0 & 1 & -2 & 6\\ 0 & 0 & 0 & 0 & 0\end{pmatrix}=B$$ （则矩阵 B 就是行最简形矩阵）

2. 利用矩阵的行初等变换法求 A^{-1}.

(1) $A=\begin{pmatrix}4 & 2 & 3\\ 3 & 1 & 2\\ 2 & 1 & 1\end{pmatrix}$； (2) $A=\begin{pmatrix}2 & 2 & 3\\ 1 & -1 & 0\\ -1 & 2 & 1\end{pmatrix}$；

(3) $A=\begin{pmatrix}1 & 1 & 1 & 1\\ 1 & 1 & -1 & -1\\ 1 & -1 & 1 & -1\\ 1 & -1 & -1 & 1\end{pmatrix}$.

解 (1) 对矩阵$(A \vdots E)$施以初等行变换

$$(A \vdots E)=\left(\begin{array}{ccc:ccc}4 & 2 & 3 & 1 & 0 & 0\\ 3 & 1 & 2 & 0 & 1 & 0\\ 2 & 1 & 1 & 0 & 0 & 1\end{array}\right)\rightarrow\left(\begin{array}{ccc:ccc}1 & 1 & 1 & 1 & -1 & 0\\ 3 & 1 & 2 & 0 & 1 & 0\\ 2 & 1 & 1 & 0 & 0 & 1\end{array}\right)$$

$$\rightarrow\left(\begin{array}{ccc:ccc}1 & 1 & 1 & 1 & -1 & 0\\ 0 & -2 & -1 & -3 & 4 & 0\\ 0 & -1 & -1 & -2 & 2 & 1\end{array}\right)$$

$$\rightarrow\left(\begin{array}{ccc:ccc}1 & 0 & 0 & -1 & 1 & 1\\ 0 & 0 & 1 & 1 & 0 & -2\\ 0 & 1 & 1 & 2 & -2 & -1\end{array}\right)\rightarrow\left(\begin{array}{ccc:ccc}1 & 0 & 0 & -1 & 1 & 1\\ 0 & 1 & 0 & 1 & -2 & 1\\ 0 & 0 & 1 & 1 & 0 & -2\end{array}\right)$$

所以
$$A^{-1}=\begin{pmatrix}-1&1&1\\1&-2&1\\1&0&-2\end{pmatrix}$$

(2) $(A \;\vdots\; E)=\left(\begin{array}{ccc:ccc}2&2&3&1&0&0\\1&-1&0&0&1&0\\-1&2&1&0&0&1\end{array}\right)\xrightarrow[r_2-2r_1]{\substack{r_1\leftrightarrow r_2\\r_3+r_1}}\left(\begin{array}{ccc:ccc}1&-1&0&0&1&0\\0&4&3&1&-2&0\\0&1&1&0&1&1\end{array}\right)$

$$\xrightarrow[r_3-4r_2]{r_2\leftrightarrow r_3}\left(\begin{array}{ccc:ccc}1&-1&0&0&1&0\\0&1&1&0&1&1\\0&0&-1&1&-6&-4\end{array}\right)$$

$$\xrightarrow[r_3\times(-1)]{\substack{r_1+r_2+r_3\\r_2+r_3}}\left(\begin{array}{ccc:ccc}1&0&0&1&-4&-3\\0&1&0&1&-5&-3\\0&0&1&-1&6&4\end{array}\right)$$

所以
$$A^{-1}=\begin{pmatrix}1&-4&-3\\1&-5&-3\\-1&6&4\end{pmatrix}$$

(3) $(A \;\vdots\; E)=\left(\begin{array}{cccc:cccc}1&1&1&1&1&0&0&0\\1&1&-1&-1&0&1&0&0\\1&-1&1&-1&0&0&1&0\\1&-1&-1&1&0&0&0&1\end{array}\right)$

$$\xrightarrow[r_4-r_1]{\substack{r_2-r_1\\r_3-r_1}}\left(\begin{array}{cccc:cccc}1&1&1&1&1&0&0&0\\0&0&-2&-2&-1&1&0&0\\0&-2&0&-2&-1&0&1&0\\0&-2&-2&0&-1&0&0&1\end{array}\right)$$

$$\xrightarrow[r_2\leftrightarrow r_3]{r_4-r_3}\left(\begin{array}{cccc:cccc}1&1&1&1&1&0&0&0\\0&-2&0&-2&-1&0&1&0\\0&0&-2&-2&-1&1&0&0\\0&0&-2&2&0&0&-1&1\end{array}\right)$$

$$\xrightarrow[r_4\div(-2)]{\substack{r_2\div(-2)\\r_3\div(-2)}}\left(\begin{array}{cccc:cccc}1&1&1&1&1&0&0&0\\0&1&0&1&\frac{1}{2}&0&-\frac{1}{2}&0\\0&0&1&1&\frac{1}{2}&-\frac{1}{2}&0&0\\0&0&1&-1&0&0&\frac{1}{2}&-\frac{1}{2}\end{array}\right)$$

$$\xrightarrow[r_4\div(-2)]{\substack{r_1-r_2\\ r_4-r_3}}\left(\begin{array}{cccc:cccc}1&0&1&0&\frac{1}{2}&0&\frac{1}{2}&0\\0&1&0&1&\frac{1}{2}&0&-\frac{1}{2}&0\\0&0&1&1&\frac{1}{2}&-\frac{1}{2}&0&0\\0&0&0&1&\frac{1}{4}&-\frac{1}{4}&-\frac{1}{4}&\frac{1}{4}\end{array}\right)$$

$$\xrightarrow[r_1-r_3]{\substack{r_3-r_4\\ r_2-r_4}}\left(\begin{array}{cccc:cccc}1&0&0&0&\frac{1}{4}&\frac{1}{4}&\frac{1}{4}&\frac{1}{4}\\0&1&0&0&\frac{1}{4}&\frac{1}{4}&-\frac{1}{4}&-\frac{1}{4}\\0&0&1&0&\frac{1}{4}&-\frac{1}{4}&\frac{1}{4}&-\frac{1}{4}\\0&0&0&1&\frac{1}{4}&-\frac{1}{4}&-\frac{1}{4}&\frac{1}{4}\end{array}\right)$$

所以
$$\boldsymbol{A}^{-1}=\frac{1}{4}\begin{pmatrix}1&1&1&1\\1&1&-1&-1\\1&-1&1&-1\\1&-1&-1&1\end{pmatrix}$$

3. 利用初等矩阵的性质解矩阵方程：

$$\begin{pmatrix}0&1&0\\1&0&0\\0&0&1\end{pmatrix}\boldsymbol{X}\begin{pmatrix}1&0&0\\0&0&1\\0&1&0\end{pmatrix}=\begin{pmatrix}1&-4&3\\2&0&-1\\1&-2&0\end{pmatrix}.$$

解 因为 $\boldsymbol{E}^{-1}(i,j)=\boldsymbol{E}(i,j)$ 及 $\begin{pmatrix}0&1&0\\1&0&0\\0&0&1\end{pmatrix}=\boldsymbol{E}(1,2)$，$\begin{pmatrix}1&0&0\\0&0&1\\0&1&0\end{pmatrix}=\boldsymbol{E}(2,3)$，故矩阵方程可化为

$$\boldsymbol{E}(1,2)\boldsymbol{X}\boldsymbol{E}(2,3)=\begin{pmatrix}1&-4&3\\2&0&-1\\1&-2&0\end{pmatrix}$$

再由 $\boldsymbol{E}^{-1}(1,2)=\boldsymbol{E}(1,2)$，$\boldsymbol{E}^{-1}(2,3)=\boldsymbol{E}(2,3)$，故方程的解为

$$\boldsymbol{X}=\boldsymbol{E}^{-1}(1,2)\begin{pmatrix}1&-4&3\\2&0&-1\\1&-2&0\end{pmatrix}\boldsymbol{E}^{-1}(2,3)=\boldsymbol{E}(1,2)\begin{pmatrix}1&-4&3\\2&0&-1\\1&-2&0\end{pmatrix}\boldsymbol{E}(2,3)$$

$$=\begin{pmatrix}2&0&-1\\1&-4&3\\1&-2&0\end{pmatrix}\boldsymbol{E}(2,3)=\begin{pmatrix}2&-1&0\\1&3&-4\\1&0&-2\end{pmatrix}$$

4. (1) 设 $\boldsymbol{A}=\begin{pmatrix}0 & 1 & -1\\1 & 1 & 2\\0 & -1 & 0\end{pmatrix}$，$\boldsymbol{B}=\begin{pmatrix}-2 & 0\\-3 & 2\\3 & -1\end{pmatrix}$，求 $\boldsymbol{X}$，使 $\boldsymbol{AX}=\boldsymbol{B}$.

(2) 设 $\boldsymbol{A}=\begin{pmatrix}0 & 2 & 1\\2 & -1 & 3\\-3 & 3 & -4\end{pmatrix}$，$\boldsymbol{B}=\begin{pmatrix}1 & 2 & 3\\2 & -3 & 1\end{pmatrix}$，求 $\boldsymbol{X}$，使 $\boldsymbol{XA}=\boldsymbol{B}$.

解　(1) **解法一**　因为 $|\boldsymbol{A}|=\begin{vmatrix}0 & 1 & -1\\1 & 1 & 2\\0 & -1 & 0\end{vmatrix}=1\neq 0$，所以 $\boldsymbol{A}$ 可逆.

先求 $\boldsymbol{A}^{-1}$，

$$(\boldsymbol{A}\ \vdots\ \boldsymbol{E})=\left(\begin{array}{ccc:ccc}0 & 1 & -1 & 1 & 0 & 0\\1 & 1 & 2 & 0 & 1 & 0\\0 & -1 & 0 & 0 & 0 & 1\end{array}\right)\rightarrow\left(\begin{array}{ccc:ccc}1 & 1 & 2 & 0 & 1 & 0\\0 & 1 & -1 & 1 & 0 & 0\\0 & -1 & 0 & 0 & 0 & 1\end{array}\right)$$

$$\rightarrow\left(\begin{array}{ccc:ccc}1 & 0 & 2 & 0 & 1 & 1\\0 & 0 & -1 & 1 & 0 & 1\\0 & -1 & 0 & 0 & 0 & 1\end{array}\right)\rightarrow\left(\begin{array}{ccc:ccc}1 & 0 & 2 & 0 & 1 & 1\\0 & -1 & 0 & 0 & 0 & 1\\0 & 0 & -1 & 1 & 0 & 1\end{array}\right)$$

$$\rightarrow\left(\begin{array}{ccc:ccc}1 & 0 & 0 & 2 & 1 & 3\\0 & 1 & 0 & 0 & 0 & -1\\0 & 0 & 1 & -1 & 0 & -1\end{array}\right)$$

即

$$\boldsymbol{A}^{-1}=\begin{pmatrix}2 & 1 & 3\\0 & 0 & -1\\-1 & 0 & -1\end{pmatrix}$$

所以

$$\boldsymbol{X}=\boldsymbol{A}^{-1}\boldsymbol{B}=\begin{pmatrix}2 & 1 & 3\\0 & 0 & -1\\-1 & 0 & -1\end{pmatrix}\begin{pmatrix}-2 & 0\\-3 & 2\\3 & -1\end{pmatrix}=\begin{pmatrix}2 & -1\\-3 & 1\\-1 & 1\end{pmatrix}$$

解法二

$$(\boldsymbol{A}\ \vdots\ \boldsymbol{B})=\left(\begin{array}{ccc:cc}0 & 1 & -1 & -2 & 0\\1 & 1 & 2 & -3 & 2\\0 & -1 & 0 & 3 & -1\end{array}\right)\rightarrow\left(\begin{array}{ccc:cc}1 & 1 & 2 & -3 & 2\\0 & 1 & -1 & -2 & 0\\0 & -1 & 0 & 3 & -1\end{array}\right)$$

$$\rightarrow\left(\begin{array}{ccc:cc}1 & 0 & 0 & 2 & -1\\0 & 1 & 0 & -3 & 1\\0 & 0 & -1 & 1 & -1\end{array}\right)\rightarrow\left(\begin{array}{ccc:cc}1 & 0 & 0 & 2 & -1\\0 & 1 & 0 & -3 & 1\\0 & 0 & 1 & -1 & 1\end{array}\right)$$

得矩阵方程的解为

$$\boldsymbol{X}=\boldsymbol{A}^{-1}\boldsymbol{B}=\begin{pmatrix}2 & -1\\-3 & 1\\-1 & 1\end{pmatrix}$$

(2) 可以仿照教材中的方法，用初等列变换求 $\boldsymbol{BA}^{-1}$，但通常习惯用初等行变换求 $\boldsymbol{X}$.

因 $\boldsymbol{XA}=\boldsymbol{B}\Rightarrow\boldsymbol{A}^{\mathrm{T}}\boldsymbol{X}^{\mathrm{T}}=\boldsymbol{B}^{\mathrm{T}}\Rightarrow\boldsymbol{X}^{\mathrm{T}}=(\boldsymbol{A}^{\mathrm{T}})^{-1}\boldsymbol{B}^{\mathrm{T}}$，与题 4(1)相同，可用初等行变换先求得 $\boldsymbol{X}^{\mathrm{T}}$，从而得 $\boldsymbol{X}$. 计算如下：

$$(\boldsymbol{A}^{\mathrm{T}}\ \vdots\ \boldsymbol{B}^{\mathrm{T}})=\left(\begin{array}{ccc:cc}0&2&-3&1&2\\2&-1&3&2&-3\\1&3&-4&3&1\end{array}\right)\xrightarrow[r_2-2r_1]{r_1\leftrightarrow r_3}\left(\begin{array}{ccc:cc}1&3&-4&3&1\\0&-7&11&-4&-5\\0&2&-3&1&2\end{array}\right)$$

$$\xrightarrow{r_2+4r_3}\left(\begin{array}{ccc:cc}1&3&-4&3&1\\0&1&-1&0&3\\0&2&-3&1&2\end{array}\right)\xrightarrow[r_3-2r_2]{r_1-3r_2}\left(\begin{array}{ccc:cc}1&0&-1&3&-8\\0&1&-1&0&3\\0&0&-1&1&-4\end{array}\right)$$

$$\xrightarrow[\substack{r_2-r_3\\r_3\times(-1)}]{r_1-r_3}\left(\begin{array}{ccc:cc}1&0&0&2&-4\\0&1&0&-1&7\\0&0&1&-1&4\end{array}\right)$$

于是 $\boldsymbol{X}^{\mathrm{T}}=\begin{pmatrix}2&-4\\-1&7\\-1&4\end{pmatrix}$，从而 $\boldsymbol{X}=\begin{pmatrix}2&-1&-1\\-4&7&4\end{pmatrix}$.

习 题 3.2

1. 设 $\boldsymbol{A}=\begin{pmatrix}1&-1&1&2\\2&3&3&2\\1&1&2&1\end{pmatrix}$，$\boldsymbol{B}=\begin{pmatrix}1&3&-1&-2\\2&-1&2&3\\3&2&1&1\\1&-4&3&5\end{pmatrix}$，求 $r(\boldsymbol{A})$，$r(\boldsymbol{B})$.

解 $$\boldsymbol{A}=\begin{pmatrix}1&-1&1&2\\2&3&3&2\\1&1&2&1\end{pmatrix}\to\begin{pmatrix}1&-1&1&2\\0&5&1&-2\\0&2&1&-1\end{pmatrix}\to\begin{pmatrix}1&0&0&0\\0&5&1&-2\\0&2&1&-1\end{pmatrix}$$

$$\to\begin{pmatrix}1&0&0&0\\0&5&1&-2\\0&-3&0&1\end{pmatrix}\to\begin{pmatrix}1&0&0&0\\0&0&1&0\\0&-3&0&1\end{pmatrix}$$

$$\to\begin{pmatrix}1&0&0&0\\0&0&1&0\\0&-3&0&1\end{pmatrix}\to\begin{pmatrix}1&0&0&0\\0&0&1&0\\0&0&0&1\end{pmatrix}$$

所以 $r(\boldsymbol{A})=3$.

$$\boldsymbol{B}=\begin{pmatrix}1&3&-1&-2\\2&-1&2&3\\3&2&1&1\\1&-4&3&5\end{pmatrix}\to\begin{pmatrix}1&3&-1&-2\\0&-7&4&7\\0&-7&4&7\\0&-7&4&7\end{pmatrix}\to\begin{pmatrix}1&3&-1&-2\\0&-7&4&7\\0&0&0&0\\0&0&0&0\end{pmatrix}$$

所以 $r(\boldsymbol{B})=2$.

2. 设 $\boldsymbol{A}=\begin{pmatrix}1 & -2 & 3k\\ -1 & 2k & -3\\ k & -2 & 3\end{pmatrix}$，问 k 为何值，可使(1) $r(\boldsymbol{A})=1$；(2) $r(\boldsymbol{A})=2$；(3) $r(\boldsymbol{A})=3$.

解　对矩阵 $\boldsymbol{A}$ 作初等变换，得

$$\boldsymbol{A}=\begin{pmatrix}1 & -2 & 3k\\ -1 & 2k & -3\\ k & -2 & 3\end{pmatrix}\xrightarrow[r_3-kr_1]{r_2+r_1}\begin{pmatrix}1 & -2 & 3k\\ 0 & 2(k-1) & 3(k-1)\\ 0 & 2(k-1) & 3(1-k^2)\end{pmatrix}$$

$$\xrightarrow{r_3-r_2}\begin{pmatrix}1 & -2 & 3k\\ 0 & 2(k-1) & 3(k-1)\\ 0 & 0 & 3(2-k-k^2)\end{pmatrix}$$

$$=\begin{pmatrix}1 & -2 & 3k\\ 0 & 2(k-1) & 3(k-1)\\ 0 & 0 & -3(k-1)(k+2)\end{pmatrix}$$

故当 $k=1$ 时，$r(\boldsymbol{A})=1$；当 $k=-2$ 时，$r(\boldsymbol{A})=2$；当 $k\in\mathbf{R}$ 且 $k\neq1,k\neq-2$ 时，$r(\boldsymbol{A})=3$.

3. 确定参数 λ，使矩阵 $\begin{pmatrix}1 & 1 & \lambda^2 & -2\\ 1 & -2 & \lambda & 1\\ -2 & 1 & -2 & \lambda\end{pmatrix}$ 的秩最小.

解

$$\begin{pmatrix}1 & 1 & \lambda^2 & -2\\ 1 & -2 & \lambda & 1\\ -2 & 1 & -2 & \lambda\end{pmatrix}\to\begin{pmatrix}1 & 1 & \lambda^2 & -2\\ 0 & -3 & \lambda-\lambda^2 & 3\\ 0 & 3 & -2+2\lambda^2 & \lambda-4\end{pmatrix}$$

$$\to\begin{pmatrix}1 & 1 & \lambda^2 & -2\\ 0 & -3 & \lambda-\lambda^2 & 3\\ 0 & 0 & -2+\lambda+\lambda^2 & \lambda-1\end{pmatrix}$$

$r\begin{pmatrix}1 & 1 & \lambda^2 & -2\\ 1 & -2 & \lambda & 1\\ -2 & 1 & -2 & \lambda\end{pmatrix}\geqslant2$，要使 $r\begin{pmatrix}1 & 1 & \lambda^2 & -2\\ 1 & -2 & \lambda & 1\\ -2 & 1 & -2 & \lambda\end{pmatrix}=2$，必须 $-2+\lambda+\lambda^2=\lambda-1=0$，即 $\lambda=1$.

4. 设 $\boldsymbol{A}=\begin{pmatrix}1 & -1 & 1 & 2\\ 3 & \lambda & -1 & 2\\ 5 & 3 & \mu & 6\end{pmatrix}$，已知 $r(\boldsymbol{A})=2$，求 λ 与 μ 的值.

解 $A \xrightarrow[r_3-5r_1]{r_2-3r_1} \begin{pmatrix} 1 & -1 & 1 & 2 \\ 0 & \lambda+3 & -4 & -4 \\ 0 & 8 & \mu-5 & -4 \end{pmatrix} \xrightarrow{r_3-r_2} \begin{pmatrix} 1 & -1 & 1 & 2 \\ 0 & \lambda+3 & -4 & -4 \\ 0 & 5-\lambda & \mu-1 & 0 \end{pmatrix}$

由 $r(\boldsymbol{A})=2$,知

$$\begin{cases} 5-\lambda=0 \\ \mu-1=0 \end{cases} \Rightarrow \begin{cases} \lambda=5 \\ \mu=1 \end{cases}$$

5. 设 $\boldsymbol{A}_{4\times3}$ 且 $r(\boldsymbol{A})=3$,$\boldsymbol{B}=\begin{pmatrix} 1 & 0 & 0 \\ 0 & 2 & 0 \\ -1 & 0 & 3 \end{pmatrix}$,则 $r(\boldsymbol{AB})=$______.

解 因为 $|\boldsymbol{B}|\neq0$,$\boldsymbol{B}$ 可逆,则 $r(\boldsymbol{AB})=r(\boldsymbol{A})=3$.

6. 设矩阵 $\boldsymbol{A}$ 为 n 阶方阵,若存在 n 阶方阵 $\boldsymbol{B}\neq\boldsymbol{0}$,使 $\boldsymbol{AB}=\boldsymbol{0}$,证明:$r(\boldsymbol{A})<n$.

证 若 $r(\boldsymbol{A})<n$ 不成立,即有 $r(\boldsymbol{A})=n$,$\boldsymbol{A}$ 可逆,此时

$$\boldsymbol{AB}=\boldsymbol{0} \Rightarrow \boldsymbol{A}^{-1}\boldsymbol{AB}=\boldsymbol{A}^{-1}\boldsymbol{0} \Rightarrow \boldsymbol{B}=\boldsymbol{0}$$

矛盾,故 $r(\boldsymbol{A})<n$.

习 题 3.3

1. 利用行初等变换判断非齐次方程组解的情况,并求解下列非齐次线性方程组.

(1) $\begin{cases} x_1-3x_2-6x_3+5x_4=0 \\ 2x_1+x_2+4x_3-2x_4=1 \\ 5x_1-x_2+2x_3+x_4=7 \end{cases}$; (2) $\begin{cases} x_1-2x_2+3x_3-x_4=1 \\ 3x_1-5x_2+5x_3-3x_4=2 \\ 2x_1-3x_2+2x_3-2x_4=1 \end{cases}$.

解 (1) $\bar{\boldsymbol{A}}=\begin{pmatrix} 1 & -3 & -6 & 5 & 0 \\ 2 & 1 & 4 & -2 & 1 \\ 5 & -1 & 2 & 1 & 7 \end{pmatrix} \to \begin{pmatrix} 1 & -3 & -6 & 5 & 0 \\ 0 & 7 & 16 & -12 & 1 \\ 0 & 14 & 32 & -24 & 7 \end{pmatrix}$

$\to \begin{pmatrix} 1 & -3 & -6 & 5 & 0 \\ 0 & 7 & 16 & -12 & 1 \\ 0 & 0 & 0 & 0 & 5 \end{pmatrix}$

显然,$r(\bar{\boldsymbol{A}})=3$,而 $r(\boldsymbol{A})=2$,所以方程组无解.

(2) 对增广矩阵 $\bar{\boldsymbol{A}}$ 作初等行变换化为阶梯形矩阵.

$$\bar{\boldsymbol{A}}=\begin{pmatrix} 1 & -2 & 3 & -1 & 1 \\ 3 & -5 & 5 & -3 & 2 \\ 2 & -3 & 2 & -2 & 1 \end{pmatrix} \to \begin{pmatrix} 1 & -2 & 3 & -1 & 1 \\ 0 & 1 & -4 & 0 & -1 \\ 0 & 1 & -4 & 0 & -1 \end{pmatrix}$$

$$\to \begin{pmatrix} 1 & -2 & 3 & -1 & 1 \\ 0 & 1 & -4 & 0 & -1 \\ 0 & 0 & 0 & 0 & 0 \end{pmatrix} \to \begin{pmatrix} 1 & 0 & -5 & -1 & -1 \\ 0 & 1 & -4 & 0 & -1 \\ 0 & 0 & 0 & 0 & 0 \end{pmatrix}$$

由于 $r(\bar{\boldsymbol{A}})=r(\boldsymbol{A})=2<4$,所以方程组有无穷多解,最后矩阵所对应的方程组为

$$\begin{cases} x_1-5x_3-x_4=-1 \\ x_2-4x_3=-1 \end{cases}$$

将该方程组做如下变形：

$$\begin{cases} x_1=-1+5x_3+x_4 \\ x_2=-1+4x_3 \\ x_3=x_3 \\ x_4=x_4 \end{cases}$$

其中，x_3，x_4 作为自由未知数.

通常将该表示改写成如下向量间表示的形式：

$$\boldsymbol{x}=\begin{pmatrix} x_1 \\ x_2 \\ x_3 \\ x_4 \end{pmatrix}=\begin{pmatrix} -1 \\ -1 \\ 0 \\ 0 \end{pmatrix}+x_3\begin{pmatrix} 5 \\ 4 \\ 1 \\ 0 \end{pmatrix}+x_4\begin{pmatrix} 1 \\ 0 \\ 0 \\ 1 \end{pmatrix}$$

若记 $x_3=k_1$，$x_4=k_2$，则得方程组的一般解或通解：

$$\boldsymbol{x}=\begin{pmatrix} -1 \\ -1 \\ 0 \\ 0 \end{pmatrix}+k_1\begin{pmatrix} 5 \\ 4 \\ 1 \\ 0 \end{pmatrix}+k_2\begin{pmatrix} 1 \\ 0 \\ 0 \\ 1 \end{pmatrix} \quad (k_1,k_2 \text{ 为任意实数})$$

2. 求下列齐次线性方程组的通解.

(1) $\begin{cases} x_1+x_2-x_3-x_4=0 \\ 2x_1-5x_2+3x_3+2x_4=0 \\ 7x_1-7x_2+3x_3+x_4=0 \end{cases}$；

(2) $\begin{cases} x_1-2x_2+4x_3-7x_4=0 \\ 2x_1+x_2-2x_3+x_4=0 \\ 3x_1-x_2+2x_3-4x_4=0 \end{cases}$.

解　(1) 对方程组的系数矩阵 $\boldsymbol{A}$ 进行初等行变换化成行最简形式.

$$\boldsymbol{A}=\begin{pmatrix} 1 & 1 & -1 & -1 \\ 2 & -5 & 3 & 2 \\ 7 & -7 & 3 & 1 \end{pmatrix}\xrightarrow[r_3-7r_1]{r_2-2r_1}\begin{pmatrix} 1 & 1 & -1 & -1 \\ 0 & -7 & 5 & 4 \\ 0 & -14 & 10 & 8 \end{pmatrix}$$

$$\xrightarrow[r_1-r_2]{\substack{r_3-2r_2 \\ r_2\div(-7)}}\begin{pmatrix} 1 & 0 & -\frac{2}{7} & -\frac{3}{7} \\ 0 & 1 & -\frac{5}{7} & -\frac{4}{7} \\ 0 & 0 & 0 & 0 \end{pmatrix}$$

得最简同解方程组

$$\begin{cases} x_1 = \dfrac{2}{7}x_3 + \dfrac{3}{7}x_4 \\ x_2 = \dfrac{5}{7}x_3 + \dfrac{4}{7}x_4 \end{cases}$$

由 $r(\boldsymbol{A})=2<4=n \Rightarrow n-r(\boldsymbol{A})=4-2=2 \Rightarrow \boldsymbol{Ax}=\boldsymbol{0}$ 有两个自由未知量,取为 x_3,x_4.

令 $\begin{pmatrix} x_3 \\ x_4 \end{pmatrix}=\begin{pmatrix} 1 \\ 0 \end{pmatrix},\begin{pmatrix} 0 \\ 1 \end{pmatrix}$,则得 $\boldsymbol{Ax}=\boldsymbol{0}$ 的一个基础解系是

$$\boldsymbol{\zeta}_1=\begin{pmatrix} \frac{2}{7} \\ \frac{5}{7} \\ 1 \\ 0 \end{pmatrix},\quad \boldsymbol{\zeta}_2=\begin{pmatrix} \frac{3}{7} \\ \frac{4}{7} \\ 0 \\ 1 \end{pmatrix}$$

故 $\boldsymbol{Ax}=\boldsymbol{0}$ 的通解为

$$\boldsymbol{\zeta}=c_1\boldsymbol{\zeta}_1+c_2\boldsymbol{\zeta}_2$$

其中,c_1,c_2 为任意常数.

【若令 $\begin{pmatrix} x_3 \\ x_4 \end{pmatrix}=\begin{pmatrix} 7 \\ 0 \end{pmatrix},\begin{pmatrix} 0 \\ 7 \end{pmatrix}$,则对应有 $\begin{pmatrix} x_1 \\ x_2 \end{pmatrix}=\begin{pmatrix} 2 \\ 5 \end{pmatrix},\begin{pmatrix} 3 \\ 4 \end{pmatrix}$,从而得 $\boldsymbol{Ax}=\boldsymbol{0}$ 的一个基础解系是:

$$\boldsymbol{\xi}_1=\begin{pmatrix} 2 \\ 5 \\ 7 \\ 0 \end{pmatrix},\quad \boldsymbol{\xi}_2=\begin{pmatrix} 3 \\ 4 \\ 0 \\ 7 \end{pmatrix}$$

此时 $\boldsymbol{Ax}=\boldsymbol{0}$ 的通解为

$$\boldsymbol{\xi}=c_1\boldsymbol{\xi}_1+c_2\boldsymbol{\xi}_2$$

其中,c_1,c_2 为任意常数.】

注意:由 $\boldsymbol{Ax}=\boldsymbol{0}$ 的基础解系不唯一可知,$\boldsymbol{Ax}=\boldsymbol{0}$ 的通解也不唯一.

还可取 $\begin{pmatrix} x_3 \\ x_4 \end{pmatrix}=\begin{pmatrix} 1 \\ 1 \end{pmatrix},\begin{pmatrix} -1 \\ 1 \end{pmatrix}$,则得 $\boldsymbol{Ax}=\boldsymbol{0}$ 的基础解系为

$$\boldsymbol{\eta}_1=\begin{pmatrix} \frac{5}{7} \\ \frac{9}{7} \\ 1 \\ 1 \end{pmatrix},\quad \boldsymbol{\eta}_2=\begin{pmatrix} -\frac{1}{7} \\ \frac{1}{7} \\ 1 \\ -1 \end{pmatrix}$$

从而 $\boldsymbol{Ax}=\boldsymbol{0}$ 的通解为

$$\boldsymbol{\eta}=c_1\boldsymbol{\eta}_1+c_2\boldsymbol{\eta}_2$$

其中，c_1,c_2 为任意常数.

注意：因为 $\boldsymbol{\zeta}_1,\boldsymbol{\zeta}_2$ 与 $\boldsymbol{\xi}_1,\boldsymbol{\xi}_2$ 以及 $\boldsymbol{\eta}_1,\boldsymbol{\eta}_2$ 等价，所以通解形式虽然不一样，但表示线性方程组的解的集合是相等的.

(2) 对方程组的系数矩阵 $\boldsymbol{A}$ 进行初等行变换化成行最简形式.

$$\boldsymbol{A}=\begin{pmatrix}1&-2&4&-7\\2&1&-2&1\\3&-1&2&-4\end{pmatrix}\xrightarrow[r_3-r_2]{\substack{r_2-2r_1\\r_3-r_1}}\begin{pmatrix}1&-2&4&-7\\0&5&-10&15\\0&0&0&2\end{pmatrix}\xrightarrow[r_2-3r_3]{\substack{r_3\div 2\\r_2\div 5\\r_1+2r_2+r_3}}\begin{pmatrix}1&0&0&0\\0&1&-2&0\\0&0&0&1\end{pmatrix}$$

故
$$r(\boldsymbol{A})=3<n=4\Rightarrow n-r(\boldsymbol{A})=4-3=1.$$

令 $x_3=1$，得原线性方程组 $\boldsymbol{Ax}=\boldsymbol{0}$ 的一个基础解系为 $\boldsymbol{\xi}=(0\quad 2\quad 1\quad 0)^{\mathrm{T}}$，故 $\boldsymbol{Ax}=\boldsymbol{0}$ 的通解为

$$\boldsymbol{x}=c\boldsymbol{\xi}$$

其中，c 为任意常数.

3. λ 取何值时方程组

$$\begin{cases}(\lambda+3)x_1+x_2+2x_3=0\\\lambda x_1+(\lambda-1)x_2+x_3=0\\3(\lambda+1)x_1+\lambda x_2+(\lambda+3)x_3=0\end{cases}$$

有非零解？并求其一般解.

解　计算系数行列式

$$D=\begin{vmatrix}\lambda+3&1&2\\\lambda&\lambda-1&1\\3(\lambda+1)&\lambda&\lambda+3\end{vmatrix}=\begin{vmatrix}\lambda&1&2\\0&\lambda-1&1\\\lambda&\lambda&\lambda+3\end{vmatrix}=\begin{vmatrix}\lambda&1&2\\0&\lambda-1&1\\0&\lambda-1&\lambda+1\end{vmatrix}$$
$$=\lambda^2(\lambda-1)$$

令 $D=0$，知 $\lambda=0$ 或 $\lambda=1$ 时，方程组有非零解.

(1) 当 $\lambda=0$ 时，易求得一般解为

$$\begin{cases}x_1=-x_3\\x_2=x_3\end{cases}$$

其中，x_3 为自由未知量.

(2) 当 $\lambda=1$ 时，易求得一般解为

$$\begin{cases}x_1=-x_3\\x_2=2x_3\end{cases}$$

其中，x_3 为自由未知量.

4. 解矩阵方程 $\boldsymbol{AX}+\boldsymbol{B}=\boldsymbol{X}$，其中 $\boldsymbol{A}=\begin{pmatrix}0&1&0\\-1&1&1\\-1&0&-1\end{pmatrix}$，$\boldsymbol{B}=\begin{pmatrix}1&-1\\2&0\\5&-3\end{pmatrix}$.

解 $$(\boldsymbol{A}-\boldsymbol{E})\boldsymbol{X}=-\boldsymbol{B}\Rightarrow(\boldsymbol{E}-\boldsymbol{A})\boldsymbol{X}=\boldsymbol{B}$$

$$\boldsymbol{E}-\boldsymbol{A}=\begin{pmatrix}1&0&0\\0&1&0\\0&0&1\end{pmatrix}-\begin{pmatrix}0&1&0\\-1&1&1\\-1&0&-1\end{pmatrix}=\begin{pmatrix}1&-1&0\\1&0&-1\\1&0&2\end{pmatrix}$$

$$\left(\begin{array}{ccc:cc}1&-1&0&1&-1\\1&0&-1&2&0\\1&0&2&5&-3\end{array}\right)\rightarrow\left(\begin{array}{ccc:cc}1&-1&0&1&-1\\0&1&-1&1&1\\0&1&2&4&-2\end{array}\right)\rightarrow\left(\begin{array}{ccc:cc}1&0&0&3&-1\\0&1&0&2&0\\0&0&1&1&-1\end{array}\right)$$

$$\boldsymbol{X}=\begin{pmatrix}3&-1\\2&0\\1&-1\end{pmatrix}$$

六、考研真题解析

1. 设

$$\boldsymbol{A}=\begin{pmatrix}a_{11}&a_{12}&a_{13}&a_{14}\\a_{21}&a_{22}&a_{23}&a_{24}\\a_{31}&a_{32}&a_{33}&a_{34}\\a_{41}&a_{42}&a_{43}&a_{44}\end{pmatrix},\quad\boldsymbol{B}=\begin{pmatrix}a_{14}&a_{13}&a_{12}&a_{11}\\a_{24}&a_{23}&a_{22}&a_{21}\\a_{34}&a_{33}&a_{32}&a_{31}\\a_{44}&a_{43}&a_{42}&a_{41}\end{pmatrix}$$

$$\boldsymbol{P}_1=\begin{pmatrix}0&0&0&1\\0&1&0&0\\0&0&1&0\\1&0&0&0\end{pmatrix},\quad\boldsymbol{P}_2=\begin{pmatrix}1&0&0&0\\0&0&1&0\\0&1&0&0\\0&0&0&1\end{pmatrix}$$

其中 $\boldsymbol{A}$ 可逆,则 $\boldsymbol{B}^{-1}=($ $)$

A. $\boldsymbol{A}^{-1}\boldsymbol{P}_1\boldsymbol{P}_2$　　B. $\boldsymbol{P}_1\boldsymbol{A}^{-1}\boldsymbol{P}_2$　　C. $\boldsymbol{P}_1\boldsymbol{P}_2\boldsymbol{A}^{-1}$　　D. $\boldsymbol{P}_2\boldsymbol{A}^{-1}\boldsymbol{P}_1$

解 把矩阵 $\boldsymbol{A}$ 的 1,4 两列对换,2,3 两列对换即得到矩阵 $\boldsymbol{B}$,由初等矩阵的性质,有

$$\boldsymbol{B}=\boldsymbol{A}\boldsymbol{P}_1\boldsymbol{P}_2\quad\text{或}\quad\boldsymbol{B}=\boldsymbol{A}\boldsymbol{P}_2\boldsymbol{P}_1$$

则

$$\boldsymbol{B}^{-1}=(\boldsymbol{A}\boldsymbol{P}_2\boldsymbol{P}_1)^{-1}=\boldsymbol{P}_1^{-1}\boldsymbol{P}_2^{-1}\boldsymbol{A}^{-1}=\boldsymbol{P}_1\boldsymbol{P}_2\boldsymbol{A}^{-1}$$

故选 C.

2. 设 n 阶矩阵 $\boldsymbol{A}$ 与 $\boldsymbol{B}$ 等价,则必有( )

A. 当 $|\boldsymbol{A}|=a(a\neq0)$ 时,$|\boldsymbol{B}|=a$

B. 当 $|\boldsymbol{A}|=a(a\neq0)$ 时,$|\boldsymbol{B}|=-a$

C. 当 $|\boldsymbol{A}|\neq0$ 时,$|\boldsymbol{B}|=0$

D. 当 $|\boldsymbol{A}|=0$ 时,$|\boldsymbol{B}|=0$

解 矩阵 $\boldsymbol{A}$ 与 $\boldsymbol{B}$ 等价,即 $\boldsymbol{A}$ 经初等变换得到 $\boldsymbol{B}$. $\boldsymbol{A}$ 与 $\boldsymbol{B}$ 等价的充要条件是 $\boldsymbol{A}$ 与 $\boldsymbol{B}$

有相同的秩.

经过初等变换,其行列式的值不一定相等,可知 A,B 均不正确;若$|\boldsymbol{A}|\neq 0$,则$r(\boldsymbol{A})=n$,而$|\boldsymbol{B}|=0$,则$r(\boldsymbol{B})<n$,故 C 不正确;当$|\boldsymbol{A}|=0$时,$r(\boldsymbol{A})<n$,故$r(\boldsymbol{B})<n$,因而$|\boldsymbol{B}|=0$,即 D 正确.

故应选 D.

3. 已知$\boldsymbol{X}=\boldsymbol{AX}+\boldsymbol{B}$,其中

$$\boldsymbol{A}=\begin{pmatrix}0&1&0\\-1&1&1\\-1&0&-1\end{pmatrix},\quad \boldsymbol{B}=\begin{pmatrix}1&-1\\2&0\\5&-3\end{pmatrix}$$

求矩阵$\boldsymbol{X}$.

解　由$\boldsymbol{X}=\boldsymbol{AX}+\boldsymbol{B}$,得$(\boldsymbol{E}-\boldsymbol{A})\boldsymbol{X}=\boldsymbol{B}$,即

$$\boldsymbol{X}=(\boldsymbol{E}-\boldsymbol{A})^{-1}\boldsymbol{B}=\begin{pmatrix}1&-1&0\\1&0&-1\\1&0&2\end{pmatrix}^{-1}\begin{pmatrix}1&-1\\2&0\\5&-3\end{pmatrix}$$

$$=\frac{1}{3}\begin{pmatrix}0&2&1\\-3&2&1\\0&-1&1\end{pmatrix}\begin{pmatrix}1&-1\\2&0\\5&-3\end{pmatrix}=\begin{pmatrix}3&-1\\2&0\\1&-1\end{pmatrix}$$

4. 设n阶矩阵$\boldsymbol{A}$和$\boldsymbol{B}$满足条件$\boldsymbol{A}+\boldsymbol{B}=\boldsymbol{AB}$.

(1) 证明:$\boldsymbol{A}-\boldsymbol{E}$为可逆矩阵,其中$\boldsymbol{E}$为$n$阶单位矩阵;

(2) 已知$\boldsymbol{B}=\begin{pmatrix}1&-3&0\\2&1&0\\0&0&2\end{pmatrix}$,求矩阵$\boldsymbol{A}$.

(1) **证**　由$\boldsymbol{A}+\boldsymbol{B}=\boldsymbol{AB}$有

$$\boldsymbol{AB}-\boldsymbol{A}-\boldsymbol{B}+\boldsymbol{E}=(\boldsymbol{A}-\boldsymbol{E})(\boldsymbol{B}-\boldsymbol{E})=\boldsymbol{E}$$

故$\boldsymbol{A}-\boldsymbol{E}$可逆.

(2) **解**　由(1)知

$$\boldsymbol{A}-\boldsymbol{E}=(\boldsymbol{B}-\boldsymbol{E})^{-1}$$

故

$$\boldsymbol{A}=\boldsymbol{E}+(\boldsymbol{B}-\boldsymbol{E})^{-1}=\begin{pmatrix}1&0&0\\0&1&0\\0&0&1\end{pmatrix}+\begin{pmatrix}0&-3&0\\2&0&0\\0&0&1\end{pmatrix}^{-1}$$

$$=\begin{pmatrix}1&0&0\\0&1&0\\0&0&1\end{pmatrix}+\begin{pmatrix}0&\frac{1}{2}&0\\-\frac{1}{3}&0&0\\0&0&1\end{pmatrix}=\begin{pmatrix}1&\frac{1}{2}&0\\-\frac{1}{3}&1&0\\0&0&2\end{pmatrix}$$

5. 设矩阵 $\boldsymbol{A}=\begin{pmatrix}1&0&1\\0&2&0\\1&0&1\end{pmatrix}$，矩阵 $\boldsymbol{X}$ 满足

$$\boldsymbol{AX}+\boldsymbol{E}=\boldsymbol{A}^2+\boldsymbol{X}$$

其中，$\boldsymbol{E}$ 为三阶单位矩阵，试求出矩阵 $\boldsymbol{X}$.

解 由 $\boldsymbol{AX}+\boldsymbol{E}=\boldsymbol{A}^2+\boldsymbol{X}$，有 $\boldsymbol{AX}-\boldsymbol{X}=\boldsymbol{A}^2-\boldsymbol{E}$，即

$$(\boldsymbol{A}-\boldsymbol{E})\boldsymbol{X}=(\boldsymbol{A}-\boldsymbol{E})(\boldsymbol{A}+\boldsymbol{E})$$

由 $\boldsymbol{A}-\boldsymbol{E}=\begin{pmatrix}0&0&1\\0&1&0\\1&0&0\end{pmatrix}$，知 $|\boldsymbol{A}-\boldsymbol{E}|=-1\neq0$，故 $\boldsymbol{A}-\boldsymbol{E}$ 可逆. 因此

$$\begin{aligned}\boldsymbol{X}&=(\boldsymbol{A}-\boldsymbol{E})^{-1}(\boldsymbol{A}-\boldsymbol{E})(\boldsymbol{A}+\boldsymbol{E})\\&=\boldsymbol{A}+\boldsymbol{E}=\begin{pmatrix}1&0&1\\0&2&0\\1&0&1\end{pmatrix}+\begin{pmatrix}1&0&0\\0&1&0\\0&0&1\end{pmatrix}=\begin{pmatrix}2&0&1\\0&3&0\\1&0&2\end{pmatrix}\end{aligned}$$

6. 设矩阵 $\boldsymbol{A},\boldsymbol{B}$ 满足 $\boldsymbol{A}^*\boldsymbol{BA}=2\boldsymbol{BA}-8\boldsymbol{E}$，其中 $\boldsymbol{A}=\begin{pmatrix}1&0&0\\0&-2&0\\0&0&1\end{pmatrix}$，$\boldsymbol{E}$ 为单位矩阵，$\boldsymbol{A}^*$ 为 $\boldsymbol{A}$ 的伴随矩阵，则 $\boldsymbol{B}=$______.

解 在等式 $\boldsymbol{A}^*\boldsymbol{BA}=2\boldsymbol{BA}-8\boldsymbol{E}$ 的两边左乘 $\boldsymbol{A}$，右乘 $\boldsymbol{A}^{-1}$ 得

$$\boldsymbol{A}(\boldsymbol{A}^*\boldsymbol{BA})\boldsymbol{A}^{-1}=2\boldsymbol{A}(\boldsymbol{BA})\boldsymbol{A}^{-1}-\boldsymbol{A}(8\boldsymbol{E})\boldsymbol{A}^{-1}$$

$$(\boldsymbol{AA}^*)\boldsymbol{BE}=2\boldsymbol{AB}-8\boldsymbol{E}$$

而

$$\boldsymbol{AA}^*=|\boldsymbol{A}|\boldsymbol{E}=-2\boldsymbol{E}$$

故上式变为

$$-2\boldsymbol{B}=2\boldsymbol{AB}-8\boldsymbol{E},\quad(\boldsymbol{A}+\boldsymbol{E})\boldsymbol{B}=4\boldsymbol{E}$$

$$\boldsymbol{B}=4(\boldsymbol{A}+\boldsymbol{E})^{-1}=4\begin{pmatrix}2&0&0\\0&-1&0\\0&0&2\end{pmatrix}^{-1}=\begin{pmatrix}2&0&0\\0&-4&0\\0&0&2\end{pmatrix}$$

7. 已知 $\boldsymbol{AB}-\boldsymbol{B}=\boldsymbol{A}$，其中

$$\boldsymbol{B}=\begin{pmatrix}1&-2&0\\2&1&0\\0&0&2\end{pmatrix}$$

则 $\boldsymbol{A}=$______.

解 由 $\boldsymbol{AB}-\boldsymbol{B}=\boldsymbol{A}$ 得 $\boldsymbol{AB}-\boldsymbol{A}=\boldsymbol{B}$，即 $\boldsymbol{A}(\boldsymbol{B}-\boldsymbol{E})=\boldsymbol{B}$.

因为 $\boldsymbol{B}-\boldsymbol{E}=\begin{pmatrix}0&-2&0\\2&0&0\\0&0&1\end{pmatrix}$ 可逆，故

$$\boldsymbol{A}=\boldsymbol{B}(\boldsymbol{B}-\boldsymbol{E})^{-1}=\begin{pmatrix}1&-2&0\\2&1&0\\0&0&2\end{pmatrix}\begin{pmatrix}0&-2&0\\2&0&0\\0&0&1\end{pmatrix}^{-1}$$

$$=\begin{pmatrix}1&-2&0\\2&1&0\\0&0&2\end{pmatrix}\begin{pmatrix}0&\frac{1}{2}&0\\-\frac{1}{2}&0&0\\0&0&1\end{pmatrix}=\begin{pmatrix}1&\frac{1}{2}&0\\-\frac{1}{2}&1&0\\0&0&2\end{pmatrix}$$

8. 设 $\boldsymbol{A},\boldsymbol{B},\boldsymbol{C}$ 均为 n 阶矩阵，$\boldsymbol{E}$ 为 n 阶单位矩阵，若 $\boldsymbol{B}=\boldsymbol{E}+\boldsymbol{AB}$，$\boldsymbol{C}=\boldsymbol{A}+\boldsymbol{CA}$，则 $\boldsymbol{B}-\boldsymbol{C}=$(　　)

A. $\boldsymbol{E}$　　B. $-\boldsymbol{E}$　　C. $\boldsymbol{A}$　　D. $-\boldsymbol{A}$

解　由

$$\boldsymbol{B}=\boldsymbol{E}+\boldsymbol{AB},\quad \boldsymbol{B}-\boldsymbol{AB}=\boldsymbol{E},\quad (\boldsymbol{E}-\boldsymbol{A})\boldsymbol{B}=\boldsymbol{E},\quad \boldsymbol{B}=(\boldsymbol{E}-\boldsymbol{A})^{-1}$$

$$\boldsymbol{C}=\boldsymbol{A}+\boldsymbol{CA},\quad \boldsymbol{C}(\boldsymbol{E}-\boldsymbol{A})=\boldsymbol{A},\quad \boldsymbol{C}=\boldsymbol{A}(\boldsymbol{E}-\boldsymbol{A})^{-1}$$

故

$$\boldsymbol{B}-\boldsymbol{C}=(\boldsymbol{E}-\boldsymbol{A})^{-1}-\boldsymbol{A}(\boldsymbol{E}-\boldsymbol{A})^{-1}=(\boldsymbol{E}-\boldsymbol{A})(\boldsymbol{E}-\boldsymbol{A})^{-1}=\boldsymbol{E}$$

因此应选 A.

9. 设 $\boldsymbol{A},\boldsymbol{B}$ 都是 n 阶非零矩阵，且 $\boldsymbol{AB}=\boldsymbol{0}$，则 $\boldsymbol{A}$ 和 $\boldsymbol{B}$ 的秩(　　).

A. 必有一个等于 0　　B. 都小于 n

C. 一个小于 n，一个等于 n　　D. 都等于 n

解　由命题，若 $\boldsymbol{A}$ 是 $m\times n$ 矩阵，$\boldsymbol{B}$ 是 $n\times s$ 矩阵，$\boldsymbol{AB}=\boldsymbol{0}$，则

$$r(\boldsymbol{A})+r(\boldsymbol{B})\leqslant n$$

又 $\boldsymbol{A},\boldsymbol{B}$ 为非零矩阵，故 $r(\boldsymbol{A})\geqslant 1$，$r(\boldsymbol{B})\geqslant 1$.

综上所得，应选 B.

10. 设矩阵 $\boldsymbol{A}=\begin{pmatrix}k&1&1&1\\1&k&1&1\\1&1&k&1\\1&1&1&k\end{pmatrix}$，且 $r(\boldsymbol{A})=3$，则 $k=$______.

解　$|\boldsymbol{A}|=\begin{vmatrix}k&1&1&1\\1&k&1&1\\1&1&k&1\\1&1&1&k\end{vmatrix}=\begin{vmatrix}k+3&1&1&1\\k+3&k&1&1\\k+3&1&k&1\\k+3&1&1&k\end{vmatrix}$

$$=(k+3)\begin{vmatrix}1&1&1&1\\1&k&1&1\\1&1&k&1\\1&1&1&k\end{vmatrix}=(k+3)\begin{vmatrix}1&1&1&1\\0&k-1&0&0\\0&0&k-1&0\\0&0&0&k-1\end{vmatrix}$$

$$=(k+3)(k-1)^3$$

由 $r(\boldsymbol{A})=3$,知 $|\boldsymbol{A}|=0$,则 $k=-3$ 或 $k=1$.

当 $k=1$ 时

$$\boldsymbol{A}=\begin{pmatrix}1&1&1&1\\1&1&1&1\\1&1&1&1\\1&1&1&1\end{pmatrix}\rightarrow\begin{pmatrix}1&1&1&1\\0&0&0&0\\0&0&0&0\\0&0&0&0\end{pmatrix}$$

此时 $r(\boldsymbol{A})=1$.

故必有 $k=-3$.

11. 设

$$\boldsymbol{A}=\begin{pmatrix}a_{11}&a_{12}&a_{13}\\a_{21}&a_{22}&a_{23}\\a_{31}&a_{32}&a_{33}\end{pmatrix},\quad \boldsymbol{B}=\begin{pmatrix}a_{21}&a_{22}&a_{23}\\a_{11}&a_{12}&a_{13}\\a_{31}+a_{11}&a_{32}+a_{12}&a_{33}+a_{13}\end{pmatrix}$$

$$\boldsymbol{P}_1=\begin{pmatrix}0&1&0\\1&0&0\\0&0&1\end{pmatrix},\quad \boldsymbol{P}_2=\begin{pmatrix}1&0&0\\0&1&0\\1&0&1\end{pmatrix}$$

则必有(   )

A. $\boldsymbol{AP}_1\boldsymbol{P}_2=\boldsymbol{B}$ B. $\boldsymbol{AP}_2\boldsymbol{P}_1=\boldsymbol{B}$ C. $\boldsymbol{P}_1\boldsymbol{P}_2\boldsymbol{A}=\boldsymbol{B}$ D. $\boldsymbol{P}_2\boldsymbol{P}_1\boldsymbol{A}=\boldsymbol{B}$

解 $\boldsymbol{A}$ 经过两次初等行变换得到 $\boldsymbol{B}$,根据初等矩阵的性质,左乘初等矩阵为行变换,右乘初等矩阵为列变换,故排除 A 和 B. $\boldsymbol{P}_1\boldsymbol{P}_2\boldsymbol{A}$ 表示把 $\boldsymbol{A}$ 的第 1 行加至第 3 行后,再 1、2 两行互换,这正是矩阵 $\boldsymbol{B}$. 故选 C.

12. 设 $\boldsymbol{A}$ 是三阶方阵,将 $\boldsymbol{A}$ 的第 1 列与第 2 列交换得 $\boldsymbol{B}$,再把 $\boldsymbol{B}$ 的第 2 列加到第 3 列上得到 $\boldsymbol{C}$,则满足 $\boldsymbol{AQ}=\boldsymbol{C}$ 的可逆矩阵 $\boldsymbol{Q}$ 为(   )

A. $\begin{pmatrix}0&1&0\\1&0&0\\1&0&1\end{pmatrix}$ B. $\begin{pmatrix}0&1&0\\1&0&1\\0&0&1\end{pmatrix}$ C. $\begin{pmatrix}0&1&0\\1&0&0\\0&1&1\end{pmatrix}$ D. $\begin{pmatrix}0&1&1\\1&0&0\\0&0&1\end{pmatrix}$

解 由题意,用初等矩阵描述,有

$$\boldsymbol{A}\begin{pmatrix}0&1&0\\1&0&0\\0&0&1\end{pmatrix}=\boldsymbol{B},\quad \boldsymbol{B}\begin{pmatrix}1&0&0\\0&1&1\\0&0&1\end{pmatrix}=\boldsymbol{C}$$

故

$$A\begin{pmatrix}0&1&0\\1&0&0\\0&0&1\end{pmatrix}\begin{pmatrix}1&0&0\\0&1&1\\0&0&1\end{pmatrix}=C$$

从而

$$Q=\begin{pmatrix}0&1&0\\1&0&0\\0&0&1\end{pmatrix}\begin{pmatrix}1&0&0\\0&1&1\\0&0&1\end{pmatrix}=\begin{pmatrix}0&1&1\\1&0&0\\0&0&1\end{pmatrix}$$

故应选 D.

13. 已知矩阵

$$A=\begin{pmatrix}1&0&0\\1&1&0\\1&1&1\end{pmatrix},\quad B=\begin{pmatrix}0&1&1\\1&0&1\\1&1&0\end{pmatrix}$$

且矩阵 X 满足 $AXA+BXB=AXB+BXA+E$，其中 E 为三阶单位矩阵，求 X.

解　由

$$(AXA-AXB)+(BXB-BXA)=E$$

$$AX(A-B)+BX(B-A)=E$$

即

$$(A-B)X(A-B)=E$$

而　$|A-B|=\begin{vmatrix}1&-1&-1\\0&1&-1\\0&0&1\end{vmatrix}=1\neq0$，故 $A-B$ 可逆，则

$$X=(A-B)^{-1}(A-B)^{-1}=[(A-B)^{-1}]^2$$

$$A-B=\begin{pmatrix}1&-1&-1\\0&1&-1\\0&0&1\end{pmatrix}$$

$$(A-B)^{-1}=\begin{pmatrix}1&1&2\\0&1&1\\0&0&1\end{pmatrix}$$

故　$$X=[(A-B)^{-1}]^2=\begin{pmatrix}1&1&2\\0&1&1\\0&0&1\end{pmatrix}\begin{pmatrix}1&1&2\\0&1&1\\0&0&1\end{pmatrix}=\begin{pmatrix}1&2&5\\0&1&2\\0&0&1\end{pmatrix}$$

14. 设 X 为三维单位向量，E 为三阶单位矩阵，则矩阵 $E-XX^{\mathrm{T}}$ 的秩为______

解　令 $A=E-XX^{\mathrm{T}}$，$A^2=(E-XX^{\mathrm{T}})(E-XX^{\mathrm{T}})=E-XX^{\mathrm{T}}-XX^{\mathrm{T}}+XX^{\mathrm{T}}=E-XX^{\mathrm{T}}=A$，即

$$A^2=A$$

所以
$$r(\boldsymbol{A})+r(\boldsymbol{E}-\boldsymbol{A})=3$$
又因为 $r(\boldsymbol{E}-\boldsymbol{A})=r(\boldsymbol{X}\boldsymbol{X}^{\mathrm{T}})=r(\boldsymbol{X})=1$，所以 $r(\boldsymbol{A})=2$.

15. 设 $\boldsymbol{A}$ 为三阶矩阵，$\boldsymbol{P}$ 为三阶可逆矩阵，且 $\boldsymbol{P}^{-1}\boldsymbol{A}\boldsymbol{P}=\begin{pmatrix}1&0&0\\0&1&0\\0&0&2\end{pmatrix}$. 若 $\boldsymbol{P}=(\boldsymbol{\alpha}_1,\boldsymbol{\alpha}_2,\boldsymbol{\alpha}_3)$，$\boldsymbol{Q}=(\boldsymbol{\alpha}_1+\boldsymbol{\alpha}_2,\boldsymbol{\alpha}_2,\boldsymbol{\alpha}_3)$，则 $\boldsymbol{Q}^{-1}\boldsymbol{A}\boldsymbol{Q}=($　　$)$

A. $\begin{pmatrix}1&0&0\\0&2&0\\0&0&1\end{pmatrix}$　　B. $\begin{pmatrix}1&0&0\\0&1&0\\0&0&2\end{pmatrix}$　　C. $\begin{pmatrix}2&0&0\\0&1&0\\0&0&2\end{pmatrix}$　　D. $\begin{pmatrix}2&0&0\\0&2&0\\0&0&1\end{pmatrix}$

解
$$\boldsymbol{Q}=(\boldsymbol{\alpha}_1+\boldsymbol{\alpha}_2,\boldsymbol{\alpha}_2,\boldsymbol{\alpha}_3)=\boldsymbol{P}\begin{pmatrix}1&0&0\\1&1&0\\0&0&1\end{pmatrix}$$
$$\boldsymbol{Q}^{-1}\boldsymbol{A}\boldsymbol{Q}=\begin{pmatrix}1&0&0\\1&1&0\\0&0&1\end{pmatrix}^{-1}\boldsymbol{P}^{-1}\boldsymbol{A}\boldsymbol{P}\begin{pmatrix}1&0&0\\1&1&0\\0&0&1\end{pmatrix}$$
$$=\begin{pmatrix}1&0&0\\-1&1&0\\0&0&1\end{pmatrix}\begin{pmatrix}1&0&0\\0&1&0\\0&0&2\end{pmatrix}\begin{pmatrix}1&0&0\\1&1&0\\0&0&1\end{pmatrix}=\begin{pmatrix}1&0&0\\0&1&0\\0&0&2\end{pmatrix}$$
故应选 B.

16. 已知 $\boldsymbol{A}=\begin{pmatrix}1&a&0&0\\0&1&a&0\\0&0&1&a\\a&0&0&1\end{pmatrix}$，$\boldsymbol{\beta}=\begin{pmatrix}1\\-1\\0\\0\end{pmatrix}$.

(1) 计算行列式 $|\boldsymbol{A}|$.

(2) 当实数 a 为何值时，方程组 $\boldsymbol{A}\boldsymbol{x}=\boldsymbol{\beta}$ 有无穷多解，并求其通解.

解 (1) $|\boldsymbol{A}|=1+(-1)^5a\cdot a^3=1-a^4$.

(2) 当 $a=1$ 及 $a=-1$ 时，$\boldsymbol{A}\boldsymbol{x}=\boldsymbol{\beta}$ 有无穷多解.

当 $a=1$ 时，
$$\bar{\boldsymbol{A}}=\left(\begin{array}{cccc:c}1&1&0&0&1\\0&1&1&0&-1\\0&0&1&1&0\\1&0&0&1&0\end{array}\right)\to\left(\begin{array}{cccc:c}1&0&0&1&2\\0&1&0&-1&-1\\0&0&1&1&0\\0&0&0&0&0\end{array}\right)$$
通解为 $\boldsymbol{x}=k\begin{pmatrix}-1\\1\\-1\\1\end{pmatrix}+\begin{pmatrix}2\\-1\\0\\0\end{pmatrix}$ (k 为任意常数).

当 $a=-1$ 时，

$$\overline{A}=\left(\begin{array}{cccc:c}1 & -1 & 0 & 0 & 1\\0 & 1 & -1 & 0 & -1\\0 & 0 & 1 & -1 & 0\\-1 & 0 & 0 & 1 & 0\end{array}\right)\rightarrow\left(\begin{array}{cccc:c}1 & 0 & 0 & -1 & 0\\0 & 1 & 0 & -1 & -1\\0 & 0 & 1 & -1 & 0\\0 & 0 & 0 & 0 & 0\end{array}\right)$$

通解为 $\boldsymbol{x}=k\begin{pmatrix}1\\1\\1\\1\end{pmatrix}+\begin{pmatrix}0\\-1\\0\\0\end{pmatrix}$（$k$ 为任意常数）.

17. 设 $\boldsymbol{A}=(a_{ij})$ 是三阶非零矩阵，$|\boldsymbol{A}|$ 为 $\boldsymbol{A}$ 的行列式. A_{ij} 为 a_{ij} 的代数余子式，若 $a_{ij}+A_{ij}=0\ (i,j=1,2,3)$，则 $|\boldsymbol{A}|=$______.

解　由已知 $A_{ij}+a_{ij}=0$，得 $A_{ij}=-a_{ij}$，即 $\boldsymbol{A}^*=-\boldsymbol{A}^{\mathrm{T}}$.

两边取行列式得 $|\boldsymbol{A}^*|=|-\boldsymbol{A}^{\mathrm{T}}|\Rightarrow|\boldsymbol{A}^*|=-|\boldsymbol{A}|$.

又因为 $|\boldsymbol{A}^*|=|\boldsymbol{A}|^{n-1}=|\boldsymbol{A}|^2$，从而 $|\boldsymbol{A}|^2=-|\boldsymbol{A}|\Rightarrow|\boldsymbol{A}|=0$ 或 $|\boldsymbol{A}|=-1$.

由 $\boldsymbol{A}^*=-\boldsymbol{A}^{\mathrm{T}}\Rightarrow\boldsymbol{A}^{\mathrm{T}}\boldsymbol{A}=-|\boldsymbol{A}|\boldsymbol{E}$，若 $|\boldsymbol{A}|=0$，则 $\boldsymbol{A}^{\mathrm{T}}\boldsymbol{A}=\boldsymbol{0}$，与已知 $\boldsymbol{A}$ 为三阶非零矩阵相矛盾.

故 $|\boldsymbol{A}|=-1$.

18. 设 $\boldsymbol{A}=\begin{pmatrix}1 & a\\1 & 0\end{pmatrix}$，$\boldsymbol{B}=\begin{pmatrix}0 & 1\\1 & b\end{pmatrix}$，当 a,b 为何值时，存在矩阵 $\boldsymbol{C}$ 使得 $\boldsymbol{AC}-\boldsymbol{CA}=\boldsymbol{B}$，并求所有矩阵 $\boldsymbol{C}$.

解　设矩阵 $\boldsymbol{C}=\begin{pmatrix}x_1 & x_2\\x_3 & x_4\end{pmatrix}$，则

$$\boldsymbol{AC}=\begin{pmatrix}1 & a\\1 & 0\end{pmatrix}\begin{pmatrix}x_1 & x_2\\x_3 & x_4\end{pmatrix}=\begin{pmatrix}x_1+ax_3 & x_2+ax_4\\x_1 & x_2\end{pmatrix}$$

$$\boldsymbol{CA}=\begin{pmatrix}x_1 & x_2\\x_3 & x_4\end{pmatrix}\begin{pmatrix}1 & a\\1 & 0\end{pmatrix}=\begin{pmatrix}x_1+x_2 & ax_1\\x_3+x_4 & ax_3\end{pmatrix}$$

$$\begin{aligned}\boldsymbol{AC}-\boldsymbol{CA}&=\begin{pmatrix}x_1+ax_3 & x_2+ax_4\\x_1 & x_2\end{pmatrix}-\begin{pmatrix}x_1+x_2 & ax_1\\x_3+x_4 & ax_3\end{pmatrix}\\&=\begin{pmatrix}-x_2+ax_3 & -ax_1+x_2+ax_4\\x_1-x_3-x_4 & x_2-ax_3\end{pmatrix}\end{aligned}$$

由 $\boldsymbol{AC}-\boldsymbol{CA}=\boldsymbol{B}$，得

$$\begin{cases}-x_2+ax_3=0\\-ax_1+x_2+ax_4=1\\x_1-x_3-x_4=1\\x_2-ax_3=b\end{cases}$$

此为四元非齐次线性方程组，欲使得矩阵 $\boldsymbol{C}$ 存在，则此非齐次线性方程组必有解，而该非齐次线性方程组对应的增广矩阵为

$$\overline{\boldsymbol{A}}=\begin{pmatrix}0&-1&a&0&0\\-a&1&0&a&1\\1&0&-1&-1&1\\0&1&-a&0&b\end{pmatrix}\to\begin{pmatrix}1&0&-1&-1&1\\0&1&-a&0&0\\0&0&0&0&b\\0&0&0&0&1+a\end{pmatrix}$$

所以当 $1+a=0,b=0$，即 $a=-1,b=0$ 时，非齐次线性方程组有解，存在矩阵 $\boldsymbol{C}$，使得 $\boldsymbol{AC}-\boldsymbol{CA}=\boldsymbol{B}$.

又 $\overline{\boldsymbol{A}}\to\begin{pmatrix}1&0&-1&-1&1\\0&1&1&0&0\\0&0&0&0&0\\0&0&0&0&0\end{pmatrix}$，所以

$$\boldsymbol{x}=\begin{pmatrix}x_1\\x_2\\x_3\\x_4\end{pmatrix}=c_1\begin{pmatrix}1\\-1\\1\\0\end{pmatrix}+c_2\begin{pmatrix}1\\0\\0\\1\end{pmatrix}+\begin{pmatrix}1\\0\\0\\0\end{pmatrix}=\begin{pmatrix}c_1+c_2+1\\-c_1\\c_1\\c_2\end{pmatrix}$$

所以

$$\boldsymbol{C}=\begin{pmatrix}c_1+c_2+1&-c_1\\c_1&c_2\end{pmatrix}\quad(c_1,c_2\text{ 为任意实数})$$

19. 设矩阵 $\boldsymbol{A}=\begin{pmatrix}1&-2&3&-4\\0&1&-1&1\\1&2&0&-3\end{pmatrix}$，$\boldsymbol{E}$ 为三阶单位矩阵.

(1) 求方程组 $\boldsymbol{Ax}=\boldsymbol{0}$ 的一个基础解系；

(2) 求满足 $\boldsymbol{AB}=\boldsymbol{E}$ 的所有矩阵 $\boldsymbol{B}$.

解　解法 1

$$(\boldsymbol{A}\,\vdots\,\boldsymbol{E})=\left(\begin{array}{cccc:ccc}1&-2&3&-4&1&0&0\\0&1&-1&1&0&1&0\\1&2&0&-3&0&0&1\end{array}\right)\to\left(\begin{array}{cccc:ccc}1&-2&3&-4&1&0&0\\0&1&-1&1&0&1&0\\0&4&-3&1&-1&0&1\end{array}\right)$$

$$\to\left(\begin{array}{cccc:ccc}1&-2&3&-4&1&0&0\\0&1&-1&1&0&1&0\\0&0&1&-3&-1&-4&1\end{array}\right)\to\left(\begin{array}{cccc:ccc}1&0&0&1&2&6&-1\\0&1&0&-2&-1&-3&1\\0&0&1&-3&-1&-4&1\end{array}\right)$$

(1) $\boldsymbol{Ax}=\boldsymbol{0}$ 的基础解系为 $\boldsymbol{\xi}=(-1,2,3,1)^{\mathrm{T}}$.

(2) $\boldsymbol{e}_1=(1,0,0)^{\mathrm{T}},\boldsymbol{e}_2=(0,1,0)^{\mathrm{T}},\boldsymbol{e}_3=(0,0,1)^{\mathrm{T}}$.

$\boldsymbol{Ax}=\boldsymbol{e}_1$ 的通解为 $\boldsymbol{x}=k_1\boldsymbol{\xi}+(2,-1,-1,0)^{\mathrm{T}}=(2-k_1,-1+2k_1,-1+3k_1,k_1)^{\mathrm{T}}$，

$\boldsymbol{Ax}=\boldsymbol{e}_2$ 的通解为 $\boldsymbol{x}=k_2\boldsymbol{\xi}+(6,-3,-4,0)^{\mathrm{T}}=(6-k_2,-3+2k_2,-4+3k_2,k_2)^{\mathrm{T}}$，

$\boldsymbol{Ax}=\boldsymbol{e}_3$ 的通解为 $\boldsymbol{x}=k_3\boldsymbol{\xi}+(-1,1,1,0)^{\mathrm{T}}=(-1-k_3,1+2k_3,1+3k_3,k_3)^{\mathrm{T}}$，

所以
$$\boldsymbol{B}=\begin{pmatrix}2-k_1 & 6-k_2 & -1-k_3\\ -1+2k_1 & -3+2k_2 & 1+2k_3\\ -1+3k_1 & -4+3k_2 & 1+3k_3\\ k_1 & k_2 & k_3\end{pmatrix}\ (k_1,k_2,k_3\ \text{为任意常数})$$

解法 2

(1)
$$\boldsymbol{A}=\begin{pmatrix}1 & -2 & 3 & -4\\ 0 & 1 & -1 & 1\\ 1 & 2 & 0 & -3\end{pmatrix}\to\begin{pmatrix}1 & -2 & 3 & -4\\ 0 & 1 & -1 & 1\\ 0 & 4 & -3 & 1\end{pmatrix}\to\begin{pmatrix}1 & -2 & 3 & -4\\ 0 & 1 & -1 & 1\\ 0 & 0 & 1 & -3\end{pmatrix}$$
$$\to\begin{pmatrix}1 & -2 & 0 & 5\\ 0 & 1 & 0 & -2\\ 0 & 0 & 1 & -3\end{pmatrix}\to\begin{pmatrix}1 & 0 & 0 & 1\\ 0 & 1 & 0 & -2\\ 0 & 0 & 1 & -3\end{pmatrix}$$

则方程组 $\boldsymbol{Ax}=\boldsymbol{0}$ 的一个基础解系为 $\boldsymbol{\xi}=(-1,2,3,1)^{\mathrm{T}}$.

(2) 令
$$\boldsymbol{B}=\begin{pmatrix}x_1 & x_2 & x_3\\ x_4 & x_5 & x_6\\ x_7 & x_8 & x_9\\ x_{10} & x_{11} & x_{12}\end{pmatrix},\text{则}$$

$$\boldsymbol{AB}=\begin{pmatrix}1 & -2 & 3 & -4\\ 0 & 1 & -1 & 1\\ 1 & 2 & 0 & -3\end{pmatrix}\begin{pmatrix}x_1 & x_2 & x_3\\ x_4 & x_5 & x_6\\ x_7 & x_8 & x_9\\ x_{10} & x_{11} & x_{12}\end{pmatrix}$$
$$=\begin{pmatrix}x_1-2x_4+3x_7-4x_{10} & x_2-2x_5+3x_8-4x_{11} & x_3-2x_6+3x_9-4x_{12}\\ x_4-x_7+x_{10} & x_5-x_8+x_{11} & x_6-x_9+x_{12}\\ x_1+2x_4-3x_{10} & x_2+2x_5-3x_{11} & x_3+2x_6-3x_{12}\end{pmatrix}$$

由 $\boldsymbol{AB}=\boldsymbol{E}$ 得

$$\begin{cases}x_1-2x_4+3x_7-4x_{10}=1\\ x_4-x_7+x_{10}=0\\ x_1+2x_4-3x_{10}=0\end{cases},\quad\begin{cases}x_2-2x_5+3x_8-4x_{11}=0\\ x_5-x_8+x_{11}=1\\ x_2+2x_5-3x_{11}=0\end{cases},\quad\begin{cases}x_3-2x_6+3x_9-4x_{12}=0\\ x_6-x_9+x_{12}=0\\ x_3+2x_6-3x_{12}=1\end{cases}$$

由

$$\begin{pmatrix}1 & -2 & 3 & -4 & 1\\ 0 & 1 & -1 & 1 & 0\\ 1 & 2 & 0 & -3 & 0\end{pmatrix}\to\begin{pmatrix}1 & -2 & 3 & -4 & 1\\ 0 & 1 & -1 & 1 & 0\\ 0 & 4 & -3 & 1 & -1\end{pmatrix}\to\begin{pmatrix}1 & -2 & 3 & -4 & 1\\ 0 & 1 & -1 & 1 & 0\\ 0 & 0 & 1 & -3 & -1\end{pmatrix}$$
$$\to\begin{pmatrix}1 & -2 & 0 & 5 & 4\\ 0 & 1 & 0 & -2 & -1\\ 0 & 0 & 1 & -3 & -1\end{pmatrix}\to\begin{pmatrix}1 & 0 & 0 & 1 & 2\\ 0 & 1 & 0 & -2 & -1\\ 0 & 0 & 1 & -3 & -1\end{pmatrix}$$

得

$$\begin{pmatrix} x_1 \\ x_4 \\ x_7 \\ x_{10} \end{pmatrix} = k_1 \begin{pmatrix} -1 \\ 2 \\ 3 \\ 1 \end{pmatrix} + \begin{pmatrix} 2 \\ -1 \\ -1 \\ 0 \end{pmatrix} = \begin{pmatrix} 2-k_1 \\ 2k_1-1 \\ 3k_1-1 \\ k_1 \end{pmatrix}$$

$$\begin{pmatrix} 1 & -2 & 3 & -4 & 0 \\ 0 & 1 & -1 & 1 & 1 \\ 1 & 2 & 0 & -3 & 0 \end{pmatrix} \to \begin{pmatrix} 1 & -2 & 3 & -4 & 0 \\ 0 & 1 & -1 & 1 & 1 \\ 0 & 4 & -3 & 1 & 0 \end{pmatrix}$$

$$\to \begin{pmatrix} 1 & -2 & 3 & -4 & 0 \\ 0 & 1 & -1 & 1 & 1 \\ 0 & 0 & 1 & -3 & -4 \end{pmatrix} \to \begin{pmatrix} 1 & 0 & 0 & 1 & 6 \\ 0 & 1 & 0 & -2 & -3 \\ 0 & 0 & 1 & -3 & -4 \end{pmatrix}$$

得

$$\begin{pmatrix} x_2 \\ x_5 \\ x_8 \\ x_{11} \end{pmatrix} = k_2 \begin{pmatrix} -1 \\ 2 \\ 3 \\ 1 \end{pmatrix} + \begin{pmatrix} 6 \\ -3 \\ -4 \\ 0 \end{pmatrix} = \begin{pmatrix} 6-k_2 \\ 2k_2-3 \\ 3k_2-4 \\ k_2 \end{pmatrix}$$

$$\begin{pmatrix} 1 & -2 & 3 & -4 & 0 \\ 0 & 1 & -1 & 1 & 0 \\ 1 & 2 & 0 & -3 & 1 \end{pmatrix} \to \begin{pmatrix} 1 & -2 & 3 & -4 & 0 \\ 0 & 1 & -1 & 1 & 0 \\ 0 & 4 & -3 & 1 & 1 \end{pmatrix}$$

$$\to \begin{pmatrix} 1 & -2 & 3 & -4 & 0 \\ 0 & 1 & -1 & 1 & 0 \\ 0 & 0 & 1 & -3 & 1 \end{pmatrix} \to \begin{pmatrix} 1 & 0 & 0 & 1 & -1 \\ 0 & 1 & 0 & -2 & 1 \\ 0 & 0 & 1 & -3 & 1 \end{pmatrix}$$

得

$$\begin{pmatrix} x_3 \\ x_6 \\ x_9 \\ x_{12} \end{pmatrix} = k_3 \begin{pmatrix} -1 \\ 2 \\ 3 \\ 1 \end{pmatrix} + \begin{pmatrix} -1 \\ 1 \\ 1 \\ 0 \end{pmatrix} = \begin{pmatrix} -1-k_3 \\ 2k_3+1 \\ 3k_3+1 \\ k_3 \end{pmatrix}$$

所以

$$\boldsymbol{B} = \begin{pmatrix} 2-k_1 & 6-k_2 & -1-k_3 \\ 2k_1-1 & 2k_2-3 & 2k_3+1 \\ 3k_1-1 & 3k_2-4 & 3k_3+1 \\ k_1 & k_2 & k_3 \end{pmatrix} \quad (\text{其中 } k_1, k_2, k_3 \text{ 为任意常数})$$

七、自测题

1. 填空题

(1) 若$\begin{cases}\lambda x_1+2x_2-2x_3=0\\ 2x_1-x_2-\lambda x_3=0\\ 3x_1+x_2-x_3=0\end{cases}$有非零解，则 $\lambda=$______.

(2) 非齐次线性方程组 $x_1+2x_2+3x_3+\cdots+nx_n=1$ 的通解为______.

(3) 设 $\boldsymbol{A}$ 为 5×4 矩阵，$r(\boldsymbol{A})=3$，$\boldsymbol{\alpha}_1=(1,2,3,4)^{\mathrm{T}}$，$\boldsymbol{\alpha}_2=(0,1,1,3)^{\mathrm{T}}$ 是方程组 $\boldsymbol{AX}=\boldsymbol{b}$ 的两个解，则该方程组的通解为______.

(4) 设 $\boldsymbol{A}$ 为 $m\times n$ 矩阵，非齐次线性方程组 $\boldsymbol{AX}=\boldsymbol{b}$ 有唯一解的充要条件是______.

(5) 设 $\boldsymbol{A},\boldsymbol{B}$ 为 n 阶方阵，若齐次方程组 $\boldsymbol{AX}=\boldsymbol{0}$ 的解是 $\boldsymbol{BX}=\boldsymbol{0}$ 的解，则 $r(\boldsymbol{A})$ 与 $r(\boldsymbol{B})$ 的关系为______.

2. 选择题

(1) 设 $\boldsymbol{A}$ 为 n 阶实矩阵，$\boldsymbol{A}^{\mathrm{T}}$ 是 $\boldsymbol{A}$ 的转置矩阵，则对于线性方程组（Ⅰ）：$\boldsymbol{AX}=\boldsymbol{0}$ 和（Ⅱ）：$\boldsymbol{A}^{\mathrm{T}}\boldsymbol{AX}=\boldsymbol{0}$ 必有(　　).

A. 方程组（Ⅱ）的解是（Ⅰ）的解，（Ⅰ）的解也是（Ⅱ）的解

B. 方程组（Ⅱ）的解是（Ⅰ）的解，但（Ⅰ）的解不是（Ⅱ）的解

C. 方程组（Ⅰ）的解不是（Ⅱ）的解，（Ⅱ）的解也不是（Ⅰ）的解

D. 方程组（Ⅰ）的解是（Ⅱ）的解，但（Ⅱ）的解不是（Ⅰ）的解

(2) $\boldsymbol{A}$ 为 $m\times n$ 矩阵，$\boldsymbol{AX}=\boldsymbol{0}$ 是非齐次方程组 $\boldsymbol{AX}=\boldsymbol{b}$ 的导出方程组，则下列结论正确的是(　　).

A. 若 $\boldsymbol{AX}=\boldsymbol{0}$ 仅有零解，则 $\boldsymbol{AX}=\boldsymbol{b}$ 有唯一解

B. 若 $\boldsymbol{AX}=\boldsymbol{0}$ 有非零解，则 $\boldsymbol{AX}=\boldsymbol{b}$ 有无穷多解

C. 若 $\boldsymbol{AX}=\boldsymbol{b}$ 有无穷多解，则 $\boldsymbol{AX}=\boldsymbol{0}$ 仅有零解

D. 若 $\boldsymbol{AX}=\boldsymbol{b}$ 有无穷多解，则 $\boldsymbol{AX}=\boldsymbol{0}$ 有非零解

(3) 设非齐次线性方程组 $\boldsymbol{AX}=\boldsymbol{b}$ 有两不同的解 $\boldsymbol{\alpha}_1,\boldsymbol{\alpha}_2$，则下列向量是 $\boldsymbol{AX}=\boldsymbol{b}$ 的解是(　　).

A. $\boldsymbol{\alpha}_1+\boldsymbol{\alpha}_2$　　　　B. $\boldsymbol{\alpha}_1-\boldsymbol{\alpha}_2$

C. $\dfrac{2\boldsymbol{\alpha}_1}{3}+\dfrac{\boldsymbol{\alpha}_2}{3}$　　　　D. $k_1\boldsymbol{\alpha}_1+k_2\boldsymbol{\alpha}_2$，$k_1,k_2$ 为任意数

(4) 设 $\boldsymbol{A}$ 为 $m\times n$ 矩阵，则有(　　).

A. 当 $m<n$ 时，方程组 $\boldsymbol{AX}=\boldsymbol{b}$ 有无穷多解

B. 当 $m<n$ 时，方程组 $\boldsymbol{AX}=\boldsymbol{0}$ 有非零解，且基础解系含 $n-m$ 个线性无关的解向量

C. 若 $\boldsymbol{A}$ 有 n 阶子式不为零，则方程组 $\boldsymbol{AX}=\boldsymbol{b}$ 有唯一解

D. 若 $\boldsymbol{A}$ 有 n 阶子式不为零，则方程组 $\boldsymbol{AX}=\boldsymbol{0}$ 仅有零解

(5) 设 $\boldsymbol{\xi}_1=(1,0,2)^{\mathrm{T}}$，$\boldsymbol{\xi}_2=(0,1,-1)^{\mathrm{T}}$ 都是线性方程组 $\boldsymbol{AX}=\boldsymbol{0}$ 的解，只要系数矩阵 $\boldsymbol{A}$ 为(　　).

A. $(-2,1,1)$　　　B. $\begin{pmatrix}2&0&-1\\0&1&1\end{pmatrix}$

C. $\begin{pmatrix}-1&0&2\\0&1&-1\end{pmatrix}$　　　D. $\begin{pmatrix}0&1&-1\\4&-2&-2\\0&1&1\end{pmatrix}$

3. 求下列齐次方程组的解，并求出基础解系.

(1) $\begin{cases}x_1-2x_2-x_3-2x_4=0\\4x_1+x_2+2x_3+x_4=0\\2x_1+5x_2-x_4=0\\3x_1+3x_2-x_3-3x_4=0\end{cases}$，　(2) $\begin{cases}x_1-x_2+2x_3+2x_4=0\\3x_2+x_3+x_4=0\\3x_1+7x_3+8x_4=0\\x_1-x_2+2x_3=0\\2x_1+x_2+5x_3+3x_4=0\end{cases}$.

4. 求下列非齐次方程组的解.

(1) $\begin{cases}x_1+x_2+x_3+x_5=1\\3x_1+2x_2+x_3+x_4+3x_5=2\\x_2+2x_3+2x_4=4\end{cases}$，　(2) $\begin{cases}x_1+2x_2+3x_3-x_4=1\\3x_1+2x_2+x_3-x_4=1\\2x_1+3x_2+x_3+x_4=1\\2x_1+2x_2+2x_3-x_4=1\\5x_1+5x_2+2x_3=2\end{cases}$.

5. 设 $\boldsymbol{A}=\begin{pmatrix}a&1&1\\1&b&1\\1&3b&1\end{pmatrix}$，$\boldsymbol{B}$ 是三阶非零矩阵，且 $\boldsymbol{AB}=\boldsymbol{0}$，求 a,b，并求 $r(\boldsymbol{B})$.

6. 设向量组

$$\boldsymbol{\alpha}_1=(a,2,10)^{\mathrm{T}},\quad \boldsymbol{\alpha}_2=(-2,1,5)^{\mathrm{T}},\quad \boldsymbol{\alpha}_3=(-1,1,4)^{\mathrm{T}},\quad \boldsymbol{\beta}=(1,b,c)^{\mathrm{T}}$$

试问：当 a,b,c 满足什么条件时，

(1) $\boldsymbol{\beta}$ 可由 $\boldsymbol{\alpha}_1,\boldsymbol{\alpha}_2,\boldsymbol{\alpha}_3$ 线性表示，且表示唯一；

(2) $\boldsymbol{\beta}$ 不能由 $\boldsymbol{\alpha}_1,\boldsymbol{\alpha}_2,\boldsymbol{\alpha}_3$ 线性表示；

(3) $\boldsymbol{\beta}$ 可由 $\boldsymbol{\alpha}_1,\boldsymbol{\alpha}_2,\boldsymbol{\alpha}_3$ 线性表示，但表示不唯一，并求出一般表示式.

7. 线性方程组

$$\begin{cases}x_1+a_1x_2+a_1^2x_3=a_1^3\\x_1+a_2x_2+a_2^2x_3=a_2^3\\x_1+a_3x_2+a_3^2x_3=a_3^3\\x_1+a_4x_2+a_4^2x_3=a_4^3\end{cases}$$

其中，a_1,a_2,a_3,a_4 互异，证明方程组无解.

8. 设三个平面方程为

$$\begin{cases} a_1x+b_1y+c_1z=d_1 \\ a_2x+b_2y+c_2z=d_2 \\ a_3x+b_3y+c_3z=d_3 \end{cases}$$

试讨论三个平面位置与上述方程组系数矩阵和增广矩阵的秩的关系.

9. 设 $\boldsymbol{A},\boldsymbol{B}$ 为 n 阶方阵,若齐次方程组 $\boldsymbol{ABX}=\boldsymbol{0}$ 的解也是 $\boldsymbol{BX}=\boldsymbol{0}$ 的解,证明:$r(\boldsymbol{AB})=r(\boldsymbol{B})$.

10. 证明:设 n 阶方阵 $\boldsymbol{A}$,存在非零的 $n\times k$ 矩阵,使得 $\boldsymbol{AB}=\boldsymbol{0}$ 的充要条件是 $|\boldsymbol{A}|=0$.

11. 设齐次方程组

$$(\text{I}):\begin{cases} a_{11}x_1+a_{12}x_2+\cdots+a_{1n}x_n=0 \\ a_{21}x_1+a_{22}x_2+\cdots+a_{2n}x_n=0 \\ \qquad\qquad\vdots \\ a_{m1}x_1+a_{m2}x_2+\cdots+a_{mn}x_n=0 \end{cases}$$

的解满足

$$(\text{II}):b_1x_1+b_2x_2+\cdots+b_nx_n=0$$

证明:向量 $\boldsymbol{B}=(b_1,b_2,\cdots,b_n)$ 可由方程组(Ⅰ)的系数矩阵的行向量

$$\boldsymbol{\alpha}_i=(a_{i1},a_{i2},\cdots,a_{in}),\quad i=1,2,\cdots,m$$

线性表示.

12. 设 $n\times r$ 矩阵 $\boldsymbol{C}$ 的 r 个列向量是齐次方程组 $\boldsymbol{A}_{m\times n}\boldsymbol{X}=\boldsymbol{0}$ 的基础解系,$\boldsymbol{B}$ 为 r 阶可逆矩阵,证明:$\boldsymbol{CB}$ 的 r 个列向量也是 $\boldsymbol{AX}=\boldsymbol{0}$ 的基础解系.

参考答案及提示

1. (1) -1 或 6

(2) $\boldsymbol{X}=k_1(-2,1,0,\cdots,0)^{\mathrm{T}}+k_2(-3,0,1,0,\cdots,0)^{\mathrm{T}}+\cdots+k_{n-1}(-n,0,\cdots,0,1)^{\mathrm{T}}+(1,0,\cdots,0)^{\mathrm{T}}$

(3) $\boldsymbol{X}=k(1,1,2,1)^{\mathrm{T}}+\boldsymbol{\alpha}_1$ 或 $\boldsymbol{X}=k(1,1,2,1)^{\mathrm{T}}+\boldsymbol{\alpha}_2$

(4) $r(\boldsymbol{A}\ \vdots\ \boldsymbol{b})=r(\boldsymbol{A})=n$

(5) $r(\boldsymbol{A})\geqslant r(\boldsymbol{B})$　因解空间 $N(\boldsymbol{A})\leqslant N(\boldsymbol{B})$,则 $n-r(\boldsymbol{A})\leqslant n-r(\boldsymbol{B})$,故 $r(\boldsymbol{A})\geqslant r(\boldsymbol{B})$.

2. (1) A　因 $r(\boldsymbol{A})=r(\boldsymbol{A}^{\mathrm{T}}\boldsymbol{A})$　(2) D　(3) C　(4) D　(5) A

3. (1) $\boldsymbol{X}=k(1,0,-3,2)$　(2) $\boldsymbol{X}=k(-7,-1,3,0)^{\mathrm{T}}$

4. (1) $\boldsymbol{X}=k_1(1,-2,1,0,0)^{\mathrm{T}}+k_2(-1,0,0,0,1)^{\mathrm{T}}+(-1,2,0,1,0)^{\mathrm{T}}$

(2) $\boldsymbol{X}=k(5,-7,5,0)^{\mathrm{T}}+\left(0,\dfrac{2}{5},0,-\dfrac{1}{5}\right)^{\mathrm{T}}$

5. 因 $\boldsymbol{AX}=\boldsymbol{0}$ 有非零解，则 $|\boldsymbol{A}|=2b(1-a)=0$，得 $a=1$ 或 $b=0$，且

$$r(\boldsymbol{A})=2,\quad r(\boldsymbol{B})=1$$

6. $x_1\boldsymbol{\alpha}_1+x_2\boldsymbol{\alpha}_2+x_3\boldsymbol{\alpha}_3=\boldsymbol{\beta}$，有方程组 $\boldsymbol{AX}=\boldsymbol{\beta}$，$|\boldsymbol{A}|=|\boldsymbol{\alpha}_1,\boldsymbol{\alpha}_2,\boldsymbol{\alpha}_3|=-a-4$，(1) 当 $a\neq-4$ 时，$\boldsymbol{\beta}$ 可由 $\boldsymbol{\alpha}_1,\boldsymbol{\alpha}_2,\boldsymbol{\alpha}_3$ 唯一表示；(2) 当 $a=-4$ 时，若 $3b-c\neq1$，则 $\boldsymbol{\beta}$ 不能由 $\boldsymbol{\alpha}_1,\boldsymbol{\alpha}_2,\boldsymbol{\alpha}_3$ 线性表示；(3) 当 $a=-4$ 且 $3b-c=1$ 时，$\boldsymbol{\beta}$ 可由 $\boldsymbol{\alpha}_1,\boldsymbol{\alpha}_2,\boldsymbol{\alpha}_3$ 线性表示为 $\boldsymbol{\beta}=k\boldsymbol{\alpha}_1-(2k+b+1)\boldsymbol{\alpha}_2+(2b+1)\boldsymbol{\alpha}_3$.

7. 因 $\boldsymbol{A}=\begin{pmatrix}1 & a_1 & a_1^2\\ 1 & a_2 & a_2^2\\ 1 & a_3 & a_3^2\\ 1 & a_4 & a_4^2\end{pmatrix}$，$(\boldsymbol{A}\,\vdots\,\boldsymbol{b})=\left(\begin{array}{ccc:c}1 & a_1 & a_1^2 & a_1^3\\ 1 & a_2 & a_2^2 & a_2^3\\ 1 & a_3 & a_3^2 & a_3^3\\ 1 & a_4 & a_4^2 & a_4^3\end{array}\right)$，$r(\boldsymbol{A})=3$. $r(\boldsymbol{A}\,\vdots\,\boldsymbol{b})=4$，方程组无解.

8. $\boldsymbol{A}=\begin{pmatrix}a_1 & b_1 & c_1\\ a_2 & b_2 & c_2\\ a_3 & b_3 & c_3\end{pmatrix}$，$\boldsymbol{B}=\begin{pmatrix}d_1\\ d_2\\ d_3\end{pmatrix}$.

(1) 若 $r(\boldsymbol{A})=3$ 且 $r(\boldsymbol{A}\,\vdots\,\boldsymbol{B})=3$，有唯一解，三个平面交于一点；

(2) 若 $r(\boldsymbol{A})=1$ 且 $r(\boldsymbol{A}\,\vdots\,\boldsymbol{B})=1$，三个平面重合；若 $r(\boldsymbol{A})=1$ 且 $r(\boldsymbol{A}\,\vdots\,\boldsymbol{B})=2$，三个平面平行而不重合；

(3) 若 $r(\boldsymbol{A})=2$ 且 $r(\boldsymbol{A}\,\vdots\,\boldsymbol{B})=2$，三个平面交于一直线；若 $r(\boldsymbol{A})=2$ 但 $r(\boldsymbol{A}\,\vdots\,\boldsymbol{B})=3$，三个平面两两相交，或一平面与另两个平行平面相交.

9. 因 $\forall\,\boldsymbol{X}\in N(\boldsymbol{B})$，即 $\boldsymbol{BX}=\boldsymbol{0}$，有 $\boldsymbol{ABX}=\boldsymbol{0}$，则 $\boldsymbol{X}\in N(\boldsymbol{AB})$，$N(\boldsymbol{B})\subseteq N(\boldsymbol{AB})$，又已知 $\boldsymbol{ABX}=\boldsymbol{0}$ 的解是 $\boldsymbol{BX}=\boldsymbol{0}$ 的解，即 $N(\boldsymbol{AB})\subseteq N(\boldsymbol{B})$，故得 $N(\boldsymbol{B})=N(\boldsymbol{AB})$，$n-r(\boldsymbol{B})=n-r(\boldsymbol{AB})$，证得 $r(\boldsymbol{B})=r(\boldsymbol{AB})$.

10. 因 $\boldsymbol{B}\neq\boldsymbol{0}$，$\boldsymbol{AB}=\boldsymbol{0}$，$\boldsymbol{B}$ 的列是 $\boldsymbol{AX}=\boldsymbol{0}$ 的解，且 $\boldsymbol{AX}=\boldsymbol{0}$ 有非零解，故 $|\boldsymbol{A}|=0$，反之 $|\boldsymbol{A}|=0$，$\boldsymbol{AX}=\boldsymbol{0}$ 有非零解，取 n 个解组成 $\boldsymbol{B}\neq\boldsymbol{0}$，使 $\boldsymbol{AB}=\boldsymbol{0}$.

11. 方程组(Ⅰ)：$\boldsymbol{AX}=\boldsymbol{0}$，(Ⅱ)：$\boldsymbol{BX}=\boldsymbol{0}$. 由题设则方程组(Ⅰ)与方程组(Ⅰ)、(Ⅱ)联立的方程组 $\begin{pmatrix}\boldsymbol{A}\\ \cdots\\ \boldsymbol{B}\end{pmatrix}\boldsymbol{X}=\boldsymbol{0}$ 同解，因此有

$$n-r(\boldsymbol{A})=n-r\left(\begin{pmatrix}\boldsymbol{A}\\ \cdots\\ \boldsymbol{B}\end{pmatrix}\right),\quad r(\boldsymbol{A})=r\left(\begin{pmatrix}\boldsymbol{A}\\ \cdots\\ \boldsymbol{B}\end{pmatrix}\right)$$

这表明 $\boldsymbol{B}$ 可由 $\boldsymbol{A}$ 的行向量线性表示.

12. 由题设知，$\boldsymbol{AC}=\boldsymbol{0}$，$\boldsymbol{A}(\boldsymbol{CB})=\boldsymbol{0}$，这表示 $\boldsymbol{CB}$ 的 r 个列是齐次方程组 $\boldsymbol{AX}=\boldsymbol{0}$ 的解. 又 $r(\boldsymbol{C})=r$，$\boldsymbol{B}$ 是 r 阶可逆矩阵，$r(\boldsymbol{CB})=r(\boldsymbol{C})=r$，因而 $\boldsymbol{CB}$ 的 r 个列向量线性无关，故 $\boldsymbol{CB}$ 的 r 个列也是 $\boldsymbol{AX}=\boldsymbol{0}$ 的基础解系.

第四章　向量组的线性相关性

一、教学基本要求

（1）理解 n 维向量的概念，理解向量组、向量组的线性组合、一个向量能由一个向量组线性表示的概念，掌握向量的加法和数乘运算.

（2）理解线性相关和线性无关的定义，会判断向量组的线性相关和线性无关.

（3）理解向量组的最大无关组的概念和向量组的秩的概念，知道向量组的秩与矩阵的秩的关系，会用矩阵的初等变换求向量组的秩和最大无关组.

（4）了解向量组线性相关理论的主要结论.

（5）理解齐次线性方程组的基础解系的概念，熟悉基础解系的解法及通解的概念.

（6）理解非齐次线性方程组的解的结构及通解的概念.

（7）知道向量空间、向量空间的基、维数、向量组生成的空间等概念，会求向量在一个基中的坐标.

二、内容提要

1. 向量组的线性相关性

1）向量组的线性相关性概念

通常把 $1\times n$ 矩阵称为 n 维行向量，$n\times 1$ 矩阵称为 n 维列向量，行向量和列向量有时又都称为向量. 向量中的 $(1,j)$ 元或 $(j,1)$ 元又称为第 j 个分量.

有限个（至少有一个）同维向量的整体称为一个向量组.

对于一个向量组

$$\boldsymbol{\alpha}_1=\begin{pmatrix}a_{11}\\a_{21}\\\vdots\\a_{m1}\end{pmatrix},\boldsymbol{\alpha}_2=\begin{pmatrix}a_{12}\\a_{22}\\\vdots\\a_{m2}\end{pmatrix},\cdots,\boldsymbol{\alpha}_n=\begin{pmatrix}a_{1n}\\a_{2n}\\\vdots\\a_{mn}\end{pmatrix} \tag{4.1}$$

称 $\boldsymbol{A}=(\boldsymbol{\alpha}_1,\boldsymbol{\alpha}_2,\cdots,\boldsymbol{\alpha}_n)=\begin{pmatrix}a_{11}&a_{12}&\cdots&a_{1n}\\a_{21}&a_{22}&\cdots&a_{2n}\\\vdots&\vdots&&\vdots\\a_{m1}&a_{m2}&\cdots&a_{mn}\end{pmatrix}$ 为向量组（4.1）的矩阵.

记 $\boldsymbol{X}=\begin{pmatrix} x_1 \\ x_2 \\ \vdots \\ x_n \end{pmatrix}$ 为未知列向量，则齐次线性方程组

$$\begin{cases} a_{11}x_1+a_{12}x_2+\cdots+a_{1n}x_n=0 \\ a_{21}x_1+a_{22}x_2+\cdots+a_{2n}x_n=0 \\ \qquad\qquad\vdots \\ a_{m1}x_1+a_{m2}x_2+\cdots+a_{mn}x_n=0 \end{cases} \tag{4.2}$$

有矩阵形式

$$\mathbf{AX}=\mathbf{0} \tag{4.3}$$

和向量形式

$$x_1\boldsymbol{\alpha}_1+x_2\boldsymbol{\alpha}_2+\cdots+x_n\boldsymbol{\alpha}_n=\mathbf{0} \tag{4.4}$$

利用向量形式定义向量组的线性相关性.

对于向量组 $\boldsymbol{\alpha}_1,\boldsymbol{\alpha}_2,\cdots,\boldsymbol{\alpha}_n$，如果向量形式 $x_1\boldsymbol{\alpha}_1+x_2\boldsymbol{\alpha}_2+\cdots+x_n\boldsymbol{\alpha}_n=\mathbf{0}$ 有非零解，则称向量组 $\boldsymbol{\alpha}_1,\boldsymbol{\alpha}_2,\cdots,\boldsymbol{\alpha}_n$ 为线性相关的向量组；如果 $x_1\boldsymbol{\alpha}_1+x_2\boldsymbol{\alpha}_2+\cdots+x_n\boldsymbol{\alpha}_n=\mathbf{0}$ 仅有零解，则称向量组 $\boldsymbol{\alpha}_1,\boldsymbol{\alpha}_2,\cdots,\boldsymbol{\alpha}_n$ 为线性无关的向量组.

换句话说，如果有不全为 0 的数 $k_1,k_2,\cdots,k_n$，使 $k_1\boldsymbol{\alpha}_1+k_2\boldsymbol{\alpha}_2+\cdots+k_n\boldsymbol{\alpha}_n=\mathbf{0}$，则 $\boldsymbol{\alpha}_1,\boldsymbol{\alpha}_2,\cdots,\boldsymbol{\alpha}_n$ 就线性相关. 如果像这样的数 $k_1,k_2,\cdots,k_n$ 不存在，即由 $k_1\boldsymbol{\alpha}_1+k_2\boldsymbol{\alpha}_2+\cdots+k_n\boldsymbol{\alpha}_n=\mathbf{0}$ 可推出 $k_1=k_2=\cdots=k_n=0$，则 $\boldsymbol{\alpha}_1,\boldsymbol{\alpha}_2,\cdots,\boldsymbol{\alpha}_n$ 就线性无关.

2）向量组线性相关性判别法

(1) 向量组 $\boldsymbol{\alpha}_1,\boldsymbol{\alpha}_2,\cdots,\boldsymbol{\alpha}_n$ 线性相关的充要条件是向量组 $\boldsymbol{\alpha}_1,\boldsymbol{\alpha}_2,\cdots,\boldsymbol{\alpha}_n$ 的矩阵 $\mathbf{A}$ 的秩小于向量组 $\boldsymbol{\alpha}_1,\boldsymbol{\alpha}_2,\cdots,\boldsymbol{\alpha}_n$ 所含向量的个数，即 $r(\mathbf{A})<n$.

(2) 向量组 $\boldsymbol{\alpha}_1,\boldsymbol{\alpha}_2,\cdots,\boldsymbol{\alpha}_n$ 线性无关的充要条件是矩阵 $\mathbf{A}$ 的秩等于向量组 $\boldsymbol{\alpha}_1,\boldsymbol{\alpha}_2,\cdots,\boldsymbol{\alpha}_n$ 所含向量的个数，即 $r(\mathbf{A})=n$.

当 $m<n$ 时，n 个 m 维向量的向量组一定是线性相关的.

单位矩阵的列向量组通常称为基本单位向量组.

基本单位向量组是线性无关的.

利用这个判别法去判断向量组 $\boldsymbol{\alpha}_1,\boldsymbol{\alpha}_2,\cdots,\boldsymbol{\alpha}_n$ 的线性相关性就只需要计算相应矩阵 $\mathbf{A}$ 的秩了.

3）线性相关的向量组的线性关系

对于线性相关的向量组 $\boldsymbol{\alpha}_1,\boldsymbol{\alpha}_2,\cdots,\boldsymbol{\alpha}_n$，使 $x_1\boldsymbol{\alpha}_1+x_2\boldsymbol{\alpha}_2+\cdots+x_n\boldsymbol{\alpha}_n=\mathbf{0}$ 成立的任意一组非零解 $(x_1,x_2,\cdots,x_n)=(k_1,k_2,\cdots,k_n)\neq 0$，代入 $x_1\boldsymbol{\alpha}_1+x_2\boldsymbol{\alpha}_2+\cdots+x_n\boldsymbol{\alpha}_n=\mathbf{0}$ 得到的关系式

$$k_1\boldsymbol{\alpha}_1+k_2\boldsymbol{\alpha}_2+\cdots+k_n\boldsymbol{\alpha}_n=\mathbf{0}$$

称为线性相关的向量组 $\boldsymbol{\alpha}_1,\boldsymbol{\alpha}_2,\cdots,\boldsymbol{\alpha}_n$ 的一个线性关系.

4）部分向量组和部分分量组

向量组中有向量的“个数”和“维数”两个参数，它们的变换带来与原向量组有关的许多新向量组.

由含 n 个向量的向量组中的 k 个向量构成的向量组，称为原向量组的一个部分向量组，这样的部分向量组共有 $\sum\limits_{k=1}^{n} C_n^k$ 个，同时，也称原向量组为整体向量组.

由含 m 个分量的向量组中的每个向量都取 k 个相同分量号的分量按原来相对次序拼成的新向量构成的向量组，称为原向量组的一个部分分量组，这样的部分分量组共有 $\sum\limits_{k=1}^{m} C_m^k$ 个. 同时也称原向量组为全体分量组.

部分向量组和部分分量组与原向量组有如下线性相关性的关系：

(1) 某个部分向量组线性相关可推出整体向量组也线性相关；反过来，整体向量组线性无关可推出任一个部分向量组都线性无关.

(2) 某个部分分量组线性无关可推出全体分量组线性无关；反过来，全体分量组线性相关时可推出任一个部分分量组也都线性相关.

2. 向量组的线性表示

1）向量组的线性表示、等价概念

(1) 对于向量组 $\boldsymbol{\alpha}_1,\boldsymbol{\alpha}_2,\cdots,\boldsymbol{\alpha}_n$，称表示式 $x_1\boldsymbol{\alpha}_1+x_2\boldsymbol{\alpha}_2+\cdots+x_n\boldsymbol{\alpha}_n$ 为向量组 $\boldsymbol{\alpha}_1,\boldsymbol{\alpha}_2,\cdots,\boldsymbol{\alpha}_n$ 的一个线性组合，其中 $x_1,x_2,\cdots,x_n$ 可以是未知量，也可以是已知数，都称为这个线性组合的系数.

(2) 对于向量 $\boldsymbol{b}$ 和向量组 $\boldsymbol{\alpha}_1,\boldsymbol{\alpha}_2,\cdots,\boldsymbol{\alpha}_n$，如果存在一组数 $k_1,k_2,\cdots,k_n$，使

$$k_1\boldsymbol{\alpha}_1+k_2\boldsymbol{\alpha}_2+\cdots+k_n\boldsymbol{\alpha}_n=\boldsymbol{b}$$

则称向量 $\boldsymbol{b}$ 是向量组 $\boldsymbol{\alpha}_1,\boldsymbol{\alpha}_2,\cdots,\boldsymbol{\alpha}_n$ 的线性组合，这时也称向量 $\boldsymbol{b}$ 能由向量组 $\boldsymbol{\alpha}_1,\boldsymbol{\alpha}_2,\cdots,\boldsymbol{\alpha}_n$ 线性表示.

(3) 对于向量组

$$\boldsymbol{\beta}_1=\begin{pmatrix} b_{11}\\ b_{21}\\ \vdots\\ b_{m1}\end{pmatrix},\boldsymbol{\beta}_2=\begin{pmatrix} b_{12}\\ b_{22}\\ \vdots\\ b_{m2}\end{pmatrix},\cdots,\boldsymbol{\beta}_l=\begin{pmatrix} b_{1l}\\ b_{2l}\\ \vdots\\ b_{ml}\end{pmatrix} \tag{4.5}$$

和向量组 $\boldsymbol{\alpha}_1,\boldsymbol{\alpha}_2,\cdots,\boldsymbol{\alpha}_n$，如果每个向量 $\boldsymbol{\beta}_i$ 都能由向量组 $\boldsymbol{\alpha}_1,\boldsymbol{\alpha}_2,\cdots,\boldsymbol{\alpha}_n$ 线性表示，即存在一组数 $k_{1j},k_{2j},\cdots,k_{nj}$，使

$$k_{1j}\boldsymbol{\alpha}_1+k_{2j}\boldsymbol{\alpha}_2+\cdots+k_{nj}\boldsymbol{\alpha}_n=\boldsymbol{\beta}_j\quad (j=1,2,\cdots,l) \tag{4.6}$$

则称向量组 $\boldsymbol{\beta}_1,\boldsymbol{\beta}_2,\cdots,\boldsymbol{\beta}_l$ 能由向量组 $\boldsymbol{\alpha}_1,\boldsymbol{\alpha}_2,\cdots,\boldsymbol{\alpha}_n$ 线性表示.

记 $\boldsymbol{K}=\begin{pmatrix} k_{11} & k_{12} & \cdots & k_{1l} \\ k_{21} & k_{22} & \cdots & k_{2l} \\ \vdots & \vdots & & \vdots \\ k_{n1} & k_{n2} & \cdots & k_{nl} \end{pmatrix}$，称 $\boldsymbol{K}$ 为向量组 $\boldsymbol{\beta}_1,\boldsymbol{\beta}_2,\cdots,\boldsymbol{\beta}_l$ 由向量组 $\boldsymbol{\alpha}_1,\boldsymbol{\alpha}_2,\cdots,\boldsymbol{\alpha}_n$ 线性表示的矩阵，则式(4.6)即为

$$\boldsymbol{AX}=(\boldsymbol{\beta}_1,\boldsymbol{\beta}_2,\cdots,\boldsymbol{\beta}_l)=\boldsymbol{B} \tag{4.7}$$

有解 $\boldsymbol{X}=\boldsymbol{K}$.

向量组之间的线性表示具有如下性质.

(1) 反身性：$\boldsymbol{\alpha}_1,\boldsymbol{\alpha}_2,\cdots,\boldsymbol{\alpha}_n$ 能由 $\boldsymbol{\alpha}_1,\boldsymbol{\alpha}_2,\cdots,\boldsymbol{\alpha}_n$ 线性表示.

(2) 传递性：$\boldsymbol{\alpha}_1,\boldsymbol{\alpha}_2,\cdots,\boldsymbol{\alpha}_n$ 能由 $\boldsymbol{\beta}_1,\boldsymbol{\beta}_2,\cdots,\boldsymbol{\beta}_l$ 线性表示，且 $\boldsymbol{\beta}_1,\boldsymbol{\beta}_2,\cdots,\boldsymbol{\beta}_l$ 能由 $\boldsymbol{\gamma}_1,\boldsymbol{\gamma}_2,\cdots,\boldsymbol{\gamma}_k$ 线性表示，可推出 $\boldsymbol{\alpha}_1,\boldsymbol{\alpha}_2,\cdots,\boldsymbol{\alpha}_n$ 能由 $\boldsymbol{\gamma}_1,\boldsymbol{\gamma}_2,\cdots,\boldsymbol{\gamma}_k$ 线性表示.

两个向量组可以互相线性表示时，就称这两个向量组等价.

向量组的等价具有如下性质.

(1) 反身性：$\boldsymbol{\alpha}_1,\boldsymbol{\alpha}_2,\cdots,\boldsymbol{\alpha}_n$ 与 $\boldsymbol{\alpha}_1,\boldsymbol{\alpha}_2,\cdots,\boldsymbol{\alpha}_n$ 等价.

(2) 对称性：$\boldsymbol{\alpha}_1,\boldsymbol{\alpha}_2,\cdots,\boldsymbol{\alpha}_n$ 与 $\boldsymbol{\beta}_1,\boldsymbol{\beta}_2,\cdots,\boldsymbol{\beta}_l$ 等价，可推出 $\boldsymbol{\beta}_1,\boldsymbol{\beta}_2,\cdots,\boldsymbol{\beta}_l$ 与 $\boldsymbol{\alpha}_1,\boldsymbol{\alpha}_2,\cdots,\boldsymbol{\alpha}_n$ 等价.

(3) 传递性：$\boldsymbol{\alpha}_1,\boldsymbol{\alpha}_2,\cdots,\boldsymbol{\alpha}_n$ 与 $\boldsymbol{\beta}_1,\boldsymbol{\beta}_2,\cdots,\boldsymbol{\beta}_l$ 等价，且 $\boldsymbol{\beta}_1,\boldsymbol{\beta}_2,\cdots,\boldsymbol{\beta}_l$ 与 $\boldsymbol{\gamma}_1,\boldsymbol{\gamma}_2,\cdots,\boldsymbol{\gamma}_k$ 等价，可推出 $\boldsymbol{\alpha}_1,\boldsymbol{\alpha}_2,\cdots,\boldsymbol{\alpha}_n$ 与 $\boldsymbol{\gamma}_1,\boldsymbol{\gamma}_2,\cdots,\boldsymbol{\gamma}_k$ 等价.

2）向量组之间线性表示的判别法

向量组 $\boldsymbol{\beta}_1,\boldsymbol{\beta}_2,\cdots,\boldsymbol{\beta}_l$ 能由向量组 $\boldsymbol{\alpha}_1,\boldsymbol{\alpha}_2,\cdots,\boldsymbol{\alpha}_n$ 线性表示的充要条件是增广矩阵 $(\boldsymbol{A},\boldsymbol{B})$ 的秩等于向量组 $\boldsymbol{\alpha}_1,\boldsymbol{\alpha}_2,\cdots,\boldsymbol{\alpha}_n$ 的矩阵 $\boldsymbol{A}$ 的秩，即 $r(\boldsymbol{A},\boldsymbol{B})=r(\boldsymbol{A})$；进一步，有唯一表示式的充要条件是 $r(\boldsymbol{A},\boldsymbol{B})=r(\boldsymbol{A})=n$，而有无穷多个表示式的充要条件是 $r(\boldsymbol{A},\boldsymbol{B})=r(\boldsymbol{A})<n$.

3）向量组的线性相关性与向量组的线性表示的关系

定理 1 设 $n\geqslant 2$，则向量组 $\boldsymbol{\alpha}_1,\boldsymbol{\alpha}_2,\cdots,\boldsymbol{\alpha}_n$ 线性相关的充要条件是向量组 $\boldsymbol{\alpha}_1,\boldsymbol{\alpha}_2,\cdots,\boldsymbol{\alpha}_n$ 中至少有一个向量 $\boldsymbol{\alpha}_r(1\leqslant r\leqslant n)$ 能由其余剩下的向量 $\boldsymbol{\alpha}_1,\cdots,\boldsymbol{\alpha}_{r-1},\boldsymbol{\alpha}_{r+1},\cdots,\boldsymbol{\alpha}_n$ 线性表示.

定理 2 设向量组 $\boldsymbol{\alpha}_1,\boldsymbol{\alpha}_2,\cdots,\boldsymbol{\alpha}_n$ 线性无关，向量组 $\boldsymbol{\alpha}_1,\boldsymbol{\alpha}_2,\cdots,\boldsymbol{\alpha}_n,\boldsymbol{\beta}$ 线性相关，则 $\boldsymbol{\beta}$ 能由 $\boldsymbol{\alpha}_1,\boldsymbol{\alpha}_2,\cdots,\boldsymbol{\alpha}_n$ 线性表示且表示式唯一.

4）向量组的线性相关性与向量组之间线性表示的表示矩阵的关系

设向量组 $\boldsymbol{\beta}_1,\boldsymbol{\beta}_2,\cdots,\boldsymbol{\beta}_l$ 由向量组 $\boldsymbol{\alpha}_1,\boldsymbol{\alpha}_2,\cdots,\boldsymbol{\alpha}_n$ 线性表示的表示矩阵 $\boldsymbol{K}$ 的秩小于向量组 $\boldsymbol{\beta}_1,\boldsymbol{\beta}_2,\cdots,\boldsymbol{\beta}_l$ 所含向量的个数 l，即 $r(\boldsymbol{K})<l$，则向量组 $\boldsymbol{\beta}_1,\boldsymbol{\beta}_2,\cdots,\boldsymbol{\beta}_l$ 线性相关.

特别地，当向量组 $\boldsymbol{\beta}_1,\boldsymbol{\beta}_2,\cdots,\boldsymbol{\beta}_l$ 由向量组 $\boldsymbol{\alpha}_1,\boldsymbol{\alpha}_2,\cdots,\boldsymbol{\alpha}_n$ 线性表示且 $n<l$ 时，向量组 $\boldsymbol{\beta}_1,\boldsymbol{\beta}_2,\cdots,\boldsymbol{\beta}_l$ 线性相关.

设向量组 $\boldsymbol{\beta}_1,\boldsymbol{\beta}_2,\cdots,\boldsymbol{\beta}_l$ 由向量组 $\boldsymbol{\alpha}_1,\boldsymbol{\alpha}_2,\cdots,\boldsymbol{\alpha}_n$ 线性表示的表示矩阵为 $\boldsymbol{K}$，且向量

组 $\boldsymbol{\alpha}_1,\boldsymbol{\alpha}_2,\cdots,\boldsymbol{\alpha}_n$ 线性无关，则向量组 $\boldsymbol{\beta}_1,\boldsymbol{\beta}_2,\cdots,\boldsymbol{\beta}_l$ 线性无关的充要条件是 $\boldsymbol{K}$ 的秩等于向量组 $\boldsymbol{\beta}_1,\boldsymbol{\beta}_2,\cdots,\boldsymbol{\beta}_l$ 所含向量的个数 l，即 $r(\boldsymbol{K})=l$.

5）向量组之间等价的判别法

向量组 $\boldsymbol{\alpha}_1,\boldsymbol{\alpha}_2,\cdots,\boldsymbol{\alpha}_n$（设其矩阵为 $\boldsymbol{A}$）与向量组 $\boldsymbol{\beta}_1,\boldsymbol{\beta}_2,\cdots,\boldsymbol{\beta}_l$（设其矩阵为 $\boldsymbol{B}$）等价的充要条件是 $r(\boldsymbol{A})=r(\boldsymbol{A},\boldsymbol{B})=r(\boldsymbol{B})$.

“等价无关组等长”性质　设 $\boldsymbol{\alpha}_1,\boldsymbol{\alpha}_2,\cdots,\boldsymbol{\alpha}_n$ 与 $\boldsymbol{\beta}_1,\boldsymbol{\beta}_2,\cdots,\boldsymbol{\beta}_l$ 等价，且 $\boldsymbol{\alpha}_1,\boldsymbol{\alpha}_2,\cdots,\boldsymbol{\alpha}_n$ 与 $\boldsymbol{\beta}_1,\boldsymbol{\beta}_2,\cdots,\boldsymbol{\beta}_l$ 都线性无关，则 $n=l$.

3. 向量组的极大无关组与秩

1）向量组的极大无关组与秩的概念

在向量组 $\boldsymbol{\alpha}_1,\boldsymbol{\alpha}_2,\cdots,\boldsymbol{\alpha}_n$ 中，如果存在一个部分向量组 $\boldsymbol{\alpha}_{i_1},\boldsymbol{\alpha}_{i_2},\cdots,\boldsymbol{\alpha}_{i_r}$ 满足条件：

（1）$\boldsymbol{\alpha}_{i_1},\boldsymbol{\alpha}_{i_2},\cdots,\boldsymbol{\alpha}_{i_r}$ 线性无关，

（2）$\boldsymbol{\alpha}_1,\boldsymbol{\alpha}_2,\cdots,\boldsymbol{\alpha}_n$ 能由 $\boldsymbol{\alpha}_{i_1},\boldsymbol{\alpha}_{i_2},\cdots,\boldsymbol{\alpha}_{i_r}$ 线性表示，

则称这个部分向量组 $\boldsymbol{\alpha}_{i_1},\boldsymbol{\alpha}_{i_2},\cdots,\boldsymbol{\alpha}_{i_r}$ 为原向量组 $\boldsymbol{\alpha}_1,\boldsymbol{\alpha}_2,\cdots,\boldsymbol{\alpha}_n$ 的一个极大线性无关部分向量组，简称为**极大无关组**.

全由零向量构成的向量组没有极大无关组，而不全由零向量构成的向量组一定存在极大无关组.

极大无关组定义中的条件(2)又可叙述为：$\boldsymbol{\alpha}_i(1\leqslant i\leqslant n$ 且 $i\neq i_1,i_2,\cdots,i_r)$都能由 $\boldsymbol{\alpha}_{i_1},\boldsymbol{\alpha}_{i_2},\cdots,\boldsymbol{\alpha}_{i_r}$ 线性表示. 条件(2)还可叙述为：$\boldsymbol{\alpha}_{i_1},\boldsymbol{\alpha}_{i_2},\cdots,\boldsymbol{\alpha}_{i_r},\boldsymbol{\alpha}_i(1\leqslant i\leqslant n$ 且 $i\neq i_1,i_2,\cdots,i_r)$都线性相关.

向量组的极大无关组一般不是唯一的.

对于不全由零向量构成的向量组 $\boldsymbol{\alpha}_1,\boldsymbol{\alpha}_2,\cdots,\boldsymbol{\alpha}_n$，称其极大无关组所含向量的个数为向量组 $\boldsymbol{\alpha}_1,\boldsymbol{\alpha}_2,\cdots,\boldsymbol{\alpha}_n$ 的秩，记为 $r(\boldsymbol{\alpha}_1,\boldsymbol{\alpha}_2,\cdots,\boldsymbol{\alpha}_n)$. 并规定：全由零向量构成的向量组的秩为零.

2）向量组的极大无关组与秩的性质

向量组的极大无关组具有如下性质：

（1）极大无关组和原向量组是等价的；

（2）同一向量组的极大无关组之间是等价的；

（3）同一向量组的极大无关组所含向量的个数相同；

（4）设向量组 $\boldsymbol{\alpha}_1,\boldsymbol{\alpha}_2,\cdots,\boldsymbol{\alpha}_n$ 的秩为 r，则 $\boldsymbol{\alpha}_1,\boldsymbol{\alpha}_2,\cdots,\boldsymbol{\alpha}_n$ 中任何含 r 个向量的线性无关部分向量组都是 $\boldsymbol{\alpha}_1,\boldsymbol{\alpha}_2,\cdots,\boldsymbol{\alpha}_n$ 的一个极大无关组.

矩阵的行向量组有秩，称为矩阵的行秩，矩阵的列向量组有秩，称为矩阵的**列秩**.

定理 3　矩阵的秩＝矩阵的行秩＝矩阵的列秩.

3）求列向量组的秩和一个极大无关组的方法

化列向量组的矩阵为行阶梯形，则非零首元的个数即为列向量组的秩. 非零首元所在列号对应的部分列向量组即为一个极大无关组.

4) 矩阵的秩与非零子式的一个关系

设矩阵 $\boldsymbol{A}$ 中有某个 r 阶子式 $\boldsymbol{D}_r$ 不等于 0,且 $\boldsymbol{A}$ 中任何包含 $\boldsymbol{D}_r$(即 $\boldsymbol{D}_r$ 中全部元素为其一部分)的 $r+1$ 阶子式(如果存在的话)都等于 0,则 $r(\boldsymbol{A})=r$.

4. 线性方程组解的性质

(1) 齐次线性方程组 $\boldsymbol{Ax}=\boldsymbol{0}$ 的任意两个解之和仍为其解,即

$$\begin{cases}\boldsymbol{A\xi}_1=\boldsymbol{0}\\ \boldsymbol{A\xi}_2=\boldsymbol{0}\end{cases}\Rightarrow \boldsymbol{A}(\boldsymbol{\xi}_1+\boldsymbol{\xi}_2)=\boldsymbol{0}$$

(2) 齐次线性方程组 $\boldsymbol{Ax}=\boldsymbol{0}$ 的任意一个解的任意 k 倍仍为其解,即

$$\boldsymbol{A\xi}_1=\boldsymbol{0}\Rightarrow \boldsymbol{A}(k\boldsymbol{\xi}_1)=\boldsymbol{0},\quad \forall k\in\mathbf{R}$$

(3) 齐次线性方程组 $\boldsymbol{Ax}=\boldsymbol{0}$ 的任意 t 个解的线性组合仍为其解,即

$$\begin{cases}\boldsymbol{A\xi}_1=\boldsymbol{0}\\ \boldsymbol{A\xi}_2=\boldsymbol{0}\\ \quad\vdots\\ \boldsymbol{A\xi}_t=\boldsymbol{0}\end{cases}\Rightarrow \boldsymbol{A}(c_1\boldsymbol{\xi}_1+c_2\boldsymbol{\xi}_2+\cdots+c_t\boldsymbol{\xi}_t)=\boldsymbol{0},\quad c_1,c_2,\cdots,c_t\in\mathbf{R}$$

(4) 非齐次线性方程组 $\boldsymbol{Ax}=\boldsymbol{b}$ 的任意两个解之差为 $\boldsymbol{Ax}=\boldsymbol{0}$ 的解,即

$$\begin{cases}\boldsymbol{A\eta}_1=\boldsymbol{b}\\ \boldsymbol{A\eta}_2=\boldsymbol{b}\end{cases}\Rightarrow \boldsymbol{A}(\boldsymbol{\eta}_1-\boldsymbol{\eta}_2)=\boldsymbol{0}$$

(5) 齐次线性方程组 $\boldsymbol{Ax}=\boldsymbol{0}$ 的任意一个解与非齐次线性方程组 $\boldsymbol{Ax}=\boldsymbol{b}$ 的任意一个解之和为非齐次线性方程组 $\boldsymbol{Ax}=\boldsymbol{b}$ 的解,即

$$\begin{cases}\boldsymbol{A\xi}=\boldsymbol{0}\\ \boldsymbol{A\eta}=\boldsymbol{b}\end{cases}\Rightarrow \boldsymbol{A}(\boldsymbol{\xi}+\boldsymbol{\eta})=\boldsymbol{b}$$

(6) 设 $\boldsymbol{\eta}_1,\boldsymbol{\eta}_2,\cdots,\boldsymbol{\eta}_t$ 为 $\boldsymbol{Ax}=\boldsymbol{b}$ 的 t 个解,则 $\boldsymbol{\eta}=c_1\boldsymbol{\eta}_1+c_2\boldsymbol{\eta}_2+\cdots+c_t\boldsymbol{\eta}_t$ 仍为其解(其中,$c_1+c_2+\cdots+c_t=1$,即 $\sum_{i=1}^{t}c_i=1$),也可表述为 $\frac{1}{\sum_{i=1}^{t}c_i}\left(\sum_{i=1}^{t}c_i\eta_i\right)$ 仍为 $\boldsymbol{Ax}=\boldsymbol{b}$ 的解(其中,$\sum_{i=1}^{t}c_i\neq 0$).

5. 齐次线性方程组 $\boldsymbol{Ax}=\boldsymbol{0}$ 解的结构

n 元齐次线性方程组 $\boldsymbol{Ax}=\boldsymbol{0}$ 的全体解向量所组成的集合对加法与数乘是封闭的,所以该集合可以构成一个向量空间,称为 $\boldsymbol{Ax}=\boldsymbol{0}$ 的解空间,解空间的基称为 $\boldsymbol{Ax}=\boldsymbol{0}$ 的基础解系.

(1) 若 $r(\boldsymbol{A})=r=n$,则 $\boldsymbol{Ax}=\boldsymbol{0}$ 只有零解,故此时 $\boldsymbol{Ax}=\boldsymbol{0}$ 的基础解系不存在,解空间正好为零空间,维数为 0;

(2) 若 $r(\boldsymbol{A})=r<n$,则 $\boldsymbol{Ax}=\boldsymbol{0}$ 存在基础解系,此时 $\boldsymbol{Ax}=\boldsymbol{0}$ 的任意 $n-r$ 个线性无

关的解$\boldsymbol{\xi}_1,\boldsymbol{\xi}_2,\cdots,\boldsymbol{\xi}_{n-r}$都可以作为$\boldsymbol{Ax}=\boldsymbol{0}$的一个基础解系，解空间的维数为$n-r$；

(3) 若当$r(\boldsymbol{A})=r<n$时，$\boldsymbol{Ax}=\boldsymbol{0}$的通解为$\boldsymbol{x}=c_1\boldsymbol{\xi}_1+c_2\boldsymbol{\xi}_2+\cdots+c_{n-r}\boldsymbol{\xi}_{n-r}$，其中，$\boldsymbol{\xi}_1,\boldsymbol{\xi}_2,\cdots,\boldsymbol{\xi}_{n-r}$为$\boldsymbol{Ax}=0$的一个基础解系，$c_1,c_2,\cdots,c_{n-r}$为任意实数.

6. 非齐次线性方程组 $\boldsymbol{Ax}=\boldsymbol{b}$ 解的结构

(1) $\boldsymbol{Ax}=\boldsymbol{b}$有无数组解$\Rightarrow\boldsymbol{Ax}=\boldsymbol{0}$有无数组解；

(2) 当$r(\boldsymbol{A},\boldsymbol{b})=r(\boldsymbol{A})=r<n$时，非齐次线性方程组$\boldsymbol{Ax}=\boldsymbol{b}$的通解可表示为

$$\boldsymbol{x}=(c_1\boldsymbol{\xi}_1+c_2\boldsymbol{\xi}_2+\cdots+c_{n-r}\boldsymbol{\xi}_{n-r})+\boldsymbol{\eta}^*$$

其中，$\boldsymbol{\xi}_1,\boldsymbol{\xi}_2,\cdots,\boldsymbol{\xi}_{n-r}$为$\boldsymbol{Ax}=\boldsymbol{0}$的一个基础解系；$\boldsymbol{\eta}^*$为$\boldsymbol{Ax}=\boldsymbol{b}$的任意一个特解.

(3) $\boldsymbol{Ax}=\boldsymbol{b}$的通解等于$\boldsymbol{Ax}=\boldsymbol{0}$的通解与$\boldsymbol{Ax}=\boldsymbol{b}$的一个特解之和.

7. 向量空间

1）向量空间的概念

设$\boldsymbol{V}$是一些n维向量的非空集合，且对于向量的加法和数乘两种**运算封闭**，则称$\boldsymbol{V}$为**向量空间**.

所谓$\boldsymbol{V}$对于向量空间的加法和数乘两种运算封闭，即

① $\forall\boldsymbol{\alpha},\boldsymbol{\beta}\in\boldsymbol{V}$，有$\boldsymbol{\alpha}+\boldsymbol{\beta}\in\boldsymbol{V}$；

② $\forall\boldsymbol{\alpha}\in\boldsymbol{V}$，$\forall k$，有$k\boldsymbol{\alpha}\in\boldsymbol{V}$.

全体n维向量构成的集合是一个向量空间.

向量组$\boldsymbol{\alpha}_1,\boldsymbol{\alpha}_2,\cdots,\boldsymbol{\alpha}_s$生成的向量空间：设$\boldsymbol{\alpha}_1,\boldsymbol{\alpha}_2,\cdots,\boldsymbol{\alpha}_s$为实向量组，则$\boldsymbol{\alpha}_1,\boldsymbol{\alpha}_2,\cdots,\boldsymbol{\alpha}_s$的全体线性组合

$$\boldsymbol{L}(\boldsymbol{\alpha}_1,\boldsymbol{\alpha}_2,\cdots,\boldsymbol{\alpha}_s)=\{k_1\boldsymbol{\alpha}_1+k_2\boldsymbol{\alpha}_2+\cdots+k_s\boldsymbol{\alpha}_s\,|\,k_1,k_2,\cdots,k_s\text{ 都为实数}\}$$

是一个向量空间.

2）向量空间的基与维数

设$\boldsymbol{V}$是向量空间，如果$\boldsymbol{V}$中有r个向量$\boldsymbol{\alpha}_1,\boldsymbol{\alpha}_2,\cdots,\boldsymbol{\alpha}_r$满足

(1) $\boldsymbol{\alpha}_1,\boldsymbol{\alpha}_2,\cdots,\boldsymbol{\alpha}_r$线性无关，

(2) $\boldsymbol{V}$中任一向量都可由$\boldsymbol{\alpha}_1,\boldsymbol{\alpha}_2,\cdots,\boldsymbol{\alpha}_r$线性表示，

则称向量组$\boldsymbol{\alpha}_1,\boldsymbol{\alpha}_2,\cdots,\boldsymbol{\alpha}_r$为向量空间$\boldsymbol{V}$的一个基，称$r$为向量空间$\boldsymbol{V}$的维数，记为$\dim\boldsymbol{V}=r$，并称$\boldsymbol{V}$为$r$维向量空间.

只有一个零向量的集合$\{0\}$也是向量空间，称为零空间，它没有基，并规定：零空间的维数为0.

向量空间的基定义条件中的线性表示是唯一的，而且条件(2)还可以叙述为$\boldsymbol{V}$中任一向量与$\boldsymbol{\alpha}_1,\boldsymbol{\alpha}_2,\cdots,\boldsymbol{\alpha}_r$(构成的向量组)都线性相关.

向量组$\boldsymbol{\alpha}_1,\boldsymbol{\alpha}_2,\cdots,\boldsymbol{\alpha}_s$生成的向量空间$\boldsymbol{L}(\boldsymbol{\alpha}_1,\boldsymbol{\alpha}_2,\cdots,\boldsymbol{\alpha}_s)$的一个基就是向量组$\boldsymbol{\alpha}_1,\boldsymbol{\alpha}_2,\cdots,\boldsymbol{\alpha}_s$的一个极大无关组，而维数就是向量组$\boldsymbol{\alpha}_1,\boldsymbol{\alpha}_2,\cdots,\boldsymbol{\alpha}_s$的秩.

若已知向量空间$\boldsymbol{V}$的一个基$\boldsymbol{\alpha}_1,\boldsymbol{\alpha}_2,\cdots,\boldsymbol{\alpha}_r$，则

$$\boldsymbol{V}=\boldsymbol{L}(\boldsymbol{\alpha}_1,\boldsymbol{\alpha}_2,\cdots,\boldsymbol{\alpha}_r)=\{\boldsymbol{\alpha}=k_1\boldsymbol{\alpha}_1+k_2\boldsymbol{\alpha}_2+\cdots+k_r\boldsymbol{\alpha}_r \mid k_1,k_2,\cdots,k_r \text{ 都为实数}\}$$

即向量空间就是由它的基生成的.

3）向量的坐标

设在向量空间 $\boldsymbol{V}$ 中取定一个基 $\boldsymbol{\alpha}_1,\boldsymbol{\alpha}_2,\cdots,\boldsymbol{\alpha}_r$ 后，$\boldsymbol{V}$ 中任一向量 $\boldsymbol{\alpha}$ 可由基 $\boldsymbol{\alpha}_1,\boldsymbol{\alpha}_2,\cdots,\boldsymbol{\alpha}_r$ 唯一线性表示的表达式为

$$\boldsymbol{\alpha}=x_1\boldsymbol{\alpha}_1+x_2\boldsymbol{\alpha}_2+\cdots+x_r\boldsymbol{\alpha}_r=(\boldsymbol{\alpha}_1,\boldsymbol{\alpha}_2,\cdots,\boldsymbol{\alpha}_r)\begin{pmatrix}x_1\\x_2\\\vdots\\x_r\end{pmatrix}$$

则称 $x_1,x_2,\cdots,x_r$ 为 $\boldsymbol{\alpha}$ 在基 $\boldsymbol{\alpha}_1,\boldsymbol{\alpha}_2,\cdots,\boldsymbol{\alpha}_r$ 下的坐标，称 $\boldsymbol{x}=\begin{pmatrix}x_1\\x_2\\\vdots\\x_r\end{pmatrix}$ 为 $\boldsymbol{\alpha}$ 在基 $\boldsymbol{\alpha}_1,\boldsymbol{\alpha}_2,\cdots,\boldsymbol{\alpha}_r$ 下的坐标向量.

在全体 n 维向量的向量空间中取坐标单位向量组 $\boldsymbol{e}_1,\boldsymbol{e}_2,\cdots,\boldsymbol{e}_n$，则向量 $\boldsymbol{x}=(x_1,x_2,\cdots,x_n)^{\mathrm{T}}$ 由 $\boldsymbol{e}_1,\boldsymbol{e}_2,\cdots,\boldsymbol{e}_n$ 线性表示的表达式为

$$\boldsymbol{x}=x_1\boldsymbol{e}_1+x_2\boldsymbol{e}_2+\cdots+x_n\boldsymbol{e}_n$$

可见向量 $\boldsymbol{x}$ 在基 $\boldsymbol{e}_1,\boldsymbol{e}_2,\cdots,\boldsymbol{e}_n$ 下的坐标就是 $\boldsymbol{x}$ 的分量，因此，$\boldsymbol{e}_1,\boldsymbol{e}_2,\cdots,\boldsymbol{e}_n$ 称为自然基.

4）过渡矩阵

取向量空间中的两个基

$$\boldsymbol{\alpha}_1,\boldsymbol{\alpha}_2,\cdots,\boldsymbol{\alpha}_r;\boldsymbol{\beta}_1,\boldsymbol{\beta}_2,\cdots,\boldsymbol{\beta}_r$$

基 $\boldsymbol{\beta}_1,\boldsymbol{\beta}_2,\cdots,\boldsymbol{\beta}_r$ 由基 $\boldsymbol{\alpha}_1,\boldsymbol{\alpha}_2,\cdots,\boldsymbol{\alpha}_r$ 线性表示的表达式为

$$(\boldsymbol{\beta}_1,\boldsymbol{\beta}_2,\cdots,\boldsymbol{\beta}_r)=(\boldsymbol{\alpha}_1,\boldsymbol{\alpha}_2,\cdots,\boldsymbol{\alpha}_r)\boldsymbol{P}$$

则称矩阵 $\boldsymbol{P}$ 为从基 $\boldsymbol{\alpha}_1,\boldsymbol{\alpha}_2,\cdots,\boldsymbol{\alpha}_r$ 到基 $\boldsymbol{\beta}_1,\boldsymbol{\beta}_2,\cdots,\boldsymbol{\beta}_r$ 的过渡矩阵，而称 $(\boldsymbol{\beta}_1,\boldsymbol{\beta}_2,\cdots,\boldsymbol{\beta}_r)=(\boldsymbol{\alpha}_1,\boldsymbol{\alpha}_2,\cdots,\boldsymbol{\alpha}_r)\boldsymbol{P}$ 为从基 $\boldsymbol{\alpha}_1,\boldsymbol{\alpha}_2,\cdots,\boldsymbol{\alpha}_r$ 到基 $\boldsymbol{\beta}_1,\boldsymbol{\beta}_2,\cdots,\boldsymbol{\beta}_r$ 的基变换公式.

当向量空间 $\boldsymbol{V}$ 中从基 $\boldsymbol{\alpha}_1,\boldsymbol{\alpha}_2,\cdots,\boldsymbol{\alpha}_r$ 到基 $\boldsymbol{\beta}_1,\boldsymbol{\beta}_2,\cdots,\boldsymbol{\beta}_r$ 的基变换公式为 $(\boldsymbol{\beta}_1,\boldsymbol{\beta}_2,\cdots,\boldsymbol{\beta}_r)=(\boldsymbol{\alpha}_1,\boldsymbol{\alpha}_2,\cdots,\boldsymbol{\alpha}_r)\boldsymbol{P}$，$\boldsymbol{V}$ 中向量 $\boldsymbol{\alpha}$ 在基 $\boldsymbol{\alpha}_1,\boldsymbol{\alpha}_2,\cdots,\boldsymbol{\alpha}_r$ 下的坐标向量为 $\boldsymbol{x}$，$\boldsymbol{\alpha}$ 在基 $\boldsymbol{\beta}_1,\boldsymbol{\beta}_2,\cdots,\boldsymbol{\beta}_r$ 下的坐标向量为 $\boldsymbol{y}$，即有 $\boldsymbol{\alpha}=(\boldsymbol{\alpha}_1,\boldsymbol{\alpha}_2,\cdots,\boldsymbol{\alpha}_r)\boldsymbol{x}=(\boldsymbol{\beta}_1,\boldsymbol{\beta}_2,\cdots,\boldsymbol{\beta}_r)\boldsymbol{y}$ 时，有 $\boldsymbol{x}=\boldsymbol{P}\boldsymbol{y}$，所以 $\boldsymbol{y}=\boldsymbol{P}^{-1}\boldsymbol{x}$ 是 $\boldsymbol{\alpha}$ 从基 $\boldsymbol{\alpha}_1,\boldsymbol{\alpha}_2,\cdots,\boldsymbol{\alpha}_r$ 下的坐标到基 $\boldsymbol{\beta}_1,\boldsymbol{\beta}_2,\cdots,\boldsymbol{\beta}_r$ 下的坐标之间的坐标变换公式.

三、疑难解析

1. 线性相关与线性表示这两个概念有什么区别和联系?

答 向量组 $\boldsymbol{A}:\boldsymbol{\alpha}_1,\boldsymbol{\alpha}_2,\cdots,\boldsymbol{\alpha}_m$ 线性相关是指齐次线性方程组 $(\boldsymbol{\alpha}_1,\boldsymbol{\alpha}_2,\cdots,\boldsymbol{\alpha}_m)\boldsymbol{x}=\boldsymbol{0}$

有非零解，向量 $\boldsymbol{b}$ 能由向量组 $\boldsymbol{A}$ 线性表示是指非齐次线性方程组 $(\boldsymbol{\alpha}_1,\boldsymbol{\alpha}_2,\cdots,\boldsymbol{\alpha}_m)\boldsymbol{x}=\boldsymbol{b}$ 有解.

2. 如何将已知向量表示为给定的向量组的线性组合？

答　方法如下：已知 n 维向量组 $\boldsymbol{\alpha}_1,\boldsymbol{\alpha}_2,\cdots,\boldsymbol{\alpha}_m$ 及 n 维向量 $\boldsymbol{\beta}=(b_1,b_2,\cdots,b_n)^{\mathrm{T}}$，设

$$\boldsymbol{\beta}=x_1\boldsymbol{\alpha}_1+x_2\boldsymbol{\alpha}_2+\cdots+x_m\boldsymbol{\alpha}_m$$

即有方程组

$$\begin{cases} a_{11}x_1+a_{21}x_2+\cdots+a_{m1}x_m=b_1 \\ a_{12}x_1+a_{22}x_2+\cdots+a_{m2}x_m=b_2 \\ \qquad\qquad\qquad\qquad\vdots \\ a_{1n}x_1+a_{2n}x_2+\cdots+a_{mn}x_m=b_n \end{cases}$$

则有：

(1) $\boldsymbol{\beta}$ 不能由 $\boldsymbol{\alpha}_1,\boldsymbol{\alpha}_2,\cdots,\boldsymbol{\alpha}_m$ 线性表示，等价于方程组没有解；

(2) $\boldsymbol{\beta}$ 能由 $\boldsymbol{\alpha}_1,\boldsymbol{\alpha}_2,\cdots,\boldsymbol{\alpha}_m$ 线性表示，等价于方程组有解，此时若方程组的一组解为 $x_1=k_1,x_2=k_2,\cdots,x_m=k_m$，则有：$\boldsymbol{\beta}=k_1\boldsymbol{\alpha}_1+k_2\boldsymbol{\alpha}_2+\cdots+k_m\boldsymbol{\alpha}_m$，即 $\boldsymbol{\beta}$ 为 $\boldsymbol{\alpha}_1,\boldsymbol{\alpha}_2,\cdots,\boldsymbol{\alpha}_m$ 的一个线性组合.

3. 判别向量组线性相关性的方法有哪些？

答　判定向量组是否线性相关，有以下三种方法.

(1) 定义法. 一般地，m 个 n 维向量线性相关等价于对应的齐次线性方程组 $x_1\boldsymbol{\alpha}_1+x_2\boldsymbol{\alpha}_2+\cdots+x_m\boldsymbol{\alpha}_m=\mathbf{0}$ 有非零解.

(2) 利用向量组线性相关、无关的性质. 例如，利用部分相关则整体相关，整体无关则部分无关，向量组中有向量是其他向量的线性组合，则该向量组必线性相关等性质判定.

(3) 利用向量组的秩与矩阵的秩的关系. 具体步骤为：第一步，由列向量组构造具体矩阵 $\boldsymbol{A}=(\boldsymbol{\alpha}_1,\boldsymbol{\alpha}_2,\cdots,\boldsymbol{\alpha}_m)$；第二步，求矩阵 $\boldsymbol{A}$ 的秩，若 $r(\boldsymbol{A})=m$，则向量组线性无关，若 $r(\boldsymbol{A})<m$，则向量组线性相关.

4. 应用向量组的线性相关性的概念时，有哪些常见的错误？

答　(1) 若 $\boldsymbol{\alpha}_1,\boldsymbol{\alpha}_2,\cdots,\boldsymbol{\alpha}_m$ 线性相关，且存在一组数 $k_1,k_2,\cdots,k_m$ 满足 $k_1\boldsymbol{\alpha}_1+k_2\boldsymbol{\alpha}_2+\cdots+k_m\boldsymbol{\alpha}_m=\mathbf{0}$，则 $k_1,k_2,\cdots,k_m$ 不全为零.

分析：错误，如向量组：$\boldsymbol{\alpha}_1=(0,1,0)^{\mathrm{T}},\boldsymbol{\alpha}_2=(0,2,0)^{\mathrm{T}}$ 线性相关，对于 $k_1=k_2=0$，显然有 $k_1\boldsymbol{\alpha}_1+k_2\boldsymbol{\alpha}_2=\mathbf{0}$.

(2) 若 $\boldsymbol{\alpha}_1,\boldsymbol{\alpha}_2,\cdots,\boldsymbol{\alpha}_m$ 线性相关，则存在全不为零的数 $k_1,k_2,\cdots,k_m$，使 $k_1\boldsymbol{\alpha}_1+k_2\boldsymbol{\alpha}_2+\cdots+k_m\boldsymbol{\alpha}_m=\mathbf{0}$ 成立.

分析：错误，如向量组 $\boldsymbol{\alpha}_1=(1,0,0)^{\mathrm{T}},\boldsymbol{\alpha}_2=(0,1,0)^{\mathrm{T}},\boldsymbol{\alpha}_3=(0,3,0)^{\mathrm{T}}$ 线性相关，但 $0\cdot\boldsymbol{\alpha}_1+3\boldsymbol{\alpha}_2+(-1)\boldsymbol{\alpha}_3=\mathbf{0}$.

(3) 若向量组 $\boldsymbol{\alpha}_1,\boldsymbol{\alpha}_2,\cdots,\boldsymbol{\alpha}_m$ 线性相关,则向量组中每一个向量都可由其余 $m-1$ 个向量线性表示.

分析:错误,例如,向量组 $\boldsymbol{\alpha}_1=(1,0,0)^{\mathrm{T}},\boldsymbol{\alpha}_2=(0,1,0)^{\mathrm{T}},\boldsymbol{\alpha}_3=(0,3,0)^{\mathrm{T}}$ 线性相关,但 $\boldsymbol{\alpha}_1$ 不能由 $\boldsymbol{\alpha}_2,\boldsymbol{\alpha}_3$ 线性表示.

(4) 若向量组 $\boldsymbol{\alpha}_1,\boldsymbol{\alpha}_2,\cdots,\boldsymbol{\alpha}_m$ 及 $\boldsymbol{\beta}_1,\boldsymbol{\beta}_2,\cdots,\boldsymbol{\beta}_m$ 都线性无关,则 $\boldsymbol{\alpha}_1+\boldsymbol{\beta}_1,\boldsymbol{\alpha}_2+\boldsymbol{\beta}_2,\cdots,\boldsymbol{\alpha}_m+\boldsymbol{\beta}_m$ 也线性无关.

分析:错误,例如,$\boldsymbol{\alpha}_1=(1,0)^{\mathrm{T}},\boldsymbol{\alpha}_2=(0,1)^{\mathrm{T}}$ 线性无关,$\boldsymbol{\beta}_1=(-1,0)^{\mathrm{T}},\boldsymbol{\beta}_2=(1,1)^{\mathrm{T}}$ 也线性无关,但 $\boldsymbol{\alpha}_1+\boldsymbol{\beta}_1=(0,0)^{\mathrm{T}},\boldsymbol{\alpha}_2+\boldsymbol{\beta}_2=(1,2)^{\mathrm{T}}$ 线性相关.

同样,若向量组 $\boldsymbol{\alpha}_1,\boldsymbol{\alpha}_2,\cdots,\boldsymbol{\alpha}_m$ 及 $\boldsymbol{\beta}_1,\boldsymbol{\beta}_2,\cdots,\boldsymbol{\beta}_m$ 都线性相关,则 $\boldsymbol{\alpha}_1+\boldsymbol{\beta}_1,\boldsymbol{\alpha}_2+\boldsymbol{\beta}_2,\cdots,\boldsymbol{\alpha}_m+\boldsymbol{\beta}_m$ 也线性相关.这一说法也是错误的.

5. 两个矩阵的等价与两个向量组的等价有什么区别和联系?

答 矩阵等价指的是 $\boldsymbol{A}$ 可以通过有限次初等变换变成 $\boldsymbol{B}$,因此,两个不同型的矩阵是不可能等价的;两向量组的等价指的是它们能够相互线性表示,于是,它们各自所含向量的个数可能是不一样的.

两者的联系在于:

(1) 若矩阵 $\boldsymbol{A}$ 经初等行变换化为 $\boldsymbol{B}$,即 $\boldsymbol{A},\boldsymbol{B}$ 行等价,则 $\boldsymbol{A},\boldsymbol{B}$ 的行向量组等价;若 $\boldsymbol{A}$ 经初等列变换化为 $\boldsymbol{C}$,即 $\boldsymbol{A},\boldsymbol{C}$ 列等价,则 $\boldsymbol{A},\boldsymbol{C}$ 的行向量组等价;若 $\boldsymbol{A}$ 经过初等行变换又经过初等列变换化为 $\boldsymbol{D}$,则矩阵 $\boldsymbol{A},\boldsymbol{D}$ 等价,但 $\boldsymbol{A},\boldsymbol{D}$ 的行向量组与列向量组未必等价.

(2) 反过来,设两列向量组等价,若它们所含向量个数不相同,则它们对应的两个矩阵是不同型的,因而不等价;若所含向量个数相同,那么它们对应的两个 $n\times m$ 矩阵列等价,从而一定等价,但不一定行等价. 例如,向量组 $\boldsymbol{A}$:$\begin{pmatrix}1\\2\end{pmatrix},\begin{pmatrix}2\\4\end{pmatrix}$与向量组 $\boldsymbol{B}$:$\begin{pmatrix}1\\2\end{pmatrix},\begin{pmatrix}0\\0\end{pmatrix}$等价,它们对应的矩阵 $\boldsymbol{A}=\begin{pmatrix}1&2\\2&4\end{pmatrix},\boldsymbol{B}=\begin{pmatrix}1&0\\2&0\end{pmatrix}$列等价,从而 $\boldsymbol{A},\boldsymbol{B}$ 等价,但非行等价.

类似地,若两个含向量个数相同的行向量组等价,则它们对应的两矩阵行等价,从而一定等价,但不一定列等价.

6. 矩阵的初等行变换对矩阵的列向量组和行向量组各有什么作用?

答 设矩阵 $\boldsymbol{A}$ 经过初等行变换变为 $\boldsymbol{B}$,则

(1) 矩阵 $\boldsymbol{A},\boldsymbol{B}$ 的行向量组等价,也即它们能相互表示,于是齐次线性方程组 $\boldsymbol{Ax}=\boldsymbol{0},\boldsymbol{Bx}=\boldsymbol{0}$ 同解,这是用初等行变换求解线性方程组的理论基础;

(2) 矩阵 $\boldsymbol{A}$ 和 $\boldsymbol{B}$ 的列向量组有相同的线性关系,这是用初等行变换求出 $\boldsymbol{A}$ 的列向量组的最大无关组,并将其余向量用该最大无关组线性表示问题的理论基础.

7. 向量组的最大无关组有什么重要意义?

答 设 $\boldsymbol{A}_0$ 是 n 维向量组 $\boldsymbol{A}$ 的一个最大无关组，那么① $\boldsymbol{A}_0 \subset \boldsymbol{A}$，且所含向量个数 $r = r_{\boldsymbol{A}_0} \leqslant n$；② $\boldsymbol{A}_0$ 组与 $\boldsymbol{A}$ 组等价，从而有 $r_{\boldsymbol{A}} = r_{\boldsymbol{A}_0} = r$；③ 在所有与 $\boldsymbol{A}$ 组等价的向量组中，$\boldsymbol{A}_0$ 组包含的向量个数最少，事实上，设 $\boldsymbol{B}$ 是任一与 $\boldsymbol{A}$ 组等价的向量组，由等价的传递性，$\boldsymbol{B}$ 组与 $\boldsymbol{A}_0$ 组等价，从而有：$r(\boldsymbol{B}) = r(\boldsymbol{A}_0) = r$，于是 $\boldsymbol{B}$ 组向量个数不小于 r.

这样，用 $\boldsymbol{A}_0$ 组来“代表”$\boldsymbol{A}$ 组是最佳不过了，特别，当 $\boldsymbol{A}$ 组为无限向量组时，就能用有限向量组来“代表”，而有限向量组的问题可进一步转化为矩阵的问题，凡是对有限向量组成立的结论，用最大无关组过渡，立即可推广为无限向量组的情形中去，这就是最大无关组的意义所在.

四、典型例题

题型 1 判断向量组的线性相关性

方法 判断向量组的线性相关性，常见的方法如下.

(1) 定义法——设有向量组 $\boldsymbol{\alpha}_1, \boldsymbol{\alpha}_2, \cdots, \boldsymbol{\alpha}_n$，且 $k_1\boldsymbol{\alpha}_1 + k_2\boldsymbol{\alpha}_2 + \cdots + k_n\boldsymbol{\alpha}_n = \boldsymbol{0}$.

① 若上式当且仅当 $k_1 = k_2 = \cdots = k_n = 0$ 时才成立，则 $\boldsymbol{\alpha}_1, \cdots, \boldsymbol{\alpha}_n$ 线性无关.

② 若有不全为 0 的 $k_1, k_2, \cdots, k_n$ 使上式成立，则 $\boldsymbol{\alpha}_1, \boldsymbol{\alpha}_2, \cdots, \boldsymbol{\alpha}_n$ 线性相关.

(2) 利用矩阵的秩来判断的方法——设有 n 个 m 维向量组 $\boldsymbol{\alpha}_1, \boldsymbol{\alpha}_2, \cdots, \boldsymbol{\alpha}_n$，相应的矩阵 $\boldsymbol{A} = (\boldsymbol{\alpha}_1, \boldsymbol{\alpha}_2, \cdots, \boldsymbol{\alpha}_n)$，则

当 $r(\boldsymbol{A}) = m$ 时，$\boldsymbol{\alpha}_1, \boldsymbol{\alpha}_2, \cdots, \boldsymbol{\alpha}_n$ 线性无关；

当 $r(\boldsymbol{A}) < m$ 时，$\boldsymbol{\alpha}_1, \boldsymbol{\alpha}_2, \cdots, \boldsymbol{\alpha}_n$ 线性相关.

(3) 利用行列式判断——设有 n 个 n 维列(行)向量 $\boldsymbol{\alpha}_1, \boldsymbol{\alpha}_2, \cdots, \boldsymbol{\alpha}_n$，相应矩阵 $\boldsymbol{A} = (\boldsymbol{\alpha}_1, \boldsymbol{\alpha}_2, \cdots, \boldsymbol{\alpha}_n)$ 或 $\boldsymbol{A} = (\boldsymbol{\alpha}_1, \boldsymbol{\alpha}_2, \cdots, \boldsymbol{\alpha}_n)^{\mathrm{T}}$，则

当 $|\boldsymbol{A}| = 0$ 时，n 维向量组线性相关；

当 $|\boldsymbol{A}| \neq 0$ 时，n 维向量组线性无关.

(4) 反证法——一般多用于线性相关性的证明题.

因为线性相关与线性无关是两个互相对应的概念，在证明线性相关性的命题中，反证法是常用的有效方法.

(5) 观察法——可利用下述诸命题观察向量组的线性相关性.

① 当 $m > n$ 时，m 个 n 维向量 $\boldsymbol{\alpha}_1, \boldsymbol{\alpha}_2, \cdots, \boldsymbol{\alpha}_m$ 一定线性相关.

② 线性无关向量组延长分量后所得向量组仍线性无关，线性相关向量组缩短分量后所得向量组仍线性相关.

③ 设有两个向量组：

$$\boldsymbol{A}: \boldsymbol{\alpha}_1, \boldsymbol{\alpha}_2, \cdots, \boldsymbol{\alpha}_r, \quad \boldsymbol{B}: \boldsymbol{\beta}_1, \boldsymbol{\beta}_2, \cdots, \boldsymbol{\beta}_s$$

若向量组 $\boldsymbol{A}$ 能由向量组 $\boldsymbol{B}$ 线性表示，且 $r > s$，则向量组 $\boldsymbol{A}$ 线性相关.

(6) 解分量方程组法.

令 $k_1\boldsymbol{\alpha}_1+k_2\boldsymbol{\alpha}_2+\cdots+k_m\boldsymbol{\alpha}_m=\mathbf{0}$,改写成分量方程组为

$$\begin{cases}a_{11}k_1+a_{12}k_2+\cdots+a_{1m}k_m=0\\ a_{21}k_1+a_{22}k_2+\cdots+a_{2m}k_m=0\\ \qquad\qquad\vdots\\ a_{n1}k_1+a_{n2}k_2+\cdots+a_{nm}k_m=0\end{cases}$$

① 只有零解,则 $\boldsymbol{\alpha}_1,\boldsymbol{\alpha}_2,\cdots,\boldsymbol{\alpha}_m$ 线性无关.

② 有非零解,则 $\boldsymbol{\alpha}_1,\boldsymbol{\alpha}_2,\cdots,\boldsymbol{\alpha}_m$ 线性相关.

例 1 判断向量组 $\boldsymbol{\alpha}_1=(1,0,0,5,6),\boldsymbol{\alpha}_2=(1,2,0,7,8),\boldsymbol{\alpha}_3=(1,2,3,9,10)$的线性相关性.

解 令 $\boldsymbol{\beta}_1=(1,0,0),\boldsymbol{\beta}_2=(1,2,0),\boldsymbol{\beta}_3=(1,2,3)$. 由行列式

$$\begin{vmatrix}\boldsymbol{\beta}_1\\ \boldsymbol{\beta}_2\\ \boldsymbol{\beta}_3\end{vmatrix}=\begin{vmatrix}1&0&0\\1&2&0\\1&2&3\end{vmatrix}=6\neq0$$

可知 $\boldsymbol{\beta}_1,\boldsymbol{\beta}_2,\boldsymbol{\beta}_3$ 线性无关.

从而延长向量后所得向量 $\boldsymbol{\alpha}_1,\boldsymbol{\alpha}_2,\boldsymbol{\alpha}_3$ 线性无关.

例 2 判断下列向量组的线性相关性.

(1) $\boldsymbol{\alpha}_1=(1,3,1,1),\boldsymbol{\alpha}_2=(-1,1,3,1),\boldsymbol{\alpha}_3=(-5,-7,3,-1)$.

(2) $\boldsymbol{\beta}_1=(1,2,3,4),\boldsymbol{\beta}_2=(1,0,1,2),\boldsymbol{\beta}_3=(3,-1,2,0)$.

解 (1) 将所给向量排成行向量作矩阵 $\boldsymbol{A}$,并对 $\boldsymbol{A}$ 施行行初等变换,有

$$\boldsymbol{A}=\begin{pmatrix}\boldsymbol{\alpha}_1\\ \boldsymbol{\alpha}_2\\ \boldsymbol{\alpha}_3\end{pmatrix}=\begin{pmatrix}1&3&1&1\\-1&1&3&1\\-5&-7&3&-1\end{pmatrix}\rightarrow\begin{pmatrix}1&3&1&1\\0&4&4&2\\0&8&8&4\end{pmatrix}\rightarrow\begin{pmatrix}1&3&1&1\\0&4&4&2\\0&0&0&0\end{pmatrix}$$

则 $r(\boldsymbol{A})=2<3=m$ (行向量个数),故 $\boldsymbol{\alpha}_1,\boldsymbol{\alpha}_2,\boldsymbol{\alpha}_3$ 线性相关.

(2) 将所给向量 $\boldsymbol{\beta}_1,\boldsymbol{\beta}_2,\boldsymbol{\beta}_3$ 排成列向量作矩阵 $\boldsymbol{A}$,并对 $\boldsymbol{A}$ 进行初等变换,有

$$\boldsymbol{A}=(\boldsymbol{\beta}_1^{\mathrm{T}},\boldsymbol{\beta}_2^{\mathrm{T}},\boldsymbol{\beta}_3^{\mathrm{T}})=\begin{pmatrix}1&1&3\\2&0&-1\\3&1&2\\4&2&0\end{pmatrix}\rightarrow\begin{pmatrix}1&1&3\\0&2&3\\0&0&1\\0&0&0\end{pmatrix}$$

则 $r(\boldsymbol{A})=3=m$ (列向量个数),故 $\boldsymbol{\beta}_1,\boldsymbol{\beta}_2,\boldsymbol{\beta}_3$ 线性无关.

例 3 设 $\boldsymbol{A}$ 为 n 阶方阵,$\boldsymbol{\alpha}_1,\boldsymbol{\alpha}_2,\cdots,\boldsymbol{\alpha}_n$ 为 n 个线性无关的 n 维列向量,证明:$r(\boldsymbol{A})=n$ 的充要条件为 $\boldsymbol{A}\boldsymbol{\alpha}_1,\boldsymbol{A}\boldsymbol{\alpha}_2,\cdots,\boldsymbol{A}\boldsymbol{\alpha}_n$ 线性无关.

证 设 $k_1\boldsymbol{A}\boldsymbol{\alpha}_1+k_2\boldsymbol{A}\boldsymbol{\alpha}_2+\cdots+k_n\boldsymbol{A}\boldsymbol{\alpha}_n=\mathbf{0}$,即

$$k_1\boldsymbol{A}\boldsymbol{\alpha}_1+k_2\boldsymbol{A}\boldsymbol{\alpha}_2+\cdots+k_n\boldsymbol{A}\boldsymbol{\alpha}_n=(\boldsymbol{A}\boldsymbol{\alpha}_1,\boldsymbol{A}\boldsymbol{\alpha}_2,\cdots,\boldsymbol{A}\boldsymbol{\alpha}_n)\begin{pmatrix}k_1\\k_2\\ \vdots\\k_n\end{pmatrix}=\boldsymbol{A}(\boldsymbol{\alpha}_1,\boldsymbol{\alpha}_2,\cdots,\boldsymbol{\alpha}_n)\boldsymbol{k}=\mathbf{0}$$

必要性　若 $r(\boldsymbol{A})=n$，则 $\boldsymbol{A}$ 可逆，且 $\boldsymbol{\alpha}_1,\boldsymbol{\alpha}_2,\cdots,\boldsymbol{\alpha}_n$ 线性无关，故

$$r(\boldsymbol{A}(\boldsymbol{\alpha}_1,\boldsymbol{\alpha}_2,\cdots,\boldsymbol{\alpha}_n))=r(\boldsymbol{\alpha}_1,\cdots,\boldsymbol{\alpha}_n)=n$$

且

$$\boldsymbol{A}(\boldsymbol{\alpha}_1,\boldsymbol{\alpha}_2,\cdots,\boldsymbol{\alpha}_n)\boldsymbol{k}=(\boldsymbol{A\alpha}_1,\boldsymbol{A\alpha}_2,\cdots,\boldsymbol{A\alpha}_n)\boldsymbol{k}=\boldsymbol{0}$$

只有零解，于是 $\boldsymbol{A\alpha}_1,\boldsymbol{A\alpha}_2,\cdots,\boldsymbol{A\alpha}_n$ 线性无关.

充分性　若 $\boldsymbol{A\alpha}_1,\boldsymbol{A\alpha}_2,\cdots,\boldsymbol{A\alpha}_n$ 线性无关，则

$$(\boldsymbol{A\alpha}_1,\boldsymbol{A\alpha}_2,\cdots,\boldsymbol{A\alpha}_n)\boldsymbol{k}=\boldsymbol{A}(\boldsymbol{\alpha}_1,\boldsymbol{\alpha}_2,\cdots,\boldsymbol{\alpha}_n)\boldsymbol{k}=\boldsymbol{0}$$

只有零解，因而 $r(\boldsymbol{A}(\boldsymbol{\alpha}_1,\boldsymbol{\alpha}_2,\cdots,\boldsymbol{\alpha}_n))=n$，则

$$|\boldsymbol{A}(\boldsymbol{\alpha}_1,\boldsymbol{\alpha}_2,\cdots,\boldsymbol{\alpha}_n)|=|\boldsymbol{A}|\cdot|(\boldsymbol{\alpha}_1,\boldsymbol{\alpha}_2,\cdots,\boldsymbol{\alpha}_n)|\neq 0$$

即

$$|\boldsymbol{A}|\neq 0,\quad r(\boldsymbol{A})=n.$$

例 4　已知 $\boldsymbol{A}$ 是 n 阶可逆矩阵，$\boldsymbol{\alpha}_1,\boldsymbol{\alpha}_2,\cdots,\boldsymbol{\alpha}_s$ 是 n 维线性无关的列向量，证明：$\boldsymbol{A\alpha}_1,\boldsymbol{A\alpha}_2,\cdots,\boldsymbol{A\alpha}_s$ 线性无关.

证　若

$$k_1\boldsymbol{A\alpha}_1+k_2\boldsymbol{A\alpha}_2+\cdots+k_s\boldsymbol{A\alpha}_s=\boldsymbol{0} \tag{1}$$

由于 $\boldsymbol{A}$ 可逆，用 $\boldsymbol{A}^{-1}$ 左乘上式得

$$\boldsymbol{A}^{-1}k_1\boldsymbol{A\alpha}_1+\boldsymbol{A}^{-1}k_2\boldsymbol{A\alpha}_2+\cdots+\boldsymbol{A}^{-1}k_s\boldsymbol{A\alpha}_s=\boldsymbol{0}$$

$$k_1\boldsymbol{\alpha}_1+k_2\boldsymbol{\alpha}_2+\cdots+k_s\boldsymbol{\alpha}_s=\boldsymbol{0}$$

因为 $\boldsymbol{\alpha}_1,\boldsymbol{\alpha}_2,\cdots,\boldsymbol{\alpha}_s$ 线性无关，则上式成立的充要条件为

$$k_1=k_2=\cdots=k_s=0$$

故式(1)成立的充要条件为 $k_1=k_2=\cdots=k_s=0$.

故 $\boldsymbol{A\alpha}_1,\boldsymbol{A\alpha}_2,\cdots,\boldsymbol{A\alpha}_s$ 线性无关.

例 5　已知 $\boldsymbol{\alpha}_1,\boldsymbol{\alpha}_2,\boldsymbol{\alpha}_3$ 线性无关，证明：$\boldsymbol{\alpha}_1+\boldsymbol{\alpha}_2, 3\boldsymbol{\alpha}_2+2\boldsymbol{\alpha}_3, \boldsymbol{\alpha}_1-2\boldsymbol{\alpha}_2+\boldsymbol{\alpha}_3$ 线性无关.

证　设

$$k_1(\boldsymbol{\alpha}_1+\boldsymbol{\alpha}_2)+k_2(3\boldsymbol{\alpha}_2+2\boldsymbol{\alpha}_3)+k_3(\boldsymbol{\alpha}_1-2\boldsymbol{\alpha}_2+\boldsymbol{\alpha}_3)=\boldsymbol{0}$$

即

$$(k_1+k_3)\boldsymbol{\alpha}_1+(k_1+3k_2-2k_3)\boldsymbol{\alpha}_2+(2k_2+k_3)\boldsymbol{\alpha}_3=\boldsymbol{0}$$

由于 $\boldsymbol{\alpha}_1,\boldsymbol{\alpha}_2,\boldsymbol{\alpha}_3$ 线性无关，则

$$\begin{cases} k_1+k_3=0 \\ k_1+3k_2-2k_3=0 \\ 2k_2+k_3=0 \end{cases}$$

$$D=\begin{vmatrix} 1 & 0 & 1 \\ 1 & 3 & -2 \\ 0 & 2 & 1 \end{vmatrix}=9\neq 0$$

齐次方程组只有零解，故必有 $k_1=0,k_2=0,k_3=0$.

故 $\boldsymbol{\alpha}_1+\boldsymbol{\alpha}_2, 3\boldsymbol{\alpha}_2+2\boldsymbol{\alpha}_3, \boldsymbol{\alpha}_1-2\boldsymbol{\alpha}_2+\boldsymbol{\alpha}_3$ 线性无关.

例 6 设 $\boldsymbol{\alpha}_1=(1,1,1)^{\mathrm{T}}, \boldsymbol{\alpha}_2=(1,2,3)^{\mathrm{T}}, \boldsymbol{\alpha}_3=(1,3,t)^{\mathrm{T}}$,试求:

(1) t 为何值时,向量组 $\boldsymbol{\alpha}_1, \boldsymbol{\alpha}_2, \boldsymbol{\alpha}_3$ 线性相关?

(2) t 为何值时,向量组 $\boldsymbol{\alpha}_1, \boldsymbol{\alpha}_2, \boldsymbol{\alpha}_3$ 线性无关?

(3) 当向量组 $\boldsymbol{\alpha}_1, \boldsymbol{\alpha}_2, \boldsymbol{\alpha}_3$ 线性相关时,将 $\boldsymbol{\alpha}_3$ 表示为 $\boldsymbol{\alpha}_1$ 和 $\boldsymbol{\alpha}_2$ 的线性组合.

解 设

$$k_1\boldsymbol{\alpha}_1+k_2\boldsymbol{\alpha}_2+k_3\boldsymbol{\alpha}_3=\mathbf{0}$$

即

$$k_1(1,1,1)^{\mathrm{T}}+k_2(1,2,3)^{\mathrm{T}}+k_3(1,3,t)^{\mathrm{T}}=\mathbf{0}$$

则

$$\begin{cases} k_1+k_2+k_3=0 \\ k_1+2k_2+3k_3=0 \\ k_1+3k_2+tk_3=0 \end{cases}$$

$$D=\begin{vmatrix} 1 & 1 & 1 \\ 1 & 2 & 3 \\ 1 & 3 & t \end{vmatrix}=t-5$$

(1) 当 $t-5=0$,即 $t=5$ 时,方程组有非零解,因此 $\boldsymbol{\alpha}_1, \boldsymbol{\alpha}_2, \boldsymbol{\alpha}_3$ 线性相关.

(2) 当 $t-5\neq 0$,即 $t\neq 5$ 时,方程组仅有零解,即 $k_1=k_2=k_3=0$,故 $\boldsymbol{\alpha}_1, \boldsymbol{\alpha}_2, \boldsymbol{\alpha}_3$ 线性无关.

(3) 当 $t=5$ 时,$\boldsymbol{\alpha}_3=(1,3,5)^{\mathrm{T}}$,设 $\boldsymbol{\alpha}_3=x_1\boldsymbol{\alpha}_1+x_2\boldsymbol{\alpha}_2$,即

$$(1,3,5)^{\mathrm{T}}=x_1(1,1,1)^{\mathrm{T}}+x_2(1,2,3)^{\mathrm{T}}$$

则

$$\begin{cases} x_1+x_2=1 \\ x_1+2x_2=3 \\ x_1+3x_2=5 \end{cases}$$

解得 $x_1=-1, x_2=2$.

故 $\boldsymbol{\alpha}_3=-\boldsymbol{\alpha}_1+2\boldsymbol{\alpha}_2$.

例 7 已知向量组 $\boldsymbol{\alpha}_1=(1,1,2,1)^{\mathrm{T}}, \boldsymbol{\alpha}_2=(1,0,0,2)^{\mathrm{T}}, \boldsymbol{\alpha}_3=(-1,-4,-8,k)^{\mathrm{T}}$ 线性相关,求 k 的值.

解 设

$$\mathbf{A}=(\boldsymbol{\alpha}_1, \boldsymbol{\alpha}_2, \boldsymbol{\alpha}_3)=\begin{pmatrix} 1 & 1 & -1 \\ 1 & 0 & -4 \\ 2 & 0 & -8 \\ 1 & 2 & k \end{pmatrix} \to \begin{pmatrix} 1 & 1 & -1 \\ 0 & -1 & -3 \\ 0 & -2 & -6 \\ 0 & 1 & k+1 \end{pmatrix} \to \begin{pmatrix} 1 & 1 & -1 \\ 0 & -1 & -3 \\ 0 & 0 & k-2 \\ 0 & 0 & 0 \end{pmatrix}$$

当 $k=2$ 时,$r(\mathbf{A})=2<3$(向量组的个数),向量组 $\boldsymbol{\alpha}_1, \boldsymbol{\alpha}_2, \boldsymbol{\alpha}_3$ 线性相关.

例 8　设 $\boldsymbol{A}$ 是 4×3 矩阵，$\boldsymbol{B}$ 是 3×3 矩阵，且有 $\boldsymbol{AB}=\boldsymbol{0}$，其中

$$\boldsymbol{A}=\begin{pmatrix}1&1&-1\\1&2&1\\2&3&0\\0&-1&-2\end{pmatrix}$$

试证：$\boldsymbol{B}$ 的列向量组线性相关.

证
$$\boldsymbol{A}=\begin{pmatrix}1&1&-1\\1&2&1\\2&3&0\\0&-1&-2\end{pmatrix}\to\begin{pmatrix}1&1&-1\\1&2&1\\0&1&2\\0&-1&-2\end{pmatrix}\to\begin{pmatrix}1&1&-1\\0&1&2\\0&0&0\\0&0&0\end{pmatrix}$$

则 $r(\boldsymbol{A})=2$.

由 $\boldsymbol{A}_{4\times3}\boldsymbol{B}_{3\times3}=\boldsymbol{0}$，可知

$$r(\boldsymbol{A})+r(\boldsymbol{B})\leqslant3$$

而 $r(\boldsymbol{A})=2$，则

$$r(\boldsymbol{B})\leqslant3-2=1$$

故 $\boldsymbol{B}$ 的 3 个列向量一定线性相关.

例 9　已知 $\boldsymbol{A}$ 是三阶矩阵，$\boldsymbol{\alpha}_1\neq\boldsymbol{0}$，$\boldsymbol{\alpha}_2$，$\boldsymbol{\alpha}_3$ 是三维向量，满足 $\boldsymbol{A\alpha}_1=\boldsymbol{\alpha}_1$，$\boldsymbol{A\alpha}_2=\boldsymbol{\alpha}_1+\boldsymbol{\alpha}_2$，$\boldsymbol{A\alpha}_3=\boldsymbol{\alpha}_2+\boldsymbol{\alpha}_3$，证明：$\boldsymbol{\alpha}_1$，$\boldsymbol{\alpha}_2$，$\boldsymbol{\alpha}_3$ 线性无关.

证　设有不全为 0 的数 k_1,k_2,k_3，使得

$$k_1\boldsymbol{\alpha}_1+k_2\boldsymbol{\alpha}_2+k_3\boldsymbol{\alpha}_3=\boldsymbol{0}\tag{1}$$

左乘 $\boldsymbol{A}$ 得

$$k_1\boldsymbol{A\alpha}_1+k_2\boldsymbol{A\alpha}_2+k_3\boldsymbol{A\alpha}_3=\boldsymbol{0}$$

即

$$k_1\boldsymbol{\alpha}_1+k_2(\boldsymbol{\alpha}_1+\boldsymbol{\alpha}_2)+k_3(\boldsymbol{\alpha}_2+\boldsymbol{\alpha}_3)=\boldsymbol{0}$$
$$(k_1+k_2)\boldsymbol{\alpha}_1+(k_2+k_3)\boldsymbol{\alpha}_2+k_3\boldsymbol{\alpha}_3=\boldsymbol{0}\tag{2}$$

(2)－(1)得

$$k_2\boldsymbol{\alpha}_1+k_3\boldsymbol{\alpha}_2=\boldsymbol{0}\tag{3}$$

上式左乘 $\boldsymbol{A}$ 得

$$k_2\boldsymbol{A\alpha}_1+k_3\boldsymbol{A\alpha}_2=\boldsymbol{0}$$
$$k_2\boldsymbol{\alpha}_1+k_3(\boldsymbol{\alpha}_2+\boldsymbol{\alpha}_1)=\boldsymbol{0}$$
$$(k_2+k_3)\boldsymbol{\alpha}_1+k_3\boldsymbol{\alpha}_2=\boldsymbol{0}\tag{4}$$

(4)－(3)得

$$k_3\boldsymbol{\alpha}_1=\boldsymbol{0}$$

又因 $\boldsymbol{\alpha}_1\neq\boldsymbol{0}$，故 $k_3=0$；代入(3)，得 $k_2=0$；把 $k_2=0$，$k_3=0$ 代入(1)，得 $k_1=0$. 与假设矛盾.

故 $\boldsymbol{\alpha}_1,\boldsymbol{\alpha}_2,\boldsymbol{\alpha}_3$ 线性无关.

例 10 设向量组 $\boldsymbol{\alpha}_1,\boldsymbol{\alpha}_2,\cdots,\boldsymbol{\alpha}_m(m>1)$ 线性无关,且 $\boldsymbol{\beta}=\boldsymbol{\alpha}_1+\boldsymbol{\alpha}_2+\cdots+\boldsymbol{\alpha}_m$,证明:向量 $\boldsymbol{\beta}-\boldsymbol{\alpha}_1,\boldsymbol{\beta}-\boldsymbol{\alpha}_2,\cdots,\boldsymbol{\beta}-\boldsymbol{\alpha}_m$ 线性无关.

证 设

$$k_1(\boldsymbol{\beta}-\boldsymbol{\alpha}_1)+k_2(\boldsymbol{\beta}-\boldsymbol{\alpha}_2)+\cdots+k_m(\boldsymbol{\beta}-\boldsymbol{\alpha}_m)=\mathbf{0}$$

代入 $\boldsymbol{\beta}=\boldsymbol{\alpha}_1+\boldsymbol{\alpha}_2+\cdots+\boldsymbol{\alpha}_m$ 得

$$k_1(\boldsymbol{\alpha}_2+\boldsymbol{\alpha}_3+\cdots+\boldsymbol{\alpha}_m)+\cdots+k_m(\boldsymbol{\alpha}_1+\boldsymbol{\alpha}_2+\cdots+\boldsymbol{\alpha}_{m-1})=\mathbf{0}$$

即

$$(k_2+\cdots+k_m)\boldsymbol{\alpha}_1+(k_1+k_3+\cdots+k_m)\boldsymbol{\alpha}_2+\cdots+(k_1+\cdots+k_{m-1})\boldsymbol{\alpha}_m=\mathbf{0}$$

由 $\boldsymbol{\alpha}_1,\boldsymbol{\alpha}_2,\cdots,\boldsymbol{\alpha}_m$ 线性无关,得线性方程组

$$\begin{cases} k_2+k_3+\cdots+k_m=0 \\ k_1+k_3+\cdots+k_m=0 \\ \qquad\vdots \\ k_1+k_2+\cdots+k_{m-1}=0 \end{cases}$$

$$D=\begin{vmatrix} 0 & 1 & 1 & \cdots & 1 & 1 \\ 1 & 0 & 1 & \cdots & 1 & 1 \\ \vdots & \vdots & \vdots & & \vdots & \vdots \\ 1 & 1 & 1 & \cdots & 1 & 0 \end{vmatrix}=\begin{vmatrix} m-1 & m-1 & m-1 & \cdots & m-1 & m-1 \\ 1 & 0 & 1 & \cdots & 1 & 1 \\ \vdots & \vdots & \vdots & & \vdots & \vdots \\ 1 & 1 & 1 & \cdots & 1 & 0 \end{vmatrix}$$

$$=(m-1)\begin{vmatrix} 1 & 1 & 1 & \cdots & 1 & 1 \\ 1 & 0 & 1 & \cdots & 1 & 1 \\ \vdots & \vdots & \vdots & & \vdots & \vdots \\ 1 & 1 & 1 & \cdots & 1 & 0 \end{vmatrix}=(m-1)\begin{vmatrix} 1 & 1 & 1 & \cdots & 1 & 1 \\ 0 & -1 & 0 & \cdots & 0 & 0 \\ 0 & 0 & -1 & \cdots & 0 & 0 \\ \vdots & \vdots & \vdots & & \vdots & \vdots \\ 0 & 0 & 0 & \cdots & 0 & -1 \end{vmatrix}$$

$$=(m-1)(-1)^{m-1}\neq 0$$

所以齐次方程组只有零解,即 $k_1=k_2=\cdots=k_m=0$.

故 $\boldsymbol{\beta}-\boldsymbol{\alpha}_1,\boldsymbol{\beta}-\boldsymbol{\alpha}_2,\cdots,\boldsymbol{\beta}-\boldsymbol{\alpha}_m$ 线性无关.

例 11 设 $\boldsymbol{\alpha}_1,\boldsymbol{\alpha}_2,\cdots,\boldsymbol{\alpha}_r$ 是一组线性无关的向量,$\boldsymbol{\beta}_i=\sum\limits_{j=1}^{r}a_{ij}\boldsymbol{\alpha}_j(i=1,\cdots,r)$. 证明:$\boldsymbol{\beta}_1,\boldsymbol{\beta}_2,\cdots,\boldsymbol{\beta}_r$ 线性无关的充要条件为

$$\begin{vmatrix} a_{11} & a_{12} & \cdots & a_{1r} \\ a_{21} & a_{22} & \cdots & a_{2r} \\ \vdots & \vdots & & \vdots \\ a_{r1} & a_{r2} & \cdots & a_{rr} \end{vmatrix}\neq 0$$

证 设 $k_1\boldsymbol{\beta}_1+\cdots+k_r\boldsymbol{\beta}_r=\mathbf{0}$,代入 $\boldsymbol{\beta}_i=\sum\limits_{j=1}^{r}a_{ij}\boldsymbol{\alpha}_j$,得

$$(k_1a_{11}+k_2a_{21}+\cdots+k_ra_{r1})\boldsymbol{\alpha}_1+(k_1a_{12}+k_2a_{22}+\cdots+k_ra_{r2})\boldsymbol{\alpha}_2+\cdots+$$
$$(k_1a_{1r}+k_2a_{2r}+\cdots+k_ra_{rr})\boldsymbol{\alpha}_r=\mathbf{0}$$

由 $\boldsymbol{\alpha}_1,\boldsymbol{\alpha}_2,\cdots,\boldsymbol{\alpha}_r$ 线性无关，得以 $k_1,k_2,\cdots,k_r$ 为未知量的齐次线性方程组

$$\begin{cases}k_1a_{11}+k_2a_{21}+\cdots+k_ra_{r1}=0\\k_1a_{12}+k_2a_{22}+\cdots+k_ra_{r2}=0\\\qquad\vdots\\k_1a_{1r}+k_2a_{2r}+\cdots+k_ra_{rr}=0\end{cases}\tag{1}$$

则 $\boldsymbol{\beta}_1,\cdots,\boldsymbol{\beta}_r$ 线性无关的充要条件为方程组(1)只有零解. 即 $k_1=k_2=\cdots=k_r=0$，此即方程组(1)的系数行列式

$$\begin{vmatrix}a_{11}&a_{21}&\cdots&a_{r1}\\a_{12}&a_{22}&\cdots&a_{r2}\\\vdots&\vdots&&\vdots\\a_{1r}&a_{2r}&\cdots&a_{rr}\end{vmatrix}\neq0\Leftrightarrow\begin{vmatrix}a_{11}&a_{12}&\cdots&a_{1r}\\a_{21}&a_{22}&\cdots&a_{2r}\\\vdots&\vdots&&\vdots\\a_{r1}&a_{r2}&\cdots&a_{rr}\end{vmatrix}\neq0$$

故命题得证.

题型 2　把一个向量用一组向量线性表示

方法　常用的方法有以下几种.

(1) 设 $\boldsymbol{\beta}=k_1\boldsymbol{\alpha}_1+k_2\boldsymbol{\alpha}_2+\cdots+k_s\boldsymbol{\alpha}_s$，则 $\boldsymbol{\beta}$ 能否用 $\boldsymbol{\alpha}_1,\boldsymbol{\alpha}_2,\cdots,\boldsymbol{\alpha}_s$ 线性表示可转化为方程组

$$\begin{cases}a_{11}k_1+a_{21}k_2+\cdots+a_{s1}k_s=b_1\\a_{12}k_1+a_{22}k_2+\cdots+a_{s2}k_s=b_2\\\qquad\vdots\\a_{1n}k_1+a_{2n}k_2+\cdots+a_{sn}k_s=b_n\end{cases}$$

是否有解，其中 $\boldsymbol{\beta}=(b_1,b_2,\cdots,b_n)^{\mathrm{T}}$，$\boldsymbol{\alpha}_i=(a_{i1},a_{i2},\cdots,a_{in})^{\mathrm{T}}$，故有

① 若方程组无解，$\boldsymbol{\beta}$ 不能用 $\boldsymbol{\alpha}_1,\boldsymbol{\alpha}_2,\cdots,\boldsymbol{\alpha}_s$ 线性表示；

② 若方程组有解，$\boldsymbol{\beta}$ 可以用 $\boldsymbol{\alpha}_1,\boldsymbol{\alpha}_2,\cdots,\boldsymbol{\alpha}_s$ 线性表示，而且当解是唯一时，$\boldsymbol{\beta}$ 用 $\boldsymbol{\alpha}_1,\boldsymbol{\alpha}_2,\cdots,\boldsymbol{\alpha}_s$ 唯一线性表示.

(2) 利用等秩法——若 $r(\boldsymbol{\alpha}_1,\boldsymbol{\alpha}_2,\cdots,\boldsymbol{\alpha}_s)=r(\boldsymbol{\alpha}_1,\boldsymbol{\alpha}_2,\cdots,\boldsymbol{\alpha}_s,\boldsymbol{\beta})$，则 $\boldsymbol{\beta}$ 可由 $\boldsymbol{\alpha}_1,\boldsymbol{\alpha}_2,\cdots,\boldsymbol{\alpha}_s$ 线性表示；若 $r(\boldsymbol{\alpha}_1,\boldsymbol{\alpha}_2,\cdots,\boldsymbol{\alpha}_s)\neq r(\boldsymbol{\alpha}_1,\cdots,\boldsymbol{\alpha}_s,\boldsymbol{\beta})$，则 $\boldsymbol{\beta}$ 不能由 $\boldsymbol{\alpha}_1,\boldsymbol{\alpha}_2,\cdots,\boldsymbol{\alpha}_s$ 线性表示.

例 12　已知

$$\boldsymbol{\beta}-(1,2,1,1)^{\mathrm{T}},\quad\boldsymbol{\alpha}_1=(1,1,1,1)^{\mathrm{T}},\quad\boldsymbol{\alpha}_2=(1,1,-1,-1)^{\mathrm{T}}$$
$$\boldsymbol{\alpha}_3=(1,-1,1,-1)^{\mathrm{T}},\quad\boldsymbol{\alpha}_4=(1,-1,-1,1)^{\mathrm{T}}$$

试把向量 $\boldsymbol{\beta}$ 表示成向量 $\boldsymbol{\alpha}_1,\boldsymbol{\alpha}_2,\boldsymbol{\alpha}_3,\boldsymbol{\alpha}_4$ 的线性组合.

解　设 $\boldsymbol{\beta}=k_1\boldsymbol{\alpha}_1+k_2\boldsymbol{\alpha}_2+k_3\boldsymbol{\alpha}_3+k_4\boldsymbol{\alpha}_4$，即

$$\begin{pmatrix}1\\2\\1\\1\end{pmatrix}=k_1\begin{pmatrix}1\\1\\1\\1\end{pmatrix}+k_2\begin{pmatrix}1\\1\\-1\\-1\end{pmatrix}+k_3\begin{pmatrix}1\\-1\\1\\-1\end{pmatrix}+k_4\begin{pmatrix}1\\-1\\-1\\1\end{pmatrix}$$

即

$$\begin{cases}k_1+k_2+k_3+k_4=1\\k_1+k_2-k_3-k_4=2\\k_1-k_2+k_3-k_4=1\\k_1-k_2-k_3+k_4=1\end{cases}$$

解得 $k_4=-\dfrac{1}{4},k_3=-\dfrac{1}{4},k_2=\dfrac{1}{4},k_1=\dfrac{5}{4}$,故

$$\boldsymbol{\beta}=\frac{5}{4}\boldsymbol{\alpha}_1+\frac{1}{4}\boldsymbol{\alpha}_2-\frac{1}{4}\boldsymbol{\alpha}_3-\frac{1}{4}\boldsymbol{\alpha}_4$$

例 13 已知 $\boldsymbol{\alpha}_1=(1,0,2,3)^{\mathrm{T}},\boldsymbol{\alpha}_2=(1,1,3,5)^{\mathrm{T}},\boldsymbol{\alpha}_3=(1,-1,a+2,1)^{\mathrm{T}},\boldsymbol{\alpha}_4=(1,2,4,a+8)^{\mathrm{T}},\boldsymbol{\beta}=(1,1,b+3,5)^{\mathrm{T}}$. 试求:

(1) a,b 为何值时,$\boldsymbol{\beta}$ 不能表示成 $\boldsymbol{\alpha}_1,\boldsymbol{\alpha}_2,\boldsymbol{\alpha}_3,\boldsymbol{\alpha}_4$ 的线性组合?

(2) a,b 为何值时,$\boldsymbol{\beta}$ 有 $\boldsymbol{\alpha}_1,\boldsymbol{\alpha}_2,\boldsymbol{\alpha}_3,\boldsymbol{\alpha}_4$ 唯一的线性组合?写出表达式.

解 设 $\boldsymbol{\beta}=k_1\boldsymbol{\alpha}_1+k_2\boldsymbol{\alpha}_2+k_3\boldsymbol{\alpha}_3+k_4\boldsymbol{\alpha}_4$,则

$$\begin{cases}k_1+k_2+k_3+k_4=1\\k_2-k_3+2k_4=1\\2k_1+3k_2+(a+2)k_3+4k_4=b+3\\3k_1+5k_2+k_3+(a+8)k_4=5\end{cases}$$

则 $\boldsymbol{\beta}$ 能否表示成 $\boldsymbol{\alpha}_1,\boldsymbol{\alpha}_2,\boldsymbol{\alpha}_3,\boldsymbol{\alpha}_4$ 的线性组合化为方程组是否有解的问题.

$$\begin{pmatrix}1&1&1&1&1\\0&1&-1&2&1\\2&3&a+2&4&b+3\\3&5&1&a+8&5\end{pmatrix}\to\begin{pmatrix}1&1&1&1&1\\0&1&-1&2&1\\0&1&a&2&b+1\\0&2&-2&a+5&2\end{pmatrix}\to\begin{pmatrix}1&1&1&1&1\\0&1&-1&2&1\\0&0&a+1&0&b\\0&0&0&a+1&0\end{pmatrix}$$

(1) 当 $a=-1,b\neq 0$ 时,方程组无解,$\boldsymbol{\beta}$ 不能表示成 $\boldsymbol{\alpha}_1,\boldsymbol{\alpha}_2,\boldsymbol{\alpha}_3,\boldsymbol{\alpha}_4$ 的线性组合;

(2) 当 $a\neq -1$ 时,方程组有唯一解为

$$k_4=0,\quad k_3=\frac{b}{a+1},\quad k_2=\frac{a+b+1}{a+1},\quad k_1=-\frac{2b}{a+1}$$

故 $\boldsymbol{\beta}$ 能有唯一的线性组合表达式,即为

$$\boldsymbol{\beta}=-\frac{2b}{a+b}\boldsymbol{\alpha}_1+\frac{a+b+1}{a+1}\boldsymbol{\alpha}_2+\frac{b}{a+1}\boldsymbol{\alpha}_3+0\boldsymbol{\alpha}_4$$

例 14 确定向量 $\boldsymbol{\beta}_3=(2,a,b)^{\mathrm{T}}$,使向量组 $\boldsymbol{\beta}_1=\begin{pmatrix}1\\1\\0\end{pmatrix},\boldsymbol{\beta}_2=\begin{pmatrix}1\\1\\1\end{pmatrix},\boldsymbol{\beta}_3$ 与向量组 $\boldsymbol{\alpha}_1=$

$\begin{pmatrix}0\\1\\1\end{pmatrix}$，$\boldsymbol{\alpha}_2=\begin{pmatrix}1\\2\\1\end{pmatrix}$，$\boldsymbol{\alpha}_3=\begin{pmatrix}1\\0\\-1\end{pmatrix}$的秩相同，且 $\boldsymbol{\beta}_3$ 可由 $\boldsymbol{\alpha}_1,\boldsymbol{\alpha}_2,\boldsymbol{\alpha}_3$ 线性表示.

解
$$(\boldsymbol{\alpha}_1,\boldsymbol{\alpha}_2,\boldsymbol{\alpha}_3)=\begin{pmatrix}0&1&1\\1&2&0\\1&1&-1\end{pmatrix}\to\begin{pmatrix}1&2&0\\0&1&1\\1&1&-1\end{pmatrix}\to\begin{pmatrix}1&2&0\\0&1&1\\0&-1&-1\end{pmatrix}\to\begin{pmatrix}1&2&0\\0&1&1\\0&0&0\end{pmatrix}$$

则 $r(\boldsymbol{\alpha}_1,\boldsymbol{\alpha}_2,\boldsymbol{\alpha}_3)=2$. 而

$$(\boldsymbol{\beta}_1,\boldsymbol{\beta}_2,\boldsymbol{\beta}_3)=\begin{pmatrix}1&1&2\\1&1&a\\0&1&b\end{pmatrix}\to\begin{pmatrix}1&1&2\\0&0&a-2\\0&1&b\end{pmatrix}\to\begin{pmatrix}1&1&2\\0&1&b\\0&0&a-2\end{pmatrix}$$

由 $r(\boldsymbol{\beta}_1,\boldsymbol{\beta}_2,\boldsymbol{\beta}_3)=r(\boldsymbol{\alpha}_1,\boldsymbol{\alpha}_2,\boldsymbol{\alpha}_3)$，则 $r(\boldsymbol{\beta}_1,\boldsymbol{\beta}_2,\boldsymbol{\beta}_3)=2$，故 $a=2$.

又因为 $\boldsymbol{\beta}_3$ 可由 $\boldsymbol{\alpha}_1,\boldsymbol{\alpha}_2,\boldsymbol{\alpha}_3$ 线性表示，即线性方程组 $k_1\boldsymbol{\alpha}_1+k_2\boldsymbol{\alpha}_2+k_3\boldsymbol{\alpha}_3=\boldsymbol{\beta}_3$ 有解，所以

$$r(\boldsymbol{\alpha}_1,\boldsymbol{\alpha}_2,\boldsymbol{\alpha}_3,\boldsymbol{\beta}_3)=r(\boldsymbol{\alpha}_1,\boldsymbol{\alpha}_2,\boldsymbol{\alpha}_3)=2\text{（系数矩阵的秩和增广矩阵的秩相等）}$$

而

$$(\boldsymbol{\alpha}_1,\boldsymbol{\alpha}_2,\boldsymbol{\alpha}_3,\boldsymbol{\beta}_3)=\begin{pmatrix}0&1&1&2\\1&2&0&2\\1&1&-1&b\end{pmatrix}\to\begin{pmatrix}0&1&1&2\\1&2&0&2\\0&-1&-1&b-2\end{pmatrix}$$
$$\to\begin{pmatrix}0&1&1&2\\1&2&0&2\\0&0&0&b\end{pmatrix}\to\begin{pmatrix}1&2&0&2\\0&1&1&2\\0&0&0&b\end{pmatrix}$$

故 $b=0$.

例 15 设 $\boldsymbol{A}$ 是 n 阶方阵，$\boldsymbol{X}$ 是 n 维列向量，若对某一自然数 m，有

$$\boldsymbol{A}^{m-1}\boldsymbol{X}\neq\boldsymbol{0},\quad \boldsymbol{A}^m\boldsymbol{X}=\boldsymbol{0}\quad（令\ \boldsymbol{A}^0=\boldsymbol{E}）$$

证明：向量组 $\boldsymbol{X},\boldsymbol{AX},\cdots,\boldsymbol{A}^{m-1}\boldsymbol{X}$ 线性无关.

证 设

$$k_1\boldsymbol{X}+k_2\boldsymbol{AX}+\cdots+k_m\boldsymbol{A}^{m-1}\boldsymbol{X}=\boldsymbol{0}\tag{1}$$

在式(1)两端左乘 $\boldsymbol{A}^{m-1}$，有

$$k_1\boldsymbol{A}^{m-1}\boldsymbol{X}+k_2\boldsymbol{A}^m\boldsymbol{X}+\cdots+k_m\boldsymbol{A}^{2m-2}\boldsymbol{X}=\boldsymbol{0}$$

由 $\boldsymbol{A}^m\boldsymbol{X}=\boldsymbol{0}$，得 $k_1\boldsymbol{A}^{m-1}\boldsymbol{X}=\boldsymbol{0}$. 而 $\boldsymbol{A}^{m-1}\boldsymbol{X}\neq\boldsymbol{0}$，故 $k_1=0$.

再在式(1)两端左乘 $\boldsymbol{A}^{m-2}$，可得 $k_2=0$. 依此类推，可得

$$k_1=k_2=\cdots=k_m=0$$

故 $\boldsymbol{X},\boldsymbol{AX},\cdots,\boldsymbol{A}^{m-1}\boldsymbol{X}$ 线性无关.

题型 3　关于向量组的秩和极大无关组的求解证明

方法 (1) 初等变换法：将所给向量组中的向量作为列构成矩阵 $\boldsymbol{A}$，对 $\boldsymbol{A}$ 施以初

等行变换,使之成为行阶梯形矩阵,此行阶梯形矩阵的秩 r 就是原矩阵 $\boldsymbol{A}$ 的秩,即向量组的秩 r. 在行阶梯形矩阵的前 r 个非零行的各行中第 1 个非零元所在的行共 r 列,此 r 列所对应的矩阵 $\boldsymbol{A}$ 的 r 个列向量就是最大无关组.

(2) 有关向量组的证明问题,常常利用极大线性无关组作为桥梁,从秩的概念和极大无关组的概念建立两个向量组间的联系来加以解决.

例 16 判断下列向量组的线性相关性,求它的秩和一个极大无关组,并把其余向量用这个极大无关组线性表示. 向量组为

$$\boldsymbol{\alpha}_1=(1,0,2,1),\quad \boldsymbol{\alpha}_2=(1,2,0,1)$$
$$\boldsymbol{\alpha}_3=(2,1,3,0),\quad \boldsymbol{\alpha}_4=(2,5,-1,4)$$

解

$$\boldsymbol{A}=\begin{bmatrix}\boldsymbol{\alpha}_1\\\boldsymbol{\alpha}_2\\\boldsymbol{\alpha}_3\\\boldsymbol{\alpha}_4\end{bmatrix}=\begin{bmatrix}1&0&2&1\\1&2&0&1\\2&1&3&0\\2&5&-1&4\end{bmatrix}\xrightarrow[r_4-2r_1]{\substack{r_2-r_1\\r_3-2r_1}}\begin{bmatrix}1&0&2&1\\0&2&-2&0\\0&1&-1&-2\\0&5&-5&2\end{bmatrix}$$

$$\xrightarrow[r_4-5r_3]{r_2-2r_3}\begin{bmatrix}1&0&2&1\\0&0&0&4\\0&1&-1&-2\\0&0&0&12\end{bmatrix}\xrightarrow{r_4-3r_2}\begin{bmatrix}1&0&2&1\\0&0&0&1\\0&1&-1&-2\\0&0&0&0\end{bmatrix}$$

则向量组 $\boldsymbol{\alpha}_1,\boldsymbol{\alpha}_2,\boldsymbol{\alpha}_3,\boldsymbol{\alpha}_4$ 线性相关,$r(\boldsymbol{\alpha}_1,\boldsymbol{\alpha}_2,\boldsymbol{\alpha}_3,\boldsymbol{\alpha}_4)=3$,且 $\boldsymbol{\alpha}_1,\boldsymbol{\alpha}_2,\boldsymbol{\alpha}_3$ 是这个向量组的最大线性无关组.

设 $\boldsymbol{\alpha}_4=k_1\boldsymbol{\alpha}_1+k_2\boldsymbol{\alpha}_2+k_3\boldsymbol{\alpha}_3$,则

$$\begin{cases}k_1+k_2+2k_3=2\\2k_2+k_3=5\\2k_1+3k_3=-1\\k_1+k_2=4\end{cases}$$

解之得 $k_1=1,k_2=3,k_3=-1$. 故

$$\boldsymbol{\alpha}_4=\boldsymbol{\alpha}_1+3\boldsymbol{\alpha}_2-\boldsymbol{\alpha}_3$$

例 17 设向量组(Ⅰ):$\boldsymbol{\alpha}_1,\boldsymbol{\alpha}_2,\cdots,\boldsymbol{\alpha}_m$ 的秩为 r,证明:向量组(Ⅱ):$\boldsymbol{\alpha}_1,\boldsymbol{\alpha}_2,\cdots,\boldsymbol{\alpha}_m,\boldsymbol{\beta}$ 的秩也为 r 的充要条件是 $\boldsymbol{\beta}$ 可由向量组(Ⅰ)线性表示.

证 必要性 不妨设 $\boldsymbol{\alpha}_1,\cdots,\boldsymbol{\alpha}_r$ 是向量组(Ⅰ)的极大无关组,因为向量组(Ⅱ)的秩也为 r,所以 $\boldsymbol{\alpha}_1,\boldsymbol{\alpha}_2,\cdots,\boldsymbol{\alpha}_r$ 也是向量组(Ⅱ)的极大无关组. 故 $\boldsymbol{\beta}$ 可由 $\boldsymbol{\alpha}_1,\boldsymbol{\alpha}_2,\cdots,\boldsymbol{\alpha}_r$ 线性表示,从而 $\boldsymbol{\beta}$ 也可由向量组(Ⅰ)线性表示.

充分性 因为 $\boldsymbol{\beta}$ 可由向量组(Ⅰ)线性表示,所以向量组(Ⅰ)与(Ⅱ)能够相互线性表示,即等价,故它们有相同的秩. 故原命题成立.

题型 4 齐次线性方程组的基础解系

方法 将系数矩阵化为行最简形或变异行最简形,由此就可写出基础解系,此基

础解系的任意线性组合就是其通解；相反，由基础解系也可求出对应的齐次线性方程组.

例 18　求一个齐次线性方程组，使它的基础解系为

$$\boldsymbol{\xi}_1=\begin{pmatrix}0\\1\\2\\3\end{pmatrix},\quad \boldsymbol{\xi}_2=\begin{pmatrix}3\\2\\1\\0\end{pmatrix}$$

解　设所求齐次线性方程组的系数矩阵为 $\boldsymbol{A}$，则有 $\boldsymbol{A}(\boldsymbol{\xi}_1,\boldsymbol{\xi}_2)=\boldsymbol{0}$，转置得

$$\begin{pmatrix}\boldsymbol{\xi}_1^{\mathrm{T}}\\\boldsymbol{\xi}_2^{\mathrm{T}}\end{pmatrix}\boldsymbol{A}^{\mathrm{T}}=\boldsymbol{0}$$

故矩阵 $\boldsymbol{A}^{\mathrm{T}}$ 的列向量均为齐次线性方程组 $\begin{pmatrix}\boldsymbol{\xi}_1^{\mathrm{T}}\\\boldsymbol{\xi}_2^{\mathrm{T}}\end{pmatrix}\boldsymbol{X}=\boldsymbol{0}$ 的解向量.

而齐次线性方程组 $\begin{pmatrix}\boldsymbol{\xi}_1^{\mathrm{T}}\\\boldsymbol{\xi}_2^{\mathrm{T}}\end{pmatrix}\boldsymbol{X}=\boldsymbol{0}$，由

$$\begin{pmatrix}\boldsymbol{\xi}_1^{\mathrm{T}}\\\boldsymbol{\xi}_2^{\mathrm{T}}\end{pmatrix}=\begin{pmatrix}0&1&2&3\\3&2&1&0\end{pmatrix}\to\begin{pmatrix}1&1&1&1\\0&1&2&3\end{pmatrix}$$

对应的齐次方程组为

$$\begin{cases}x_1+x_2=-x_3-x_4\\x_2=-2x_3-3x_4\end{cases}$$

令 $x_3=1,x_4=0$ 得 $x_2=-2,x_1=1$；令 $x_3=0,x_4=1$ 得 $x_2=-3,x_1=2$. 得到基础解系为

$$\boldsymbol{\eta}_1=\begin{pmatrix}1\\-2\\1\\0\end{pmatrix},\quad \boldsymbol{\eta}_2=\begin{pmatrix}2\\-3\\0\\1\end{pmatrix}$$

由于 4 元齐次线性方程组 $\boldsymbol{AX}=\boldsymbol{0}$ 的基础解系含 2 个向量，则 $r(\boldsymbol{A})=4-2=2$，$r(\boldsymbol{A}^{\mathrm{T}})=2$. 故可取

$$\boldsymbol{A}^{\mathrm{T}}=\begin{pmatrix}1&2\\-2&-3\\1&0\\0&1\end{pmatrix}$$

从而可得

$$\boldsymbol{A}=\begin{pmatrix}1&-2&1&0\\2&-3&0&1\end{pmatrix}$$

例 19 设线性方程组

$$(\text{I})\begin{cases}x_1+x_2=0\\x_2-x_4=0\end{cases}\qquad(\text{II})\begin{cases}x_1-x_2+x_3=0\\x_2-x_3+x_4=0\end{cases}$$

求方程组(Ⅰ),(Ⅱ)的公共解.

分析 求方程组 $\boldsymbol{AX}=\boldsymbol{0}$ 和 $\boldsymbol{BX}=\boldsymbol{0}$ 的公共解,就是求解齐次线性方程组 $\begin{pmatrix}\boldsymbol{A}\\\boldsymbol{B}\end{pmatrix}\boldsymbol{X}=\boldsymbol{0}$ 的解.

解 对(Ⅰ),(Ⅱ)联立的方程组的系数矩阵 $\boldsymbol{A}$ 作初等行变换,有

$$\boldsymbol{A}=\begin{pmatrix}1&1&0&0\\0&1&0&-1\\1&-1&1&0\\0&1&-1&1\end{pmatrix}\to\begin{pmatrix}1&1&0&0\\0&1&0&-1\\0&-2&1&0\\0&0&-1&2\end{pmatrix}$$

$$\to\begin{pmatrix}1&1&0&0\\0&1&0&-1\\0&0&1&-2\\0&0&-1&2\end{pmatrix}\to\begin{pmatrix}1&1&0&0\\0&1&0&-1\\0&0&1&-2\\0&0&0&0\end{pmatrix}$$

设 x_4 为自由变量,令 $x_4=1$,则 $x_3=2,x_2=1,x_1=-1$.

故得公共解为 $k[-1,1,2,1]^{\mathrm{T}}$,其中 k 为任意常数.

题型 5 非齐次线性方程组的通解

方法 经过初等行变换将增广矩阵化为行最简形,若 $r(\boldsymbol{A})=r(\boldsymbol{B})$,则方程组有解,且

非齐次线性方程组的通解=齐次的通解+非齐次的一个特解

例 20 求解非齐次线性方程组

$$\begin{cases}x_1+5x_2-x_3-x_4=-1\\x_1-2x_2+x_3+3x_4=3\\3x_1+8x_2-x_3+x_4=1\\x_1-9x_2+3x_3+7x_4=7\end{cases}$$

解 $$\boldsymbol{B}=\begin{pmatrix}1&5&-1&-1&-1\\1&-2&1&3&3\\3&8&-1&1&1\\1&-9&3&7&7\end{pmatrix}\xrightarrow[r_4-r_1]{\substack{r_2-r_1\\r_3-3r_1}}\begin{pmatrix}1&5&-1&-1&-1\\0&-7&2&4&4\\0&-7&2&4&4\\0&-14&4&8&8\end{pmatrix}$$

$$\xrightarrow[r_4-2r_2]{r_3-r_2}\begin{pmatrix}1&5&-1&-1&-1\\0&-7&2&4&4\\0&0&0&0&0\\0&0&0&0&0\end{pmatrix}$$

令 $x_3=7,x_4=0$，则 $x_1=-3,x_2=2$；令 $x_3=0,x_4=7$，则 $x_1=-13,x_4=4$，则齐次方程组的基础解系为

$$\boldsymbol{\xi}_1=\begin{pmatrix}-3\\2\\7\\0\end{pmatrix},\quad \boldsymbol{\xi}_2=\begin{pmatrix}-13\\4\\0\\7\end{pmatrix}$$

对非齐次方程组，令 $x_2=0,x_3=0$，得 $x_1=0,x_4=1$.

故方程组的通解为

$$\begin{pmatrix}x_1\\x_2\\x_3\\x_4\end{pmatrix}=k_1\begin{pmatrix}-3\\2\\7\\0\end{pmatrix}+k_2\begin{pmatrix}-13\\4\\0\\7\end{pmatrix}+\begin{pmatrix}0\\0\\0\\1\end{pmatrix}\quad (k_1,k_2\text{ 为任意实常数})$$

题型 6　向量空间的几个问题

方法　求解向量空间常用的方法如下：

(1) 定义法——验证集合对加法和乘数运算是否封闭来判断一个向量集合是否构成向量空间.

(2) 求向量空间的基和维数——用初等变换法求一个极大线性无关组即为向量空间的一组基，极大无关组所含向量的个数即为向量空间的维数. 方程组 $\boldsymbol{AX}=\boldsymbol{0}$ 解空间的基就是基础解系，基础解系所含解向量的个数即为解空间的维数.

(3) 求向量的坐标——已知 $\mathbf{R}^n$ 的一个基 $\boldsymbol{\beta}_1,\boldsymbol{\beta}_2,\cdots,\boldsymbol{\beta}_n$，求向量 $\boldsymbol{X}=[x_1,x_2,\cdots,x_n]^{\mathrm{T}}$ 在该基下的坐标列 $\boldsymbol{Y}=[y_1,y_2,\cdots,y_n]^{\mathrm{T}}$，就是解方程组 $\boldsymbol{X}=y_1\boldsymbol{\beta}_1+y_2\boldsymbol{\beta}_2+\cdots+y_n\boldsymbol{\beta}_n$，即有

$$\begin{pmatrix}y_1\\y_2\\\vdots\\y_n\end{pmatrix}=(\boldsymbol{\beta}_1,\boldsymbol{\beta}_2,\cdots,\boldsymbol{\beta}_n)^{-1}\begin{pmatrix}x_1\\x_2\\\vdots\\x_n\end{pmatrix}$$

(4) 过渡矩阵的求法——$\mathbf{R}^n$ 中由基 $\boldsymbol{\alpha}_1,\boldsymbol{\alpha}_2,\cdots,\boldsymbol{\alpha}_n$ 到基 $\boldsymbol{\beta}_1,\boldsymbol{\beta}_2,\cdots,\boldsymbol{\beta}_n$ 的过渡矩阵就是

$$\boldsymbol{P}=(\boldsymbol{\alpha}_1,\boldsymbol{\alpha}_2,\cdots,\boldsymbol{\alpha}_n)^{-1}(\boldsymbol{\beta}_1,\boldsymbol{\beta}_2,\cdots,\boldsymbol{\beta}_n)$$

例 21　求向量空间 $\mathbf{V}=\{(x_1,x_2,\cdots,x_n)\mid x_1+x_2+\cdots+x_n=0,x_i\in\mathbf{R}\}$ 的一组基及其维数.

解　向量空间 $\mathbf{V}$ 是由齐次方程 $x_1+x_2+\cdots+x_n=0$ 的解向量所形成的，则可取 $x_2,x_3,\cdots,x_n$ 为自由变量. 依次令

$$x_2=1,x_3=0,\cdots,x_n=0,\text{得 } x_1=-1$$

$$x_2=0,x_3=1,\cdots,x_n=0,\text{得 } x_1=-1$$
$$\vdots$$
$$x_2=0,x_3=0,\cdots,x_n=1,\text{得 } x_1=-1$$

得基础解系为

$$\boldsymbol{\xi}_1=\begin{pmatrix}-1\\1\\0\\0\\\vdots\\0\\0\end{pmatrix},\quad \boldsymbol{\xi}_2=\begin{pmatrix}-1\\0\\1\\0\\\vdots\\0\\0\end{pmatrix},\quad \cdots,\quad \boldsymbol{\xi}_{n-1}=\begin{pmatrix}-1\\0\\0\\0\\\vdots\\0\\1\end{pmatrix}$$

即 $\mathbf{V}$ 的一组基.

又因为基础解系所含解向量的个数为 $n-1$,则 $\mathbf{V}$ 的维数为 $n-1$.

例 22 已知 $\mathbf{R}^3$ 中两组基为

$$\boldsymbol{\alpha}_1=(1,0,1)^{\mathrm{T}},\quad \boldsymbol{\alpha}_2=(0,1,0)^{\mathrm{T}},\quad \boldsymbol{\alpha}_3=(1,2,2)^{\mathrm{T}}$$
$$\boldsymbol{\beta}_1=(1,0,0)^{\mathrm{T}},\quad \boldsymbol{\beta}_2=(1,1,0)^{\mathrm{T}},\quad \boldsymbol{\beta}_3=(1,1,1)^{\mathrm{T}}$$

(1) 求由基 $\boldsymbol{\alpha}_1,\boldsymbol{\alpha}_2,\boldsymbol{\alpha}_3$ 到基 $\boldsymbol{\beta}_1,\boldsymbol{\beta}_2,\boldsymbol{\beta}_3$ 的过渡矩阵;

(2) 求 $\boldsymbol{\xi}=(1,3,0)^{\mathrm{T}}$ 在基 $\boldsymbol{\alpha}_1,\boldsymbol{\alpha}_2,\boldsymbol{\alpha}_3$ 下的坐标.

解 (1) 设 $\boldsymbol{\alpha}_1,\boldsymbol{\alpha}_2,\boldsymbol{\alpha}_3$ 到 $\boldsymbol{\beta}_1,\boldsymbol{\beta}_2,\boldsymbol{\beta}_3$ 的过渡矩阵为 $\mathbf{A}$,由 $(\boldsymbol{\beta}_1,\boldsymbol{\beta}_2,\boldsymbol{\beta}_3)=(\boldsymbol{\alpha}_1,\boldsymbol{\alpha}_2,\boldsymbol{\alpha}_3)\mathbf{A}$ 得

$$\mathbf{A}=(\boldsymbol{\alpha}_1,\boldsymbol{\alpha}_2,\boldsymbol{\alpha}_3)^{-1}(\boldsymbol{\beta}_1,\boldsymbol{\beta}_2,\boldsymbol{\beta}_3)=\begin{pmatrix}1&0&1\\0&1&2\\1&0&2\end{pmatrix}^{-1}\begin{pmatrix}1&1&1\\0&1&1\\0&0&1\end{pmatrix}$$
$$=\begin{pmatrix}2&0&-1\\2&1&-2\\-1&0&1\end{pmatrix}\begin{pmatrix}1&1&1\\0&1&1\\0&0&1\end{pmatrix}=\begin{pmatrix}2&2&1\\2&3&1\\-1&-1&0\end{pmatrix}$$

(2) 设 $\boldsymbol{\xi}$ 在基 $\boldsymbol{\alpha}_1,\boldsymbol{\alpha}_2,\boldsymbol{\alpha}_3$ 下的坐标为 x_1,x_2,x_3,即

$$\boldsymbol{\xi}=x_1\boldsymbol{\alpha}_1+x_2\boldsymbol{\alpha}_2+x_3\boldsymbol{\alpha}_3$$
$$\begin{pmatrix}1\\3\\0\end{pmatrix}=x_1\begin{pmatrix}1\\0\\1\end{pmatrix}+x_2\begin{pmatrix}0\\1\\0\end{pmatrix}+x_3\begin{pmatrix}1\\2\\2\end{pmatrix}$$

即

$$\begin{cases}x_1+x_3=1\\x_2+2x_3=3\\x_1+2x_3=0\end{cases}$$

解之得 $x_1=2, x_2=5, x_3=-1$.

故 $\boldsymbol{\xi}$ 在基 $\boldsymbol{\alpha}_1, \boldsymbol{\alpha}_2, \boldsymbol{\alpha}_3$ 下的坐标依次为 2,5,−1.

五、课后习题解析

习　题　4.1

1. 设 $\boldsymbol{\alpha}_1=(5,-8,-1,2)^{\mathrm{T}}, \boldsymbol{\alpha}_2=(2,-1,4,-3)^{\mathrm{T}}, \boldsymbol{\alpha}_3=(-3,2,-5,4)^{\mathrm{T}}$,从方程 $\boldsymbol{\alpha}_1+2\boldsymbol{\alpha}_2+3\boldsymbol{\alpha}_3+4\boldsymbol{\beta}=\mathbf{0}$ 中求出 $\boldsymbol{\beta}$.

解
$$\boldsymbol{\beta}=-\frac{1}{4}(\boldsymbol{\alpha}_1+2\boldsymbol{\alpha}_2+3\boldsymbol{\alpha}_3)=-\frac{1}{4}\begin{pmatrix}0\\-4\\-8\\8\end{pmatrix}=\begin{pmatrix}0\\1\\2\\-2\end{pmatrix}$$

2. 设 $\boldsymbol{\alpha}=(2,k,0)^{\mathrm{T}}, \boldsymbol{\beta}=(-1,0,\lambda)^{\mathrm{T}}, \boldsymbol{\gamma}=(\mu,-5,4)^{\mathrm{T}}$,且有 $\boldsymbol{\alpha}+\boldsymbol{\beta}+\boldsymbol{\gamma}=0$,求参数 k,λ,μ.

解
$$\boldsymbol{\alpha}+\boldsymbol{\beta}+\boldsymbol{\gamma}=(1+\mu,k-5,4+\lambda)^{\mathrm{T}}=0$$
则有
$$1+\mu=0,\quad k-5=0,\quad 4+\lambda=0$$
故
$$\mu=-1,\quad k=5,\quad \lambda=-4$$

习　题　4.2

1. 下列各题中的向量 $\boldsymbol{\beta}$ 能否为其余向量组成的向量组的线性表示?若能,求出表达式.

(2) $\boldsymbol{\beta}=(-1,1,0,1)^{\mathrm{T}}, \boldsymbol{\alpha}_1=(5,0,1,2)^{\mathrm{T}}, \boldsymbol{\alpha}_2=(4,1,0,1)^{\mathrm{T}}, \boldsymbol{\alpha}_3=(1,1,1,0)^{\mathrm{T}}$.

解 (2)
$$(\boldsymbol{\alpha}_1,\boldsymbol{\alpha}_2,\boldsymbol{\alpha}_3,\boldsymbol{\beta})=\begin{pmatrix}5&4&1&-1\\0&1&1&1\\1&0&1&0\\2&1&0&1\end{pmatrix}\to\begin{pmatrix}1&0&0&0\\0&1&0&1\\0&0&1&0\\0&0&0&-5\end{pmatrix}$$

$\boldsymbol{\beta}$ 不能由 $\boldsymbol{\alpha}_1, \boldsymbol{\alpha}_2, \boldsymbol{\alpha}_3$ 线性表示.

2. 已知向量组 $\boldsymbol{A}:\boldsymbol{\alpha}_1=\begin{pmatrix}0\\1\\1\end{pmatrix}, \boldsymbol{\alpha}_2=\begin{pmatrix}1\\1\\0\end{pmatrix}$;$\boldsymbol{B}:\boldsymbol{b}_1=\begin{pmatrix}-1\\0\\1\end{pmatrix}, \boldsymbol{b}_2=\begin{pmatrix}1\\2\\1\end{pmatrix}, \boldsymbol{b}_3=\begin{pmatrix}3\\2\\-1\end{pmatrix}$,证明:向量组 $\boldsymbol{A},\boldsymbol{B}$ 等价.

证 记矩阵 $\boldsymbol{A}=(\boldsymbol{\alpha}_1,\boldsymbol{\alpha}_2), \boldsymbol{B}=(\boldsymbol{b}_1,\boldsymbol{b}_2,\boldsymbol{b}_3)$. 因 $\boldsymbol{A}$ 组与 $\boldsymbol{B}$ 组等价 $\Leftrightarrow r(\boldsymbol{A})=r(\boldsymbol{B})=r(\boldsymbol{A},\boldsymbol{B})$(或 $r(\boldsymbol{B},\boldsymbol{A})$),故求矩阵 $(\boldsymbol{B},\boldsymbol{A})$ 的行阶梯形以计算 3 个矩阵的秩.
$$(\boldsymbol{B},\boldsymbol{A})=\begin{pmatrix}-1&1&3&0&1\\0&2&2&1&1\\1&1&-1&1&0\end{pmatrix}\to\begin{pmatrix}1&1&-1&-1&0\\0&2&2&1&1\\0&0&0&0&0\end{pmatrix}$$

即知 $r(\boldsymbol{B})=r(\boldsymbol{B},\boldsymbol{A})=2$,且 $r(\boldsymbol{A})\leqslant 2$. 又 $\boldsymbol{\alpha}_1$ 与 $\boldsymbol{\alpha}_2$ 不成比例,故 $r(\boldsymbol{A})=2$.

因此,向量组 $\boldsymbol{A}$ 与 $\boldsymbol{B}$ 等价.

4. 证明:向量组

$$\boldsymbol{\alpha}_1=(1,a,a^2,a^3),\quad \boldsymbol{\alpha}_2=(1,b,b^2,b^3)$$
$$\boldsymbol{\alpha}_3=(1,c,c^2,c^3),\quad \boldsymbol{\alpha}_4=(1,d,d^2,d^3)$$

线性无关,其中 $a,\ b,\ c,\ d$ 各不相同.

证 向量组是由 4 个四维向量组成,于是

$$D=\begin{vmatrix} 1 & 1 & 1 & 1 \\ a & b & c & d \\ a^2 & b^2 & c^2 & d^2 \\ a^3 & b^3 & c^3 & d^3 \end{vmatrix}=(b-a)(c-a)(d-a)(c-b)(d-b)(d-c)$$

因为 a,b,c,d 各不相同,所以 $D\neq 0$,从而 $\boldsymbol{\alpha}_1,\boldsymbol{\alpha}_2,\boldsymbol{\alpha}_3,\boldsymbol{\alpha}_4$ 线性无关.

5. 证明:如果向量组 $\boldsymbol{\alpha}_1,\boldsymbol{\alpha}_2,\boldsymbol{\alpha}_3$ 线性无关,则向量 $2\boldsymbol{\alpha}_1+\boldsymbol{\alpha}_2,\boldsymbol{\alpha}_2+5\boldsymbol{\alpha}_3,4\boldsymbol{\alpha}_3+3\boldsymbol{\alpha}_1$ 也线性无关.

证 设有数组 k_1,k_2,k_3,使

$$k_1(2\boldsymbol{\alpha}_1+\boldsymbol{\alpha}_2)+k_2(\boldsymbol{\alpha}_2+5\boldsymbol{\alpha}_3)+k_3(4\boldsymbol{\alpha}_3+3\boldsymbol{\alpha}_1)=\boldsymbol{0}$$

整理得

$$(2k_1+3k_3)\boldsymbol{\alpha}_1+(k_1+k_2)\boldsymbol{\alpha}_2+(5k_2+4k_3)\boldsymbol{\alpha}_3=\boldsymbol{0}$$

因为 $\boldsymbol{\alpha}_1,\boldsymbol{\alpha}_2,\boldsymbol{\alpha}_3$ 线性无关,所以仅有

$$\begin{cases} 2k_1+3k_2=0 \\ k_1+k_2=0 \\ 5k_1+4k_2=0 \end{cases}$$

经计算,方程组的系数行列式

$$D=\begin{vmatrix} 2 & 0 & 3 \\ 1 & 1 & 0 \\ 0 & 5 & 4 \end{vmatrix}=23\neq 0$$

于是方程组只有零解 $k_1=k_2=k_3=0$,所以向量组 $2\boldsymbol{\alpha}_1+\boldsymbol{\alpha}_2,\boldsymbol{\alpha}_1+5\boldsymbol{\alpha}_3,4\boldsymbol{\alpha}_3+3\boldsymbol{\alpha}_1$ 也线性无关.

6. 判断下列向量组的线性相关性.如果线性相关,写出其中一个向量由其余向量线性表示的表达式.

(1) $\boldsymbol{\alpha}_1=(3,4,-2,5),\boldsymbol{\alpha}_2=(2,-5,0,-3),\boldsymbol{\alpha}_3=(5,0,-1,2),\boldsymbol{\alpha}_4=(3,3,-3,5)$.

(2) $\boldsymbol{\alpha}_1=(1,-2,0,3),\boldsymbol{\alpha}_2=(2,5,-1,0),\boldsymbol{\alpha}_3=(3,4,-1,2)$.

解 (1) 考虑齐次线性方程组

$$\begin{cases} 3x_1+2x_2+5x_3+3x_4=0 \\ 4x_1-5x_2\qquad\quad+3x_4=0 \\ -2x_1\qquad\quad-x_3-3x_4=0 \\ 5x_1-3x_2+2x_3+5x_4=0 \end{cases}$$

判定解的情况:用初等行变换把系数矩阵 $\boldsymbol{A}$ 化为阶梯形矩阵,即

$$\boldsymbol{A}=\begin{pmatrix}3&2&5&3\\4&-5&0&3\\-2&0&-1&-3\\5&-3&2&5\end{pmatrix}\rightarrow\begin{pmatrix}1&2&4&0\\0&1&-5&6\\0&0&1&-1\\0&0&0&0\end{pmatrix}$$

因为 $r(\boldsymbol{A})=3<n=4$,所以方程组有非零解,从而 $\boldsymbol{\alpha}_1,\boldsymbol{\alpha}_2,\boldsymbol{\alpha}_3,\boldsymbol{\alpha}_4$ 线性相关.

为了找出其中的一个向量可由其余向量线性表示,需求出一般解.因为

$$\begin{pmatrix}1&2&4&0\\0&1&-5&6\\0&0&1&-1\\0&0&0&0\end{pmatrix}\rightarrow\begin{pmatrix}1&0&0&2\\0&1&0&1\\0&0&1&-1\\0&0&0&0\end{pmatrix}$$

所以一般解为

$$\begin{cases}x_1=-2x_4\\x_2=-x_4\\x_3=x_4\end{cases}$$

令 $x_4=1$,得方程组的一个解:$x_1=-2,x_2=-1,x_3=1,x_4=1$.于是得到一个线性相关的表达式

$$-2\boldsymbol{\alpha}_1-\boldsymbol{\alpha}_2+\boldsymbol{\alpha}_3+\boldsymbol{\alpha}_4=\boldsymbol{0}$$

进而得到:$\boldsymbol{\alpha}_2$ 由 $\boldsymbol{\alpha}_1,\boldsymbol{\alpha}_3,\boldsymbol{\alpha}_4$ 线性表出的表达式为

$$\boldsymbol{\alpha}_2=-2\boldsymbol{\alpha}_1+\boldsymbol{\alpha}_3+\boldsymbol{\alpha}_4$$

可以看出,所求的表达式不是唯一的.

(2) 考虑齐次线性方程组

$$\begin{cases}x_1+2x_2+3x_3=0\\-2x_1+5x_2+4x_3=0\\-x_2-x_3=0\\3x_1+2x_3=0\end{cases}$$

判定解的情况:用初等变换把系数矩阵 $\boldsymbol{A}$ 化为阶梯形矩阵,即

$$\boldsymbol{A}=\begin{pmatrix}1&2&3\\-2&5&4\\0&-1&-1\\3&0&2\end{pmatrix}\rightarrow\begin{pmatrix}1&2&3\\0&1&1\\0&0&1\\0&0&0\end{pmatrix}$$

因为 $r(\boldsymbol{A})=n=3$,所以方程组只有零解,从而 $\boldsymbol{\alpha}_1,\boldsymbol{\alpha}_2,\boldsymbol{\alpha}_3$ 线性无关.

7. (1) 若 $\boldsymbol{\beta}$ 可由 $\boldsymbol{\alpha}_1,\boldsymbol{\alpha}_2,\boldsymbol{\alpha}_3$ 线性表示,且 $\boldsymbol{\beta}=(7,-2,\lambda)^{\mathrm{T}},\boldsymbol{\alpha}_1=(2,3,5)^{\mathrm{T}},\boldsymbol{\alpha}_2=(3,7,8)^{\mathrm{T}},\boldsymbol{\alpha}_3=(1,-6,1)^{\mathrm{T}}$,求 λ;

(2) 若向量组 $\boldsymbol{\alpha}_1=(t,-1,-1)^{\mathrm{T}},\boldsymbol{\alpha}_2=(-1,t,-1)^{\mathrm{T}},\boldsymbol{\alpha}_3=(-1,-1,t)^{\mathrm{T}}$ 线性相

关，求 t.

解 (1) $(\boldsymbol{\alpha}_1,\boldsymbol{\alpha}_2,\boldsymbol{\alpha}_3,\boldsymbol{\beta})=\begin{pmatrix}2&3&1&7\\3&7&-6&-2\\5&8&1&\lambda\end{pmatrix}\longrightarrow\begin{pmatrix}2&3&1&7\\3&5&0&8\\0&0&0&\lambda-15\end{pmatrix}$

当 $\lambda-15=0$，即 $\lambda=15$ 时，$\boldsymbol{\beta}$ 可由 $\boldsymbol{\alpha}_1,\boldsymbol{\alpha}_2,\boldsymbol{\alpha}_3$ 线性表示.

(2) $$\begin{vmatrix}t&-1&-1\\-1&t&-1\\-1&-1&t\end{vmatrix}=\begin{vmatrix}t-2&t-2&t-2\\-1&t&-1\\-1&-1&t\end{vmatrix}=(t-2)\begin{vmatrix}1&1&1\\0&t+1&0\\0&0&t+1\end{vmatrix}$$

$$=(t-2)(t+1)^2$$

故当 $t=2$ 或 $t=-1$ 时，$\boldsymbol{\alpha}_1,\boldsymbol{\alpha}_2,\boldsymbol{\alpha}_3$ 线性相关.

8. 已知

$$\boldsymbol{\alpha}_1=(1,0,2,3)^{\mathrm{T}},\quad \boldsymbol{\alpha}_2=(1,1,3,5)^{\mathrm{T}},\quad \boldsymbol{\alpha}_3=(1,-1,a+2,1)^{\mathrm{T}},$$
$$\boldsymbol{\alpha}_4=(1,2,4,a+8)^{\mathrm{T}},\quad \boldsymbol{\beta}=(1,1,b+3,5)^{\mathrm{T}}$$

(1) a,b 为何值时，$\boldsymbol{\beta}$ 不能由 $\boldsymbol{\alpha}_1,\boldsymbol{\alpha}_2,\boldsymbol{\alpha}_3,\boldsymbol{\alpha}_4$ 线性表示；

(2) a,b 为何值时，$\boldsymbol{\beta}$ 能唯一由 $\boldsymbol{\alpha}_1,\boldsymbol{\alpha}_2,\boldsymbol{\alpha}_3,\boldsymbol{\alpha}_4$ 线性表示.

解 (1) 设 $\boldsymbol{\beta}=x_1\boldsymbol{\alpha}_1+x_2\boldsymbol{\alpha}_2+x_3\boldsymbol{\alpha}_3+x_4\boldsymbol{\alpha}_4$，由此可得

$$\begin{cases}x_1+x_2+x_3+x_4=1\\x_2-x_3+2x_4=1\\2x_1+3x_2+(a+2)x_3+x_4=b+3\\3x_1+5x_2+x_3+(a+8)x_4=5\end{cases}$$

将其增广矩阵进行初等变换为阶梯型矩阵：

$$\boldsymbol{B}=(\boldsymbol{A},b)=\begin{pmatrix}1&1&1&1&1\\0&1&-1&2&1\\2&3&a+2&4&b+3\\3&5&1&a+8&5\end{pmatrix}\to\begin{pmatrix}1&1&1&1&1\\0&1&-1&2&1\\0&1&a&2&b+1\\0&2&-2&a+5&2\end{pmatrix}$$

$$\to\begin{pmatrix}1&1&1&1&1\\0&1&-1&2&1\\0&0&a+1&0&b\\0&0&0&a+1&0\end{pmatrix}$$

所以，当 $a=-1,b\neq0$ 时，$\boldsymbol{\beta}$ 不能表示成 $\boldsymbol{\alpha}_1,\boldsymbol{\alpha}_2,\boldsymbol{\alpha}_3,\boldsymbol{\alpha}_4$ 的线性组合；当 $a\neq-1$ 时，表达式唯一，且

$$\boldsymbol{\beta}=-\frac{2b}{a+1}\boldsymbol{\alpha}_1+\frac{a+b+1}{a+1}\boldsymbol{\alpha}_2+\frac{b}{a+1}\boldsymbol{\alpha}_3+0\boldsymbol{\alpha}_4$$

习 题 4.3

1. 求下列向量组的秩，并求一个最大无关组.

(1) $\boldsymbol{\alpha}_1=\begin{pmatrix}4\\-1\\-5\\-6\end{pmatrix},\boldsymbol{\alpha}_2=\begin{pmatrix}1\\-3\\-4\\-7\end{pmatrix},\boldsymbol{\alpha}_3=\begin{pmatrix}1\\2\\1\\3\end{pmatrix},\boldsymbol{\alpha}_4=\begin{pmatrix}2\\1\\-1\\0\end{pmatrix}$;

(2) $\boldsymbol{\alpha}_1=\begin{pmatrix}1\\0\\1\end{pmatrix},\boldsymbol{\alpha}_2=\begin{pmatrix}2\\1\\0\end{pmatrix},\boldsymbol{\alpha}_3=\begin{pmatrix}0\\1\\1\end{pmatrix},\boldsymbol{\alpha}_4=\begin{pmatrix}1\\1\\1\end{pmatrix}$.

解　(1) $\boldsymbol{A}=(\boldsymbol{\alpha}_1,\boldsymbol{\alpha}_2,\boldsymbol{\alpha}_3,\boldsymbol{\alpha}_4)=\begin{pmatrix}4&1&1&2\\-1&-3&2&1\\-5&-4&1&-1\\-6&-7&3&0\end{pmatrix}$

$$\rightarrow\begin{pmatrix}0&0&0&0\\-6&-7&3&0\\-5&-4&1&-1\\0&0&0&0\end{pmatrix}$$

故 $r(\boldsymbol{A})=2$，最大无关组为 $\boldsymbol{\alpha}_1,\boldsymbol{\alpha}_2$ 或 $\boldsymbol{\alpha}_2,\boldsymbol{\alpha}_3$ 或 $\boldsymbol{\alpha}_1,\boldsymbol{\alpha}_3$ 或 $\boldsymbol{\alpha}_1,\boldsymbol{\alpha}_4$.

(2) $\boldsymbol{A}=(\boldsymbol{\alpha}_1,\boldsymbol{\alpha}_2,\boldsymbol{\alpha}_3,\boldsymbol{\alpha}_4)=\begin{pmatrix}1&2&0&1\\0&1&1&1\\1&0&1&1\end{pmatrix}\rightarrow\begin{pmatrix}1&0&0&\frac{1}{3}\\0&1&0&\frac{1}{3}\\0&0&1&\frac{2}{3}\end{pmatrix}$

$r(\boldsymbol{A})=3$. 向量组的一个最大无关组为 $\boldsymbol{\alpha}_1,\boldsymbol{\alpha}_2,\boldsymbol{\alpha}_3$.

2. 设向量组 $\begin{pmatrix}a\\3\\1\end{pmatrix},\begin{pmatrix}2\\b\\3\end{pmatrix},\begin{pmatrix}1\\2\\1\end{pmatrix},\begin{pmatrix}2\\3\\1\end{pmatrix}$ 的秩为 2，求 a,b.

解　解法一

$$\begin{pmatrix}1&2&a&2\\2&3&3&b\\1&1&1&3\end{pmatrix}\xrightarrow[r_3-r_1]{r_2-2r_1}\begin{pmatrix}1&2&a&2\\0&-1&3-2a&b-4\\0&-1&1-a&1\end{pmatrix}\xrightarrow{r_3-r_2}\begin{pmatrix}1&2&a&2\\0&-1&3-2a&b-4\\0&0&a-2&5-b\end{pmatrix}$$

由于向量组的秩是 2，从而必有 $a-2=0$ 且 $5-b=0$，即 $a=2,b=5$.

解法二　设 $\boldsymbol{\alpha}_1=\begin{pmatrix}a\\3\\1\end{pmatrix},\boldsymbol{\alpha}_2=\begin{pmatrix}2\\b\\3\end{pmatrix},\boldsymbol{\alpha}_3=\begin{pmatrix}1\\2\\1\end{pmatrix},\boldsymbol{\alpha}_4=\begin{pmatrix}2\\3\\1\end{pmatrix}$，由 $r(\boldsymbol{\alpha}_3,\boldsymbol{\alpha}_4)=2\Rightarrow\boldsymbol{\alpha}_1,\boldsymbol{\alpha}_2$ 可由 $\boldsymbol{\alpha}_3,\boldsymbol{\alpha}_4$ 线性表示$\Rightarrow|\boldsymbol{\alpha}_1,\boldsymbol{\alpha}_3,\boldsymbol{\alpha}_4|=2-a=0$，$|\boldsymbol{\alpha}_2,\boldsymbol{\alpha}_3,\boldsymbol{\alpha}_4|=5-b=0\Rightarrow a=2,b=5$.

3. 利用初等行变换求下列矩阵的列向量组的一个最大无关组，并把其余列向量用最大无关组线性表示.

(1) $\begin{pmatrix} 25 & 31 & 17 & 43 \\ 75 & 94 & 53 & 132 \\ 75 & 94 & 54 & 134 \\ 25 & 32 & 20 & 48 \end{pmatrix}$； (2) $\begin{pmatrix} 1 & 1 & 2 & 2 & 1 \\ 0 & 2 & 1 & 5 & -1 \\ 2 & 0 & 3 & -1 & 3 \\ 1 & 1 & 0 & 4 & -1 \end{pmatrix}$.

解 (1) 记 $\boldsymbol{A}=(\boldsymbol{\alpha}_1,\boldsymbol{\alpha}_2,\boldsymbol{\alpha}_3,\boldsymbol{\alpha}_4)$，有

$$\boldsymbol{A}=\begin{pmatrix} 25 & 31 & 17 & 43 \\ 75 & 94 & 53 & 132 \\ 75 & 94 & 54 & 134 \\ 25 & 32 & 20 & 48 \end{pmatrix} \to \begin{pmatrix} 25 & 31 & 17 & 43 \\ 0 & 1 & 2 & 3 \\ 0 & 0 & 1 & 2 \\ 0 & 1 & 3 & 5 \end{pmatrix} \to \begin{pmatrix} 25 & 31 & 17 & 43 \\ 0 & 1 & 2 & 3 \\ 0 & 0 & 1 & 2 \\ 0 & 0 & 0 & 0 \end{pmatrix}$$

$$\to \begin{pmatrix} 25 & 31 & 0 & 9 \\ 0 & 1 & 0 & -1 \\ 0 & 0 & 1 & 2 \\ 0 & 0 & 0 & 0 \end{pmatrix} \to \begin{pmatrix} 1 & 0 & 0 & \frac{8}{5} \\ 0 & 1 & 0 & -1 \\ 0 & 0 & 1 & 2 \\ 0 & 0 & 0 & 0 \end{pmatrix}$$

从 $\boldsymbol{A}$ 的行最简形可知 $\boldsymbol{a}_1,\boldsymbol{a}_2,\boldsymbol{a}_3$ 是 $\boldsymbol{A}$ 的列向量组的一个最大无关组；而

$$\boldsymbol{a}_4=\frac{8}{5}\boldsymbol{a}_1-\boldsymbol{a}_2+2\boldsymbol{a}_3$$

(2) 记 $\boldsymbol{A}=(\boldsymbol{a}_1,\boldsymbol{a}_2,\boldsymbol{a}_3,\boldsymbol{a}_4,\boldsymbol{a}_5)$，有

$$\boldsymbol{A}=\begin{pmatrix} 1 & 1 & 2 & 2 & 1 \\ 0 & 2 & 1 & 5 & -1 \\ 2 & 0 & 3 & -1 & 3 \\ 1 & 1 & 0 & 4 & -1 \end{pmatrix} \to \begin{pmatrix} 1 & 1 & 2 & 2 & 1 \\ 0 & 2 & 1 & 5 & -1 \\ 0 & -2 & -1 & -5 & 1 \\ 0 & 0 & -2 & 2 & -2 \end{pmatrix} \to \begin{pmatrix} 1 & 1 & 2 & 2 & 1 \\ 0 & 2 & 1 & 5 & -1 \\ 0 & 0 & 1 & -1 & 1 \\ 0 & 0 & 0 & 0 & 0 \end{pmatrix}$$

$$\to \begin{pmatrix} 1 & 1 & 0 & 4 & -1 \\ 0 & 2 & 0 & 6 & -2 \\ 0 & 0 & 1 & -1 & 1 \\ 0 & 0 & 0 & 0 & 0 \end{pmatrix} \to \begin{pmatrix} 1 & 0 & 0 & 1 & 0 \\ 0 & 1 & 0 & 3 & -1 \\ 0 & 0 & 1 & -1 & 1 \\ 0 & 0 & 0 & 0 & 0 \end{pmatrix}$$

从上面 $\boldsymbol{A}$ 的最简形可知，$\boldsymbol{a}_1,\boldsymbol{a}_2,\boldsymbol{a}_3$ 是 $\boldsymbol{A}$ 的列向量的一个最大无关组；而

$$\boldsymbol{a}_4=\boldsymbol{a}_1+3\boldsymbol{a}_2-\boldsymbol{a}_3,\quad \boldsymbol{a}_5=-\boldsymbol{a}_2+\boldsymbol{a}_3$$

5. 若向量组 $\boldsymbol{\alpha}_1,\boldsymbol{\alpha}_2,\boldsymbol{\alpha}_3,\boldsymbol{\alpha}_4$ 线性无关，求向量组 $\boldsymbol{\alpha}_1+\boldsymbol{\alpha}_2,\boldsymbol{\alpha}_2+\boldsymbol{\alpha}_3,\boldsymbol{\alpha}_3+\boldsymbol{\alpha}_4,\boldsymbol{\alpha}_4+\boldsymbol{\alpha}_1$ 的秩.

提示 证明 $\boldsymbol{\alpha}_1+\boldsymbol{\alpha}_2,\boldsymbol{\alpha}_2+\boldsymbol{\alpha}_3,\boldsymbol{\alpha}_3+\boldsymbol{\alpha}_4,\boldsymbol{\alpha}_4+\boldsymbol{\alpha}_1$ 线性相关，而 $\boldsymbol{\alpha}_1+\boldsymbol{\alpha}_2,\boldsymbol{\alpha}_2+\boldsymbol{\alpha}_3,\boldsymbol{\alpha}_3+\boldsymbol{\alpha}_4$ 线性无关，则所求向量组的秩为 3.

6. 设 $\begin{cases} \boldsymbol{\beta}_1=\boldsymbol{\alpha}_2+\boldsymbol{\alpha}_3+\cdots+\boldsymbol{\alpha}_n \\ \boldsymbol{\beta}_2=\boldsymbol{\alpha}_1+\boldsymbol{\alpha}_3+\cdots+\boldsymbol{\alpha}_n \\ \vdots \\ \boldsymbol{\beta}_n=\boldsymbol{\alpha}_1+\boldsymbol{\alpha}_2+\cdots+\boldsymbol{\alpha}_{n-1} \end{cases}$，证明：向量组 $\boldsymbol{\alpha}_1,\boldsymbol{\alpha}_2,\cdots,\boldsymbol{\alpha}_n$ 与向量组 $\boldsymbol{\beta}_1,\boldsymbol{\beta}_2,\cdots,\boldsymbol{\beta}_n$

等价.

证 列向量组 $\boldsymbol{\alpha}_1,\boldsymbol{\alpha}_2,\cdots,\boldsymbol{\alpha}_n$ 和 $\boldsymbol{\beta}_1,\boldsymbol{\beta}_2,\cdots,\boldsymbol{\beta}_n$ 依次构成矩阵 $\boldsymbol{A}$ 和 $\boldsymbol{B}$，于是有

$$\boldsymbol{B}=\boldsymbol{AK}$$

其中，系数矩阵 $\boldsymbol{K}$ 为

$$\boldsymbol{K}=\begin{pmatrix}0 & 1 & \cdots & 1\\ 1 & 0 & \cdots & 1\\ \vdots & \vdots & & \vdots\\ 1 & \cdots & 1 & 0\end{pmatrix}$$

其行列式 $|\boldsymbol{K}|=(n-1)(-1)^{n-1}\neq 0\ (n\geqslant 2)$，故 $\boldsymbol{K}$ 可逆. 由 $\boldsymbol{B}=\boldsymbol{AK}$ 得 $\boldsymbol{A}=\boldsymbol{BK}^{-1}$，这表明 $\boldsymbol{\alpha}_1,\boldsymbol{\alpha}_2,\cdots,\boldsymbol{\alpha}_n$ 能由 $\boldsymbol{\beta}_1,\boldsymbol{\beta}_2,\cdots,\boldsymbol{\beta}_n$ 线性表示（其表示的系数矩阵为 $\boldsymbol{K}^{-1}$），从而 $\boldsymbol{\alpha}_1,\boldsymbol{\alpha}_2,\cdots,\boldsymbol{\alpha}_n$ 与 $\boldsymbol{\beta}_1,\boldsymbol{\beta}_2,\cdots,\boldsymbol{\beta}_n$ 等价.

注 当 $|\boldsymbol{K}|=0$ 时，不能得出 $\boldsymbol{\alpha}_1,\boldsymbol{\alpha}_2,\cdots,\boldsymbol{\alpha}_n$ 与 $\boldsymbol{\beta}_1,\boldsymbol{\beta}_2,\cdots,\boldsymbol{\beta}_n$ 不等价的结论.

习 题 4.4

1. 设 $\boldsymbol{V}_1=\{\boldsymbol{x}=(x_1,x_2,\cdots,x_n)^{\mathrm{T}}\mid x_1,x_2,\cdots,x_n\in\mathbf{R},x_1+x_2+\cdots+x_n=0\}$,

$\boldsymbol{V}_2=\{\boldsymbol{x}=(x_1,x_2,\cdots,x_n)^{\mathrm{T}}\mid x_1,x_2,\cdots,x_n\in\mathbf{R},x_1+x_2+\cdots+x_n=1\}$.

问 $\boldsymbol{V}_1,\boldsymbol{V}_2$ 是否为向量空间？说出理由.

解 $\boldsymbol{V}_1$ 是向量空间，$\boldsymbol{V}_2$ 不是向量空间.

因为向量空间必包含零向量，显然 $\boldsymbol{V}_2$ 不包含零向量.

2. 证明：由 $\boldsymbol{\alpha}_1=(0,1,1)^{\mathrm{T}},\boldsymbol{\alpha}_2=(1,0,1)^{\mathrm{T}},\boldsymbol{\alpha}_3=(1,1,0)^{\mathrm{T}}$ 所生成的向量空间就是 $\mathbf{R}^3$.

证 显然 $\boldsymbol{L}=\{\lambda_1\boldsymbol{a}_1+\lambda_2\boldsymbol{a}_2+\lambda_3\boldsymbol{a}_3\mid\lambda_1,\lambda_2,\lambda_3\subseteq\mathbf{R}\}\subseteq\mathbf{R}^3$，只要证明对任意的 $\boldsymbol{a}\in\mathbf{R}^3$，都有$\boldsymbol{a}\in\boldsymbol{L}$，这只需证明 $\boldsymbol{a}_1,\boldsymbol{a}_2,\boldsymbol{a}_3$ 线性无关.

$$|\boldsymbol{a}_1,\boldsymbol{a}_2,\boldsymbol{a}_3|=\begin{vmatrix}0 & 1 & 1\\ 0 & 0 & 1\\ 1 & 1 & 0\end{vmatrix}=1\neq 0\Rightarrow\boldsymbol{a}_1,\boldsymbol{a}_2,\boldsymbol{a}_3\text{ 线性无关}$$

3. 设向量空间为 $\boldsymbol{V}=\{\boldsymbol{\alpha}=(x_1,x_2,x_3)\mid x_1+x_3=2x_3\}$，求 $\boldsymbol{V}$ 的一组基和维数.

解 $\boldsymbol{\alpha}=x_2(-1,1,0)^{\mathrm{T}}+x_3(2,0,1)^{\mathrm{T}}$，基 $\boldsymbol{\alpha}_1=(-1,1,0)^{\mathrm{T}},\boldsymbol{\alpha}_2=(2,0,1)^{\mathrm{T}}$，$\dim\boldsymbol{V}=2$.

4. 证明：$\boldsymbol{\alpha}_1=(1,0,2)^{\mathrm{T}},\boldsymbol{\alpha}_2=(2,1,0)^{\mathrm{T}},\boldsymbol{\alpha}_3=(1,1,1)^{\mathrm{T}}$ 是 $\mathbf{R}^3$ 的一组基，求 $\boldsymbol{\beta}=(7,4,4)^{\mathrm{T}}$ 在此基下的坐标.

证略，坐标向量为$(1,2,2)^{\mathrm{T}}$.

5. 验证 $\boldsymbol{\alpha}_1=(1,-1,0)^{\mathrm{T}},\boldsymbol{\alpha}_2=(2,1,3)^{\mathrm{T}},\boldsymbol{\alpha}_3=(3,1,2)^{\mathrm{T}}$ 为 $\mathbf{R}^3$ 的一组基，并把向量 $\boldsymbol{\beta}_1=(5,0,7)^{\mathrm{T}},\boldsymbol{\beta}_2=(-9,-8,-13)^{\mathrm{T}}$ 用这组基线性表示.

解 $\boldsymbol{\beta}_1=2\boldsymbol{\alpha}_1+3\boldsymbol{\alpha}_2-\boldsymbol{\alpha}_3,\boldsymbol{\beta}_2=3\boldsymbol{\alpha}_1-3\boldsymbol{\alpha}_2-2\boldsymbol{\alpha}_3$.

6. 由 $\boldsymbol{\alpha}_1=(1,1,0,0)^{\mathrm{T}},\boldsymbol{\alpha}_2=(1,0,1,1)^{\mathrm{T}}$ 所生成的向量空间记为 $\boldsymbol{L}_1$，由 $\boldsymbol{\beta}_1=(2,$

$-1,3,3)^T, \boldsymbol{\beta}_2=(0,1,-1,-1)^T$ 所生成的向量空间记为 $\boldsymbol{L}_2$. 试证：$\boldsymbol{L}_1=\boldsymbol{L}_2$.

证 只要证明向量组 $\boldsymbol{\alpha}_1,\boldsymbol{\alpha}_2$ 与向量组 $\boldsymbol{\beta}_1,\boldsymbol{\beta}_2$ 等价即可.

$$(\boldsymbol{\alpha}_1,\boldsymbol{\alpha}_2,\boldsymbol{\beta}_1,\boldsymbol{\beta}_2)=\begin{pmatrix}1&1&2&0\\1&0&-1&1\\0&1&3&-1\\0&1&3&-1\end{pmatrix}\longrightarrow\begin{pmatrix}0&1&3&-1\\1&0&-1&1\\0&0&0&0\\0&0&0&0\end{pmatrix}$$

易知 $r(\boldsymbol{\alpha}_1,\boldsymbol{\alpha}_2,\boldsymbol{\beta}_1,\boldsymbol{\beta}_2)=r(\boldsymbol{\alpha}_1,\boldsymbol{\alpha}_2)=r(\boldsymbol{\beta}_1,\boldsymbol{\beta}_2)=2$，故向量组 $\boldsymbol{\alpha}_1,\boldsymbol{\alpha}_2$ 与向量组 $\boldsymbol{\beta}_1,\boldsymbol{\beta}_2$ 等价.

7. 已知 $\mathbf{R}^3$ 的两组基分别为

$$\boldsymbol{\alpha}_1=\begin{pmatrix}1\\1\\1\end{pmatrix},\quad \boldsymbol{\alpha}_2=\begin{pmatrix}1\\0\\-1\end{pmatrix},\quad \boldsymbol{\alpha}_3=\begin{pmatrix}1\\0\\1\end{pmatrix}\quad 及\quad \boldsymbol{\beta}_1=\begin{pmatrix}1\\2\\1\end{pmatrix},\quad \boldsymbol{\beta}_2=\begin{pmatrix}2\\3\\4\end{pmatrix},\quad \boldsymbol{\beta}_3=\begin{pmatrix}3\\4\\3\end{pmatrix}$$

求由基 $\boldsymbol{\alpha}_1,\boldsymbol{\alpha}_2,\boldsymbol{\alpha}_3$ 到基 $\boldsymbol{\beta}_1,\boldsymbol{\beta}_2,\boldsymbol{\beta}_3$ 的过渡矩阵 $\boldsymbol{P}$.

解 记矩阵 $\boldsymbol{A}=(\boldsymbol{\alpha}_1,\boldsymbol{\alpha}_2,\boldsymbol{\alpha}_3)$，$\boldsymbol{B}=(\boldsymbol{\beta}_1,\boldsymbol{\beta}_2,\boldsymbol{\beta}_3)$，因为 $\boldsymbol{\alpha}_1,\boldsymbol{\alpha}_2,\boldsymbol{\alpha}_3$ 与 $\boldsymbol{\beta}_1,\boldsymbol{\beta}_2,\boldsymbol{\beta}_3$ 均为 $\mathbf{R}^3$ 的基，故 $\boldsymbol{A}$ 和 $\boldsymbol{B}$ 均为三阶可逆阵. 由过渡矩阵定义，可知

$$(\boldsymbol{\beta}_1,\boldsymbol{\beta}_2,\boldsymbol{\beta}_3)=(\boldsymbol{\alpha}_1,\boldsymbol{\alpha}_2,\boldsymbol{\alpha}_3)\boldsymbol{P}\quad 或\quad \boldsymbol{B}=\boldsymbol{AP}\Rightarrow\boldsymbol{P}=\boldsymbol{A}^{-1}\boldsymbol{B}$$

故
$$(\boldsymbol{A},\boldsymbol{B})=\begin{pmatrix}1&1&1&1&2&3\\1&0&0&2&3&4\\1&-1&1&1&4&3\end{pmatrix}\rightarrow\begin{pmatrix}1&0&0&2&3&4\\0&1&0&0&-1&0\\0&0&1&-1&0&-1\end{pmatrix}$$

从而
$$\boldsymbol{P}=\boldsymbol{A}^{-1}\boldsymbol{B}=\begin{pmatrix}2&3&4\\0&-1&0\\-1&0&-1\end{pmatrix}.$$

习 题 4.5

2. 求下列齐次线性方程组的基础解系.

(1) $\begin{cases}x_1-8x_2+10x_3+2x_4=0\\2x_1+4x_2+5x_3-x_4=0\\3x_1+8x_2+6x_3-2x_4=0\end{cases}$；　(2) $\begin{cases}2x_1-3x_2-2x_3+x_4=0\\3x_1+5x_2+4x_3-2x_4=0\\8x_1+7x_2+6x_3-3x_4=0\end{cases}$.

解 (1) $\boldsymbol{A}=\begin{pmatrix}1&-8&10&2\\2&4&5&-1\\3&8&6&-2\end{pmatrix}\rightarrow\begin{pmatrix}1&-8&10&2\\0&20&-15&-5\\0&32&-24&-8\end{pmatrix}$

$$\rightarrow\begin{pmatrix}1&-8&10&2\\0&-4&3&1\\0&0&0&0\end{pmatrix}\rightarrow\begin{pmatrix}1&0&4&0\\0&-4&3&1\\0&0&0&0\end{pmatrix}$$

可知原方程的通解方程为

$$\begin{cases} x_1+4x_3=0 \\ -4x_2+3x_3+x_4=0 \end{cases} \Rightarrow \begin{cases} x_1=-4x_3 \\ x_4=4x_2-3x_3 \end{cases}$$

分别取 $\begin{pmatrix} x_2 \\ x_3 \end{pmatrix}=\begin{pmatrix} 1 \\ 0 \end{pmatrix}$ 和 $\begin{pmatrix} 0 \\ 1 \end{pmatrix}$,得基础解系

$$\boldsymbol{\zeta}_1=\begin{pmatrix} 0 \\ 1 \\ 0 \\ 4 \end{pmatrix}, \quad \boldsymbol{\zeta}_2=\begin{pmatrix} -4 \\ 0 \\ 1 \\ -3 \end{pmatrix}$$

(2) $\boldsymbol{A}=\begin{pmatrix} 2 & -3 & -2 & 1 \\ 3 & 5 & 4 & -2 \\ 8 & 7 & 6 & -3 \end{pmatrix} \to \begin{pmatrix} 2 & -3 & -2 & 1 \\ 7 & -1 & 0 & 0 \\ 14 & -2 & 0 & 0 \end{pmatrix} \to \begin{pmatrix} -19 & 0 & -2 & 1 \\ -7 & 1 & 0 & 0 \\ 0 & 0 & 0 & 0 \end{pmatrix}$

可得通解方程组

$$\begin{cases} -19x_1-2x_3+x_4=0 \\ -7x_1+x_2=0 \end{cases} \Rightarrow \begin{cases} x_2=7x_1 \\ x_4=19x_1+2x_3 \end{cases}$$

分别取 $\begin{pmatrix} x_1 \\ x_2 \end{pmatrix}=\begin{pmatrix} 1 \\ 0 \end{pmatrix}$ 和 $\begin{pmatrix} 0 \\ 1 \end{pmatrix}$ 得基础解系

$$\boldsymbol{\zeta}_1=\begin{pmatrix} 1 \\ 7 \\ 0 \\ 19 \end{pmatrix}, \quad \boldsymbol{\zeta}_2=\begin{pmatrix} 0 \\ 0 \\ 1 \\ 2 \end{pmatrix}$$

3. 求下列非齐次方程的通解.

(1) $\begin{cases} x_1+x_2=5 \\ 2x_1+x_2+x_3+2x_4=1 \\ 5x_1+3x_2+2x_3+2x_4=3 \end{cases}$;　　(2) $\begin{cases} x_1-5x_2+2x_3-3x_4=11 \\ 5x_1+3x_2+6x_3-x_4=-1 \\ 2x_1+4x_2+2x_3+x_4=-6 \end{cases}$.

解　(1) 增广矩阵

$$\boldsymbol{B}=\begin{pmatrix} 1 & 1 & 0 & 0 & 5 \\ 2 & 1 & 1 & 2 & 1 \\ 5 & 3 & 2 & 2 & 3 \end{pmatrix} \to \begin{pmatrix} 1 & 1 & 0 & 0 & 5 \\ 0 & -1 & 1 & 2 & -9 \\ 0 & -2 & 2 & 2 & -22 \end{pmatrix}$$

$$\to \begin{pmatrix} 1 & 0 & 1 & 2 & -4 \\ 0 & 1 & -1 & -2 & 9 \\ 0 & 0 & 0 & -2 & -4 \end{pmatrix} \to \begin{pmatrix} 1 & 0 & 1 & 0 & -8 \\ 0 & 1 & -1 & 0 & 13 \\ 0 & 0 & 0 & 1 & 2 \end{pmatrix}$$

据此,得原方程组的通解方程

$$\begin{cases} x_1=-x_3-8 \\ x_2=x_3+13 \\ x_4=2 \end{cases}$$

取 $x_3=0$ 得特解 $\boldsymbol{\eta}=\begin{pmatrix}-8\\13\\0\\2\end{pmatrix}$；取 $x_3=1$ 得对应齐次方程基础解系 $\boldsymbol{\zeta}=\begin{pmatrix}-1\\1\\1\\0\end{pmatrix}$.

(2) 增广矩阵

$$\boldsymbol{B}=\begin{pmatrix}1&-5&2&-3&11\\5&3&6&-1&-1\\2&4&2&1&-6\end{pmatrix}\to\begin{pmatrix}1&-5&2&-3&11\\0&28&-4&14&-56\\0&14&-2&7&-28\end{pmatrix}$$

$$\to\begin{pmatrix}1&9&0&4&-17\\0&-7&1&-\frac{7}{2}&14\\0&0&0&0&0\end{pmatrix}$$

得通解方程组为

$$\begin{cases}x_1+9x_2+4x_4=-17\\-7x_2+x_3-\frac{7}{2}x_4=14\end{cases}\Rightarrow\begin{cases}x_1=-9x_2-4x_4-17\\x_3=7x_2+\frac{7}{2}x_4+14\end{cases}$$

令 $x_2=x_4=0$，得特解 $\boldsymbol{\eta}=\begin{pmatrix}-17\\0\\14\\0\end{pmatrix}$，分别令 $\begin{pmatrix}x_2\\x_4\end{pmatrix}=\begin{pmatrix}1\\0\end{pmatrix}$ 和 $\begin{pmatrix}0\\1\end{pmatrix}$，得对应齐次方程的基础解系

$$\boldsymbol{\zeta}_1=\begin{pmatrix}-9\\1\\7\\0\end{pmatrix},\quad\boldsymbol{\zeta}_2=\begin{pmatrix}-4\\10\\\frac{7}{2}\\1\end{pmatrix}$$

4. 设四元齐次线性方程组(Ⅰ) $\begin{cases}x_1+x_2=0\\x_2-x_4=0\end{cases}$；(Ⅱ) $\begin{cases}x_1-x_2+x_3=0\\x_2-x_3+x_4=0\end{cases}$.

求：(1) 方程组(Ⅰ)，(Ⅱ)的基础解系；(2) 方程组(Ⅰ)与(Ⅱ)的公共解.

解 (1) 求方程组(Ⅰ)的基础解系：系数矩阵为 $\begin{pmatrix}1&1&0&0\\0&1&0&-1\end{pmatrix}\to\begin{pmatrix}1&1&0&0\\0&-1&0&1\end{pmatrix}$，其基础解系可取为

$$\boldsymbol{\zeta}_1=\begin{pmatrix}-1\\1\\0\\1\end{pmatrix},\quad\boldsymbol{\zeta}_2=\begin{pmatrix}0\\0\\1\\0\end{pmatrix}$$

求方程组(Ⅱ)的基础解系.系数矩阵为$\begin{pmatrix}1 & -1 & 1 & 0\\ 0 & 1 & -1 & 1\end{pmatrix}$,故可取其基础解系为

$$\boldsymbol{\zeta}_1=\begin{pmatrix}1\\1\\0\\-1\end{pmatrix},\quad \boldsymbol{\zeta}_2=\begin{pmatrix}-1\\0\\1\\1\end{pmatrix}$$

(2) 设$\boldsymbol{x}=(x_1,x_2,x_3,x_4)^{\mathrm{T}}$为方程组(Ⅰ)与(Ⅱ)的公共解,下面用两种方法求$\boldsymbol{x}$的一般表达式.

解法一　$\boldsymbol{x}$是方程组(Ⅰ)与(Ⅱ)的公共解$\Leftrightarrow\boldsymbol{x}$是方程组(Ⅲ)的解,这里方程组(Ⅲ)为方程组(Ⅰ)与(Ⅱ)合起来的方程组,即

$$\text{Ⅲ}:\begin{cases}x_1+x_2=0\\x_2-x_4=0\\x_1-x_2+x_3=0\\x_2-x_3+x_4=0\end{cases}$$

其系数矩阵为

$$\begin{pmatrix}1 & 1 & 0 & 0\\0 & 1 & 0 & -1\\1 & -1 & 1 & 0\\0 & 1 & -1 & 1\end{pmatrix}\rightarrow\begin{pmatrix}1 & 0 & 0 & 1\\0 & 1 & 0 & -1\\0 & 0 & 1 & -2\\0 & 0 & 0 & 0\end{pmatrix}$$

取其基础解系为$(-1,1,2,1)^{\mathrm{T}}$,于是方程组(Ⅰ)与(Ⅱ)的公共解为

$$\boldsymbol{x}=k\begin{pmatrix}-1\\1\\2\\1\end{pmatrix},\quad k\in\mathbf{R}$$

解法二　以方程组(Ⅰ)的通解$\boldsymbol{x}=(-c_1,c_1,c_2,c_1)^{\mathrm{T}}$代入方程组(Ⅱ)得

$$\begin{cases}-c_1-c_1+c_2=0\\c_1-c_2+c_1=0\end{cases}\Rightarrow c_2=2c_1$$

这表明方程组(Ⅰ)的解中所有形如$(-c_1,c_1,2c_1,c_1)^{\mathrm{T}}$的解也是方程组(Ⅱ)的解,从而是方程组(Ⅰ)和(Ⅱ)的公共解.于是方程组(Ⅰ)和方程组(Ⅱ)的公共解为

$$\boldsymbol{x}=k\begin{pmatrix}-1\\1\\2\\1\end{pmatrix},\quad k\in\mathbf{R}$$

5. 求一个齐次线性方程组,使它的基础解系为:$\boldsymbol{\zeta}_1=(0,1,2,3)^{\mathrm{T}}$,$\boldsymbol{\zeta}_2=(3,2,1,0)^{\mathrm{T}}$.

解　设所求齐次方程为$\boldsymbol{Ax}=\boldsymbol{0}$.

首先考虑此方程组有多少个未知数，有多少个方程. 因 $\boldsymbol{\zeta}_1$ 是 4 维的，故方程有 4 个未知数，即矩阵 $\boldsymbol{A}$ 的列数等于 4. 另一方面，因基础解系有 2 个向量，故 $r(\boldsymbol{A})=4-2=2$，因此方程的个数 $m\geqslant 2$. 这样，我们只需构造一个满足题设要求而行数最少的矩阵 $\boldsymbol{A}$，也即 $\boldsymbol{A}$ 取 2×4 矩阵，且 $r(\boldsymbol{A})=2$.

记 $\boldsymbol{B}=(\zeta_1,\zeta_2)$，那么 ζ_1,ζ_2 是方程 $\boldsymbol{Ax}=\boldsymbol{0}$ 的基础解系 $\Leftrightarrow \boldsymbol{AB}=\boldsymbol{0}$，且 $r(\boldsymbol{A})=2 \Leftrightarrow \boldsymbol{B}^{\mathrm{T}}\boldsymbol{A}^{\mathrm{T}}=\boldsymbol{0}$，且 $r(\boldsymbol{A}^{\mathrm{T}})=2 \Leftrightarrow \boldsymbol{A}^{\mathrm{T}}$ 的两个列向量是 $\boldsymbol{B}^{\mathrm{T}}\boldsymbol{x}=\boldsymbol{0}$ 的一个基础解系（因 $r(\boldsymbol{B})=2$）.

由
$$\boldsymbol{B}^{\mathrm{T}}=\begin{pmatrix}0&1&2&3\\3&2&1&0\end{pmatrix}\rightarrow\begin{pmatrix}0&1&2&3\\1&0&-1&-2\end{pmatrix}$$
得基础解系为
$$\boldsymbol{\eta}_1=(1,-2,1,0)^{\mathrm{T}},\quad \boldsymbol{\eta}_2=(2,-3,0,1)^{\mathrm{T}}$$
故 $\boldsymbol{A}$ 可取为
$$\boldsymbol{A}=\begin{pmatrix}\boldsymbol{\eta}_1^{\mathrm{T}}\\\boldsymbol{\eta}_2^{\mathrm{T}}\end{pmatrix}=\begin{pmatrix}1&-2&1&0\\2&-3&0&1\end{pmatrix}$$
对应齐次线性方程组为
$$\begin{cases}x_1-2x_2+x_3=0\\2x_1-3x_2+x_4=0\end{cases}$$

总复习题 4

三、计算题

1. 设 $\boldsymbol{\alpha}_1=(1+\lambda,1,1)^{\mathrm{T}},\boldsymbol{\alpha}_2=(1,1+\lambda,1)^{\mathrm{T}},\boldsymbol{\alpha}_3=(1,1,1+\lambda)^{\mathrm{T}},\boldsymbol{\beta}=(0,\lambda,\lambda^2)^{\mathrm{T}}$，问：

(1) λ 为何值时，$\boldsymbol{\beta}$ 能由 $\boldsymbol{\alpha}_1,\boldsymbol{\alpha}_2,\boldsymbol{\alpha}_3$ 唯一地线性表示？

(2) λ 为何值时，$\boldsymbol{\beta}$ 能由 $\boldsymbol{\alpha}_1,\boldsymbol{\alpha}_2,\boldsymbol{\alpha}_3$ 线性表示，但表达式不唯一？

(3) λ 为何值时，$\boldsymbol{\beta}$ 不能由 $\boldsymbol{\alpha}_1,\boldsymbol{\alpha}_2,\boldsymbol{\alpha}_3$ 线性表示？

2. 设 $\boldsymbol{\alpha}_1=(1,0,2,3)^{\mathrm{T}},\boldsymbol{\alpha}_2=(1,1,3,5)^{\mathrm{T}},\boldsymbol{\alpha}_3=(1,1,a+2,1)^{\mathrm{T}},\boldsymbol{\alpha}_4=(1,2,4,a+8)^{\mathrm{T}},\boldsymbol{\beta}=(1,1,b+3,5)^{\mathrm{T}}$，问：

(1) a,b 为何值时，$\boldsymbol{\beta}$ 不能表示为 $\boldsymbol{\alpha}_1,\boldsymbol{\alpha}_2,\boldsymbol{\alpha}_3,\boldsymbol{\alpha}_4$ 的线性组合？

(2) a,b 为何值时，$\boldsymbol{\beta}$ 能唯一地表示为 $\boldsymbol{\alpha}_1,\boldsymbol{\alpha}_2,\boldsymbol{\alpha}_3,\boldsymbol{\alpha}_4$ 的线性组合？

3. 求向量组 $\boldsymbol{\alpha}_1=(1,-1,0,4)^{\mathrm{T}},\boldsymbol{\alpha}_2=(2,1,5,6)^{\mathrm{T}},\boldsymbol{\alpha}_3=(1,2,5,2)^{\mathrm{T}},\boldsymbol{\alpha}_4=(1,-1,-2,0)^{\mathrm{T}},\boldsymbol{\alpha}_5=(3,0,7,14)^{\mathrm{T}}$ 的一个极大线性无关组，并将其余向量用该极大无关组线性表示.

4. 设 $\boldsymbol{\alpha}_1=(1,1,1)^{\mathrm{T}},\boldsymbol{\alpha}_2=(1,2,3)^{\mathrm{T}},\boldsymbol{\alpha}_3=(1,3,t)^{\mathrm{T}}$，$t$ 为何值时 $\boldsymbol{\alpha}_1,\boldsymbol{\alpha}_2,\boldsymbol{\alpha}_3$ 线性相关，t 为何值时 $\boldsymbol{\alpha}_1,\boldsymbol{\alpha}_2,\boldsymbol{\alpha}_3$ 线性无关？

5. 将向量组 $\boldsymbol{\alpha}_1=(1,2,0)^{\mathrm{T}},\boldsymbol{\alpha}_2=(-1,0,2)^{\mathrm{T}},\boldsymbol{\alpha}_3=(0,1,2)^{\mathrm{T}}$ 标准正交化.

四、证明题

1. 设 $\boldsymbol{\beta}_1=\boldsymbol{\alpha}_1+\boldsymbol{\alpha}_2,\boldsymbol{\beta}_2=3\boldsymbol{\alpha}_2-\boldsymbol{\alpha}_1,\boldsymbol{\beta}_3=2\boldsymbol{\alpha}_1-\boldsymbol{\alpha}_2$，证明：$\boldsymbol{\beta}_1,\boldsymbol{\beta}_2,\boldsymbol{\beta}_3$ 线性相关.

2. 设 $\boldsymbol{\alpha}_1,\boldsymbol{\alpha}_2,\cdots,\boldsymbol{\alpha}_n$ 线性无关，证明：$\boldsymbol{\alpha}_1+\boldsymbol{\alpha}_2,\boldsymbol{\alpha}_2+\boldsymbol{\alpha}_3,\cdots,\boldsymbol{\alpha}_n+\boldsymbol{\alpha}_1$ 在 n 为奇数时线性无关；在 n 为偶数时线性相关.

3. 设 $\boldsymbol{\alpha}_1,\boldsymbol{\alpha}_2,\cdots,\boldsymbol{\alpha}_s,\boldsymbol{\beta}$ 线性相关，而 $\boldsymbol{\alpha}_1,\boldsymbol{\alpha}_2,\cdots,\boldsymbol{\alpha}_s$ 线性无关，证明：$\boldsymbol{\beta}$ 能由 $\boldsymbol{\alpha}_1,\boldsymbol{\alpha}_2,\cdots,\boldsymbol{\alpha}_s$ 线性表示且表示式唯一.

4. 设 $\boldsymbol{\alpha}_1,\boldsymbol{\alpha}_2,\boldsymbol{\alpha}_3$ 线性相关，$\boldsymbol{\alpha}_2,\boldsymbol{\alpha}_3,\boldsymbol{\alpha}_4$ 线性无关，证明：$\boldsymbol{\alpha}_4$ 不能由 $\boldsymbol{\alpha}_1,\boldsymbol{\alpha}_2,\boldsymbol{\alpha}_3$ 线性表示.

5. 证明：向量组 $\boldsymbol{\alpha}_1,\boldsymbol{\alpha}_2,\cdots,\boldsymbol{\alpha}_s(s\geqslant 2)$ 线性相关的充要条件是其中至少有一个向量是其余向量的线性组合.

6. 设向量组 $\boldsymbol{\alpha}_1,\boldsymbol{\alpha}_2,\cdots,\boldsymbol{\alpha}_s$ 中 $\boldsymbol{\alpha}_1\neq\mathbf{0}$，并且每一个 $\boldsymbol{\alpha}_i$ 都不能由前 $i-1$ 个向量线性表示$(i=2,3,\cdots,s)$，证明：$\boldsymbol{\alpha}_1,\boldsymbol{\alpha}_2,\cdots,\boldsymbol{\alpha}_s$ 线性无关.

7. 证明：如果向量组中有一个部分组线性相关，则整个向量组线性相关.

8. 设 $\boldsymbol{\alpha}_0,\boldsymbol{\alpha}_1,\boldsymbol{\alpha}_2,\cdots,\boldsymbol{\alpha}_s$ 是线性无关向量组，证明：向量组 $\boldsymbol{\alpha}_0,\boldsymbol{\alpha}_0+\boldsymbol{\alpha}_1,\boldsymbol{\alpha}_0+\boldsymbol{\alpha}_2,\cdots,\boldsymbol{\alpha}_0+\boldsymbol{\alpha}_s$ 也线性无关.

9. 设 $\boldsymbol{\eta}^*$ 是非齐次线性方程组 $\boldsymbol{Ax}=\boldsymbol{b}$ 的一个解，$\zeta_1,\zeta_2,\cdots,\zeta_{n-r}$ 为对应齐次线性方程组 $\boldsymbol{Ax}=\mathbf{0}$ 的基础解系，证明：

(1) $\boldsymbol{\eta}^*,\zeta_1,\zeta_2,\cdots,\zeta_{n-r}$ 线性无关.

(2) $\boldsymbol{\eta}^*,\boldsymbol{\eta}^*+\zeta_1,\boldsymbol{\eta}^*+\zeta_2,\cdots,\boldsymbol{\eta}^*+\zeta_{n-r}$ 线性无关.

10. 设 $\boldsymbol{\eta}_1,\boldsymbol{\eta}_2,\cdots,\boldsymbol{\eta}_s$ 是非齐次线性方程组 $\boldsymbol{Ax}=\boldsymbol{b}$ 的 s 个解，$k_1,k_2,\cdots,k_s$ 为实数，满足 $k_1+k_2+\cdots+k_s=1$，证明：$\boldsymbol{x}=k_1\boldsymbol{\eta}_1+k_2\boldsymbol{\eta}_2+\cdots+k_s\boldsymbol{\eta}_s$ 仍为 $\boldsymbol{Ax}=\boldsymbol{b}$ 的解.

11. 设非齐次线性方程组 $\boldsymbol{Ax}=\boldsymbol{b}$ 的系数矩阵的秩为 $r(\boldsymbol{A})=r,\boldsymbol{\eta}_1,\boldsymbol{\eta}_2,\cdots,\boldsymbol{\eta}_{n-r+1}$ 是 $\boldsymbol{Ax}=\boldsymbol{b}$ 的 $n-r+1$ 线性无关的解，证明：$\boldsymbol{Ax}=\boldsymbol{b}$ 的任意的解可以表示为

$$\boldsymbol{x}=k_1\boldsymbol{\eta}_1+k_2\boldsymbol{\eta}_2+\cdots+k_{n-r+1}\boldsymbol{\eta}_{n-r+1}$$

其中，$k_1+k_2+\cdots+k_{n-r+1}=1$.

总复习题 4 部分解析

三、计算题

1. 解　设 $\boldsymbol{\beta}=x_1\boldsymbol{\alpha}_1+x_2\boldsymbol{\alpha}_2+x_3\boldsymbol{\alpha}_3$，则对应方程组为

$$\begin{cases}(1+\lambda)x_1+x_2+x_3=0\\x_1+(1+\lambda)x_2+x_3=\lambda\\x_1+x_2+(1+\lambda)x_3=\lambda^2\end{cases}$$

其系数行列式

$$|\boldsymbol{A}|=\begin{vmatrix}1+\lambda & 1 & 1\\ 1 & 1+\lambda & 1\\ 1 & 1 & 1+\lambda\end{vmatrix}=\lambda^2(\lambda+3)$$

(1) 当 $\lambda\neq0,\lambda\neq-3$ 时，$|\boldsymbol{A}|\neq0$，方程组有唯一解，所以 $\boldsymbol{\beta}$ 可由 $\boldsymbol{\alpha}_1,\boldsymbol{\alpha}_2,\boldsymbol{\alpha}_3$ 唯一地线性表示.

(2) 当 $\lambda=0$ 时，方程组的增广矩阵 $\bar{\boldsymbol{A}}=\begin{pmatrix}1&1&1&0\\1&1&1&0\\1&1&1&0\end{pmatrix}\to\begin{pmatrix}1&1&1&0\\0&0&0&0\\0&0&0&0\end{pmatrix}$，$r(\boldsymbol{A})=r(\bar{\boldsymbol{A}})=1<3$，方程组有无穷多解，所以 $\boldsymbol{\beta}$ 可由 $\boldsymbol{\alpha}_1,\boldsymbol{\alpha}_2,\boldsymbol{\alpha}_3$ 线性表示，但表示式不唯一.

(3) 当 $\lambda=-3$ 时，方程组的增广矩阵

$$\bar{\boldsymbol{A}}=\begin{pmatrix}-2&1&1&0\\1&-2&1&-3\\1&1&-2&9\end{pmatrix}\to\begin{pmatrix}1&-2&1&-3\\0&-3&3&-12\\0&0&0&-18\end{pmatrix}$$

$$r(\boldsymbol{A})\neq r(\bar{\boldsymbol{A}})$$

方程组无解，所以 $\boldsymbol{\beta}$ 不能由 $\boldsymbol{\alpha}_1,\boldsymbol{\alpha}_2,\boldsymbol{\alpha}_3$ 线性表示.

2. 解 以 $\boldsymbol{\alpha}_1,\boldsymbol{\alpha}_2,\boldsymbol{\alpha}_3,\boldsymbol{\alpha}_4,\boldsymbol{\beta}$ 为列构造矩阵

$$\begin{pmatrix}1&1&1&1&1\\0&1&1&2&1\\2&3&a+2&4&b+3\\3&5&1&a+8&5\end{pmatrix}\to\begin{pmatrix}1&1&1&1&1\\0&1&1&2&1\\0&0&1&-\dfrac{a+1}{4}&0\\0&0&0&-\dfrac{1-a^2}{4}&b\end{pmatrix}$$

(1) 当 $a=\pm1$ 且 $b\neq0$ 时，$\boldsymbol{\beta}$ 不能表示为 $\boldsymbol{\alpha}_1,\boldsymbol{\alpha}_2,\boldsymbol{\alpha}_3,\boldsymbol{\alpha}_4$ 的线性组合.

(2) 当 $a\neq\pm1$，b 任意时，$\boldsymbol{\beta}$ 能唯一地表示为 $\boldsymbol{\alpha}_1,\boldsymbol{\alpha}_2,\boldsymbol{\alpha}_3,\boldsymbol{\alpha}_4$ 的线性组合.

3. 解 $(\boldsymbol{\alpha}_1,\boldsymbol{\alpha}_2,\boldsymbol{\alpha}_3,\boldsymbol{\alpha}_4,\boldsymbol{\alpha}_5)=\begin{pmatrix}1&2&1&1&3\\-1&1&2&-1&0\\0&5&5&-2&7\\4&6&2&0&14\end{pmatrix}\to\begin{pmatrix}1&0&-1&0&2\\0&1&1&0&1\\0&0&0&1&-1\\0&0&0&0&0\end{pmatrix}$

$\boldsymbol{\alpha}_1,\boldsymbol{\alpha}_2,\boldsymbol{\alpha}_4$ 为一个极大无关组，且 $\boldsymbol{\alpha}_3=-\boldsymbol{\alpha}_1+\boldsymbol{\alpha}_2+0\boldsymbol{\alpha}_4$，$\boldsymbol{\alpha}_5=2\boldsymbol{\alpha}_1+\boldsymbol{\alpha}_2-\boldsymbol{\alpha}_4$.

4. 解

$$|\boldsymbol{\alpha}_1,\boldsymbol{\alpha}_2,\boldsymbol{\alpha}_3|=\begin{vmatrix}1&1&1\\1&2&3\\1&3&t\end{vmatrix}=t-5$$

当 $t=5$ 时 $\boldsymbol{\alpha}_1,\boldsymbol{\alpha}_2,\boldsymbol{\alpha}_3$ 线性相关；当 $t\neq5$ 时 $\boldsymbol{\alpha}_1,\boldsymbol{\alpha}_2,\boldsymbol{\alpha}_3$ 线性无关.

5. 解 先正交化.

令

$$\boldsymbol{\beta}_1=\boldsymbol{\alpha}_1=(1,2,0)^{\mathrm{T}}$$

$$\boldsymbol{\beta}_2=\boldsymbol{\alpha}_2-\frac{[\boldsymbol{\alpha}_2,\boldsymbol{\beta}_1]}{[\boldsymbol{\beta}_1,\boldsymbol{\beta}_1]}\boldsymbol{\beta}_1=\left(-\frac{4}{5},\frac{2}{5},2\right)^{\mathrm{T}}$$

$$\boldsymbol{\beta}=\boldsymbol{\alpha}_3-\frac{[\boldsymbol{\alpha}_3,\boldsymbol{\beta}_1]}{[\boldsymbol{\beta}_1,\boldsymbol{\beta}_1]}\boldsymbol{\beta}_1-\frac{[\boldsymbol{\alpha}_3,\boldsymbol{\beta}_2]}{[\boldsymbol{\beta}_2,\boldsymbol{\beta}_2]}\boldsymbol{\beta}_2=\left(\frac{1}{3},-\frac{1}{6},\frac{1}{6}\right)^{\mathrm{T}}$$

再单位化.

$$\boldsymbol{\gamma}_1=\frac{\boldsymbol{\beta}_1}{\|\boldsymbol{\beta}_1\|}=\left(\frac{1}{\sqrt{5}},\frac{2}{\sqrt{5}},0\right)^{\mathrm{T}},\quad \boldsymbol{\gamma}_2=\frac{\boldsymbol{\beta}_2}{\|\boldsymbol{\beta}_2\|}=\left(-\frac{2}{\sqrt{30}},\frac{1}{\sqrt{30}},\frac{5}{\sqrt{30}}\right)^{\mathrm{T}}$$

$$\boldsymbol{\gamma}_3=\frac{\boldsymbol{\beta}_3}{\|\boldsymbol{\beta}_3\|}=\left(\frac{2}{\sqrt{6}},-\frac{1}{\sqrt{6}},\frac{1}{\sqrt{6}}\right)^{\mathrm{T}}$$

$\boldsymbol{\gamma}_1,\boldsymbol{\gamma}_2,\boldsymbol{\gamma}_3$ 为标准正交向量组.

四、证明题

1. 证　因为
$$3(\boldsymbol{\beta}_1+\boldsymbol{\beta}_2)-4(2\boldsymbol{\beta}_1-\boldsymbol{\beta}_3)=\mathbf{0}$$
所以
$$-5\boldsymbol{\beta}_1+3\boldsymbol{\beta}_2+4\boldsymbol{\beta}_3=\mathbf{0}$$
故 $\boldsymbol{\beta}_1,\boldsymbol{\beta}_2,\boldsymbol{\beta}_3$ 线性相关.

2. 证　设 $k_1(\boldsymbol{\alpha}_1+\boldsymbol{\alpha}_2)+k_2(\boldsymbol{\alpha}_2+\boldsymbol{\alpha}_3)+\cdots+k_n(\boldsymbol{\alpha}_n+\boldsymbol{\alpha}_1)=\mathbf{0}$,则
$$(k_1+k_n)\boldsymbol{\alpha}_1+(k_1+k_2)\boldsymbol{\alpha}_2+\cdots+(k_{n-1}+k_n)\boldsymbol{\alpha}_n=\mathbf{0}$$
因为 $\boldsymbol{\alpha}_1,\boldsymbol{\alpha}_2,\cdots,\boldsymbol{\alpha}_n$ 线性无关,所以
$$\begin{cases} k_1+k_n=0 \\ k_1+k_2=0 \\ \qquad\vdots \\ k_{n-1}+k_n=0 \end{cases}$$
其系数行列式
$$\begin{vmatrix} 1 & 0 & 0 & \cdots & 0 & 1 \\ 1 & 1 & 0 & \cdots & 0 & 0 \\ 0 & 1 & 1 & \cdots & 0 & 0 \\ \vdots & \vdots & \vdots & & \vdots & \vdots \\ 0 & 0 & 0 & \cdots & 1 & 0 \\ 0 & 0 & 0 & \cdots & 1 & 1 \end{vmatrix}=1+(-1)^{n+1}=\begin{cases} 2, n\text{ 为奇数} \\ 0, n\text{ 为偶数} \end{cases}$$

当 n 为奇数时,$k_1,k_2,\cdots,k_n$ 只能为零,$\boldsymbol{\alpha}_1,\boldsymbol{\alpha}_2,\cdots,\boldsymbol{\alpha}_n$ 线性无关;

当 n 为偶数时,$k_1,k_2,\cdots,k_n$ 可以不全为零,$\boldsymbol{\alpha}_1,\boldsymbol{\alpha}_2,\cdots,\boldsymbol{\alpha}_n$ 线性相关.

3. 证　因为 $\boldsymbol{\alpha}_1,\boldsymbol{\alpha}_2,\cdots,\boldsymbol{\alpha}_s,\boldsymbol{\beta}$ 线性相关,所以存在不全为零的数 $k_1,k_2,\cdots,k_s,k$ 使得
$$k_1\boldsymbol{\alpha}_1+k_2\boldsymbol{\alpha}_2+\cdots+k_s\boldsymbol{\alpha}_s+k\boldsymbol{\beta}=\mathbf{0}$$

若 $k=0$,则 $k_1\boldsymbol{\alpha}_1+k_2\boldsymbol{\alpha}_2+\cdots+k_s\boldsymbol{\alpha}_s=\mathbf{0}$ ($k_1,k_2,\cdots,k_s$ 不全为零)与 $\boldsymbol{\alpha}_1,\boldsymbol{\alpha}_2,\cdots,\boldsymbol{\alpha}_s$ 线性无关矛盾.

所以 $k\neq0$,于是 $\boldsymbol{\beta}=-\frac{k_1}{k}\boldsymbol{\alpha}_1-\frac{k_2}{k}\boldsymbol{\alpha}_2-\cdots-\frac{k_s}{k}\boldsymbol{\alpha}_s$.

$\boldsymbol{\beta}$ 能由 $\boldsymbol{\alpha}_1,\boldsymbol{\alpha}_2,\cdots,\boldsymbol{\alpha}_s$ 线性表示.

设
$$\boldsymbol{\beta}=k_1\boldsymbol{\alpha}_1+k_2\boldsymbol{\alpha}_2+\cdots+k_s\boldsymbol{\alpha}_s \quad ①$$
$$\boldsymbol{\beta}=l_1\boldsymbol{\alpha}_1+l_2\boldsymbol{\alpha}_2+\cdots+l_s\boldsymbol{\alpha}_s \quad ②$$
则①－②得
$$(k_1-l_1)\boldsymbol{\alpha}_1+(k_2-l_2)\boldsymbol{\alpha}_2+\cdots+(k_s-l_s)\boldsymbol{\alpha}_s=\mathbf{0}$$
所以 $\boldsymbol{\alpha}_1,\boldsymbol{\alpha}_2,\cdots,\boldsymbol{\alpha}_s$ 线性无关.

因为 $k_i-l_i=0\ (i=1,2,\cdots,s)$，所以 $k_i=l_i(i=1,2,\cdots,s)$，即表示法唯一.

4. 证 假设 $\boldsymbol{\alpha}_4$ 能由 $\boldsymbol{\alpha}_1,\boldsymbol{\alpha}_2,\boldsymbol{\alpha}_3$ 线性表示.

因为 $\boldsymbol{\alpha}_2,\boldsymbol{\alpha}_3,\boldsymbol{\alpha}_4$ 线性无关，所以 $\boldsymbol{\alpha}_2,\boldsymbol{\alpha}_3$ 线性无关.

因为 $\boldsymbol{\alpha}_1,\boldsymbol{\alpha}_2,\boldsymbol{\alpha}_3$ 线性相关，所以 $\boldsymbol{\alpha}_1$ 可由 $\boldsymbol{\alpha}_2,\boldsymbol{\alpha}_3$ 线性表示，$\boldsymbol{\alpha}_4$ 能由 $\boldsymbol{\alpha}_2,\boldsymbol{\alpha}_3$ 线性表示，从而 $\boldsymbol{\alpha}_2,\boldsymbol{\alpha}_3,\boldsymbol{\alpha}_4$ 线性相关，矛盾.

所以 $\boldsymbol{\alpha}_4$ 不能由 $\boldsymbol{\alpha}_1,\boldsymbol{\alpha}_2,\boldsymbol{\alpha}_3$ 线性表示.

5. 证 必要性.

设向量组 $\boldsymbol{\alpha}_1,\boldsymbol{\alpha}_2,\cdots,\boldsymbol{\alpha}_s$ 线性相关，则存在不全为零的数 $k_1,k_2,\cdots,k_s$ 使得
$$k_1\boldsymbol{\alpha}_1+k_2\boldsymbol{\alpha}_2+\cdots+k_s\boldsymbol{\alpha}_s=\mathbf{0}$$
不妨设 $k_s\neq0$，则 $\boldsymbol{\alpha}_s=-\dfrac{k_1}{k_s}\boldsymbol{\alpha}_1-\dfrac{k_2}{k_s}\boldsymbol{\alpha}_2-\cdots-\dfrac{k_{s-1}}{k_s}\boldsymbol{\alpha}_{s-1}$，即至少有一个向量是其余向量的线性组合.

充分性.

设向量组 $\boldsymbol{\alpha}_1,\boldsymbol{\alpha}_2,\cdots,\boldsymbol{\alpha}_s$ 中至少有一个向量是其余向量的线性组合.

不妨设 $\boldsymbol{\alpha}_s=k_1\boldsymbol{\alpha}_1+k_2\boldsymbol{\alpha}_2+\cdots+k_{s-1}\boldsymbol{\alpha}_{s-1}$，则
$$k_1\boldsymbol{\alpha}_1+k_2\boldsymbol{\alpha}_2+\cdots+k_{s-1}\boldsymbol{\alpha}_{s-1}-\boldsymbol{\alpha}_s=\mathbf{0}$$
所以 $\boldsymbol{\alpha}_1,\boldsymbol{\alpha}_2,\cdots,\boldsymbol{\alpha}_s$ 线性相关.

6. 证 用数学归纳法.

当 $s=1$ 时，$\boldsymbol{\alpha}_1\neq0$，线性无关.

当 $s=2$ 时，因为 $\boldsymbol{\alpha}_2$ 不能由 $\boldsymbol{\alpha}_1$ 线性表示，所以 $\boldsymbol{\alpha}_1,\boldsymbol{\alpha}_2$ 线性无关.

设 $s=i-1$ 时，$\boldsymbol{\alpha}_1,\boldsymbol{\alpha}_2,\cdots,\boldsymbol{\alpha}_{i-1}$ 线性无关.

设 $s=i$ 时，假设 $\boldsymbol{\alpha}_1,\boldsymbol{\alpha}_2,\cdots,\boldsymbol{\alpha}_i$ 线性相关，因为 $\boldsymbol{\alpha}_1,\boldsymbol{\alpha}_2,\cdots,\boldsymbol{\alpha}_{i-1}$ 线性无关，$\boldsymbol{\alpha}_i$ 可由 $\boldsymbol{\alpha}_1,\boldsymbol{\alpha}_2,\cdots,\boldsymbol{\alpha}_{i-1}$ 线性表示，矛盾，所以 $\boldsymbol{\alpha}_1,\boldsymbol{\alpha}_2,\cdots,\boldsymbol{\alpha}_i$ 线性无关. 得证.

7. 证 若向量组 $\boldsymbol{\alpha}_1,\boldsymbol{\alpha}_2,\cdots,\boldsymbol{\alpha}_s$ 中有一部分组线性相关，不妨设 $\boldsymbol{\alpha}_1,\boldsymbol{\alpha}_2,\cdots,\boldsymbol{\alpha}_r(r<s)$ 线性相关，则存在不全为零的数 $k_1,k_2,\cdots,k_r$，使得
$$k_1\boldsymbol{\alpha}_1+k_2\boldsymbol{\alpha}_2+\cdots+k_r\boldsymbol{\alpha}_r=\mathbf{0}$$
于是 $k_1\boldsymbol{\alpha}_1+k_2\boldsymbol{\alpha}_2+\cdots+k_r\boldsymbol{\alpha}_r+0\boldsymbol{\alpha}_{r+1}+\cdots+0\boldsymbol{\alpha}_s=\mathbf{0}$，因为 $k_1,k_2,\cdots,k_r,0,\cdots,0$ 不全为零，所以 $\boldsymbol{\alpha}_1,\boldsymbol{\alpha}_2,\cdots,\boldsymbol{\alpha}_s$ 线性相关.

8. 证 设 $k_0\boldsymbol{\alpha}_0+k_1(\boldsymbol{\alpha}_0+\boldsymbol{\alpha}_1)+k_2(\boldsymbol{\alpha}_0+\boldsymbol{\alpha}_2)+\cdots+k_s(\boldsymbol{\alpha}_0+\boldsymbol{\alpha}_s)=\mathbf{0}$，则

$$(k_0+k_1+k_2+\cdots+k_s)\boldsymbol{\alpha}_0+k_1\boldsymbol{\alpha}_1+k_2\boldsymbol{\alpha}_2+\cdots+k_s\boldsymbol{\alpha}_s=\mathbf{0}$$

因为 $\boldsymbol{\alpha}_0,\boldsymbol{\alpha}_1,\boldsymbol{\alpha}_2,\cdots,\boldsymbol{\alpha}_s$ 线性无关，所以

$$\begin{cases}k_0+k_1+k_2+\cdots+k_s=0\\ k_1=0\\ k_2=0\\ \vdots\\ k_s=0\end{cases}$$

解得 $k_0=k_1=k_2=\cdots=k_s=0$. 即向量组 $\boldsymbol{\alpha}_0,\boldsymbol{\alpha}_0+\boldsymbol{\alpha}_1,\boldsymbol{\alpha}_0+\boldsymbol{\alpha}_2,\cdots,\boldsymbol{\alpha}_0+\boldsymbol{\alpha}_s$ 线性无关.

9. 证　(1) 假设 $\boldsymbol{\eta}^*,\boldsymbol{\zeta}_1,\boldsymbol{\zeta}_2,\cdots,\boldsymbol{\zeta}_{n-r}$ 线性相关，因为 $\boldsymbol{\zeta}_1,\boldsymbol{\zeta}_2,\cdots,\boldsymbol{\zeta}_{n-1}$ 线性无关，所以 $\boldsymbol{\eta}^*$ 为 $\boldsymbol{\zeta}_1,\boldsymbol{\zeta}_2,\cdots,\boldsymbol{\zeta}_{n-r}$ 的线性组合，即 $\boldsymbol{\eta}^*=k_1\boldsymbol{\zeta}_1+k_2\boldsymbol{\zeta}_2+\cdots+k\boldsymbol{\zeta}_{n-r}$，而

$$\mathbf{A}(k_1\boldsymbol{\zeta}_1+k_2\boldsymbol{\zeta}_2+\cdots+k\boldsymbol{\zeta}_{n-r})=k_1(\mathbf{A}\boldsymbol{\zeta}_1)+k_2(\mathbf{A}\boldsymbol{\zeta}_2)+\cdots+k(\mathbf{A}\boldsymbol{\zeta}_{n-r})=\mathbf{0}\neq\boldsymbol{b}=\mathbf{A}\boldsymbol{\eta}^*$$

所以假设不成立，故 $\boldsymbol{\eta}^*,\boldsymbol{\zeta}_1,\boldsymbol{\zeta}_2,\cdots,\boldsymbol{\zeta}_{n-r}$ 线性无关.

(2) $\boldsymbol{B}=(\boldsymbol{\eta}^*,\boldsymbol{\eta}^*+\boldsymbol{\zeta}_1,\boldsymbol{\eta}^*+\boldsymbol{\zeta}_2,\cdots,\boldsymbol{\eta}^*+\boldsymbol{\zeta}_{n-r})\xrightarrow[i=2,3,\cdots,n-r+1]{c_i-c_1}(\boldsymbol{\eta}^*,\boldsymbol{\zeta}_1,\boldsymbol{\zeta}_2,\cdots,\boldsymbol{\zeta}_{n-r})=\boldsymbol{W}$. 由(1)知 $r(\boldsymbol{W})=n-r+1$，所以 $r(\boldsymbol{B})=r(\mathbf{A})=n-r+1$，故 $\boldsymbol{\eta}^*,\boldsymbol{\eta}^*+\boldsymbol{\zeta}_1,\boldsymbol{\eta}^*+\boldsymbol{\zeta}_2,\cdots,\boldsymbol{\eta}^*+\boldsymbol{\zeta}_{n-r}$ 线性无关.

10. 证　由于 $\boldsymbol{\eta}_1,\boldsymbol{\eta}_2,\cdots,\boldsymbol{\eta}_s$ 是 $\mathbf{A}\boldsymbol{x}=\boldsymbol{b}$ 的解，因此 $\mathbf{A}\boldsymbol{\eta}_i=\boldsymbol{b}\ (i=1,2,\cdots,s)$，从而

$$\mathbf{A}(k_1\boldsymbol{\zeta}_1+k_2\boldsymbol{\zeta}_2+\cdots+k_s\boldsymbol{\zeta}_s)=k_1\mathbf{A}\boldsymbol{\zeta}_1+k_2\mathbf{A}\boldsymbol{\zeta}_2+\cdots+k_s\mathbf{A}\boldsymbol{\zeta}_s=(k_1+k_2+\cdots+k_s)\boldsymbol{b}=\boldsymbol{b}$$

11. 证　设 $\boldsymbol{x}$ 是 $\mathbf{A}\boldsymbol{x}=\boldsymbol{b}$ 的任意一解，因为 $\boldsymbol{\eta}_1,\boldsymbol{\eta}_2,\cdots,\boldsymbol{\eta}_{n-r+1}$ 是 $\mathbf{A}\boldsymbol{x}=\boldsymbol{b}$ 的解，令 $\boldsymbol{\zeta}_1=\boldsymbol{\eta}_2-\boldsymbol{\eta}_1,\boldsymbol{\zeta}_2=\boldsymbol{\eta}_3-\boldsymbol{\eta}_1,\boldsymbol{\zeta}_{n-r}=\boldsymbol{\eta}_{n-r+1}-\boldsymbol{\eta}_1$，则由方程组的解性质知 $\boldsymbol{\zeta}_1,\boldsymbol{\zeta}_2,\cdots,\boldsymbol{\zeta}_{n-r}$ 是 $\mathbf{A}\boldsymbol{x}=\mathbf{0}$ 的解. 下面证明 $\boldsymbol{\zeta}_1,\boldsymbol{\zeta}_2,\cdots,\boldsymbol{\zeta}_{n-r}$ 线性无关.

假设 $\boldsymbol{\zeta}_1,\boldsymbol{\zeta}_2,\cdots,\boldsymbol{\zeta}_{n-r}$ 线性相关，则存在不全为零的数 $l_1,l_2,\cdots,l_{n-r}$ 使得 $l_1\boldsymbol{\zeta}_1+l_2\boldsymbol{\zeta}_2+\cdots+l_{n-r}\boldsymbol{\zeta}_{n-r}=\mathbf{0}$，即 $l_1(\boldsymbol{\eta}_2-\boldsymbol{\eta}_1)+l_2(\boldsymbol{\eta}_3-\boldsymbol{\eta}_1)+\cdots+l_{n-r}(\boldsymbol{\eta}_{n-r+1}-\boldsymbol{\eta}_1)=\mathbf{0}$，亦即

$$-(l_1+l_2+\cdots+l_{n-r})\boldsymbol{\eta}_1+l_1\boldsymbol{\eta}_2+l_2\boldsymbol{\eta}_3+\cdots+l_{n-r}\boldsymbol{\eta}_{n-r+1}=\mathbf{0}.$$

由 $\boldsymbol{\eta}_1,\boldsymbol{\eta}_2,\cdots,\boldsymbol{\eta}_{n-r+1}$ 线性无关可知，$-(l_1+l_2+\cdots+l_{n-r})=l_1=l_2=\cdots=l_{n-r}=0$ 与假设矛盾，故假设不成立，所以 $\boldsymbol{\zeta}_1,\boldsymbol{\zeta}_2,\cdots,\boldsymbol{\zeta}_{n-r}$ 线性无关，且 $\boldsymbol{\zeta}_1,\boldsymbol{\zeta}_2,\cdots,\boldsymbol{\zeta}_{n-r}$ 为 $\mathbf{A}\boldsymbol{x}=\mathbf{0}$ 的一组基础解系.

由于 $\boldsymbol{x},\boldsymbol{\eta}_1$ 为 $\mathbf{A}\boldsymbol{x}=\mathbf{0}$ 的解，因此 $\boldsymbol{x}-\boldsymbol{\eta}_1$ 可由 $\boldsymbol{\zeta}_1,\boldsymbol{\zeta}_2,\cdots,\boldsymbol{\zeta}_{n-r}$ 线性表示. 设 $\boldsymbol{x}-\boldsymbol{\eta}_1=k_2\boldsymbol{\zeta}_1+k_3\boldsymbol{\zeta}_2+\cdots+k_{n-r-1}\boldsymbol{\zeta}_{n-r}$，则

$$\boldsymbol{x}-\boldsymbol{\eta}_1=k_2(\boldsymbol{\eta}_2-\boldsymbol{\eta}_1)+k_3(\boldsymbol{\eta}_3-\boldsymbol{\eta}_1)+\cdots+k_{n-r+1}(\boldsymbol{\eta}_{n-r+1}-\boldsymbol{\eta}_1)$$

整理得

$$\boldsymbol{x}=(1-k_2-k_3-\cdots-k_{n-r+1})\boldsymbol{\eta}_1+k_2\boldsymbol{\eta}_2+k_3\boldsymbol{\eta}_3+\cdots+l_{n-r+1}\boldsymbol{\eta}_{n-r+1}$$

令 $k_1=1-k_2-k_3-\cdots-k_{n-r+1}$，则 $k_1+k_2+k_3+\cdots+k_{n-r+1}=1$ 且 $\boldsymbol{x}=k_1\boldsymbol{\eta}_1+k_2\boldsymbol{\eta}_2+\cdots+k_{n-r+1}\boldsymbol{\eta}_{n-r+1}$.

六、考研真题解析

1. 设 $\boldsymbol{A},\boldsymbol{B}$ 为满足 $\boldsymbol{AB}=\boldsymbol{0}$ 的任意两个非零矩阵,则必有 ( )

A. $\boldsymbol{A}$ 的列向量组线性相关,$\boldsymbol{B}$ 的行向量组线性相关

B. $\boldsymbol{A}$ 的列向量组线性相关,$\boldsymbol{B}$ 的列向量组线性相关

C. $\boldsymbol{A}$ 的行向量组线性相关,$\boldsymbol{B}$ 的列向量组线性相关

D. $\boldsymbol{A}$ 的行向量组线性相关,$\boldsymbol{B}$ 的行向量组线性相关

解 设 $\boldsymbol{A}_{m\times n},\boldsymbol{B}_{n\times s}$,且 $\boldsymbol{AB}=\boldsymbol{0}$,则 $r(\boldsymbol{A})+r(\boldsymbol{B})\leqslant n$. 由于 $\boldsymbol{A},\boldsymbol{B}$ 均为非零矩阵,故 $0<r(\boldsymbol{A})<n,0<r(\boldsymbol{B})<n$.

由 $r(\boldsymbol{A})=\boldsymbol{A}$ 的列秩,知 $\boldsymbol{A}$ 的列向量组线性相关;由 $r(\boldsymbol{B})=\boldsymbol{B}$ 的行秩,知 $\boldsymbol{B}$ 的行向量组线性相关. 故应选 A.

2. 已知向量组 $\boldsymbol{\alpha}_1=(1,2,3,4),\boldsymbol{\alpha}_2=(2,3,4,5),\boldsymbol{\alpha}_3=(3,4,5,6),\boldsymbol{\alpha}_4=(4,5,6,7)$,则该向量组的秩是________.

解 因为

$$\begin{pmatrix}\boldsymbol{\alpha}_1\\\boldsymbol{\alpha}_2\\\boldsymbol{\alpha}_3\\\boldsymbol{\alpha}_4\end{pmatrix}=\begin{pmatrix}1&2&3&4\\2&3&4&5\\3&4&5&6\\4&5&6&7\end{pmatrix}\longrightarrow\begin{pmatrix}1&2&3&4\\0&-1&-2&-3\\0&-2&-4&-6\\0&-3&-6&-9\end{pmatrix}\longrightarrow\begin{pmatrix}1&2&3&4\\0&1&2&3\\0&0&0&0\\0&0&0&0\end{pmatrix}$$

则 $r(\boldsymbol{\alpha}_1,\boldsymbol{\alpha}_2,\boldsymbol{\alpha}_3,\boldsymbol{\alpha}_4)=2$,故应填 2.

3. 已知 $\mathbf{R}^3$ 的两个基为

$$\boldsymbol{\alpha}_1=\begin{pmatrix}1\\1\\1\end{pmatrix},\quad\boldsymbol{\alpha}_2=\begin{pmatrix}1\\0\\-1\end{pmatrix},\quad\boldsymbol{\alpha}_3=\begin{pmatrix}1\\0\\1\end{pmatrix}$$

与

$$\boldsymbol{\beta}_1=\begin{pmatrix}1\\2\\1\end{pmatrix},\quad\boldsymbol{\beta}_2=\begin{pmatrix}2\\3\\4\end{pmatrix},\quad\boldsymbol{\beta}_3=\begin{pmatrix}3\\4\\3\end{pmatrix}$$

求由基 $\boldsymbol{\alpha}_1,\boldsymbol{\alpha}_2,\boldsymbol{\alpha}_3$ 到基 $\boldsymbol{\beta}_1,\boldsymbol{\beta}_2,\boldsymbol{\beta}_3$ 的过渡矩阵.

解 设由基 $\boldsymbol{\alpha}_1,\boldsymbol{\alpha}_2,\boldsymbol{\alpha}_3$ 到基 $\boldsymbol{\beta}_1,\boldsymbol{\beta}_2,\boldsymbol{\beta}_3$ 的过渡矩阵为 $\boldsymbol{P}$,则

$$(\boldsymbol{\beta}_1,\boldsymbol{\beta}_2,\boldsymbol{\beta}_3)=(\boldsymbol{\alpha}_1,\boldsymbol{\alpha}_2,\boldsymbol{\alpha}_3)\boldsymbol{P}$$

$$\boldsymbol{P}=(\boldsymbol{\alpha}_1,\boldsymbol{\alpha}_2,\boldsymbol{\alpha}_3)^{-1}(\boldsymbol{\beta}_1,\boldsymbol{\beta}_2,\boldsymbol{\beta}_3)=\begin{pmatrix}1&1&1\\1&0&0\\1&-1&1\end{pmatrix}^{-1}\begin{pmatrix}1&2&3\\2&3&4\\1&4&3\end{pmatrix}$$

$$=\begin{pmatrix}0&1&0\\\frac{1}{2}&0&-\frac{1}{2}\\\frac{1}{2}&-1&\frac{1}{2}\end{pmatrix}\begin{pmatrix}1&2&3\\2&3&4\\1&4&3\end{pmatrix}=\begin{pmatrix}2&3&4\\0&-1&0\\-1&0&-1\end{pmatrix}$$

4. 从 $\mathbf{R}^2$ 的基 $\boldsymbol{\alpha}_1=\begin{pmatrix}1\\0\end{pmatrix}$，$\boldsymbol{\alpha}_2=\begin{pmatrix}1\\-1\end{pmatrix}$ 到基 $\boldsymbol{\beta}_1=\begin{pmatrix}1\\1\end{pmatrix}$，$\boldsymbol{\beta}_2=\begin{pmatrix}1\\2\end{pmatrix}$ 的过渡矩阵为________.

解　设由基 $\boldsymbol{\alpha}_1,\boldsymbol{\alpha}_2$ 到基 $\boldsymbol{\beta}_1,\boldsymbol{\beta}_2$ 的过渡矩阵为 $\boldsymbol{P}$，则

$$(\boldsymbol{\beta}_1,\boldsymbol{\beta}_2)=(\boldsymbol{\alpha}_1,\boldsymbol{\alpha}_2)\boldsymbol{P}$$

$$\boldsymbol{P}=(\boldsymbol{\alpha}_1,\boldsymbol{\alpha}_2)^{-1}(\boldsymbol{\beta}_1,\boldsymbol{\beta}_2)$$

由

$$\begin{pmatrix}1&1\\0&-1\end{pmatrix}^{-1}\begin{pmatrix}1&1\\1&2\end{pmatrix}=\begin{pmatrix}1&1\\0&-1\end{pmatrix}\begin{pmatrix}1&1\\1&2\end{pmatrix}=\begin{pmatrix}2&3\\-1&-2\end{pmatrix}$$

故应填 $\begin{pmatrix}2&3\\-1&-2\end{pmatrix}$.

5. 问 λ 为何值时，线性方程组

$$\begin{cases}x_1+x_3=\lambda\\4x_1+x_2+2x_3=\lambda+2\\6x_1+x_2+4x_3=2\lambda+3\end{cases}$$

有解？并求出解的一般形式.

解　对方程组的增广矩阵作初等行变换有

$$\begin{bmatrix}1&0&1&\lambda\\4&1&2&\lambda+2\\6&1&4&2\lambda+3\end{bmatrix}\rightarrow\begin{bmatrix}1&0&1&\lambda\\0&1&-2&-3\lambda+2\\0&1&-2&-4\lambda+3\end{bmatrix}\rightarrow\begin{bmatrix}1&0&1&\lambda\\0&1&-2&-3\lambda+2\\0&0&0&-\lambda+1\end{bmatrix}$$

当 $-\lambda+1=0$，即 $\lambda=1$ 时，$r(\boldsymbol{A})=r(\bar{\boldsymbol{A}})=2<n=3$，方程组有无穷多解. 由同解方程组

$$\begin{cases}x_1+x_3=1\\x_2-2x_3=-1\end{cases}$$

设 x_3 为自由变量，令 $x_3=k$，解之得原方程组的通解为

$$\begin{cases}x_1=-k+1\\x_2=2k-1\\x_3=k\end{cases}\quad(k\text{ 为任意常数})$$

6. 已知四阶方阵 $\boldsymbol{A}=(\boldsymbol{\alpha}_1,\boldsymbol{\alpha}_2,\boldsymbol{\alpha}_3,\boldsymbol{\alpha}_4)$，其中 $\boldsymbol{\alpha}_1,\boldsymbol{\alpha}_2,\boldsymbol{\alpha}_3,\boldsymbol{\alpha}_4$ 均为四维列向量，且 $\boldsymbol{\alpha}_2,\boldsymbol{\alpha}_3,\boldsymbol{\alpha}_4$ 线性无关，$\boldsymbol{\alpha}_1=2\boldsymbol{\alpha}_2-\boldsymbol{\alpha}_3$. 若 $\boldsymbol{\beta}=\boldsymbol{\alpha}_1+\boldsymbol{\alpha}_2+\boldsymbol{\alpha}_3+\boldsymbol{\alpha}_4$，求线性方程组 $\boldsymbol{AX}=\boldsymbol{\beta}$ 的通解.

解　由 $\boldsymbol{\alpha}_2,\boldsymbol{\alpha}_3,\boldsymbol{\alpha}_4$ 线性无关及 $\boldsymbol{\alpha}_1=2\boldsymbol{\alpha}_2-\boldsymbol{\alpha}_3$ 知 $r(\boldsymbol{\alpha}_1,\boldsymbol{\alpha}_2,\boldsymbol{\alpha}_3,\boldsymbol{\alpha}_4)=3$，即矩阵 $\boldsymbol{A}$ 的秩为 3，因此 $\boldsymbol{AX}=\boldsymbol{0}$ 的基础解系中只包含一个向量. 由 $\boldsymbol{\alpha}_1=2\boldsymbol{\alpha}_2-\boldsymbol{\alpha}_3$，则 $\boldsymbol{\alpha}_1-2\boldsymbol{\alpha}_2+\boldsymbol{\alpha}_3+0\cdot\boldsymbol{\alpha}_4=\boldsymbol{0}$，即

$$(\boldsymbol{\alpha}_1,\boldsymbol{\alpha}_2,\boldsymbol{\alpha}_3,\boldsymbol{\alpha}_4)\begin{pmatrix}1\\-2\\1\\0\end{pmatrix}=\boldsymbol{0}$$

故 $\boldsymbol{AX}=\boldsymbol{0}$ 的基础解系为$(1,-2,1,0)^{\mathrm{T}}$. 再由

$$\boldsymbol{\beta}=\boldsymbol{\alpha}_1+\boldsymbol{\alpha}_2+\boldsymbol{\alpha}_3+\boldsymbol{\alpha}_4=(\boldsymbol{\alpha}_1,\boldsymbol{\alpha}_2,\boldsymbol{\alpha}_3,\boldsymbol{\alpha}_4)\begin{bmatrix}1\\1\\1\\1\end{bmatrix}=\boldsymbol{A}\begin{bmatrix}1\\1\\1\\1\end{bmatrix}$$

知,$(1,1,1,1)^{\mathrm{T}}$ 是 $\boldsymbol{AX}=\boldsymbol{\beta}$ 的一个特解.

由解的结构可知,$\boldsymbol{AX}=\boldsymbol{\beta}$ 的通解是

$$\begin{bmatrix}x_1\\x_2\\x_3\\x_4\end{bmatrix}=k\begin{bmatrix}1\\-2\\1\\0\end{bmatrix}+\begin{bmatrix}1\\1\\1\\1\end{bmatrix}\quad(k\text{ 为任意常数})$$

7. 设 n 阶矩阵 $\boldsymbol{A}$ 的各行元素之和均为 0,且 $\boldsymbol{A}$ 的秩为 $n-1$,则线性方程组 $\boldsymbol{AX}=\boldsymbol{0}$ 的通解为________.

解 因为 $r(\boldsymbol{A})=n-1$,则齐次方程组的基础解系为一个向量,故 $\boldsymbol{AX}=\boldsymbol{0}$ 的通解形式为 $k\boldsymbol{\zeta}$. 设

$$\boldsymbol{A}=\begin{bmatrix}a_{11}&a_{12}&\cdots&a_{1n}\\a_{21}&a_{22}&\cdots&a_{2n}\\\vdots&\vdots&&\vdots\\a_{n1}&a_{n2}&\cdots&a_{nn}\end{bmatrix}\quad\text{且}\quad\begin{cases}a_{11}+a_{12}+\cdots+a_{1n}=0\\a_{21}+a_{22}+\cdots+a_{2n}=0\\\qquad\qquad\vdots\\a_{n1}+a_{n2}+\cdots+a_{nn}=0\end{cases}$$

即

$$\begin{bmatrix}a_{11}&a_{12}&\cdots&a_{1n}\\a_{21}&a_{22}&\cdots&a_{2n}\\\vdots&\vdots&&\vdots\\a_{n1}&a_{n2}&\cdots&a_{nn}\end{bmatrix}\begin{bmatrix}1\\1\\\vdots\\1\end{bmatrix}=\boldsymbol{0}$$

故知$(1,1,\cdots,1)^{\mathrm{T}}$ 为 $\boldsymbol{AX}=\boldsymbol{0}$ 的一个非零解. 故应填

$$k\begin{pmatrix}1\\1\\\vdots\\1\end{pmatrix}\quad(k\text{ 为非零常数})$$

8. 设有齐次线性方程组

$$\begin{cases}(1+a)x_1+x_2+\cdots+x_n=0\\2x_1+(2+a)x_2+\cdots+2x_n=0\\\qquad\qquad\vdots\\nx_1+nx_2+\cdots+(n+a)x_n=0\end{cases}\quad(n\geqslant 2)$$

试问 a 为何值时该方程组有非零解？并求其通解.

解　由

$$|\boldsymbol{A}|=\begin{vmatrix}1+a & 1 & 1 & \cdots & 1\\ 2 & 2+a & 2 & \cdots & 2\\ \vdots & \vdots & \vdots & & \vdots\\ n & n & n & \cdots & n+a\end{vmatrix}=\begin{vmatrix}1+a & 1 & 1 & \cdots & 1\\ -2a & a & 0 & \cdots & 0\\ -3a & 0 & a & \cdots & 0\\ \vdots & \vdots & \vdots & & \vdots\\ -na & 0 & 0 & \cdots & a\end{vmatrix}$$

$$=\begin{vmatrix}a+\dfrac{n(n+1)}{2} & 1 & 1 & \cdots & 1\\ 0 & a & 0 & \cdots & 0\\ 0 & 0 & a & \cdots & 0\\ \vdots & \vdots & \vdots & & \vdots\\ 0 & 0 & 0 & \cdots & a\end{vmatrix}=\left[a+\frac{1}{2}(n+1)n\right]a^{n-1}$$

那么 $\boldsymbol{AX}=\boldsymbol{0}$ 有非零解$\Leftrightarrow|\boldsymbol{A}|=0\Leftrightarrow a=0$ 或 $a=-\dfrac{n(n+1)}{2}$.

当 $a=0$ 时，

$$\boldsymbol{A}=\begin{pmatrix}1 & 1 & 1 & \cdots & 1\\ 2 & 2 & 2 & \cdots & 2\\ \vdots & \vdots & \vdots & & \vdots\\ n & n & n & \cdots & n\end{pmatrix}\longrightarrow\begin{pmatrix}1 & 1 & 1 & \cdots & 1\\ 0 & 0 & 0 & \cdots & 0\\ \vdots & \vdots & \vdots & & \vdots\\ 0 & 0 & 0 & \cdots & 0\end{pmatrix}$$

得基础解为

$$\boldsymbol{\eta}_1=\begin{pmatrix}-1\\ 1\\ 0\\ \vdots\\ 0\end{pmatrix},\quad \boldsymbol{\eta}_2=\begin{pmatrix}-1\\ 0\\ 1\\ \vdots\\ 0\end{pmatrix},\quad \cdots,\quad \boldsymbol{\eta}_{n-1}=\begin{pmatrix}-1\\ 0\\ 0\\ \vdots\\ 1\end{pmatrix}$$

于是方程的通解为

$$\boldsymbol{X}=k_1\boldsymbol{\eta}_1+k_2\boldsymbol{\eta}_2+\cdots+k_{n-1}\boldsymbol{\eta}_{n-1}\quad(k_1,k_2,\cdots,k_{n-1}\text{为任意常数})$$

当 $a=-\dfrac{1}{2}n(n+1)$时，

$$\boldsymbol{A}=\begin{pmatrix}1+a & 1 & 1 & \cdots & 1\\ 2 & 2+a & 2 & \cdots & 2\\ \vdots & \vdots & \vdots & & \vdots\\ n & n & n & \cdots & n+a\end{pmatrix}\longrightarrow\begin{pmatrix}1+a & 1 & 1 & \cdots & 1\\ -2a & a & 0 & \cdots & 0\\ \vdots & \vdots & \vdots & & \vdots\\ -na & 0 & 0 & \cdots & a\end{pmatrix}$$

$$\longrightarrow\begin{pmatrix}1+a & 1 & 1 & \cdots & 1\\ -2 & 1 & 0 & \cdots & 0\\ \vdots & \vdots & \vdots & & \vdots\\ -n & 0 & 0 & \cdots & 1\end{pmatrix}\longrightarrow\begin{pmatrix}0 & 0 & 0 & \cdots & 0\\ -2 & 1 & 0 & \cdots & 0\\ \vdots & \vdots & \vdots & & \vdots\\ -n & 0 & 0 & \cdots & 1\end{pmatrix}$$

同解方程组为

$$\begin{cases}-2x_1+x_2=0\\ -3x_1+x_3=0\\ \qquad\vdots\\ -nx_1+x_n=0\end{cases}$$

由此得基础解系为

$$\boldsymbol{\eta}=(1,2,3,\cdots,n)^{\mathrm{T}}$$

故方程组的通解为

$$\boldsymbol{X}=k\boldsymbol{\eta}\quad(k\text{ 为任意常数})$$

9. 已知三阶矩阵 $\boldsymbol{A}$ 的第 1 行是(a,b,c)，其中 a,b,c 不全为 0，矩阵 $\boldsymbol{B}=\begin{pmatrix}1 & 2 & 3\\ 2 & 4 & 6\\ 3 & 6 & k\end{pmatrix}$ (k 为常数)，且 $\boldsymbol{AB}=\boldsymbol{0}$，求线性方程组 $\boldsymbol{AX}=\boldsymbol{0}$ 的通解.

解 (1) 若 $k\neq 9$，则 $r(\boldsymbol{B})=2$，由 $\boldsymbol{AB}=\boldsymbol{0}$，则 $r(\boldsymbol{A})+r(\boldsymbol{B})\leqslant 3$，因此 $r(\boldsymbol{A})=1$. 由

$$\boldsymbol{A}\begin{pmatrix}1\\2\\3\end{pmatrix}=\boldsymbol{0},\quad \boldsymbol{A}\begin{pmatrix}2\\4\\6\end{pmatrix}=\boldsymbol{0},\quad \boldsymbol{A}=\begin{pmatrix}3\\6\\k\end{pmatrix}=\boldsymbol{0}$$

故 $\boldsymbol{AX}=\boldsymbol{0}$ 的通解为

$$\boldsymbol{\xi}=c_1\begin{pmatrix}1\\2\\3\end{pmatrix}+c_2\begin{pmatrix}3\\6\\k\end{pmatrix}\quad(c_1,c_2\text{ 为任意常数})$$

(2) 当 $k=9$ 时，

$$\boldsymbol{B}=\begin{pmatrix}1 & 2 & 3\\ 2 & 4 & 6\\ 3 & 6 & 9\end{pmatrix}$$

则 $r(\boldsymbol{B})=1$，$r(\boldsymbol{A})=1$ 或 $r(\boldsymbol{A})=2$.

若 $r(\boldsymbol{A})=2$，由 $\boldsymbol{A}(1,2,3)^{\mathrm{T}}=\boldsymbol{0}$ 得 $\boldsymbol{AX}=\boldsymbol{0}$ 的通解为

$$\boldsymbol{\xi}=c\begin{pmatrix}1\\2\\3\end{pmatrix}\quad(c\text{ 为任意常数})$$

若 $r(\boldsymbol{A})=1$，则 $\boldsymbol{AX}=\boldsymbol{0}$ 的基础解系有 2 个向量，由

$$ax_1+bx_2+cx_3=0$$

设 $c\neq 0$,则方程组的通解为

$$\boldsymbol{\xi}=c_1\begin{pmatrix}c\\0\\-a\end{pmatrix}+c_2\begin{pmatrix}0\\c\\-b\end{pmatrix}\quad(c_1,c_2\text{ 为任意常数})$$

10. 设 $\boldsymbol{\alpha}_1,\boldsymbol{\alpha}_2,\boldsymbol{\alpha}_3$ 是 4 元非齐次线性方程组 $\boldsymbol{AX}=\boldsymbol{b}$ 的三个解向量,且 $r(\boldsymbol{A})=3$,

$\boldsymbol{\alpha}_1=\begin{pmatrix}1\\2\\3\\4\end{pmatrix}$,$\boldsymbol{\alpha}_2+\boldsymbol{\alpha}_3=\begin{pmatrix}0\\1\\2\\3\end{pmatrix}$,$c$ 表示任意常数,则线性方程组 $\boldsymbol{AX}=\boldsymbol{b}$ 的通解 $\boldsymbol{X}$ 为(　　).

A. $\begin{pmatrix}1\\2\\3\\4\end{pmatrix}+c\begin{pmatrix}1\\1\\1\\1\end{pmatrix}$　　B. $\begin{pmatrix}1\\2\\3\\4\end{pmatrix}+c\begin{pmatrix}0\\1\\2\\3\end{pmatrix}$　　C. $\begin{pmatrix}1\\2\\3\\4\end{pmatrix}+c\begin{pmatrix}2\\3\\4\\5\end{pmatrix}$　　D. $\begin{pmatrix}1\\2\\3\\4\end{pmatrix}+c\begin{pmatrix}3\\4\\5\\6\end{pmatrix}$

解　由方程组 $\boldsymbol{AX}=\boldsymbol{b}$ 的解的结构可知 $n-r(\boldsymbol{A})=4-3=1$,所以通解形式为 $\boldsymbol{\xi}+k\boldsymbol{\eta}$,其中 $\boldsymbol{\xi}$ 为特解,$\boldsymbol{\eta}$ 为 $\boldsymbol{AX}=\boldsymbol{0}$ 的基础解系.

现特解已取为 $\boldsymbol{\alpha}_1$,下面应找 $\boldsymbol{AX}=\boldsymbol{0}$ 的一个非零解. 因为

$$\boldsymbol{A\alpha}_1=\boldsymbol{b}$$

$$\boldsymbol{A}(\boldsymbol{\alpha}_2+\boldsymbol{\alpha}_3)=\boldsymbol{A\alpha}_2+\boldsymbol{A\alpha}_3=\boldsymbol{b}+\boldsymbol{b}=2\boldsymbol{b}$$

故

$$\boldsymbol{A}(2\boldsymbol{\alpha}_1)-\boldsymbol{A}(\boldsymbol{\alpha}_2+\boldsymbol{\alpha}_3)-2\boldsymbol{b}-2\boldsymbol{b}=\boldsymbol{0}$$

即

$$\boldsymbol{A}(2\boldsymbol{\alpha}_1-\boldsymbol{\alpha}_2-\boldsymbol{\alpha}_3)=\boldsymbol{0}$$

则 $2\boldsymbol{\alpha}_1-\boldsymbol{\alpha}_2-\boldsymbol{\alpha}_3$ 为 $\boldsymbol{AX}=\boldsymbol{0}$ 的一个非解. 而

$$2\boldsymbol{\alpha}_1-\boldsymbol{\alpha}_2-\boldsymbol{\alpha}_3=\begin{pmatrix}2\\4\\6\\8\end{pmatrix}-\begin{pmatrix}0\\1\\2\\3\end{pmatrix}=\begin{pmatrix}2\\3\\4\\5\end{pmatrix}$$

则 $\boldsymbol{AX}=\boldsymbol{b}$ 的通解为

$$\begin{pmatrix}1\\2\\3\\4\end{pmatrix}+c\begin{pmatrix}2\\3\\4\\5\end{pmatrix}$$

故应选 C.

11. 已知齐次线性方程组

$$(\text{Ⅰ})\begin{cases}x_1+2x_2+3x_3=0\\2x_1+3x_2+5x_3=0\\x_1+x_2+ax_3=0\end{cases}\quad 和 \quad (\text{Ⅱ})\begin{cases}x_1+bx_2+cx_3=0\\2x_1+b^2x_2+(c+1)x_3=0\end{cases}$$

同解,求 a,b,c 的值.

解 方程组(Ⅰ)与(Ⅱ)同解,所以方程组(Ⅰ)的系数矩阵的秩不大于 2,则 $\begin{vmatrix}1&2&3\\2&3&5\\1&1&a\end{vmatrix}=0$,即 $3a+6+10-9-4a-5=0$,得 $a=2$. 则方程组(Ⅰ)可等价转化为

$$\begin{cases}x_1+2x_2+3x_3=0\\2x_1+3x_2+5x_3=0\end{cases}\quad 即 \quad \begin{cases}x_1+2x_2+3x_3=0\\x_2+x_3=0\end{cases}$$

则方程组(Ⅰ)的通解为

$$k(-1,-1,1)^{\mathrm{T}}\quad (k\ 为任意常数)$$

由于方程组(Ⅰ)与(Ⅱ)同解,故 $(-1,-1,1)^{\mathrm{T}}$ 也是方程组(Ⅱ)的解,则

$$\begin{cases}-1-b+c=0\\-2-b^2+c+1=0\end{cases}$$

得 $\begin{cases}b=0\\c=1\end{cases}$ 或 $\begin{cases}b=1\\c=2\end{cases}$.

但是当 $b=0,c=1$ 时,方程组(Ⅱ)为 $x_1+x_3=0$ 与方程组(Ⅰ)不同解,应舍去. 因此,$a=2,b=1,c=2$.

12. 设线性方程组

$$\begin{cases}x_1+a_1x_2+a_1^2x_3=a_1^3\\x_1+a_2x_2+a_2^2x_3=a_2^3\\x_1+a_3x_2+a_3^2x_3=a_3^3\\x_1+a_4x_2+a_4^2x_3=a_4^3\end{cases}$$

(1) 证明:若 a_1,a_2,a_3,a_4 两两不相等,则此线性方程组无解;

(2) 设 $a_1=a_2=k,a_2=a_4=-k\ (k\neq 0)$,且已知 $\boldsymbol{\beta}_1,\boldsymbol{\beta}_2$ 是该方程组的两个解,其中

$$\boldsymbol{\beta}_1=\begin{pmatrix}-1\\1\\1\end{pmatrix},\quad \boldsymbol{\beta}_2=\begin{pmatrix}1\\1\\-1\end{pmatrix}$$

写出此方程组的通解.

(1) **证** 增广矩阵 $\overline{\mathbf{A}}$ 的行列式为

$$|\overline{\mathbf{A}}|=\begin{vmatrix}1&a_1&a_1^2&a_1^3\\1&a_2&a_2^2&a_2^3\\1&a_3&a_3^2&a_3^3\\1&a_4&a_4^2&a_4^3\end{vmatrix}=\prod_{1\leqslant i<j\leqslant 4}(a_j-a_i)$$

由于 a_1,a_2,a_3,a_4 两两不相等，知 $|\bar{\mathbf{A}}|\neq 0$，则 $r(\bar{\mathbf{A}})=4$. 而 $r(\mathbf{A})\leqslant 3$，故 $r(\mathbf{A})\neq r(\bar{\mathbf{A}})$，方程组无解.

（2）**解**　当 $a_1=a_3=k,a_2=a_4=-k\ (k\neq 0)$ 时，方程组为

$$\begin{cases} x_1+kx_2+k^2x_3=k^3 \\ x_1-kx_2+k^2x_3=-k^3 \\ x_1+kx_2+k^2x_3=k^3 \\ x_1-kx_2+k^2x_3=-k^3 \end{cases}$$

即

$$\begin{cases} x_1+kx_2+k^2x_3=k^3 \\ x_1-kx_2+k^2x_3=-k^3 \end{cases}$$

由

$$\begin{vmatrix} 1 & k \\ 1 & -k \end{vmatrix}=-2k\neq 0$$

可知 $r(\mathbf{A})=r(\bar{\mathbf{A}})=2$，方程组有解，且对应的导出方程组的基础解系应含有 $3-2=1$ 个解向量.

而 $\boldsymbol{\beta}_1,\boldsymbol{\beta}_2$ 是原非齐次方程的两个解，故

$$\boldsymbol{\xi}=\boldsymbol{\beta}_2-\boldsymbol{\beta}_1=\begin{pmatrix} 1 \\ 1 \\ -1 \end{pmatrix}-\begin{pmatrix} -1 \\ 1 \\ 1 \end{pmatrix}=\begin{pmatrix} 2 \\ 0 \\ -2 \end{pmatrix}$$

是对应齐次线性方程的解，且 $\boldsymbol{\xi}\neq\mathbf{0}$，故 $\boldsymbol{\xi}$ 是 $\mathbf{AX}=\mathbf{0}$ 的基础解系. 则原非齐次线性方程组的通解为

$$\mathbf{X}=\boldsymbol{\beta}_1+k\boldsymbol{\xi}=\begin{pmatrix} -1 \\ 1 \\ 1 \end{pmatrix}+k\begin{pmatrix} 2 \\ 0 \\ -2 \end{pmatrix}\quad (k\text{ 为任意常数})$$

13. 试证明：n 维列向量 $\boldsymbol{\alpha}_1,\boldsymbol{\alpha}_2,\cdots,\boldsymbol{\alpha}_n$ 线性无关的充要条件是

$$D=\begin{vmatrix} \boldsymbol{\alpha}_1^{\mathrm{T}}\boldsymbol{\alpha}_1 & \boldsymbol{\alpha}_1^{\mathrm{T}}\boldsymbol{\alpha}_2 & \cdots & \boldsymbol{\alpha}_1^{\mathrm{T}}\boldsymbol{\alpha}_n \\ \boldsymbol{\alpha}_2^{\mathrm{T}}\boldsymbol{\alpha}_1 & \boldsymbol{\alpha}_2^{\mathrm{T}}\boldsymbol{\alpha}_2 & \cdots & \boldsymbol{\alpha}_2^{\mathrm{T}}\boldsymbol{\alpha}_n \\ \vdots & \vdots & & \vdots \\ \boldsymbol{\alpha}_n^{\mathrm{T}}\boldsymbol{\alpha}_1 & \boldsymbol{\alpha}_n^{\mathrm{T}}\boldsymbol{\alpha}_2 & \cdots & \boldsymbol{\alpha}_n^{\mathrm{T}}\boldsymbol{\alpha}_n \end{vmatrix}\neq 0$$

其中，$\boldsymbol{\alpha}_i^{\mathrm{T}}$ 表示列向量 $\boldsymbol{\alpha}_i$ 的转置，$i=1,2,\cdots,n$.

证　充分性

$$\mathbf{A}^{\mathrm{T}}\mathbf{A}=\begin{bmatrix} \boldsymbol{\alpha}_1^{\mathrm{T}} \\ \boldsymbol{\alpha}_2^{\mathrm{T}} \\ \vdots \\ \boldsymbol{\alpha}_n^{\mathrm{T}} \end{bmatrix}[\boldsymbol{\alpha}_1,\boldsymbol{\alpha}_2,\cdots,\boldsymbol{\alpha}_n]=\begin{pmatrix} \boldsymbol{\alpha}_1^{\mathrm{T}}\boldsymbol{\alpha}_1 & \boldsymbol{\alpha}_1^{\mathrm{T}}\boldsymbol{\alpha}_2 & \cdots & \boldsymbol{\alpha}_1^{\mathrm{T}}\boldsymbol{\alpha}_n \\ \boldsymbol{\alpha}_2^{\mathrm{T}}\boldsymbol{\alpha}_1 & \boldsymbol{\alpha}_2^{\mathrm{T}}\boldsymbol{\alpha}_2 & \cdots & \boldsymbol{\alpha}_2^{\mathrm{T}}\boldsymbol{\alpha}_n \\ \vdots & \vdots & & \vdots \\ \boldsymbol{\alpha}_n^{\mathrm{T}}\boldsymbol{\alpha}_1 & \boldsymbol{\alpha}_n^{\mathrm{T}}\boldsymbol{\alpha}_2 & \cdots & \boldsymbol{\alpha}_n^{\mathrm{T}}\boldsymbol{\alpha}_n \end{pmatrix}$$

$$|A^TA|=|A^T|\cdot|A|=|A|^2$$

因 $D\neq0$,故 $|A|\neq0$,故向量组 $\boldsymbol{\alpha}_1,\boldsymbol{\alpha}_2,\cdots,\boldsymbol{\alpha}_n$ 线性无关.

必要性　因为向量组 $\boldsymbol{\alpha}_1,\boldsymbol{\alpha}_2,\cdots,\boldsymbol{\alpha}_n$ 线性无关,故 $|A|\neq0$,即

$$D=|A^TA|=|A^2|=|A|^2\neq0$$

14. 设三阶矩阵 $A=\begin{pmatrix}a&b&b\\b&a&b\\b&b&a\end{pmatrix}$,若 A 的伴随矩阵的秩等于1,则必有　(　　).

A. $a=b$ 或 $a+2b=0$　　B. $a=b$ 或 $a+2b\neq0$

C. $a\neq b$ 且 $a+2b=0$　　D. $a\neq b$ 且 $a+2b\neq0$

解　因为

$$r(A^*)=\begin{cases}n, & r(A)=n\\1, & r(A)=n-1\\0, & r(A)<n-1\end{cases}$$

由 $r(A^*)=1,n=3$,故 $r(A)=3-1=2$,故有

$$\begin{vmatrix}a&b&b\\b&a&b\\b&b&a\end{vmatrix}=(a+2b)(a-b)^2=0$$

即 $a+2b=0$ 或 $a=b$.

但当 $a=b$ 时,$r(A)=1\neq2$,故 $a+2b=0$.

因而应选 C.

15. 设有三维列向量

$$\boldsymbol{\alpha}_1=\begin{pmatrix}1+\lambda\\1\\1\end{pmatrix},\quad \boldsymbol{\alpha}_2=\begin{pmatrix}1\\1+\lambda\\1\end{pmatrix},\quad \boldsymbol{\alpha}_3=\begin{pmatrix}1\\1\\1+\lambda\end{pmatrix},\quad \boldsymbol{\beta}=\begin{pmatrix}0\\\lambda\\\lambda^2\end{pmatrix}$$

问 λ 为何值时:

(1) $\boldsymbol{\beta}$ 可由 $\boldsymbol{\alpha}_1,\boldsymbol{\alpha}_2,\boldsymbol{\alpha}_3$ 线性表示,且表达式唯一?

(2) $\boldsymbol{\beta}$ 可由 $\boldsymbol{\alpha}_1,\boldsymbol{\alpha}_2,\boldsymbol{\alpha}_3$ 线性表示,且表达式不唯一?

(3) $\boldsymbol{\beta}$ 不能由 $\boldsymbol{\alpha}_1,\boldsymbol{\alpha}_2,\boldsymbol{\alpha}_3$ 线性表示?

解　设 $x_1\boldsymbol{\alpha}_1+x_2\boldsymbol{\alpha}_2+x_3\boldsymbol{\alpha}_3=\boldsymbol{\beta}$,得线性方程组

$$x_1\begin{pmatrix}1+\lambda\\1\\1\end{pmatrix}+x_2\begin{pmatrix}1\\1+\lambda\\1\end{pmatrix}+x_3\begin{pmatrix}1\\1\\1+\lambda\end{pmatrix}=\begin{pmatrix}0\\\lambda\\\lambda^2\end{pmatrix}$$

即

$$\begin{pmatrix}1+\lambda&1&1\\1&1+\lambda&1\\1&1&1+\lambda\end{pmatrix}\begin{pmatrix}x_1\\x_2\\x_3\end{pmatrix}=\begin{pmatrix}0\\\lambda\\\lambda^2\end{pmatrix}$$

则系数行列式

$$|\boldsymbol{A}|=\begin{vmatrix}1+\lambda & 1 & 1\\ 1 & 1+\lambda & 1\\ 1 & 1 & 1+\lambda\end{vmatrix}=\lambda^2(\lambda+3)$$

(1) 若 $\lambda\neq 0$ 且 $\lambda\neq -3$,则方程组有唯一解,$\boldsymbol{\beta}$ 可由 $\boldsymbol{\alpha}_1,\boldsymbol{\alpha}_2,\boldsymbol{\alpha}_3$ 唯一地线性表示.

(2) 若 $\lambda=0$,则线性方程组为

$$\begin{bmatrix}1 & 1 & 1\\ 1 & 1 & 1\\ 1 & 1 & 1\end{bmatrix}\begin{bmatrix}x_1\\ x_2\\ x_3\end{bmatrix}=\begin{bmatrix}0\\ 0\\ 0\end{bmatrix}$$

因为 $|\boldsymbol{A}|=0$,对应的齐次线性方程组有无穷多个解,即 $\boldsymbol{\beta}$ 可由 $\boldsymbol{\alpha}_1,\boldsymbol{\alpha}_2,\boldsymbol{\alpha}_3$ 线性表示,且表达式不唯一.

(3) 若 $\lambda=-3$,则方程组的增广矩阵为

$$\begin{pmatrix}-2 & 1 & 1 & 0\\ 1 & -2 & 1 & -3\\ 1 & 1 & -2 & 9\end{pmatrix}\longrightarrow\begin{pmatrix}0 & 3 & -3 & 18\\ 0 & -3 & 3 & -12\\ 1 & 1 & -2 & 9\end{pmatrix}\longrightarrow\begin{pmatrix}0 & 0 & 0 & 6\\ 0 & -3 & 3 & -12\\ 1 & 1 & -2 & 9\end{pmatrix}$$

可见方程组的系数矩阵的秩为 2,增广矩阵的秩为 3,故方程组无解,从而 $\boldsymbol{\beta}$ 不能由 $\boldsymbol{\alpha}_1,\boldsymbol{\alpha}_2,\boldsymbol{\alpha}_3$ 线性表示.

16. 设向量组

$$\boldsymbol{\alpha}_1=\begin{pmatrix}a\\ 2\\ 10\end{pmatrix},\quad \boldsymbol{\alpha}_2=\begin{pmatrix}-2\\ 1\\ 5\end{pmatrix},\quad \boldsymbol{\alpha}_3=\begin{pmatrix}-1\\ 1\\ 4\end{pmatrix},\quad \boldsymbol{\beta}=\begin{pmatrix}1\\ b\\ c\end{pmatrix}$$

试问:当 a,b,c 满足什么条件时:

(1) $\boldsymbol{\beta}$ 可由 $\boldsymbol{\alpha}_1,\boldsymbol{\alpha}_2,\boldsymbol{\alpha}_3$ 线性表示,且表达式唯一?

(2) $\boldsymbol{\beta}$ 不能由 $\boldsymbol{\alpha}_1,\boldsymbol{\alpha}_2,\boldsymbol{\alpha}_3$ 线性表示?

(3) $\boldsymbol{\beta}$ 可由 $\boldsymbol{\alpha}_1,\boldsymbol{\alpha}_2,\boldsymbol{\alpha}_3$ 线性表示,但表达式不唯一? 并求出一般表达式.

解　设 $x_1\boldsymbol{\alpha}_1+x_2\boldsymbol{\alpha}_2+x_3\boldsymbol{\alpha}_3=\boldsymbol{\beta}$,得线性方程组

$$x_1\begin{pmatrix}a\\ 2\\ 10\end{pmatrix}+x_2\begin{pmatrix}-2\\ 1\\ 5\end{pmatrix}+x_3\begin{pmatrix}-1\\ 1\\ 4\end{pmatrix}=\begin{pmatrix}1\\ b\\ c\end{pmatrix}$$

即

$$\begin{pmatrix}a & -2 & -1\\ 2 & 1 & 1\\ 10 & 5 & 4\end{pmatrix}\begin{pmatrix}x_1\\ x_2\\ x_3\end{pmatrix}=\begin{pmatrix}1\\ b\\ c\end{pmatrix}$$

对增广矩阵作初等变换得

$$\bar{\mathbf{A}}=\begin{pmatrix} a & -2 & -1 & 1 \\ 2 & 1 & 1 & b \\ 10 & 5 & 4 & c \end{pmatrix}\xrightarrow{r_1\leftrightarrow r_2}\begin{pmatrix} 2 & 1 & 1 & b \\ a & -2 & -1 & 1 \\ 10 & 5 & 4 & c \end{pmatrix}$$

$$\xrightarrow[r_3-5r_1]{r_2-\frac{1}{2}ar_1}\begin{pmatrix} 2 & 1 & 1 & b \\ 0 & -2-\frac{a}{2} & -1-\frac{a}{2} & 1-\frac{ab}{2} \\ 0 & 0 & -1 & c-5b \end{pmatrix}$$

(1) 当$-2-\frac{a}{2}\neq 0$,即 $a\neq -4$ 时,$r(\mathbf{A})=r(\bar{\mathbf{A}})=3$,方程组有唯一解,$\boldsymbol{\beta}$ 可由 $\boldsymbol{\alpha}_1$,$\boldsymbol{\alpha}_2$,$\boldsymbol{\alpha}_3$ 线性表示,且表达式唯一.

(2) 当$-2-\frac{a}{2}=0$,即 $a=-4$ 时,则

$$\bar{\mathbf{A}}=\begin{pmatrix} 2 & 1 & 1 & b \\ 0 & 0 & 1 & 1+2b \\ 0 & 0 & -1 & c-5b \end{pmatrix}\xrightarrow[r_3+r_2]{r_1-r_2}\begin{pmatrix} 2 & 1 & 0 & -1-b \\ 0 & 0 & 1 & 1+2b \\ 0 & 0 & 0 & 1-3b+c \end{pmatrix}$$

当 $3b-c\neq 1$ 时,$r(\mathbf{A})\neq r(\bar{\mathbf{A}})$,方程组无解,$\boldsymbol{\beta}$ 不能由 $\boldsymbol{\alpha}_1$,$\boldsymbol{\alpha}_2$,$\boldsymbol{\alpha}_3$ 线性表示.

(3) 当 $a=-4$ 且 $3b-c=1$ 时,$r(\mathbf{A})=r(\bar{\mathbf{A}})=2<3$ (未知量的个数),方程组有无穷多个解,$\boldsymbol{\beta}$ 可由 $\boldsymbol{\alpha}_1$,$\boldsymbol{\alpha}_2$,$\boldsymbol{\alpha}_3$ 线性表示,但表达式不唯一,可得

$$x_1=k,\quad x_2=-2k-b-1,\quad x_3=2b+1\quad (k\text{ 为任意常数})$$

因此,有

$$\boldsymbol{\beta}=k\boldsymbol{\alpha}_1-(2k+b+1)\boldsymbol{\alpha}_2+(2b+1)\boldsymbol{\alpha}_3\quad (k\text{ 为任意常数})$$

17. 设

$$\boldsymbol{\alpha}_1=\begin{pmatrix} 1 \\ 2 \\ 0 \end{pmatrix},\quad \boldsymbol{\alpha}_2=\begin{pmatrix} 1 \\ a+2 \\ -3a \end{pmatrix},\quad \boldsymbol{\alpha}_3=\begin{pmatrix} -1 \\ -b-2 \\ a+2b \end{pmatrix},\quad \boldsymbol{\beta}=\begin{pmatrix} 1 \\ 3 \\ -3 \end{pmatrix}$$

试讨论 a,b 为何值时:

(1) $\boldsymbol{\beta}$ 不能由 $\boldsymbol{\alpha}_1$,$\boldsymbol{\alpha}_2$,$\boldsymbol{\alpha}_3$ 线性表示?

(2) $\boldsymbol{\beta}$ 可由 $\boldsymbol{\alpha}_1$,$\boldsymbol{\alpha}_2$,$\boldsymbol{\alpha}_3$ 唯一地线性表示?并求出表达式;

(3) $\boldsymbol{\beta}$ 可由 $\boldsymbol{\alpha}_1$,$\boldsymbol{\alpha}_2$,$\boldsymbol{\alpha}_3$ 线性表示,但表达式不唯一?并求出表达式.

解 设 $x_1\boldsymbol{\alpha}_1+x_2\boldsymbol{\alpha}_2+x_3\boldsymbol{\alpha}_3=\boldsymbol{\beta}$,得线性方程组

$$x_1\begin{pmatrix} 1 \\ 2 \\ 0 \end{pmatrix}+x_2\begin{pmatrix} 1 \\ a+2 \\ -3a \end{pmatrix}+x_3\begin{pmatrix} -1 \\ -b-2 \\ a+2b \end{pmatrix}=\begin{pmatrix} 1 \\ 3 \\ -3 \end{pmatrix}$$

即

$$\begin{pmatrix} 1 & 1 & 1 \\ 2 & a+2 & -b-2 \\ 0 & -3a & a+2b \end{pmatrix}\begin{pmatrix} x_1 \\ x_2 \\ x_3 \end{pmatrix}=\begin{pmatrix} 1 \\ 3 \\ -3 \end{pmatrix}$$

对方程组的增广矩阵作行初等变换,有

$$\bar{\boldsymbol{A}}=\begin{pmatrix}1 & 1 & -1 & 1\\ 2 & a+2 & -b-2 & 3\\ 0 & -3a & a+2b & -3\end{pmatrix}\xrightarrow{r_2-2r_1}\begin{pmatrix}1 & 1 & -1 & 1\\ 0 & a & -b & 1\\ 0 & -3a & a+2b & -3\end{pmatrix}$$

$$\xrightarrow{r_3+3r_2}\begin{pmatrix}1 & 1 & -1 & 1\\ 0 & a & -b & 1\\ 0 & 0 & a-b & 0\end{pmatrix}$$

(1) 当 $a=0$ 时,有

$$\bar{\boldsymbol{A}}\longrightarrow\begin{pmatrix}1 & 1 & -1 & 1\\ 0 & 0 & -b & 1\\ 0 & 0 & 0 & -1\end{pmatrix}$$

可知 $r(\boldsymbol{A})\neq r(\bar{\boldsymbol{A}})$,故方程组无解,$\boldsymbol{\beta}$ 不能由 $\boldsymbol{\alpha}_1,\boldsymbol{\alpha}_2,\boldsymbol{\alpha}_3$ 线性表示.

(2) 当 $a\neq0$ 且 $a\neq b$ 时,有

$$\bar{\boldsymbol{A}}\longrightarrow\begin{pmatrix}1 & 1 & -1 & 1\\ 0 & a & -b & 1\\ 0 & 0 & a-b & 0\end{pmatrix}\longrightarrow\begin{pmatrix}1 & 0 & 0 & 1-\dfrac{1}{a}\\ 0 & 1 & 0 & \dfrac{1}{a}\\ 0 & 0 & 1 & 0\end{pmatrix}$$

即 $r(\boldsymbol{A})=r(\bar{\boldsymbol{A}})=3$,方程组有唯一解,且

$$x_1=1-\frac{1}{a},\quad x_2=\frac{1}{a},\quad x_3=0$$

此时 $\boldsymbol{\beta}$ 可由 $\boldsymbol{\alpha}_1,\boldsymbol{\alpha}_2,\boldsymbol{\alpha}_3$ 唯一地线性表示,其表达式为

$$\boldsymbol{\beta}=\left(1-\frac{1}{a}\right)\boldsymbol{\alpha}_1+\frac{1}{a}\boldsymbol{\alpha}_2+0\boldsymbol{\alpha}_3$$

(3) 当 $a=b\neq0$ 时,有

$$\bar{\boldsymbol{A}}\longrightarrow\begin{pmatrix}1 & 1 & -1 & 1\\ 0 & a & -b & 1\\ 0 & 0 & 0 & 0\end{pmatrix}\longrightarrow\begin{pmatrix}1 & 0 & 0 & 1-\dfrac{1}{a}\\ 0 & 1 & -1 & \dfrac{1}{a}\\ 0 & 0 & 0 & 0\end{pmatrix}$$

即 $r(\boldsymbol{A})=r(\bar{\boldsymbol{A}})=2<3$,方程组有无穷多个解,其全部解为

$$x_1=1-\frac{1}{a},\quad x_2=\frac{1}{a}+k,\quad x_3=k\quad(k\text{ 为任意常数})$$

此时 $\boldsymbol{\beta}$ 可由 $\boldsymbol{\alpha}_1,\boldsymbol{\alpha}_2,\boldsymbol{\alpha}_3$ 线性表示,但表达式不唯一,其表达式为

$$\boldsymbol{\beta}=\left(1-\frac{1}{a}\right)\boldsymbol{\alpha}_1+\left(\frac{1}{a}+k\right)\boldsymbol{\alpha}_2+k\boldsymbol{\alpha}_3\quad(k\text{ 为任意常数})$$

18. 设向量组 $\boldsymbol{\alpha}_1,\boldsymbol{\alpha}_2,\cdots,\boldsymbol{\alpha}_s(s\geqslant2)$ 线性无关,且 $\boldsymbol{\beta}_1=\boldsymbol{\alpha}_1+\boldsymbol{\alpha}_2,\boldsymbol{\beta}_2=\boldsymbol{\alpha}_2+\boldsymbol{\alpha}_3,\cdots,\boldsymbol{\beta}_{s-1}$

$=\boldsymbol{\alpha}_{s-1}+\boldsymbol{\alpha}_s,\boldsymbol{\beta}_s=\boldsymbol{\alpha}_s+\boldsymbol{\alpha}_1$，讨论向量组 $\boldsymbol{\beta}_1,\boldsymbol{\beta}_2,\cdots,\boldsymbol{\beta}_s$ 的线性相关性.

解 设

$$k_1\boldsymbol{\beta}_1+k_2\boldsymbol{\beta}_2+\cdots+k_s\boldsymbol{\beta}_s=\mathbf{0}$$

即

$$k_1(\boldsymbol{\alpha}_1+\boldsymbol{\alpha}_2)+k_2(\boldsymbol{\alpha}_2+\boldsymbol{\alpha}_3)+\cdots+k_s(\boldsymbol{\alpha}_s+\boldsymbol{\alpha}_1)=\mathbf{0}$$

则

$$(k_1+k_s)\boldsymbol{\alpha}_1+(k_1+k_2)\boldsymbol{\alpha}_2+\cdots+(k_{s-1}+k_s)\boldsymbol{\alpha}_s=\mathbf{0}$$

由题设 $\boldsymbol{\alpha}_1,\boldsymbol{\alpha}_2,\cdots,\boldsymbol{\alpha}_s$ 线性无关，可知必有

$$\begin{cases}k_1+k_s=0\\k_1+k_2=0\\\qquad\vdots\\k_{s-1}+k_s=0\end{cases}$$

系数行列式为

$$D=\begin{vmatrix}1&0&0&\cdots&0&1\\1&1&0&\cdots&0&0\\0&1&1&\cdots&0&0\\\vdots&\vdots&\vdots&&\vdots&\vdots\\0&0&0&\cdots&1&1\end{vmatrix}=1+(-1)^{1+s}=\begin{cases}2,&s\text{ 为奇数}\\0,&s\text{ 为偶数}\end{cases}$$

(1) 当 s 为奇数时，$D=2\neq0$，$k_1,\cdots,k_s$ 必全为 0，故则向量组 $\boldsymbol{\beta}_1,\boldsymbol{\beta}_2,\cdots,\boldsymbol{\beta}_s$ 线性无关.

(2) 当 s 为偶数时，$D=0$，即存在不全为 0 的 $k_1,\cdots,k_s$，故向量组 $\boldsymbol{\beta}_1,\boldsymbol{\beta}_2,\cdots,\boldsymbol{\beta}_s$ 线性相关.

19. 确定常数 a，使向量组

$$\boldsymbol{\alpha}_1=\begin{pmatrix}1\\1\\a\end{pmatrix},\quad\boldsymbol{\alpha}_2=\begin{pmatrix}1\\a\\1\end{pmatrix},\quad\boldsymbol{\alpha}_3=\begin{pmatrix}a\\1\\1\end{pmatrix}$$

可由向量组

$$\boldsymbol{\beta}_1=\begin{pmatrix}1\\1\\a\end{pmatrix},\quad\boldsymbol{\beta}_2=\begin{pmatrix}-2\\a\\4\end{pmatrix},\quad\boldsymbol{\beta}_3=\begin{pmatrix}-2\\a\\a\end{pmatrix}$$

线性表示，但向量组 $\boldsymbol{\beta}_1,\boldsymbol{\beta}_2,\boldsymbol{\beta}_3$ 不能由向量组 $\boldsymbol{\alpha}_1,\boldsymbol{\alpha}_2,\boldsymbol{\alpha}_3$ 线性表示.

解 (1) 由 $\boldsymbol{\alpha}_1,\boldsymbol{\alpha}_2,\boldsymbol{\alpha}_3$ 可由向量组 $\boldsymbol{\beta}_1,\boldsymbol{\beta}_2,\boldsymbol{\beta}_3$ 线性表示，故三个方程组

$$x_1\boldsymbol{\beta}_1+x_2\boldsymbol{\beta}_2+x_3\boldsymbol{\beta}_3=\boldsymbol{\alpha}_i\quad(i=1,2,3)$$

均有解，对增广矩阵作初等行变换，有

$$\left(\begin{array}{ccc:ccc}1&-2&-2&1&1&a\\1&a&a&1&a&1\\a&4&a&a&1&1\end{array}\right)\xrightarrow[r_3-ar_1]{r_2-r_1}\left(\begin{array}{ccc:ccc}1&-2&-2&1&1&a\\0&a+2&a+2&0&a-1&1-a\\0&2a+4&3a&0&1-a&1-a^2\end{array}\right)$$

$$\xrightarrow{r_3-2r_2}\left(\begin{array}{ccc:ccc}1&-2&-2&1&1&a\\0&a+2&a+2&0&a-1&1-a\\0&0&a-4&0&3-3a&-(a-1)^2\end{array}\right)$$

则当 $a\neq4$ 且 $a\neq-2$ 时，$\boldsymbol{\alpha}_1,\boldsymbol{\alpha}_2,\boldsymbol{\alpha}_3$ 可由 $\boldsymbol{\beta}_1,\boldsymbol{\beta}_2,\boldsymbol{\beta}_3$ 线性表示.

(2) 向量组 $\boldsymbol{\beta}_1,\boldsymbol{\beta}_2,\boldsymbol{\beta}_3$ 不能由向量组 $\boldsymbol{\alpha}_1,\boldsymbol{\alpha}_2,\boldsymbol{\alpha}_3$ 线性表示，即方程组

$$x_1\boldsymbol{\alpha}_1+x_2\boldsymbol{\alpha}_2+x_3\boldsymbol{\alpha}_3=\boldsymbol{\beta}_j\quad(j=1,2,3)$$

无解. 对增广矩阵作初等行变换，有

$$\left(\begin{array}{ccc:ccc}1&1&a&1&-2&-2\\1&a&1&1&a&a\\a&1&1&a&4&a\end{array}\right)\longrightarrow\left(\begin{array}{ccc:ccc}1&1&a&1&-2&-2\\0&a-1&1-a&0&a+2&a+2\\0&1-a&1-a^2&0&2a+4&3a\end{array}\right)$$

$$\longrightarrow\left(\begin{array}{ccc:ccc}1&1&a&1&-2&-2\\0&a-1&1-a&0&a+2&a+2\\0&0&2-a-a^2&0&3a+6&4a+2\end{array}\right)$$

当 $a-1=0$ 或 $2-a-a^2=0$，即 $a=1$ 或 $a=-2$ 时，$\boldsymbol{\beta}_2,\boldsymbol{\beta}_3$ 不能由 $\boldsymbol{\alpha}_1,\boldsymbol{\alpha}_2,\boldsymbol{\alpha}_3$ 线性表示，即向量组 $\boldsymbol{\beta}_1,\boldsymbol{\beta}_2,\boldsymbol{\beta}_3$ 不能由向量组 $\boldsymbol{\alpha}_1,\boldsymbol{\alpha}_2,\boldsymbol{\alpha}_3$ 线性表示.

综合(1),(2)可得，当 $a=1$ 时，向量组 $\boldsymbol{\alpha}_1,\boldsymbol{\alpha}_2,\boldsymbol{\alpha}_3$ 可由向量组 $\boldsymbol{\beta}_1,\boldsymbol{\beta}_2,\boldsymbol{\beta}_3$ 线性表示，但 $\boldsymbol{\beta}_1,\boldsymbol{\beta}_2,\boldsymbol{\beta}_3$ 不能由 $\boldsymbol{\alpha}_1,\boldsymbol{\alpha}_2,\boldsymbol{\alpha}_3$ 线性表示.

20. 设线性方程组

$$\begin{cases}x_1+x_2+x_3=0\\x_1+2x_2+ax_3=0\\x_1+4x_2+a^2x_3=0\end{cases}\tag{1}$$

与方程

$$x_1+2x_2+x_3=a-1\tag{2}$$

有公共解，求 a 的值及所有公共解.

解　方程组(1)的系数行列式为

$$\begin{vmatrix}1&1&1\\1&2&a\\1&4&a^2\end{vmatrix}=(a-1)(a-2)$$

当 $a\neq1,a\neq2$ 时，方程组(1)只有零解，但此时 $x=(0,0,0)^{\mathrm{T}}$ 不是方程(2)的解.

当 $a=1$ 时，由

$$\begin{pmatrix}1&1&1\\1&2&1\\1&4&1\end{pmatrix}\to\begin{pmatrix}1&0&1\\0&1&0\\0&0&0\end{pmatrix}$$

得方程组(1)的通解为 $\boldsymbol{x}=k(-1,0,1)^{\mathrm{T}}$，其中 k 为任意常数.

此解也满足方程(2)，所以方程组(1)与方程(2)的所有公共解为 $\boldsymbol{x}=k(-1,0,1)^{\mathrm{T}}$. 其中 k 为任意常数.

当 $a=2$ 时，由

$$\begin{pmatrix}1&1&1\\1&2&2\\1&4&4\end{pmatrix}\to\begin{pmatrix}1&0&0\\0&1&1\\0&0&0\end{pmatrix}$$

得方程组(1)的通解为 $\boldsymbol{x}=k(0,-1,1)^{\mathrm{T}}$，其中 k 为任意常数，将此解代入方程(2)得 $k=-1$. 所以方程组(1)与方程(2)的所有公共解为 $\boldsymbol{x}=(0,1,-1)^{\mathrm{T}}$.

21. 设 $\boldsymbol{A}=\begin{pmatrix}\lambda&1&1\\0&\lambda-1&0\\1&1&\lambda\end{pmatrix}$，$\boldsymbol{b}=\begin{pmatrix}a\\1\\1\end{pmatrix}$. 已知线性方程组 $\boldsymbol{AX}=\boldsymbol{b}$ 存在两个不同的解.

(1) 求 λ,a；

(2) 求方程组 $\boldsymbol{AX}=\boldsymbol{b}$ 的通解.

解　(1) $$[\boldsymbol{A}\,\vdots\,\boldsymbol{b}]=\left(\begin{array}{ccc:c}\lambda&1&1&a\\0&\lambda-1&0&1\\1&1&\lambda&1\end{array}\right)\to\left(\begin{array}{ccc:c}1&1&\lambda&1\\0&\lambda-1&0&1\\0&1-\lambda&1-\lambda^2&a-\lambda\end{array}\right)$$

$$\to\left(\begin{array}{ccc:c}1&1&\lambda&1\\0&\lambda-1&0&1\\0&0&1-\lambda^2&a-\lambda+1\end{array}\right)$$

因 $\boldsymbol{AX}=\boldsymbol{b}$ 有两个不同的解，所以 $r(\bar{\boldsymbol{A}})=r(\boldsymbol{A})<3$.

故 $\lambda=-1,a=-2$.

(2) 当 $\lambda=-1,a=-2$ 时，

$$[\boldsymbol{A}\,\vdots\,\boldsymbol{b}]\to\left(\begin{array}{ccc:c}1&0&-1&\frac{3}{2}\\0&1&0&-\frac{1}{2}\\0&0&0&0\end{array}\right)$$

所以 $\boldsymbol{AX}=\boldsymbol{b}$ 的通解为 $\boldsymbol{X}=\frac{1}{2}(3,-1,0)^{\mathrm{T}}+k(1,0,1)^{\mathrm{T}}$，其中 k 为任意常数.

22. 设 $\boldsymbol{A},\boldsymbol{B},\boldsymbol{C}$ 均为 n 阶矩阵，若 $\boldsymbol{AB}=\boldsymbol{C}$，且 $\boldsymbol{B}$ 互逆，则　(　　)

A. 矩阵 $\boldsymbol{C}$ 的行向量组与 $\boldsymbol{A}$ 的行向量组等价

B. 矩阵 $\boldsymbol{C}$ 的列向量组与 $\boldsymbol{A}$ 的列向量组等价

C. 矩阵 $\boldsymbol{C}$ 的行向量组与 $\boldsymbol{B}$ 的行向量组等价

D. 矩阵 $\boldsymbol{C}$ 的列向量组与 $\boldsymbol{B}$ 的列向量组等价

解　由已知 $\boldsymbol{AB}=\boldsymbol{C}$，即 $\boldsymbol{A}(\boldsymbol{b}_1,\boldsymbol{b}_2,\cdots,\boldsymbol{b}_n)=(\boldsymbol{c}_1,\boldsymbol{c}_2,\cdots,\boldsymbol{c}_n)$，得 $\boldsymbol{Ab}_i=\boldsymbol{c}_i(i=1,2,\cdots,n)$，即 $\boldsymbol{C}$ 的每一列向量可由 $\boldsymbol{A}$ 的列向量组线性表示.

因为 $\boldsymbol{B}$ 为可逆矩阵，从而 $\boldsymbol{A}=\boldsymbol{C}\boldsymbol{B}^{-1}$.

同理可得 $\boldsymbol{A}$ 的每一列向量可由 $\boldsymbol{C}$ 的列向量组线性表示.

即 $\boldsymbol{A}$ 的列向量组与 $\boldsymbol{C}$ 的列向量组等价，故应选 B.

23. 设 $\boldsymbol{\alpha}_1,\boldsymbol{\alpha}_2,\boldsymbol{\alpha}_3$ 均为三维向量，则对任意常数 k,l，向量组 $\boldsymbol{\alpha}_1+k\boldsymbol{\alpha}_3,\boldsymbol{\alpha}_2+l\boldsymbol{\alpha}_3$ 线性无关是向量组 $\boldsymbol{\alpha}_1,\boldsymbol{\alpha}_2,\boldsymbol{\alpha}_3$ 线性无关的(　　).

A. 必要非充分条件　　　　B. 充分非必要条件

C. 充要条件　　　　　　　D. 既非充分也非必要条件

解
$$(\boldsymbol{\alpha}_1+k\boldsymbol{\alpha}_3\quad \boldsymbol{\alpha}_2+l\boldsymbol{\alpha}_3)=(\boldsymbol{\alpha}_1\quad \boldsymbol{\alpha}_2\quad \boldsymbol{\alpha}_3)\begin{pmatrix}1&0\\0&1\\k&l\end{pmatrix}$$

必要性：记 $\boldsymbol{A}=(\boldsymbol{\alpha}_1+k\boldsymbol{\alpha}_3\quad \boldsymbol{\alpha}_2+l\boldsymbol{\alpha}_3)$，$\boldsymbol{B}=(\boldsymbol{\alpha}_1\quad \boldsymbol{\alpha}_2\quad \boldsymbol{\alpha}_3)$，$\boldsymbol{C}=\begin{pmatrix}1&0\\0&1\\k&l\end{pmatrix}$. 若 $\boldsymbol{\alpha}_1,\boldsymbol{\alpha}_2,\boldsymbol{\alpha}_3$ 线性无关，则 $r(\boldsymbol{A})=r(\boldsymbol{BC})=r(\boldsymbol{C})=2$，故 $\boldsymbol{\alpha}_1+k\boldsymbol{\alpha}_3,\boldsymbol{\alpha}_2+l\boldsymbol{\alpha}_3$ 线性无关.

充分性：举反例. 令 $\boldsymbol{\alpha}_3=\mathbf{0}$，则 $\boldsymbol{\alpha}_1,\boldsymbol{\alpha}_2$ 线性无关，但此时 $\boldsymbol{\alpha}_1,\boldsymbol{\alpha}_2,\boldsymbol{\alpha}_3$ 却线性相关.

综上所述，对任意常数 k,l，向量组 $\boldsymbol{\alpha}_1+k\boldsymbol{\alpha}_3,\boldsymbol{\alpha}_2+l\boldsymbol{\alpha}_3$ 线性无关是向量组 $\boldsymbol{\alpha}_1,\boldsymbol{\alpha}_2,\boldsymbol{\alpha}_3$ 线性无关的必要非充分条件.

故应选 A.

七、自测题

A 组

1. 若向量组
$$\boldsymbol{\alpha}_1=(1,3,5)^{\mathrm{T}}$$
$$\boldsymbol{\alpha}_2=(3,2,6)^{\mathrm{T}}$$
$$\boldsymbol{\alpha}_3=(1,1,k)^{\mathrm{T}}$$
线性相关，则 $k=$________.

2. 已知向量组
$$\boldsymbol{\alpha}_1=(1,0,1,1)^{\mathrm{T}}$$
$$\boldsymbol{\alpha}_2=(2,2,3,2)^{\mathrm{T}}$$
$$\boldsymbol{\alpha}_3=(1,3,t,1)^{\mathrm{T}}$$
线性无关，则 t 为________.

3. 向量组
$$\boldsymbol{\alpha}_1=(2,1,3)$$
$$\boldsymbol{\alpha}_2=(1,2,1)$$

$$\boldsymbol{\alpha}_3=(3,3,4)$$
$$\boldsymbol{\alpha}_4=(3,1,4)$$
$$\boldsymbol{\alpha}_5=(0,0,2)$$

的一个极大线性无关组是________.

4. 向量组

$$\boldsymbol{\alpha}_1=(1,2,3,3)^{\mathrm{T}}$$
$$\boldsymbol{\alpha}_2=(2,3,4,5)^{\mathrm{T}}$$
$$\boldsymbol{\alpha}_3=(3,4,5,7)^{\mathrm{T}}$$
$$\boldsymbol{\alpha}_4=(4,5,1,9)^{\mathrm{T}}$$

则 $r(\boldsymbol{\alpha}_1,\boldsymbol{\alpha}_2,\boldsymbol{\alpha}_3,\boldsymbol{\alpha}_4)=$________.

5. 设 $\boldsymbol{\alpha}_1,\boldsymbol{\alpha}_2,\cdots,\boldsymbol{\alpha}_n$ 是 $\mathbf{R}^n$ 的一个规范正交基，$\boldsymbol{\beta}_1=x_1\boldsymbol{\alpha}_1+x_2\boldsymbol{\alpha}_2+\cdots+x_n\boldsymbol{\alpha}_n$，$\boldsymbol{\beta}_2=y_1\boldsymbol{\alpha}_1+y_2\boldsymbol{\alpha}_2+\cdots+y_n\boldsymbol{\alpha}_n$，则内积 $\langle\boldsymbol{\beta}_1,\boldsymbol{\beta}_2\rangle=$________.

6. 若 $\boldsymbol{\alpha}_1,\cdots,\boldsymbol{\alpha}_m$ 线性相关，且 $k_1\boldsymbol{\alpha}_1+\cdots+k_m\boldsymbol{\alpha}_m=\mathbf{0}$，则(　　).

A. $k_1=\cdots=k_m=0$　　B. $k_1,\cdots,k_m$ 全不为 0

C. $k_1,\cdots,k_m$ 不全为 0　　D. 前述三种情况都可能出现

7. $\boldsymbol{\alpha}_1,\boldsymbol{\alpha}_2,\cdots,\boldsymbol{\alpha}_8$ 是六维向量组，则(　　)

A. $\boldsymbol{\alpha}_1,\boldsymbol{\alpha}_2,\cdots,\boldsymbol{\alpha}_8$ 线性无关

B. $\boldsymbol{\alpha}_1,\boldsymbol{\alpha}_2,\cdots,\boldsymbol{\alpha}_8$ 中至少有 2 个向量可由其余向量线性表示

C. $\boldsymbol{\alpha}_1,\boldsymbol{\alpha}_2,\cdots,\boldsymbol{\alpha}_8$ 中至少有 4 个向量可由其余向量线性表示

D. $\boldsymbol{\alpha}_1,\boldsymbol{\alpha}_2,\cdots,\boldsymbol{\alpha}_8$ 中最多有 1 个向量可由其余向量线性表示

8. 已知 $\boldsymbol{\alpha}_1=(1,1,-1)$，$\boldsymbol{\alpha}_2=(1,1,1)$，则向量(　　)可以由 $\boldsymbol{\alpha}_1,\boldsymbol{\alpha}_2$ 线性表示.

A. $(1,0,0)$　　B. $(0,1,1)$　　C. $(1,1,0)$　　D. $(0,1,0)$

9. 设向量组 $\boldsymbol{\alpha}_1,\boldsymbol{\alpha}_2,\cdots,\boldsymbol{\alpha}_s$ 的秩为 r，则(　　).

A. 必定 $r<s$

B. 向量组中个数小于 r 的任意部分向量组线性无关

C. 向量组中任意 r 个向量线性无关

D. 向量组中任意 $r+1$ 个向量必线性相关

10. 设

$$\boldsymbol{\alpha}_1=(1,1,0,0),\quad \boldsymbol{\alpha}_2=(0,0,1,1)$$
$$\boldsymbol{\alpha}_3=(1,0,1,0),\quad \boldsymbol{\alpha}_4=(1,1,1,1)$$

则它的极大线性无关组为(　　).

A. $\boldsymbol{\alpha}_1,\boldsymbol{\alpha}_2$　　B. $\boldsymbol{\alpha}_1,\boldsymbol{\alpha}_2,\boldsymbol{\alpha}_3$　　C. $\boldsymbol{\alpha}_1,\boldsymbol{\alpha}_2,\boldsymbol{\alpha}_4$　　D. $\boldsymbol{\alpha}_1,\boldsymbol{\alpha}_2,\boldsymbol{\alpha}_3,\boldsymbol{\alpha}_4$

11. 设 $\boldsymbol{\alpha}_1=\begin{pmatrix}1\\-2\\1\end{pmatrix}$，$\boldsymbol{\alpha}_2=\begin{pmatrix}1\\-1\\1\end{pmatrix}$，则 $\boldsymbol{\alpha}_3=$(　　)时，使 $\boldsymbol{\alpha}_1,\boldsymbol{\alpha}_2,\boldsymbol{\alpha}_3$ 为 $\mathbf{R}^3$ 的基.

A. $(2,1,2)^{T}$　　B. $(1,0,1)^{T}$　　C. $(0,1,0)^{T}$　　D. $(0,0,1)^{T}$

12. 设 $\boldsymbol{\alpha}_1=(1,-1,2,4)$，$\boldsymbol{\alpha}_2=(0,3,1,2)$，$\boldsymbol{\alpha}_3=(3,0,7,14)$，$\boldsymbol{\alpha}_4=(2,1,5,6)$，$\boldsymbol{\alpha}_5=(1,-1,2,0)$.

(1) 证明：$\boldsymbol{\alpha}_1,\boldsymbol{\alpha}_5$ 线性无关；　(2) 求向量组包含 $\boldsymbol{\alpha}_1,\boldsymbol{\alpha}_5$ 的一个极大无关组.

13. 求下列向量组的秩及一个极大线性无关组，并将各组中其余向量表示成该极大线性无关组的线性组合.

(1) $\boldsymbol{\alpha}_1=(1,2,2)^{T}$，$\boldsymbol{\alpha}_2=(2,4,4)^{T}$，$\boldsymbol{\alpha}_3=(1,0,3)^{T}$，$\boldsymbol{\alpha}_4=(0,4,-2)^{T}$.

(2) $\boldsymbol{\alpha}_1=(0,4,2)^{T}$，$\boldsymbol{\alpha}_2=(1,1,0)^{T}$，$\boldsymbol{\alpha}_3=(-2,4,3)^{T}$，$\boldsymbol{\alpha}_4=(-3,1,1)^{T}$.

(3) $\boldsymbol{\alpha}_1=(1,-2,3,-1,2)^{T}$，$\boldsymbol{\alpha}_2=(3,-1,5,-3,-1)^{T}$，$\boldsymbol{\alpha}_3=(5,0,7,-5,-4)^{T}$，$\boldsymbol{\alpha}_4=(2,1,2,-2,-3)^{T}$.

14. 设三维实向量空间 $\mathbf{R}^3$ 中的两个基为：

$$\boldsymbol{\alpha}_1=(1,0,1)^{T},\quad \boldsymbol{\alpha}_2=(1,1,-1)^{T},\quad \boldsymbol{\alpha}_3=(0,1,0)^{T}$$
$$\boldsymbol{\beta}_1=(1,-2,1)^{T},\quad \boldsymbol{\beta}_2=(1,2,-1)^{T},\quad \boldsymbol{\beta}_3=(0,1,-2)^{T}$$

(1) 求从基 $\boldsymbol{\alpha}_1,\boldsymbol{\alpha}_2,\boldsymbol{\alpha}_3$ 到基 $\boldsymbol{\beta}_1,\boldsymbol{\beta}_2,\boldsymbol{\beta}_3$ 的过渡矩阵；

(2) 求向量 $\boldsymbol{\eta}=3\boldsymbol{\beta}_1+2\boldsymbol{\beta}_2$ 在基 $\boldsymbol{\alpha}_1,\boldsymbol{\alpha}_2,\boldsymbol{\alpha}_3$ 下的坐标.

15. 设向量 $\boldsymbol{\beta}$ 可由向量组 $\boldsymbol{\alpha}_1,\boldsymbol{\alpha}_2,\cdots,\boldsymbol{\alpha}_r$ 线性表示，但不能由 $\boldsymbol{\alpha}_1,\boldsymbol{\alpha}_2,\cdots,\boldsymbol{\alpha}_{r-1}$ 线性表示. 问向量组 $\boldsymbol{\alpha}_1,\cdots,\boldsymbol{\alpha}_{r-1},\boldsymbol{\alpha}_r$ 与向量组 $\boldsymbol{\alpha}_1,\cdots,\boldsymbol{\alpha}_{r-1},\boldsymbol{\beta}$ 是否等价？证明之.

16. 设 $\boldsymbol{A}=\begin{pmatrix} a_{11} & a_{12} & \cdots & a_{1n} \\ a_{21} & a_{22} & \cdots & a_{2n} \\ \vdots & \vdots & & \vdots \\ a_{n1} & a_{n2} & \cdots & a_{nn} \end{pmatrix}$ 且 $|\boldsymbol{A}|\neq 0$，令 $\boldsymbol{\beta}_i=\begin{pmatrix} a_{1i} \\ a_{2i} \\ \vdots \\ a_{ni} \end{pmatrix}$ $(i=1,2,\cdots,n)$.

试证：任何一个 n 维列向量都可由向量组 $\boldsymbol{\beta}_1,\boldsymbol{\beta}_2,\cdots,\boldsymbol{\beta}_n$ 线性表示.

17. 设 $\boldsymbol{m}\times\boldsymbol{n}$ 矩阵 $\boldsymbol{A}$ 的秩为 n，n 维列向量组 $\boldsymbol{\alpha}_1,\boldsymbol{\alpha}_2,\cdots,\boldsymbol{\alpha}_l(l\leqslant n)$ 线性无关.

证明：向量组 $\boldsymbol{A\alpha}_1,\boldsymbol{A\alpha}_2,\cdots,\boldsymbol{A\alpha}_l$ 线性无关.

B 组

1. 若 $\boldsymbol{\alpha}_1=(1,1,1)^{T}$，$\boldsymbol{\alpha}_2=(a,0,b)^{T}$，$\boldsymbol{\alpha}_3=(1,3,2)^{T}$ 线性相关，则 a,b 满足关系式：________.

2. 设向量 $\boldsymbol{\beta}$ 可由向量组 $\boldsymbol{\alpha}_1,\boldsymbol{\alpha}_2,\cdots,\boldsymbol{\alpha}_r$ 线性表示，则表示方法唯一的充要条件是________.

3. 若向量 $\boldsymbol{\beta}=(0,k,k^2)$ 能由向量

$$\boldsymbol{\alpha}_1=(1+k,1,1),\quad \boldsymbol{\alpha}_2=(1,1+k,1),\quad \boldsymbol{\alpha}_3=(1,1,1+k)$$

唯一线性表示，则 k 应满足________.

4. 若向量组（Ⅰ）：$\boldsymbol{\alpha}_1,\boldsymbol{\alpha}_2,\cdots,\boldsymbol{\alpha}_n$ 中的每一个向量，均可由它的一个部分向量组

(Ⅱ):$\boldsymbol{\alpha}_{i1},\boldsymbol{\alpha}_{i2},\cdots,\boldsymbol{\alpha}_{ir}$唯一地线性表示,则向量组(Ⅰ)的秩是________.

5. 设向量组(Ⅰ):$\boldsymbol{\alpha}_1,\boldsymbol{\alpha}_2,\cdots,\boldsymbol{\alpha}_n$;向量组(Ⅱ):$\boldsymbol{\beta}_1,\boldsymbol{\beta}_2,\cdots,\boldsymbol{\beta}_n$ 的秩分别为 r_1 和 r_2,并且向量组(Ⅰ)中每一个向量都可由向量组(Ⅱ)线性表示,则 r_1 和 r_2 的关系是________.

6. 向量组 $\boldsymbol{\alpha}_1,\boldsymbol{\alpha}_2,\cdots,\boldsymbol{\alpha}_s$ 线性无关的充分条件是(　　).

A. $\boldsymbol{\alpha}_1,\boldsymbol{\alpha}_2,\cdots,\boldsymbol{\alpha}_s$ 均不为零向量

B. $\boldsymbol{\alpha}_1,\boldsymbol{\alpha}_2,\cdots,\boldsymbol{\alpha}_s$ 中任两个的分量不成比例

C. $\boldsymbol{\alpha}_1,\boldsymbol{\alpha}_2,\cdots,\boldsymbol{\alpha}_s$ 中任意一个向量均不能由其余 $s-1$ 个向量线性表示

D. $\boldsymbol{\alpha}_1,\boldsymbol{\alpha}_2,\cdots,\boldsymbol{\alpha}_s$ 中有一部分向量线性无关

7. 设向量组 $\boldsymbol{\alpha}_1,\boldsymbol{\alpha}_2,\boldsymbol{\alpha}_3$ 线性无关,向量组 $\boldsymbol{\alpha}_2,\boldsymbol{\alpha}_3,\boldsymbol{\alpha}_4$ 线性相关,则(　　).

A. $\boldsymbol{\alpha}_4$ 未必能被 $\boldsymbol{\alpha}_2,\boldsymbol{\alpha}_3$ 线性表示　　B. $\boldsymbol{\alpha}_4$ 必能被 $\boldsymbol{\alpha}_2,\boldsymbol{\alpha}_3$ 线性表示

C. $\boldsymbol{\alpha}_1$ 可被 $\boldsymbol{\alpha}_2,\boldsymbol{\alpha}_3,\boldsymbol{\alpha}_4$ 线性表示　　D. 以上都不对

8. 设 $\boldsymbol{A}$ 为 $m\times n$ 矩阵,$\boldsymbol{B}$ 为 $n\times k$ 矩阵,且 $\boldsymbol{C}=\boldsymbol{AB}$,则 $\boldsymbol{C}$ 的第 j 列是(　　).

A. $\boldsymbol{B}$ 的各列向量的线性组合,组合系数是 $\boldsymbol{A}$ 第 j 列的各元素

B. $\boldsymbol{A}$ 的各列向量的线性组合,组合系数是 $\boldsymbol{B}$ 第 j 列的各元素

C. $\boldsymbol{A}$ 的各列向量的线性组合,组合系数是 $\boldsymbol{B}$ 第 i 行的各元素

D. $\boldsymbol{B}$ 的各行向量的线性组合,组合系数是 $\boldsymbol{A}$ 第 j 列的各元素

9. 设 $\boldsymbol{A}$ 为 $m\times n$ 矩阵,$\boldsymbol{B}$ 为 $n\times k$ 矩阵,且 $\boldsymbol{C}=\boldsymbol{AB}$,则 $\boldsymbol{C}$ 的第 i 行是(　　).

A. $\boldsymbol{B}$ 的各列向量的线性组合,组合系数是 $\boldsymbol{A}$ 第 i 行的各元素

B. $\boldsymbol{A}$ 的各行向量的线性组合,组合系数是 $\boldsymbol{B}$ 第 i 行的各元素

C. $\boldsymbol{B}$ 的各行向量的线性组合,组合系数是 $\boldsymbol{A}$ 第 i 列的各元素

D. $\boldsymbol{B}$ 的各行向量的线性组合,组合系数是 $\boldsymbol{A}$ 第 i 列的各元素

10. 设 $\boldsymbol{M}=\begin{pmatrix}\boldsymbol{A} & \boldsymbol{0}\\ \boldsymbol{C} & \boldsymbol{B}\end{pmatrix}$,则下面的结论(　　)成立.

A. $r(\boldsymbol{M})\geqslant r(\boldsymbol{A})+r(\boldsymbol{B})$　　B. $r(\boldsymbol{M})<r(\boldsymbol{A})+r(\boldsymbol{B})$

C. $r(\boldsymbol{M})\leqslant r(\boldsymbol{A})+r(\boldsymbol{B})$　　D. $r(\boldsymbol{M})=r(\boldsymbol{A})+r(\boldsymbol{B})$

11. 求向量组 $\boldsymbol{\beta}_1=\begin{pmatrix}1\\1\\c\end{pmatrix},\boldsymbol{\beta}_2=\begin{pmatrix}b\\2b\\1\end{pmatrix},\boldsymbol{\beta}_3=\begin{pmatrix}1\\1\\1\end{pmatrix},\boldsymbol{\beta}_4=\begin{pmatrix}3\\4\\4\end{pmatrix}$ 的秩及一个极大线性无关组.

12. 求实数 a 和 b,使向量组

$$\boldsymbol{\alpha}_1=(1,1,0,0),\quad \boldsymbol{\alpha}_2=(0,1,1,0),\quad \boldsymbol{\alpha}_3=(0,0,1,1)$$

与向量组

$$\boldsymbol{\beta}_1=(1,a,b,1),\quad \boldsymbol{\beta}_2=(2,1,1,2),\quad \boldsymbol{\beta}_3=(0,1,2,1)$$

等价.

13. 设 $\mathbf{R}^4$ 的两个基

(Ⅰ)：$\boldsymbol{\alpha}_1=(0,0,1,0),\boldsymbol{\alpha}_2=(0,0,0,1),\boldsymbol{\alpha}_3=(1,0,0,0),\boldsymbol{\alpha}_4=(0,1,0,0)$

(Ⅱ)：$\boldsymbol{\beta}_1=(1,0,-1,0),\boldsymbol{\beta}_2=(-1,0,-1,0),\boldsymbol{\beta}_3=(0,1,0,-1),\boldsymbol{\beta}_4=(0,-1,0,-1)$

试求由基(Ⅰ)到基(Ⅱ)的过渡矩阵 $\boldsymbol{P}$，并求 $\boldsymbol{\gamma}=(1,4,-3,2)$ 在 $\boldsymbol{\beta}_1,\boldsymbol{\beta}_2,\boldsymbol{\beta}_3,\boldsymbol{\beta}_4$ 下的坐标.

14. 设 $\mathbf{R}^4$ 的两个基为

(Ⅰ)：$\boldsymbol{\alpha}_1,\boldsymbol{\alpha}_2,\boldsymbol{\alpha}_3,\boldsymbol{\alpha}_4$

(Ⅱ)：$\boldsymbol{\beta}_1=(1,2,0,0),\boldsymbol{\beta}_2=(2,1,0,0),\boldsymbol{\beta}_3=(0,0,1,2),\boldsymbol{\beta}_4=(0,0,2,1)$

且由基(Ⅰ)到基(Ⅱ)的过渡矩阵为

$$\boldsymbol{P}=\begin{pmatrix}2&1&0&0\\1&1&0&0\\0&0&3&5\\0&0&1&2\end{pmatrix}$$

(1) 求基(Ⅰ)；

(2) 求向量 $\boldsymbol{\alpha}=\boldsymbol{\alpha}_1+\boldsymbol{\alpha}_2+\boldsymbol{\alpha}_3-2\boldsymbol{\alpha}_4$ 在基(Ⅱ)下的坐标.

15. 设四维向量空间 $\boldsymbol{V}$ 的两个基

(Ⅰ)：$\boldsymbol{\alpha}_1,\boldsymbol{\alpha}_2,\boldsymbol{\alpha}_3,\boldsymbol{\alpha}_4$,

(Ⅱ)：$\boldsymbol{\beta}_1,\boldsymbol{\beta}_2,\boldsymbol{\beta}_3,\boldsymbol{\beta}_4$

满足
$$\begin{cases}\boldsymbol{\alpha}_1=\boldsymbol{\beta}_1\\2\boldsymbol{\alpha}_1+\boldsymbol{\alpha}_2=\boldsymbol{\beta}_2\end{cases},\quad\begin{cases}-\boldsymbol{\beta}_1+2\boldsymbol{\beta}_2+\boldsymbol{\beta}_3=\boldsymbol{\alpha}_3\\-3\boldsymbol{\beta}_1-5\boldsymbol{\beta}_2-3\boldsymbol{\beta}_3+\boldsymbol{\beta}_4=\boldsymbol{\alpha}_4\end{cases}$$

(1) 求由基(Ⅰ)到基(Ⅱ)的过渡矩阵 $\boldsymbol{P}$；

(2) 求向量 $\boldsymbol{\beta}=\boldsymbol{\beta}_1+\boldsymbol{\beta}_2+\boldsymbol{\beta}_3+\boldsymbol{\beta}_4$ 在基(Ⅰ)下的坐标；

(3) 求在基(Ⅰ)和基(Ⅱ)下有相同坐标的全体向量.

16. 设向量组 $\boldsymbol{\alpha}_1,\boldsymbol{\alpha}_2,\boldsymbol{\alpha}_3$ 线性无关，证明：向量组

$$\boldsymbol{\beta}_1=\boldsymbol{\alpha}_1+\boldsymbol{\alpha}_2+\boldsymbol{\alpha}_3,\quad\boldsymbol{\beta}_2=2\boldsymbol{\alpha}_1+3\boldsymbol{\alpha}_2+4\boldsymbol{\alpha}_3,\quad\boldsymbol{\beta}_3=4\boldsymbol{\alpha}_1+9\boldsymbol{\alpha}_2+16\boldsymbol{\alpha}_3$$

也线性无关.

17. 设向量组 $\boldsymbol{\alpha}_1,\boldsymbol{\alpha}_2,\boldsymbol{\alpha}_3,\boldsymbol{\alpha}_4$ 线性无关，且有

$$\begin{cases}\boldsymbol{\alpha}_1=\boldsymbol{\beta}_1-\boldsymbol{\beta}_2-\boldsymbol{\beta}_3-\boldsymbol{\beta}_4\\\boldsymbol{\alpha}_2=-\boldsymbol{\beta}_1+\boldsymbol{\beta}_2-\boldsymbol{\beta}_3-\boldsymbol{\beta}_4\\\boldsymbol{\alpha}_3=-\boldsymbol{\beta}_1-\boldsymbol{\beta}_2+\boldsymbol{\beta}_3-\boldsymbol{\beta}_4\\\boldsymbol{\alpha}_4=-\boldsymbol{\beta}_1-\boldsymbol{\beta}_2-\boldsymbol{\beta}_3+\boldsymbol{\beta}_4\end{cases}$$

试证：向量组 $\boldsymbol{\beta}_1,\boldsymbol{\beta}_2,\boldsymbol{\beta}_3,\boldsymbol{\beta}_4$ 也必线性无关.

参考答案及提示

A 组

1. $\frac{17}{7}$ **2.** $t\neq\frac{5}{2}$ **3.** $\boldsymbol{\alpha}_1,\boldsymbol{\alpha}_2,\boldsymbol{\alpha}_5$ **4.** 3 **5.** $\sum_{i=1}^{n}x_iy_i$

6. D **7.** B **8.** C **9.** D **10.** B **11.** D

12. (1) 由对应分量不成比例或由 $r(\boldsymbol{\alpha}_1,\boldsymbol{\alpha}_5)=2$ 而知 $\boldsymbol{\alpha}_1,\boldsymbol{\alpha}_5$ 线性无关.

(2) 令 $\boldsymbol{A}=(\boldsymbol{\alpha}_1^{\mathrm{T}},\boldsymbol{\alpha}_2^{\mathrm{T}},\boldsymbol{\alpha}_3^{\mathrm{T}},\boldsymbol{\alpha}_4^{\mathrm{T}},\boldsymbol{\alpha}_5^{\mathrm{T}})$,对 $\boldsymbol{A}$ 施以初等行变换化为行阶梯形矩阵,即可知$r(\boldsymbol{A})=3$及包含 $\boldsymbol{\alpha}_1,\boldsymbol{\alpha}_5$ 的一个极大无关组可取$\{\boldsymbol{\alpha}_1,\boldsymbol{\alpha}_2,\boldsymbol{\alpha}_5\}$.

13. (1) 秩为 2;$\boldsymbol{\alpha}_1,\boldsymbol{\alpha}_3$ 为一个极大线性无关组,且

$$\boldsymbol{\alpha}_2=2\boldsymbol{\alpha}_1,\quad \boldsymbol{\alpha}_4=2(\boldsymbol{\alpha}_1-\boldsymbol{\alpha}_3)$$

(2) 秩为 2;$\boldsymbol{\alpha}_1,\boldsymbol{\alpha}_2$ 为一个极大线性无关组,且

$$\boldsymbol{\alpha}_3=\frac{3}{2}\boldsymbol{\alpha}_1-2\boldsymbol{\alpha}_2,\quad \boldsymbol{\alpha}_4=\frac{1}{2}\boldsymbol{\alpha}_1-\boldsymbol{\alpha}_2$$

(3) 秩为 2;$\boldsymbol{\alpha}_1,\boldsymbol{\alpha}_2$ 为一个极大线性无关组,且

$$\boldsymbol{\alpha}_3=2\boldsymbol{\alpha}_2-\boldsymbol{\alpha}_1,\quad \boldsymbol{\alpha}_4=\boldsymbol{\alpha}_2-\boldsymbol{\alpha}_1$$

14. (1) $\boldsymbol{P}=\begin{pmatrix}1&0&-1\\0&1&1\\-2&1&0\end{pmatrix}$; (2) $\boldsymbol{\eta}$ 在基 $\boldsymbol{\alpha}_1,\boldsymbol{\alpha}_2,\boldsymbol{\alpha}_3$ 下的坐标列为$(3,2,-4)^{\mathrm{T}}$.

15. 是等价的. 提示:向量 $\boldsymbol{\beta}$ 可由向量组 $\boldsymbol{\alpha}_1,\boldsymbol{\alpha}_2,\cdots,\boldsymbol{\alpha}_r$ 线性表示,显然 $\boldsymbol{\alpha}_1,\boldsymbol{\alpha}_2,\cdots,\boldsymbol{\alpha}_{r-1},\boldsymbol{\beta}$ 可由向量组 $\boldsymbol{\alpha}_1,\boldsymbol{\alpha}_2,\cdots,\boldsymbol{\alpha}_r$ 线性表示;又由 $\boldsymbol{\beta}$ 可由向量组 $\boldsymbol{\alpha}_1,\boldsymbol{\alpha}_2,\cdots,\boldsymbol{\alpha}_r$ 线性表示及 $\boldsymbol{\beta}$ 不能由 $\boldsymbol{\alpha}_1,\boldsymbol{\alpha}_2,\cdots,\boldsymbol{\alpha}_{r-1}$ 线性表示,而知 $\boldsymbol{\alpha}_1,\boldsymbol{\alpha}_2,\cdots,\boldsymbol{\alpha}_r$ 可由 $\boldsymbol{\alpha}_1,\boldsymbol{\alpha}_2,\cdots,\boldsymbol{\alpha}_{r-1},\boldsymbol{\beta}$ 线性表示,即有 $\boldsymbol{\alpha}_1,\boldsymbol{\alpha}_2,\cdots,\boldsymbol{\alpha}_r$ 与 $\boldsymbol{\alpha}_1,\boldsymbol{\alpha}_2,\cdots,\boldsymbol{\alpha}_{r-1},\boldsymbol{\beta}$ 互相线性表示,从而等价.

16. 因为$|\boldsymbol{A}|\neq0$,所以 $\boldsymbol{\beta}_1,\boldsymbol{\beta}_2,\cdots,\boldsymbol{\beta}_n$ 线性无关. 设 $\boldsymbol{\alpha}$ 为任意一个 n 维列向量,则 $\boldsymbol{\alpha},\boldsymbol{\beta}_1,\boldsymbol{\beta}_2,\cdots,\boldsymbol{\beta}_n$ 线性相关,从而可证 $\boldsymbol{\alpha}$ 可由向量组 $\boldsymbol{\beta}_1,\boldsymbol{\beta}_2,\cdots,\boldsymbol{\beta}_n$ 线性表示.

17. 简证:将 $\boldsymbol{A}$ 按列分块为 $\boldsymbol{A}=(\boldsymbol{\beta}_1,\boldsymbol{\beta}_2,\cdots,\boldsymbol{\beta}_n)$. 作 $k_1\boldsymbol{A}\boldsymbol{\alpha}_1+k_2\boldsymbol{A}\boldsymbol{\alpha}_1+\cdots+k_l\boldsymbol{A}\boldsymbol{\alpha}_l=\boldsymbol{0}$,即(*):$\boldsymbol{A}(k_1\boldsymbol{\alpha}_1+k_2\boldsymbol{\alpha}_2+\cdots+k_l\boldsymbol{\alpha}_l)=\boldsymbol{0}$. 记 $k_1\boldsymbol{\alpha}_1+k_2\boldsymbol{\alpha}_2+\cdots+k_l\boldsymbol{\alpha}_l=\boldsymbol{\alpha}=(t_1,t_2,\cdots,t_n)^{\mathrm{T}}$,则(*)式成为 $t_1\boldsymbol{\beta}_1+t_2\boldsymbol{\beta}_2+\cdots+t_n\boldsymbol{\beta}_n=\boldsymbol{0}$,由 $\boldsymbol{\beta}_1,\boldsymbol{\beta}_2,\cdots,\boldsymbol{\beta}_n$ 线性无关得 $t_1=t_2=\cdots=t_n=0$,即 $\boldsymbol{\alpha}=\boldsymbol{0}$,又由 $\boldsymbol{\alpha}_1,\boldsymbol{\alpha}_2,\cdots,\boldsymbol{\alpha}_l$ 线性无关得 $k_1=k_2=\cdots=k_l=0$,从而得证 $\boldsymbol{A}\boldsymbol{\alpha}_1,\boldsymbol{A}\boldsymbol{\alpha}_2,\cdots,\boldsymbol{A}\boldsymbol{\alpha}_l$ 线性无关.

B 组

1. $a=2b$ **2.** $\boldsymbol{\alpha}_1,\boldsymbol{\alpha}_2,\cdots,\boldsymbol{\alpha}_r$ 线性无关 **3.** $k\neq0$ 且 $k\neq-3$

4. r **5.** $r_1\leqslant r_2$ **6.** C **7.** B **8.** B **9.** C **10.** A

注 1 关于第 8,9 两题的注解:

将 $\boldsymbol{A},\boldsymbol{B},\boldsymbol{C}$ 分别按列、行分块，按分块乘法便有

$$\boldsymbol{C}=\boldsymbol{A}\boldsymbol{B}=(\boldsymbol{A}\boldsymbol{b}_1,\cdots,\boldsymbol{A}\boldsymbol{b}_k)\xlongequal{(\text{或})}\begin{pmatrix}\boldsymbol{a}_{(1)}^{\mathrm{T}}\boldsymbol{B}\\ \vdots\\ \boldsymbol{a}_{(m)}^{\mathrm{T}}\boldsymbol{B}\end{pmatrix}$$

从而有

$$\boldsymbol{c}_j=\boldsymbol{A}\boldsymbol{b}_j=(\boldsymbol{a}_1,\cdots,\boldsymbol{a}_n)\begin{pmatrix}b_{1j}\\ \vdots\\ b_{2j}\end{pmatrix}=\sum_{l=1}^{n}b_{lj}\boldsymbol{a}_l,\quad j=1,\cdots,k$$

$$\boldsymbol{c}_{(i)}^{\mathrm{T}}=\boldsymbol{a}_{(i)}^{\mathrm{T}}\boldsymbol{B}=(a_{i1},\cdots,a_{in})\begin{pmatrix}\boldsymbol{b}_{(1)}^{\mathrm{T}}\\ \vdots\\ \boldsymbol{b}_{(n)}^{\mathrm{T}}\end{pmatrix}=\sum_{l=1}^{n}a_{il}\boldsymbol{b}_{(l)}^{\mathrm{T}},\quad i=1,\cdots,m$$

这就是说：当 $\boldsymbol{C}=\boldsymbol{A}\boldsymbol{B}$ 时，$\boldsymbol{C}$ 的列向量组可由 $\boldsymbol{A}$ 的列向量组线性表示，$\boldsymbol{C}$ 的行向量组可由 $\boldsymbol{B}$ 的行向量组线性表示，但都未必等价.

当 $n=k$ 且 $\boldsymbol{B}$ 可逆时，则由 $\boldsymbol{C}=\boldsymbol{A}\boldsymbol{B}$ 与 $\boldsymbol{A}=\boldsymbol{C}\boldsymbol{B}^{-1}$ 可知，$\boldsymbol{C}$ 的列向量组与 $\boldsymbol{A}$ 的列向量组等价；同理，当 $m=n$ 且 $\boldsymbol{A}$ 可逆时，则 $\boldsymbol{C}$ 的行向量组与 $\boldsymbol{B}$ 的行向量组等价.

注 2　关于第 10 题的注解：若 $\boldsymbol{C}$ 的行向量组不能由 $\boldsymbol{A}$ 的行向量组线性表示，或 $\boldsymbol{C}$ 的列向量组不能由 $\boldsymbol{B}$ 的列向量组线性表示，则 $r(\boldsymbol{M})>r(\boldsymbol{A})+r(\boldsymbol{B})$. 故选 A. 若在该题中加强条件，$\boldsymbol{A}$ 为可逆矩阵，则应选 D.

11. $c\neq1$ 且 $b\neq0$ 时，秩为 3，极大线性无关组可取为 $\boldsymbol{\beta}_1,\boldsymbol{\beta}_2,\boldsymbol{\beta}_3$；

$b=0$ 时，秩为 3，极大线性无关组可取为 $\boldsymbol{\beta}_1,\boldsymbol{\beta}_2,\boldsymbol{\beta}_4$；

$c=1$ 且 $b\neq1/2$ 时，秩为 3，极大线性无关组可取为 $\boldsymbol{\beta}_1,\boldsymbol{\beta}_2,\boldsymbol{\beta}_4$；

$c=1$ 且 $b=1/2$ 时，秩为 2，极大线性无关组可取为 $\boldsymbol{\beta}_1,\boldsymbol{\beta}_2$.

12. $a=b\neq1/2$

13. $\boldsymbol{P}=\begin{pmatrix}-1&-1&0&0\\0&0&-1&-1\\1&-1&0&0\\0&0&1&-1\end{pmatrix}$　$(\boldsymbol{\beta}_1^{\mathrm{T}},\boldsymbol{\beta}_2^{\mathrm{T}},\boldsymbol{\beta}_3^{\mathrm{T}},\boldsymbol{\beta}_4^{\mathrm{T}})^{-1}=\begin{pmatrix}1\\4\\-3\\2\end{pmatrix}=\begin{pmatrix}2\\1\\1\\-3\end{pmatrix}$

14. (1) $\boldsymbol{\alpha}_1=(-1,1,0,0)$　$\boldsymbol{\alpha}_2=(3,0,0,0)$　$\boldsymbol{\alpha}_3=(0,0,0,3)$　$\boldsymbol{\alpha}_4=(0,0,1,-7)$

(2) $(0,1,12,-7)$

15. (1) 由基(Ⅰ)到基(Ⅱ)的过渡矩阵

$$\boldsymbol{P}=\begin{pmatrix}1&-2&-1&-3\\0&1&2&-5\\0&0&1&-3\\0&0&0&1\end{pmatrix}^{-1}=\begin{pmatrix}1&2&-3&4\\0&1&-2&-1\\0&0&1&3\\0&0&0&1\end{pmatrix}$$

(2) $\boldsymbol{\beta}$ 在基(Ⅰ)下的坐标列为 $(4,-2,4,1)^{\mathrm{T}}$（因为 $\boldsymbol{x}=\boldsymbol{P}\boldsymbol{y}$）.

(3) 设向量 $\boldsymbol{\alpha}$ 在基(Ⅰ)与基(Ⅱ)下的坐标列分别为

$$\boldsymbol{x}=(x_1,x_2,x_3,x_4)^{\mathrm{T}} \quad 与 \quad \boldsymbol{y}=(y_1,y_2,y_3,y_4)^{\mathrm{T}}$$

据坐标变换公式及题设有 $$\boldsymbol{x}=\boldsymbol{P}\boldsymbol{y}=\boldsymbol{P}\boldsymbol{x}$$

从而由 $$(\boldsymbol{E}-\boldsymbol{P})\boldsymbol{x}=\boldsymbol{0}$$

解得 $$\boldsymbol{x}=(k,0,0,0)^{\mathrm{T}}$$

故得在基(Ⅰ)和基(Ⅱ)下有相同坐标的全体向量为 $k\boldsymbol{\alpha}_1, k\in\mathbf{R}$.

16. 提示：设有 $k_1\boldsymbol{\beta}_1+k_2\boldsymbol{\beta}_2+k_3\boldsymbol{\beta}_3=\boldsymbol{0}$，推出 $k_1=k_2=k_3=0$.

17. 提示：证明 $\boldsymbol{\beta}_1,\boldsymbol{\beta}_2,\boldsymbol{\beta}_3,\boldsymbol{\beta}_4$ 能由 $\boldsymbol{\alpha}_1,\boldsymbol{\alpha}_2,\boldsymbol{\alpha}_3,\boldsymbol{\alpha}_4$ 线性表示(写成形式矩阵，反解之)，从而可相互线性表示，故是等价的向量组，即 $\boldsymbol{\beta}_1,\boldsymbol{\beta}_2,\boldsymbol{\beta}_3,\boldsymbol{\beta}_4$ 也必线性无关.

第五章　特征值和特征向量 矩阵对角化

一、教学基本要求

（1）了解向量的内积、长度、正交、规范正交基、正交矩阵等概念，知道施密特正交化方法.

（2）理解矩阵的特征值和特征向量的概念，掌握其性质，会求特征值和特征向量.

（3）了解相似矩阵的概念和性质，了解矩阵可相似对角化的充要条件.

（4）掌握利用正交矩阵化对称矩阵为对角矩阵的方法.

二、内容提要

（一）向量组的正交化

（1）设有 n 维向量 $\boldsymbol{x}=\begin{pmatrix}x_1\\x_2\\\vdots\\x_n\end{pmatrix}$，$\boldsymbol{y}=\begin{pmatrix}y_1\\y_2\\\vdots\\y_n\end{pmatrix}$，令 $[\boldsymbol{x},\boldsymbol{y}]=x_1y_1+x_2y_2+\cdots+x_ny_n$，称为向量 $\boldsymbol{x},\boldsymbol{y}$ 的内积.

（2）令 $\|\boldsymbol{x}\|=\sqrt{[\boldsymbol{x},\boldsymbol{x}]}=\sqrt{x_1^2+x_2^2+\cdots+x_n^2}$，称为 n 维向量 $\boldsymbol{x}$ 的长度（范数），当 $\|\boldsymbol{x}\|=1$ 时，向量 $\boldsymbol{x}$ 称为单位向量. 当且仅当 $\boldsymbol{x}=\boldsymbol{0}$ 时，$\|\boldsymbol{x}\|=0$.

（3）若 $[\boldsymbol{x},\boldsymbol{y}]=0$ 时，称向量 $\boldsymbol{x},\boldsymbol{y}$ 正交.

（4）若一个非零向量组中任意两个向量都正交，则称此向量组为正交向量组，正交向量组一定线性无关.

若一个正交向量组中每一个向量都是单位向量，则称此向量组为规范正交向量组（标准正交向量组）.

（5）施密特正交化：施密特正交化方法是将一组线性无关的向量组 $\boldsymbol{\alpha}_1,\boldsymbol{\alpha}_2,\cdots,\boldsymbol{\alpha}_r$ 化为一组与之等价的正交向量组 $\boldsymbol{\beta}_1,\boldsymbol{\beta}_2,\cdots,\boldsymbol{\beta}_r$ 的方法. 取

$$\begin{cases}\boldsymbol{\beta}_1=\boldsymbol{\alpha}_1\\ \boldsymbol{\beta}_2=\boldsymbol{\alpha}_2-\dfrac{[\boldsymbol{\beta}_1,\boldsymbol{\alpha}_2]}{[\boldsymbol{\beta}_1,\boldsymbol{\beta}_1]}\boldsymbol{\beta}_1\\ \vdots\\ \boldsymbol{\beta}_r=\boldsymbol{\alpha}_r-\dfrac{[\boldsymbol{\beta}_1,\boldsymbol{\alpha}_r]}{[\boldsymbol{\beta}_1,\boldsymbol{\beta}_1]}\boldsymbol{\beta}_1-\dfrac{[\boldsymbol{\beta}_2,\boldsymbol{\alpha}_r]}{[\boldsymbol{\beta}_2,\boldsymbol{\beta}_2]}\boldsymbol{\beta}_2-\cdots-\dfrac{[\boldsymbol{\beta}_{r-1},\boldsymbol{\alpha}_r]}{[\boldsymbol{\beta}_{r-1},\boldsymbol{\beta}_{r-1}]}\boldsymbol{\beta}_{r-1}\end{cases}$$

(6) 正交矩阵:如果 n 阶方阵 $\boldsymbol{A}$ 满足:$\boldsymbol{A}\boldsymbol{A}^{\mathrm{T}}=\boldsymbol{A}^{\mathrm{T}}\boldsymbol{A}=\boldsymbol{E}$(即 $\boldsymbol{A}^{-1}=\boldsymbol{A}^{\mathrm{T}}$),则称 $\boldsymbol{A}$ 为正交矩阵.

$\boldsymbol{A}$ 为正交矩阵$\Leftrightarrow\boldsymbol{A}^{\mathrm{T}}\boldsymbol{A}=\boldsymbol{E}\Leftrightarrow\boldsymbol{A}\boldsymbol{A}^{\mathrm{T}}=\boldsymbol{E}\Leftrightarrow\boldsymbol{A}$ 可逆且 $\boldsymbol{A}^{-1}=\boldsymbol{A}^{\mathrm{T}}\Leftrightarrow\boldsymbol{A}$ 的行(列)向量组为规范正交向量组.

(二) 特征值、特征向量的定义及计算

1. 特征值、特征向量的定义

$\boldsymbol{A}$ 是 n 阶方阵,$\boldsymbol{x}$ 是 n 维非零列向量,若 $\boldsymbol{A}\boldsymbol{x}=\lambda\boldsymbol{x}(\boldsymbol{x}\neq\boldsymbol{0})$,则称数 λ 是方阵 $\boldsymbol{A}$ 的特征值,$\boldsymbol{x}$ 是方阵 $\boldsymbol{A}$ 的对应于特征值 λ 的特征向量.

注:特征向量不能为零向量.

等价定义:λ 是方阵 $\boldsymbol{A}$ 的特征值$\Leftrightarrow|\lambda\boldsymbol{E}-\boldsymbol{A}|=0\Leftrightarrow|\boldsymbol{A}-\lambda\boldsymbol{E}|=0$.

$\boldsymbol{x}$ 是方阵 $\boldsymbol{A}$ 的对应于特征值 λ 的特征向量$\Leftrightarrow(\lambda\boldsymbol{E}-\boldsymbol{A})\boldsymbol{x}=\boldsymbol{0}(\boldsymbol{x}\neq\boldsymbol{0})\Leftrightarrow(\boldsymbol{A}-\lambda\boldsymbol{E})\boldsymbol{x}=\boldsymbol{0}(\boldsymbol{x}\neq\boldsymbol{0})$.

2. 特征值、特征向量的计算

(1) 当 $\boldsymbol{A}$ 是具体给定的方阵时,其特征值、特征向量计算步骤为:

① 计算 $\boldsymbol{A}$ 的特征多项式 $f_{\boldsymbol{A}}(\lambda)=|\lambda\boldsymbol{E}-\boldsymbol{A}|$(或 $f_{\boldsymbol{A}}(\lambda)=|\boldsymbol{A}-\lambda\boldsymbol{E}|$);

② 求出 $f_{\boldsymbol{A}}(\lambda)=0$ 的全部根,$\boldsymbol{A}$ 的所有特征值;

③ 对于每个特征值 λ_i,求出齐次线性方程组$(\lambda_i\boldsymbol{E}-\boldsymbol{A})\boldsymbol{x}=\boldsymbol{0}$ 的一个基础解系,设为 $\boldsymbol{\alpha}_1,\boldsymbol{\alpha}_2,\cdots,\boldsymbol{\alpha}_s$,则 $k_1\boldsymbol{\alpha}_1+k_2\boldsymbol{\alpha}_2+\cdots+k_s\boldsymbol{\alpha}_s$ 就是对应于特征值 λ_0 的所有特征向量($k_1,k_2,\cdots,k_s$ 不全为 0).

(2) 当 $\boldsymbol{A}$ 是抽象的方阵时,求 $\boldsymbol{A}$ 的特征值、特征向量通常需要考虑特征值、特征向量的定义或等价定义.

(三) 特征值、特征向量的性质和应用

1. 特征值的性质

(1) $\boldsymbol{A}$ 与 $\boldsymbol{A}^{\mathrm{T}}$ 具有相同的特征值.

(2) 设 n 阶方阵 $\boldsymbol{A}$ 的特征值为 $\lambda_1,\lambda_2,\cdots,\lambda_n$,则 $|\boldsymbol{A}|=\lambda_1\lambda_2\cdots\lambda_n$,$\mathrm{tr}\boldsymbol{A}=\lambda_1+\lambda_2+\cdots+\lambda_n$,其中 $\mathrm{tr}\boldsymbol{A}=\sum\limits_{i=1}^{n}a_{ii}$.

(3) 设 n 阶方阵 $\boldsymbol{A}$ 可逆,λ 是 $\boldsymbol{A}$ 的一个特征值,则 $\lambda\neq0$ 且 $\dfrac{1}{\lambda}$ 是 $\boldsymbol{A}^{-1}$ 的特征值.

(4) 设 λ 是 $\boldsymbol{A}$ 的特征值,则 $f(\lambda)=a_0+a_1\lambda+\cdots+a_n\lambda^n$ 是 $f(\boldsymbol{A})=a_0\boldsymbol{E}+a_1\boldsymbol{A}+\cdots+a_n\boldsymbol{A}^n$ 的特征值.

(5) 实对称矩阵 $\boldsymbol{A}$ 的特征值一定是实数.

2. 特征向量的主要性质

(1) 矩阵 $\boldsymbol{A}$ 的属于同一特征值的特征向量的非零线性组合还是属于这个特征值的特征向量.

(2) 矩阵 $\boldsymbol{A}$ 的属于不同特征值的特征向量的和不再是 $\boldsymbol{A}$ 的特征向量.

(3) 矩阵 $\boldsymbol{A}$ 的属于不同特征值的特征向量线性无关.

(4) 实对称矩阵 $\boldsymbol{A}$ 的属于不同特征值的特征向量正交.

(四) 矩阵的相似对角化

1. 相似矩阵

设 $\boldsymbol{A},\boldsymbol{B}$ 都是 n 阶方阵,若有可逆矩阵 $\boldsymbol{P}$,使 $\boldsymbol{P}^{-1}\boldsymbol{AP}=\boldsymbol{B}$,则称矩阵 $\boldsymbol{A},\boldsymbol{B}$ 相似.

相似矩阵具有如下性质:

(1) 矩阵的相似满足自反性、对称性、传递性;

(2) 矩阵相似必然等价,反之未必;

(3) 矩阵相似必有相同的特征多项式,从而有相同的特征值,行列式相等,迹相等,秩相等,反之未必;

(4) $\boldsymbol{A},\boldsymbol{B}$ 相似,则 $\boldsymbol{A}^m,\boldsymbol{B}^m$ 相似.

2. 矩阵的对角化

(1) n 阶方阵 $\boldsymbol{A}$ 可对角化的充要条件是 $\boldsymbol{A}$ 有 n 个线性无关的特征向量.

若 $\boldsymbol{P}^{-1}\boldsymbol{AP}=\begin{pmatrix}\lambda_1 & & & \\ & \lambda_2 & & \\ & & \ddots & \\ & & & \lambda_n\end{pmatrix}$,则 $\lambda_1,\lambda_2,\cdots,\lambda_n$ 为 $\boldsymbol{A}$ 的特征值,$\boldsymbol{P}=(\boldsymbol{\alpha}_1,\boldsymbol{\alpha}_2,\cdots,\boldsymbol{\alpha}_n)$中的列 $\boldsymbol{\alpha}_i$ 是对应于特征值 λ_i 的特征向量,$\boldsymbol{\alpha}_1,\boldsymbol{\alpha}_2,\cdots,\boldsymbol{\alpha}_n$ 线性无关.

(2) n 阶实对称矩阵 $\boldsymbol{A}$ 一定可对角化. 对于 n 阶实对称矩阵 $\boldsymbol{A}$,一定可找到 n 个两两正交的单位特征向量,从而存在正交的相似变换矩阵 $\boldsymbol{P}$ 使得

$$\boldsymbol{P}^{\mathrm{T}}\boldsymbol{AP}=\begin{pmatrix}\lambda_1 & & & \\ & \lambda_2 & & \\ & & \ddots & \\ & & & \lambda_n\end{pmatrix},\quad \boldsymbol{P}=(\boldsymbol{\alpha}_1,\boldsymbol{\alpha}_2,\cdots,\boldsymbol{\alpha}_n)$$

中的列是两两正交的单位特征向量.

对称矩阵的性质:

(1) 对称矩阵的特征值都是实数;

(2) 对称矩阵的对应不同特征值的特征向量正交;

(3) 给定对称阵 $\boldsymbol{A}$,存在正交矩阵 $\boldsymbol{P}$,使 $\boldsymbol{P}^{-1}\boldsymbol{AP}=\boldsymbol{P}^{\mathrm{T}}\boldsymbol{AP}=\boldsymbol{\Lambda}=\mathrm{diag}(\lambda_1,\lambda_2,\cdots,\lambda_n)$.

对称阵 $\boldsymbol{A}$ 对角化的步骤:

(1) 求出 $\boldsymbol{A}$ 的全部互不相等的特征值 $\lambda_1,\lambda_2,\cdots,\lambda_l$,它们的重数依次为 $s_1,s_2,\cdots,s_l$,其中 $s_1+s_2+\cdots+s_l=n$;

(2) 对每个 s_i 重特征值 λ_i,求方程 $(\boldsymbol{A}-\lambda_i\boldsymbol{E})\boldsymbol{x}=\boldsymbol{0}$ 的基础解系,得 s_i 个线性无关

的特征向量，再把它们正交化、单位化，得 s_i 个两两正交的单位特征向量. 因 $s_1+s_2+\cdots+s_l=n$，故总共可得 n 个两两正交的单位特征向量；

(3) 用这 n 个两两正交的单位特征向量构成正交矩阵 $\boldsymbol{P}$，便有 $\boldsymbol{P}^{-1}\boldsymbol{AP}=\boldsymbol{P}^{\mathrm{T}}\boldsymbol{AP}=\boldsymbol{\Lambda}$.

三、疑难解析

1. 矩阵 $\boldsymbol{A}$ 的不同特征值对应的特征向量是否可以相等？

答 不相等，因为矩阵 $\boldsymbol{A}$ 的不同特征值对应的特征向量是线性无关的，如果相等则必线性相关.

2. 求矩阵的特征值的基本方法有哪些？

答 给定矩阵求特征值有下列方法.

法一：用特征多项式求出全部特征根.

法二：利用矩阵 $\boldsymbol{A}$ 所满足的关系式，求特征值.

法三：利用特征值和特征向量的定义确定特征值.

3. 如何求 n 阶矩阵 $\boldsymbol{A}$ 的属于特征值 λ_0 的特征向量？

答 一般有如下几种对应方法.

法一：对于给定具体的矩阵，求解齐次线性方程组 $(\boldsymbol{A}-\lambda_0\boldsymbol{E})\boldsymbol{x}=\boldsymbol{0}$ 的非零解，即为对应的特征向量.

法二：利用矩阵间的关系，由已知矩阵的特征向量导出所求矩阵的特征向量.

法三：利用实对称矩阵 $\boldsymbol{A}$ 的特征向量之间的正交关系，由已知的特征向量入手.

4. n 阶方阵 $\boldsymbol{A}$ 的秩是否等于其非零特征值的个数？

答 不一定. 例如，$\boldsymbol{A}=\begin{pmatrix}0&2\\0&0\end{pmatrix}$ 的特征值为 0，0，但 $r(\boldsymbol{A})=1$. 一般地，设 $\boldsymbol{A}$ 为 n 阶矩阵，若 $r(\boldsymbol{A})=r$，则 $\boldsymbol{A}$ 至少有 $n-r$ 重零特征值，也即是 $\boldsymbol{A}$ 的非零特征值的个数不大于 $r(\boldsymbol{A})$. 特别地，$\boldsymbol{A}$ 可逆当且仅当 $\boldsymbol{A}$ 的特征值都不为零.

5. 对于 n 阶矩阵 $\boldsymbol{A}$ 和多项式 $f(x)$，若 $f(\boldsymbol{A})=0$，则 $f(x)=0$ 的根与 $\boldsymbol{A}$ 的特征值有什么关系？

答 关系如下：

(1) $\boldsymbol{A}$ 的特征值一定是 $f(x)=0$ 的根.

(2) $f(x)=0$ 的根不一定是 $\boldsymbol{A}$ 的特征值.

(3) 即使 $f(x)=0$ 的根都是 $\boldsymbol{A}$ 的特征值，$\boldsymbol{A}$ 的全部特征值与 $f(x)=0$ 的全部根也不一定相同.

6. 若 $\boldsymbol{A}$，$\boldsymbol{B}$ 相似，则它们有相同的特征值. 反过来，若矩阵 $\boldsymbol{A}$ 与 $\boldsymbol{B}$ 有相同的特征值，那么：(1)它们是否相似？(2)在什么条件下，它们必定相似？

答 (1) 若矩阵 $\boldsymbol{A}$，$\boldsymbol{B}$ 有相同的特征值，它们可能相似，也可能不相似.

例如，$\boldsymbol{A}=\begin{pmatrix}1&0\\0&1\end{pmatrix}$，$\boldsymbol{B}=\begin{pmatrix}1&1\\0&1\end{pmatrix}$，则可求出两个矩阵的特征值相同且均为1，但不相似，否则，存在可逆矩阵$\boldsymbol{P}$，使得$\boldsymbol{B}=\boldsymbol{P}^{-1}\boldsymbol{AP}=\boldsymbol{P}^{-1}\boldsymbol{EP}=\boldsymbol{E}$与$\boldsymbol{B}\neq\boldsymbol{E}$矛盾.

(2) 当n阶矩阵$\boldsymbol{A},\boldsymbol{B}$都能对角化时，若它们有相同的特征值，则它们一定相似.

7. 方阵能相似对角化的意义是什么？

答　n阶方阵$\boldsymbol{A}$能相似对角化，即存在可逆矩阵$\boldsymbol{P}$，使$\boldsymbol{P}^{-1}\boldsymbol{AP}=\boldsymbol{\Lambda}=\mathrm{diag}(\lambda_1,\cdots,\lambda_n)$，它的意义可归纳为三点.

(1) $\boldsymbol{\Lambda}$的对角元必定是$\boldsymbol{A}$的n个特征值，矩阵$\boldsymbol{P}$的列向量组的结构完全由$\boldsymbol{A}$确定，即$\boldsymbol{A}\boldsymbol{p}_i=\lambda_i\boldsymbol{p}_i$，也即矩阵$\boldsymbol{P}$的第$i$个列向量是对应特征值$\lambda_i$的特征向量，并且这$n$个特征向量构成的向量组是线性无关的.

(2) 若$\boldsymbol{A}=\boldsymbol{P\Lambda P}^{-1}\Rightarrow\varphi(\boldsymbol{A})=\boldsymbol{P}\varphi(\boldsymbol{\Lambda})\boldsymbol{P}^{-1}$，即$\boldsymbol{A}$的多项式可通过同一多项式的数值计算得到.

(3) 若$\boldsymbol{A}$为对称矩阵，则$\boldsymbol{A}$必定能通过正交变换相似对角化.

8. 如何利用矩阵的相似对角矩阵解决相关问题？

答　可解决下面的两类问题：

(1) 给定n阶方阵$\boldsymbol{A}$，求$\boldsymbol{A}^k$，若存在可逆矩阵$\boldsymbol{P}$，使得$\boldsymbol{P}^{-1}\boldsymbol{AP}=\boldsymbol{\Lambda}$，则$\boldsymbol{A}^k=\boldsymbol{P\Lambda}^k\boldsymbol{P}^{-1}$；

(2) 证明矩阵间的相似关系.

四、典型例题

(一) 向量的正交化

例1　设$\boldsymbol{\alpha}_1=\begin{pmatrix}1\\2\\3\end{pmatrix}$，求非零向量$\boldsymbol{\alpha}_2,\boldsymbol{\alpha}_3$，使向量组$\boldsymbol{\alpha}_1,\boldsymbol{\alpha}_2,\boldsymbol{\alpha}_3$为正交向量组.

分析　利用正交性，将问题归结为求解一个齐次线性方程组的基础解系，将该基础解系与$\boldsymbol{\alpha}_1$一起构成向量组之后再正交化.

解　设$\boldsymbol{x}=(x_1,x_2,x_3)^{\mathrm{T}}$与$\boldsymbol{\alpha}_1$正交，则

$$x_1+2x_2+3x_3=0$$

解得基础解系为$(-2,1,0)^{\mathrm{T}}$，$(-3,0,1)^{\mathrm{T}}$.

将$(1,2,3)^{\mathrm{T}}$，$(-2,1,0)^{\mathrm{T}}$，$(-3,0,1)^{\mathrm{T}}$正交化得

$$\boldsymbol{\alpha}_1=(1,2,3)^{\mathrm{T}},\quad \boldsymbol{\alpha}_2=(-2,1,0)^{\mathrm{T}},\quad \boldsymbol{\alpha}_3=\frac{1}{5}(-3,-6,5)^{\mathrm{T}}$$

这一向量组即为所求的正交向量组.

注：解此题的方法可推广为解如下两个问题：

(1) 设$\boldsymbol{\alpha}_1$是n维列向量，求非零向量$\boldsymbol{\alpha}_2,\boldsymbol{\alpha}_3,\cdots,\boldsymbol{\alpha}_n$，使$\boldsymbol{\alpha}_1,\boldsymbol{\alpha}_2,\boldsymbol{\alpha}_3,\cdots,\boldsymbol{\alpha}_n$两两

正交；

(2) 设 $\boldsymbol{\alpha}_1,\cdots,\boldsymbol{\alpha}_s$ 是 n 维正交向量组，求非零向量 $\boldsymbol{\alpha}_{s+1},\cdots,\boldsymbol{\alpha}_n$，使 $\boldsymbol{\alpha}_1,\cdots,\boldsymbol{\alpha}_s,\boldsymbol{\alpha}_{s+1},\cdots,\boldsymbol{\alpha}_n$ 两两正交.

(二) 特征值、特征向量的定义及计算

例 2 设矩阵 $\boldsymbol{A}=\begin{pmatrix} a & -1 & c \\ 5 & b & 3 \\ 1-c & 0 & -a \end{pmatrix}$，其行列式 $|\boldsymbol{A}|=-1$，又 $\boldsymbol{A}$ 的伴随矩阵 $\boldsymbol{A}^*$ 有一个特征值 λ，属于 λ 的一个特征向量为 $\boldsymbol{\alpha}=\begin{pmatrix} -1 \\ -1 \\ 1 \end{pmatrix}$，求 a,b,c 和 λ 的值.

解 由于 $\boldsymbol{A}^*\boldsymbol{\alpha}=\lambda\boldsymbol{\alpha}$，$\boldsymbol{A}\boldsymbol{A}^*=|\boldsymbol{A}|\boldsymbol{E}=-\boldsymbol{E}$，对 $\boldsymbol{A}^*\boldsymbol{\alpha}=\lambda\boldsymbol{\alpha}$ 两边同时左乘 $\boldsymbol{A}$，即有

$$\lambda\boldsymbol{A}\boldsymbol{\alpha}=-\boldsymbol{\alpha}$$

即
$$\lambda\begin{pmatrix} a & -1 & c \\ 5 & b & 3 \\ 1-c & 0 & -a \end{pmatrix}\begin{pmatrix} -1 \\ -1 \\ 1 \end{pmatrix}=-\begin{pmatrix} -1 \\ -1 \\ 1 \end{pmatrix}$$

即
$$\begin{cases} \lambda(-a+1+c)=1 \\ \lambda(-5-b+3)=1 \\ \lambda(-1+c-a)=-1 \end{cases}$$

解得 $a=c$，$b=-3$，$\lambda=1$. 同时有

$$-1=|\boldsymbol{A}|=\begin{vmatrix} a & -1 & a \\ 5 & -3 & 3 \\ 1-a & 0 & -a \end{vmatrix}=\begin{vmatrix} 0 & -1 & a \\ 2 & -3 & 3+2a \\ 1 & 0 & 0 \end{vmatrix}=a-3$$

所以 $a=2$，$b=-3$，$c=2$，$\lambda=1$.

注：本题关键是利用转化的思想，用 $\boldsymbol{A}\boldsymbol{A}^*=|\boldsymbol{A}|\boldsymbol{E}$ 把 $\boldsymbol{A}^*\boldsymbol{\alpha}=\lambda\boldsymbol{\alpha}$ 转化为 $\lambda\boldsymbol{A}\boldsymbol{\alpha}=-\boldsymbol{\alpha}$. 若由 $\boldsymbol{A}$ 求 $\boldsymbol{A}^*$，试图通过 $\boldsymbol{A}^*$ 来求解，将无功而返.

例 3 设 $\boldsymbol{A},\boldsymbol{B}$ 是 n 阶方阵，且 $r(\boldsymbol{A})+r(\boldsymbol{B})<n$，证明：$\boldsymbol{A},\boldsymbol{B}$ 有公共的特征值，有公共的特征向量.

证 $r(\boldsymbol{A})+r(\boldsymbol{B})<n\Rightarrow r(\boldsymbol{A})<n$，$r(\boldsymbol{B})<n\Rightarrow\boldsymbol{A}\boldsymbol{x}=\boldsymbol{0}$，$\boldsymbol{B}\boldsymbol{x}=\boldsymbol{0}$ 都有非零解.

不妨设 $\boldsymbol{\alpha},\boldsymbol{\beta}$ 分别为 $\boldsymbol{A}\boldsymbol{x}=\boldsymbol{0}$，$\boldsymbol{B}\boldsymbol{x}=\boldsymbol{0}$ 的非零解，则

$$\boldsymbol{A}\boldsymbol{\alpha}=0\boldsymbol{\alpha},\quad \boldsymbol{B}\boldsymbol{\beta}=0\boldsymbol{\beta}$$

由特征值、特征向量的定义，0 是 $\boldsymbol{A},\boldsymbol{B}$ 的特征值，$\boldsymbol{\alpha},\boldsymbol{\beta}$ 分别为 $\boldsymbol{A},\boldsymbol{B}$ 对应于特征值 0 的特征向量.

要证有公共的特征向量，只要证明 $\boldsymbol{A}\boldsymbol{x}=\boldsymbol{0}$，$\boldsymbol{B}\boldsymbol{x}=\boldsymbol{0}$ 有公共的非零解即可. 事实上，$\boldsymbol{A}\boldsymbol{x}=\boldsymbol{0}$，$\boldsymbol{B}\boldsymbol{x}=\boldsymbol{0}$ 的公共解即为 $\begin{pmatrix} \boldsymbol{A} \\ \boldsymbol{B} \end{pmatrix}\boldsymbol{x}=\boldsymbol{0}$ 的解，$r\begin{pmatrix} \boldsymbol{A} \\ \boldsymbol{B} \end{pmatrix}\leqslant r(\boldsymbol{A})+r(\boldsymbol{B})$，而 $r(\boldsymbol{A})+r(\boldsymbol{B})<$

$n,\begin{pmatrix}\boldsymbol{A}\\\boldsymbol{B}\end{pmatrix}\boldsymbol{x}=\boldsymbol{0}$ 有非零解.

例 4　设 $\lambda\neq 0$ 是 m 阶矩阵 $\boldsymbol{A}_{m\times n}\boldsymbol{B}_{n\times m}$ 的特征值,证明:λ 也是 n 阶矩阵 $\boldsymbol{B}_{n\times m}\boldsymbol{A}_{m\times n}$ 的特征值.

证　设 $\boldsymbol{\alpha}$ 是 $\boldsymbol{A}_{m\times n}\boldsymbol{B}_{n\times m}$ 对应于特征值 λ 的特征向量,则

$$\boldsymbol{AB\alpha}=\lambda\boldsymbol{\alpha}$$

上式两边同左乘 $\boldsymbol{B}$,即有

$$(\boldsymbol{BA})(\boldsymbol{B\alpha})=\lambda(\boldsymbol{B\alpha})$$

易知 $\boldsymbol{B\alpha}\neq\boldsymbol{0}$(否则,由 $\boldsymbol{AB\alpha}=\lambda\boldsymbol{\alpha}$ 可得 $\lambda=\boldsymbol{0}$,矛盾),由特征值、特征向量的定义可知 λ 也是 $\boldsymbol{BA}$ 的特征值.

注:此题说明 $\boldsymbol{AB},\boldsymbol{BA}$ 有相同的非零特征值.进一步可得出如下结论:

$\boldsymbol{A},\boldsymbol{B}$ 是同阶方阵,则 $\boldsymbol{AB},\boldsymbol{BA}$ 有相同的特征值.

例 5　设 $\boldsymbol{A}$ 是正交矩阵,且 $|\boldsymbol{A}|=-1$,证明:$\lambda=-1$ 是 $\boldsymbol{A}$ 的特征值.

证　要证明 $\lambda=-1$ 是 $\boldsymbol{A}$ 的特征值,只要证明 $|-\boldsymbol{E}-\boldsymbol{A}|=0$ 或 $|\boldsymbol{E}+\boldsymbol{A}|=0$ 即可.

$$\begin{aligned}|\boldsymbol{E}+\boldsymbol{A}|&=|\boldsymbol{A}^{\mathrm{T}}\boldsymbol{A}+\boldsymbol{A}^{\mathrm{T}}|=|\boldsymbol{A}^{\mathrm{T}}(\boldsymbol{A}+\boldsymbol{E})|=|\boldsymbol{A}^{\mathrm{T}}||\boldsymbol{E}+\boldsymbol{A}|\\&=|\boldsymbol{A}||\boldsymbol{E}+\boldsymbol{A}|=-|\boldsymbol{E}+\boldsymbol{A}|\end{aligned}$$

有:$|\boldsymbol{E}+\boldsymbol{A}|=0$.

例 6　设 $\boldsymbol{\alpha}=(a_1,a_2,\cdots,a_n)^{\mathrm{T}},a_1\neq 0$,求 $\boldsymbol{A}=\boldsymbol{\alpha\alpha}^{\mathrm{T}}$ 的特征值、特征向量.

解　(1) $f_{\boldsymbol{A}}(\lambda)=|\lambda\boldsymbol{E}-\boldsymbol{A}|=\begin{vmatrix}\lambda-a_1a_1 & -a_1a_2 & -a_1a_3 & \cdots & -a_1a_n\\ -a_2a_1 & \lambda-a_2a_2 & -a_2a_3 & \cdots & -a_2a_n\\ -a_3a_1 & -a_3a_2 & \lambda-a_3a_3 & \cdots & -a_3a_n\\ \vdots & \vdots & \vdots & & \vdots\\ -a_na_1 & -a_na_2 & -a_na_3 & \cdots & \lambda-a_na_n\end{vmatrix}$,将第 1 行乘以 $\left(-\dfrac{a_i}{a_1}\right)$,加到第 i 行上去($i=2,\cdots,n$),得

$$f_{\boldsymbol{A}}(\lambda)=\begin{vmatrix}\lambda-a_1a_1 & -a_1a_2 & -a_1a_3 & \cdots & -a_1a_n\\ -\dfrac{a_2}{a_1}\lambda & \lambda & 0 & \cdots & 0\\ -\dfrac{a_3}{a_1}\lambda & 0 & \lambda & \cdots & 0\\ \vdots & \vdots & \vdots & & \vdots\\ -\dfrac{a_n}{a_1}\lambda & 0 & 0 & \cdots & \lambda\end{vmatrix}$$

将第 j 列乘以 $\dfrac{a_j}{a_1}$($j=2,3,\cdots,n$),加到第 1 列上去,得

$$f_A(\lambda)=\begin{vmatrix}\lambda-\sum_{i=1}^{n}a_i^2 & -a_1a_2 & -a_1a_3 & \cdots & -a_1a_n\\ 0 & \lambda & 0 & \cdots & 0\\ 0 & 0 & \lambda & \cdots & 0\\ \vdots & \vdots & \vdots & & \vdots\\ 0 & 0 & 0 & \cdots & \lambda\end{vmatrix}=\lambda^{n-1}\left(\lambda-\sum_{i=1}^{n}a_i^2\right)$$

故 $\boldsymbol{A}$ 的特征值为 $\lambda_1=\lambda_2=\cdots=\lambda_{n-1}=0,\lambda_n=\sum_{i=1}^{n}a_i^2$.

(2) 对于特征值 0,求解 $-\boldsymbol{AX}=\boldsymbol{0}$,得基础解系为

$$\boldsymbol{\alpha}_1=\begin{pmatrix}-\dfrac{a_2}{a_1}\\ 1\\ 0\\ \vdots\\ 0\end{pmatrix},\quad \boldsymbol{\alpha}_2=\begin{pmatrix}-\dfrac{a_3}{a_1}\\ 0\\ 1\\ \vdots\\ 0\end{pmatrix},\quad \cdots,\quad \boldsymbol{\alpha}_{n-1}=\begin{pmatrix}-\dfrac{a_n}{a_1}\\ 0\\ 0\\ \vdots\\ 1\end{pmatrix}$$

从而特征值 0 的特征向量为 $k_1\boldsymbol{\alpha}_1+k_2\boldsymbol{\alpha}_2+\cdots+k_{n-1}\boldsymbol{\alpha}_{n-1}$($k_1,k_2,\cdots,k_{n-1}$不全为零).

对于特征值 $\sum_{i=1}^{n}a_i^2$,求解 $\left(\left(\sum_{i=1}^{n}a_i^2\right)\boldsymbol{E}-\boldsymbol{A}\right)\boldsymbol{X}=\boldsymbol{0}$,得基础解系为

$$\boldsymbol{\alpha}_n=\begin{pmatrix}a_1\\ a_2\\ a_3\\ \vdots\\ a_n\end{pmatrix}$$

从而特征值 $\sum_{i=1}^{n}a_i^2$ 的特征向量为 $k_n\boldsymbol{\alpha}_n(k_n\neq 0)$.

(三) 特征值、特征向量的性质与应用

例 7 已知三阶方阵 $\boldsymbol{A}$ 的三个特征值为 1,−1,2,求 $|\boldsymbol{A}^3-5\boldsymbol{A}^2|$ 及 $|\boldsymbol{A}-5\boldsymbol{E}|$.

解 设 $f(\lambda)=\lambda^3-5\lambda^2$,而 $f(\boldsymbol{A})=\boldsymbol{A}^3-5\boldsymbol{A}^2$,则 $\boldsymbol{A}^3-5\boldsymbol{A}^2$ 的三个特征值为 $f(1)=-4,f(-1)=-6,f(2)=-12$,从而

$$|\boldsymbol{A}^3-5\boldsymbol{A}^2|=(-4)\times(-6)\times(-12)=-288$$

又 $f_A(\lambda)=|\lambda\boldsymbol{E}-\boldsymbol{A}|=(\lambda-1)(\lambda+1)(\lambda-2)$,故

$$|\boldsymbol{A}-5\boldsymbol{E}|=(-1)^3|5\boldsymbol{E}-\boldsymbol{A}|=-f_A(5)=-72$$

例 8 已知三阶方阵 $\boldsymbol{A}$ 的三个特征值为 1,2,−3,求 $|\boldsymbol{A}^*+3\boldsymbol{A}+2\boldsymbol{E}|$.

解 设 λ 是 $\boldsymbol{A}$ 的特征值,$\boldsymbol{\alpha}$ 是对应的特征向量,则

$$\boldsymbol{A}^{-1}\boldsymbol{\alpha}=\frac{1}{\lambda}\boldsymbol{\alpha}$$

注意到 $\boldsymbol{A}^*=|\boldsymbol{A}|\boldsymbol{A}^{-1}$，$(\boldsymbol{A}^*+3\boldsymbol{A}+2\boldsymbol{E})\boldsymbol{\alpha}=|\boldsymbol{A}|\boldsymbol{A}^{-1}\boldsymbol{\alpha}+3\boldsymbol{A}\boldsymbol{\alpha}+2\boldsymbol{\alpha}=\left(\frac{|\boldsymbol{A}|}{\lambda}+3\lambda+2\right)\boldsymbol{\alpha}$，即 $\frac{|\boldsymbol{A}|}{\lambda}+3\lambda+2$ 是 $\boldsymbol{A}^*+3\boldsymbol{A}+2\boldsymbol{E}$ 的特征值，而 $|\boldsymbol{A}|=-6$，故 $\boldsymbol{A}^*+3\boldsymbol{A}+2\boldsymbol{E}$ 的特征值为 $-1,5,-5$，则 $|\boldsymbol{A}^*+3\boldsymbol{A}+2\boldsymbol{E}|=25$.

例 9　证明：设 $\boldsymbol{A}$ 是 n 阶正交矩阵，λ 是 $\boldsymbol{A}$ 的特征值，则 $|\lambda|=1$.

证　设 $\boldsymbol{\alpha}$ 是对应于 λ 的特征向量，则

$$\boldsymbol{A}\boldsymbol{\alpha}=\lambda\boldsymbol{\alpha}$$

对 $\boldsymbol{A}\boldsymbol{\alpha}=\lambda\boldsymbol{\alpha}$ 两边取共轭得：

$$\boldsymbol{A}\boldsymbol{\alpha}=\bar{\lambda}\boldsymbol{\alpha}$$

对 $\boldsymbol{A}\boldsymbol{\alpha}=\lambda\boldsymbol{\alpha}$ 两边转置得：

$$\boldsymbol{\alpha}^{\mathrm{T}}\boldsymbol{A}^{\mathrm{T}}=\lambda\boldsymbol{\alpha}^{\mathrm{T}}$$

故有 $(\boldsymbol{\alpha}^{\mathrm{T}}\boldsymbol{A}^{\mathrm{T}})(\boldsymbol{A}\bar{\boldsymbol{\alpha}})=(\lambda\boldsymbol{\alpha}^{\mathrm{T}})(\bar{\lambda}\boldsymbol{\alpha})$，即

$$\boldsymbol{\alpha}^{\mathrm{T}}\bar{\boldsymbol{\alpha}}=\lambda\bar{\lambda}(\boldsymbol{\alpha}^{\mathrm{T}}\boldsymbol{\alpha})$$

由于 $\boldsymbol{\alpha}\neq\boldsymbol{0}$，$\boldsymbol{\alpha}^{\mathrm{T}}\bar{\boldsymbol{\alpha}}\neq0$，故 $\lambda\bar{\lambda}=|\lambda|^2=1$，所以 $|\lambda|=1$.

例 10　证明：如果 $\boldsymbol{A}^2=\boldsymbol{A}$，则 $\boldsymbol{A}+\boldsymbol{E}$ 可逆.

证　只要证 -1 不是 $\boldsymbol{A}$ 的特征值即可（若 -1 不是 $\boldsymbol{A}$ 的特征值，则 $|-\boldsymbol{E}-\boldsymbol{A}|\neq0$，即 $|\boldsymbol{E}+\boldsymbol{A}|\neq0$）.

设 λ 是 $\boldsymbol{A}$ 的特征值，则 $f(\lambda)=\lambda^2-\lambda$ 是 $f(\boldsymbol{A})=\boldsymbol{A}^2-\boldsymbol{A}=\boldsymbol{0}$ 的特征值，而 $\boldsymbol{0}$ 的特征值均为零，故 $f(\lambda)=\lambda^2-\lambda=0$，$\lambda$ 为 0 或 1.

例 11　证明：$|\boldsymbol{E}_m-\boldsymbol{A}_{m\times n}\boldsymbol{B}_{n\times m}|=|\boldsymbol{E}_n-\boldsymbol{B}_{n\times m}\boldsymbol{A}_{m\times n}|$.

证　由例 4 知 $\boldsymbol{AB}$ 与 $\boldsymbol{BA}$ 有相同的非零特征值，不妨假设 $m\leqslant n$，$\boldsymbol{AB}$ 的特征值为 $\lambda_1,\lambda_2,\cdots,\lambda_m$，则

$$f_{\boldsymbol{AB}}(\lambda)=|\lambda\boldsymbol{E}_m-\boldsymbol{AB}|=\prod_{i=1}^{m}(\lambda-\lambda_i)$$

$$f_{\boldsymbol{BA}}(\lambda)=|\lambda\boldsymbol{E}_n-\boldsymbol{BA}|=\lambda^{n-m}\prod_{i=1}^{m}(\lambda-\lambda_i)$$

从而

$$|\boldsymbol{E}_m-\boldsymbol{A}_{m\times n}\boldsymbol{B}_{n\times m}|=\sum_{i=1}^{m}(1-\lambda_i),\quad |\boldsymbol{E}_n-\boldsymbol{B}_{n\times m}\boldsymbol{A}_{m\times n}|=\sum_{i=1}^{m}(1-\lambda_i)$$

注：本题的关键是将行列式看作是方阵的特征多项式的值，再利用例 4 的结果. 利用第 3 章的知识也可证明此题.

考虑矩阵 $\boldsymbol{P}=\begin{pmatrix}\boldsymbol{E}_n & \boldsymbol{0}\\ -\boldsymbol{A} & \boldsymbol{E}_m\end{pmatrix}$，$\boldsymbol{Q}=\begin{pmatrix}\boldsymbol{E}_n & \boldsymbol{B}\\ \boldsymbol{A} & \boldsymbol{E}_m\end{pmatrix}$，则

$$\begin{pmatrix} \boldsymbol{E}_n & \boldsymbol{0} \\ -\boldsymbol{A} & \boldsymbol{E}_m \end{pmatrix}\begin{pmatrix} \boldsymbol{E}_n & \boldsymbol{B} \\ \boldsymbol{A} & \boldsymbol{E}_m \end{pmatrix}=\begin{pmatrix} \boldsymbol{E}_n & \boldsymbol{B} \\ \boldsymbol{0} & \boldsymbol{E}_m-\boldsymbol{AB} \end{pmatrix}$$

$$\begin{pmatrix} \boldsymbol{E}_n & \boldsymbol{B} \\ \boldsymbol{A} & \boldsymbol{E}_m \end{pmatrix}\begin{pmatrix} \boldsymbol{E}_n & \boldsymbol{0} \\ -\boldsymbol{A} & \boldsymbol{E}_m \end{pmatrix}=\begin{pmatrix} \boldsymbol{E}_n-\boldsymbol{BA} & \boldsymbol{B} \\ \boldsymbol{0} & \boldsymbol{E}_m \end{pmatrix}$$

两边取行列式,得

$$|\boldsymbol{PQ}|=\begin{vmatrix} \boldsymbol{E}_n & \boldsymbol{B} \\ \boldsymbol{0} & \boldsymbol{E}_m-\boldsymbol{AB} \end{vmatrix}=|\boldsymbol{E}_m-\boldsymbol{AB}|$$

$$|\boldsymbol{QP}|=\begin{vmatrix} \boldsymbol{E}_n-\boldsymbol{BA} & \boldsymbol{B} \\ \boldsymbol{0} & \boldsymbol{E}_m \end{vmatrix}=|\boldsymbol{E}_n-\boldsymbol{BA}|$$

故$|\boldsymbol{E}_m-\boldsymbol{AB}|=|\boldsymbol{E}_n-\boldsymbol{BA}|$.

利用例 11 的结果,也可以证明例 4.

$\lambda\neq 0$ 是 $\boldsymbol{AB}$ 的特征值$\Leftrightarrow|\lambda\boldsymbol{E}_m-\boldsymbol{AB}|=0$,而

$$|\lambda\boldsymbol{E}_n-\boldsymbol{BA}|=\lambda^n\left|\boldsymbol{E}_n-\frac{1}{\lambda}\boldsymbol{BA}\right|=\lambda^n\left|\boldsymbol{E}_m-\frac{1}{\lambda}\boldsymbol{AB}\right|$$

$$=\lambda^{n-m}|\lambda\boldsymbol{E}_m-\boldsymbol{AB}|=0\Rightarrow\lambda \text{ 是 } \boldsymbol{BA} \text{ 的特征值.}$$

例 12 设 $\boldsymbol{A}$ 为三阶方阵,$\boldsymbol{\alpha}$ 为三维列向量,$\boldsymbol{\alpha},\boldsymbol{A\alpha},\boldsymbol{A}^2\boldsymbol{\alpha}$ 线性无关,$\boldsymbol{A}^3\boldsymbol{\alpha}=4\boldsymbol{A\alpha}-3\boldsymbol{A}^2\boldsymbol{\alpha}$,计算行列式$|2\boldsymbol{A}^2+3\boldsymbol{E}|$.

解 要计算$|2\boldsymbol{A}^2+3\boldsymbol{E}|$,只要找出 $2\boldsymbol{A}^2+3\boldsymbol{E}$ 的特征值即可,最终是找 $\boldsymbol{A}$ 的三个特征值.

$$\boldsymbol{A}^3\boldsymbol{\alpha}=4\boldsymbol{A\alpha}-3\boldsymbol{A}^2\boldsymbol{\alpha}\Rightarrow(\boldsymbol{A}^3+3\boldsymbol{A}^2-4\boldsymbol{A})\boldsymbol{\alpha}=\boldsymbol{0}$$

$$\Rightarrow\boldsymbol{A}(\boldsymbol{A}+4\boldsymbol{E})(\boldsymbol{A}-\boldsymbol{E})\boldsymbol{\alpha}=\boldsymbol{0}$$

$$\text{或}(\boldsymbol{A}+4\boldsymbol{E})\boldsymbol{A}(\boldsymbol{A}-\boldsymbol{E})\boldsymbol{\alpha}=\boldsymbol{0}\quad\text{或}(\boldsymbol{A}-\boldsymbol{E})(\boldsymbol{A}+4\boldsymbol{E})\boldsymbol{A\alpha}=\boldsymbol{0}$$

$$\Rightarrow|\boldsymbol{A}|=0,|\boldsymbol{A}+4\boldsymbol{E}|=0,|\boldsymbol{A}-\boldsymbol{E}|=0$$

(假若不成立,比如$|\boldsymbol{A}+4\boldsymbol{E}|\neq 0$,即 $\boldsymbol{A}+4\boldsymbol{E}$ 可逆,由$(\boldsymbol{A}+4\boldsymbol{E})\boldsymbol{A}(\boldsymbol{A}-\boldsymbol{E})\boldsymbol{\alpha}=\boldsymbol{0}$,两边同左乘$(\boldsymbol{A}+4\boldsymbol{E})^{-1}$得:$\boldsymbol{A}(\boldsymbol{A}-\boldsymbol{E})\boldsymbol{\alpha}=\boldsymbol{0}$,即 $\boldsymbol{A}^2\boldsymbol{\alpha}-\boldsymbol{A\alpha}=\boldsymbol{0}$,从而 $\boldsymbol{\alpha},\boldsymbol{A\alpha},\boldsymbol{A}^2\boldsymbol{\alpha}$ 线性相关,矛盾!)

故 $\boldsymbol{A}$ 的三个特征值为 $0,1,-4$,$2\boldsymbol{A}^2+3\boldsymbol{E}$ 的特征值为 $3,5,35$,所以

$$|2\boldsymbol{A}^2+3\boldsymbol{E}|=3\times5\times35=525$$

(四) 矩阵的相似与对角化

例 13 设 $\boldsymbol{A}=\begin{pmatrix} 1 & 2 & -3 \\ -1 & 4 & -3 \\ 1 & a & 5 \end{pmatrix}$ 的特征方程有一个二重根,求 a 的值,并讨论 $\boldsymbol{A}$ 是否可相似对角化.

解 先求特征方程

$$f_A(\lambda)=|\lambda E-A|=\begin{vmatrix}\lambda-1 & -2 & 3\\ 1 & \lambda-4 & 3\\ -1 & -a & \lambda-5\end{vmatrix}=\begin{vmatrix}\lambda-2 & 2-\lambda & 0\\ 1 & \lambda-4 & 3\\ -1 & -a & \lambda-5\end{vmatrix}$$

$$=(\lambda-2)\begin{vmatrix}1 & 0 & 0\\ 1 & \lambda-3 & 3\\ -1 & -a-1 & \lambda-5\end{vmatrix}=(\lambda-2)(\lambda^2-8\lambda+18+3a)$$

(1) 如果 $\lambda=2$ 是特征方程的二重根，则 $\lambda=2$ 满足方程 $\lambda^2-8\lambda+18+3a=0$，故 $a=-2$.

当 $a=-2$ 时，$\boldsymbol{A}$ 的特征值为 2，2，6，矩阵

$$2\boldsymbol{E}-\boldsymbol{A}=\begin{pmatrix}1 & -2 & 3\\ 1 & -2 & 3\\ -1 & 2 & -3\end{pmatrix}$$

的秩为 1，故 $\lambda=2$ 对应有两个线性无关的特征向量，从而 $\boldsymbol{A}$ 可以相似对角化.

(2) 如果 $\lambda=2$ 不是特征方程的二重根，则方程 $\lambda^2-8\lambda+18+3a=0$ 为完全平方，从而 $18+3a=16$，$a=-\dfrac{2}{3}$. 此时，$\boldsymbol{A}$ 的特征值为 2，4，4，矩阵

$$4\boldsymbol{E}-\boldsymbol{A}=\begin{pmatrix}3 & -2 & 3\\ 1 & 0 & 3\\ -1 & \frac{2}{3} & -1\end{pmatrix}$$

的秩为 2. 故特征值 $\lambda=4$ 对应的线性无关的特征向量只有一个，故 $\boldsymbol{A}$ 不能相似对角化.

例 14　设 $\boldsymbol{A},\boldsymbol{B}$ 为同阶方阵，

(1) 若 $\boldsymbol{A},\boldsymbol{B}$ 相似，证明：$\boldsymbol{A},\boldsymbol{B}$ 的特征多项式相等；

(2) 举一个二阶矩阵的例子说明(1)的逆命题不成立；

(3) 当 $\boldsymbol{A},\boldsymbol{B}$ 均为实对称矩阵时，证明(1)的逆命题成立.

解　(1) $\boldsymbol{A},\boldsymbol{B}$ 相似，即 $\boldsymbol{P}^{-1}\boldsymbol{A}\boldsymbol{P}=\boldsymbol{B}$.

$$\begin{aligned}f_B(\lambda)&=|\lambda\boldsymbol{E}-\boldsymbol{B}|=|\boldsymbol{P}^{-1}(\lambda\boldsymbol{E})\boldsymbol{P}-\boldsymbol{P}^{-1}\boldsymbol{A}\boldsymbol{P}|\\&=|\boldsymbol{P}^{-1}||\lambda\boldsymbol{E}-\boldsymbol{A}||\boldsymbol{P}|=|\lambda\boldsymbol{E}-\boldsymbol{A}|=f_A(\lambda)\end{aligned}$$

(2) $\boldsymbol{A}=\begin{pmatrix}1 & 0\\ 1 & 1\end{pmatrix}$，$\boldsymbol{E}=\begin{pmatrix}1 & 0\\ 0 & 1\end{pmatrix}$. $\boldsymbol{A},\boldsymbol{E}$ 特征多项式相等，但 $\boldsymbol{A},\boldsymbol{E}$ 不相似，若相似，则存在 $\boldsymbol{P}$，使得 $\boldsymbol{P}^{-1}\boldsymbol{E}\boldsymbol{P}=\boldsymbol{A}$，即 $\boldsymbol{A}=\boldsymbol{E}$，矛盾.

(3) 若 $\boldsymbol{A},\boldsymbol{B}$ 均为实对称矩阵，$\boldsymbol{A},\boldsymbol{B}$ 的特征多项式相等，则 $\boldsymbol{A},\boldsymbol{B}$ 均与同一个对角矩阵相似，由相似的传递性，$\boldsymbol{A},\boldsymbol{B}$ 相似.

例 15 设矩阵 $\boldsymbol{A}=\begin{pmatrix}1&-2&-4\\-2&x&-2\\-4&-2&1\end{pmatrix}$ 与 $\boldsymbol{\Lambda}=\begin{pmatrix}5&&\\&-4&\\&&y\end{pmatrix}$ 相似，求 x,y；并求一个正交矩阵 $\boldsymbol{P}$，使 $\boldsymbol{P}^{-1}\boldsymbol{AP}=\boldsymbol{\Lambda}$.

解 (1) $\boldsymbol{A},\boldsymbol{\Lambda}$ 相似，有相同的特征值，特征值为 $5,-4,y$，则

$$f_{\boldsymbol{A}}(-4)=|-4\boldsymbol{E}-\boldsymbol{A}|=\begin{vmatrix}-5&2&4\\2&-4-x&2\\4&2&-5\end{vmatrix}=0\Rightarrow x=4$$

又 $\mathrm{tr}\boldsymbol{A}=\mathrm{tr}\boldsymbol{\Lambda}$，即 $2+x=1+y\Rightarrow y=5$.

(2) $\boldsymbol{A}$ 的特征值为 $5,5,-4$.

对 $\lambda_1=\lambda_2=5$，解 $(5\boldsymbol{E}-\boldsymbol{A})\boldsymbol{x}=\boldsymbol{0}$ 得基础解系：

$$\boldsymbol{\xi}_1=\begin{pmatrix}1\\0\\-1\end{pmatrix},\quad \boldsymbol{\xi}_2=\begin{pmatrix}1\\-2\\0\end{pmatrix}$$

经正交化单位化得

$$\boldsymbol{\eta}_1=\begin{pmatrix}\frac{1}{\sqrt{2}}\\0\\-\frac{1}{\sqrt{2}}\end{pmatrix},\quad \boldsymbol{\eta}_2=\begin{pmatrix}\frac{1}{3\sqrt{2}}\\-\frac{4}{3\sqrt{2}}\\\frac{1}{3\sqrt{2}}\end{pmatrix}$$

对 $\lambda_3=-4$，解 $(-4\boldsymbol{E}-\boldsymbol{A})\boldsymbol{x}=\boldsymbol{0}$，得基础解系 $\boldsymbol{\xi}_3=\begin{pmatrix}2\\1\\2\end{pmatrix}$，经单位化得

$$\boldsymbol{\eta}_3=\begin{pmatrix}\frac{2}{3}\\\frac{1}{3}\\\frac{2}{3}\end{pmatrix}$$

取 $\boldsymbol{P}=\begin{pmatrix}\frac{1}{\sqrt{2}}&\frac{2}{3}&\frac{1}{3\sqrt{2}}\\0&\frac{1}{3}&-\frac{4}{3\sqrt{2}}\\-\frac{1}{\sqrt{2}}&\frac{2}{3}&\frac{1}{3\sqrt{2}}\end{pmatrix}$，则 $\boldsymbol{P}^{-1}\boldsymbol{AP}=\boldsymbol{\Lambda}$.

五、课后习题解析

习　题　5.1

2. 试用施密特正交化方法将下列向量组正交化.

(1) $(\boldsymbol{\alpha}_1,\boldsymbol{\alpha}_2,\boldsymbol{\alpha}_3)=\begin{pmatrix}1&1&1\\1&2&4\\1&3&9\end{pmatrix}$；(2) $(\boldsymbol{\alpha}_1,\boldsymbol{\alpha}_2,\boldsymbol{\alpha}_3)=\begin{pmatrix}1&1&-1\\0&-1&1\\-1&0&1\\1&1&0\end{pmatrix}$.

解　(1)

$$\boldsymbol{b}_1=\boldsymbol{a}_1=\begin{pmatrix}1\\1\\1\end{pmatrix}$$

$$\boldsymbol{b}_2=\boldsymbol{a}_2-\frac{[\boldsymbol{b}_1,\boldsymbol{a}_2]}{[\boldsymbol{b}_1,\boldsymbol{b}_1]}\boldsymbol{b}_1=\begin{pmatrix}1\\2\\3\end{pmatrix}-\frac{6}{3}\begin{pmatrix}1\\1\\1\end{pmatrix}=\begin{pmatrix}1\\2\\3\end{pmatrix}-\begin{pmatrix}2\\2\\2\end{pmatrix}=\begin{pmatrix}-1\\0\\1\end{pmatrix}$$

$$\boldsymbol{b}_3=\boldsymbol{a}_3-\frac{[\boldsymbol{b}_1,\boldsymbol{a}_3]}{[\boldsymbol{b}_1,\boldsymbol{b}_1]}\boldsymbol{b}_1-\frac{[\boldsymbol{b}_2,\boldsymbol{a}_3]}{[\boldsymbol{b}_2,\boldsymbol{b}_2]}\boldsymbol{b}_2=\begin{pmatrix}1\\4\\9\end{pmatrix}-\frac{14}{3}\begin{pmatrix}1\\1\\1\end{pmatrix}-\frac{8}{2}\begin{pmatrix}-1\\0\\1\end{pmatrix}=\frac{1}{3}\begin{pmatrix}1\\-2\\1\end{pmatrix}$$

(2)

$$\boldsymbol{b}_1=\boldsymbol{a}_1=\begin{pmatrix}1\\0\\-1\\1\end{pmatrix}$$

$$\boldsymbol{b}_2=\boldsymbol{a}_2-\frac{[\boldsymbol{b}_1,\boldsymbol{a}_2]}{[\boldsymbol{b}_1,\boldsymbol{b}_1]}\boldsymbol{b}_1=\begin{pmatrix}1\\-1\\0\\1\end{pmatrix}-\frac{2}{3}\begin{pmatrix}1\\0\\-1\\1\end{pmatrix}=\frac{1}{3}\begin{pmatrix}1\\-3\\2\\1\end{pmatrix}$$

$$\boldsymbol{b}_3=\boldsymbol{a}_3-\frac{[\boldsymbol{b}_1,\boldsymbol{a}_3]}{[\boldsymbol{b}_1,\boldsymbol{b}_1]}\boldsymbol{b}_1-\frac{[\boldsymbol{b}_2,\boldsymbol{a}_3]}{[\boldsymbol{b}_2,\boldsymbol{b}_2]}\boldsymbol{b}_2=\begin{pmatrix}-1\\1\\1\\0\end{pmatrix}+\frac{2}{3}\begin{pmatrix}1\\0\\-1\\1\end{pmatrix}+\frac{2}{15}\begin{pmatrix}1\\-3\\2\\1\end{pmatrix}=\frac{1}{5}\begin{pmatrix}-1\\3\\3\\4\end{pmatrix}$$

3. 判定下列矩阵是否为正交矩阵.

(1) $\begin{pmatrix}1&-\frac{1}{2}&\frac{1}{3}\\-\frac{1}{2}&1&\frac{1}{2}\\\frac{1}{3}&\frac{1}{2}&-1\end{pmatrix}$；　(2) $\begin{pmatrix}\frac{1}{9}&-\frac{8}{9}&-\frac{4}{9}\\-\frac{8}{9}&\frac{1}{9}&-\frac{4}{9}\\-\frac{4}{9}&-\frac{4}{9}&\frac{7}{9}\end{pmatrix}$.

（1）不是，因为第 1 个列向量不是单位向量.

（2）是，因为此矩阵的 3 个向量构成规范正交基.

4. 设 $\boldsymbol{\alpha}=(1,0,-2)^{\mathrm{T}}$，$\boldsymbol{\beta}=(-4,2,3)^{\mathrm{T}}$，$\boldsymbol{\alpha}$ 与 $\boldsymbol{\gamma}$ 正交，且 $\boldsymbol{\beta}=\lambda\boldsymbol{\alpha}+\boldsymbol{\gamma}$，求数 λ 和向量 $\boldsymbol{\gamma}$.

解　以 $\boldsymbol{\alpha}^{\mathrm{T}}$ 左乘题设关系式得

$$\boldsymbol{\alpha}^{\mathrm{T}}\boldsymbol{\beta}=\lambda\boldsymbol{\alpha}^{\mathrm{T}}\boldsymbol{\alpha}+\boldsymbol{\alpha}^{\mathrm{T}}\boldsymbol{\gamma}$$

因 $\boldsymbol{\alpha}$ 和 $\boldsymbol{\gamma}$ 正交，有 $\boldsymbol{\alpha}^{\mathrm{T}}\boldsymbol{\gamma}=\mathbf{0}$；$\boldsymbol{\alpha}\neq\mathbf{0}$，有 $\boldsymbol{\alpha}^{\mathrm{T}}\boldsymbol{\alpha}\neq 0$，故得

$$\lambda=\frac{\boldsymbol{\alpha}^{\mathrm{T}}\boldsymbol{\beta}}{\boldsymbol{\alpha}^{\mathrm{T}}\boldsymbol{\alpha}}=\frac{-10}{5}=-2$$

而
$$\boldsymbol{\gamma}=\boldsymbol{\beta}-\lambda\boldsymbol{\alpha}=\begin{pmatrix}-4\\2\\3\end{pmatrix}+2\begin{pmatrix}1\\0\\-2\end{pmatrix}=\begin{pmatrix}-2\\2\\-1\end{pmatrix}$$

5. 设 $\boldsymbol{\alpha}_1=(1,2,3)^{\mathrm{T}}$，求非零向量 $\boldsymbol{\alpha}_2,\boldsymbol{\alpha}_3$，使向量组 $\boldsymbol{\alpha}_1,\boldsymbol{\alpha}_2,\boldsymbol{\alpha}_3$ 为正交向量组.

解　设 $\boldsymbol{x}=(x_1,x_2,x_3)$ 与 $\boldsymbol{\alpha}_1$ 正交，则

$$x_1+2x_2+3x_3=0$$

解得基础解系为 $(-2,1,0)^{\mathrm{T}}$，$(-3,0,1)^{\mathrm{T}}$.

将 $(1,2,3)^{\mathrm{T}}$，$(-2,1,0)^{\mathrm{T}}$，$(-3,0,1)^{\mathrm{T}}$ 正交化得：

$$\boldsymbol{\alpha}_1=(1,2,3)^{\mathrm{T}},\quad \boldsymbol{\alpha}_2=(-2,1,0)^{\mathrm{T}},\quad \boldsymbol{\alpha}_3=\frac{1}{5}(-3,-6,5)^{\mathrm{T}}$$

这一向量组即为所求的正交向量组.

6. 设 $\boldsymbol{\alpha}$ 为 n 维列向量，$\boldsymbol{\alpha}^{\mathrm{T}}\boldsymbol{\alpha}=1$，令 $\boldsymbol{H}=\boldsymbol{E}-2\boldsymbol{\alpha}\boldsymbol{\alpha}^{\mathrm{T}}$，证明：$\boldsymbol{H}$ 是对称的正交阵.

证　对称性：　$\boldsymbol{H}^{\mathrm{T}}=(\boldsymbol{E}-2\boldsymbol{\alpha}\boldsymbol{\alpha}^{\mathrm{T}})^{\mathrm{T}}=\boldsymbol{E}-2\boldsymbol{\alpha}\boldsymbol{\alpha}^{\mathrm{T}}=\boldsymbol{H}$

正交性：

$$\begin{aligned}\boldsymbol{H}^{\mathrm{T}}\boldsymbol{H}&=\boldsymbol{H}^2\ (\text{由 }\boldsymbol{H}\text{ 的对称性})\\&=(\boldsymbol{E}-2\boldsymbol{\alpha}\boldsymbol{\alpha}^{\mathrm{T}})(\boldsymbol{E}-2\boldsymbol{\alpha}\boldsymbol{\alpha}^{\mathrm{T}})\\&=\boldsymbol{E}-4\boldsymbol{\alpha}\boldsymbol{\alpha}^{\mathrm{T}}+4(\boldsymbol{\alpha}\boldsymbol{\alpha}^{\mathrm{T}})(\boldsymbol{\alpha}\boldsymbol{\alpha}^{\mathrm{T}})\\&=\boldsymbol{E}-4\boldsymbol{\alpha}\boldsymbol{\alpha}^{\mathrm{T}}+4\boldsymbol{\alpha}(\boldsymbol{\alpha}^{\mathrm{T}}\boldsymbol{\alpha})\boldsymbol{\alpha}^{\mathrm{T}}\quad(\text{矩阵乘法结合律})\\&=\boldsymbol{E}\ (\boldsymbol{\alpha}^{\mathrm{T}}\boldsymbol{\alpha}=1)\end{aligned}$$

习　题　5.2

2. 求下列矩阵的特征值和特征向量.

（1）$\begin{pmatrix}3&-1\\-1&3\end{pmatrix}$；　（2）$\begin{pmatrix}-2&1&1\\0&2&0\\-4&1&3\end{pmatrix}$.

解　（1）$\boldsymbol{A}$ 的特征多项式为

$$|\boldsymbol{A}-\lambda\boldsymbol{E}|=\begin{vmatrix}3-\lambda&-1\\-1&3-\lambda\end{vmatrix}=(3-\lambda)^2-1=8-6\lambda+\lambda^2$$

$$=(4-\lambda)(2-\lambda)$$

所以 $\boldsymbol{A}$ 的特征值为 $\lambda_1=2,\lambda_2=4$.

当 $\lambda_1=2$ 时，对应的特征向量应满足 $\begin{pmatrix}3-2 & -1\\ -1 & 3-2\end{pmatrix}\begin{pmatrix}x_1\\ x_2\end{pmatrix}=\begin{pmatrix}0\\ 0\end{pmatrix}$，即 $\begin{pmatrix}1 & -1\\ -1 & 1\end{pmatrix}\begin{pmatrix}x_1\\ x_2\end{pmatrix}=\begin{pmatrix}0\\ 0\end{pmatrix}$，解得 $x_1=x_2$，所以对应的特征向量可取为

$$\boldsymbol{p}_1=\begin{pmatrix}1\\ 1\end{pmatrix}$$

当 $\lambda_2=4$ 时，由 $\begin{pmatrix}3-4 & -1\\ -1 & 3-4\end{pmatrix}\begin{pmatrix}x_1\\ x_2\end{pmatrix}=\begin{pmatrix}0\\ 0\end{pmatrix}$，即 $\begin{pmatrix}-1 & -1\\ -1 & -1\end{pmatrix}\begin{pmatrix}x_1\\ x_2\end{pmatrix}=\begin{pmatrix}0\\ 0\end{pmatrix}$，解得 $x_1=-x_2$，所以对应的特征向量可取为

$$\boldsymbol{p}_2=\begin{pmatrix}-1\\ 1\end{pmatrix}$$

显然，若 $\boldsymbol{p}_1$ 是矩阵 $\boldsymbol{A}$ 的对应于特征值 λ_i 的特征向量，则 $k\boldsymbol{p}_i(k\neq 0)$ 也是对应于 λ_i 的特征向量.

(2) $$|\boldsymbol{A}-\lambda\boldsymbol{E}|=\begin{vmatrix}-2-\lambda & 1 & 1\\ 0 & 2-\lambda & 0\\ -4 & 1 & 3-\lambda\end{vmatrix}=(2-\lambda)\begin{vmatrix}-2-\lambda & 1\\ -4 & 3-\lambda\end{vmatrix}$$

$$=(2-\lambda)(\lambda^2-\lambda-2)=-(\lambda+1)(\lambda-2)^2$$

所以 $\boldsymbol{A}$ 的特征值为 $\lambda_1=-1,\lambda_2=\lambda_3=2$.

当 $\lambda_1=-1$ 时，解方程 $(\boldsymbol{A}+\boldsymbol{E})\boldsymbol{x}=\boldsymbol{0}$. 由

$$\boldsymbol{A}+\boldsymbol{E}=\begin{pmatrix}-1 & 1 & 1\\ 0 & 3 & 0\\ -4 & 1 & 4\end{pmatrix}\to\begin{pmatrix}1 & 0 & -1\\ 0 & 1 & 0\\ 0 & 0 & 0\end{pmatrix}$$

解得基础解系

$$\boldsymbol{p}_1=\begin{pmatrix}1\\ 0\\ 1\end{pmatrix}$$

所以对应于 $\lambda_1=-1$ 的全部特征向量为 $k\boldsymbol{p}_1(k\neq 0)$.

当 $\lambda_2=\lambda_3=2$ 时，解方程 $(\boldsymbol{A}-2\boldsymbol{E})\boldsymbol{x}=\boldsymbol{0}$. 由

$$\boldsymbol{A}-2\boldsymbol{E}=\begin{pmatrix}-4 & 1 & 1\\ 0 & 0 & 0\\ -4 & 1 & 1\end{pmatrix}\to\begin{pmatrix}-4 & 1 & 1\\ 0 & 0 & 0\\ 0 & 0 & 0\end{pmatrix}$$

解得基础解系

$$p_2=\begin{pmatrix}0\\1\\-1\end{pmatrix},\quad p_3=\begin{pmatrix}1\\0\\4\end{pmatrix}$$

所以对应于 $\lambda_2=\lambda_3=2$ 的全部特征向量为 $k_2\boldsymbol{p}_2+k_3\boldsymbol{p}_3$（$k_2,k_3$ 不同为 0）.

3. 设 $\lambda_1,\lambda_2,\lambda_3$ 是三阶可逆方阵 $\boldsymbol{A}$ 的特征值，求 $\boldsymbol{A}^{-1},\boldsymbol{A}^*,3\boldsymbol{A}-2\boldsymbol{E}$ 的特征值.

解 设 λ 是 $\boldsymbol{A}$ 的特征值，对应的特征向量为 $\boldsymbol{x}$，即

$$\boldsymbol{Ax}=\lambda\boldsymbol{x}$$

两边同时乘以 $\boldsymbol{A}^{-1}$ 得：$\boldsymbol{x}=\lambda\boldsymbol{A}^{-1}\boldsymbol{x}$.

两边同时乘以 $\frac{1}{\lambda}$ 得：$\boldsymbol{A}^{-1}\boldsymbol{x}=\frac{1}{\lambda}\boldsymbol{x}$.

同时有 $\boldsymbol{A}^*\boldsymbol{x}=|\boldsymbol{A}|\boldsymbol{A}^{-1}\boldsymbol{x}=\frac{|\boldsymbol{A}|}{\lambda}\boldsymbol{x}$，其中，$|\boldsymbol{A}|=\lambda_1\lambda_2\lambda_3$.

$$(3\boldsymbol{A}-2\boldsymbol{E})\boldsymbol{x}=(3\lambda-2)\boldsymbol{x}$$

故 $\boldsymbol{A}^{-1}$ 的特征值为 $\frac{1}{\lambda_1},\frac{1}{\lambda_2},\frac{1}{\lambda_3}$；$\boldsymbol{A}^*$ 的特征值为 $\lambda_2\lambda_3,\lambda_1\lambda_3,\lambda_1\lambda_2$；$3\boldsymbol{A}-2\boldsymbol{E}$ 的特征值为 $3\lambda_1-2,3\lambda_2-2,3\lambda_3-2$.

4. (1) 已知三阶方阵 $\boldsymbol{A}$ 的特征值为 1,2,3，求 $|\boldsymbol{A}^3-5\boldsymbol{A}^2+7\boldsymbol{A}|$.

(2) 已知三阶方阵 $\boldsymbol{A}$ 的特征值为 1,2,−3，求 $|\boldsymbol{A}^*+3\boldsymbol{A}+2\boldsymbol{E}|$.

解 (1) 令 $\varphi(\lambda)=\lambda^3-5\lambda^2+7\lambda$. 因 1,2,3 是 $\boldsymbol{A}$ 的特征值，故 $\varphi(1)=3,\varphi(2)=2,\varphi(3)=3$，是 $\varphi(\boldsymbol{A})=\boldsymbol{A}^3-5\boldsymbol{A}^2+7\boldsymbol{A}$ 的特征值. 又：$\varphi(\boldsymbol{A})$ 为三阶方阵，于是 $\varphi(1),\varphi(2),\varphi(3)$ 是 $\varphi(\boldsymbol{A})$ 的全部特征值. 由特征值性质得

$$\det(\varphi(\boldsymbol{A}))=\varphi(1)\varphi(2)\varphi(3)=3\times2\times3=18$$

(2) 由特征值性质得 $|\boldsymbol{A}|=1\times2\times(-3)=-6$，知 $\boldsymbol{A}$ 可逆，故 $\boldsymbol{A}^*=|\boldsymbol{A}|\boldsymbol{A}^{-1}=-6\boldsymbol{A}^{-1}$，并且

$$\boldsymbol{B}=\boldsymbol{A}^*+3\boldsymbol{A}+2\boldsymbol{E}=-6\boldsymbol{A}^{-1}+3\boldsymbol{A}+2\boldsymbol{E}$$

因为当 $\lambda(\neq0)$ 为 $\boldsymbol{A}$ 的特征值时，$-6\lambda^{-1}+3\lambda+2$ 是 $\boldsymbol{B}$ 的特征值，注意到 $\boldsymbol{B}$ 为三阶方阵，故 $|\boldsymbol{B}|=(-1)\times5\times(-5)=25$.

习 题 5.3

2. 若 $\boldsymbol{P}^{-1}\boldsymbol{AP}=\begin{pmatrix}1&&\\&3&\\&&2\end{pmatrix}$，$\boldsymbol{p}=\begin{pmatrix}1&1&0\\2&0&1\\1&1&1\end{pmatrix}$，求 $\boldsymbol{A}$ 的特征值及特征向量.

解 $\boldsymbol{A}$ 的特征值为

$$\lambda_1=1,\quad\lambda_2=3,\quad\lambda_3=2$$

对应的特征向量为

$$\boldsymbol{x}_1=k(1,2,1)^{\mathrm{T}},\quad\boldsymbol{x}_2=k(1,0,1)^{\mathrm{T}},\quad\boldsymbol{x}_3=k(0,1,1)^{\mathrm{T}}$$

其中，$k\neq 0$.

3. 设 $\boldsymbol{A}=\begin{pmatrix}1 & 4 & 2\\0 & -3 & 4\\0 & 4 & 3\end{pmatrix}$，求 $\boldsymbol{A}^{100}$.

思路：利用矩阵 $\boldsymbol{A}$ 的相似对角矩阵来求 $\boldsymbol{A}^{100}$.

解 (1) 求 $\boldsymbol{A}$ 的特征值：

$$|\boldsymbol{A}-\lambda\boldsymbol{E}|=\begin{vmatrix}1-\lambda & 4 & 2\\0 & -3-\lambda & 4\\0 & 4 & 3-\lambda\end{vmatrix}=(1-\lambda)\begin{vmatrix}-3-\lambda & 4\\4 & 3-\lambda\end{vmatrix}$$

$$=(1-\lambda)(\lambda-5)(\lambda+5)$$

所以 $\boldsymbol{A}$ 的特征值为 $\lambda_1=-5,\lambda_2=1,\lambda_3=5$，并且它们互不相同，知 $\boldsymbol{A}$ 可对角化.

(2) 对应 $\lambda_1=-5$，解方程 $(\boldsymbol{A}+5\boldsymbol{E})\boldsymbol{x}=\boldsymbol{0}$，由

$$\boldsymbol{A}+5\boldsymbol{E}=\begin{pmatrix}6 & 4 & 2\\0 & 2 & 4\\0 & 4 & 8\end{pmatrix}\to\begin{pmatrix}6 & 0 & -6\\0 & 1 & 2\\0 & 0 & 0\end{pmatrix}\to\begin{pmatrix}1 & 0 & -1\\0 & 1 & 2\\0 & 0 & 0\end{pmatrix}$$

得特征向量 $\boldsymbol{p}_1=\begin{pmatrix}1\\-2\\1\end{pmatrix}$；

对应 $\lambda_2=1$，解方程 $(\boldsymbol{A}-\boldsymbol{E})\boldsymbol{x}=\boldsymbol{0}$，由

$$\boldsymbol{A}-\boldsymbol{E}=\begin{pmatrix}0 & 4 & 2\\0 & -4 & 4\\0 & 4 & 2\end{pmatrix}\to\begin{pmatrix}0 & 1 & -1\\0 & 2 & 1\\0 & 0 & 0\end{pmatrix}\to\begin{pmatrix}0 & 1 & 0\\0 & 0 & 1\\0 & 0 & 0\end{pmatrix}$$

特征向量为 $\boldsymbol{p}_2=\begin{pmatrix}1\\0\\0\end{pmatrix}$；

对应 $\lambda_3=5$，解方程 $(\boldsymbol{A}-5\boldsymbol{E})\boldsymbol{x}=\boldsymbol{0}$，由

$$\boldsymbol{A}-5\boldsymbol{E}=\begin{pmatrix}-4 & 4 & 2\\0 & -8 & 4\\0 & 4 & -2\end{pmatrix}\to\begin{pmatrix}2 & -2 & -1\\0 & -2 & 1\\0 & 0 & 0\end{pmatrix}\to\begin{pmatrix}1 & -2 & 0\\0 & -2 & 1\\0 & 0 & 0\end{pmatrix}$$

得特征向量 $\boldsymbol{p}_3=\begin{pmatrix}2\\1\\2\end{pmatrix}$.

(3) 令 $$\boldsymbol{P}=(\boldsymbol{p}_1,\boldsymbol{p}_2,\boldsymbol{p}_3)=\begin{pmatrix}1 & 1 & 2\\-2 & 0 & 1\\1 & 0 & 2\end{pmatrix}$$

则 $\boldsymbol{P}$ 为可逆矩阵，且

$$\boldsymbol{P}^{-1}\boldsymbol{A}\boldsymbol{P}=\boldsymbol{\Lambda}=\text{diag}(-5,1,5)$$

于是

$$\boldsymbol{A}=\boldsymbol{P}\boldsymbol{\Lambda}\boldsymbol{P}^{-1}\Rightarrow\boldsymbol{A}^{100}=\boldsymbol{P}\boldsymbol{\Lambda}^{100}\boldsymbol{P}^{-1}$$

求出 $\boldsymbol{P}^{-1}=\frac{1}{5}\begin{pmatrix}0&-2&1\\5&0&-5\\0&1&2\end{pmatrix}$，得

$$\boldsymbol{A}^{100}=\frac{1}{5}\begin{pmatrix}1&1&2\\-2&0&1\\1&0&2\end{pmatrix}\begin{pmatrix}5^{100}&&\\&1&\\&&5^{100}\end{pmatrix}\begin{pmatrix}0&-2&1\\5&0&-5\\0&1&2\end{pmatrix}$$

$$=\frac{1}{5}\begin{pmatrix}5^{100}&1&2\times5^{100}\\-2\times5^{100}&0&5^{100}\\5^{100}&0&2\times5^{100}\end{pmatrix}\begin{pmatrix}0&-2&1\\5&0&-5\\0&1&2\end{pmatrix}$$

$$=\begin{pmatrix}1&0&5^{100}-1\\0&5^{100}&0\\0&0&5^{100}\end{pmatrix}$$

4. 若矩阵 $\boldsymbol{A}=\begin{pmatrix}2&0&1\\3&1&x\\4&0&5\end{pmatrix}$ 可相似对角化，求 x.

解 先求 $\boldsymbol{A}$ 的特征值：

$$|\boldsymbol{A}-\lambda\boldsymbol{E}|=\begin{vmatrix}2-\lambda&0&1\\3&1-\lambda&x\\4&0&5-\lambda\end{vmatrix}=(1-\lambda)\begin{vmatrix}2-\lambda&1\\4&5-\lambda\end{vmatrix}$$

$$=(1-\lambda)^2(6-\lambda)$$

所以 $\lambda_1=\lambda_2=1$（二重根），$\lambda_3=6$（单重根）.

于是 $\quad\boldsymbol{A}$ 可相似对角化 $\Leftrightarrow\boldsymbol{A}$ 有 3 个线性无关的特征向量

$\Leftrightarrow\boldsymbol{A}$ 对应于二重特征值 1 有 2 个线性无关的特征向量

$\Leftrightarrow$ 方程 $(\boldsymbol{A}-\boldsymbol{E})\boldsymbol{x}=\boldsymbol{0}$ 的系数矩阵秩 $r(\boldsymbol{A}-\boldsymbol{E})=1$

另一方面

$$\boldsymbol{A}-\boldsymbol{E}=\begin{pmatrix}1&0&1\\3&0&x\\4&0&4\end{pmatrix}\to\begin{pmatrix}1&0&1\\0&0&x-3\\0&0&0\end{pmatrix}$$

$$r(\boldsymbol{A}-\boldsymbol{E})=1\Leftrightarrow x=3$$

5. 设三阶矩阵 $\boldsymbol{A}$ 的特征值分别为 $\lambda_1=2,\lambda_2=-2,\lambda_3=1$，对应的特征向量依次为：$\boldsymbol{\eta}_1=\begin{pmatrix}0\\1\\1\end{pmatrix},\boldsymbol{\eta}_2=\begin{pmatrix}1\\1\\1\end{pmatrix},\boldsymbol{\eta}_3=\begin{pmatrix}1\\1\\0\end{pmatrix}$，求矩阵 $\boldsymbol{A}$.

解　因 $\boldsymbol{A}$ 的特征值互异,知向量组 $\boldsymbol{p}_1,\boldsymbol{p}_2,\boldsymbol{p}_3$,则 $\boldsymbol{P}$ 为可逆矩阵,且有

$$\boldsymbol{P}^{-1}\boldsymbol{A}\boldsymbol{P}=\mathrm{diag}(2,-2,1)$$

$$\Rightarrow \boldsymbol{A}=\boldsymbol{P}\mathrm{diag}(2,-2,1)\boldsymbol{P}^{-1}$$

用初等行变换求得 $\boldsymbol{P}^{-1}=\begin{pmatrix}-1&1&0\\1&-1&1\\0&1&-1\end{pmatrix}$. 于是

$$\boldsymbol{A}=\begin{pmatrix}0&1&1\\1&1&1\\1&1&0\end{pmatrix}\begin{pmatrix}2&0&0\\0&-2&0\\0&0&1\end{pmatrix}\begin{pmatrix}-1&1&0\\1&-1&1\\0&1&-1\end{pmatrix}=\begin{pmatrix}-2&3&-3\\-4&5&-3\\-4&4&-2\end{pmatrix}$$

习　题　5.4

1. 试求一个正交相似变换矩阵,将下列实对称矩阵化为对角矩阵.

(1) $\begin{pmatrix}2&-2&0\\-2&1&-2\\0&-2&0\end{pmatrix}$;　　(2) $\begin{pmatrix}2&2&-2\\2&5&-4\\-2&-4&5\end{pmatrix}$.

解　(1) 先求特征值:

$$|\boldsymbol{A}-\lambda\boldsymbol{E}|=\begin{vmatrix}2-\lambda&-2&0\\-2&1-\lambda&-2\\0&-2&-\lambda\end{vmatrix}=-\lambda(1-\lambda)(2-\lambda)-4(2-\lambda)+4\lambda$$

$$=-\lambda(1-\lambda)(2-\lambda)-8(1-\lambda)=(1-\lambda)(\lambda-4)(\lambda+2)$$

所以 $\boldsymbol{A}$ 的特征值为 $\lambda_1=-2,\lambda_2=1,\lambda_3=4$.

再求特征向量:

对应 $\lambda_1=-2$,解方程 $(\boldsymbol{A}+2\boldsymbol{E})\boldsymbol{x}=\boldsymbol{0}$,由

$$\boldsymbol{A}+2\boldsymbol{E}=\begin{pmatrix}4&-2&0\\-2&3&-2\\0&-2&2\end{pmatrix}\to\begin{pmatrix}-2&3&-2\\0&4&-4\\0&1&-1\end{pmatrix}\to\begin{pmatrix}-2&0&1\\0&1&-1\\0&0&0\end{pmatrix}\to\begin{pmatrix}-2&1&0\\-2&0&1\\0&0&0\end{pmatrix}$$

得单位特征向量 $\boldsymbol{p}_1=\dfrac{1}{3}\begin{pmatrix}1\\2\\2\end{pmatrix}$;

对应 $\lambda_2=1$,解方程 $(\boldsymbol{A}-\boldsymbol{E})\boldsymbol{x}=\boldsymbol{0}$,由

$$\boldsymbol{A}-\boldsymbol{E}=\begin{pmatrix}1&-2&0\\-2&0&-2\\0&-2&-1\end{pmatrix}\to\begin{pmatrix}1&-2&0\\0&-4&-2\\0&-2&-1\end{pmatrix}\to\begin{pmatrix}1&-2&0\\0&2&1\\0&0&0\end{pmatrix}$$

得单位特征向量 $\boldsymbol{p}_2=\dfrac{1}{3}\begin{pmatrix}2\\1\\-2\end{pmatrix}$;

对应 $\lambda_3=4$,解方程 $(\boldsymbol{A}-4\boldsymbol{E})\boldsymbol{x}=\boldsymbol{0}$,由

$$\boldsymbol{A}-4\boldsymbol{E}=\begin{pmatrix}-2&-2&0\\-2&-3&-2\\0&-2&-4\end{pmatrix}\to\begin{pmatrix}1&1&0\\0&-1&-2\\0&-2&-4\end{pmatrix}\to\begin{pmatrix}1&0&-2\\0&1&2\\0&0&0\end{pmatrix}$$

得特征向量 $\boldsymbol{p}_3=\frac{1}{3}\begin{pmatrix}2\\-2\\1\end{pmatrix}$.

令
$$\boldsymbol{P}=(\boldsymbol{p}_1,\boldsymbol{p}_2,\boldsymbol{p}_3)=\frac{1}{3}\begin{pmatrix}1&2&2\\2&1&-2\\2&-2&1\end{pmatrix}$$

则 $\boldsymbol{P}$ 为正交矩阵,且有

$$\boldsymbol{P}^{-1}\boldsymbol{AP}=\boldsymbol{P}^{\mathrm{T}}\boldsymbol{AP}=\begin{pmatrix}-2&&\\&1&\\&&4\end{pmatrix}$$

(2) $\det(\boldsymbol{A}-\lambda\boldsymbol{E})=\begin{vmatrix}2-\lambda&2&-2\\2&5-\lambda&-4\\-2&-4&5-\lambda\end{vmatrix}\xrightarrow{r_2+r_3,c_3-c_2}\begin{vmatrix}2-\lambda&2&-4\\0&1-\lambda&0\\-2&-4&9-\lambda\end{vmatrix}$

$$=(1-\lambda)\begin{vmatrix}2-\lambda&-4\\-2&9-\lambda\end{vmatrix}=-(1-\lambda)^2(\lambda-10)$$

所以 $\boldsymbol{A}$ 对应的特征值为 $\lambda_1=10,\lambda_2=\lambda_3=1$(二重根).

对应 $\lambda_1=10$,解方程 $(\boldsymbol{A}-10\boldsymbol{E})\boldsymbol{x}=\boldsymbol{0}$,由

$$\boldsymbol{A}-10\boldsymbol{E}=\begin{vmatrix}-8&2&-2\\2&-5&-4\\-2&-4&-5\end{vmatrix}\to\begin{vmatrix}2&-5&-4\\0&-9&-9\\0&-18&-18\end{vmatrix}\to\begin{vmatrix}2&0&1\\0&1&1\\0&0&0\end{vmatrix}\to\begin{vmatrix}-2&1&0\\2&0&1\\0&0&0\end{vmatrix}$$

得单位向量 $\boldsymbol{p}_1=\frac{1}{3}\begin{vmatrix}1\\2\\-2\end{vmatrix}$;

对应 $\lambda_2=\lambda_3=1$,解方程 $(\boldsymbol{A}-\boldsymbol{E})\boldsymbol{x}=\boldsymbol{0}$,由

$$\boldsymbol{A}-\boldsymbol{E}=\begin{pmatrix}1&2&-2\\2&4&-4\\-2&-4&4\end{pmatrix}\to\begin{pmatrix}1&2&-2\\0&0&0\\0&0&0\end{pmatrix}$$

得线性无关特征向量 $\boldsymbol{\alpha}_1=\begin{pmatrix}0\\1\\1\end{pmatrix},\boldsymbol{\alpha}_2=\begin{pmatrix}2\\0\\1\end{pmatrix}$,将 $\boldsymbol{\alpha}_1\boldsymbol{\alpha}_2$ 正交化得

$$\boldsymbol{b}_1=\boldsymbol{\alpha}_1=\begin{pmatrix}0\\1\\1\end{pmatrix},\quad \boldsymbol{b}_2=\boldsymbol{\alpha}_2-\frac{[\boldsymbol{b}_1,\boldsymbol{\alpha}_2]}{[\boldsymbol{b}_1,\boldsymbol{b}_1]}\boldsymbol{b}_1=\begin{pmatrix}2\\0\\1\end{pmatrix}-\frac{1}{2}\begin{pmatrix}0\\1\\1\end{pmatrix}=\frac{1}{2}\begin{pmatrix}4\\-1\\1\end{pmatrix}$$

再分别单位化得

$$\boldsymbol{p}_2=\frac{1}{\sqrt{2}}\begin{pmatrix}0\\1\\1\end{pmatrix},\quad \boldsymbol{p}_3=\frac{1}{3\sqrt{2}}\begin{pmatrix}4\\-1\\1\end{pmatrix}.$$

$$\boldsymbol{P}=(\boldsymbol{p}_1,\boldsymbol{p}_2,\boldsymbol{p}_3)=\begin{vmatrix}\frac{1}{3} & 0 & \frac{4}{3\sqrt{2}}\\ \frac{2}{3} & \frac{1}{\sqrt{2}} & -\frac{1}{3\sqrt{2}}\\ -\frac{2}{3} & \frac{1}{\sqrt{2}} & \frac{1}{3\sqrt{2}}\end{vmatrix}$$

则 $\boldsymbol{P}$ 为正交阵，且有

$$\boldsymbol{P}^{-1}\boldsymbol{A}\boldsymbol{P}=\boldsymbol{P}^{\mathrm{T}}\boldsymbol{A}\boldsymbol{P}=\begin{pmatrix}10 & & \\ & 1 & \\ & & 1\end{pmatrix}$$

2. 设三阶实对称矩阵 $\boldsymbol{A}$ 的特征值为 $0,1,1$，$\boldsymbol{A}$ 的属于 0 的特征向量为 $\boldsymbol{\alpha}_1=\begin{pmatrix}0\\1\\1\end{pmatrix}$，求 $\boldsymbol{A}$.

解　设属于 1 的特征向量为 $\boldsymbol{x}=(x_1,x_2,x_3)^{\mathrm{T}}$，它与 $\boldsymbol{\alpha}_1$ 正交，即 $x_2+x_3=0$，从而解得特征值 1 的两个特征向量为 $\boldsymbol{\alpha}_2=\begin{pmatrix}1\\0\\0\end{pmatrix}$，$\boldsymbol{\alpha}_3=\begin{pmatrix}0\\1\\-1\end{pmatrix}$.

取 $\boldsymbol{P}=\begin{pmatrix}0 & 1 & 0\\ \frac{1}{\sqrt{2}} & 0 & \frac{1}{\sqrt{2}}\\ \frac{1}{\sqrt{2}} & 0 & -\frac{1}{\sqrt{2}}\end{pmatrix}$，即有 $\boldsymbol{P}^{-1}\boldsymbol{A}\boldsymbol{P}=\begin{pmatrix}0 & 0 & 0\\0 & 1 & 0\\0 & 0 & 1\end{pmatrix}$，从而

$$\boldsymbol{A}=\boldsymbol{P}\begin{pmatrix}0 & 0 & 0\\0 & 1 & 0\\0 & 0 & 1\end{pmatrix}\boldsymbol{P}^{-1}=\boldsymbol{P}=\begin{pmatrix}0 & 1 & 0\\ \frac{1}{\sqrt{2}} & 0 & \frac{1}{\sqrt{2}}\\ \frac{1}{\sqrt{2}} & 0 & -\frac{1}{\sqrt{2}}\end{pmatrix}\begin{pmatrix}0 & 0 & 0\\0 & 1 & 0\\0 & 0 & 1\end{pmatrix}\begin{pmatrix}0 & \frac{1}{\sqrt{2}} & \frac{1}{\sqrt{2}}\\ 1 & 0 & 0\\ 0 & \frac{1}{\sqrt{2}} & -\frac{1}{\sqrt{2}}\end{pmatrix}$$

$$=\begin{pmatrix}1&0&0\\0&\frac{1}{2}&-\frac{1}{2}\\0&-\frac{1}{2}&\frac{1}{2}\end{pmatrix}$$

3. 判断 n 阶矩阵 $\boldsymbol{A}=\begin{pmatrix}1&1&\cdots&1\\1&1&\cdots&1\\\vdots&\vdots&&\vdots\\1&1&\cdots&1\end{pmatrix}$ 与 $\boldsymbol{B}=\begin{pmatrix}n&0&\cdots&0\\1&0&\cdots&0\\\vdots&\vdots&&\vdots\\1&0&\cdots&0\end{pmatrix}$ 是否相似，并说明理由.

解 $\boldsymbol{A}$ 与 $\boldsymbol{B}$ 相似，因此

$|\lambda\boldsymbol{E}-\boldsymbol{A}|=\lambda^{n-1}(\lambda-n)$，知 $\boldsymbol{A}$ 与对角矩阵 $\begin{pmatrix}n&&&\\&0&&\\&&\ddots&\\&&&0\end{pmatrix}$ 相似.

$|\lambda\boldsymbol{E}-\boldsymbol{A}|=\lambda^{n-1}(\lambda-n)$ 且 $r(\boldsymbol{B})=1$，知 $\boldsymbol{B}$ 也与对角矩阵 $\begin{pmatrix}n&&&\\&0&&\\&&\ddots&\\&&&0\end{pmatrix}$ 相似，故 $\boldsymbol{A}$ 与 $\boldsymbol{B}$ 相似.

总复习题 5

一、单项选择题

1. $\boldsymbol{A}$ 是三阶方阵，其特征值为 1，−2，4，则下列矩阵中满秩的是(　　)(其中 $\boldsymbol{E}$ 为三阶单位矩阵).

A. $\boldsymbol{E}-\boldsymbol{A}$　　B. $\boldsymbol{A}+2\boldsymbol{E}$　　C. $2\boldsymbol{E}-\boldsymbol{A}$　　D. $\boldsymbol{A}-4\boldsymbol{E}$

2. 下列矩阵中，不能相似于对角矩阵的是(　　).

A. $\begin{pmatrix}1&1&0\\0&2&1\\0&0&3\end{pmatrix}$　　B. $\begin{pmatrix}1&1&0\\0&1&0\\0&0&2\end{pmatrix}$　　C. $\begin{pmatrix}1&0&1\\0&1&0\\1&0&1\end{pmatrix}$　　D. $\begin{pmatrix}1&0&0\\0&1&1\\0&0&2\end{pmatrix}$

3. 已知 n 阶矩阵 $\boldsymbol{A}$ 与 $\boldsymbol{B}$ 相似，则下列说法正确的是(　　).

A. 存在可逆矩阵 $\boldsymbol{P}$，使 $\boldsymbol{P}^{\mathrm{T}}\boldsymbol{A}\boldsymbol{P}=\boldsymbol{B}$

B. 存在对角矩阵 $\boldsymbol{\Lambda}$，使 $\boldsymbol{A}$ 与 $\boldsymbol{\Lambda}$，$\boldsymbol{\Lambda}$ 与 $\boldsymbol{B}$ 均相似

C. 若存在若干初等矩阵 $\boldsymbol{P}_1,\boldsymbol{P}_2,\cdots,\boldsymbol{P}_s$，使 $\boldsymbol{P}_1\boldsymbol{P}_2\cdots\boldsymbol{P}_s\boldsymbol{A}\boldsymbol{P}_s^{-1}\boldsymbol{P}_{s-1}^{-1}\cdots\boldsymbol{P}_1^{-1}=\boldsymbol{B}$

D. 存在正交矩阵 $\boldsymbol{P}$,使 $\boldsymbol{P}^{-1}\boldsymbol{AP}=\boldsymbol{B}$

4. 矩阵 $\boldsymbol{A}$ 为不可逆矩阵是 $\boldsymbol{A}$ 以 0 为特征值的(　　).

A. 充分但不必要条件　　B. 必要但不充分条件

C. 充要条件　　D. 既不充分又不必要条件

5. 已知矩阵 $\boldsymbol{A}=\begin{pmatrix}2&0&0\\0&0&1\\0&1&x\end{pmatrix}$ 和 $\boldsymbol{B}=\begin{pmatrix}2&0&0\\0&3&4\\0&-2&y\end{pmatrix}$ 相似,则(　　).

A. $x=0,y=-3$　B. $x=0,y=3$　C. $x=-3,y=0$　D. $x=3,y=0$

6. 设 $\boldsymbol{A}$ 是 n 阶实对称矩阵,$\boldsymbol{P}$ 是 n 阶可逆矩阵,已知 n 维列向量 $\boldsymbol{\alpha}$ 是 $\boldsymbol{A}$ 的对应于特征值 λ 的特征向量,则矩阵 $(\boldsymbol{P}^{-1}\boldsymbol{AP})^{\mathrm{T}}$ 对应于特征值 λ 的特征向量为(　　).

A. $\boldsymbol{P}^{-1}\boldsymbol{\alpha}$　B. $\boldsymbol{P}^{\mathrm{T}}\boldsymbol{\alpha}$　C. $\boldsymbol{P\alpha}$　D. $(\boldsymbol{P}^{-1})^{\mathrm{T}}\boldsymbol{\alpha}$

7. 若 n 阶可逆矩阵 $\boldsymbol{A}$ 的对应于特征值 λ 的特征向量是 $\boldsymbol{\alpha}$,则下列矩阵中,$\boldsymbol{\alpha}$ 不是其特征向量的是(　　).

A. $(\boldsymbol{A}+\boldsymbol{E})^2$　B. $-3\boldsymbol{A}$　C. $\boldsymbol{A}^*$　D. $\boldsymbol{A}^{\mathrm{T}}$

8. 设矩阵 $\boldsymbol{A}$ 相似于矩阵 $\boldsymbol{B}$,且 $\boldsymbol{B}=\begin{pmatrix}0&0&1\\0&1&0\\1&0&0\end{pmatrix}$,则 $r(\boldsymbol{A}-2\boldsymbol{E})$ 与 $r(\boldsymbol{A}-\boldsymbol{E})$ 之和等于(　　).

A. 2　B. 3　C. 4　D. 5

二、填空题

1. 设四阶方阵 $\begin{pmatrix}a&-2&0&0\\2&1&0&0\\0&0&b&1\\0&0&-2&-1\end{pmatrix}$ 有特征值 $\lambda=2,\lambda=1$,则 $a=$______,$b=$______.

2. 若 n 阶可逆矩阵 $\boldsymbol{A}$ 的每行元素之和均为 $c(c\neq0)$,则矩阵 $3\boldsymbol{A}-2\boldsymbol{A}^{-1}$ 有一个特征值为______.

3. 已知 $\boldsymbol{A}$ 相似于 $\boldsymbol{B}$,若 $\boldsymbol{A}^m=\boldsymbol{A}$,则 $\boldsymbol{B}^m=$______.

4. 已知 $\boldsymbol{A}$ 相似于 $\boldsymbol{E}$,则 $\boldsymbol{A}=$______,其中 $\boldsymbol{E}$ 为单位矩阵.

5. 设 n 阶矩阵 $\boldsymbol{A}$ 的元素全是 1,则 $\boldsymbol{A}$ 的 n 个特征值是______.

6. 若四阶矩阵 $\boldsymbol{A}$ 与 $\boldsymbol{B}$ 相似,矩阵 $\boldsymbol{A}$ 的特征值为 $\frac{1}{2},\frac{1}{3},\frac{1}{4},\frac{1}{5}$,则行列式 $|\boldsymbol{B}^{-1}-\boldsymbol{E}|=$______.

7. 若 $\boldsymbol{A}^2=\boldsymbol{E}$,则 $\boldsymbol{A}$ 的特征值是______,其中 $\boldsymbol{E}$ 为单位矩阵.

8. 矩阵 $\boldsymbol{A}=\begin{pmatrix}3&2&-1\\0&0&a\\0&0&0\end{pmatrix}$ 可对角化时，参数 $a=$______.

三、解答题

1. 设 $\boldsymbol{A}$ 是一个 n 阶下三角矩阵，证明：

(1) 若 $i\neq j(i,j=1,2,\cdots,n)$ 时有 $a_{ii}\neq a_{jj}$，$\boldsymbol{A}$ 相似于一个对角矩阵；

(2) 若 $a_{11}=a_{22}=\cdots=a_{nn}$，而至少有一个 $a_{i_0j_0}\neq 0(i_0>j_0)$，则 $\boldsymbol{A}$ 不与对角矩阵相似.

2. 设 $\boldsymbol{A}$ 为 n 阶方阵，满足 $\boldsymbol{A}^2-3\boldsymbol{A}+2\boldsymbol{E}=0$，求一可逆矩阵 $\boldsymbol{P}$，使 $\boldsymbol{P}^{-1}\boldsymbol{AP}$ 为对角矩阵.

3. 设 $\boldsymbol{A}$ 为三阶矩阵，$\boldsymbol{\alpha}_1,\boldsymbol{\alpha}_2,\boldsymbol{\alpha}_3$ 是线性无关的三维列向量，且满足 $\boldsymbol{A\alpha}_1=\boldsymbol{\alpha}_1+\boldsymbol{\alpha}_2+\boldsymbol{\alpha}_3$，$\boldsymbol{A\alpha}_2=2\boldsymbol{\alpha}_2+\boldsymbol{\alpha}_3$，$\boldsymbol{A\alpha}_3=2\boldsymbol{\alpha}_2+3\boldsymbol{\alpha}_3$.

(1) 求矩阵 $\boldsymbol{B}$，使得 $\boldsymbol{A}(\boldsymbol{\alpha}_1,\boldsymbol{\alpha}_2,\boldsymbol{\alpha}_3)=(\boldsymbol{\alpha}_1,\boldsymbol{\alpha}_2,\boldsymbol{\alpha}_3)\boldsymbol{B}$；

(2) 求矩阵 $\boldsymbol{A}$ 的特征值；

(3) 求可逆矩阵 $\boldsymbol{P}$，使 $\boldsymbol{P}^{-1}\boldsymbol{AP}$ 为对角矩阵.

4. 设矩阵 $\boldsymbol{A}=\begin{pmatrix}1&2&-3\\-1&4&-3\\1&a&5\end{pmatrix}$ 的特征方程有一个二重根，求 a 的值，并讨论 $\boldsymbol{A}$ 是否可对角化.

5. 设 n 阶矩阵 $\boldsymbol{A}=\begin{pmatrix}1&b&\cdots&b\\b&1&\cdots&b\\\vdots&\vdots&&\vdots\\b&b&\cdots&1\end{pmatrix}$.

(1) 求 $\boldsymbol{A}$ 的特征值和特征向量；

(2) 求可逆矩阵 $\boldsymbol{P}$，使得 $\boldsymbol{P}^{-1}\boldsymbol{AP}$ 为对角矩阵.

总复习题 5 解析

一、单项选择题

1. C

方阵满秩，则其行列式不等于0，因 $\boldsymbol{A}$ 的特征值为 1，-2，4，故 $|\boldsymbol{E}-\boldsymbol{A}|=0$，$|-2\boldsymbol{E}-\boldsymbol{A}|=(-1)^3|\boldsymbol{A}+2\boldsymbol{E}|=0$，$|4\boldsymbol{E}-\boldsymbol{A}|=-|\boldsymbol{A}-4\boldsymbol{E}|=0$，则 $\boldsymbol{E}-\boldsymbol{A}$，$\boldsymbol{A}+2\boldsymbol{E}$，$\boldsymbol{A}-4\boldsymbol{E}$ 都是降秩矩阵，故可排除选项 A、B、D.

2. B

设四个选项中的矩阵依次为 $\boldsymbol{A},\boldsymbol{B},\boldsymbol{C},\boldsymbol{D}$，则 $|\lambda\boldsymbol{E}-\boldsymbol{A}|=\begin{vmatrix}\lambda-1 & -1 & 0\\ 0 & \lambda-2 & -1\\ 0 & 0 & \lambda-3\end{vmatrix}=0$，得 $\lambda_1=1,\lambda_2=2,\lambda_3=3$. 因为它有 3 个不同的特征值，则必可对角化，故可排除 A；又 $|\lambda\boldsymbol{E}-\boldsymbol{B}|=\begin{vmatrix}\lambda-1 & -1 & 0\\ 0 & \lambda-1 & 0\\ 0 & 0 & \lambda-2\end{vmatrix}=(\lambda-1)^2(\lambda-2)=0$，得 $\lambda_1=\lambda_2=1,\lambda_3=2$，$\boldsymbol{B}$ 是否可对角化取决于 $\lambda_1=\lambda_2=1$ 时，方程组 $(\lambda\boldsymbol{E}-\boldsymbol{B})\boldsymbol{x}=\boldsymbol{0}$ 的基础解系是否含两个解向量. 由 $\boldsymbol{E}-\boldsymbol{B}=\begin{pmatrix}0 & -1 & 0\\ 0 & 0 & 0\\ 0 & 0 & -1\end{pmatrix}$ 知 $r(\boldsymbol{E}-\boldsymbol{B})=2$，故方程组 $(\boldsymbol{E}-\boldsymbol{B})\boldsymbol{x}=\boldsymbol{0}$ 的基础解系只含一个解向量，则它不可对角化. 因为，此时 $\boldsymbol{B}$ 只有两个线性无关的特征向量，而 $\boldsymbol{B}$ 是三阶矩阵，故 $\boldsymbol{B}$ 不能相似于对角矩阵.

3. C

因 $\boldsymbol{P}$ 不一定是正交矩阵，即 $\boldsymbol{P}^{\mathrm{T}}\neq\boldsymbol{P}^{-1}$，故排除 A；因为 $\boldsymbol{A},\boldsymbol{B}$ 不一定能对角化，故排除 B；对于 C，因 $\boldsymbol{P}^{-1}=\boldsymbol{P}_1\boldsymbol{P}_2\cdots\boldsymbol{P}_s$，故 $\boldsymbol{P}=\boldsymbol{P}_s^{-1}\boldsymbol{P}_{s-1}^{-1}\cdots\boldsymbol{P}_1^{-1}$. 由于初等矩阵都可逆，故乘积也可逆，由矩阵的相似的定义知 C 成立.

4. C

$\boldsymbol{A}$ 退化 $\Leftrightarrow|\boldsymbol{A}|=0\Leftrightarrow\prod\limits_{i=1}^{n}\lambda_i=0$，其中 λ_i 是 $\boldsymbol{A}$ 的特征值.

5. A

因为 $\boldsymbol{A}$ 相似于 $\boldsymbol{B}$，故 $|\boldsymbol{A}|=|\boldsymbol{B}|$，即 $\begin{vmatrix}2 & 0 & 0\\ 0 & 0 & 1\\ 0 & 1 & x\end{vmatrix}=\begin{vmatrix}2 & 0 & 0\\ 0 & 3 & 4\\ 0 & -2 & y\end{vmatrix}$，故 $-2=2(3y+8)$，解得 $y=-3$，因 $\boldsymbol{A}$ 相似于 $\boldsymbol{B}$ 故 $\operatorname{tr}\boldsymbol{A}=\operatorname{tr}\boldsymbol{B}$，即 $2+0+x=2+3+(-3)$ 解得 $x=0$.

6. B

因为 $\boldsymbol{\alpha}$ 是 $\boldsymbol{A}$ 的对应于特征值 λ 的特征向量，所以 $\boldsymbol{A\alpha}=\lambda\boldsymbol{\alpha}$，矩阵 $(\boldsymbol{P}^{-1}\boldsymbol{AP})^{\mathrm{T}}$ 对应于特征值 λ 的特征向量必须满足 $(\boldsymbol{P}^{-1}\boldsymbol{AP})^{\mathrm{T}}\boldsymbol{\beta}=\lambda\boldsymbol{\beta}$，将 $\boldsymbol{\beta}=\boldsymbol{P}^{\mathrm{T}}\boldsymbol{\alpha}$ 代入前式得

$$(\boldsymbol{P}^{-1}\boldsymbol{AP})^{\mathrm{T}}(\boldsymbol{P}^{\mathrm{T}}\boldsymbol{\alpha})=\boldsymbol{P}^{\mathrm{T}}\boldsymbol{A}^{\mathrm{T}}(\boldsymbol{P}^{-1})^{\mathrm{T}}\boldsymbol{P}^{\mathrm{T}}\boldsymbol{\alpha}=\boldsymbol{P}^{\mathrm{T}}\boldsymbol{A\alpha}=\lambda(\boldsymbol{P}^{\mathrm{T}}\boldsymbol{\alpha})$$

7. D

因为 $\boldsymbol{A\alpha}=\lambda\boldsymbol{\alpha}$，所以 $(\boldsymbol{A}+\boldsymbol{E})^2\boldsymbol{\alpha}=(\boldsymbol{A}^2+2\boldsymbol{A}+\boldsymbol{E})\boldsymbol{\alpha}=(\lambda^2+2\lambda+1)\boldsymbol{\alpha}=(\lambda+1)^2\boldsymbol{\alpha}$，又 $-3\boldsymbol{A\alpha}=-3\lambda\boldsymbol{\alpha}$，$\boldsymbol{A}^*\boldsymbol{\alpha}=|\boldsymbol{A}|\boldsymbol{A}^{-1}\boldsymbol{\alpha}=\dfrac{|\boldsymbol{A}|}{\lambda}\boldsymbol{\alpha}$，由定义知 $\boldsymbol{\alpha}$ 是选项 A、B、C 中所列矩阵的特征向量，故选 D.

8. C

因为 $\boldsymbol{A}$ 相似于 $\boldsymbol{B}$，则存在可逆矩阵 $\boldsymbol{P}$，使 $\boldsymbol{P}^{-1}\boldsymbol{BP}=\boldsymbol{A}$，所以 $\boldsymbol{A}-2\boldsymbol{E}=\boldsymbol{P}^{-1}\boldsymbol{BP}-2\boldsymbol{P}^{-1}\boldsymbol{P}=\boldsymbol{P}^{-1}(\boldsymbol{B}-2\boldsymbol{E})\boldsymbol{P}$，即矩阵 $\boldsymbol{A}-2\boldsymbol{E}$ 相似于 $\boldsymbol{B}-2\boldsymbol{E}$，同理 $\boldsymbol{A}-\boldsymbol{E}$ 相似于 $\boldsymbol{B}-\boldsymbol{E}$，又 $r(\boldsymbol{B}-2\boldsymbol{E})=3$，$r(\boldsymbol{B}-\boldsymbol{E})=1$，且相似矩阵的秩相等，故 $r(\boldsymbol{A}-2\boldsymbol{E})+r(\boldsymbol{A}-\boldsymbol{E})=3+1=4$.

二、填空题

1. 6，2

$$\begin{vmatrix} \lambda-a & 2 & 0 & 0 \\ -2 & \lambda-1 & 0 & 0 \\ 0 & 0 & \lambda-b & -1 \\ 0 & 0 & 2 & \lambda+1 \end{vmatrix}=\begin{vmatrix} \lambda-a & 2 \\ -2 & \lambda-1 \end{vmatrix}\begin{vmatrix} \lambda-b & -1 \\ 2 & \lambda+1 \end{vmatrix}$$

$$=[(\lambda-a)(\lambda-1)+4][(\lambda-b)(\lambda+1)+2]$$

当 $\lambda=1$ 时，$(1-b)2+2=0$，得 $b=2$；当 $\lambda=2$ 时，$(2-a)+4=0$，得 $a=6$.

2. $3c-\dfrac{2}{c}$

因为 $\boldsymbol{A}$ 的每行元素和为 c，则 $\boldsymbol{A}\begin{pmatrix}1\\1\\\vdots\\1\end{pmatrix}=\begin{pmatrix}c\\c\\\vdots\\c\end{pmatrix}=c\begin{pmatrix}1\\1\\\vdots\\1\end{pmatrix}$. 设 $\boldsymbol{\alpha}=(1,1,\cdots,1)^{\mathrm{T}}$，则 $\boldsymbol{A\alpha}=c\boldsymbol{\alpha}$，故 c 是 $\boldsymbol{A}$ 的特征值. 又 $c\neq0$，故 $\dfrac{1}{c}$ 是 $\boldsymbol{A}^{-1}$ 的特征值，则 $3\boldsymbol{A}-2\boldsymbol{A}^{-1}$ 的特征值为 $3c-\dfrac{2}{c}$.

3. $\boldsymbol{B}$

因为 $\boldsymbol{A}$ 相似于 $\boldsymbol{B}$，故存在可逆矩阵 $\boldsymbol{P}$，使 $\boldsymbol{P}^{-1}\boldsymbol{AP}=\boldsymbol{B}$，$\boldsymbol{P}^{-1}\boldsymbol{A}^m\boldsymbol{P}=\boldsymbol{B}^m$. 因为 $\boldsymbol{A}^m=\boldsymbol{A}$，故 $\boldsymbol{P}^{-1}\boldsymbol{A}^m\boldsymbol{P}=\boldsymbol{P}^{-1}\boldsymbol{AP}=\boldsymbol{B}$，即 $\boldsymbol{B}^m=\boldsymbol{B}$.

4. $\boldsymbol{E}$

因为 $\boldsymbol{A}$ 相似于 $\boldsymbol{E}$，故存在可逆矩阵 $\boldsymbol{P}$，使 $\boldsymbol{P}^{-1}\boldsymbol{AP}=\boldsymbol{E}$.

5. $\lambda_1=n,\lambda_2=\cdots=\lambda_n=0$

$$|\lambda\boldsymbol{E}-\boldsymbol{A}|=\begin{vmatrix} \lambda-1 & -1 & -1 & \cdots & -1 \\ -1 & \lambda-1 & -1 & \cdots & -1 \\ \vdots & \vdots & \vdots & & \vdots \\ -1 & -1 & -1 & \cdots & \lambda-1 \end{vmatrix}=(\lambda-1)\lambda^{n-1}=0$$

故 $\lambda_1=n,\lambda_2=\cdots=\lambda_n=0$.

6. 24

因为 $\boldsymbol{A}$ 相似于 $\boldsymbol{B}$，故有相同的特征值，则 $\boldsymbol{B}$ 的特征值为 $\dfrac{1}{2},\dfrac{1}{3},\dfrac{1}{4},\dfrac{1}{5}$，$\boldsymbol{B}^{-1}$ 的特征值为 2，3，4，5，$\boldsymbol{B}^{-1}-\boldsymbol{E}$ 的特征值为 1，2，3，4，得 $|\boldsymbol{B}^{-1}-\boldsymbol{E}|=1\times2\times3\times4=24$.

7. 1，-1

设 λ 是 $\boldsymbol{A}$ 的特征值，$\boldsymbol{\alpha}$ 是 $\boldsymbol{A}$ 的特征向量，则 $\boldsymbol{A\alpha}=\lambda\boldsymbol{\alpha}$，$\boldsymbol{A}^2\boldsymbol{\alpha}=\boldsymbol{AA\alpha}=\boldsymbol{A}\lambda\boldsymbol{\alpha}=\lambda\boldsymbol{A\alpha}=\lambda^2\boldsymbol{\alpha}$，又 $\boldsymbol{A}^2=\boldsymbol{E}$，故 $\boldsymbol{E\alpha}=\lambda^2\boldsymbol{\alpha}\Rightarrow\boldsymbol{\alpha}=\lambda^2\boldsymbol{\alpha}\Rightarrow(\lambda^2-1)\boldsymbol{\alpha}=0$，$\boldsymbol{\alpha}\neq0$，则 $\lambda^2-1=0$，$\lambda=\pm1$.

8. 0

由 $|\lambda\boldsymbol{E}-\boldsymbol{A}|=\begin{vmatrix}\lambda-3 & -2 & 1\\ 0 & \lambda & -a\\ 0 & 0 & \lambda\end{vmatrix}=\lambda^2(\lambda-3)=0$，得 $\boldsymbol{A}$ 的特征值为 $\lambda_1=3$，$\lambda_2=\lambda_3=0$. 因为 $\boldsymbol{A}$ 可对角化，故对应于 $\lambda_2=\lambda_3=0$ 的线性无关的特征向量应该有两个，即方程组 $(0\boldsymbol{E}-\boldsymbol{A})\boldsymbol{x}=\boldsymbol{0}$ 的基础解系有两个解向量，因此 $r(\boldsymbol{A})=1$，于是 $a=0$.

三、解答题

1. 证　(1) $a_{ii}\neq a_{jj}(i\neq j)$，则因为 $\boldsymbol{A}$ 是下三角形矩阵，所以 $\boldsymbol{A}$ 有 n 个不同的特征值 $a_{11},a_{22},\cdots,a_{nn}$，故 $\boldsymbol{A}$ 可以对角化.

(2) 若 $a=a_{11}=\cdots=a_{nn}$，则 $\boldsymbol{A}$ 的特征多项式等于 $(\lambda-a)^n$，所以 a 是 $\boldsymbol{A}$ 的唯一特征值. 若 $\boldsymbol{A}$ 可对角化，则存在可逆矩阵 $\boldsymbol{P}$，使 $\boldsymbol{P}^{-1}\boldsymbol{AP}=a\boldsymbol{E}$，从而 $\boldsymbol{A}=\boldsymbol{P}(a\boldsymbol{E})\boldsymbol{P}^{-1}=a\boldsymbol{E}$. 因此，$\boldsymbol{A}$ 是对角矩阵. 这与至少有一个 $a_{i_0j_0}\neq0(i_0>j_0)$ 矛盾，故 $\boldsymbol{A}$ 不可能与对角矩阵相似.

2. 解　由题设可得

$$(\boldsymbol{A}-\boldsymbol{E})(\boldsymbol{A}-2\boldsymbol{E})=(\boldsymbol{A}-2\boldsymbol{E})(\boldsymbol{A}-\boldsymbol{E})=\boldsymbol{0}$$

由于 $\boldsymbol{A}-2\boldsymbol{E}$ 的每一个列向量是 $(\boldsymbol{A}-\boldsymbol{E})\boldsymbol{x}=\boldsymbol{0}$ 的解，故 $r(\boldsymbol{A}-\boldsymbol{E})+r(\boldsymbol{A}-2\boldsymbol{E})\leqslant n$. 又 $\boldsymbol{A}-\boldsymbol{E}-(\boldsymbol{A}-2\boldsymbol{E})=\boldsymbol{E}\Rightarrow r(\boldsymbol{A}-\boldsymbol{E})+r(\boldsymbol{A}-2\boldsymbol{E})\geqslant r(\boldsymbol{E})=n$，所以 $r(\boldsymbol{A}-\boldsymbol{E})+r(\boldsymbol{A}-2\boldsymbol{E})=n$. 不妨设 $r(\boldsymbol{A}-\boldsymbol{E})=k$，$r(\boldsymbol{A}-2\boldsymbol{E})=s$，则 $k+s=n$.

设 $\boldsymbol{\alpha}_1,\boldsymbol{\alpha}_2,\cdots,\boldsymbol{\alpha}_k$ 和 $\boldsymbol{\beta}_1,\boldsymbol{\beta}_2,\cdots,\boldsymbol{\beta}_s$ 分别是 $\boldsymbol{A}-\boldsymbol{E}$ 和 $\boldsymbol{A}-2\boldsymbol{E}$ 的列极大无关组，由 $(\boldsymbol{A}-\boldsymbol{E})(\boldsymbol{A}-2\boldsymbol{E})=\boldsymbol{0}$ 知，$\boldsymbol{\beta}_1,\boldsymbol{\beta}_2,\cdots,\boldsymbol{\beta}_s$ 是对应于特征值 2 的线性无关的特征向量，故 $\boldsymbol{\alpha}_1,\boldsymbol{\alpha}_2,\cdots,\boldsymbol{\alpha}_k,\boldsymbol{\beta}_1,\boldsymbol{\beta}_2,\cdots,\boldsymbol{\beta}_s$ 线性无关. 令 $\boldsymbol{P}=(\boldsymbol{\alpha}_1,\boldsymbol{\alpha}_2,\cdots,\boldsymbol{\alpha}_k,\boldsymbol{\beta}_1,\boldsymbol{\beta}_2,\cdots,\boldsymbol{\beta}_s)$，得 $\boldsymbol{P}^{-1}\boldsymbol{AP}=\mathrm{diag}(1,1,\cdots,1,2,2,\cdots,2)$，其中 $\mathrm{diag}(1,1,\cdots,1,2,2,\cdots,2)$ 有 k 个 1，s 个 2.

3. 解　(1) 由题设知 $\boldsymbol{A}(\boldsymbol{\alpha}_1,\boldsymbol{\alpha}_2,\boldsymbol{\alpha}_3)=(\boldsymbol{\alpha}_1,\boldsymbol{\alpha}_2,\boldsymbol{\alpha}_3)\begin{pmatrix}1&0&0\\1&2&2\\1&1&3\end{pmatrix}$，故 $\boldsymbol{B}=\begin{pmatrix}1&0&0\\1&2&2\\1&1&3\end{pmatrix}$.

(2) 因为 $\boldsymbol{\alpha}_1,\boldsymbol{\alpha}_2,\boldsymbol{\alpha}_3$ 线性无关，故矩阵 $\boldsymbol{C}=(\boldsymbol{\alpha}_1,\boldsymbol{\alpha}_2,\boldsymbol{\alpha}_3)$ 可逆，所以 $\boldsymbol{C}^{-1}\boldsymbol{AC}=\boldsymbol{B}$，即 $\boldsymbol{A}$ 与 $\boldsymbol{B}$ 有相同的特征值. 由 $|\lambda\boldsymbol{E}-\boldsymbol{B}|=\begin{vmatrix}\lambda-1&0&0\\-1&\lambda-2&-2\\-1&-1&\lambda-3\end{vmatrix}=(\lambda-1)^2(\lambda-4)=0$，解得 $\boldsymbol{B}$(即 $\boldsymbol{A}$)的特征值为 $\lambda_1=\lambda_2=1$，$\lambda_3=4$.

(3) 当 $\lambda_1=\lambda_2=1$ 时，由 $(\boldsymbol{E}-\boldsymbol{B})\boldsymbol{x}=\boldsymbol{0}$ 解得基础解系 $\boldsymbol{\zeta}_1=(-1,1,0)^{\mathrm{T}}$，$\boldsymbol{\zeta}_2=(-2,$

$0,1)^{\mathrm{T}}$.

当 $\lambda_3=4$ 时，由 $(4\boldsymbol{E}-\boldsymbol{B})\boldsymbol{x}=\boldsymbol{0}$，解得基础解系 $\boldsymbol{\zeta}_3=(0,1,1)^{\mathrm{T}}$. 令

$$\boldsymbol{Q}=(\boldsymbol{\zeta}_1,\boldsymbol{\zeta}_2,\boldsymbol{\zeta}_3)=\begin{pmatrix}-1&-2&0\\1&0&1\\0&1&1\end{pmatrix}\Rightarrow \boldsymbol{Q}^{-1}\boldsymbol{B}\boldsymbol{Q}=\boldsymbol{Q}^{-1}\boldsymbol{C}^{-1}\boldsymbol{A}\boldsymbol{C}\boldsymbol{Q},$$

记矩阵

$$\boldsymbol{P}=\boldsymbol{C}\boldsymbol{Q}=(\boldsymbol{\alpha}_1,\boldsymbol{\alpha}_2,\boldsymbol{\alpha}_3)\begin{pmatrix}-1&-2&0\\1&0&1\\0&1&1\end{pmatrix}=(-\boldsymbol{\alpha}_1+\boldsymbol{\alpha}_2,-2\boldsymbol{\alpha}_1+\boldsymbol{\alpha}_3,\boldsymbol{\alpha}_2+\boldsymbol{\alpha}_3)$$

$\boldsymbol{P}$ 即为所求可逆矩阵.

4. 解 $$|\lambda\boldsymbol{E}-\boldsymbol{A}|=\begin{vmatrix}\lambda-1&-2&3\\1&\lambda-4&3\\-1&-a&\lambda-5\end{vmatrix}=(\lambda-2)(\lambda^2-8\lambda+18+3a)$$

若 $\lambda=2$ 是特征方程的二重根，则由 $2^2-16+18+3a=0$，解得 $a=-2$，此时，$\boldsymbol{A}$ 的特征值为 2,2,6，矩阵 $2\boldsymbol{E}-\boldsymbol{A}=\begin{pmatrix}1&-2&3\\1&-2&3\\-1&2&-3\end{pmatrix}$ 的秩为 1，故 $\lambda=2$ 对应的特征向量有两个，故 $\boldsymbol{A}$ 可对角化.

若 $\lambda=2$ 不是特征方程的二重根，则 $\lambda^2-8\lambda+18+3a$ 应为完全平方的形式，此时 $18+3a=16$，解得 $a=-\dfrac{2}{3}$. 此时，$\boldsymbol{A}$ 的特征值为 2，4，4，矩阵 $4\boldsymbol{E}-\boldsymbol{A}=\begin{pmatrix}3&-2&3\\1&0&3\\-1&\frac{2}{3}&-1\end{pmatrix}$ 的秩为 2，故二重根 $\lambda=4$ 对应的线性无关的特征向量只有一个，$\boldsymbol{A}$ 不可对角化.

5. 解 (1) 当 $b=0$ 时，显然有特征值 $\lambda_1=\lambda_2=\cdots=\lambda_n=1$，任意非零列向量均为特征向量.

当 $b\neq0$ 时，$|\lambda\boldsymbol{E}-\boldsymbol{A}|=\begin{vmatrix}\lambda-1&-b&\cdots&-b\\-b&\lambda-1&\cdots&-b\\\vdots&\vdots&&\vdots\\-b&-b&\cdots&\lambda-1\end{vmatrix}=[\lambda-1-(n-1)b][\lambda-(1-b)]^{n-1}$，则 $\boldsymbol{A}$ 的特征值为

$$\lambda_1=1+(n-1)b,\lambda_2=\cdots=\lambda_n=1-b$$

当 $\lambda_1=1+(n-1)b$ 时，设 $\boldsymbol{A}$ 的对应于特征值 λ_1 的特征向量为 $\boldsymbol{\zeta}_1$，则有 $\begin{pmatrix}1 & b & \cdots & b\\ b & 1 & \cdots & b\\ \vdots & \vdots & & \vdots\\ -b & -b & \cdots & \lambda-1\end{pmatrix}\boldsymbol{\zeta}_1=[1+(n-1)b]\boldsymbol{\zeta}_1$，解得 $\boldsymbol{\zeta}_1=(1,1,\cdots,1)^{\mathrm{T}}$，故全部特征向量为 $k\boldsymbol{\zeta}_1=k(1,1,\cdots,1)^{\mathrm{T}}$，其中 k 为任意非零常数.

当 $\lambda_2=\cdots=\lambda_n=1-b$ 时，由 $(1-b)\boldsymbol{E}-\boldsymbol{A}=\begin{pmatrix}-b & -b & \cdots & -b\\ -b & -b & \cdots & -b\\ \vdots & \vdots & & \vdots\\ -b & -b & \cdots & -b\end{pmatrix}=\begin{pmatrix}1 & 1 & \cdots & 1\\ 1 & 1 & \cdots & 1\\ \vdots & \vdots & & \vdots\\ 1 & 1 & \cdots & 1\end{pmatrix}$，解得 $[(1-b)\boldsymbol{E}-\boldsymbol{A}]\boldsymbol{x}=\boldsymbol{0}$ 的基础解系为 $\boldsymbol{\zeta}_2=(1,-1,0,\cdots,0)^{\mathrm{T}}$，$\boldsymbol{\zeta}_3=(1,0,-1,\cdots,0)^{\mathrm{T}}$，$\cdots$，$\boldsymbol{\zeta}_n=(1,0,0,\cdots,-1)^{\mathrm{T}}$，故全部特征向量为 $k_2\boldsymbol{\zeta}_2+\cdots+k_n\boldsymbol{\zeta}_n$，$k_2,k_3,\cdots,k_n$ 不全为零的常数.

(2) 当 $b=0$ 时，$\boldsymbol{A}=\boldsymbol{E}$，对于任意可逆矩阵 $\boldsymbol{P}$ 均有 $\boldsymbol{P}^{-1}\boldsymbol{AP}=\boldsymbol{E}$，当 $\boldsymbol{A}=\boldsymbol{E}$ 时，对任意可逆矩阵 $\boldsymbol{P}$ 均有 $\boldsymbol{P}^{-1}\boldsymbol{AP}=\boldsymbol{E}$.

当 $b\neq 0$ 时，$\boldsymbol{A}$ 有 n 个线性无关的特征向量. 令 $\boldsymbol{P}=(\boldsymbol{\zeta}_1,\boldsymbol{\zeta}_2,\cdots,\boldsymbol{\zeta}_n)$，则

$$\boldsymbol{P}^{-1}\boldsymbol{AP}=\mathrm{diag}(1+(n-1)b,1-b,\cdots,1-b)$$

六、考研真题解析

1. 设

$$\boldsymbol{A}=\begin{pmatrix}-1 & 2 & 2\\ 2 & -1 & -2\\ 2 & -2 & -1\end{pmatrix}$$

(1) 试求矩阵 $\boldsymbol{A}$ 的特征值；

(2) 求矩阵 $\boldsymbol{E}+\boldsymbol{A}^{-1}$ 的特征值，其中 $\boldsymbol{E}$ 为三阶单位矩阵.

解　(1) $\boldsymbol{A}$ 的特征方程为

$$|\lambda\boldsymbol{E}-\boldsymbol{A}|=\begin{vmatrix}\lambda+1 & -2 & -2\\ -2 & \lambda+1 & 2\\ -2 & 2 & \lambda+1\end{vmatrix}=\begin{vmatrix}\lambda-1 & -2 & -2\\ \lambda-1 & \lambda+1 & 2\\ 0 & 2 & \lambda+1\end{vmatrix}=\begin{vmatrix}\lambda-1 & -2 & -2\\ 0 & \lambda+3 & 4\\ 0 & 2 & \lambda+1\end{vmatrix}$$

$$=(\lambda-1)^2(\lambda+5)=0$$

故 $\boldsymbol{A}$ 的特征值为 $1,1,-5$.

(2) 由于 $\boldsymbol{A}$ 的特征值为 1,1,−5,则 $\boldsymbol{A}^{-1}$ 的特征值为 $1,1,-\frac{1}{5}$,则 $\boldsymbol{E}+\boldsymbol{A}^{-1}$ 的特征值为

$$1+1=2,\quad 1+1=2,\quad 1+\left(-\frac{1}{5}\right)=\frac{4}{5}$$

2. 设方阵 $\boldsymbol{A}$ 满足条件

$$\boldsymbol{A}^{\mathrm{T}}\boldsymbol{A}=\boldsymbol{E}$$

其中,$\boldsymbol{A}^{\mathrm{T}}$ 是 $\boldsymbol{A}$ 的转置矩阵,$\boldsymbol{E}$ 为单位阵. 试证明:$\boldsymbol{A}$ 的实特征向量所对应的特征值的绝对值等于 1.

证 设 λ 是 $\boldsymbol{A}$ 的特征值,$\boldsymbol{X}=(x_1,x_2,\cdots,x_n)^{\mathrm{T}}$ 是属于 λ 的实特征向量,则

$$\boldsymbol{A}\boldsymbol{X}=\lambda\boldsymbol{X},\quad \boldsymbol{X}\neq\boldsymbol{0} \tag{1}$$

两边取转置有

$$\boldsymbol{X}^{\mathrm{T}}\boldsymbol{A}^{\mathrm{T}}=\lambda\boldsymbol{X}^{\mathrm{T}} \tag{2}$$

式(1)与式(2)相乘得

$$\boldsymbol{X}^{\mathrm{T}}\boldsymbol{A}^{\mathrm{T}}\boldsymbol{A}\boldsymbol{X}=\lambda\boldsymbol{X}^{\mathrm{T}}\lambda\boldsymbol{X}$$

即

$$\boldsymbol{X}^{\mathrm{T}}(\boldsymbol{A}^{\mathrm{T}}\boldsymbol{A})\boldsymbol{X}=\lambda^2(\boldsymbol{X}^{\mathrm{T}}\boldsymbol{X})$$

因 $\boldsymbol{A}^{\mathrm{T}}\boldsymbol{A}=\boldsymbol{E}$,故 $\boldsymbol{X}^{\mathrm{T}}\boldsymbol{X}=\lambda^2\boldsymbol{X}^{\mathrm{T}}\boldsymbol{X}$,即

$$(\lambda^2-1)\boldsymbol{X}^{\mathrm{T}}\boldsymbol{X}=\boldsymbol{0}$$

因为

$$\boldsymbol{X}^{\mathrm{T}}\boldsymbol{X}=x_1^2+x_2^2+\cdots+x_n^2>0$$

故 $\lambda^2-1=0$,即 $|\lambda|=1$.

3. 已知向量 $\boldsymbol{\alpha}=(1,k,1)^{\mathrm{T}}$ 是矩阵

$$\boldsymbol{A}=\begin{pmatrix}2&1&1\\1&2&1\\1&1&2\end{pmatrix}$$

的逆矩阵 $\boldsymbol{A}$ 的特征向量,试求常数 k 的值.

解 设 λ 是 $\boldsymbol{\alpha}$ 对应的特征值,即 $\boldsymbol{A}^{-1}\boldsymbol{\alpha}=\lambda\boldsymbol{\alpha}$,则 $\boldsymbol{\alpha}=\lambda\boldsymbol{A}\boldsymbol{\alpha}$,即

$$\begin{pmatrix}1\\k\\1\end{pmatrix}=\lambda\begin{pmatrix}2&1&1\\1&2&1\\1&1&2\end{pmatrix}\begin{pmatrix}1\\k\\1\end{pmatrix}$$

由此得

$$\begin{cases}\lambda(2+k+1)=1\\\lambda(1+2k+1)=k\\\lambda(1+k+2)=1\end{cases}$$

由$\dfrac{2+2k}{k+3}=k$，解得 $k=-2$ 或 $k=1$.

4. 设矩阵 $\boldsymbol{A}=\begin{pmatrix}2&1&1\\1&2&1\\1&1&a\end{pmatrix}$可逆，向量 $\boldsymbol{\alpha}=\begin{pmatrix}1\\b\\1\end{pmatrix}$是矩阵 $\boldsymbol{A}^*$ 的一个特征向量，λ 是 $\boldsymbol{\alpha}$ 对应的特征值，其中 $\boldsymbol{A}^*$ 是矩阵 $\boldsymbol{A}$ 的伴随矩阵，试求 a、b 和 λ 的值.

解　由 $\boldsymbol{A}^*\boldsymbol{\alpha}=\lambda\boldsymbol{\alpha}$，$\boldsymbol{A}\boldsymbol{A}^*=|\boldsymbol{A}|\boldsymbol{E}$，故

$$\boldsymbol{A}\boldsymbol{A}^*\boldsymbol{\alpha}=\lambda\boldsymbol{A}\boldsymbol{\alpha},\quad |\boldsymbol{A}|\boldsymbol{E}\boldsymbol{\alpha}=\lambda\boldsymbol{A}\boldsymbol{\alpha}$$

即 $\boldsymbol{A}\boldsymbol{\alpha}=\dfrac{|\boldsymbol{A}|}{\lambda}\boldsymbol{\alpha}$，则

$$\begin{pmatrix}2&1&1\\1&2&1\\1&1&a\end{pmatrix}\begin{pmatrix}1\\b\\1\end{pmatrix}=\frac{|\boldsymbol{A}|}{\lambda}\begin{pmatrix}1\\b\\1\end{pmatrix}$$

由此得方程组

$$\begin{cases}3+b=\dfrac{|\boldsymbol{A}|}{\lambda}\\2+2b=\dfrac{|\boldsymbol{A}|}{\lambda}b\\a+b+1=\dfrac{|\boldsymbol{A}|}{\lambda}\end{cases}$$

解之得 $a=2$，$b=1$ 或 $b=-2$. 则

$$|\boldsymbol{A}|=\begin{vmatrix}2&1&1\\1&2&1\\1&1&a\end{vmatrix}=\begin{vmatrix}2&1&1\\1&2&1\\1&1&2\end{vmatrix}=4$$

$$\lambda=\frac{|\boldsymbol{A}|}{3+b}=\frac{4}{3+b}$$

所以，当 $b=1$ 时，$\lambda=1$；当 $b=-2$ 时，$\lambda=4$.

5. 设 $\boldsymbol{A}=\begin{pmatrix}0&0&1\\x&1&y\\1&0&0\end{pmatrix}$有 3 个线性无关的特征向量，求 x 和 y 应满足的条件.

解　由 $\boldsymbol{A}$ 的特征方程

$$|\lambda\boldsymbol{E}-\boldsymbol{A}|=\begin{vmatrix}\lambda&0&-1\\-x&\lambda-1&-y\\-1&0&\lambda\end{vmatrix}=(\lambda-1)\begin{vmatrix}\lambda&-1\\-1&\lambda\end{vmatrix}$$

$$=(\lambda-1)^2(\lambda+1)=0$$

则 $\boldsymbol{A}$ 的特征值为 $\lambda_1=\lambda_2=1$，$\lambda_3=-1$.

因此,$\lambda=1$ 必有 2 个线性无关的特征向量,则 $r(\boldsymbol{E}-\boldsymbol{A})=1$,由

$$\boldsymbol{E}-\boldsymbol{A}=\begin{pmatrix}1&0&-1\\-x&0&-y\\-1&0&1\end{pmatrix}\to\begin{pmatrix}1&0&-1\\-x&0&-y\\0&0&0\end{pmatrix}\to\begin{pmatrix}1&0&-1\\0&0&-x-y\\0&0&0\end{pmatrix}$$

则 x 和 y 必须满足条件 $x+y=0$.

6. 设矩阵 $\boldsymbol{A}$ 与 $\boldsymbol{B}$ 相似,且

$$\boldsymbol{A}=\begin{pmatrix}1&-1&1\\2&4&-2\\-3&-3&a\end{pmatrix},\quad \boldsymbol{B}=\begin{pmatrix}2&0&0\\0&2&0\\0&0&b\end{pmatrix}$$

(1) 求 a,b 的值;

(2) 求可逆矩阵 $\boldsymbol{P}$,使得 $\boldsymbol{P}^{-1}\boldsymbol{AP}=\boldsymbol{B}$.

解 (1) 由于 $\boldsymbol{A}$ 与 $\boldsymbol{B}$ 相似,故

$$\begin{cases}1+4+a=2+2+b\\6(a-1)=|\boldsymbol{A}|=|\boldsymbol{B}|=4b\end{cases}$$

解之得 $a=5,b=6$.

(2) 因为 $\boldsymbol{A}$ 与 $\boldsymbol{B}$ 相似,$\boldsymbol{A}$ 与 $\boldsymbol{B}$ 有相同的特征值,即 $\lambda_1=\lambda_2=2,\lambda_3=6$. 对应 $\lambda=2$,解方程 $(2\boldsymbol{E}-\boldsymbol{A})\boldsymbol{X}=\boldsymbol{0}$,由

$$2\boldsymbol{E}-\boldsymbol{A}=\begin{pmatrix}1&1&-1\\-2&-2&2\\3&3&-3\end{pmatrix}\to\begin{pmatrix}1&1&-1\\0&0&0\\0&0&0\end{pmatrix}$$

得到基础解系为

$$\boldsymbol{\alpha}_1=(-1,1,0)^{\mathrm{T}},\quad \boldsymbol{\alpha}_2=(1,0,1)^{\mathrm{T}}$$

此即为矩阵 $\boldsymbol{A}$ 的属于特征值 $\lambda=2$ 的线性无关的特征向量.

对于 $\lambda=6$,解方程 $(6\boldsymbol{E}-\boldsymbol{A})\boldsymbol{X}=\boldsymbol{0}$,由

$$6\boldsymbol{E}-\boldsymbol{A}=\begin{pmatrix}5&1&-1\\-2&2&2\\3&3&1\end{pmatrix}\to\begin{pmatrix}1&-1&-1\\0&3&2\\0&0&0\end{pmatrix}$$

得到基础解系为 $\boldsymbol{\alpha}_3=(1,-2,3)^{\mathrm{T}}$,此即为矩阵 $\boldsymbol{A}$ 属于特征值 $\lambda=6$ 的特征向量.

将 $\boldsymbol{\alpha}_1,\boldsymbol{\alpha}_2,\boldsymbol{\alpha}_3$ 构成可逆矩阵

$$\boldsymbol{P}=(\boldsymbol{\alpha}_1,\boldsymbol{\alpha}_2,\boldsymbol{\alpha}_3)=\begin{pmatrix}-1&1&1\\1&0&-2\\0&1&3\end{pmatrix}$$

则 $\boldsymbol{P}^{-1}\boldsymbol{AP}=\boldsymbol{B}$.

7. 设矩阵 $\boldsymbol{A}=\begin{pmatrix}3&2&-2\\-k&-1&k\\4&2&-3\end{pmatrix}$,问 k 为何值时存在可逆矩阵 $\boldsymbol{P}$,使得 $\boldsymbol{P}^{-1}\boldsymbol{AP}$ 为

对角矩阵？并求出 $\boldsymbol{P}$ 和相应的对角矩阵.

解　矩阵 $\boldsymbol{A}$ 的特征多项式

$$|\lambda\boldsymbol{E}-\boldsymbol{A}|=\begin{vmatrix}\lambda-3 & -2 & 2\\ k & \lambda+1 & -k\\ -4 & -2 & \lambda+3\end{vmatrix}=\begin{vmatrix}\lambda-1 & -2 & 2\\ 0 & \lambda+1 & -k\\ \lambda-1 & -2 & \lambda+3\end{vmatrix}$$

$$=\begin{vmatrix}\lambda-1 & -2 & 2\\ 0 & \lambda+1 & -k\\ 0 & 0 & \lambda+1\end{vmatrix}=(\lambda-1)(\lambda+1)^2$$

得矩阵 $\boldsymbol{A}$ 的特征值为 $\lambda_1=1,\lambda_2=\lambda_3=-1$.

由于 $\boldsymbol{A}$ 与对角矩阵相似，故 $\lambda=-1$ 时，矩阵 $\boldsymbol{A}$ 必有 2 个线性无关的特征向量，即 $r(-\boldsymbol{E}-\boldsymbol{A})=1$. 由

$$-\boldsymbol{E}-\boldsymbol{A}=\begin{pmatrix}-4 & -2 & 2\\ k & 0 & -k\\ -4 & -2 & 2\end{pmatrix}\rightarrow\begin{pmatrix}-4 & -2 & 2\\ k & 0 & -k\\ 0 & 0 & 0\end{pmatrix}$$

知 $k=0$.

对应 $\lambda=1$，解方程 $(\boldsymbol{E}-\boldsymbol{A})\boldsymbol{X}=\boldsymbol{0}$，由

$$\boldsymbol{E}-\boldsymbol{A}=\begin{pmatrix}-2 & -2 & 2\\ 0 & 2 & 0\\ -4 & -2 & 4\end{pmatrix}\rightarrow\begin{pmatrix}1 & 1 & -1\\ 0 & 1 & 0\\ 0 & 0 & 0\end{pmatrix}$$

得到 $\boldsymbol{A}$ 属于特征值 $\lambda=1$ 的特征向量 $\boldsymbol{P}_1=[1,0,1]^{\mathrm{T}}$.

对于 $\lambda=-1$，解方程 $(-\boldsymbol{E}-\boldsymbol{A})\boldsymbol{X}=\boldsymbol{0}$，由

$$-\boldsymbol{E}-\boldsymbol{A}=\begin{pmatrix}-4 & -2 & 2\\ 0 & 0 & 0\\ -4 & -2 & 2\end{pmatrix}\rightarrow\begin{pmatrix}2 & 1 & -1\\ 0 & 0 & 0\\ 0 & 0 & 0\end{pmatrix}$$

得到矩阵 $\boldsymbol{A}$ 属于特征值 $\lambda=-1$ 的线性无关的特征向量

$$\boldsymbol{P}_2=(-1,2,0)^{\mathrm{T}},\quad \boldsymbol{P}_3=(0,1,1)^{\mathrm{T}}$$

设 $\boldsymbol{P}=(\boldsymbol{P}_1,\boldsymbol{P}_2,\boldsymbol{P}_3)=\begin{pmatrix}1 & -1 & 0\\ 0 & 2 & 1\\ 1 & 0 & 1\end{pmatrix}$，有

$$\boldsymbol{P}^{-1}\boldsymbol{A}\boldsymbol{P}=\begin{pmatrix}1 & 0 & 0\\ 0 & -1 & 0\\ 0 & 0 & -1\end{pmatrix}$$

8. 设矩阵 $\boldsymbol{A}=\begin{pmatrix}1 & -1 & 1\\ x & 4 & y\\ -3 & -3 & 5\end{pmatrix}$，已知 $\boldsymbol{A}$ 有 3 个线性无关的特征向量，$\lambda=2$ 是 $\boldsymbol{A}$

的二重特征值,试求可逆矩阵 $\boldsymbol{P}$,使得 $\boldsymbol{P}^{-1}\boldsymbol{AP}$ 为对角矩阵.

解 因为矩阵 $\boldsymbol{A}$ 有 3 个线性无关的特征向量,而 $\lambda=2$ 是二重特征值,故 $\lambda=2$ 必有 2 个线性无关的特征向量,因此 $(2\boldsymbol{E}-\boldsymbol{A})\boldsymbol{X}=\boldsymbol{0}$ 的基础解系由 2 个解向量构成,于是 $r(2\boldsymbol{E}-\boldsymbol{A})=1$. 由

$$2\boldsymbol{E}-\boldsymbol{A}=\begin{pmatrix}1&1&-1\\-x&-2&-y\\3&3&-3\end{pmatrix}\to\begin{pmatrix}1&1&-1\\0&x-2&-x-y\\0&0&0\end{pmatrix}$$

得 $x-2=0,-x-y=0$,即 $x=2,y=-2$,则

$$\boldsymbol{A}=\begin{pmatrix}1&-1&1\\2&4&-2\\-3&-3&5\end{pmatrix}$$

故 $\boldsymbol{A}$ 的特征多项式为

$$|\lambda\boldsymbol{E}-\boldsymbol{A}|=\begin{vmatrix}\lambda-1&1&-1\\-2&\lambda-4&2\\3&3&\lambda-5\end{vmatrix}=(\lambda-2)^2(\lambda-6)$$

得到矩阵 $\boldsymbol{A}$ 的特征值为 $\lambda_1=\lambda_2=2,\lambda_3=6$.

对应 $\lambda=2$,解方程 $(2\boldsymbol{E}-\boldsymbol{A})\boldsymbol{X}=\boldsymbol{0}$,由

$$2\boldsymbol{E}-\boldsymbol{A}=\begin{pmatrix}1&1&-1\\-2&-2&2\\3&3&-3\end{pmatrix}\to\begin{pmatrix}1&1&-1\\0&0&0\\0&0&0\end{pmatrix}$$

得到相应的特征向量为 $\boldsymbol{P}_1=(1,-1,0)^{\mathrm{T}},\boldsymbol{P}_2=(1,0,1)^{\mathrm{T}}$.

对应 $\lambda=6$,解方程 $(6\boldsymbol{E}-\boldsymbol{A})\boldsymbol{X}=\boldsymbol{0}$,由

$$6\boldsymbol{E}-\boldsymbol{A}=\begin{pmatrix}5&1&-1\\-2&2&2\\3&3&1\end{pmatrix}\to\begin{pmatrix}1&-1&-1\\0&3&2\\0&0&0\end{pmatrix}$$

得到相应的特征向量为 $\boldsymbol{P}_3=(1,-2,3)^{\mathrm{T}}$.

设 $\boldsymbol{P}=(\boldsymbol{P}_1,\boldsymbol{P}_2,\boldsymbol{P}_3)=\begin{pmatrix}1&1&1\\-1&0&-2\\0&1&3\end{pmatrix}$,有

$$\boldsymbol{P}^{-1}\boldsymbol{AP}=\boldsymbol{\Lambda}=\begin{pmatrix}2&0&0\\0&2&0\\0&0&6\end{pmatrix}$$

9. 设矩阵 $\boldsymbol{A}=\begin{pmatrix}1&1&a\\1&a&1\\a&1&1\end{pmatrix},\boldsymbol{\beta}=\begin{pmatrix}1\\1\\-2\end{pmatrix}$,已知线性方程组 $\boldsymbol{AX}=\boldsymbol{\beta}$ 有解但不唯一. 试

求:(1) a 的值;(2) 正交矩阵 $\boldsymbol{Q}$,使 $\boldsymbol{Q}^{\mathrm{T}}\boldsymbol{AQ}$ 为对角矩阵.

解　对方程组 $\boldsymbol{AX}=\boldsymbol{\beta}$ 的增广矩阵作初等行变换,有

$$[\boldsymbol{A}\quad\boldsymbol{\beta}]=\left(\begin{array}{ccc:c}1&1&a&1\\1&a&1&1\\a&1&1&-2\end{array}\right)\rightarrow\left(\begin{array}{ccc:c}1&1&a&1\\0&a-1&1-a&0\\0&1-a&1-a^2&-a-2\end{array}\right)$$

$$\rightarrow\left(\begin{array}{ccc:c}1&1&a&1\\0&a-1&1-a&0\\0&0&(a-1)(a+2)&a+2\end{array}\right)$$

因为方程组有无穷多个解,所以 $r(\boldsymbol{A})=r([\boldsymbol{A}\ \vdots\ \boldsymbol{\beta}])<3$,故 $a=-2$.

由

$$|\lambda\boldsymbol{E}-\boldsymbol{A}|=\begin{vmatrix}\lambda-1&-1&2\\-1&\lambda+2&-1\\2&-1&\lambda-1\end{vmatrix}=\begin{vmatrix}\lambda&\lambda&\lambda\\-1&\lambda+2&-1\\2&-1&\lambda-1\end{vmatrix}$$

$$=\lambda\begin{vmatrix}1&1&1\\-1&\lambda+2&-1\\2&-1&\lambda-1\end{vmatrix}=\lambda\begin{vmatrix}1&0&0\\-1&\lambda+3&0\\2&-3&\lambda-3\end{vmatrix}$$

$$=\lambda(\lambda+3)(\lambda-3)$$

故矩阵 $\boldsymbol{A}$ 的特征值为 $\lambda_1=3,\lambda_2=0,\lambda_3=-3$.

对应 $\lambda_1=3$,解方程 $(3\boldsymbol{E}-\boldsymbol{A})\boldsymbol{X}=\boldsymbol{0}$,由

$$3\boldsymbol{E}-\boldsymbol{A}=\begin{pmatrix}2&-1&2\\-1&5&-1\\2&-1&2\end{pmatrix}\rightarrow\begin{pmatrix}1&-5&1\\0&9&0\\0&0&0\end{pmatrix}$$

得 $\lambda_1=3$ 对应的特征向量为 $\boldsymbol{\alpha}_1=(1,0,-1)^{\mathrm{T}}$.

对应 $\lambda_2=0$,解方程 $(0\cdot\boldsymbol{E}-\boldsymbol{A})\boldsymbol{X}=\boldsymbol{0}$,由

$$-\boldsymbol{A}=\begin{pmatrix}-1&-1&2\\-1&2&-1\\2&-1&-1\end{pmatrix}\rightarrow\begin{pmatrix}1&1&-2\\0&1&-1\\0&0&0\end{pmatrix}$$

得 $\lambda_2=0$ 对应的特征向量为 $\boldsymbol{\alpha}_2=(1,1,1)^{\mathrm{T}}$.

对应 $\lambda_3=-3$,解方程 $(-3\boldsymbol{E}-\boldsymbol{A})\boldsymbol{X}=\boldsymbol{0}$,由

$$-3\boldsymbol{E}-\boldsymbol{A}=\begin{pmatrix}-4&-1&2\\-1&-1&-1\\2&-1&-4\end{pmatrix}\rightarrow\begin{pmatrix}1&1&1\\0&1&2\\0&0&0\end{pmatrix}$$

得 $\lambda_3=-3$ 对应的特征向量为 $\boldsymbol{\alpha}_3=(1,-2,1)^{\mathrm{T}}$.

实对称矩阵的特征值不同时,其特征向量已经正交,故只需单位化,即有

$$\boldsymbol{q}_1=\frac{1}{\|\boldsymbol{\alpha}_1\|}\boldsymbol{\alpha}_1=\frac{1}{\sqrt{2}}\begin{pmatrix}1\\0\\-1\end{pmatrix}$$

$$\boldsymbol{q}_2=\frac{1}{\|\boldsymbol{\alpha}_2\|}\boldsymbol{\alpha}_2=\frac{1}{\sqrt{3}}\begin{pmatrix}1\\1\\1\end{pmatrix}$$

$$\boldsymbol{q}_3=\frac{1}{\|\boldsymbol{\alpha}_3\|}\boldsymbol{\alpha}_3=\frac{1}{\sqrt{6}}\begin{pmatrix}1\\-2\\1\end{pmatrix}$$

令

$$\boldsymbol{Q}=(\boldsymbol{q}_1,\boldsymbol{q}_2,\boldsymbol{q}_3)=\begin{pmatrix}\frac{1}{\sqrt{2}} & \frac{1}{\sqrt{3}} & \frac{1}{\sqrt{6}}\\ 0 & \frac{1}{\sqrt{3}} & -\frac{2}{\sqrt{6}}\\ -\frac{1}{\sqrt{2}} & \frac{1}{\sqrt{3}} & \frac{1}{\sqrt{6}}\end{pmatrix}$$

得

$$\boldsymbol{Q}^{\mathrm{T}}\boldsymbol{A}\boldsymbol{Q}=\boldsymbol{Q}^{-1}\boldsymbol{A}\boldsymbol{Q}=\boldsymbol{\Lambda}=\begin{pmatrix}3 & 0 & 0\\ 0 & 0 & 0\\ 0 & 0 & -3\end{pmatrix}$$

10. 设实对称矩阵 $\boldsymbol{A}=\begin{pmatrix}a & 1 & 1\\ 1 & a & -1\\ 1 & -1 & a\end{pmatrix}$，求可逆矩阵 $\boldsymbol{P}$，使 $\boldsymbol{P}^{-1}\boldsymbol{A}\boldsymbol{P}$ 为对角矩阵，并求 $|\boldsymbol{A}-\boldsymbol{E}|$.

解 矩阵 $\boldsymbol{A}$ 的特征多项式

$$|\lambda\boldsymbol{E}-\boldsymbol{A}|=\begin{vmatrix}\lambda-a & -1 & -1\\ -1 & \lambda-a & 1\\ -1 & 1 & \lambda-a\end{vmatrix}=\begin{vmatrix}\lambda-a-1 & \lambda-a-1 & 0\\ -1 & \lambda-a & 1\\ 0 & a+1-\lambda & \lambda-a-1\end{vmatrix}$$

$$=(\lambda-a-1)^2\begin{vmatrix}1 & 1 & 0\\ -1 & \lambda-a & 1\\ 0 & -1 & 1\end{vmatrix}=(\lambda-a-1)^2(\lambda-a+2)$$

得 $\boldsymbol{A}$ 的特征值为 $\lambda_1=\lambda_2=a+1$，$\lambda_3=a-2$.

对应 $\lambda=a+1$，解方程 $[(a+1)\boldsymbol{E}-\boldsymbol{A}]\boldsymbol{X}=\boldsymbol{0}$，由

$$(a+1)\boldsymbol{E}-\boldsymbol{A}=\begin{pmatrix}1 & -1 & -1\\ -1 & 1 & 1\\ -1 & 1 & 1\end{pmatrix}\rightarrow\begin{pmatrix}1 & -1 & -1\\ 0 & 0 & 0\\ 0 & 0 & 0\end{pmatrix}$$

得到 2 个线性无关的特征向量

$$\boldsymbol{P}_1=(1,1,0)^{\mathrm{T}},\quad \boldsymbol{P}_2=(1,0,1)^{\mathrm{T}}$$

对应 $\lambda=a-2$，解方程 $[(a-2)\boldsymbol{E}-\boldsymbol{A}]\boldsymbol{X}=\boldsymbol{0}$，由

$$(a-2)\boldsymbol{E}-\boldsymbol{A}=\begin{pmatrix}-2&-1&-1\\-1&-2&1\\-1&1&-2\end{pmatrix}\rightarrow\begin{pmatrix}1&2&-1\\0&1&-1\\0&0&0\end{pmatrix}$$

得特征向量为

$$\boldsymbol{P}_3=(-1,1,1)^{\mathrm{T}}$$

设 $\boldsymbol{P}=(\boldsymbol{P}_1,\boldsymbol{P}_2,\boldsymbol{P}_3)=\begin{pmatrix}1&1&-1\\1&0&1\\0&1&1\end{pmatrix}$，有

$$\boldsymbol{P}^{-1}\boldsymbol{A}\boldsymbol{P}=\boldsymbol{\Lambda}=\begin{pmatrix}a+1&0&0\\0&a+1&0\\0&0&a-2\end{pmatrix}$$

由于 $\boldsymbol{A}$ 的特征值为 $a+1,a+1,a-2$，故 $\boldsymbol{A}-\boldsymbol{E}$ 的特征值是 $a,a,a-3$，则

$$|\boldsymbol{A}-\boldsymbol{E}|=a\cdot a(a-3)=a^2(a-3)$$

11. 设矩阵 $\boldsymbol{A}=\begin{pmatrix}1&2&-3\\-1&4&-3\\1&a&5\end{pmatrix}$ 的特征方程有一个二重根，求 a 的值，并讨论 $\boldsymbol{A}$ 是否可相似对角化.

解　由 $\boldsymbol{A}$ 的特征多项式

$$|\lambda\boldsymbol{E}-\boldsymbol{A}|=\begin{vmatrix}\lambda-1&-2&3\\1&\lambda-4&3\\-1&-a&\lambda-5\end{vmatrix}=\begin{vmatrix}\lambda-2&2-\lambda&0\\1&\lambda-4&3\\-1&-a&\lambda-5\end{vmatrix}$$

$$=(\lambda-2)\begin{vmatrix}1&-1&0\\1&\lambda-4&3\\-1&-a&\lambda-5\end{vmatrix}$$

$$=(\lambda-2)\begin{vmatrix}1&0&0\\1&\lambda-3&3\\-1&-a-1&\lambda-5\end{vmatrix}$$

$$=(\lambda-2)(\lambda^2-8\lambda+18+3a)$$

(1) 若 $\lambda=2$ 是特征方程的二重根，则 $2^2-8\times2+18+3a=0$，可得 $a=-2$.

当 $a=-2$ 时，$\boldsymbol{A}$ 的特征值为 2,2,6. 由

$$2\boldsymbol{E}-\boldsymbol{A}=\begin{pmatrix}1&-2&3\\1&-2&3\\-1&2&-3\end{pmatrix}\rightarrow\begin{pmatrix}1&-2&3\\0&0&0\\0&0&0\end{pmatrix}$$

即

$$r(2\boldsymbol{E}-\boldsymbol{A})=1$$

故 $\lambda=2$ 对应的线性无关的特征向量有 2 个,从而 $\boldsymbol{A}$ 可相似对角化.

(2) 若 $\lambda=2$ 不是特征方程的二重根,则 $\lambda^2-8\lambda+18+3a$ 为完全平方,故 $18+3a=4^2=16$,解得 $a=-\dfrac{2}{3}$.

当 $a=-\dfrac{2}{3}$ 时,$\boldsymbol{A}$ 的特征值为 2,4,4. 由

$$4\boldsymbol{E}-\boldsymbol{A}=\begin{pmatrix}3&-2&3\\1&0&3\\-1&\frac{2}{3}&-1\end{pmatrix}\to\begin{pmatrix}1&-\frac{2}{3}&1\\1&0&3\\0&0&0\end{pmatrix}\to\begin{pmatrix}1&-\frac{2}{3}&1\\0&\frac{2}{3}&2\\0&0&0\end{pmatrix}$$

即

$$r(4\boldsymbol{E}-\boldsymbol{A})=2$$

故 $\lambda=4$ 对应的线性无关的特征向量只有一个,从而 $\boldsymbol{A}$ 不能相似对角化.

12. $\boldsymbol{A}$ 为三阶实对称矩阵,$r(\boldsymbol{A})=2$,且 $\boldsymbol{A}\begin{pmatrix}1&1\\0&0\\-1&1\end{pmatrix}=\begin{pmatrix}-1&1\\0&0\\1&1\end{pmatrix}$.

(1) 求 $\boldsymbol{A}$ 的特征值与特征向量;

(2) 求矩阵 $\boldsymbol{A}$.

解 (1) 由 $\boldsymbol{A}\begin{pmatrix}1&1\\0&0\\-1&1\end{pmatrix}=\begin{pmatrix}-1&1\\0&0\\1&1\end{pmatrix}$,即

$$\boldsymbol{A}\begin{pmatrix}1\\0\\-1\end{pmatrix}=(-1)\cdot\begin{pmatrix}1\\0\\-1\end{pmatrix},\boldsymbol{A}\begin{pmatrix}1\\0\\1\end{pmatrix}=1\cdot\begin{pmatrix}1\\0\\1\end{pmatrix}.$$

故 $\boldsymbol{A}$ 的一个特征值为 -1,对应的特征向量为 $\begin{pmatrix}1\\0\\-1\end{pmatrix}$,$\boldsymbol{A}$ 的另一个特征值为 1,对应的特征向量为 $\begin{pmatrix}1\\0\\1\end{pmatrix}$,由于 $r(\boldsymbol{A})=2$,因此 $|\boldsymbol{A}|=0$,而 $\lambda_1=-1,\lambda_2=1$,且 $|\boldsymbol{A}|=\lambda_1\lambda_2\lambda_3$,则 $\lambda_3=0$.

故 $\boldsymbol{A}$ 的另一个特征值为 0. 因为实对称矩阵不同特征值对应的特征向量正交,从

而特征值 0 对应的特征向量为$\begin{pmatrix}0\\1\\0\end{pmatrix}$.

(2) $\boldsymbol{A}=\begin{pmatrix}1&1&0\\0&0&1\\-1&1&0\end{pmatrix}\begin{pmatrix}-1&0&0\\0&1&0\\0&0&0\end{pmatrix}\begin{pmatrix}1&1&0\\0&0&1\\-1&1&0\end{pmatrix}^{-1}=\begin{pmatrix}0&0&1\\0&0&0\\1&0&0\end{pmatrix}$.

13. 设三阶实对称矩阵 $\boldsymbol{A}$ 的特征值 $\lambda_1=1,\lambda_2=2,\lambda_3=-1$,且 $\boldsymbol{\alpha}_1=(1,-1,1)^{\mathrm{T}}$ 是 $\boldsymbol{A}$ 的属于 λ_1 的一个特征向量. 记 $\boldsymbol{B}=\boldsymbol{A}^5-4\boldsymbol{A}^3+\boldsymbol{E}$,其中 $\boldsymbol{E}$ 为三阶单位矩阵.

(1) 验证 $\boldsymbol{\alpha}_1$ 是矩阵 $\boldsymbol{B}$ 的特征向量,并求 $\boldsymbol{B}$ 的全部特征值与特征向量;

(2) 求矩阵 $\boldsymbol{B}$.

解　(1) 由 $\boldsymbol{A\alpha}_1=\lambda_1\boldsymbol{\alpha}_1$,得

$$\boldsymbol{B\alpha}_1=(\boldsymbol{A}^5-4\boldsymbol{A}^3+\boldsymbol{E})\boldsymbol{\alpha}_1=(\lambda_1^5-4\lambda_1^3+1)\boldsymbol{\alpha}_1=-2\boldsymbol{\alpha}_1$$

故 $\boldsymbol{\alpha}_1$ 是 $\boldsymbol{B}$ 的属于特征值 -2 的一个特征向量.

因为 $\boldsymbol{A}$ 的特征值分别为 $1,2,-1$,故 $\boldsymbol{B}$ 的特征值分别为

$$1^5-4\times1^3+1=-2,\quad 2^5-4\times2^3+1=1,\quad (-1)^5-4\times(-1)^3+1=4$$

由 $\boldsymbol{B\alpha}_1=-2\boldsymbol{\alpha}_1$,知 $\boldsymbol{B}$ 的属于特征值 -2 的全部特征向量为 $k_1\boldsymbol{\alpha}_1$,其中 k_1 是不为零的任意常数.

由于 $\boldsymbol{A}$ 为实对称矩阵,故 $\boldsymbol{B}$ 也是实对称矩阵,设 $(x_1,x_2,x_3)^{\mathrm{T}}$ 为 $\boldsymbol{B}$ 的属于特征值 1 的任一特征向量,因为实对称矩阵属于不同特征值的特征向量正交,所以 $(x_1,x_2,x_3)\boldsymbol{\alpha}_1=0$. 即

$$x_1-x_2+x_3=0$$

解得该方程组的基础解系为

$$\boldsymbol{\alpha}_2=(1,1,0)^{\mathrm{T}},\quad \boldsymbol{\alpha}_3=(-1,0,1)^{\mathrm{T}}$$

故 $\boldsymbol{B}$ 的属于特征值 1 的全部特征向量为 $k_2\boldsymbol{\alpha}_2+k_3\boldsymbol{\alpha}_3$,其中 k_2,k_3 是不全为零的任意常数.

(2) 令 $\boldsymbol{P}=(\boldsymbol{\alpha}_1,\boldsymbol{\alpha}_2,\boldsymbol{\alpha}_3)=\begin{pmatrix}1&1&-1\\-1&1&0\\1&0&1\end{pmatrix}$,即

$$\boldsymbol{P}^{-1}\boldsymbol{BP}=\begin{pmatrix}-2&0&0\\0&1&0\\0&0&4\end{pmatrix}$$

故　$$\boldsymbol{B}=\boldsymbol{P}\begin{pmatrix}-2&0&0\\0&1&0\\0&0&4\end{pmatrix}\boldsymbol{P}^{-1}=\begin{pmatrix}1&1&-1\\-1&1&0\\1&0&1\end{pmatrix}\begin{pmatrix}-2&0&0\\0&1&0\\0&0&4\end{pmatrix}\begin{pmatrix}1&1&-1\\-1&1&0\\1&0&1\end{pmatrix}^{-1}$$

$$=\begin{pmatrix}1&1&-1\\-1&1&0\\1&0&1\end{pmatrix}\begin{pmatrix}-2&0&0\\0&1&0\\0&0&4\end{pmatrix}\cdot\frac{1}{3}\begin{pmatrix}1&-1&1\\1&2&1\\-1&1&2\end{pmatrix}$$

$$=\frac{1}{3}\begin{pmatrix}3&0&-9\\3&0&3\\-6&6&6\end{pmatrix}=\begin{pmatrix}1&0&-3\\1&0&1\\-2&2&2\end{pmatrix}$$

七、自测题

A 组

1. 设方阵 $\boldsymbol{A}$ 有特征值 λ，则

$$f(\boldsymbol{A})=\boldsymbol{A}^k+c_1\boldsymbol{A}^{k-1}+\cdots+c_{k-1}\boldsymbol{A}+c_k\boldsymbol{E}$$

有特征值______.

2. 已知 $\boldsymbol{A}=\begin{pmatrix}0&2\\2&0\end{pmatrix}$，则 $\boldsymbol{A}$ 的特征值为______；$\boldsymbol{A}$ 的全部特征向量为______.

3. 设 λ_1,λ_2 是三阶实对称矩阵 $\boldsymbol{A}$ 的两个不同的特征值，$\boldsymbol{\alpha}_1=(2,2,3)^{\mathrm{T}}$，$\boldsymbol{\alpha}_2=(3,3,a)^{\mathrm{T}}$ 依次是 $\boldsymbol{A}$ 的属于 λ_1,λ_2 的特征向量，则 $a=$______.

4. 已知矩阵 $\boldsymbol{A}=\begin{pmatrix}-2&0&0\\2&x&2\\3&1&1\end{pmatrix}$ 与 $\boldsymbol{B}=\begin{pmatrix}-1&0&0\\0&2&0\\0&0&\gamma\end{pmatrix}$ 相似，则 $x=$______，$y=$______.

5. 已知 $\boldsymbol{A}=\begin{pmatrix}0&1&&\\1&0&&\\&&0&1\\&&1&0\end{pmatrix}$，$\boldsymbol{B}=\begin{pmatrix}1&&&\\&1&&\\&&a&\\&&&a\end{pmatrix}$，且 $\boldsymbol{A}$ 相似于 $\boldsymbol{B}$，则 $a=$______.

6. 设 $\boldsymbol{A}$ 是三阶方阵，1，1，2 是 $\boldsymbol{A}$ 的三个特征值，对应的三个特征向量是 $\boldsymbol{x}_1,\boldsymbol{x}_2,\boldsymbol{x}_3$，则（　　）.

A. $\boldsymbol{x}_1,\boldsymbol{x}_2,\boldsymbol{x}_3$ 是 $2\boldsymbol{E}-\boldsymbol{A}$ 的特征向量

B. $\boldsymbol{x}_1,\boldsymbol{x}_2$ 是 $2\boldsymbol{E}-\boldsymbol{A}$ 的特征向量，$\boldsymbol{x}_3$ 不是 $2\boldsymbol{E}-\boldsymbol{A}$ 的特征向量

C. $\boldsymbol{x}_1-\boldsymbol{x}_2$ 是 $2\boldsymbol{E}-\boldsymbol{A}$ 的特征向量

D. $2\boldsymbol{x}_1-\boldsymbol{x}_2$ 是 $2\boldsymbol{E}-\boldsymbol{A}$ 的特征向量

7. 设 $\boldsymbol{A}=\begin{pmatrix}-1&1&0\\-4&3&0\\1&0&2\end{pmatrix}$，则以下向量中是 $\boldsymbol{A}$ 的特征向量的是（　　）.

A. $(1,2,0)^{\mathrm{T}}$　　B. $(1,0,2)^{\mathrm{T}}$　　C. $(1,2,-2)^{\mathrm{T}}$　　D. $(1,2,-1)^{\mathrm{T}}$

8. 设 $\boldsymbol{A},\boldsymbol{B}$ 是 n 阶方阵，且存在 n 阶可逆矩阵 $\boldsymbol{P}$ 使得 $\boldsymbol{B}=\boldsymbol{P}^{-1}\boldsymbol{AP}$，则（　　）.

A. $r(\boldsymbol{B})<r(\boldsymbol{A})$　　B. $\boldsymbol{A}$ 与 $\boldsymbol{B}$ 具有相同的特征值

C. $\boldsymbol{A}^k=\boldsymbol{P}^{-1}\boldsymbol{B}^k\boldsymbol{P}$　　D. $\boldsymbol{A}$ 与 $\boldsymbol{B}$ 具有相同的特征向量

9. $\boldsymbol{B}=\boldsymbol{P}^{-1}\boldsymbol{AP}$，$\lambda_0$ 是 $\boldsymbol{A},\boldsymbol{B}$ 的特征值，$\boldsymbol{\alpha}$ 是 $\boldsymbol{A}$ 的属于 λ_0 的特征向量，则 $\boldsymbol{B}$ 的属于 λ_0 的特征向量是（　　）.

A. $\boldsymbol{\alpha}$　　B. $\boldsymbol{P\alpha}$　　C. $\boldsymbol{P}^{-1}\boldsymbol{\alpha}$　　D. $\boldsymbol{P}^{\mathrm{T}}\boldsymbol{\alpha}$

10. 设 $\boldsymbol{A}=\begin{pmatrix}-1&3&-1\\-3&5&-1\\-3&3&1\end{pmatrix}$，则 $\boldsymbol{A}$ 相似于（　　）.

A. $\begin{pmatrix}1&&\\&1&\\&&2\end{pmatrix}$　　B. $\begin{pmatrix}1&&\\&2&\\&&3\end{pmatrix}$　　C. $\begin{pmatrix}1&&\\&2&\\&&2\end{pmatrix}$　　D. $\begin{pmatrix}1&&\\&2&\\&&-2\end{pmatrix}$

11. 已知 $\boldsymbol{A}=\begin{pmatrix}2&3&2\\1&4&2\\1&-3&1\end{pmatrix}$，求 $\boldsymbol{A}$ 的伴随矩阵 $\boldsymbol{A}^*$ 的特征值.

12. 已知方阵 $\boldsymbol{A}=\begin{pmatrix}2&2&1\\-1&2&2\\1&-1&-1\end{pmatrix}$，试问：是否存在可逆矩阵 $\boldsymbol{P}$，使得 $\boldsymbol{P}^{-1}\boldsymbol{AP}$ 为对角矩阵，若存在，求之，若不存在，说明理由.

13. 已知方阵 $\boldsymbol{A}=\begin{pmatrix}1&b&0\\-2&a&0\\0&0&3\end{pmatrix}$ 的特征值为 $\lambda_1=\lambda_2=3,\lambda_3=0$.

(1) 求 a,b 的值；

(2) $\boldsymbol{A}$ 是否可以对角化？若可以，求可逆矩阵 $\boldsymbol{P}$ 及对角矩阵 $\boldsymbol{D}$，使得 $\boldsymbol{P}^{-1}\boldsymbol{AP}=\boldsymbol{D}$.

14. 已知 4,2,2 是三阶实对称矩阵 $\boldsymbol{A}$ 的三个特征值，向量 $\boldsymbol{\alpha}_1=(1,1,1)^{\mathrm{T}}$ 是 $\boldsymbol{A}$ 的属于特征值 4 的特征向量，向量 $\boldsymbol{\alpha}_2=(1,-1,0)^{\mathrm{T}}$ 是 $\boldsymbol{A}$ 的属于特征值 2 的特征向量，试求：

(1) $\boldsymbol{A}$ 的属于特征值 2 的特征向量 $\boldsymbol{\alpha}_3$，使 $\boldsymbol{\alpha}_1,\boldsymbol{\alpha}_2,\boldsymbol{\alpha}_3$ 两两正交；

(2) 方阵 $\boldsymbol{A}$.

15. 设 $f(x)$ 是一个常数项不为零的多项式，$\boldsymbol{A}$ 是一个 n 阶方阵，且有 $f(\boldsymbol{A})=0$，试证：方阵 $\boldsymbol{A}$ 没有零特征值.

16. 设 n 阶方阵 $\boldsymbol{A}$ 的每一行元素之和都是 10，试证：$\lambda=10$ 是 $\boldsymbol{A}$ 的特征值，并求一个 $\boldsymbol{A}$ 的属于特征值 10 的特征向量.

17. 若二阶方阵 $\boldsymbol{A}$ 满足 $|\boldsymbol{A}|<0$，证明：$\boldsymbol{A}$ 可与对角矩阵相似.

18. 已知 n 阶实方阵 $\boldsymbol{A}$ 有 n 个相互正交的特征向量，证明：$\boldsymbol{A}$ 必是实对称方阵.

19. 设 $\boldsymbol{A},\boldsymbol{B}$ 都是 n 阶实对称方阵,证明:存在正交矩阵 $\boldsymbol{Q}$,使得 $\boldsymbol{Q}^{-1}\boldsymbol{A}\boldsymbol{Q}=\boldsymbol{B}$ 的充要条件是 $\boldsymbol{A},\boldsymbol{B}$ 有相同的特征值.一般方阵有相同特征值时是否一定相似?

20. 设 $\boldsymbol{\alpha},\boldsymbol{\beta}$ 为三维单位列向量,且相互正交,令 $\boldsymbol{A}=\boldsymbol{\alpha}\boldsymbol{\beta}^{\mathrm{T}}+\boldsymbol{\beta}\boldsymbol{\alpha}^{\mathrm{T}}$,证明:$\boldsymbol{A}$ 与对角矩阵 $\mathrm{diag}(1,-1,0)$ 相似.

B 组

1. 三阶矩阵 $\begin{pmatrix}1&2&2\\1&2&-1\\3&-3&0\end{pmatrix}$ 有 2 重特征值 3,则其另一个特征值为______.(用最简方法)

2. 已知三阶方阵 $\boldsymbol{A}$ 的特征值为 $1,1,-2$,则 $|\boldsymbol{A}^2+2\boldsymbol{A}-4\boldsymbol{E}|=$______.

3. 已知 $\boldsymbol{A}$ 为三阶方阵,且 $|\boldsymbol{A}-\boldsymbol{E}|=|\boldsymbol{A}+2\boldsymbol{E}|=|2\boldsymbol{A}+3\boldsymbol{E}|=0$,则 $|2\boldsymbol{A}^*-3\boldsymbol{E}|=$______.

4. $\boldsymbol{A}$ 是 n 阶方阵,且 $\boldsymbol{A}^2-5\boldsymbol{A}+6\boldsymbol{E}=\boldsymbol{0}$,则 $\boldsymbol{A}$ 的特征值只能是______.

5. 已知 $\boldsymbol{\alpha}=\begin{pmatrix}1\\1\\-1\end{pmatrix}$ 是矩阵 $\boldsymbol{A}=\begin{pmatrix}a&-1&2\\5&-3&3\\-1&0&-2\end{pmatrix}$ 的特征向量,则 $a=$______.

6. 设三阶方阵 $\boldsymbol{A}=\begin{pmatrix}2&0&1\\0&0&1\\0&0&0\end{pmatrix}$,$\boldsymbol{B}=\begin{pmatrix}2&0&1\\0&0&0\\0&0&0\end{pmatrix}$,$\boldsymbol{C}=\begin{pmatrix}2&1&0\\0&0&0\\0&0&0\end{pmatrix}$,则 $\boldsymbol{B}$ 相似于______.

7. 设 $\boldsymbol{A}=\begin{pmatrix}-7&4&-4\\-18&10&-8\\2&-1&3\end{pmatrix}$,则(　　)不是 $\boldsymbol{A}$ 的特征向量.

A. $(0,1,1)^{\mathrm{T}}$　　B. $(1,2,0)^{\mathrm{T}}$　　C. $(1,1,-1)^{\mathrm{T}}$　　D. $(2,4,-1)^{\mathrm{T}}$

8. 设 $\boldsymbol{A}=\begin{pmatrix}4&-5&2\\5&-7&3\\6&-9&4\end{pmatrix}$,则 $\boldsymbol{A}$ 的属于特征值 0 的特征向量是(　　).

A. $(1,1,2)^{\mathrm{T}}$　　B. $(1,2,3)^{\mathrm{T}}$　　C. $(1,0,1)^{\mathrm{T}}$　　D. $(1,1,1)^{\mathrm{T}}$

9. 设 $\boldsymbol{A}$ 是 n 阶可逆方阵,则必与 $\boldsymbol{A}$ 有相同特征值的方阵是(　　).

A. $\boldsymbol{A}^{-1}$　　B. $\boldsymbol{A}^{\mathrm{T}}$　　C. $\boldsymbol{A}^2$　　D. $\boldsymbol{A}^*$

10. 下列方阵中能相似于对角矩阵的是(　　).

A. $\begin{pmatrix}1&2&0\\0&1&0\\0&0&1\end{pmatrix}$　　B. $\begin{pmatrix}2&0&0\\-1&2&0\\0&0&1\end{pmatrix}$

C. $\begin{pmatrix} 2 & -1 & 0 \\ 1 & 0 & 0 \\ 0 & 0 & 2 \end{pmatrix}$　　D. $\begin{pmatrix} 1 & 1 & 0 \\ 0 & 2 & 0 \\ 0 & 0 & 2 \end{pmatrix}$

11. 已知方阵 $\boldsymbol{A}=\begin{pmatrix} 1 & 1 & 1 & 1 \\ 1 & 1 & -1 & -1 \\ 1 & -1 & 1 & -1 \\ 1 & -1 & -1 & 1 \end{pmatrix}$ 的特征值为 ± 2，则 $\boldsymbol{A}$ 相似于(　　).

A. $\begin{pmatrix} 2 & & & \\ & 2 & & \\ & & -2 & 1 \\ & & & -2 \end{pmatrix}$　　B. $\begin{pmatrix} 2 & 1 & & \\ & 2 & & \\ & & 2 & \\ & & & -2 \end{pmatrix}$

C. $\begin{pmatrix} 2 & 1 & & \\ & 2 & 1 & \\ & & 2 & \\ & & & -2 \end{pmatrix}$　　D. $\begin{pmatrix} 2 & & & \\ & 2 & & \\ & & 2 & \\ & & & -2 \end{pmatrix}$

12. 设四阶方阵 $\boldsymbol{A}$ 满足条件：$|3\boldsymbol{E}+\boldsymbol{A}|=0$，$\boldsymbol{A}\boldsymbol{A}^{\mathrm{T}}=2\boldsymbol{E}$，$|\boldsymbol{A}|<0$，求伴随矩阵 $\boldsymbol{A}^*$ 的一个特征值.

13. 已知向量 $\boldsymbol{\alpha}=(1,k,1)^{\mathrm{T}}$ 是方阵 $\boldsymbol{A}=\begin{pmatrix} 2 & 1 & 1 \\ 1 & 2 & 1 \\ 1 & 1 & 2 \end{pmatrix}$ 的伴随矩阵 $\boldsymbol{A}^*$ 的特征向量，求 k 值和 $\boldsymbol{A}^*$ 的特征值，并确定 $\boldsymbol{\alpha}$ 是 $\boldsymbol{A}^*$ 的属于哪个特征值的特征向量.

14. 设三阶方阵 $\boldsymbol{A}$ 有三个特征值 $2,1,-2$，方阵 $\boldsymbol{B}=\boldsymbol{A}^3-3\boldsymbol{A}^2$.

(1) 求 $\boldsymbol{B}^*$ 的特征值；(2) 求 $|\boldsymbol{B}^*-8\boldsymbol{E}|$，其中 $\boldsymbol{E}$ 为单位矩阵.

15. 设 n 阶实对称矩阵 $\boldsymbol{A}$ 满足 $\boldsymbol{A}^2=\boldsymbol{A}$，且 $\boldsymbol{A}$ 的秩为 r，试求行列式 $|2\boldsymbol{E}-\boldsymbol{A}|$.

16. 已知向量 $\boldsymbol{\alpha}=(a_1,a_2,\cdots,a_n)^{\mathrm{T}}$，$\boldsymbol{\beta}=(b_1,b_2,\cdots,b_n)^{\mathrm{T}}$，且 $a_1\neq 0$，$b_1\neq 0$，$\boldsymbol{\alpha},\boldsymbol{\beta}$ 不正交，求矩阵 $\boldsymbol{A}=\boldsymbol{\alpha}\boldsymbol{\beta}^{\mathrm{T}}$ 的全部特征值及属于这些特征值的线性无关的特征向量.

17. 已知矩阵 $\boldsymbol{A}$ 是三阶实对称矩阵，它的特征值是 $1,1,2$，且属于 2 的特征向量是 $(1,0,1)^{\mathrm{T}}$，求 $\boldsymbol{A}$.

18. 设某省人口总数保持不变，每年有 20% 的农村人口流入城镇，有 10% 的城镇人口流入农村. 试问该省的城镇人口与农村人口的分布最终是否会趋于一个稳定状态？并说出你的理由.

19. 对任意矩阵 $\boldsymbol{A}_{m\times n}$ 和 $\boldsymbol{B}_{n\times m}$，证明：$\boldsymbol{AB}$ 与 $\boldsymbol{BA}$ 的非零特征值全相同. 特别地，当 $m=n$ 时，$\boldsymbol{AB}$ 与 $\boldsymbol{BA}$ 的特征值全相同.

20. 设 n 阶方阵 $\boldsymbol{A}$ 不可逆，试证：

(1) 若 $r(\boldsymbol{A})<n-1$，则 $\boldsymbol{A}^*$ 的特征值为 0；

(2) 若 $r(\boldsymbol{A})=n-1$,则 $\boldsymbol{A}^*$ 有一个 $n-1$ 重特征值 0 及一个单特征值 $A_{11}+A_{22}+\cdots+A_{nn}$ ($\boldsymbol{A}=(a_{ij})_{n\times n}$, A_{ii} 是 a_{ii} 的代数余子式)

21. 设 n 阶可逆矩阵 $\boldsymbol{A}$ 中每行元素之和为常数 a,

证明:(1) 常数 $a\neq 0$;(2) $\boldsymbol{A}^{-1}$ 的每行元素之和为 a^{-1}.

22. 设 $\boldsymbol{A}$ 是 n 阶方阵,且满足 $\boldsymbol{A}^2+4\boldsymbol{A}-5\boldsymbol{E}=\boldsymbol{0}$. 证明:$\boldsymbol{A}$ 必相似于对角矩阵.

23. 设三阶矩阵 $\boldsymbol{A}$ 有三个不同的特征值 $\lambda_1,\lambda_2,\lambda_3$,对应的特征向量依次为 $\boldsymbol{\alpha}_1$, $\boldsymbol{\alpha}_2$, $\boldsymbol{\alpha}_3$,令 $\boldsymbol{\beta}=\boldsymbol{\alpha}_1+\boldsymbol{\alpha}_2+\boldsymbol{\alpha}_3$,证明:$\boldsymbol{\beta}, \boldsymbol{A\beta}, \boldsymbol{A}^2\boldsymbol{\beta}$ 线性无关.

24. 设 $\boldsymbol{A}$ 为 n 阶实对称矩阵,$k\geqslant 2$ 为正整数,$\boldsymbol{A}^k=\boldsymbol{0}$,证明:$\boldsymbol{A}=\boldsymbol{0}$.

25. 证明:当 n 阶方阵 $\boldsymbol{A}$, $\boldsymbol{B}$ 不都非奇异时,$(\boldsymbol{AB})^*=\boldsymbol{B}^*\boldsymbol{A}^*$ 仍成立.

26. 设 $\boldsymbol{A}$ 为 n 阶正交矩阵,试证:

(1) 行列式 $|\boldsymbol{A}|$ 的绝对值为 1;

(2) 若 $|\boldsymbol{A}|=-1$,则 $\lambda=-1$ 是 $\boldsymbol{A}$ 的特征值;

(3) 若 n 为奇数,且 $|\boldsymbol{A}|=1$,则 $\lambda=1$ 是 $\boldsymbol{A}$ 的特征值;

(4) $\boldsymbol{A}$ 的特征值的模为 1;

(5) 若 λ 是 $\boldsymbol{A}$ 的特征值,则 $\dfrac{1}{\lambda}$ 也是 $\boldsymbol{A}$ 的特征值.

参考答案及提示

A 组

1. $f(\lambda)$

2. $2,-2$;$k_1(1,1)^{\mathrm{T}}$, $k_2(1,-1)^{\mathrm{T}}$, k_1, k_2 为任意非零常数

3. -4

4. $0,-2$

5. -1. 提示:利用 $\mathrm{tr}\boldsymbol{A}=\mathrm{tr}\boldsymbol{B}$.

6. A **7.** D **8.** B **9.** C **10.** C

11. $\lambda_1=9$, $\lambda_2=\lambda_3=3$. 提示:因 $|\boldsymbol{A}|=9$, $\boldsymbol{A}$ 的特征值为 λ,则 $\boldsymbol{A}^*$ 的特征值为 $|\boldsymbol{A}|/\lambda$.

12. 不存在,因 $\lambda=1$ 为三重特征值,相应于 $\lambda=1$ 只有一个线性无关的特征向量.

13. (1) 由 $\sum\limits_{i=1}^{n}\lambda_i=\mathrm{tr}\boldsymbol{A}$,得 $a=2$;由 $\prod\limits_{i=1}^{3}\lambda_i=|\boldsymbol{A}|=0$,得 $b=-1$.

(2) 因 $\lambda=3$ 是二重特征值,而 $r(3\boldsymbol{E}-\boldsymbol{A})=1$,故对应线性无关的特征向量有两个,因此 $\boldsymbol{A}$ 可对角化. 经计算取 $\boldsymbol{P}=\begin{pmatrix}1&1&0\\1&-2&0\\0&0&1\end{pmatrix}$,则 $\boldsymbol{P}^{-1}\boldsymbol{AP}=\begin{pmatrix}0&&\\&3&\\&&3\end{pmatrix}$.

14. (1) $\boldsymbol{\alpha}_3=(1,1,-2)^{\mathrm{T}}$;(2) $\boldsymbol{A}=\dfrac{2}{3}\begin{pmatrix}4&1&1\\1&4&1\\1&1&4\end{pmatrix}$.

15. 提示:具体设出多项式 $f(t)=a_0t^m+a_1t^{m-1}+\cdots+a_{m-1}t+a_m$,由 $a_m\neq0$ 及 $f(\boldsymbol{A})=a_0\boldsymbol{A}^m+a_1\boldsymbol{A}^{m-1}+\cdots+a_{m-1}\boldsymbol{A}+a_m\boldsymbol{E}=\boldsymbol{0}$,可证明 $\boldsymbol{A}$ 可逆,即无零特征值.

16. 提示:令 $\boldsymbol{e}=(1,1,\cdots,1)^{\mathrm{T}}$,则有 $\boldsymbol{A}\boldsymbol{e}=10\boldsymbol{e}$,从而易得证,且 $\boldsymbol{e}$ 为其特征向量.

17. 提示:设 $\boldsymbol{A}=\begin{pmatrix}a&b\\c&d\end{pmatrix}$,则由 $|\lambda\boldsymbol{E}-\boldsymbol{A}|=\lambda^2-(a+d)\lambda+(ad-bc)=0$ 的判别式 $(a+d)^2-4(ad-bc)>0$,故 $\boldsymbol{A}$ 有两个不同的特征值,从而得证.

18. 提示:把 n 个相互正交的特征向量单位化,则有正交矩阵 $\boldsymbol{Q}$,使 $\boldsymbol{Q}^{\mathrm{T}}\boldsymbol{A}\boldsymbol{Q}=\boldsymbol{\Lambda}$($\boldsymbol{\Lambda}$ 为对角矩阵),从而 $\boldsymbol{A}=\boldsymbol{Q}\boldsymbol{\Lambda}\boldsymbol{Q}^{\mathrm{T}}\Rightarrow\boldsymbol{A}^{\mathrm{T}}=(\boldsymbol{Q}\boldsymbol{\Lambda}\boldsymbol{Q}^{\mathrm{T}})^{\mathrm{T}}=\boldsymbol{Q}\boldsymbol{\Lambda}^{\mathrm{T}}\boldsymbol{Q}^{\mathrm{T}}=\boldsymbol{Q}\boldsymbol{\Lambda}\boldsymbol{Q}^{\mathrm{T}}=\boldsymbol{A}$.

19. 提示:实对称矩阵都正交相似于对角矩阵,且主对角线元素为其特征值. 否.

20. 提示:由已知 $\Rightarrow\boldsymbol{A}\boldsymbol{\alpha}=\boldsymbol{\beta},\boldsymbol{A}\boldsymbol{\beta}=\boldsymbol{\alpha}$,从而 $\boldsymbol{A}(\boldsymbol{\alpha}+\boldsymbol{\beta})=\boldsymbol{\alpha}+\boldsymbol{\beta},\boldsymbol{A}(\boldsymbol{\alpha}-\boldsymbol{\beta})=-(\boldsymbol{\alpha}-\boldsymbol{\beta})\Rightarrow$ $1,-1$ 是 $\boldsymbol{A}$ 的特征值. 又 $r(\boldsymbol{A})\leqslant2$,从而 0 是 $\boldsymbol{A}$ 的特征值,故 $\boldsymbol{A}$ 有 3 个不同特征值.

B 组

1. -3　**2.** -4　**3.** -9　**4.** 2 和 3　**5.** 2

6. *C*　**7.** C　**8.** B　**9.** B　**10.** D　**11.** D

12. 4/3. 提示:因 $|\boldsymbol{A}|<0$,故 $\boldsymbol{A}$ 可逆. 由 $|\boldsymbol{A}+3\boldsymbol{E}|=0$ 知,-3 是 $\boldsymbol{A}$ 的特征值,从而 $-1/3$ 是 $\boldsymbol{A}^{-1}$ 的一个特征值. 又由已知易推出 $|\boldsymbol{A}|=-4$,从而可得解.

13. $\boldsymbol{A}^*$ 的特征值为 $1,4,4$;$k=1$ 时,$\boldsymbol{\alpha}=(1,1,1)^{\mathrm{T}}$ 是 $\boldsymbol{A}^*$ 的属于特征值 $\lambda=4$ 的特征向量;$k=-2$ 时,$\boldsymbol{\alpha}=(1,-2,1)^{\mathrm{T}}$ 是 $\boldsymbol{A}^*$ 的属于特征值 $\lambda=1$ 的特征向量.

14. $\boldsymbol{B}$ 的特征值为 $-4,-2,-20$;$\boldsymbol{B}^*$ 的特征值是 $|\boldsymbol{B}|/\lambda_{\boldsymbol{B}}$,即 $40,80,8$;

$\boldsymbol{B}^*-8\boldsymbol{E}$ 的特征值是 $32,72,0$;$|\boldsymbol{B}^*-8\boldsymbol{E}|=32\times72\times0=0$.

15. 2^{n-r}. 提示:先证 $\boldsymbol{A}$ 的特征值为 1 或 0;由 $\boldsymbol{A}$ 实对称而有

$$\boldsymbol{P}^{-1}\boldsymbol{A}\boldsymbol{P}=\begin{pmatrix}\boldsymbol{E}_r&\boldsymbol{0}\\\boldsymbol{0}&\boldsymbol{0}\end{pmatrix}=\boldsymbol{\Lambda}$$

从而

$$|2\boldsymbol{E}-\boldsymbol{A}|=|2\boldsymbol{P}\boldsymbol{P}^{-1}-\boldsymbol{P}\boldsymbol{\Lambda}\boldsymbol{P}^{-1}|=|2\boldsymbol{E}-\boldsymbol{\Lambda}|$$

$$=\begin{vmatrix}\boldsymbol{E}_r&\boldsymbol{0}\\\boldsymbol{0}&2\boldsymbol{E}_{n-r}\end{vmatrix}=2^{n-r}$$

16. 提示:由 $|\lambda\boldsymbol{E}_n-\boldsymbol{\alpha}\boldsymbol{\beta}^{\mathrm{T}}|=\lambda^{n-1}|\lambda\boldsymbol{E}_1-\boldsymbol{\beta}^{\mathrm{T}}\boldsymbol{\alpha}|$ 可得 $n-1$ 重特征值 0 外还有一特征值 $\lambda_n=\boldsymbol{\beta}^{\mathrm{T}}\boldsymbol{\alpha}$. $\boldsymbol{A}$ 的属于特征值 $\lambda=0$ 的线性无关的特征向量可取为

$$\boldsymbol{\eta}_1=\left(-\frac{b_2}{b_1},1,0,\cdots,0\right)^{\mathrm{T}},\boldsymbol{\eta}_2=\left(-\frac{b_3}{b_1},0,1,\cdots,0\right)^{\mathrm{T}},\cdots,\boldsymbol{\eta}_{n-1}=\left(-\frac{b_n}{b_1},0,0,\cdots,1\right)^{\mathrm{T}}$$

而 $\boldsymbol{A}$ 的属于特征值 $\lambda_n=\boldsymbol{\beta}^{\mathrm{T}}\boldsymbol{\alpha}$ 的线性无关的特征向量的求法,只要注意到 $((\boldsymbol{\beta}^{\mathrm{T}}\boldsymbol{\alpha})\boldsymbol{E}-\boldsymbol{\alpha}\boldsymbol{\beta}^{\mathrm{T}})\boldsymbol{\alpha}=(\boldsymbol{\beta}^{\mathrm{T}}\boldsymbol{\alpha})\boldsymbol{E}\boldsymbol{\alpha}-\boldsymbol{\alpha}\boldsymbol{\beta}^{\mathrm{T}}\boldsymbol{\alpha}=(\boldsymbol{\beta}^{\mathrm{T}}\boldsymbol{\alpha})\boldsymbol{\alpha}-\boldsymbol{\alpha}(\boldsymbol{\beta}^{\mathrm{T}}\boldsymbol{\alpha})=\boldsymbol{\alpha}(\boldsymbol{\beta}^{\mathrm{T}}\boldsymbol{\alpha})-\boldsymbol{\alpha}(\boldsymbol{\beta}^{\mathrm{T}}\boldsymbol{\alpha})=\boldsymbol{0}$,就可知可取

为 α.

17. $\boldsymbol{A}=\frac{1}{2}\begin{pmatrix}3&0&1\\0&2&0\\1&0&3\end{pmatrix}$

提示：$\boldsymbol{\Lambda}=\begin{pmatrix}1&&\\&1&\\&&2\end{pmatrix}$，取 $\boldsymbol{P}=\begin{pmatrix}1&0&1\\0&1&0\\-1&0&1\end{pmatrix}$，则 $\boldsymbol{A}=\boldsymbol{P}\boldsymbol{\Lambda}\boldsymbol{P}^{-1}$.

18. 提示：设 $\boldsymbol{x}_n=(a_n,b_n)^{\mathrm{T}}$ 为该省第 n 年人口分布情况，其中 a_n，b_n 分别代表第 n 年农村与城镇人口数. 利用矩阵乘法可建立第 n 年与第 1 年人口分布关系式：

$$\boldsymbol{x}_n=\begin{pmatrix}a_n\\b_n\end{pmatrix}=\begin{pmatrix}\frac{4}{5}&\frac{1}{10}\\\frac{1}{5}&\frac{9}{10}\end{pmatrix}\begin{pmatrix}a_{n-1}\\b_{n-1}\end{pmatrix}=\begin{pmatrix}\frac{4}{5}&\frac{1}{10}\\\frac{1}{5}&\frac{9}{10}\end{pmatrix}^{n-1}\begin{pmatrix}a_1\\b_1\end{pmatrix}$$

令 $\boldsymbol{A}=\begin{pmatrix}\frac{4}{5}&\frac{1}{10}\\\frac{1}{5}&\frac{9}{10}\end{pmatrix}$，则 $\boldsymbol{x}_n=\boldsymbol{A}^{n-1}\begin{pmatrix}a_1\\b_1\end{pmatrix}$. 然后对 x_n 取极限，其中 $\lim\limits_{n\to+\infty}\boldsymbol{x}_n$ 定义为 $\begin{pmatrix}\lim\limits_{n\to+\infty}a_n\\\lim\limits_{n\to+\infty}b_n\end{pmatrix}$，这里 $\lim\limits_{n\to+\infty}\boldsymbol{x}_n=\lim\limits_{n\to+\infty}\boldsymbol{A}^{n-1}\begin{pmatrix}a_1\\b_1\end{pmatrix}$，利用矩阵 $\boldsymbol{A}$ 的相似对角化，即可得 $\lim\limits_{n\to+\infty}\boldsymbol{x}_n=\frac{1}{3}\begin{pmatrix}a_1+b_1\\2a_1+2b_1\end{pmatrix}$，所以城镇人口与农村人口的分布最终会趋于一个稳定状态.

19. 提示：因对任意矩阵 $\boldsymbol{A}_{m\times n}$，$\boldsymbol{B}_{n\times m}$ 有

$$\lambda^n|\lambda\boldsymbol{E}_m-\boldsymbol{AB}|=\lambda^m|\lambda\boldsymbol{E}_n-\boldsymbol{BA}|$$

故当 $\lambda\neq0$ 时，有 $|\lambda\boldsymbol{E}_m-\boldsymbol{AB}|=0\Leftrightarrow|\lambda\boldsymbol{E}_n-\boldsymbol{BA}|=0$，故 $\boldsymbol{AB}$ 与 $\boldsymbol{BA}$ 的非 0 特征值全同.

当 $m=n$ 时，有 $|\lambda\boldsymbol{E}_n-\boldsymbol{AB}|=|\lambda\boldsymbol{E}_n-\boldsymbol{BA}|$，所以 $\boldsymbol{AB}$ 与 $\boldsymbol{BA}$ 的特征值全同.

20. 提示：(1) 当 $r(\boldsymbol{A})<n-1$ 时，已证得 $\boldsymbol{A}^*=\boldsymbol{0}$，从而 $\boldsymbol{A}^*$ 的特征值全为 0；

(2) 当 $r(\boldsymbol{A})=n-1$ 时，已证得 $r(\boldsymbol{A}^*)=1$，则 $\boldsymbol{A}^*$ 中所有高于 1 阶的子式全为 0，故由矩阵的特征多项式的性质知

$$\begin{aligned}|\lambda\boldsymbol{E}-\boldsymbol{A}^*|&=\lambda^n-(A_{11}+A_{22}+\cdots+A_{nn})\lambda^{n-1}\\&=\lambda^{n-1}[\lambda-(A_{11}+A_{22}+\cdots+A_{nn})]\end{aligned}$$

所以，此时 $\boldsymbol{A}^*$ 有一个 $n-1$ 重特征值 0 及一个单特征值 $A_{11}+A_{22}+\cdots+A_{nn}$.

21. 提示：(1) 记 $\boldsymbol{e}=(1,1,\cdots,1)^{\mathrm{T}}$，则有 $\boldsymbol{Ae}=a\boldsymbol{e}$，由 $\boldsymbol{A}$ 可逆知 $a\neq0$（否则由 $\boldsymbol{Ae}=\boldsymbol{0}$ 得 $\boldsymbol{e}=\boldsymbol{0}$，矛盾）；(2) 由 $\boldsymbol{A}^{-1}\boldsymbol{e}=a^{-1}\boldsymbol{e}$ 知，$\boldsymbol{A}^{-1}$ 的每行元素之和为 a^{-1}.

22. 提示：由 $(\boldsymbol{A}+5\boldsymbol{E})(\boldsymbol{A}-\boldsymbol{E})=\boldsymbol{0}$ 可得 $r(\boldsymbol{A}+5\boldsymbol{E})+r(\boldsymbol{A}-\boldsymbol{E})=n$，从而由齐次线性方程组 $(-5\boldsymbol{E}-\boldsymbol{A})\boldsymbol{x}=\boldsymbol{0}$ 与 $(\boldsymbol{E}-\boldsymbol{A})\boldsymbol{x}=\boldsymbol{0}$ 的解空间维数之和为 n，故 $\boldsymbol{A}$ 有 n 个线性无关的特征向量.

23. 提示：作 $k_1\boldsymbol{\beta}+k_2\boldsymbol{A\beta}+k_3\boldsymbol{A}^2\boldsymbol{\beta}=\boldsymbol{0}$，利用 $\boldsymbol{\alpha}_1,\boldsymbol{\alpha}_2,\boldsymbol{\alpha}_3$ 线性无关和范德蒙行列式结果.

24. 提示：设 $\boldsymbol{A}$ 的特征值为 $\lambda_1,\cdots,\lambda_n$，则有正交矩阵 $\boldsymbol{Q}$ 使 $\boldsymbol{Q}^{\mathrm{T}}\boldsymbol{AQ}=\mathrm{diag}(\lambda_1,\cdots,\lambda_n)$. 又由 $\boldsymbol{Ax}_i=\lambda_i\boldsymbol{x}_i\Rightarrow\boldsymbol{A}^k\boldsymbol{x}_i=\lambda_i^k\boldsymbol{x}_i$，且 $\boldsymbol{A}^k=\boldsymbol{0}$，故 $\lambda_i^k=0\Rightarrow\lambda_i=0,i=1,\cdots,n$，从而有

$$\boldsymbol{A}=\boldsymbol{POP}^{\mathrm{T}}=\boldsymbol{0}$$

25. 证　首先，对于任何方阵 $\boldsymbol{A}$，方阵 $\boldsymbol{A}+\varepsilon\boldsymbol{E}$ 除有限个 ε 值外均非奇异. 事实上，$\boldsymbol{A}+\varepsilon\boldsymbol{E}$ 奇异 $\Leftrightarrow|\boldsymbol{A}+\varepsilon\boldsymbol{E}|=|\varepsilon\boldsymbol{E}-(-\boldsymbol{A})|=0\Leftrightarrow\varepsilon$ 为 $-\boldsymbol{A}$ 的特征值，而方阵 $-\boldsymbol{A}$ 最多有有限个特征值，故除此之外，$\boldsymbol{A}+\varepsilon\boldsymbol{E}$ 非奇异. 再者，$\boldsymbol{A}+\varepsilon\boldsymbol{E},\boldsymbol{B}+\varepsilon\boldsymbol{E}$ 除有限个 ε 值外均非奇异，由题知，等式 $[(\boldsymbol{A}+\varepsilon\boldsymbol{E})(\boldsymbol{Bq}+\varepsilon\boldsymbol{E})]^*=(\boldsymbol{B}+\varepsilon\boldsymbol{E})(\boldsymbol{A}+\varepsilon\boldsymbol{E})^*$ 两边矩阵元素均为 ε 的多项式，元素之间的相等关系除有限个 ε 值外成立，据多项式理论，这种关系是恒等关系（两个 m 次多项式，只要在 $m+1$ 个自变量值上的函数值相等，则必恒等），从而上述等式在 $\varepsilon=0$ 时仍成立，即得证.

26. 提示：(2) 由 $|\boldsymbol{A}+\boldsymbol{E}|=|\boldsymbol{A}+\boldsymbol{A}^{\mathrm{T}}\boldsymbol{A}|=\cdots=-|\boldsymbol{A}+\boldsymbol{E}|$

$$\Rightarrow|\boldsymbol{A}+\boldsymbol{E}|=0$$

(3) 类似于(2)证明 $|\boldsymbol{A}-\boldsymbol{E}|=0$.

(4) 由 $\boldsymbol{Ax}=\lambda\boldsymbol{x}$ 取共轭转置，两边再右乘 $\boldsymbol{Ax}$，证明 $\lambda\bar{\lambda}=1$.

(5) $\boldsymbol{A}^{\mathrm{T}}=\boldsymbol{A}^{-1}$ 推出 $\dfrac{1}{\lambda}$ 为 $\boldsymbol{A}^{\mathrm{T}}$ 的特征值，而 $\boldsymbol{A}^{\mathrm{T}}$ 与 $\boldsymbol{A}$ 有相同的特征值.

第六章　二　次　型

一、教学基本要求

（1）了解二次型的概念;会用矩阵形式表示二次型.

（2）了解合同变换和合同矩阵的概念,了解二次型的秩、二次型的标准形、规范形等概念,知道惯性定理的条件和结论.

（3）会用正交变换和配方法化二次型为标准形.

（4）掌握正定矩阵的基本性质,理解正(负)定二次型、正(负)定矩阵的概念.

二、内容提要

(一) 化二次型为标准形

（1）二次齐次函数 $f(x_1,x_2,\cdots,x_n)=a_{11}x_1^2+\cdots+a_{nn}x_n^2+2a_{12}x_1x_2+\cdots+2a_{n-1,n}x_{n-1}x_n$ 称为 n 元二次型.

令 $a_{ij}=a_{ji}$,$\boldsymbol{A}=(a_{ij})_{n\times n}$,$\boldsymbol{x}=(x_1,x_2,\cdots,x_n)^{\mathrm{T}}$,那么上列二次型的矩阵形式可记为:$f(\boldsymbol{x})=\boldsymbol{x}^{\mathrm{T}}\boldsymbol{A}\boldsymbol{x}$,对称矩阵 $\boldsymbol{A}$ 称为二次型 f 的矩阵,规定二次型 f 的秩为矩阵 $\boldsymbol{A}$ 的秩.

（2）二次型研究的主要问题:寻求可逆线性变换 $\boldsymbol{x}=\boldsymbol{C}\boldsymbol{y}$,使

$$f(\boldsymbol{C}\boldsymbol{y})=\boldsymbol{y}^{\mathrm{T}}\boldsymbol{C}^{\mathrm{T}}\boldsymbol{A}\boldsymbol{C}\boldsymbol{y}=k_1y_1^2+k_2y_2^2+\cdots+k_ny_n^2$$

这种只含平方项的二次型称为二次型的标准形.特别地,如果标准形中的系数 k_i 只在 1,−1,0 这三个数中取值,那么这个标准形称为二次型的规范形.

（3）合同矩阵:对于 n 阶矩阵 $\boldsymbol{A}$,$\boldsymbol{B}$,若有可逆矩阵 $\boldsymbol{C}$,使 $\boldsymbol{C}^{\mathrm{T}}\boldsymbol{A}\boldsymbol{C}=\boldsymbol{B}$,则称矩阵 $\boldsymbol{A}$,$\boldsymbol{B}$ 合同,把 $\boldsymbol{A}$ 化为 $\boldsymbol{B}$ 的变换称为合同变换.

合同矩阵的性质如下.

① 反身性:矩阵 $\boldsymbol{A}$ 与 $\boldsymbol{A}$ 自身合同.

② 对称性:若 $\boldsymbol{A}$ 与 $\boldsymbol{B}$ 合同,则 $\boldsymbol{B}$ 与 $\boldsymbol{A}$ 合同.

③ 传递性:若 $\boldsymbol{A}$ 与 $\boldsymbol{B}$ 合同,$\boldsymbol{B}$ 与 $\boldsymbol{C}$ 合同,则 $\boldsymbol{A}$ 与 $\boldsymbol{C}$ 合同.

对二次型 $f(\boldsymbol{x})=\boldsymbol{x}^{\mathrm{T}}\boldsymbol{A}\boldsymbol{x}$ 作可逆线性变换 $\boldsymbol{x}=\boldsymbol{C}\boldsymbol{y}$,相当于对对称矩阵 $\boldsymbol{A}$ 作合同变换;把二次型化为标准形相当于把对称阵 $\boldsymbol{A}$ 用合同变换化为对角阵,即寻求可逆矩阵 $\boldsymbol{C}$,使得 $\boldsymbol{C}^{\mathrm{T}}\boldsymbol{A}\boldsymbol{C}=\mathrm{diag}(k_1,\cdots,k_n)$.

（4）任意的二次型 $f=\boldsymbol{x}^{\mathrm{T}}\boldsymbol{A}\boldsymbol{x}$,一定存在正交线性变换 $\boldsymbol{x}=\boldsymbol{P}\boldsymbol{y}$,使得 f 化为标准形,即

$$f=\boldsymbol{x}^{\mathrm{T}}\boldsymbol{A}\boldsymbol{x}=(\boldsymbol{P}\boldsymbol{y})^{\mathrm{T}}\boldsymbol{A}(\boldsymbol{P}\boldsymbol{y})=\boldsymbol{y}^{\mathrm{T}}(\boldsymbol{P}^{\mathrm{T}}\boldsymbol{A}\boldsymbol{P})\boldsymbol{y}=\boldsymbol{y}^{\mathrm{T}}\boldsymbol{\Lambda}\boldsymbol{y}=\lambda_1 y_1^2+\lambda_2 y_2^2+\cdots+\lambda_n y_n^2$$

式中：$\lambda_1,\lambda_2,\cdots,\lambda_n$ 是矩阵 $\boldsymbol{A}$ 的 n 个特征值.

二次型化为标准形后进而再作系数向量的平移变换可以化为规范形.二次型的标准形是不唯一的，但规范形相对唯一.

化二次型为标准形的方法：正交变换法、配方法、对称变换法.

1. 正交变换法

正交变换法化二次型为标准形的主要步骤与对称矩阵正交相似对角化步骤相同，只是在一开始要将原二次型的矩阵写出来，而在最后要写出变换式 $\boldsymbol{x}=\boldsymbol{P}\boldsymbol{y}$ 及相应的标准形.

2. 配方法

配方法化二次型为标准形的步骤如下.

第一步：利用公式

$$(x_1+x_2+\cdots+x_t)^2=x_1^2+2x_1x_2+\cdots+2x_1x_t+x_2^2+2x_2x_3+\cdots+2x_2x_t+\cdots+x_t^2$$

把二次型各项配成完全平方：若 $a_{ii}(i=1,2,\cdots,n)$ 不全为 0，则首先把含 x_i 的各项集中在一起，配成完全平方，然后对后面的各项按同样的方法配成完全平方，直至所有各项均配成完全平方为止.若 $a_{ii}(i=1,2,\cdots,n)$ 全为 0，而某个 $a_{ij}\neq0(i\neq j)$，则先作变换

$$\begin{cases}x_i=y_i+y_j\\ x_j=y_i-y_j\\ x_k=y_k(k\neq i,j)\end{cases}$$

把原二次型化成含有平方项的二次型，再按前述方法配方.

第二步：令各平方项的一次式分别为 $y_1,y_2,\cdots,y_n$，将原二次型化为平方和.

第三步：求变换矩阵 $\boldsymbol{C}$，$\boldsymbol{x}=\boldsymbol{C}\boldsymbol{y}$.

3. 初等变换法

初等变换化二次型为标准形的步骤如下.

第一步：作一个 $2n\times n$ 矩阵 $\begin{pmatrix}\boldsymbol{A}\\ \boldsymbol{E}\end{pmatrix}$，其中，$\boldsymbol{A}$ 是二次型的矩阵，$\boldsymbol{E}$ 是同阶单位矩阵.

第二步：对 $\boldsymbol{A}$ 实施初等行变换后，对 $\begin{pmatrix}\boldsymbol{A}\\ \boldsymbol{E}\end{pmatrix}$ 实施完全相同的列变换，这样实施若干次初等变换后，将 $\boldsymbol{A}$ 化为对角矩阵时，$\boldsymbol{E}$ 就化为变换矩阵.

第三步：根据对角矩阵 $\boldsymbol{\Lambda}$，写出标准形.

(二) 惯性定理、正定二次型

(1) 惯性定理　设二次型 f 的标准形为 $f=k_1y_1^2+\cdots+k_ry_r^2(k_i\neq0)$，则系数 k_i 中正数的个数是确定的，二次型 f 的标准形中正(负)系数的个数称为二次型 f 的正

(负)惯性指数.

若二次型 f 的秩为 r,正惯性指数为 p,则 f 的规范形为

$$f=y_1^2+\cdots+y_p^2-y_{p+1}^2-\cdots-y_r^2$$

(2) 如果 $\forall x\neq 0$,总有 $f(x)>0$(或<0),则称二次型 f 是正定(或负定)的,并称 f 的矩阵 $\boldsymbol{A}$ 是正定(或负定)的,记作 $\boldsymbol{A}>0$ 或($\boldsymbol{A}<0$).

$$\begin{aligned}f=\boldsymbol{x}^{\mathrm{T}}\boldsymbol{A}\boldsymbol{x}\text{ 正定}&\Leftrightarrow f\text{ 的正惯性指数 }p=n\\&\Leftrightarrow \boldsymbol{A}\text{ 的 }n\text{ 个特征值全为正}\\&\Leftrightarrow f\text{ 的规范形为 }f=\boldsymbol{y}^{\mathrm{T}}\boldsymbol{y}\\&\Leftrightarrow \boldsymbol{A}\text{ 合同于单位矩阵}\\&\Leftrightarrow \boldsymbol{A}\text{ 的各阶主子式全为正}\end{aligned}$$

一些正定矩阵的性质结论:

① 若 $\boldsymbol{A}$ 为正定矩阵,则 $k\boldsymbol{A}(k>0)$,$\boldsymbol{A}^m$,$\boldsymbol{A}^{-1}$,$\boldsymbol{A}^*$ 也是正定矩阵;

② 若 $\boldsymbol{A}$ 与 $\boldsymbol{B}$ 都是正定矩阵,则 $\begin{pmatrix}\boldsymbol{A} & \boldsymbol{0}\\ \boldsymbol{0} & \boldsymbol{B}\end{pmatrix}$ 也是正定矩阵;

③ 若 $\boldsymbol{A}$,$\boldsymbol{B}$ 为同阶正定矩阵,则 $\boldsymbol{A}+\boldsymbol{B}$ 也为正定矩阵.

(3) 等价、相似、合同 3 种关系.

① $\boldsymbol{A}$,$\boldsymbol{B}$ 等价:$\boldsymbol{A}$ 经过若干次初等变换得到 $\boldsymbol{B}$;若 $\boldsymbol{A}$,$\boldsymbol{B}$ 等价,则相当于存在可逆矩阵 $\boldsymbol{P}$,$\boldsymbol{Q}$,使得 $\boldsymbol{PAQ}=\boldsymbol{B}$.

② $\boldsymbol{A}$,$\boldsymbol{B}$ 相似:存在可逆矩阵 $\boldsymbol{P}$,使得 $\boldsymbol{P}^{-1}\boldsymbol{AP}=\boldsymbol{B}$;

③ $\boldsymbol{A}$,$\boldsymbol{B}$ 合同:存在可逆矩阵 $\boldsymbol{P}$,使得 $\boldsymbol{P}^{\mathrm{T}}\boldsymbol{AP}=\boldsymbol{B}$.

关系:相似矩阵一定是等价矩阵;合同矩阵一定是等价矩阵,但等价矩阵不一定是相似矩阵及合同矩阵.

特殊:

① 若 $\boldsymbol{A}$ 是一个实对称矩阵,则 $\boldsymbol{A}$ 一定可以正交相似对角化,即存在可逆矩阵 $\boldsymbol{P}$,使得 $\boldsymbol{P}^{-1}\boldsymbol{AP}=\boldsymbol{P}^{\mathrm{T}}\boldsymbol{AP}=\boldsymbol{\Lambda}$,即实对称矩阵 $\boldsymbol{A}$ 与对角矩阵既相似又合同.

② 若 $\boldsymbol{A}$,$\boldsymbol{B}$ 是同阶实对称矩阵,则 $\boldsymbol{A}$,$\boldsymbol{B}$ 相似$\Rightarrow$$\boldsymbol{A}$,$\boldsymbol{B}$ 合同.

三、疑难解析

1. 怎样理解二次型化为标准形问题与实对称矩阵合同对角化问题.

答 将二次型 $f=\boldsymbol{x}^{\mathrm{T}}\boldsymbol{A}\boldsymbol{x}$ 用可逆线性变换 $\boldsymbol{x}=\boldsymbol{P}\boldsymbol{y}$ 化为标准形,等价于寻找可逆矩阵 $\boldsymbol{P}$,使得 $\boldsymbol{P}^{\mathrm{T}}\boldsymbol{AP}=\boldsymbol{\Lambda}$,即将实对称矩阵合同对角化.

2. 如果方阵可对角化,但不是实对称矩阵,那么这种变换过程一定是正交相似变换吗?

答 不一定,如果矩阵 $\boldsymbol{A}$ 是实对称矩阵,因为不同特征值对应的特征向量正交,仅需对同一特征值对应的线性无关的特征向量实行施密特正交化便能获得 n 个正交

单位向量,从而是正交相似变换.但一般矩阵仅能保证不同特征值对应的特征向量线性无关,不一定正交,不同特征值对应的所有线性无关的特征向量正交化后的向量又不一定是特征向量,所以一般无法获得 n 个正交单位向量,因而不能保证此过程一定是正交相似变换.

3. 正交变换将矩阵对角化的意义?

答　用正交变换化二次型为标准形在二次型问题中是主要问题,等价于实对称矩阵在正交合同意义下化为对角形.需要指出的是,实对称矩阵既可在一般可逆相似意义下对角化,又可在正交相似意义下对角化.

4. 对于 n 元实二次型,若存在 n 个全部为零的数 $x_1,x_2,\cdots,x_n$,使得 $f>0$,能否由此判定此二次型为正定二次型?

答　不一定,这里定义中要求任意 $\boldsymbol{x}\neq 0$,恒有 $f>0$,才能成为正定二次型.

5. 矩阵的正定性有哪些应用?

答　矩阵正定性是二次型的一种分类,它是几何上二次曲线、二次曲面分类的一种推广,不仅用在几何上确定二次曲线,在多元函数极值等问题中也有许多广泛应用.

四、典型例题

例 1　已知二次型 $f(x_1,x_2,x_3)=ax_1^2+ax_2^2+6x_3^2+8x_1x_2-4x_1x_3+4x_2x_3(a>0)$通过正交变换可以化为标准形 $7y_1^2+7y_2^2-2y_3^2$,求参数 a 以及所用的正交变换.

解　(1) 二次型的矩阵为 $\boldsymbol{A}=\begin{pmatrix} a & 4 & -2 \\ 4 & a & 2 \\ -2 & 2 & 6 \end{pmatrix}$,$\boldsymbol{A}$ 的特征值为 $7,7,-2$,所以 $a+a+6=7+7+(-2)$,即 $a=3$.

(2) 对应于特征值 7 的特征向量满足方程

$$\begin{pmatrix} 7-3 & -4 & 2 \\ -4 & 7-3 & -2 \\ 2 & -2 & 7-6 \end{pmatrix}\begin{pmatrix} x_1 \\ x_2 \\ x_3 \end{pmatrix}=\begin{pmatrix} 0 \\ 0 \\ 0 \end{pmatrix}$$

$\boldsymbol{\beta}_1=\begin{pmatrix} 1 \\ 1 \\ 0 \end{pmatrix}$,$\boldsymbol{\beta}_2=\begin{pmatrix} -1 \\ 0 \\ 2 \end{pmatrix}$为两个线性无关的特征向量,经正交化、单位化,可得

$$\boldsymbol{\alpha}_1=\begin{pmatrix} \dfrac{1}{\sqrt{2}} \\ \dfrac{1}{\sqrt{2}} \\ 0 \end{pmatrix},\quad \boldsymbol{\alpha}_2=\begin{pmatrix} -\dfrac{1}{3\sqrt{2}} \\ \dfrac{1}{3\sqrt{2}} \\ \dfrac{4}{3\sqrt{2}} \end{pmatrix}$$

对应于特征值-2的特征向量满足

$$\begin{pmatrix} -2-3 & -4 & 2 \\ -4 & -2-3 & -2 \\ 2 & -2 & -2-6 \end{pmatrix}\begin{pmatrix} x_1 \\ x_2 \\ x_3 \end{pmatrix}=\begin{pmatrix} 0 \\ 0 \\ 0 \end{pmatrix}$$

得 $\boldsymbol{\beta}_3=\begin{pmatrix} 2 \\ -2 \\ 1 \end{pmatrix}$,单位化得

$$\boldsymbol{\alpha}_3=\begin{pmatrix} \frac{2}{3} \\ -\frac{2}{3} \\ \frac{1}{3} \end{pmatrix}$$

令
$$\boldsymbol{Q}=(\boldsymbol{\alpha}_1,\boldsymbol{\alpha}_2,\boldsymbol{\alpha}_3)=\begin{pmatrix} \frac{1}{\sqrt{2}} & -\frac{1}{3\sqrt{2}} & \frac{2}{3} \\ \frac{1}{\sqrt{2}} & \frac{1}{3\sqrt{2}} & -\frac{2}{3} \\ 0 & \frac{4}{3\sqrt{2}} & \frac{1}{3} \end{pmatrix}$$

则所求的正交变换为 $\boldsymbol{X}=\boldsymbol{Q}\boldsymbol{Y}$.

例 2 已知二次型 $f(x_1,x_2,x_3)=5x_1^2+5x_2^2+ax_3^2-2x_1x_2+6x_1x_3-6x_2x_3$ 的秩为 2.

(1) 求常数 a 的值;(2) 用正交变换将二次型化为标准形.

解 (1) f 对应的矩阵为 $\boldsymbol{A}=\begin{pmatrix} 5 & -1 & 3 \\ -1 & 5 & -3 \\ 3 & -3 & a \end{pmatrix}$,因为 $r(\boldsymbol{A})=2$,$|\boldsymbol{A}|=0$,经计算 $|\boldsymbol{A}|=24(a-3)$,故 $a=3$.

(2) $f_{\boldsymbol{A}}(\lambda)=|\lambda\boldsymbol{E}-\boldsymbol{A}|=\begin{vmatrix} \lambda-5 & 1 & -3 \\ 1 & \lambda-5 & 3 \\ -3 & 3 & \lambda-3 \end{vmatrix}=\lambda(\lambda-4)(\lambda-9)$,$\boldsymbol{A}$ 的特征值为 $\lambda_1=0$,$\lambda_2=4$,$\lambda_3=9$.

对于特征值 $\lambda_1=0$,求解 $-\boldsymbol{A}\boldsymbol{X}=\boldsymbol{0}$,得单位特征向量

$$\boldsymbol{\alpha}_1=\begin{pmatrix} -\frac{1}{\sqrt{6}} \\ \frac{1}{\sqrt{6}} \\ \frac{2}{\sqrt{6}} \end{pmatrix}$$

对于特征值 $\lambda_2=4$，求解 $(4\boldsymbol{E}-\boldsymbol{A})\boldsymbol{X}=\boldsymbol{0}$，得单位特征向量

$$\boldsymbol{\alpha}_2=\begin{pmatrix}\frac{1}{\sqrt{2}}\\ \frac{1}{\sqrt{2}}\\ 0\end{pmatrix}$$

对于特征值 $\lambda_3=9$，求解 $(9\boldsymbol{E}-\boldsymbol{A})\boldsymbol{X}=\boldsymbol{0}$，得单位特征向量

$$\boldsymbol{\alpha}_3=\begin{pmatrix}\frac{1}{\sqrt{3}}\\ -\frac{1}{\sqrt{3}}\\ \frac{1}{\sqrt{3}}\end{pmatrix}$$

令

$$\boldsymbol{P}=\begin{pmatrix}-\frac{1}{\sqrt{6}} & \frac{1}{\sqrt{2}} & \frac{1}{\sqrt{3}}\\ \frac{1}{\sqrt{6}} & \frac{1}{\sqrt{2}} & -\frac{1}{\sqrt{3}}\\ \frac{2}{\sqrt{6}} & 0 & \frac{1}{\sqrt{3}}\end{pmatrix}$$

则通过正交变换 $\boldsymbol{X}=\boldsymbol{PY}$ 可得标准形 $f=4y_2^2+9y_3^2$.

例 3　设 $\boldsymbol{\alpha}_1,\boldsymbol{\alpha}_2,\cdots,\boldsymbol{\alpha}_n$ 是 n 维列向量组，且线性无关，证明：

$$\mathbf{A}=\begin{pmatrix}\boldsymbol{\alpha}_1^{\mathrm{T}}\boldsymbol{\alpha}_1 & \boldsymbol{\alpha}_1^{\mathrm{T}}\boldsymbol{\alpha}_2 & \cdots & \boldsymbol{\alpha}_1^{\mathrm{T}}\boldsymbol{\alpha}_n\\ \boldsymbol{\alpha}_2^{\mathrm{T}}\boldsymbol{\alpha}_1 & \boldsymbol{\alpha}_2^{\mathrm{T}}\boldsymbol{\alpha}_2 & \cdots & \boldsymbol{\alpha}_2^{\mathrm{T}}\boldsymbol{\alpha}_n\\ \vdots & \vdots & & \vdots\\ \boldsymbol{\alpha}_n^{\mathrm{T}}\boldsymbol{\alpha}_1 & \boldsymbol{\alpha}_n^{\mathrm{T}}\boldsymbol{\alpha}_2 & \cdots & \boldsymbol{\alpha}_n^{\mathrm{T}}\boldsymbol{\alpha}_n\end{pmatrix}\begin{pmatrix}x_1\\ x_2\\ \vdots\\ x_n\end{pmatrix}$$

正定.

证　$\boldsymbol{\alpha}_i^{\mathrm{T}}\boldsymbol{\alpha}_j=\boldsymbol{\alpha}_j^{\mathrm{T}}\boldsymbol{\alpha}_i$，即 $\mathbf{A}^{\mathrm{T}}=\mathbf{A}$.

$$\begin{aligned} f&=(x_1,x_2,\cdots,x_n)\begin{pmatrix}\boldsymbol{\alpha}_1^{\mathrm{T}}\boldsymbol{\alpha}_1 & \boldsymbol{\alpha}_1^{\mathrm{T}}\boldsymbol{\alpha}_2 & \cdots & \boldsymbol{\alpha}_1^{\mathrm{T}}\boldsymbol{\alpha}_n\\ \boldsymbol{\alpha}_2^{\mathrm{T}}\boldsymbol{\alpha}_1 & \boldsymbol{\alpha}_2^{\mathrm{T}}\boldsymbol{\alpha}_2 & \cdots & \boldsymbol{\alpha}_2^{\mathrm{T}}\boldsymbol{\alpha}_n\\ \vdots & \vdots & & \vdots\\ \boldsymbol{\alpha}_n^{\mathrm{T}}\boldsymbol{\alpha}_1 & \boldsymbol{\alpha}_n^{\mathrm{T}}\boldsymbol{\alpha}_2 & \cdots & \boldsymbol{\alpha}_n^{\mathrm{T}}\boldsymbol{\alpha}_n\end{pmatrix}\\ &=(x_1\boldsymbol{\alpha}_1+x_2\boldsymbol{\alpha}_2+\cdots+x_n\boldsymbol{\alpha}_n)^{\mathrm{T}}(x_1\boldsymbol{\alpha}_1+x_2\boldsymbol{\alpha}_2+\cdots+x_n\boldsymbol{\alpha}_n)\\ &=\|x_1\boldsymbol{\alpha}_1+x_2\boldsymbol{\alpha}_2+\cdots+x_n\boldsymbol{\alpha}_n\|^2 \end{aligned}$$

由于 $\boldsymbol{\alpha}_1,\boldsymbol{\alpha}_2,\cdots,\boldsymbol{\alpha}_n$ 线性无关，则对任意的 $\begin{pmatrix}x_1\\ x_2\\ \vdots\\ x_n\end{pmatrix}\neq\boldsymbol{0}$，$x_1\boldsymbol{\alpha}_1+x_2\boldsymbol{\alpha}_2+\cdots+x_n\boldsymbol{\alpha}_n\neq\boldsymbol{0}$，从而

$f>0$,故 $\boldsymbol{A}$ 正定.

例 4 证明:n 阶矩阵 $\boldsymbol{A}=\begin{pmatrix} 1 & \frac{1}{n} & \cdots & \frac{1}{n} \\ \frac{1}{n} & 1 & \cdots & \frac{1}{n} \\ \vdots & \vdots & & \vdots \\ \frac{1}{n} & \frac{1}{n} & \cdots & 1 \end{pmatrix}$ 正定.

证 易知 $\boldsymbol{A}$ 是对称阵,只要证明 $\boldsymbol{A}$ 的各阶顺序主子式大于零,$\boldsymbol{A}$ 的 k 阶顺序主子式为

$$D_k=\begin{vmatrix} 1 & \frac{1}{n} & \cdots & \frac{1}{n} \\ \frac{1}{n} & 1 & \cdots & \frac{1}{n} \\ \vdots & \vdots & & \vdots \\ \frac{1}{n} & \frac{1}{n} & \cdots & 1 \end{vmatrix}_{(k)}=\left(1+\frac{k-1}{n}\right)\left(1-\frac{1}{n}\right)^{k-1}>0 \quad (k=1,2,\cdots,n)$$

所以 $\boldsymbol{A}$ 正定.

例 5 证明:对称阵 $\boldsymbol{A}$ 正定的充要条件是存在可逆矩阵 $\boldsymbol{U}$,使得 $\boldsymbol{A}=\boldsymbol{U}^{\mathrm{T}}\boldsymbol{U}$,即 $\boldsymbol{A}$ 与 $\boldsymbol{E}$ 合同.

证 (1) 若 $\boldsymbol{A}$ 正定,$\boldsymbol{A}$ 的特征值均大于零,不妨设特征值为 $\lambda_1,\lambda_2,\cdots,\lambda_n$,则存在正交矩阵 $\boldsymbol{P}$,使得

$$\boldsymbol{P}^{\mathrm{T}}\boldsymbol{A}\boldsymbol{P}=\begin{pmatrix} \lambda_1 & & \\ & \ddots & \\ & & \lambda_n \end{pmatrix}$$

从而

$$\boldsymbol{A}=\boldsymbol{P}\begin{pmatrix} \lambda_1 & & \\ & \ddots & \\ & & \lambda_n \end{pmatrix}\boldsymbol{P}^{\mathrm{T}}=\boldsymbol{P}\begin{pmatrix} \sqrt{\lambda_1} & & \\ & \ddots & \\ & & \sqrt{\lambda_n} \end{pmatrix}\begin{pmatrix} \sqrt{\lambda_1} & & \\ & \ddots & \\ & & \sqrt{\lambda_n} \end{pmatrix}\boldsymbol{P}^{\mathrm{T}}$$

令 $\boldsymbol{U}=\begin{pmatrix} \sqrt{\lambda_1} & & \\ & \ddots & \\ & & \sqrt{\lambda_n} \end{pmatrix}\boldsymbol{P}^{\mathrm{T}}$,即有 $\boldsymbol{A}=\boldsymbol{U}^{\mathrm{T}}\boldsymbol{U}$.

(2) 若 $\boldsymbol{A}=\boldsymbol{U}^{\mathrm{T}}\boldsymbol{U}$,则对任意的 $\boldsymbol{X}\neq\boldsymbol{0}$,有

$$\boldsymbol{X}^{\mathrm{T}}\boldsymbol{A}\boldsymbol{X}=\boldsymbol{X}^{\mathrm{T}}\boldsymbol{U}^{\mathrm{T}}\boldsymbol{U}\boldsymbol{X}=(\boldsymbol{U}\boldsymbol{X})^{\mathrm{T}}(\boldsymbol{U}\boldsymbol{X})=\|\boldsymbol{U}\boldsymbol{X}\|^2>0$$

(因为 $\boldsymbol{U}\boldsymbol{X}\neq\boldsymbol{0}$,否则 $\boldsymbol{U}\boldsymbol{X}=\boldsymbol{0}$,由 $\boldsymbol{U}$ 可逆推出 $\boldsymbol{X}=\boldsymbol{0}$,矛盾.)

五、课后习题解析

习　题　6.1

1. 写出下列二次型的矩阵,并求其秩.

(1) $f(x_1,x_2,x_3)=x_1^2+2x_2^2-3x_3^2+4x_1x_2-6x_2x_3$;

(2) $f(x_1,x_2,x_3,x_4)=x_1^2-x_2^2-3x_3^2+4x_1x_2-6x_4x_3$;

(3) $f=(x_1,x_2,x_3)\begin{pmatrix}2&1&3\\1&3&2\\7&4&5\end{pmatrix}\begin{pmatrix}x_1\\x_2\\x_3\end{pmatrix}$.

解　(1) 因为二次型 $f(\boldsymbol{x})=\boldsymbol{x}^{\mathrm{T}}\boldsymbol{A}\boldsymbol{x}$ 的矩阵 $\boldsymbol{A}$ 是实对型矩阵,所以 $\boldsymbol{A}=\begin{pmatrix}1&2&0\\2&2&-3\\0&-3&-3\end{pmatrix}$,又因为

$$\boldsymbol{A}=\begin{pmatrix}1&2&0\\2&2&-3\\0&-3&-3\end{pmatrix}\xrightarrow[r_3\div(-3)]{r_2-2r_1}\begin{pmatrix}1&2&0\\0&-2&-3\\0&1&1\end{pmatrix}\xrightarrow{r_2+2r_3}\begin{pmatrix}1&2&0\\0&0&-5\\0&1&1\end{pmatrix}$$

$$\xrightarrow{r_2\leftrightarrow r_3}\begin{pmatrix}1&2&0\\0&1&1\\0&0&-5\end{pmatrix}\Rightarrow r(\boldsymbol{A})=3$$

故该二次型的秩是 3.

(2) 该二次型对应的对称矩阵是 $\boldsymbol{A}=\begin{pmatrix}1&2&0&0\\2&-1&0&0\\0&0&-3&-3\\0&0&-3&0\end{pmatrix}$.

$$\boldsymbol{A}=\begin{pmatrix}1&2&0&0\\2&-1&0&0\\0&0&-3&-3\\0&0&-3&0\end{pmatrix}\xrightarrow[r_4-r_3]{r_2-2r_1}\begin{pmatrix}1&2&0&0\\0&-5&0&0\\0&0&-3&-3\\0&0&0&3\end{pmatrix},$$

所以,$r(\boldsymbol{A})=4$,故该二次型的秩是 4.

(3) $\boldsymbol{A}=\begin{pmatrix}2&1&3\\1&3&2\\7&4&5\end{pmatrix}$,$r(\boldsymbol{A})=3$.

故该二次型的秩是 3.

2. 设 $\boldsymbol{A},\boldsymbol{B},\boldsymbol{C},\boldsymbol{D}$ 均为 n 阶对称矩阵,且 $\boldsymbol{A},\boldsymbol{B}$ 合同,$\boldsymbol{C},\boldsymbol{D}$ 合同,证明:$\begin{pmatrix}\boldsymbol{A}&\boldsymbol{0}\\\boldsymbol{0}&\boldsymbol{C}\end{pmatrix}$与

$\begin{pmatrix} \boldsymbol{B} & \boldsymbol{0} \\ \boldsymbol{0} & \boldsymbol{D} \end{pmatrix}$合同.

证 $\boldsymbol{A}$与$\boldsymbol{B}$合同,$\boldsymbol{C}$与$\boldsymbol{D}$合同,则存在可逆方阵$\boldsymbol{P},\boldsymbol{Q}$,使

$$\boldsymbol{P}^{\mathrm{T}}\boldsymbol{A}\boldsymbol{P}=\boldsymbol{B},\quad \boldsymbol{Q}^{\mathrm{T}}\boldsymbol{C}\boldsymbol{Q}=\boldsymbol{D}$$

考虑矩阵$\boldsymbol{U}=\begin{pmatrix} \boldsymbol{P} & 0 \\ 0 & \boldsymbol{Q} \end{pmatrix}$,$|\boldsymbol{U}|=|\boldsymbol{P}||\boldsymbol{Q}|\neq 0$,即$\boldsymbol{U}$可逆.

$$\boldsymbol{U}^{\mathrm{T}}\begin{pmatrix} \boldsymbol{A} & \boldsymbol{0} \\ \boldsymbol{0} & \boldsymbol{C} \end{pmatrix}\boldsymbol{U}=\begin{pmatrix} \boldsymbol{P}^{\mathrm{T}}\boldsymbol{A}\boldsymbol{P} & \boldsymbol{0} \\ \boldsymbol{0} & \boldsymbol{Q}^{\mathrm{T}}\boldsymbol{C}\boldsymbol{Q} \end{pmatrix}=\begin{pmatrix} \boldsymbol{B} & \boldsymbol{0} \\ \boldsymbol{0} & \boldsymbol{D} \end{pmatrix}$$

故$\begin{pmatrix} \boldsymbol{A} & \boldsymbol{0} \\ \boldsymbol{0} & \boldsymbol{C} \end{pmatrix}$与$\begin{pmatrix} \boldsymbol{B} & \boldsymbol{0} \\ \boldsymbol{0} & \boldsymbol{D} \end{pmatrix}$合同.

习　题　6.2

1. 求正交变换$\boldsymbol{x}=\boldsymbol{P}\boldsymbol{y}$,将下列二次型化为标准形.

$$f=2x_1^2+x_2^2-4x_1x_2-4x_2x_3;$$

解 f对应的矩阵为$\boldsymbol{A}=\begin{pmatrix} 2 & -2 & 0 \\ -2 & 1 & -2 \\ 0 & -2 & 0 \end{pmatrix}$,$|\lambda\boldsymbol{E}-\boldsymbol{A}|=(\lambda-1)(\lambda-4)(\lambda+2)$.

$\boldsymbol{A}$的特征值$\lambda_1=1,\lambda_2=4,\lambda_3=-2$.

对于$\lambda_1=1$,对应的特征向量$\boldsymbol{\alpha}_1=\begin{pmatrix} 2 \\ 1 \\ -2 \end{pmatrix}$,单位化得$\boldsymbol{\beta}_1=\begin{pmatrix} \frac{2}{3} \\ \frac{1}{3} \\ -\frac{2}{3} \end{pmatrix}$;

对于$\lambda_2=4$,对应的特征向量$\boldsymbol{\alpha}_2=\begin{pmatrix} 2 \\ -2 \\ 1 \end{pmatrix}$,单位化得$\boldsymbol{\beta}_2=\begin{pmatrix} \frac{2}{3} \\ -\frac{2}{3} \\ \frac{1}{3} \end{pmatrix}$;

对于$\lambda_3=-2$,对应的特征向量$\boldsymbol{\alpha}_3=\begin{pmatrix} 1 \\ 2 \\ 2 \end{pmatrix}$,单位化得$\boldsymbol{\beta}_3=\begin{pmatrix} \frac{1}{3} \\ \frac{2}{3} \\ \frac{2}{3} \end{pmatrix}$.

取 $\boldsymbol{P}=\begin{pmatrix} \frac{2}{3} & \frac{2}{3} & \frac{1}{3} \\ \frac{1}{3} & -\frac{2}{3} & \frac{2}{3} \\ -\frac{2}{3} & \frac{1}{3} & \frac{2}{3} \end{pmatrix}$,则 $\boldsymbol{x}=\boldsymbol{P}\boldsymbol{y}$ 将二次型转化为标准型 $f=y_1^2+4y_2^2-2y_3^2$.

2. 用配方法化以下二次型为标准形.

(1) $f=x_1^2-2x_1x_2+3x_2^2-4x_1x_3+6x_3^2$;

(2) $f=x_1x_2+x_1x_3-3x_2x_3$.

解 (1) f 中含有变量平方项,如 x_1^2,故可先将含 x_1 的各项集中并进行配平方.

$$\begin{aligned} f &=(x_1^2-2x_1x_2-4x_1x_3)+3x_2^2+6x_3^2 \\ &=(x_1-x_2-2x_3)^2-4x_2x_3-x_2^2-4x_3^2+3x_2^2+6x_3^2 \\ &=(x_1-x_2-2x_3)^2+2x_2^2-4x_2x_3+2x_3^2 \\ &=(x_1-x_2-2x_3)^2+2(x_2-x_3)^2 \end{aligned}$$

令可逆线性变换:

$$\begin{cases} y_1=x_1-x_2-2x_3 \\ y_2=x_2-x_3 \\ y_3=x_3 \end{cases} \quad 即 \quad \begin{cases} x_1=y_1+y_2+3y_3 \\ x_2=y_2-y_3 \\ x_3=y_3 \end{cases}$$

便使得 $f(x_1,x_2,x_3)=y_1^2+2y_2^2$.

(2) 因为 f 中不含变量的平方项,所以先做一个简单的可逆矩阵线性变换使新二次型出现平方项,为此设

$$\begin{cases} x_1=y_1+y_2 \\ x_2=y_1-y_2 \\ x_3=y_3 \end{cases} \tag{1}$$

即

$$\boldsymbol{x}=\begin{pmatrix} 1 & 1 & 0 \\ 1 & -1 & 0 \\ 0 & 0 & 1 \end{pmatrix}\boldsymbol{y}$$

代入原二次型得

$$\begin{aligned} f &=y_1^2-y_2^2+y_1y_3+y_2y_3-3y_1y_3+3y_2y_3 \\ &=y_1^2-2y_1y_2-y_2^2+4y_2y_3 \end{aligned}$$

配方得

$$\begin{aligned} f &=(y_1-y_3)^2-y_2^3+4y_2y_3-y_3^2 \\ &=(y_1-y_3)^2-(y_2-2y_3)^2+3y_3^2 \end{aligned}$$

令可逆线性变换

$$\begin{cases} z_1 = y_1 - y_3 \\ z_2 = y_2 - 2y_3 \\ z_3 = y_3 \end{cases} \tag{2}$$

代入上式，得 $f = z_1^2 - z_2^2 + 3z_3^2$，由方程(1)、(2)可得可逆线性变换

$$\begin{cases} x_1 = z_1 + z_2 + z_3 \\ x_2 = z_1 - z_2 - z_3 \\ x_3 = z_3 \end{cases}$$

即

$$x = \begin{pmatrix} 1 & 1 & 3 \\ 1 & -1 & -1 \\ 0 & 0 & 1 \end{pmatrix} z$$

式中：$\boldsymbol{z} = \begin{pmatrix} z_1 \\ z_2 \\ z_3 \end{pmatrix}$，使得 $f(x_1, x_2, x_3) = z_1^2 - z_2^2 + 3z_3^2$.

3. 已知二次型 $f = 2x_1^2 + 3x_2^2 + 2tx_2x_3 + 3x_3^2 (t < 0)$ 通过正交变换 $\boldsymbol{x} = \boldsymbol{P}\boldsymbol{y}$ 可化为标准形 $f = y_1^2 + 2y_2^2 + 5y_3^2$，求参数 t 及所用的正交变换矩阵 $\boldsymbol{P}$.

解 f 对应的矩阵为 $\boldsymbol{A} = \begin{pmatrix} 2 & 0 & 0 \\ 0 & 3 & t \\ 0 & t & 3 \end{pmatrix}$，由题意，$\boldsymbol{A}$ 与 $\begin{pmatrix} 1 & & \\ & 2 & \\ & & 5 \end{pmatrix}$ 相似，故

$$|\boldsymbol{A}| = 10 \Rightarrow 2(9 - t^2) = 10 \Rightarrow t = -2$$

$$|\lambda \boldsymbol{E} - \boldsymbol{A}| = \begin{vmatrix} \lambda - 2 & 0 & 0 \\ 0 & \lambda - 3 & 2 \\ 0 & 2 & \lambda - 3 \end{vmatrix} = (\lambda - 1)(\lambda - 2)(\lambda - 5)$$

$\boldsymbol{A}$ 的特征值为 $\lambda_1 = 1, \lambda_2 = 2, \lambda_3 = 5$.

对于 $\lambda_1 = 1$，对应的特征向量 $\boldsymbol{\alpha}_1 = \begin{pmatrix} 0 \\ \frac{1}{\sqrt{2}} \\ \frac{1}{\sqrt{2}} \end{pmatrix}$；

对于 $\lambda_2 = 2$，对应的特征向量 $\boldsymbol{\alpha}_2 = \begin{pmatrix} 1 \\ 0 \\ 0 \end{pmatrix}$；

对于 $\lambda_3 = 5$，对应的特征向量 $\boldsymbol{\alpha}_3 = \begin{pmatrix} 0 \\ -\frac{1}{\sqrt{2}} \\ \frac{1}{\sqrt{2}} \end{pmatrix}$.

故 $\boldsymbol{P}=\begin{pmatrix} 0 & 1 & 0 \\ \frac{1}{\sqrt{2}} & 0 & -\frac{1}{\sqrt{2}} \\ \frac{1}{\sqrt{2}} & 0 & \frac{1}{\sqrt{2}} \end{pmatrix}$.

习 题 6.3

1. 判别下列矩阵的正定性.

(1) $\begin{pmatrix} 1 & 1 & 1 \\ 1 & 2 & 2 \\ 1 & 2 & 3 \end{pmatrix}$; (2) $\begin{pmatrix} -1 & 1 & 0 \\ 1 & -2 & 1 \\ 0 & 1 & -3 \end{pmatrix}$.

解 (1) $a_{11}=1>0$, $\begin{vmatrix} 1 & 1 \\ 1 & 2 \end{vmatrix}=1>0$, $\begin{vmatrix} 1 & 1 & 1 \\ 1 & 2 & 2 \\ 1 & 2 & 3 \end{vmatrix}=1>0$,故该矩阵正定.

(2) $a_{11}=-1<0$, $\begin{vmatrix} -1 & 1 \\ 1 & -2 \end{vmatrix}=1>0$, $\begin{vmatrix} -1 & 1 & 0 \\ 1 & -2 & 1 \\ 0 & 1 & -3 \end{vmatrix}=-2<0$,故该矩阵负定.

2. 判定下列二次型的正定性.

(1) $f=-2x_1^2-6x_2^2-4x_3^2+2x_1x_2+2x_1x_3$;

(2) $f=x_1^2+3x_2^2+9x_3^2-2x_1x_2+4x_1x_3$.

解 (1) f 的矩阵 $\mathbf{A}=\begin{pmatrix} -2 & 1 & 1 \\ 1 & -6 & 0 \\ 1 & 0 & -4 \end{pmatrix}$,它的一阶主子式 $-2<0$;二阶主子式 $\begin{vmatrix} -2 & 1 \\ 1 & -6 \end{vmatrix}=11>0$;3 阶主子式,即 $|\mathbf{A}|=-36<0$,知 f 为负定二次型.

(2) f 的矩阵 $\mathbf{A}=\begin{pmatrix} 1 & -1 & 2 \\ -1 & 3 & 0 \\ 2 & 0 & 9 \end{pmatrix}$,它的一阶主子式 $1>0$;二阶主子式 $\begin{vmatrix} 1 & -1 \\ -1 & 3 \end{vmatrix}=2>0$;三阶主子式,即 $|\mathbf{A}|=6>0$,知 f 为正定二次型.

3. 设 $f=x_1^2+x_2^2+5x_3^2+2ax_1x_2-2x_1x_3+4x_2x_3$ 为正定二次型,求 a.

解 对 f 的矩阵 $\mathbf{A}$ 进行讨论.

$$\mathbf{A}=\begin{pmatrix} 1 & a & -1 \\ a & 1 & 2 \\ -1 & 2 & 5 \end{pmatrix}$$

A 正定$\Leftrightarrow\begin{vmatrix}1 & a\\ a & 1\end{vmatrix}>0$ 且 $|A|>0$.

由 $\begin{vmatrix}1 & a\\ a & 1\end{vmatrix}>0\Rightarrow a^2<1$；由 $|A|=-a(5a+4)>0\Rightarrow -\frac{4}{5}<a<0$. 合起来，当 $-\frac{4}{5}<a<0$ 时，A 正定，从而 f 正定.

4. 证明：对称阵 A 为正定的充要条件是，存在可逆矩阵 U，使 $A=U^TU$，即 A 与单位矩阵 E 合同.

证 充分性：若存在可逆矩阵 U，使 $A=U^TU$，任取 $x\in\mathbf{R}^n$，$x\neq0$，就有 $Ux\neq0$，并且 A 的二次型在该处的值

$$f(x)=x^TAx=x^TU^TUx=[Ux,Ux]=\|Ux\|^2>0$$

即矩阵 A 的二次型是正定的，从而由定义知，A 是正定矩阵.

必要性：因 A 是对称矩阵，必存在正交矩阵 Q，使

$$Q^TAQ=\Lambda=\mathrm{diag}(\lambda_1,\lambda_2,\cdots,\lambda_n)$$

式中：$\lambda_1,\lambda_2,\cdots,\lambda_n$ 是 A 的全部特征值.

由 A 为正定矩阵，故 $\lambda_i>0$，$i=1,2,\cdots,n$，记对角矩阵 $\Lambda_1^2=\mathrm{diag}(\sqrt{\lambda_1},\sqrt{\lambda_2},\cdots,\sqrt{\lambda_n})$，则有

$$\Lambda_1^2=\mathrm{diag}(\sqrt{\lambda_1},\sqrt{\lambda_2},\cdots,\sqrt{\lambda_n})\mathrm{diag}(\sqrt{\lambda_1},\sqrt{\lambda_2},\cdots,\sqrt{\lambda_n})=\Lambda$$

从而

$$A=Q\Lambda Q^T=Q\Lambda_1\Lambda_1Q^T=(Q\Lambda_1)(Q\Lambda_1)^T$$

记 $U=(Q\Lambda_1)^T$，显然 U 可逆，并且由上式知 $A=U^TU$.

总复习题 6

一、单项选择题

1. A,B 为 n 阶矩阵，下列命题中正确的是(　　).

A. 若 A 与 B 合同，则 A 与 B 相似　　B. 若 A 与 B 相似，则 A 与 B 合同

C. 若 A 与 B 合同，则 A 与 B 等价　　D. 若 A 与 B 等价，则 A 与 B 合同

2. 对二次型 $f=x^TAx$(其中 A 为 n 阶实对称矩阵)，下列结论中正确的是(　　).

A. 化 f 为标准的非退化线性变换是唯一的

B. 化 f 为规范形的非退化线性变换是唯一的

C. f 的标准形是唯一确定的

D. f 的规范形是唯一确定的

3. 设二次型 $f=x^TAx$，其中 $A^T=A$，$x=(x_1,x_2,\cdots,x_n)^T$，则 f 正定的充要条件是(　　).

A. $\boldsymbol{A}$ 的行列式 $|\boldsymbol{A}|>0$　　B. f 的负惯性指数为 0

C. f 的秩为 n　　D. $\boldsymbol{A}=\boldsymbol{M}^{\mathrm{T}}\boldsymbol{M}$，$\boldsymbol{M}$ 为 n 阶可逆矩阵

4. $\boldsymbol{M}$ 为正交矩阵，$\boldsymbol{A}$ 为对角矩阵，矩阵 $\boldsymbol{M}^{-1}\boldsymbol{A}\boldsymbol{M}$ 为(　　).

A. 正交矩阵　　B. 对称矩阵

C. 不一定为对称矩阵　　D. 以上都不对

5. 对任意一个 n 阶矩阵，都存在对角矩阵与之(　　).

A. 合同　　B. 相似　　C. 等价　　D. 以上都不对

6. 下列各矩阵中是正定矩阵的是(　　).

A. $\begin{pmatrix}1&1&1\\1&2&3\\1&3&6\end{pmatrix}$　　B. $\begin{pmatrix}1&1&1\\0&1&2\\0&0&-1\end{pmatrix}$

C. $\begin{pmatrix}1&-1&1\\-1&1&2\\1&2&-8\end{pmatrix}$　　D. $\begin{pmatrix}2&3&4\\3&1&5\\4&5&6\end{pmatrix}$

7. $\boldsymbol{A}$，$\boldsymbol{B}$ 是同阶矩阵，如果它们具有相同的特征值，则(　　).

A. $\boldsymbol{A}$ 与 $\boldsymbol{B}$ 相似　　B. $\boldsymbol{A}$ 与 $\boldsymbol{B}$ 合同　　C. $|\boldsymbol{A}|=|\boldsymbol{B}|$　　D. $\boldsymbol{A}=\boldsymbol{B}$

8. n 阶方阵 $\boldsymbol{A}$ 与 $\boldsymbol{B}$ 的特征多项式相同，则(　　).

A. $\boldsymbol{A}$，$\boldsymbol{B}$ 同时可逆或不可逆　　B. $\boldsymbol{A}$ 与 $\boldsymbol{B}$ 有相同的特征值和特征向量

C. $\boldsymbol{A}$，$\boldsymbol{B}$ 与同一对角矩阵相似　　D. 矩阵 $\lambda\boldsymbol{E}-\boldsymbol{A}$ 与 $\lambda\boldsymbol{E}-\boldsymbol{B}$ 相等

二、填空题

1. 若二次型 $f=-x_1^2-x_2^2-5x_3^2+2tx_1x_2-2x_1x_3+4x_2x_3$ 负定，则 t 的取值范围为______.

2. 设 $\boldsymbol{A}$ 是三阶实对称矩阵，且满足 $\boldsymbol{A}^2+2\boldsymbol{A}=0$，若 $k\boldsymbol{A}+\boldsymbol{E}$ 是正定矩阵，则 k ______.

3. 二次型 $f=(x_1,x_2,x_3)=x_1x_2+x_1x_3+x_2x_3$ 的秩 $r(f)=$______.

4. 已知二次型 $\boldsymbol{x}^{\mathrm{T}}\boldsymbol{A}\boldsymbol{x}=x_1^2-5x_2^2+x_3^2+2ax_1x_2+2bx_2x_3+2x_1x_3$ 的秩为 2，$(2,1,2)^{\mathrm{T}}$ 是 $\boldsymbol{A}$ 的特征向量，那么经正交变换所得的二次型的标准形是______.

5. 设 $\boldsymbol{\alpha}=(1,0,1)^{\mathrm{T}}$，$\boldsymbol{A}=\boldsymbol{\alpha}\boldsymbol{\alpha}^{\mathrm{T}}$，若 $\boldsymbol{B}=(k\boldsymbol{E}+\boldsymbol{A})^*$ 是正定矩阵，则 k 的取值范围是______.

6. 将所有的 n 阶实对称可逆矩阵按合同分类，即把彼此合同的矩阵看成一类，则可分成______类.

7. 二次型 $f=(x_1,x_2,x_3)=(a_1x_1+a_2x_2+a_3x_3)^2$ 的矩阵是______.

8. 已知 $\boldsymbol{A}=\begin{pmatrix}1&1&1\\1&1&1\\1&1&1\end{pmatrix}$，矩阵 $\boldsymbol{B}=\boldsymbol{A}+k\boldsymbol{E}$ 正定，则 k 的取值为______.

三、解答题

1. 证明:矩阵$\begin{pmatrix} a_1 & 0 & 0 \\ 0 & a_2 & 0 \\ 0 & 0 & a_3 \end{pmatrix}$与$\begin{pmatrix} a_2 & 0 & 0 \\ 0 & a_3 & 0 \\ 0 & 0 & a_1 \end{pmatrix}$合同.

2. 已知齐次线性方程组

$$\begin{cases} (a+3)x_1+x_2+2x_3=0 \\ 2ax_1+(a-1)x_2+x_3=0 \\ (a-3)x_1-3x_2+ax_3=0 \end{cases}$$

有非零解,且 $\boldsymbol{A}=\begin{pmatrix} 3 & 1 & 2 \\ 1 & a & -2 \\ 2 & -2 & 9 \end{pmatrix}$是正定矩阵,求 a,并求当 $\boldsymbol{x}^{\mathrm{T}}\boldsymbol{x}=3$ 时,$\boldsymbol{x}^{\mathrm{T}}\boldsymbol{A}\boldsymbol{x}$ 的最大值.

3. 已知二次型 $f=(x_1,x_2,x_3)=\boldsymbol{x}^{\mathrm{T}}\boldsymbol{A}\boldsymbol{x}$,且 $\boldsymbol{x}=\begin{pmatrix} 1 \\ 1 \\ 2 \end{pmatrix}$是 $\boldsymbol{A}=\begin{pmatrix} 0 & 1 & 2 \\ 1 & 0 & a \\ 2 & a & b \end{pmatrix}$的特征向量,求 a,b 的值,并求正交矩阵 $\boldsymbol{P}$ 使得 $\boldsymbol{P}^{-1}\boldsymbol{A}\boldsymbol{P}=\boldsymbol{\Lambda}$.

4. 设 $\boldsymbol{A},\boldsymbol{B}$ 为两个 n 阶实对称矩阵,且 $\boldsymbol{A}$ 正定. 证明:存在一个 n 阶实可逆矩阵 $\boldsymbol{T}$,使得 $\boldsymbol{T}^{\mathrm{T}}\boldsymbol{A}\boldsymbol{T}$ 与 $\boldsymbol{T}^{\mathrm{T}}\boldsymbol{B}\boldsymbol{T}$ 都是对角矩阵.

5. 设 $\boldsymbol{A}=(a_{ij})_{n\times n}$是正定矩阵,证明:

(1) $a_{ij}>0(i=1,2,\cdots,n)$;

(2) $\boldsymbol{A}^{-1}$为正定矩阵;

(3) $\boldsymbol{A}^{*}$ 为正定矩阵;

(4) $\boldsymbol{A}^{m}$(m 为正整数)为正定矩阵;

(5) $k\boldsymbol{A}(k>0)$为正定矩阵.

总复习题 6 解析

一、单项选择题

1. C

$\boldsymbol{A},\boldsymbol{B}$ 均为 $m\times n$ 矩阵,若存在 m 阶可逆矩阵 $\boldsymbol{P}$ 和 n 阶可逆矩阵 $\boldsymbol{Q}$,使 $\boldsymbol{B}=\boldsymbol{PAQ}$,则 $\boldsymbol{A}$ 与 $\boldsymbol{B}$ 等价;$\boldsymbol{A},\boldsymbol{B}$ 均为 n 阶方阵,若存在可逆矩阵 $\boldsymbol{P}$,使 $\boldsymbol{B}=\boldsymbol{P}^{-1}\boldsymbol{AP}$,则 $\boldsymbol{A}\sim\boldsymbol{B}$;$\boldsymbol{A},\boldsymbol{B}$ 均为 n 阶方阵,若存在可逆矩阵 $\boldsymbol{P}$,使 $\boldsymbol{B}=\boldsymbol{P}^{\mathrm{T}}\boldsymbol{AP}$,则 $\boldsymbol{A}\simeq\boldsymbol{B}$.

显然,当且仅当 $\boldsymbol{P}$ 为正交矩阵(即 $\boldsymbol{P}^{\mathrm{T}}=\boldsymbol{P}^{-1}$)时,才有 $\boldsymbol{A}\simeq\boldsymbol{B}\Leftrightarrow\boldsymbol{A}\sim\boldsymbol{B}$. 若 $\boldsymbol{A}\simeq\boldsymbol{B}$,因为一般 $\boldsymbol{P}^{\mathrm{T}}\neq\boldsymbol{P}^{-1}$,故不能得到 $\boldsymbol{A}\sim\boldsymbol{B}$,反之亦然,所以排除 A、B;同时,由上述等价于合

同的定义可知:由 $\boldsymbol{A}\cong\boldsymbol{B}$ 可得 $\boldsymbol{A}$ 与 $\boldsymbol{B}$ 等价.

2. D

化二次型 $f=\boldsymbol{x}^{\mathrm{T}}\boldsymbol{A}\boldsymbol{x}$ 为标准形或规范形可用不同的方法,相应的非退化(可逆)线性变换也不同,所以标准形也不同,故 A、B、C 均不正确,但无论何种方法化二次型 f 的规范形,其中非零平方项的个数 r(即二次型的秩)及其中正负平方项的个数都是唯一确定的,故 D 正确.

3. D

若 $\boldsymbol{A}=\boldsymbol{M}^{\mathrm{T}}\boldsymbol{M}$,则对任意 $\boldsymbol{x}\neq\boldsymbol{0}$,均有 $\boldsymbol{M}\boldsymbol{x}\neq\boldsymbol{0}$(否则由 $\boldsymbol{M}\boldsymbol{x}=\boldsymbol{0}$ 得 $\boldsymbol{x}=\boldsymbol{M}^{-1}\boldsymbol{0}=\boldsymbol{0}$),于是 $f=\boldsymbol{x}^{\mathrm{T}}\boldsymbol{A}\boldsymbol{x}=\boldsymbol{x}^{\mathrm{T}}\boldsymbol{M}^{\mathrm{T}}\boldsymbol{M}\boldsymbol{x}=(\boldsymbol{M}\boldsymbol{x})^{\mathrm{T}}(\boldsymbol{M}\boldsymbol{x})=\|\boldsymbol{M}\boldsymbol{x}\|^2>0$,即 f 是正定的.

反之,若 f 是正定的,则存在可逆线性变换 $\boldsymbol{x}=\boldsymbol{P}\boldsymbol{y}$,使 f 成为规范形,即 $\boldsymbol{P}^{\mathrm{T}}\boldsymbol{A}\boldsymbol{P}=\boldsymbol{E}$,由于 $\boldsymbol{P}$ 可逆,故有 $\boldsymbol{A}=(\boldsymbol{P}^{\mathrm{T}})^{-1}\boldsymbol{E}(\boldsymbol{P}^{-1})=(\boldsymbol{P}^{-1})^{\mathrm{T}}(\boldsymbol{P}^{-1})=\boldsymbol{M}^{\mathrm{T}}\boldsymbol{M}$(其中,$\boldsymbol{M}=\boldsymbol{P}^{-1}$).

4. B

因为 $\boldsymbol{A}=\boldsymbol{A}^{\mathrm{T}},\boldsymbol{M}^{-1}=\boldsymbol{M}^{\mathrm{T}}$,又 $(\boldsymbol{M}^{-1}\boldsymbol{A}\boldsymbol{M})^{\mathrm{T}}=\boldsymbol{M}^{\mathrm{T}}\boldsymbol{A}^{\mathrm{T}}(\boldsymbol{M}^{-1})^{\mathrm{T}}=\boldsymbol{M}^{-1}\boldsymbol{A}(\boldsymbol{M})^{\mathrm{T}}=\boldsymbol{M}^{-1}\boldsymbol{A}\boldsymbol{M}$,故 $\boldsymbol{M}^{-1}\boldsymbol{A}\boldsymbol{M}$ 为对称矩阵.

5. C

因为任意一个 n 阶方阵 $\boldsymbol{A}$ 经过有限次初等变换都可化为对角矩阵 $\boldsymbol{B}$,有定义知 $\boldsymbol{A}$ 与 $\boldsymbol{B}$ 等价,故 C 正确.

6. A

$D_3=\begin{vmatrix}1&1&1\\1&2&3\\1&3&6\end{vmatrix}=1,D_2=\begin{vmatrix}1&1\\1&2\end{vmatrix}=1,D_1=1$,即 A 中矩阵的各阶顺序主子式均大于零,故其为正定矩阵.

7. C

因为方阵的行列式的值等于该方阵的特征值的乘积,故选 C.

8. A

因为 $|\lambda\boldsymbol{E}-\boldsymbol{A}|=|\lambda\boldsymbol{E}-\boldsymbol{B}|$,矩阵 $\boldsymbol{A},\boldsymbol{B}$ 有相同的特征值,因此 $|\boldsymbol{A}|=|\boldsymbol{B}|=\prod_{i=1}^{n}\lambda_i$,故 $\boldsymbol{A},\boldsymbol{B}$ 同时可逆或不可逆,选 A.

二、填空题

1. $\left(0,\dfrac{4}{5}\right)$

f 的矩阵 $\boldsymbol{A}=\begin{pmatrix}-1&t&-1\\t&-1&2\\-1&2&-5\end{pmatrix}$,$f$ 负定的充要条件是 $\boldsymbol{A}$ 的奇数阶顺序主子式为

负，而偶数阶顺序主子式为真，即 $D_1=-1<0, D_2=\begin{vmatrix}-1 & t\\ t & -1\end{vmatrix}=1-t^2>0, D_3=$ $|\boldsymbol{A}|=t(5t-4)<0$，解得 t 的取值范围为 $\left(0,\frac{4}{5}\right)$.

2. $k<\frac{1}{2}$

由 $\boldsymbol{A}^2+2\boldsymbol{A}=\boldsymbol{0}$ 知矩阵 $\boldsymbol{A}$ 的特征值是 0 或 -2，则 $k\boldsymbol{A}$ 的特征值是 0 或 $-2k$，$k\boldsymbol{A}+\boldsymbol{E}$ 的特征值是 1 或 $1-2k$，又因矩阵正定的充要条件是特征值全大于 0，故 $k<\frac{1}{2}$.

3. 3

二次型的秩也就是二次型矩阵的秩，二次型矩阵

$$\boldsymbol{A}=\begin{pmatrix}0 & \frac{1}{2} & \frac{1}{2}\\ \frac{1}{2} & 0 & \frac{1}{2}\\ \frac{1}{2} & \frac{1}{2} & 0\end{pmatrix}\to\begin{pmatrix}1 & 0 & 0\\ 0 & -\frac{1}{2} & 0\\ 0 & 0 & -\frac{1}{2}\end{pmatrix}$$，所以 $r(\boldsymbol{A})=3$，即 $r(f)=3$.

4. $3y_1^2-6y_2^2$

求二次型 $\boldsymbol{x}^{\mathrm{T}}\boldsymbol{A}\boldsymbol{x}$ 在正交变换下的标准形也就是求二次型矩阵 $\boldsymbol{A}$ 的特征值，由于

$$\boldsymbol{A}=\begin{pmatrix}1 & a & 1\\ a & -5 & \boldsymbol{b}\\ 1 & b & 1\end{pmatrix}$$

由 $(2,1,2)^{\mathrm{T}}$ 是 $\boldsymbol{A}$ 的特征向量知 $\begin{pmatrix}1 & a & 1\\ a & -5 & b\\ 1 & b & 1\end{pmatrix}\begin{pmatrix}2\\1\\2\end{pmatrix}=\lambda_1\begin{pmatrix}2\\1\\2\end{pmatrix}$，即 $\begin{cases}2+a+2=2\lambda_1\\ 2a-5+2b=\lambda_1\\ 2+b+2=2\lambda_1\end{cases}$，解得 $a=b=2, \lambda_1=3$.

由 $r(\boldsymbol{A})=2$ 知 $|\boldsymbol{A}|=0$，于是 $\lambda_2=0$ 是 $\boldsymbol{A}$ 的特征值，再由 $\sum_{i=1}^{3}a_{ii}=\sum_{i=1}^{3}\lambda_i$ 得 $1+(-5)+1=3+0+\lambda_3$，知 $\lambda_3=-6$ 是 $\boldsymbol{A}$ 的特征值. 因此，正交变换下二次型的标准形是 $3y_1^2-6y_2^2$.

5. $k>0$ 或 $k<-2$

由于 $\boldsymbol{A}=(1,0,1)\begin{pmatrix}1\\0\\1\end{pmatrix}=\begin{pmatrix}1 & 0 & 1\\ 0 & 0 & 0\\ 1 & 0 & 1\end{pmatrix}$，故 $|\lambda\boldsymbol{E}-\boldsymbol{A}|=\lambda^3-2\lambda^2=\lambda^2(\lambda-2)$，即矩阵 $\boldsymbol{A}$ 的特征值是 $2,0,0$，从而矩阵 $k\boldsymbol{E}+\boldsymbol{A}$ 的特征值是 $k+2,k,k$，则 $\boldsymbol{B}$ 的特征值是 $k^2, k(k+2), k(k+2)$，所以 $\boldsymbol{B}$ 正定的充要条件是 $k^2>0, k(k+2)>0$，解得 $k>0$ 或 $k<-2$.

6. $n+1$

因为实对称矩阵合同⇔秩相同，且正惯性指数相同，现可逆矩阵的秩均为 n，所以 n 阶实对称可逆矩阵合同⇔正惯性指数相同. 因为 n 阶实对称可逆矩阵的正惯性指数可以取的值为 $0,1,2,\cdots,n-1,n$，据此，n 阶实对称可逆矩阵按合同可分成 $n+1$ 类.

7. $\boldsymbol{A}=\begin{pmatrix} a_1^2 & a_1a_2 & a_1a_3 \\ a_1a_2 & a_2^2 & a_2a_3 \\ a_1a_3 & a_2a_3 & a_3^2 \end{pmatrix}$

$$f=(x_1,x_2,x_3)=a_1^2x_1^2+a_2^2x_2^2+a_3^2x_3^2+2a_1a_2x_1x_2+2a_2a_3x_2x_3+2a_1a_3x_1x_3$$

故二次型矩阵 $\boldsymbol{A}=\begin{pmatrix} a_1^2 & a_1a_2 & a_1a_3 \\ a_1a_2 & a_2^2 & a_2a_3 \\ a_1a_3 & a_2a_3 & a_3^2 \end{pmatrix}$.

8. $k>0$

由矩阵 $\boldsymbol{A}$ 的特征值为 $3,0,0$ 可知，矩阵 $\boldsymbol{B}$ 的特征值为 $k+3,k,k$. 矩阵 $\boldsymbol{B}$ 正定⇔ $\begin{cases} k+3>0 \\ k>0 \end{cases} \Rightarrow k>0$.

三、解答题

1. 证　令 $\boldsymbol{P}=\begin{pmatrix} 0 & 0 & 1 \\ 1 & 0 & 0 \\ 0 & 1 & 0 \end{pmatrix}$，则 $\boldsymbol{P}$ 可逆，且 $\boldsymbol{P}^{\mathrm{T}}=\begin{pmatrix} 0 & 1 & 0 \\ 0 & 0 & 1 \\ 1 & 0 & 0 \end{pmatrix}$，则 $\boldsymbol{P}^{\mathrm{T}}=\begin{pmatrix} a_1 & 0 & 0 \\ 0 & a_2 & 0 \\ 0 & 0 & a_3 \end{pmatrix}\boldsymbol{P}$ $=\begin{pmatrix} a_2 & 0 & 0 \\ 0 & a_3 & 0 \\ 0 & 0 & a_1 \end{pmatrix}$，故 $\begin{pmatrix} a_1 & 0 & 0 \\ 0 & a_2 & 0 \\ 0 & 0 & a_3 \end{pmatrix}$ 与 $\begin{pmatrix} a_2 & 0 & 0 \\ 0 & a_3 & 0 \\ 0 & 0 & a_1 \end{pmatrix}$ 合同.

2. 解　由上述齐次线性方程组有非零解可知它的系数行列式

$$\begin{vmatrix} a+3 & 1 & 2 \\ 2a & a-1 & 1 \\ a-3 & -3 & a \end{vmatrix}=0$$

有 $a(a+1)(a-3)=0$，即 $a=0,-1,3$. 由于 $\boldsymbol{A}$ 为正定矩阵，故 a 的值只能为 3.

事实上，当 $a=3$ 时，$|\lambda\boldsymbol{E}-\boldsymbol{A}|=(\lambda-4)(\lambda-1)(\lambda-10)$，故 $\boldsymbol{A}$ 的特征值全大于 0，即可得 $\boldsymbol{A}$ 为正定矩阵，由于 $\boldsymbol{A}$ 是实对称矩阵，故存在正交矩阵 $\boldsymbol{P}$，经 $\boldsymbol{x}=\boldsymbol{P}\boldsymbol{y}$ 化二次型 $\boldsymbol{x}^{\mathrm{T}}\boldsymbol{A}\boldsymbol{x}$ 为标准形，且 $\boldsymbol{y}^{\mathrm{T}}\boldsymbol{y}=\boldsymbol{y}^{\mathrm{T}}\boldsymbol{P}^{\mathrm{T}}\boldsymbol{P}\boldsymbol{y}=(\boldsymbol{P}\boldsymbol{y})^{\mathrm{T}}(\boldsymbol{P}\boldsymbol{y})=\boldsymbol{x}^{\mathrm{T}}\boldsymbol{x}=3$，故

$$\boldsymbol{x}^{\mathrm{T}}\boldsymbol{A}\boldsymbol{x}=y_1^2+4y_2^2+10y_3^2\leqslant 10(y_1^2+y_2^2+y_3^2)=10\times 3=30$$

由此求得当 $\boldsymbol{x}^{\mathrm{T}}\boldsymbol{x}=3$ 时，$\boldsymbol{x}^{\mathrm{T}}\boldsymbol{A}\boldsymbol{x}$ 的最大值是 30.

3. 解 设 $\boldsymbol{x}$ 对应的特征值为 λ，即有 $\boldsymbol{Ax}=\lambda\boldsymbol{x}$，$\begin{pmatrix}0&1&2\\1&0&a\\2&a&b\end{pmatrix}\begin{pmatrix}1\\1\\2\end{pmatrix}=\lambda\begin{pmatrix}1\\1\\2\end{pmatrix}$得

$\begin{cases}5=\lambda\\1+2a=\lambda\\2+a+2b=2\lambda\end{cases}$，解得$\begin{cases}\lambda=5\\a=2\\b=3\end{cases}$，故 $a=2,b=3$. 又

$$|\lambda\boldsymbol{E}-\boldsymbol{A}|=\begin{vmatrix}\lambda&-1&-2\\-1&\lambda&-2\\-2&-2&\lambda-3\end{vmatrix}=(\lambda+1)(\lambda^2-4\lambda-5)$$

解得 $\lambda_1=\lambda_2=-1,\lambda_3=5$.

对 $\lambda=-1$，解方程组 $(-\boldsymbol{E}-\boldsymbol{A})\boldsymbol{x}=\boldsymbol{0}$，得线性无关的特征向量为 $\boldsymbol{x}_1=(-1,1,0)^{\mathrm{T}}$，$\boldsymbol{x}_2=(-2,0,1)^{\mathrm{T}}$.

正交化得 $\boldsymbol{\beta}_1=(-1,1,0)^{\mathrm{T}}$，$\boldsymbol{\beta}_2=\boldsymbol{x}_2-\left|\dfrac{\boldsymbol{x}_2,\boldsymbol{\beta}_1}{\boldsymbol{\beta}_1,\boldsymbol{\beta}_1}\right|\boldsymbol{\beta}_1=(-1,-1,1)^{\mathrm{T}}$，单位化得

$$\boldsymbol{\gamma}_1=\left(-\frac{1}{\sqrt{2}},\frac{1}{\sqrt{2}},0\right)^{\mathrm{T}},\quad \boldsymbol{\gamma}_2=\left(-\frac{1}{\sqrt{3}},-\frac{1}{\sqrt{3}},\frac{1}{\sqrt{3}}\right)^{\mathrm{T}}$$

令 $\boldsymbol{P}=\begin{pmatrix}-\frac{1}{\sqrt{2}}&-\frac{1}{\sqrt{3}}&\frac{1}{\sqrt{6}}\\\frac{1}{\sqrt{2}}&-\frac{1}{\sqrt{3}}&\frac{1}{\sqrt{6}}\\0&\frac{1}{\sqrt{3}}&\frac{2}{\sqrt{6}}\end{pmatrix}$，则 $\boldsymbol{P}^{-1}\boldsymbol{AP}=\begin{pmatrix}-1&&\\&-1&\\&&5\end{pmatrix}$.

4. 证 由于 $\boldsymbol{A}$ 正定，故存在可逆矩阵 $\boldsymbol{T}_1$，使 $\boldsymbol{T}_1^{\mathrm{T}}\boldsymbol{AT}_1=\boldsymbol{E}$. 而 $\boldsymbol{T}_1^{\mathrm{T}}\boldsymbol{BT}_1=\boldsymbol{B}_1$ 仍为对称矩阵，故存在正交矩阵 $\boldsymbol{T}_2$，使得 $\boldsymbol{T}_2^{\mathrm{T}}\boldsymbol{BT}_2=\boldsymbol{B}_2$ 为对角矩阵.

令 $\boldsymbol{T}=\boldsymbol{T}_1\boldsymbol{T}_2$，则 $\boldsymbol{T}$ 是可逆矩阵，且

$$\boldsymbol{T}^{\mathrm{T}}\boldsymbol{AT}=\boldsymbol{T}_2^{\mathrm{T}}\boldsymbol{T}_1^{\mathrm{T}}\boldsymbol{AT}_1\boldsymbol{T}_2=\boldsymbol{T}_2^{\mathrm{T}}\boldsymbol{ET}_2=\boldsymbol{T}_2^{\mathrm{T}}\boldsymbol{T}_2=\boldsymbol{E},\quad \boldsymbol{T}^{\mathrm{T}}\boldsymbol{BT}=\boldsymbol{T}_2^{\mathrm{T}}\boldsymbol{T}_1^{\mathrm{T}}\boldsymbol{BT}_1\boldsymbol{T}_2=\boldsymbol{T}_2^{\mathrm{T}}\boldsymbol{B}_1\boldsymbol{T}_2=\boldsymbol{B}_2$$

均为对角矩阵.

5. 证 设 $\lambda_1,\lambda_2,\cdots,\lambda_n$ 是矩阵 $\boldsymbol{A}$ 的特征值，由于 $\boldsymbol{A}$ 是正定矩阵，故 $\lambda_i>0(i=1,2,\cdots,n)$ 且 $|\boldsymbol{A}|>0$.

(1) 对任意 $\boldsymbol{x}\neq 0$，均有 $\boldsymbol{x}^{\mathrm{T}}\boldsymbol{Ax}>0$，取 $\boldsymbol{x}=\boldsymbol{e}_i$，其中 $\boldsymbol{e}_i$ 是第 i 个分量为 1，其余分量为 0 的 n 维列向量，则 $a_{ii}=\boldsymbol{e}_i^{\mathrm{T}}\boldsymbol{Ae}_i>0(i=1,2,\cdots,n)$.

(2) **证法一** 由 $\boldsymbol{A}$ 为正定矩阵，即存在可逆矩阵 $\boldsymbol{Q}$，使得 $\boldsymbol{Q}^{\mathrm{T}}\boldsymbol{AQ}=\boldsymbol{E}$，两边取逆，有$\boldsymbol{Q}^{-1}\boldsymbol{A}^{-1}(\boldsymbol{Q}^{\mathrm{T}})^{-1}=\boldsymbol{E}$. 令 $\boldsymbol{Q}_1=(\boldsymbol{Q}^{-1})^{\mathrm{T}}$，则有 $\boldsymbol{Q}_1^{\mathrm{T}}\boldsymbol{A}^{-1}\boldsymbol{Q}_1=\boldsymbol{E}$，故 $\boldsymbol{A}^{-1}$ 与单位矩阵合同，从而证得 $\boldsymbol{A}^{-1}$ 是正定矩阵.

证法二 $\boldsymbol{A}^{-1}$ 的特征值为$\dfrac{1}{\lambda_i}>0(i=1,2,\cdots,n)$且 $\boldsymbol{A}^{-1}$ 也是实对称矩阵，从而证得

$\boldsymbol{A}^{-1}$是正定矩阵.

(3) 由 $\boldsymbol{A}^{*}=|\boldsymbol{A}|\boldsymbol{A}^{-1}$是实对称矩阵,且它的特征值为$\dfrac{|\boldsymbol{A}|}{\lambda_i}>0(i=1,2,\cdots,n)$,故 $\boldsymbol{A}^{*}$ 为正定矩阵.

(4) $\boldsymbol{A}^m$ 为实对称矩阵,且它的特征值为 $\lambda_i^m>0(i=1,2,\cdots,n)$,故 $\boldsymbol{A}^m$ 为正定矩阵.

(5) $k\boldsymbol{A}$ 为实对称矩阵,且它的特征值为 $k\lambda_i>0(i=1,2,\cdots,n)$,故 $k\boldsymbol{A}$ 为正定矩阵.

六、考研真题解析

1. 求一个正交变换化二次型 $f=x_1^2+4x_2^2+4x_3^2-4x_1x_2+4x_1x_3-8x_2x_3$ 为标准形.

解 二次型 f 的矩阵是

$$\boldsymbol{A}=\begin{pmatrix}1&-2&2\\-2&4&-4\\2&-4&4\end{pmatrix}$$

特征多项式为

$$|\lambda\boldsymbol{E}-\boldsymbol{A}|=\begin{vmatrix}\lambda-1&2&-2\\2&\lambda-4&4\\-2&4&\lambda-4\end{vmatrix}=\lambda^2(\lambda-9)$$

得 $\boldsymbol{A}$ 的特征值为 $\lambda_1=\lambda_2=0,\lambda_3=9$.

对于 $\lambda_1=\lambda_2=0$,解方程$(0\cdot\boldsymbol{E}-\boldsymbol{A})\boldsymbol{X}=\boldsymbol{0}$,由

$$-\boldsymbol{A}=\begin{pmatrix}-1&2&-2\\2&-4&4\\-2&4&-4\end{pmatrix}\to\begin{pmatrix}1&-2&2\\0&0&0\\0&0&0\end{pmatrix}$$

得到基础解系为

$$\boldsymbol{\xi}_1=(2,1,0)^{\mathrm{T}},\quad \boldsymbol{\xi}_2=(-2,0,1)^{\mathrm{T}}$$

对于 $\lambda_3=9$,解方程$(9\boldsymbol{E}-\boldsymbol{A})\boldsymbol{X}=\boldsymbol{0}$,由

$$9\boldsymbol{E}-\boldsymbol{A}=\begin{pmatrix}8&2&-2\\2&5&4\\-2&4&5\end{pmatrix}\to\begin{pmatrix}2&0&-1\\0&1&1\\0&0&0\end{pmatrix}$$

得到基础解系

$$\boldsymbol{\xi}_3=(1,-2,2)^{\mathrm{T}}$$

由于不同特征值的特征向量相互正交,因此只需对 $\boldsymbol{\xi}_1,\boldsymbol{\xi}_2$ 正交化,即有

$$\boldsymbol{\beta}_1=\boldsymbol{\xi}_1=(2,1,0)^{\mathrm{T}}$$

$$\boldsymbol{\beta}_2=\boldsymbol{\xi}_2-\frac{[\boldsymbol{\xi}_2,\boldsymbol{\beta}_1]}{[\boldsymbol{\beta}_1,\boldsymbol{\beta}_1]}\boldsymbol{\beta}_1=\frac{1}{5}\begin{pmatrix}-2\\4\\5\end{pmatrix}$$

把 $\boldsymbol{\beta}_1,\boldsymbol{\beta}_2,\boldsymbol{\xi}_3$ 单位化,即有

$$\boldsymbol{\eta}_1=\frac{\boldsymbol{\beta}_1}{\|\boldsymbol{\beta}_1\|}=\frac{1}{\sqrt{5}}\begin{pmatrix}2\\1\\0\end{pmatrix},\quad \boldsymbol{\eta}_2=\begin{pmatrix}-\frac{2}{3\sqrt{5}}\\ \frac{4}{3\sqrt{5}}\\ \frac{5}{3\sqrt{5}}\end{pmatrix},\quad \boldsymbol{\eta}_3=\begin{pmatrix}\frac{1}{3}\\ -\frac{2}{3}\\ \frac{2}{3}\end{pmatrix}$$

则经正交变换

$$\begin{pmatrix}x_1\\x_2\\x_3\end{pmatrix}=\begin{pmatrix}\frac{2}{\sqrt{5}} & -\frac{2}{3\sqrt{5}} & \frac{1}{3}\\ \frac{1}{\sqrt{5}} & \frac{4}{3\sqrt{5}} & -\frac{2}{3}\\ 0 & \frac{5}{3\sqrt{5}} & \frac{2}{3}\end{pmatrix}\begin{pmatrix}y_1\\y_2\\y_3\end{pmatrix}$$

二次型 f 化为标准形 $f=9y_3^2$.

2. 已知二次型 $f(x_1,x_2,x_3)=2x_1^2+3x_2^2+3x_3^2+2ax_2x_3\,(a>0)$,通过正交变换化成标准形 $f=y_1^2+2y_2^2+5y_3^2$,求参数 a 及所用的正交变换矩阵.

解 f 的矩阵为

$$\boldsymbol{A}=\begin{pmatrix}2&0&0\\0&3&a\\0&a&3\end{pmatrix}$$

标准形矩阵为

$$\boldsymbol{\Lambda}=\begin{pmatrix}1&0&0\\0&2&0\\0&0&5\end{pmatrix}$$

二次型矩阵与标准形矩阵在正交变换下相似,故

$$|\boldsymbol{A}|=|\boldsymbol{\Lambda}|$$

即

$$2(9-a^2)=1\times2\times5,\quad a^2-4=0$$

解得 $a=\pm2$.

又因为 $a>0$,故 $a=2$. 此时有

$$\boldsymbol{A}=\begin{pmatrix}2&0&0\\0&3&2\\0&2&3\end{pmatrix}$$

$$|\lambda\boldsymbol{E}-\boldsymbol{A}|=\begin{vmatrix}\lambda-2 & 0 & 0\\ 0 & \lambda-3 & -2\\ 0 & -2 & \lambda-3\end{vmatrix}=(\lambda-2)(\lambda-1)(\lambda-5)$$

则特征值为 $\lambda_1=1,\lambda_2=2,\lambda_3=5$.

对应 $\lambda_1=1$,解方程 $(\boldsymbol{E}-\boldsymbol{A})\boldsymbol{X}=\boldsymbol{0}$,由

$$\boldsymbol{E}-\boldsymbol{A}=\begin{bmatrix}-1 & 0 & 0\\ 0 & -2 & -2\\ 0 & -2 & -2\end{bmatrix}\rightarrow\begin{bmatrix}-1 & 0 & 0\\ 0 & 1 & 1\\ 0 & 0 & 0\end{bmatrix}$$

得基础解系为

$$\boldsymbol{\xi}_1=(0,1,-1)^{\mathrm{T}}$$

对应 $\lambda_2=2$,解方程 $(2\boldsymbol{E}-\boldsymbol{A})\boldsymbol{X}=\boldsymbol{0}$,由

$$2\boldsymbol{E}-\boldsymbol{A}=\begin{pmatrix}0 & 0 & 0\\ 0 & -1 & -2\\ 0 & -2 & -1\end{pmatrix}\rightarrow\begin{pmatrix}0 & 0 & 0\\ 0 & 1 & 0\\ 0 & 0 & 1\end{pmatrix}$$

得基础解系为

$$\boldsymbol{\xi}_2=(1,0,0)^{\mathrm{T}}$$

对应 $\lambda_3=5$,解方程 $(5\boldsymbol{E}-\boldsymbol{A})\boldsymbol{X}=\boldsymbol{0}$,由

$$5\boldsymbol{E}-\boldsymbol{A}=\begin{pmatrix}3 & 0 & 0\\ 0 & 2 & -2\\ 0 & -2 & 2\end{pmatrix}\rightarrow\begin{pmatrix}1 & 0 & 0\\ 0 & 1 & -1\\ 0 & 0 & 0\end{pmatrix}$$

得基础解系为

$$\boldsymbol{\xi}_3=(0,1,1)^{\mathrm{T}}$$

因为 $\boldsymbol{\xi}_1,\boldsymbol{\xi}_2,\boldsymbol{\xi}_3$ 已经正交,将它们单位化得

$$\boldsymbol{\eta}_1=\frac{1}{\|\boldsymbol{\xi}_1\|}\boldsymbol{\xi}_1=\frac{1}{\sqrt{2}}\begin{pmatrix}0\\ 1\\ -1\end{pmatrix},\quad \boldsymbol{\eta}_2=\frac{1}{\|\boldsymbol{\xi}_2\|}\boldsymbol{\xi}_2=\begin{pmatrix}1\\ 0\\ 0\end{pmatrix},\quad \boldsymbol{\eta}_3=\frac{1}{\|\boldsymbol{\xi}_3\|}\boldsymbol{\xi}_3=\frac{1}{\sqrt{2}}\begin{pmatrix}0\\ 1\\ 1\end{pmatrix}$$

则所用的正交变换矩阵为

$$\boldsymbol{P}=(\boldsymbol{\eta}_1,\boldsymbol{\eta}_2,\boldsymbol{\eta}_3)=\begin{pmatrix}0 & 1 & 0\\ \frac{1}{\sqrt{2}} & 0 & \frac{1}{\sqrt{2}}\\ -\frac{1}{\sqrt{2}} & 0 & \frac{1}{\sqrt{2}}\end{pmatrix}$$

3. 已知二次型 $f(x_1,x_2,x_3)=5x_1^2+5x_2^2+cx_3^2-2x_1x_2+6x_1x_3-6x_2x_3$ 的秩为 2.

(1) 求参数 c 及此二次型对应矩阵的特征值;

(2) 指出方程 $f(x_1,x_2,x_3)=1$ 表示何种二次曲面.

解 (1) 二次型矩阵

$$\boldsymbol{A}=\begin{pmatrix}5&-1&3\\-1&5&-3\\3&-3&c\end{pmatrix}$$

因为 $r(f)=r(\boldsymbol{A})=2$,对 $\boldsymbol{A}$ 作初等变换,有

$$\boldsymbol{A}=\begin{pmatrix}5&-1&3\\-1&5&-3\\3&-3&c\end{pmatrix}\to\begin{pmatrix}4&4&0\\-1&5&-3\\3&-3&c\end{pmatrix}$$

$$\to\begin{pmatrix}4&0&0\\-1&6&-3\\3&-6&c\end{pmatrix}\to\begin{pmatrix}1&0&0\\0&6&-3\\0&-6&c\end{pmatrix}$$

得 $c=3$.

又因为 $\boldsymbol{A}$ 的特征多项式

$$|\lambda\boldsymbol{E}-\boldsymbol{A}|=\begin{vmatrix}\lambda-5&1&-3\\1&\lambda-5&3\\-3&3&\lambda-3\end{vmatrix}=\lambda(\lambda-4)(\lambda-9)$$

故二次型对应矩阵的特征值为 $\lambda_1=0,\lambda_2=4,\lambda_3=9$.

(2) 由特征值可知 $f(x_1,x_2,x_3)=1$,即

$$4y_2^2+9y_3^2=1$$

表示椭圆柱面.

4. 已知二次曲面方程 $x^2+ay^2+z^2+2bxy+2xz+2yz=4$ 可以经过正交变换

$$\begin{pmatrix}x\\y\\z\end{pmatrix}=\boldsymbol{P}\begin{pmatrix}\xi\\\eta\\\rho\end{pmatrix}$$

化成椭圆柱面方程 $\eta^2+4\xi^2=4$,求 a,b 的值和正交矩阵 $\boldsymbol{P}$.

解 因 $\boldsymbol{A}=\begin{pmatrix}1&b&1\\b&a&1\\1&1&1\end{pmatrix}$ 与 $\boldsymbol{\Lambda}=\begin{pmatrix}0&0&0\\0&1&0\\0&0&4\end{pmatrix}$ 相似,则

$$\begin{vmatrix}\lambda-1&-b&-1\\-b&\lambda-a&-1\\-1&-1&\lambda-1\end{vmatrix}=\begin{vmatrix}\lambda&0&0\\0&\lambda-1&0\\0&0&\lambda-4\end{vmatrix}$$

解之得 $a=3,b=1$.

当 $\lambda_1=0$ 时,可得单位特征向量为 $\boldsymbol{P}_1=\left(\frac{1}{\sqrt{2}},0,-\frac{1}{\sqrt{2}}\right)^{\mathrm{T}}$;

当 $\lambda_2=1$ 时,可得单位特征向量为 $\boldsymbol{P}_2=\left(\frac{1}{\sqrt{3}},-\frac{1}{\sqrt{3}},\frac{1}{\sqrt{3}}\right)^{\mathrm{T}}$;

当 $\lambda_3=4$ 时,可得单位特征向量为 $\boldsymbol{P}_3=\left(\frac{1}{\sqrt{6}},\frac{2}{\sqrt{6}},\frac{1}{\sqrt{6}}\right)^{\mathrm{T}}$.

因而

$$\boldsymbol{P}=(\boldsymbol{P}_1,\boldsymbol{P}_2,\boldsymbol{P}_3)=\begin{pmatrix}\frac{1}{\sqrt{2}} & \frac{1}{\sqrt{3}} & \frac{1}{\sqrt{6}}\\ 0 & -\frac{1}{\sqrt{3}} & \frac{2}{\sqrt{6}}\\ -\frac{1}{\sqrt{2}} & \frac{1}{\sqrt{3}} & \frac{1}{\sqrt{6}}\end{pmatrix}$$

5. 设二次型

$$f(x_1,x_2,x_3)=ax_1^2+ax_2^2+(a-1)x_3^2+2x_1x_3-2x_2x_3.$$

(1) 求二次型 f 的矩阵的所有特征值.

(2) 若二次型 f 的规范形为 $y_1^2+y_2^2$,求 a 的值.

解 (1) 二次型 f 的矩阵为

$$\boldsymbol{A}=\begin{pmatrix}a & 0 & 1\\ 0 & a & -1\\ 1 & -1 & a-1\end{pmatrix}$$

则
$$|\lambda\boldsymbol{E}-\boldsymbol{A}|=\begin{vmatrix}\lambda-a & 0 & -1\\ 0 & \lambda-a & 1\\ -1 & 1 & \lambda-a+1\end{vmatrix}=\begin{vmatrix}\lambda-a & 0 & -1\\ \lambda-a & \lambda-a & 1\\ 0 & 1 & \lambda-a+1\end{vmatrix}$$
$$=(\lambda-a)[\lambda-(a+1)][\lambda-(a-2)]$$

故 $\boldsymbol{A}$ 的特征值为 $\lambda_1=a,\lambda_2=a+1,\lambda_3=a-2$.

(2) 由于 f 的规范形为 $y_1^2+y_2^2$,所以 $\boldsymbol{A}$ 的特征值有 2 个为正数,1 个为零,又因为 $a-2<a<a+1$,所以 $a-2=0$,故 $a=2$.

6. 已知 $\boldsymbol{A}=\begin{pmatrix}1 & 0 & 1\\ 0 & 1 & 1\\ -1 & 0 & a\\ 0 & a & -1\end{pmatrix}$,二次型 $f(x_1,x_2,x_3)=\boldsymbol{x}^{\mathrm{T}}(\boldsymbol{A}^{\mathrm{T}}\boldsymbol{A})\boldsymbol{x}$ 的秩为 2.

(1) 求实数 a 的值;

(2) 求正交变换 $\boldsymbol{x}=\boldsymbol{Q}\boldsymbol{y}$ 将 f 化为标准形.

解 (1) 由题意,得

$$\boldsymbol{A}^{\mathrm{T}}\boldsymbol{A}=\begin{pmatrix}1 & 0 & -1 & 0\\ 0 & 1 & 0 & a\\ 1 & 1 & a & -1\end{pmatrix}\begin{pmatrix}1 & 0 & 1\\ 0 & 1 & 1\\ -1 & 0 & a\\ 0 & a & -1\end{pmatrix}=\begin{pmatrix}2 & 0 & 1-a\\ 0 & 1+a^2 & 1-a\\ 1-a & 1-a & 3+a^2\end{pmatrix}$$

因为 $x^T(A^TA)x$ 的秩为 2，所以 $r(A^TA)=2$（也可以利用 $r(A^TA)=r(A)=2$）$\Rightarrow$ $|A^TA|=0\Rightarrow a=-1$（因为 $|A^TA|=(a^2+3)(a+1)^2$）.

（2）令 $A^TA=B=\begin{pmatrix}2&0&2\\0&2&2\\2&2&4\end{pmatrix}$，由

$$|\lambda E-B|=\begin{vmatrix}\lambda-2&0&-2\\0&\lambda-2&-2\\-2&-2&\lambda-4\end{vmatrix}=\lambda(\lambda-2)(\lambda-6)=0$$

解得 $\lambda_1=0,\lambda_2=2,\lambda_3=6$.

当 $\lambda=0$ 时，由 $(0\cdot E-B)x=0$ 即 $Bx=0$ 得 $\xi_1=\begin{pmatrix}-1\\-1\\1\end{pmatrix}$.

当 $\lambda=2$ 时，由 $(2E-B)x=0\Rightarrow\xi_2=\begin{pmatrix}-1\\1\\0\end{pmatrix}$.

当 $\lambda=6$ 时，由 $(6E-B)x=0\Rightarrow\xi_3=\begin{pmatrix}1\\1\\2\end{pmatrix}$.

将其单位化得

$$\beta_1=\frac{1}{\sqrt{3}}\begin{pmatrix}-1\\-1\\1\end{pmatrix},\quad \beta_2=\frac{1}{\sqrt{2}}\begin{pmatrix}-1\\1\\0\end{pmatrix},\quad \beta_3=\frac{1}{\sqrt{6}}\begin{pmatrix}1\\1\\2\end{pmatrix}.$$

令 $Q=\begin{pmatrix}-\frac{1}{\sqrt{3}}&-\frac{1}{\sqrt{2}}&\frac{1}{\sqrt{6}}\\-\frac{1}{\sqrt{3}}&\frac{1}{\sqrt{2}}&\frac{1}{\sqrt{6}}\\\frac{1}{\sqrt{3}}&0&\frac{2}{\sqrt{6}}\end{pmatrix}$，则

$$f=x^TBx\xlongequal{x=Qy}2y_2^2+6y_3^2$$

7. 设二次型 $f(x_1,x_2,x_3)=2(a_1x_1+a_2x_2+a_3x_3)^2+(b_1x_1+b_2x_2+b_3x_3)^2$. 记 $\alpha=\begin{pmatrix}a_1\\a_2\\a_3\end{pmatrix}$，$\beta=\begin{pmatrix}b_1\\b_2\\b_3\end{pmatrix}$.（1）证明：二次型 f 对应的矩阵为 $2\alpha\alpha^T+\beta\beta^T$；（2）若 α,β 正交且为单位向量，证明：f 在正交变换下的标准形为 $2y_1^2+y_2^2$.

（1）**证** $f(x_1,x_2,x_3)=2(a_1x_1+a_2x_2+a_3x_3)^2+(b_1x_1+b_2x_2+b_3x_3)^2$

$$=2\left[(x_1,x_2,x_3)\begin{pmatrix}a_1\\a_2\\a_3\end{pmatrix}(a_1,a_2,a_3)\begin{pmatrix}x_1\\x_2\\x_3\end{pmatrix}\right]$$

$$+\left[(x_1,x_2,x_3)\begin{pmatrix}b_1\\b_2\\b_3\end{pmatrix}(b_1,b_2,b_3)\begin{pmatrix}x_1\\x_2\\x_3\end{pmatrix}\right]$$

$$=\boldsymbol{X}^{\mathrm{T}}(2\boldsymbol{\alpha}\boldsymbol{\alpha}^{\mathrm{T}})\boldsymbol{X}+\boldsymbol{X}^{\mathrm{T}}(\boldsymbol{\beta}\boldsymbol{\beta}^{\mathrm{T}})\boldsymbol{X}$$

$$=\boldsymbol{X}^{\mathrm{T}}(2\boldsymbol{\alpha}\boldsymbol{\alpha}^{\mathrm{T}}+\boldsymbol{\beta}\boldsymbol{\beta}^{\mathrm{T}})\boldsymbol{X}$$

故二次型 f 对应的矩阵 $\boldsymbol{A}=2\boldsymbol{\alpha}\boldsymbol{\alpha}^{\mathrm{T}}+\boldsymbol{\beta}\boldsymbol{\beta}^{\mathrm{T}}$.

(2) 因为 $\boldsymbol{\alpha},\boldsymbol{\beta}$ 正交且都为单位向量,即 $\boldsymbol{\beta}^{\mathrm{T}}\boldsymbol{\alpha}=\boldsymbol{0},\boldsymbol{\alpha}^{\mathrm{T}}\boldsymbol{\beta}=\boldsymbol{0},\boldsymbol{\alpha}^{\mathrm{T}}\boldsymbol{\alpha}=1,\boldsymbol{\beta}^{\mathrm{T}}\boldsymbol{\beta}=1$,故

$$\boldsymbol{A}\boldsymbol{\alpha}=(2\boldsymbol{\alpha}\boldsymbol{\alpha}^{\mathrm{T}}+\boldsymbol{\beta}\boldsymbol{\beta}^{\mathrm{T}})\boldsymbol{\alpha}=2\boldsymbol{\alpha}$$

从而矩阵 $\boldsymbol{A}$ 的其中一个特征值为 $\lambda_1=2$.

同理可得 $\boldsymbol{A}\boldsymbol{\beta}=(2\boldsymbol{\alpha}\boldsymbol{\alpha}^{\mathrm{T}}+\boldsymbol{\beta}\boldsymbol{\beta}^{\mathrm{T}})\boldsymbol{\beta}=\boldsymbol{\beta}$,即矩阵 $\boldsymbol{A}$ 的其中一个特征值为 $\lambda_2=1$.

又因为 $r(\boldsymbol{\alpha}\boldsymbol{\alpha}^{\mathrm{T}})=1,r(\boldsymbol{\beta}\boldsymbol{\beta}^{\mathrm{T}})=1$,所以 $r(\boldsymbol{A})=r(2\boldsymbol{\alpha}\boldsymbol{\alpha}^{\mathrm{T}}+\boldsymbol{\beta}\boldsymbol{\beta}^{\mathrm{T}})\leqslant 2$.

从而矩阵 $\boldsymbol{A}$ 的其中一个特征值为 $\lambda_3=0$.

故若 $\boldsymbol{\alpha},\boldsymbol{\beta}$ 正交且都为单位向量,二次型 f 经正交变换后的标准形为 $2y_1^2+y_2^2$.

七、自测题

A 组

1. 设二次型 $f(x,y)=(x,y)\begin{pmatrix}1&2\\3&4\end{pmatrix}\begin{pmatrix}x\\y\end{pmatrix}$,则它所对应的矩阵为______.

2. 二次型 $f(x_1,x_2,x_3)=\sqrt{3}x_1^2-4x_1x_2+2x_1x_3$ 的秩为______.

3. 若 3 元实二次型 $f(x_1,x_2,x_3)$ 的标准形为 $4y_1^2-3y_2^2$,则其规范形的矩阵为______.

4. 设矩阵 $\boldsymbol{A}=\begin{pmatrix}2&a&1\\a&1&0\\1&0&3\end{pmatrix}$为正定矩阵,则 a 满足的条件是______.

5. 设 $\boldsymbol{A},\boldsymbol{B}$ 均是 n 阶实对称矩阵,则使 $\boldsymbol{A},\boldsymbol{B}$ 合同的充要条件是(　　).

A. $\boldsymbol{A},\boldsymbol{B}$ 的秩相同

B. $\boldsymbol{A},\boldsymbol{B}$ 都合同于对角矩阵

C. $\boldsymbol{A},\boldsymbol{B}$ 的全部特征值相同

D. $\boldsymbol{A},\boldsymbol{B}$ 对应的二次型有相同的标准形

6. 与方阵 $\boldsymbol{A}=\begin{pmatrix}-1&1&\\1&-2&\\&&-4\end{pmatrix}$合同的方阵是(　　).

A. $\begin{pmatrix} -1 & & \\ & -1 & \\ & & -1 \end{pmatrix}$　　B. $\begin{pmatrix} 1 & & \\ & 1 & \\ & & -1 \end{pmatrix}$

C. $\begin{pmatrix} 1 & & \\ & -1 & \\ & & -1 \end{pmatrix}$　　D. $\begin{pmatrix} 1 & & \\ & 1 & \\ & & 1 \end{pmatrix}$

7. 二次型 $f(x_1,x_2,x_3)=x_1^2+2x_1x_2+2x_2^2+4x_2x_3+4x_3^2$ 的标准形可为(　　).

A. $y_1^2-y_2^2$　　B. $y_1^2+y_2^2+y_3^2$

C. $y_1^2+y_2^2-y_3^2$　　D. $y_1^2+y_2^2$

8. 设 $\boldsymbol{A},\boldsymbol{B}$ 均是 n 阶正定实对称矩阵,则以下绪论正确的是(　　).

A. $\boldsymbol{AB}$ 也是正定实对称矩阵　　B. $\boldsymbol{AB}$ 不一定是正定实对称矩阵

C. $\boldsymbol{AB}$ 是实对称但不是正定的　　D. $\boldsymbol{AB}$ 不是实对称矩阵

9. 设 $\boldsymbol{A}$ 为实对称矩阵,则以下结论正确的是(　　).

A. 若$|\boldsymbol{A}|>0$,则 $\boldsymbol{A}$ 正定

B. 若 $\boldsymbol{A}$ 的主对角线元素全大于零,则 $\boldsymbol{A}$ 正定

C. 若 $\boldsymbol{A}^{-1}$存在且正定,则 $\boldsymbol{A}$ 正定

D. 若存在方阵 $\boldsymbol{P}$,使得 $\boldsymbol{A}=\boldsymbol{P}^{\mathrm{T}}\boldsymbol{P}$,则 $\boldsymbol{A}$ 正定

10. 已知二次型

$f(x_1,x_2,x_3)=5x_1^2+5x_2^2+tx_3^2-2x_1x_2+6x_1x_3-6x_2x_3$ 的秩为 2.

(1) 求参数 t;

(2) 用正交变换将二次型 f 化为标准形,并写出所用的正交变换;

(3) 指出方程 $f(x_1,x_2,x_3)=1$ 表示何种二次曲面.

11. 已知二次型

$$f(x_1,x_2,x_3)=-2x_1^2-2x_2^2-2x_3^2-2x_1x_3+2x_2x_3$$

(1) 用正交变换将 f 化为标准形,并写出所用的正交变换;

(2) $f=-1$ 表示何种二次曲面.

12. 设实对称矩阵

$$\boldsymbol{A}=\begin{pmatrix} 1/2 & 1/2 & 1/2 & 1/2 \\ 1/2 & 1/2 & -1/2 & -1/2 \\ 1/2 & -1/2 & 1/2 & -1/2 \\ 1/2 & -1/2 & -1/2 & 1/2 \end{pmatrix}$$

试求实可逆矩阵 $\boldsymbol{P}$,使 $\boldsymbol{P}^{\mathrm{T}}\boldsymbol{AP}$ 为对角矩阵.

13. 用正交变换法将二次型

$$f(x_1,x_2,x_3)=2x_1^2+2x_2^2+2x_3^2+x_1x_2+x_1x_3+x_2x_3$$

化为标准形,试确定二次型的正、负惯性指数,二次型是正定的吗?并指出方程

$f(x_1,x_2,x_3)=1/2$ 表示什么曲面？

14. t 取什么值时，下列二次型是正定的：

（1）$f(x_1,x_2,x_3)=x_1^2+x_2^2+5x_3^2+2tx_1x_2-2x_1x_3+4x_2x_3$；

（2）$g(x_1,x_2,x_3)=x_1^2+4x_2^2+x_3^2+2tx_1x_2+10x_1x_3+6x_2x_3$.

15. 证明：下列三个条件中只要有两个成立，另一个也必成立.

（1）$\boldsymbol{A}$ 是对称的；（2）$\boldsymbol{A}$ 是正交的；（3）$\boldsymbol{A}^2=\boldsymbol{E}$（此时称 $\boldsymbol{A}$ 为对合的）.

16. 设 $\boldsymbol{A}$ 为 n 阶实对称矩阵，且满足 $\boldsymbol{A}^3-6\boldsymbol{A}^2+11\boldsymbol{A}-6\boldsymbol{E}=\boldsymbol{0}$，证明：$\boldsymbol{A}$ 是正定实对称矩阵.

17. 证明：若 $\boldsymbol{A}$ 为 $m\times n$ 矩阵，且秩 $r(\boldsymbol{A})=n<m$，则 $\boldsymbol{A}^{\mathrm{T}}\boldsymbol{A}$ 为正定矩阵.

18. 设 $\boldsymbol{S}$ 为 n 阶正定实对称矩阵，则存在正定实对称矩阵 $\boldsymbol{S}_1$，使 $\boldsymbol{S}=\boldsymbol{S}_1^2$.

B 组

1. 三阶实对称矩阵的全体，按合同分类，一共可分为______类.

2. 设三阶实对称矩阵 $\boldsymbol{A}=\begin{pmatrix}0&1&\\1&0&\\&&2\end{pmatrix}$，$\boldsymbol{B}=\begin{pmatrix}2&&\\&-2&\\&&2\end{pmatrix}$，则存在可逆矩阵 $\boldsymbol{P}=$______，使得 $\boldsymbol{P}^{\mathrm{T}}\boldsymbol{A}\boldsymbol{P}=\boldsymbol{B}$.

3. 已知二次型 $f=x_1^2+x_2^2+x_3^2+2ax_1x_2+2x_1x_2+2bx_2x_3$ 经正交变换化为标准形 $f=y_2^2+2y_3^2$，则 $a=$______，$b=$______.

4. 已知二次型 $f=-2x_1^2-5x_2^2-5x_3^2-4x_1x_2+4x_1x_3+2tx_2x_3$ 经正交变换化为标准形 $f=-y_1^2-y_2^2-10y_3^2$，则 $t=$______.

5. 设二次型 $f(x_1,x_2,x_3)=2x_1x_2+3x_3^2$，则其正、负惯性指数 k、t 分别为（　　）.

A. $k=1,t=2$　　B. $k=2,t=0$　　C. $k=2,t=1$　　D. $k=1,t=1$

6. 设 $\boldsymbol{A}$ 是 n 阶实对称矩阵，且 $\boldsymbol{A}^2=\boldsymbol{A}$，则以下结论正确的为（　　）.

A. 存在正交矩阵 $\boldsymbol{Q}$，使得 $\boldsymbol{Q}^{-1}\boldsymbol{A}\boldsymbol{Q}=\mathrm{diag}(1,\cdots,1,-1,\cdots,-1)$

B. 存在正交矩阵 $\boldsymbol{Q}$，使得 $\boldsymbol{Q}^{-1}\boldsymbol{A}\boldsymbol{Q}=\mathrm{diag}(1,\cdots,1,0,\cdots,0)$

C. 存在正交矩阵 $\boldsymbol{Q}$，使得 $\boldsymbol{Q}^{-1}\boldsymbol{A}\boldsymbol{Q}=\mathrm{diag}(-1,\cdots,-1,0,\cdots,0)$

D. 不存在正交矩阵 $\boldsymbol{Q}$，使得 $\boldsymbol{Q}^{-1}\boldsymbol{A}\boldsymbol{Q}$ 为对角矩阵

7. 在上题中，将条件“$\boldsymbol{A}^2=\boldsymbol{A}$”改为“$\boldsymbol{A}^2=\boldsymbol{E}$”（$\boldsymbol{E}$ 为单位矩阵），其他均不变，则（　　）.

A. 存在正交矩阵 $\boldsymbol{Q}$，使得 $\boldsymbol{Q}^{-1}\boldsymbol{A}\boldsymbol{Q}=\mathrm{diag}(1,\cdots,1,-1,\cdots,-1)$

B. 存在正交矩阵 $\boldsymbol{Q}$，使得 $\boldsymbol{Q}^{-1}\boldsymbol{A}\boldsymbol{Q}=\mathrm{diag}(1,\cdots,1,0,\cdots,0)$

C. 存在正交矩阵 $\boldsymbol{Q}$，使得 $\boldsymbol{Q}^{-1}\boldsymbol{A}\boldsymbol{Q}=\mathrm{diag}(-1,\cdots,-1,0,\cdots,0)$

D. 不存在正交矩阵 $\boldsymbol{Q}$，使得 $\boldsymbol{Q}^{-1}\boldsymbol{A}\boldsymbol{Q}$ 为对角矩阵

8. 设 $\boldsymbol{A}$ 为 $n\times m$ 矩阵，$r(\boldsymbol{A})=n$，则（　　）.

A. $\boldsymbol{A}^{\mathrm{T}}\boldsymbol{A}$ 必与单位矩阵相似　　B. $\boldsymbol{A}\boldsymbol{A}^{\mathrm{T}}$ 必与单位矩阵相似

C. $\boldsymbol{A}^{\mathrm{T}}\boldsymbol{A}$ 的行列式值不为零　　D. $\boldsymbol{A}\boldsymbol{A}^{\mathrm{T}}$ 的行列式值不为零

9. 设 $\boldsymbol{A},\boldsymbol{B}$ 均是 n 阶正定实对称矩阵,则以下结论正确的为(　　).

A. $\boldsymbol{AB}$ 的特征值必是负数　　B. $\boldsymbol{AB}$ 的特征值必小于或等于 0

C. $\boldsymbol{AB}$ 的特征值都是正实数　　D. $\boldsymbol{AB}$ 的特征值可正可负

10. 将 $f(x_1,x_2,x_3)=ax_1^2+bx_2^2+ax_3^2+2cx_1x_3$,则当 a,b,c 满足(　　)时,f 为正定.

A. $a>0,b>0,c<a$　　B. $a>0,b>0,a<|c|$

C. $a>0,b<0,a<|c|$　　D. $a>0,b>0,|c|<a$

11. $\boldsymbol{A}=\begin{pmatrix} & & 1\\ & 1 & \\ 1 & & \end{pmatrix}$,$\lambda\boldsymbol{E}+\boldsymbol{A}$ 是正定的实对称矩阵,则 λ 的取值范围是(　　).

A. $\lambda=1$　　B. $\lambda>1$　　C. $\lambda\geqslant1$　　D. $\lambda\leqslant1$

12. 已知实对称矩阵 $\boldsymbol{A}=\begin{pmatrix} 1/2 & 2 & -1/2\\ 2 & a & b\\ -1/2 & b & 1/2\end{pmatrix}$ 与 $\boldsymbol{B}=\begin{pmatrix} 1 & & \\ & -2 & \\ & & 4\end{pmatrix}$ 既相似又相合,试确定参数 a,b 的值.

13. 设实二次型 $f(x_1,x_2,x_3)=2x_1x_2-2x_1x_3+2x_2x_3$.

(1) 求正交变换 $\boldsymbol{x}=\boldsymbol{Qy}$ 化二次型 f 为标准形.

(2) 求该二次型在 $\|x\|^2=x_1^2+x_2^2+x_3^2=1$ 时的最小值,并证明你的结论.

14. 已知二次型

$$f(x_1,x_2,x_3)=tx_1^2+tx_2^2+tx_3^2-4x_1x_2-4x_1x_3+4x_2x_3$$

(1) t 取何值时,二次型是正定的;

(2) t 取何值时,二次型是负定的;

(3) 取 $t=1$,试用正交变换化二次型为标准形(写出所用的正交变换);

(4) 当 $t=1$ 时,$f=-1$ 表示什么曲面?

15. 设有正定实对称矩阵 $\boldsymbol{A}=\begin{pmatrix} 4 & 0 & 0\\ 0 & 2 & 1\\ 0 & 1 & 2\end{pmatrix}$,试求正定实对称矩阵 $\boldsymbol{B}$,使 $\boldsymbol{A}=\boldsymbol{B}^2$.

16. 判断二次型 $f=\sum\limits_{i=1}^{n}x_i^2+\sum\limits_{i=1}^{n-1}x_ix_{i+1}$ 是否正定.

17. 设 $f=a\sum\limits_{i=1}^{n}x_i^2+b\sum\limits_{i=1}^{n}x_ix_{n-i+1}$,问实数 a,b 满足什么条件时,二次型 f 是正定的.

18. 设 $f(x_1,x_2,\cdots,x_n)=\boldsymbol{x}^{\mathrm{T}}\boldsymbol{Ax}$ 是一实二次型,$\boldsymbol{A}$ 的特征值为 $\lambda_1,\lambda_2,\cdots,\lambda_n$,且满

足 $\lambda_1 \leqslant \lambda_2 \leqslant \cdots \leqslant \lambda_n$，证明：对任意 $\boldsymbol{x} \in \mathbf{R}^n$ 有

$$\lambda_1 \boldsymbol{x}^{\mathrm{T}} \boldsymbol{x} \leqslant \boldsymbol{x}^{\mathrm{T}} \boldsymbol{A} \boldsymbol{x} \leqslant \lambda_n \boldsymbol{x}^{\mathrm{T}} \boldsymbol{x}$$

又问：等号成立的条件是什么？

19. 设 $\boldsymbol{A}$ 为 n 阶正定实对称矩阵，证明：$|\boldsymbol{A}+2\boldsymbol{E}|>2^n$.

20. 证明：若 $\boldsymbol{A}$ 是正交正定矩阵，则 $\boldsymbol{A}$ 必为单位矩阵.

21. 设 $\boldsymbol{A}=(a_{ij})_{n\times n}$ 是正定矩阵，$b_1, b_2, \cdots, b_n$ 是任意 n 个非零的实数，证明：矩阵 $\boldsymbol{B}=(a_{ij}b_ib_j)_{n\times n}$ 也是正定矩阵.

22. 设 $\boldsymbol{A}, \boldsymbol{B}$ 均为 n 阶正定实对称矩阵，且有 $\boldsymbol{AB}=\boldsymbol{BA}$，
证明：$\boldsymbol{AB}$ 为正定实对称矩阵.

23. 设 $\boldsymbol{A}$ 为 m 阶实对称正定矩阵，$\boldsymbol{B}$ 为 $m\times n$ 实矩阵，
证明：$\boldsymbol{B}^{\mathrm{T}}\boldsymbol{AB}$ 为对称正定矩阵的充要条件是 $r(\boldsymbol{B})=n$.

参考答案及提示

A 组

1. $\begin{pmatrix} 1 & 5/2 \\ 5/2 & 4 \end{pmatrix}$　　**2.** 2　　**3.** $\begin{pmatrix} 1 & & \\ & -1 & \\ & & 0 \end{pmatrix}$　　**4.** $|a|<\sqrt{\dfrac{5}{3}}$

5. D　**6.** A　**7.** D　**8.** B　**9.** C

10. (1) $t=3$；

(2) 正交变换 $\begin{pmatrix} x_1 \\ x_2 \\ x_3 \end{pmatrix}=\begin{pmatrix} -1/\sqrt{6} & 1/\sqrt{2} & 1/\sqrt{3} \\ 1/\sqrt{6} & 1/\sqrt{2} & -1/\sqrt{3} \\ 2/\sqrt{6} & 0 & 1/\sqrt{3} \end{pmatrix}\begin{pmatrix} y_1 \\ y_2 \\ y_3 \end{pmatrix}$ 化二次型为

$$f=4y_2^3+9y_3^2$$

(3) $f=1$ 为椭圆柱面.

11. (1) 正交变换 $\begin{pmatrix} x_1 \\ x_2 \\ x_3 \end{pmatrix}=\begin{pmatrix} 1/\sqrt{2} & -1/\sqrt{2} & 1/2 \\ 1/\sqrt{2} & 1/2 & -1/2 \\ 0 & 1/\sqrt{2} & 1/\sqrt{2} \end{pmatrix}\begin{pmatrix} y_1 \\ y_2 \\ y_3 \end{pmatrix}$ 化二次型为

$$f=-2y_1^2+(-2+\sqrt{2})y_2^2-(2+\sqrt{2})y_3^2$$

(2) $f=-1$ 为椭球面.

12. 提示　正交变换法：$\boldsymbol{A}$ 满足 $\boldsymbol{A}^2=\boldsymbol{E}$，故其特征值满足 $\lambda^2=1$，即 $\lambda=\pm 1$.

对 $\lambda=1$ 可求出三个规范正交特征向量 $\boldsymbol{\eta}_1, \boldsymbol{\eta}_2, \boldsymbol{\eta}_3$；对 $\lambda=-1$ 求出一个规范正交特征向量 $\boldsymbol{\eta}_4$，令 $\boldsymbol{Q}=(\boldsymbol{\eta}_1, \boldsymbol{\eta}_2, \boldsymbol{\eta}_3, \boldsymbol{\eta}_4)$，则可得结果. 结果为

$$Q=\frac{1}{2}\begin{pmatrix}1&1&1&-1\\1&1&-1&1\\1&-1&1&1\\-1&1&1&1\end{pmatrix}$$

$$Q^{-1}AQ=Q^{\mathrm{T}}AQ=\begin{pmatrix}1&&&\\&1&&\\&&1&\\&&&-1\end{pmatrix}$$

初等变换法:可求得可逆矩阵 $\boldsymbol{P}=\begin{pmatrix}1&-2&0&1\\0&1&1&-1\\0&1&-1&-1\\0&0&0&1\end{pmatrix}$,则得

$$P^{\mathrm{T}}AP=\begin{pmatrix}1/2&&&\\&-2&&\\&&2&\\&&&2\end{pmatrix}$$

13. $\frac{3}{2}y_1^2+\frac{3}{2}y_2^2+3y_3^2$,正惯性指数为 3,负惯性指数为 0,二次型是正定的.

$f=1/2$ 表示椭球面.

14. (1) $-\frac{4}{5}<t<0$;(2) 无解,即 t 为任何值,二次型 g 均不正定.

15. 提示:用定义.

16. 提示:对于 $\boldsymbol{A}$ 的特征值 λ 满足 $\lambda^3-6\lambda^2+11\lambda-6=0$,解之即可得证.

17. 提示:首先易知 $\boldsymbol{A}^{\mathrm{T}}\boldsymbol{A}$ 是 n 阶实对称矩阵,其次 $r(\boldsymbol{A})=n$,因而知对任意 $\boldsymbol{x}\neq\boldsymbol{0}$,有 $\boldsymbol{Ax}\neq\boldsymbol{0}$,故有 $\boldsymbol{x}^{\mathrm{T}}(\boldsymbol{A}^{\mathrm{T}}\boldsymbol{A})\boldsymbol{x}=(\boldsymbol{Ax})^{\mathrm{T}}\boldsymbol{Ax}>0$.

18. 提示:因 $\boldsymbol{S}$ 正定,则有正定矩阵 $\boldsymbol{Q}$ 使 $\boldsymbol{Q}^{\mathrm{T}}\boldsymbol{SQ}=\boldsymbol{\Lambda}$,$\boldsymbol{\Lambda}$ 的主对角线元素全大于 0,令 $\boldsymbol{\Lambda}=\boldsymbol{\Lambda}_1^2$,而有 $\boldsymbol{S}=\boldsymbol{Q}^{\mathrm{T}}\boldsymbol{\Lambda Q}=\boldsymbol{Q}^{\mathrm{T}}\boldsymbol{\Lambda}_1\boldsymbol{\Lambda}_1\boldsymbol{Q}=(\boldsymbol{Q}^{\mathrm{T}}\boldsymbol{\Lambda}_1\boldsymbol{Q})(\boldsymbol{Q}^{\mathrm{T}}\boldsymbol{\Lambda}_1\boldsymbol{Q})=\boldsymbol{S}_1^2$,即可证得.

B 组

1. 10

2. $\begin{pmatrix}1&1&\\1&-1&\\&&1\end{pmatrix}$. 提示:利用分块对角矩阵的特点.

3. 0,0　　**4.** 4

5. C　　**6.** B　　**7.** A　　**8.** D　　**9.** C　　**10.** A　　**11.** B

注　第 9 题解答的根据请参见第 22 题.

12. $a=2$(用 $\text{tr}\boldsymbol{A}=\text{tr}\boldsymbol{B}$);$b=2$(利用 $\boldsymbol{B}$ 的特征值均为 $\boldsymbol{A}$ 的特征值).

13. (1) $\boldsymbol{Q}=\begin{pmatrix} \frac{1}{\sqrt{2}} & -\frac{1}{\sqrt{6}} & \frac{1}{\sqrt{3}} \\ \frac{1}{\sqrt{2}} & \frac{1}{\sqrt{6}} & -\frac{1}{\sqrt{3}} \\ 0 & \frac{2}{\sqrt{6}} & \frac{1}{\sqrt{3}} \end{pmatrix}$

$$f(x_1,x_2,x_3)\big|_{\boldsymbol{x}=\boldsymbol{Q}\boldsymbol{y}}=y_1^2+y_2^2-2y_3^2$$

(2) 当 $\boldsymbol{x}$ 取为 $\boldsymbol{A}$ 的属于最小特征值 -2 的特征向量时,二次型的值达到最小值 -2.(其根据请参见第 18 题的提示)

14. (1) $t>2$;

(2) $t<-4$;

(3) 正交变换 $\begin{pmatrix} x_1 \\ x_2 \\ x_3 \end{pmatrix}=\begin{pmatrix} \frac{1}{\sqrt{2}} & -\frac{1}{\sqrt{6}} & -\frac{1}{\sqrt{3}} \\ \frac{1}{\sqrt{2}} & -\frac{1}{\sqrt{6}} & \frac{1}{\sqrt{3}} \\ 0 & \frac{2}{\sqrt{6}} & \frac{1}{\sqrt{3}} \end{pmatrix}\begin{pmatrix} y_1 \\ y_2 \\ y_3 \end{pmatrix}$

化二次型为 $-y_1^2-y_2^2+5y_3^2$;

(4) 单叶双曲面.

15. $\frac{1}{2}\begin{pmatrix} 4 & 0 & 0 \\ 0 & \sqrt{3}+1 & \sqrt{3}-1 \\ 0 & \sqrt{3}-1 & \sqrt{3}+1 \end{pmatrix}$,其解答的根据,请参见 A 组第 18 题的提示.

16. 正定.因二次型的矩阵 $\boldsymbol{A}$ 的任意 k 阶主子式

$$|\boldsymbol{A}_k|=(1/2)^k(k+1)>0$$

17. 当 $a>0$ 且 $a^2>b^2$ 时,f 是正定的.提示:对 n 分为奇、偶数,考虑系数矩阵 $\boldsymbol{A}$ 的各阶顺序主子式.

18. 提示:对于 $\boldsymbol{A}$ 的特征值 $\lambda_1\leqslant\lambda_2\leqslant\cdots\leqslant\lambda_n$,则有正交矩阵 $\boldsymbol{Q}$ 使

$$\boldsymbol{Q}^{\mathrm{T}}\boldsymbol{A}\boldsymbol{Q}=\text{diag}(\lambda_1,\cdots,\lambda_n)$$

即有

$$\boldsymbol{x}^{\mathrm{T}}\boldsymbol{A}\boldsymbol{x}\big|_{\boldsymbol{x}=\boldsymbol{Q}\boldsymbol{y}}=\lambda_1y_1^2+\lambda_2y_2^2+\cdots+\lambda_ny_n^2$$

又因为

$$\boldsymbol{x}^{\mathrm{T}}\boldsymbol{x}=(\boldsymbol{Q}\boldsymbol{y})^{\mathrm{T}}(\boldsymbol{Q}\boldsymbol{y})=\boldsymbol{y}^{\mathrm{T}}\boldsymbol{y}=y_1^2+y_2^2+\cdots+y_n^2$$

及

$$\lambda_1(y_1^2+y_2^2+\cdots+y_n^2)\leqslant\lambda_1y_1^2+\lambda_2y_2^2+\cdots+\lambda_ny_n^2\leqslant\lambda_n(y_1^2+y_2^2+\cdots+y_n^2)$$

故对任意一个 $\boldsymbol{x}\in\mathbf{R}^n$ 有

$$\lambda_1\boldsymbol{x}^{\mathrm{T}}\boldsymbol{x}=\lambda_1\boldsymbol{y}^{\mathrm{T}}\boldsymbol{y}\leqslant\boldsymbol{x}^{\mathrm{T}}\boldsymbol{A}\boldsymbol{x}\leqslant\lambda_n\boldsymbol{y}^{\mathrm{T}}\boldsymbol{y}=\lambda_n\boldsymbol{x}^{\mathrm{T}}\boldsymbol{x}$$

当 $\boldsymbol{x}$ 分别取为 $\boldsymbol{A}$ 的属于特征值 $\boldsymbol{\lambda}_1$ 和 $\boldsymbol{\lambda}_n$ 的特征向量时，有

$$\boldsymbol{x}^{\mathrm{T}}\boldsymbol{A}\boldsymbol{x}=\boldsymbol{x}^{\mathrm{T}}(\boldsymbol{A}\boldsymbol{x})=\boldsymbol{x}^{\mathrm{T}}(\lambda_1\boldsymbol{x})=\lambda_1\boldsymbol{x}^{\mathrm{T}}\boldsymbol{x}$$

$$\boldsymbol{x}^{\mathrm{T}}\boldsymbol{A}\boldsymbol{x}=\boldsymbol{x}^{\mathrm{T}}(\boldsymbol{A}\boldsymbol{x})=\boldsymbol{x}^{\mathrm{T}}(\lambda_n\boldsymbol{x})=\lambda_n\boldsymbol{x}^{\mathrm{T}}\boldsymbol{x}$$

故等号成立的条件是 $\boldsymbol{x}$ 分别取为 $\boldsymbol{A}$ 的属于特征值 λ_1 和 λ_n 的特征向量.

19. 提示：设 $\boldsymbol{A}$ 的特征值为 $\lambda_1,\cdots,\lambda_n$，则 $\boldsymbol{A}+2\boldsymbol{E}$ 的特征值为 $\lambda_1+2,\cdots,\lambda_n+2$，由 $\lambda_i>0\Rightarrow\lambda_i+2>2,i=1,\cdots,n$，从而

$$|\boldsymbol{A}+2\boldsymbol{E}|=\prod_{i=1}^{n}(\lambda_i+2)>2^n$$

20. 提示：由 $\boldsymbol{A}$ 正交可得 $\boldsymbol{A}^2=\boldsymbol{A}\boldsymbol{A}=\boldsymbol{A}^{\mathrm{T}}\boldsymbol{A}=\boldsymbol{E}$，即 $(\boldsymbol{A}+\boldsymbol{E})(\boldsymbol{A}-\boldsymbol{E})=\boldsymbol{0}$；又由 $\boldsymbol{A}$ 正定，类似于上题可推出 $|\boldsymbol{A}+\boldsymbol{E}|>1$，即 $\boldsymbol{A}+\boldsymbol{E}$ 为可逆矩阵. 于是，在上式两边同左乘 $(\boldsymbol{A}+\boldsymbol{E})^{-1}$，可得 $\boldsymbol{A}-\boldsymbol{E}=\boldsymbol{0}$，即得 $\boldsymbol{A}=\boldsymbol{E}$.

21. 提示：显然 $\boldsymbol{B}$ 实对称. 再者 $\boldsymbol{B}$ 的各阶顺序主子式

$$|B_i|=b_1^2b_2^2\cdots b_i^2|\boldsymbol{A}_i|>0$$

22. 提示：首先证明 $\boldsymbol{AB}$ 是实对称矩阵，其次证明 $\boldsymbol{AB}$ 的特征值全为正. 前者容易，后者可以这样证明：因 $\boldsymbol{A},\boldsymbol{B}$ 正定，故存在可逆矩阵 $\boldsymbol{P},\boldsymbol{Q}$ 使 $\boldsymbol{A}=\boldsymbol{P}^{\mathrm{T}}\boldsymbol{P},\boldsymbol{B}=\boldsymbol{Q}^{\mathrm{T}}\boldsymbol{Q}$，于是有 $\boldsymbol{AB}=\boldsymbol{P}^{\mathrm{T}}\boldsymbol{P}\boldsymbol{Q}^{\mathrm{T}}\boldsymbol{Q}=\boldsymbol{P}^{\mathrm{T}}(\boldsymbol{P}\boldsymbol{Q}^{\mathrm{T}}\boldsymbol{Q}\boldsymbol{P}^{\mathrm{T}})(\boldsymbol{P}^{\mathrm{T}})^{-1}$，即 $\boldsymbol{AB}$ 相似于 $\boldsymbol{P}\boldsymbol{Q}^{\mathrm{T}}\boldsymbol{Q}\boldsymbol{P}^{\mathrm{T}}$，而 $\boldsymbol{P}\boldsymbol{Q}^{\mathrm{T}}=\boldsymbol{Q}\boldsymbol{P}^{\mathrm{T}}=(\boldsymbol{Q}^{\mathrm{T}}\boldsymbol{P})^{\mathrm{T}}\boldsymbol{Q}\boldsymbol{P}^{\mathrm{T}}$，故 $\boldsymbol{P}\boldsymbol{Q}^{\mathrm{T}}\boldsymbol{Q}\boldsymbol{P}^{\mathrm{T}}$ 是正定实对称矩阵，其特征值全大于 0，因此 $\boldsymbol{AB}$ 的特征值也全大于 0.

23. 提示：证法有多种，仅说一种. 必要性：$n=r(\boldsymbol{B}^{\mathrm{T}}\boldsymbol{A}\boldsymbol{B})\leqslant r(\boldsymbol{B})\leqslant n\Rightarrow r(\boldsymbol{B})=n$. 充分性：首先有 $(\boldsymbol{B}^{\mathrm{T}}\boldsymbol{A}\boldsymbol{B})^{\mathrm{T}}=\boldsymbol{B}^{\mathrm{T}}\boldsymbol{A}^{\mathrm{T}}\boldsymbol{B}=\boldsymbol{B}^{\mathrm{T}}\boldsymbol{A}\boldsymbol{B}$；再者，由 $r(\boldsymbol{B})=n$ 知 $\boldsymbol{B}\boldsymbol{x}=\boldsymbol{0}$ 只有零解，于是 $\forall\ \boldsymbol{x}=\boldsymbol{0}\Rightarrow\boldsymbol{B}\boldsymbol{x}\neq\boldsymbol{0}$，从而 $(\boldsymbol{B}\boldsymbol{x})^{\mathrm{T}}\boldsymbol{A}(\boldsymbol{B}\boldsymbol{x})>0$，此即 $\boldsymbol{x}^{\mathrm{T}}(\boldsymbol{B}^{\mathrm{T}}\boldsymbol{A}\boldsymbol{B})\boldsymbol{x}>0$.

参 考 文 献

[1] David C. Lay. 线性代数及其应用[M]. 3 版. 北京：机械工业出版社.

[2] 同济大学数学系. 工程数学线性代数——学习辅导与习题全解[M]. 3 版. 北京：高等教育出版社.

[3] 梅家斌，朱祥和. 线性代数教程同步辅导[M]. 2 版. 武汉：华中科技大学出版社.

[4] 吴传生. 经济数学——线性代数学习辅导与习题选解[M]. 2 版. 北京：高等教育出版社.

[5] 张军好，余启港，欧阳露莎. 线性代数(第二版)学习辅导与习题全解[M]. 北京：科学出版社.

[6] 铁军. 考研数学线性代数基础教材[M]. 北京：中国人民大学出版社.